머리말

최근 디지털 시스템 설계에 대한 연구는 반도체 산업과 컴퓨터 기술의 발달로 비약적인 발전을 해 왔다. 특히, 디지털 시스템 설계분야 중 하나인 마이크로프로세서의 응용은 공장 자동화, 각종 산업용 기기의 제어 장치, 각종 통신 회로 설계 등과 같은 분야에 널리 적용되고 있다. 이러한 디지털 시스템 설계를 하기 위해서는 논리 설계가 우선 되어야 한다.

이 책은 이러한 점에 주안을 두어 Charles H. Roth, Jr.의 Fundamentals Logic Design (Fourth Edition)의 부울 대수식 전개와 간소화, 조합 논리 회로, 그리고 순서 논리 회로 설계 및 응용, 비동기 순서 논리 회로의 개념과 설계 기법 등을 번역하였다. 또한 저자들이 전기 · 전자공학, 컴퓨터공학 등의 관련 학과에서 20여 년 이상 강의를 해오면서 많은 학생들로부터 질문도 받고, 특별한 관심을 보였던 부분에 대한 내용들을 종합하여 알기 쉽게 정리하였고 Verilog 하드웨어 기술언어 기초부분을 알기쉽게 수록하였다.

Roth의 책은 조합 논리 회로 부분의 설명과 설계 방식이 여타 디지털 논리 설계 교재보다 다소 복잡하지만 논리 회로의 특성과 응용에 따른 타이밍도 해석 등은 비교적 설명이 잘 되었으므로, 처음 디지털을 입문하는 초심자 또는 학생 특히, 전기 · 전자, 통신, 제어 계측, 전산 정보, 컴퓨터공학 등 관련 학과에서 마이크로프로세서나 컴퓨터 구조 과목에 들어가기 앞서 필수적으로 우선하여 공부해야하는 교재로 적합하다.

또한 논리 설계에 있어 부울 식을 논리 게이트 회로만으로 구성하여 설계한다는 것은 이미 시대에 뒤떨어진 방식이라 할 수 있다. 이에 따라 이 책에서는 PAL, GAL 등과 같은 PLD(Programmable Logic Device) 소자를 이용하여 조합 논리 회로와 순서 논리 회로를 설계하는 방법과 프로그램 하는 기법을 다루었으며 디지털시계를 13장에 연습문제로 추가하여 설계능력을 향상시키고자 하였다.

이 책의 전반적인 내용들을 파악하는데 도움이 될 수 있도록 각 장의 내용들을 간략히 소개하면 다음과 같다.

- **제1장**에서는 진법과 진법 변환에 대한 기초적인 설명과 각각의 변환에 따른 예제들을 다양하게 수록하였고, 데이터 전송 시 오류를 검출할 수 있는 패리티 검출 및 해밍코드를 예제를 곁들여 설명하였다.
- **제2장**과 **제3장**에서는 부울 대수의 기본 법칙과 이론들을 소개하고, 이들이 어떻게 논리 회로 동작에 적용되는지를 설명하였다.
- **제4장**에서는 입력 조합의 형태와 출력 함수의 관계를 표현하는 진리표 작성이나 논리식을 대수적으로 간략화(Simplification)하는 방법들을 설명하였고, 기초적인 조합 논리 회로를 설계하는 예증으로 가 · 감산기의 회로를 설계하여 설명하였다.

- **제5장**에서는 논리식을 도식적으로 간략화 방법으로 카르노 맵, 퀸-맥클라스키 방법, 그리고 큐브 방법을 설명하였다.
- **제6장**에서는 간략화된 논리식의 실행에 있어 몇 가지의 논리 게이트를 사용하여 설계자의 필요에 따라 다양한 형태의 게이트로 변환을 시도하였다.
- **제7장**에서는 다중 출력을 갖는 논리 회로의 효율적인 설계 방법과 멀티플렉서, 디코더 등의 집적회로(IC)를 사용한 설계 방법, 그리고 ROM의 기본 구조 및 원리, PLD소자의 기본 구조 및 사용법을 수록하였다.
- **제8장**에서는 순서 논리 회로 설계에 사용되는 기본 기억 소자인 플립-플롭의 종류와 원리에 대해 소개하였다.
- **제9장**에서는 다양한 플립-플롭의 종류를 사용한 카운터 설계 방법을 설명하였다.
- **제10장**에서는 일반적으로 순서 논리 회로를 분석하는 방법들을 설명하였다.
- **제11장**과 **12장**에서는 순서 논리 회로를 설계하는 첫 단계인 입력과 출력 시컨스의 관계를 설명하는 상태표와 상태도, 그리고 상태 할당에 대해서 설명하였다.
- **제13장**과 **14장**에서는 조합 논리 회로와 순서 회로 기법으로 2진 덧셈, 뺄셈, 곱셈, 나눗셈을 실행하는 연산 회로를 구현하는 방법을 설명하였고 설계예제로 GAL 22v10D를 사용하여 디지털 시계를 연습문제로 추가하였다.
- **제15장**과 **16장**에서는 비동기 순서 논리 회로의 설계시 발생하는 타이밍 문제를 다룬 설계법을 설명하였다.
- **제17장**에서는 디지털 시스템 설계에 필요한 Verilog 하드웨어 기술언어를 사용하여 전가산기를 데이터, 동작적, 구조적인 방법으로 기술하여 하드웨어 기술언어의 필요성을 강조하였다.

나름대로 최선을 다했지만 아직도 미흡한 부분이 있으리라고 생각된다. 또한 디지털 시스템 설계 분야는 매우 급속히 발전하는 분야이기 때문에 논리 설계에 대한 새로운 기술이나 이론들이 계속 발표될 것이다. 이러한 내용이 반영될 수 있도록 노력할 것이며, 독자 여러분의 양해를 바라면서 동참하실 수 있는 기회로 추후 수정할 내용과 보완해야할 부분에 대해서도 아낌없는 조언을 부탁드리며 끝으로 이 책이 출판까지 헌신적인 수고와 집필을 해주신 공동저자 교수님이신 공정택 교수님, 김윤호 교수님, 이명길 교수님, 연구실의 석 · 박사과정의 연구생들께 깊은 감사를 드린다.

2017년 1월

핵심 디지털 논리회로 시스템 설계

김희석 · 공정택 · 김윤호 · 이명길 공저

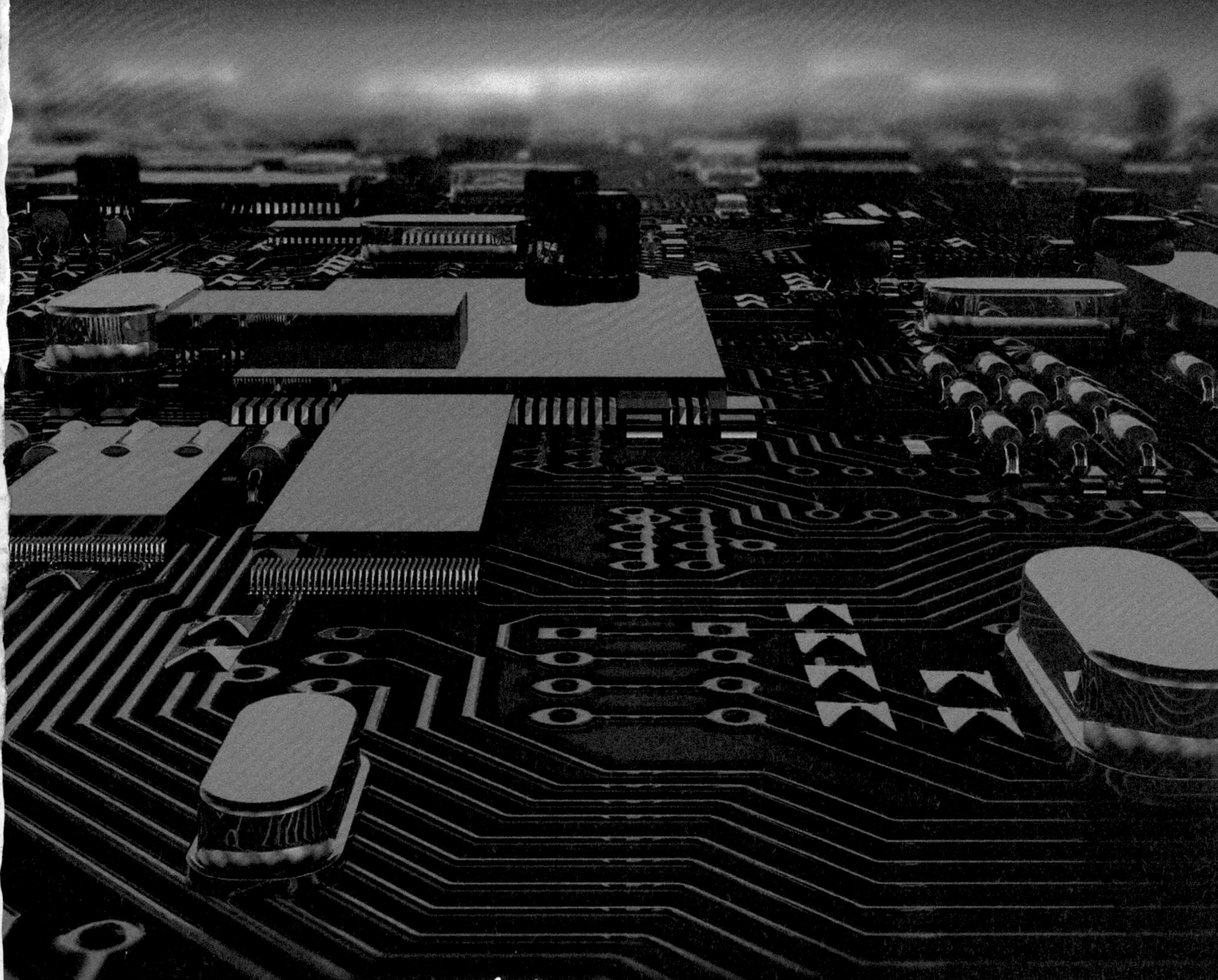

공감북스

차 례

제3장 부울 식의 간략화

제4장 부울 함수

제5장 부울 함수의 간략화

제6장 다단 NAND, NOR 게이트 회로

제7장 다중 출력 회로, 멀티플렉서, 디코더, ROM, PLA

제8장 플립-플롭

제9장 카운터 설계

제10장 클럭형 순차회로 해석

제11장 상태표의 유도

제12장 상태표 축소 및 상태할당

제13장 MSI 집적회로를 이용한 순차회로 설계

제14장 연산회로 설계

제15장 비동기 순차회로의 분석

제16장 초기흐름도(표)의 유도 및 축소

제17장 Verilog 하드웨어 기술 언어

CHAPTER 01

진법과 진법 변환의 개요

Introduction
Number Systems and Conversion

1-1 디지털 시스템과 스위칭 회로

오늘날 인류는 시스템 속에서 생활하고 있다고 하여도 과언이 아니다. 그럼 지금부터 시스템에 대해 알아보기로 하자. 우리가 늘상 접하게 되는 일반적 시스템과 전자회로로 이루어진 장치들은 아날로그 시스템과 디지털 시스템이라고 하는 두 개의 넓은 범위로 나누어 생각할 수 있다.

아날로그 시스템(Analog system)이란 선형적(Linear)으로 변화하는 아날로그 형태의 데이터들을 처리하는 장치들의 조합이라 할 수 있다. 아날로그란 어떤 값을 갖는 물리적 양이나 수, 그리고 신호가 일정한 범위 내에서 연속적으로 변화되어 표현되는 형태를 말한다. 또한 아날로그 시스템에서 취급되는 양과 수는 일정한 범위 내에서 연속적으로 변화하는 값들이다.

한편 디지털 시스템(Digital system)이란 디지털 형태의 데이터들을 처리하기 위해 설계된 장치들의 조합이라 할 수 있다. 디지털이란 어떤 값을 갖는 물리적 양이나 신호가 단속적이고도 이산적인(Discrete) 값으로 표현되는 형태를 말한다. 예를 들면, 아날로그 시스템의 출력은 −10 볼트에서 +10 볼트까지를 표현할 수 있는 일정 범위로 정의하였을 때, 범위 내에서 그 어떤 값도 가질 수 있다. 일 예로, 스피커의 출력 신호는 0에서 최대 제한값 사이의 어떤 크기의 출력 신호도 가질 수 있다. 그러나 디지털 시스템의 출력 신호는 0과 +5 볼트로 표현되는 두 개의 값 중에서만 선택적으로 취하도록 제한된다.

디지털 시스템은 이산적인 값들로 데이터를 처리하기 때문에 대부분의 경우 주어진 입력에 대해 원하는 출력이 얻어지도록 설계할 수 있다. 이에 반하여, 아날로그 시스템은 시스템 구성에 사용한 부품들의 정확도에 따라 다소의 에러(Error : 오차) 범위를 가지게 된다.

이러한 디지털 시스템은 아날로그 시스템에 비해 높은 정밀도와 신뢰도를 장점으로 내세울 수 있기 때문에, 과거 아날로그 시스템에 의해 수행되던 작업들이 많은 분야에서 디지털 시스템으로 대체되고 있는 실정이다. 실 예로 디지털 시스템은 컴퓨터의 계산 및 데이터 처리, 산업용 기기의 제어 시스템, 통신 장비, 측정 및 계측 분야 등에 이르게 까지 수많은 응용 분야에 폭 넓게 적용되어 소형화 및 미세화, 그리고 정밀화와 자동화를 통한 고 신뢰성을 추구하고 있다. 최근에는 항공기나 자동차, 선박 등에도 안정성과 에너지 효율성 향상, 자기 진단 및 오동작 방지를 위해 마이크로프로세서를 사용한 디지털 시스템이 사용되고 있다.

디지털 시스템의 설계는 크게 시스템 설계, 논리 설계, 회로 설계 등으로 나눌 수 있다. 시스템 설계는 전체 시스템을 부분적인 시스템(Sub-system)으로 나누는 작업인데, 가령 디지털 컴퓨터의 시스템 설계 과정은 기억 장치, 연산 장치, 그리고 제어 방법에 대한 규격을 정하는 것이다. 논리 설계(Logic design)는 특정 함수를 구현하기 위해 어떻게 기본 논리 소자들을 연결하는지 결정하는 것이다. 회로 설계(Circuit design)는 논리 게이트(Gate)나 플립-플롭(Flip-flops), 또한 다른 논리 소자들을 구성하기 위해 저항(Resistors), 다이오드(Diodes), 그리고 트랜지스터(Transistors)와 같은 특정 부품들의 내부 결선을 어떻게 하는지 기술하는 것이다. 이 책은 논리 설계와 논리 설계 과정을 이해하는데 필요한 이론들을 설명하고자 한다.

디지털 시스템의 많은 부분 시스템들은 다음 그림 1-1과 같은 스위칭(Switching) 회로(또는 논리 회로)를 구성하는데 적용된다.

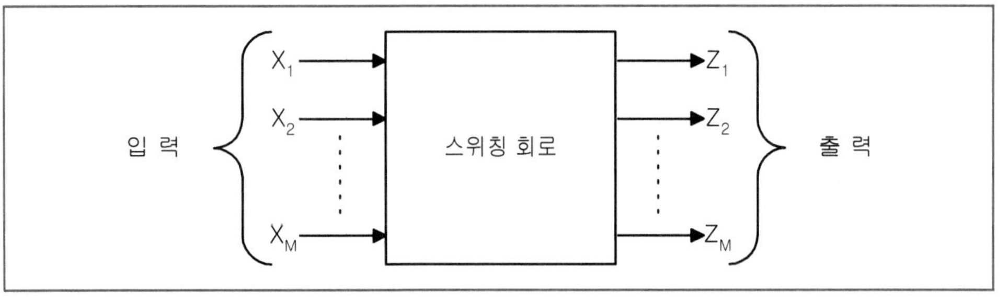

[그림 1-1] 스위칭 회로

일반적으로 논리 회로는 한 개 이상의 입력과 출력으로 구성된다. 이 책에서는 논리 회로의 두 부분이라 할 수 있는 조합 논리 회로(Combinational logic circuits)와 순서 논리 회로(Sequential logic circuits : 순차 논리 회로라고도 함)에 대해 공부하게 된다. 조합 논리 회로에서의 출력은 현재 입력되는 값에 의해 결정이 되므로, 과거 입력 값과는 무관한 상태이다. 그러나 순서 논리 회로의 경우는 현재 입력되고 있는 값과 기억소자에 의해 이미 기억된 과거의 출력 상태(순서 논리 회로에서는 현재 상태라고 정의)에 따라 출력이 결정된다. 따라서 순서 논리 회로의 출력을 얻기 위해서는 입력 값의 순서(시컨스 : Sequence)가 상술되어져야만 한다. 또한 순서 논리 회로는 현재 상태 시컨스에 대한 정보도 기억해야만 하기 때문에 기억 기능을 갖는다고 한다. 반면, 조합 논리 회로는 기억 기능이 없다. 이러한 사정을 생각할 때, 조합 논리 회로가 순서 회로보다 설계하기가 간편하기 때문에 먼저 다루기로 한다.

아날로그(Analog)

- 물리적 양이나 신호가 일정 범위 내에서 연속적인 값으로 표현되는 형태
  [연속적 표현, 선형동작(Linear operation)]

디지털(Digital)

- 물리적 양이나 신호가 이산적인 값으로 표현되는 형태
  [단속적 표현, 비선형동작(Non-linear operation)]

설계자는 회로 입력 신호를 원하는 출력 신호로 변환하기 위해 기본 논리 소자들을 어떻게 연결할 것인지를 결정해야 한다. 입력과 출력 신호 사이의 관계는 부울 대수(Boolean algebra)를 적용하여 수식적으로 설명될 수 있다. 이 책의 2장과 3장에서는 부울 대수의 기본 법칙과 이론들을 소개하고, 이들이 어떻게 논리 회로 동작에 적용되어 작용하는지를 나타낸다.

조합 논리 회로를 설계하기 위한 첫 번째 과정은 입력 변수로부터 주어지는 입력 조합의 형태와 출력 함수의 관계를 설명하는 진리표 작성이나 대수 논리식을 유도하는 것이다. 출력 함수를 논리 소자들을 사용하여 구현할 때, 보다 경제적인 회로로 설계하기 위해서는 논리식을 간략하게 최소화해야 한다. 이러한 간략화(Simplification)방법 중 대수적인 방법은 3장과 4장에서 설명되고, 또 다른 방법으로 도식적인 간략화 방법은 5장에서 소개된다. 그리고 몇몇 가지의 논리 게이트 종류를 사용하여 간략화된 논리식의 실행에 대해서는 6장에서 설명되며, IC(Integrated Circuits : 집적 회로)를 사용한 설계 방법이 7장에서 다루어진다.

8장에서는 순서 논리 회로 설계에 사용되는 기본 메모리 소자인 플립-플롭에 대해 소개하였고, 9장에서는 카운터 설계, 그리고 일반적으로 순서 논리 회로를 분석하는 방법은 10장에서 설명하며, 순서 논리 회로를 설계하는 첫 단계인 입력과 출력 시컨스의 관계를 설명하는 상태표와 상태 할당은 11장과 12장에 나타내었다

13장과 14장에서는 조합 논리 회로와 순서 논리 회로 설계법이 2진 덧셈, 뺄셈, 곱셈, 나눗셈을 실행하는 연산 회로를 구현하는데 적용된다. 15장과 16장에서는 비동기 순서 논리 회로의 설계 시 발생하는 타이밍 문제를 다룬 설계법을 설명하였다. 그리고 이 책의 마지막 부분에서는 Verilog 하드웨어 기술언어를 설명하고 있다.

디지털 시스템에 적용된 논리 소자들은 보통 두 가지의 독립된 입력 논리 상태와 출력 논리 상태를 갖는 소자로 고려될 수 있다. 논리 소자의 예로는 릴레이(Relay), 다이오드, 트랜지스터들이다. 릴레이는 전력이 코일에 공급되거나 그렇지 않은 것에 따라 닫혀졌거나 열려진 두 가지의 상태를 갖는다고 볼 수 있다. 다이오드는 도통 상태와 불통 상태에 있을 수 있다. 또한 트랜지스터는 출력 전압의 고(High), 저(Low)에 따라 차단이나 포화 (Cut-off or saturate)상태에 있을 수 있다. 대부분의 논리 소자들의 입력과 출력은 두 가지 상태 값만으로 사용하기 때문에, 디지털 시스템에서 내부적으로 2진수를 사용하는 것이 일반적이다. 따라서 논리 회로 설계에 대해 공부하기에 앞서 2진수와 그 연산 방법에 대해 알아보기로 한다.

1-2 수의 표현

우리는 일상 생활에서 0에서 9까지의 수 체계(Number systems) 즉, 10을 기수(Radix or base : 밑수라고도 함)로 하는 10진수(Decimal numbers)가 많이 사용되고 있으며, 10진수에 의한 계산법을 10진법이라 한다. 모든 수의 체계가 다 중요하지만 2진수의 체계는 디지털 시스템에서 매우 중요하다. 따라서 디지털 시스템이 신호를 다루고 처리하기에 편리한 수 체계를 도입하여 사용할 필요가 있다. 그러기 위해서는 모든 수의 체계를 2진수의 체계로 변환하여야 한다. 즉, 0과 1만으로 모든 수를 표현하는 2진수 체계(Binary number systems)는 디지털 신호를 표시하고 계산하는데 편리한 특성을 가지고 있다. 디지털 신호는 일반 대수를 이용한 산술 연산과 부울대수를 이용한 논리 연산 모두 가능하다. 2진수와 10진수 외에 디지털 시스템에서 많이 이용되는 수 체계가 8진수와 16진수 체계이다. 8진수와 16진수 체계는 커다란 크기의 값을 갖는 2진수를 효과적으로 표현하기 위해서 사용된다. 따라서, 컴퓨터에서는 연산 속도를 향상하기 위해 2진수, 8진수, 10, 16진수 등의 체계를 사용하며, 각 진법에서 사용되는 수 체계는 다음 표 1-1과 같다.

일반적으로 모든 진수 체계로 이루어진 데이터들은 수를 표현할 때 위치 표기(Positional notation)를 사용하며, 각 자리는 위치에 따라 해당하는 가중치(Weight)를 갖는다. 10진수(밑수가 10 : 사용하는 숫자의 종류가 0~9까지 10개이라는 의미)로 된 데이터를 표현해 보면, 10진수 데이터의 각 자리는 그 위치에 따라 해당하는 가중치가 10의 지수 값 형태로 곱해진다.

예를 들면,

$$953.78_{10} = 9\times10^2 + 5\times10^1 + 3\times10^0 + 7\times10^{-1} + 8\times10^{-2}$$

$$= 900 + 50 + 3 + \frac{7}{10} + \frac{8}{100} = 953\frac{78}{100} = 953.78_{10}$$

이고, 마찬가지로 2진수의 데이터를 표현할 때는 다음과 같이 각 2진 자릿수에 해당하는 가중치를 2의 지수 값으로 표시하여야 한다.

$$1011.11_2 = 1\times2^3 + 0\times2^2 + 1\times2^1 + 1\times2^0 + 1\times2^{-1} + 1\times2^{-2}$$

$$= 8 + 0 + 2 + 1 + \frac{1}{2} + \frac{1}{4} = 11\frac{3}{4} = 11.75_{10}$$

여기에서 소수점이 갖는 의미는 각 자리의 위치에 따른 가중치를 곱해줄 때 지수 값을 양과 음으로 분리하여 표기하는 기준점이 된다.

[표 1-1] 수의 표현

10진수	16진수	8진수	2진수
0	0	0	0
1	1	1	1
2	2	2	10
3	3	3	11
4	4	4	100
5	5	5	101
6	6	6	110
7	7	7	111
8	8	10	1000
9	9	11	1001
10	A	12	1010
11	B	13	1011
12	C	14	1100
13	D	15	1101
14	E	16	1110
15	F	17	1111
16	10	20	10000
17	11	21	10001
18	12	22	10010
19	13	23	10011
20	14	24	10100

밑수가 R인 진수 체계에서 사용하는 숫자의 종류는 0, 1, 2, ⋯, $R-1$까지가 된다. 예를 들어, $R=8$이면 사용할 수 있는 숫자의 종류들은 0에서부터 7까지이다. 위치 표기에 따라 표현된 데이터는 R의 지수 급수적으로 다음과 같이 전개할 수 있다.

$$\begin{aligned} N &= (a_4 a_3 a_2 a_1 a_0 \cdot a_{-1} a_{-2} a_{-3})_R \\ &= a_4 \times R^4 + a_3 \times R^3 + a_2 \times R^2 + a_1 \times R^1 + a_0 \times R^0 \\ &\quad + a_{-1} \times R^{-1} + a_{-2} \times R^{-2} + a_{-3} \times R^{-3} \end{aligned} \tag{1-1}$$

여기서 a_i는 R^i의 계수이고, a_i는 $0 \leq a_i \leq R-1$의 범위를 갖는다. 지수 급수 전개로 나타낸 식에서 밑수 R가 8로 수행되면, 그 결과는 8진수의 데이터 N이 된다. 예를 들면 다음과 같다.

$$\begin{aligned} 147.3_8 &= 1 \times 8^2 + 4 \times 8^1 + 7 \times 8^0 + 3 \times 8^{-1} = 64 + 32 + 7 + \frac{3}{8} \\ &= 103.375_{10} \end{aligned}$$

밑수 R가 10 이상인 경우의 수 체계에서 사용하는 숫자의 종류는 10개 이상 필요하게 된다. 예를 들어, 16진수(Hexa-decimal : R가 16)에서 10_{10}은 A, 11_{10}은 B, 12_{10}는 C, 13_{10}은 D, 14_{10}는 E, 그리고15_{10}는 F로 표기한다.

따라서,

$$A2F_{16} = 10 \times 16^2 + 2 \times 16^1 + 15 \times 16^0 = 2560 + 32 + 15$$
$$= 2607_{10}$$

이 된다.

1-3 진법의 변환

인간과 니시털 시스템에서 사용하고 있는 각각의 대표적인 수 체계에서 서로 정보교환을 하기 위한 기본적인 방법은 두 진수 체계사이의 진법 변환으로 해결될 수 있다. 그러므로, 10진수와 2진수의 상호 변환은 디지털 시스템을 설계하거나 해석하는데 자주 접하게 되며, 쉽게 변환할 수 있도록 익숙해져야 한다.

다음은 어떤 진수의 정수 값 N을 밑수가 R인 또 다른 진수로 변환할 경우의 과정을 설명한다.

$$\begin{aligned} N &= (a_n a_{n-1} \ldots\ldots a_2 a_1 a_0)_R \\ &= a_n R^n + a_{n-1} R^{n-1} +, \ldots\ldots, + a_2 R^2 + a_1 R^1 + a_0 \end{aligned} \quad (1\text{-}2)$$

정수 N을 R로 나누면 다음 식과 같이 몫은 Q_1이 되고, 그 나머지는 a_0이 된다.

$$\frac{N}{R} = a_n R^{n-1} + a_{n-1} R^{n-2} +, \ldots\ldots, + a_2 R^1 + a_1 = Q_1 \ldots a_0 \quad (1\text{-}3)$$

그리고 첫 번째 나누기에서 구해진 몫 Q_1을 다시 R로 또 나누면 다음 식과 같이 된다. 즉, 두 번째 몫은 Q_2가 되고, 두 번째 나머지는 a_1이 된다.

$$\frac{Q_1}{R} = a_n R^{n-2} + a_{n-1} R^{n-3} +, \ldots\ldots, + a_3 R^1 + a_2 = Q_2 \ldots a_1 \quad (1\text{-}4)$$

다음에 두 번째 나누기에서 구해진 몫 Q_2를 다시 R로 나누면 다음 식과 같다. 즉, 세 번째 몫은 Q_3가 되고, 세 번째 나머지는 a_2가 된다.

$$\frac{Q_2}{R} = a_n R^{n-3} + a_{n-1} R^{n-4} +, \ldots\ldots, + a_4 R^1 + a_3 = Q_3 \ldots a_2 \tag{1-5}$$

이러한 과정은 최종적인 계수를 구할 때까지 반복 수행된다. 각각의 나누기 과정에서 발생된 나머지들은 구하려고 하는 R 진수의 위치 표기에 따른 각 자릿수 값이 된다. 이때 제일 먼저 발생되었던 나머지 a_0가 R 진수로 표현된 데이터에서 최하위 비트(LSB : Least significant bits) 또는 최하위 자리(LSD : Least significant digits)가 된다.

한편 다음은 어떤 진수의 소수점 이하의 값 F를 밑수가 R인 또 다른 진수로 변환하는 과정을 설명한다. 이 과정에서 R 진수의 데이터를 얻기 위해서는 F를 R로 계속 곱하여 수행한다.

$$\begin{aligned} F &= (\cdot a_{-1} a_{-2} a_{-3} \ldots\ldots a_{-m})_R \\ &= a_{-1} R^{-1} + a_{-2} R^{-2} + a_{-3} R^{-3} + ,\ldots\ldots, + a_{-m} R^{-m} \end{aligned} \tag{1-6}$$

데이터 F를 R로 곱하면 다음 식 (1-7)과 같이 된다.

$$\begin{aligned} FR &= a_{-1} + a_{-2} R^{-1} + a_{-3} R^{-2} + ,\ldots\ldots, + a_{-m} R^{-m+1} \\ &= a_{-1} + F_1 \end{aligned} \tag{1-7}$$

여기서 F_1은 첫 번째 곱셈을 수행하였을 때 얻어진 데이터 중 소수점 이하에 해당되는 값이고, a_{-1}은 정수 부분에 해당하는 값이다.

그리고 첫 번째 곱셈에서 구해진 소수점 이하의 값 F_1에 R을 다시 곱하면 다음 식 (1-8)과 같이 된다.

$$F_1 R = a_{-2} + a_{-3} R^{-1} + ,\ldots\ldots, + a_{-m} R^{-m+2} = a_{-2} + F_2 \tag{1-8}$$

여기서 F_2는 두 번째 곱셈에서 얻어진 데이터 중 소수점 이하에 해당하는 값이고, a_{-2}는 정수 부분에 해당하는 값이 된다.

이어서 두 번째 곱셈에서 구해진 소수점 이하의 값 F_2에 R을 다시 곱하면,

$$F_2 R = a_{-3} + ,\ldots\ldots, + a_{-m} R^{-m+3} = a_{-3} + F_3 \tag{1-9}$$

와 같이 된다. 여기서 F_3는 세 번째 곱셈에서 얻어진 데이터 중 소수점 이하에 해당하는 값이고, a_{-3}는 정수 부분에 해당하는 값이 된다. 이러한 과정은 곱셈을 수행하여 얻어진 데이터 중 소수점 이하에 해당하는 값이 0으로 될 때까지 반복 수행된다.

그리고 각각의 곱셈 과정에서 발생되었던 정수 부분에 해당하는 값들은 변환하고자 하였던 R진수의 위치 표기에 따른 각 자리 값이 된다. 이때 제일 먼저 구해진 정수 부분 a_{-1}은 R진수로 표현된 소수점 이하 값 중에서 최상위 비트(MSB : Most significant bits) 또는 최상위 자리(MSD : Most significant digits)가 된다.

(1) 10진수(Decimal numbers)의 변환

10진 정수 데이터 N을 R진수 체계로 변환하는 과정은 주어진 값 N을 R로 나누어 나가면 된다. 이때 나눗셈의 진행은 최종적인 몫이 나누는 수 R보다 작은 수가 나올 때까지 반복 수행한다. 최종적인 해를 구하였을 때 각각의 나눗셈 과정에서 발생되었던 나머지 값들이 R진수의 데이터가 된다.

다음 예는 10진수를 2진수로 변환하는 경우이다.

예제 1-1 10진수 25_{10}를 2진수로 변환하시오.

[풀이]

```
2 | 25  …  1 ↑  [a0]
2 | 12  …  0 |  [a1]
2 |  6  …  0 |  [a2]
2 |  3  …  1 |  [a3]
     1 ──────┘
```

즉, $25_{10} = 11001_2$ 이다.

예제 1-2 10진수 95_{10}를 8진수로 변환하시오.

[풀이]

```
8 | 95  …  7 ↑
8 | 11  …  3 |
     1 ──────┘
```

따라서, $95_{10} = 137_8$이다.

예제 1-3 10진수 78_{10}를 16진수로 변환하시오.

[풀이]

```
16 | 78  …  E ↑
      4 ──────┘
```

$\therefore\ 78_{10} = 4E_{16} = 4E_{Hex} = 4EH$ 이다.

다음은 소수점을 포함한 10진수를 R진수로 변환하는 과정을 설명한다. 이러한 경우는 정수 부분과 소수점 이하의 부분으로 분리하여 변환을 수행한다.

예제 1-4 10진수 53.625_{10}를 2진수로 변환하시오

[풀이]

제수	몫		나머지	자리
2	53	···	1	$[a_0]$
2	26	···	0	$[a_1]$
2	13	···	1	$[a_2]$
2	6	···	0	$[a_3]$
2	3	···	1	$[a_4]$
	1			

자리	계산
	.625 × 2
$[a_{-1}]$	(1) .250 × 2
$[a_{-2}]$	(0) .500 × 2
$[a_{-3}]$	(1) .000

따라서, $53.625_{10} = 110101.101_2$가 된다.

예제 1-5 10진수 31.3125_{10}를 8진수로 변환하시오.

[풀이]

제수	몫		나머지
8	31	···	7
	3		

자리	계산
	.3125 × 8
$[a_{-1}]$	(2) .5000 × 8
$[a_{-2}]$	(4) .0000

따라서, $31.3125_{10} = 37.24_8$ 가 된다.

예제 1-6 10진수 345.3828125_{10}를 16진수로 변환하시오.

[풀이]

제수	몫		나머지
16	345	···	9
16	21	···	5
	1		

자리	계산
	.3828125 × 16
$[a_{-1}]$	(6) .1250000 × 16
$[a_{-2}]$	(2) .0000000

따라서, $345.3828125_{10} = 159.62_{16} = 159.62H$가 된다.

(2) 2진수(Binary numbers)의 변환

2진 정수 데이터 N을 10진수로 변환하는 과정은 아주 간단하여 쉽게 구할 수 있다. 즉 주어진 값 N에 상대적인 위치에 따라 가중치를 적용하여 합산하면 된다.

다음은 2진수를 10진수로 변환하는 경우의 예이다.

예제 1-7 2진수 111001_2를 10진수로 변환하시오.

[풀이] $111001_2 = 1\times2^5 + 1\times2^4 + 1\times2^3 + 0\times2^2 + 0\times2^1 + 1\times2^0$

$= 32+16+8+0+0+1 = 57_{10}$

2진수에서 위치에 따른 가중치는 다음 표 1-2와 같다.

[표 1-2] 2진수의 가중치 표현

양의 가중치	10진 표현	단위계	음의 가중치	분수 표현	소수점 표현
2^0	1				
2^1	2		2^{-1}	1/2	0.5
2^2	4		2^{-2}	1/4	0.25
2^3	8		2^{-3}	1/8	0.125
2^4	16		2^{-4}	1/16	0.0625
2^5	32		2^{-5}	1/32	0.03125
2^6	64		2^{-6}	1/64	0.015625
2^7	128		2^{-7}	1/128	0.0078125
2^8	256		·	·	·
2^9	512		·	·	·
2^{10}	1,024	1K	·	·	·
2^{11}	2,048	2K			
2^{12}	4,096	4K			
2^{13}	8,192	8K			
2^{14}	16,384	16K			
2^{15}	32,768	32K			
2^{16}	65,536	64K			
2^{17}	131,072	128K			
2^{18}	262,144	256K			
2^{19}	524,288	512K			
2^{20}	1,048,576	1,024K=1M			
2^{21}	2,097,152	2,048K=2M			
2^{22}	4,194,304	4,096K=4M			

또한 소수점을 포함하는 2진수를 10진수로 변환하는 예는 다음과 같다.

예제 1-8 2진수 11011.011_2를 10진수로 변환하시오.

[풀이] $11011.011_2 = 1\times2^4 + 1\times2^3 + 0\times2^2 + 1\times2^1 + 1\times2^0 + 0\times2^{-1} + 1\times2^{-2} + 1\times2^{-3}$

$$= 16+8+0+2+1+0+\frac{1}{4}+\frac{1}{8} = 27+\frac{3}{8}$$

$$= 27.375_{10}$$

다음은 2진수를 8진수로 변환하는 과정을 설명한다. 이 과정은 2진수 데이터 N이 있을 때 정수 부분은 LSB 방향 쪽에서부터 MSB 방향 쪽으로 3개씩 묶고, 소수점 이하 부분은 소수점을 기준으로 하여 MSB 방향 쪽에서부터 LSB 방향 쪽으로 3개씩 묶어 구분한 후, 8진수로 변환하면 된다. 변환 과정은 아주 간단하여 쉽게 변환할 수 있다.

다음과 같은 예를 들어 설명할 수 있다.

예제 1-9 2진수 10111110.0011_2를 8진수로 변환하시오.

[풀이] $10111110.0011 = 010\quad 111\quad 110\quad .001\quad 100 = 276.14_8$

$2\quad 7\quad 6\quad .\ 1\quad 4$

또한 2진수를 16진수로 변환하는 과정도 8진수로 변환하는 과정과 같은 방법으로 수행한다. 단지 4개씩 묶어 구분한 후, 16진수로 변환한다는 것만이 틀릴 뿐이다.

예를 들어보면 다음과 같다.

예제 1-10 2진수 10110100110.0011_2를 16진수로 변환하시오.

[풀이] $10110100110.0011 = 0101\ 1010\ 0110\ .0011 = 5A6.3_{16}$

$5\quad A\quad 6\ .\ 3$

(3) 8진수(Octal numbers)의 변환

8진수의 체계에서는 밑수 R이 8이므로 사용 가능한 숫자의 종류가 8개라는 의미가 된다. 즉 0, 1, 2, 3, …, 6, 7까지의 숫자를 사용할 수 있다. 8진 데이터 N을 10진수로 변환하는 과정은 주어진 값 N에 상대적인 위치에 따라 가중치를 적용하여 합산하면 된다.

다음은 8진수를 10진수로 변환하는 경우의 예이다.

예제 1-11 8진수 123.45_8를 10진수로 변환하시오.

[풀이] $123.45_8 = 1\times 8^2 + 2\times 8^1 + 3\times 8^0 + 4\times 8^{-1} + 5\times 8^{-2}$

$$= 64 + 16 + 3 + \frac{4}{8} + \frac{5}{64} = 83 + \frac{37}{64}$$

$$= 83.578125_{10}$$

다음은 8진수를 2진수로 변환하는 예이다. 이것은 다른 진수간의 변환보다 훨씬 간단하며 쉽게 수행할 수 있다. 8진수의 숫자 한 개를 2진수 3 자리로 변환만 하면 된다. 예를 들어 설명해 보자.

예제 1-12 8진수 567.23_8를 2진수로 변환하시오.

[풀이] $567.23_8 = 5 \quad 6 \quad 7 \;.\; 2 \quad 3$

$$= 101 \quad 110 \quad 111 \;.\; 010 \quad 011$$

$$= 101110111.010011_2$$

(4) 16진수(Hexa-decimal numbers)의 변환

앞에서 잠시 설명했지만 16진수의 체계에서는 밑수 R이 16이므로 사용 가능한 숫자의 종류가 16개라는 의미가 된다. 즉 0, 1, 2, 3, …, 8, 9까지의 숫자와 A, B, C, D, E, F의 문자를 사용한다. 16진수에서 사용하는 기호 중 A부터 F까지는 10진수의 10에서부터 15까지에 해당하는 값을 가진다. 16진 데이터 N을 10진수로 변환하는 과정은 주어진 값 N에 상대적인 위치에 따라 가중치를 적용하여 합산하면 된다.

다음은 16진수를 10진수로 변환하는 경우의 예이다.

예제 1-13 16진수 $3A9.2C_{16}$를 10진수로 변환하시오.

[풀이] $3A9.2C_{16} = 3\times16^2 + A\times16^1 + 9\times16^0 + 2\times16^{-1} + C\times16^{-2}$

$= 3\times16^2 + 10\times16^1 + 9\times16^0 + 2\times16^{-1} + 12\times16^{-2}$

$= 768+160+9+\frac{2}{16}+\frac{12}{256} = 937+\frac{44}{256}$

$= 937.171875_{10}$

한편 16진수를 2진수로 변환하는 경우는 8진수의 경우와 아주 유사한 방법으로 수행된다. 16진수 숫자 한 개를 2진수 4 자리로 변환하면 된다. 그럼 다음과 같은 예를 들어 설명해 보자.

예제 1-14 16진수 $9BF.4E_{16}$를 2진수로 변환하시오.

[풀이] $9BF.4E_{16} = \quad 9 \quad B \quad F \quad . \quad 4 \quad E$

$= 1001 \quad 1011 \quad 1111 \quad . \quad 0100 \quad 1110$

$= 100110111111.01001110_2$

어떤 진수의 데이터 N을 밑수가 R인 진수로 변환할 경우, 상호 직접적인 변환이 곤란한 경우도 발생될 수 있다. 이럴 때는 다소 우회적인 방법으로 10진수로 변환했다가 다시 R진수로 변환하는 방법이 있고, 또 다른 방법으로는 2진수를 중간 매개체로 하여 해결하는 방법이 있다. 다음은 이와 같은 애매한 경우를 예를 들어 설명한다.

예제 1-15 16진수 $A7_{16}$를 8진수로 변환하시오.

[풀이] $A7_{16} = \quad A \quad 7$

$= 1010 \quad 0111 = 10100111_2$

$= 010 \quad 100 \quad 111$

$= \quad 2 \quad 4 \quad 7$

$= 247_8$

과 같이 된다.

1-4 2진 연산(Binary arithmetic)

디지털 시스템에서 연산 회로를 설계할 때, 2진 연산을 수행하는 논리 회로의 설계가 10진 연산에 비해 훨씬 간편하다. 2진 연산은 10진 연산과 동일한 방법으로 수행하지만, 오히려 더욱 간단하게 할 수 있다. 특히 2진 덧셈과 곱셈 연산은 10진 연산에 비해 아주 간단하다.

제4장 가산기 설계에서 다시 한번 자세히 다루어지겠지만, 2진 덧셈 연산의 형태는 다음 4가지 경우 중 하나가 된다.

$0 + 0 = 0$
$0 + 1 = 1$
$1 + 0 = 1$
$1 + 1 = 0$ 그리고 자리올림수 발생(C = 1)

하드웨어(Hardware)적으로 피가수와 가수, 그리고 아래 자리에서 발생되어 올라오는 자리올림수(Carry) 등 3개의 데이터를 동시에 2진 덧셈으로 처리하기 위해서는 전가산기가 필요하다. 또한 데이터가 2비트 이상인 경우의 연산을 위해서는 전가산기를 2개 이상 연결하여 만든 병렬 가산기가 필요하게 된다.

예제 1-16 10진수 13_{10}과 11_{10}를 2진수로 덧셈하시오.

[풀이]

		1111	← 자리 올림수
13_{10}	→	1101	← 피가수
11_{10}	→	+ 1011	← 가수
		11000 = 24_{10}	

한편, 2진 뺄셈 연산의 형태는 다음 4가지 경우 중 하나가 된다.

$0 - 0 = 0$
$0 - 1 = 1$ 그리고 한자리 위에서 빌려오는 자리내림수 발생
$1 - 0 = 1$ (Borrow : B = 1)
$1 - 1 = 0$

예제 1-17 다음 2진수들의 뺄셈을 수행하시오.

[풀이]

(a)	(b)	(c)
11101	10000	111001
− 10011	− 11	− 1011
1010	1101	101110

두 번째 예 (b)에서 피감수의 자리내림이 하위 자리로 어떻게 전달되는지 주목하기 바란다. 가끔 2진수 뺄셈을 자리내림 과정에서 혼동을 가져올 수 있는데, 아마 10진수 뺄셈에 너무 익숙해져서 잠시 착각에서 오는 현상이라고 생각한다. 10진 연산에서는 상위 자리에서 빌려오는 자리내림수 1은 하위 자리로 내려오면 10의 지수 형태 즉, $10^1 = 10_{10}$이 된다. 그러나 2진 연산에서는 상위 자리에서 빌려오는 자리내림수 1은 하위 자리로 내려오면 2의 지수 형태 즉, $2^1 = 2(10_2)$ 인 것이 착각의 요인으로 등장한다.

2진 뺄셈 연산을 분석하기에 앞서 먼저 10진 뺄셈 연산에 대한 자리내림 과정을 확인해 보자. 피감수의 자리내림이 필요한 경우 상위 쪽 자리 n 에서 1을 빼내, $n-1$ 자리에 10을 더해 준다. $1\times 10^n = 10\times 10^{n-1}$이기 때문에, 10진수의 값은 바꾸지 않으면서 뺄셈을 처리할 수 있게 된다. 예를 들어, 다음 10진수의 뺄셈 문제를 풀어보자.

```
column 3   column 2
      ↘   ↙
     2 0 5      피감수
   −   1 8      감수
   ─────────
     1 8 7
```

이 예에서 피감수의 자리내림 과정은 우선 두 번째 자리에서 자리내림 1을 하고 나서 세 번째 자리에서 다시 자리내림 1을 하는데, 그 자세한 내용은 다음과 같다.

$$\begin{aligned}
205-18 &= [2\times 10^2 + 0\times 10^1 + 5\times 10^0] \\
&\quad -[\qquad\qquad 1\times 10^1 + 8\times 10^0]
\end{aligned}$$

2번째 자리로부터 자리내림

$$\begin{aligned}
&= [2\times 10^2 + (0-1)\times 10^1 + (10+5)\times 10^0] \\
&\quad -[\qquad\qquad 1\times 10^1 + 8\times 10^0]
\end{aligned}$$

3번째 자리로부터 자리내림

$$\begin{aligned}
&= [(2-1)\times 10^2 + (10+0-1)\times 10^1 + 15\times 10^0] \\
&\quad -[\qquad\qquad 1\times 10^1 + 8\times 10^0] \\
&= [\quad 1\times 10^2 + \quad 8\times 10^1 + \quad 7\times 10^0]
\end{aligned}$$

2진수의 뺄셈에 대한 자리내림 과정은 10의 지수 대신에 2의 지수를 다룬 것 외에는 10진수의 방법과 다를 것이 없다. 그러므로 2진 연산의 경우, n 번째 자리에서 자리내림 과정은 n 번째 자리에서 1을 빼서, $n-1$ 번째 자리에다 1을 2개 더하는 것과 같다. 2진수의 값은$1 \times 2^n = 2 \times 2^{n-1}$이기 때문에 변하지 않는다.

예제 1-17(c)에 대한 분석은 다음과 같다.

① 첫 번째 열 LSB끼리의 뺄셈$(1_2 - 1_2) = 0_2$은 무리 없이 수행된다. 그러나 두 번째 열의 뺄셈을 하기 위해서는 먼저 피감수의 세 번째 자리에서 자리내림을 해야 한다.

② 세 번째 자리에서 자리내림 1을 하면 두 번째 자리에서는 1이 $2(10_2)$개가 되어, 두 번째 열의 뺄셈 결과는$(10_2 - 1_2) = 1_2$이 된다.

③ 피감수의 세 번째 자리에서 자리내림을 하기 위해서는 네 번째 자리에서 자리내림 1을 해야 한다. 그러면 세 번째 자리에서는 1이 $2(10_2)$개가 된다. 그러나 바로 전 단계에서 두 번째 자리로 자리내림 1을 했기 때문에 세 번째 자리에 남아있는 수는 1_2이고, 세 번째 열의 뺄셈 결과는$(1_2 - 0_2) = 1_2$이 된다.

④ 피감수의 네 번째 자리는 아래 자리로 자리내림을 했기 때문에 0_2이 된 상태이다. 따라서 네 번째 열의 뺄셈을 위해서는 다섯 번째 자리로부터의 자리내림이 필요하다. 다섯 번째 자리에서 자리내림 1을 하면 네 번째 자리에서는 1이 2(10_2)개가 되어, 네 번째 열의 뺄셈 결과는$(10_2 - 1_2) = 1_2$이 된다.

⑤ 이제 남은 다섯 번째와 여섯 번째 열의 뺄셈은 문제가 없다.

그리고, 2진 곱셈 연산의 형태는 10진 곱셈 연산에 비해 너무 간단하며, 다음과 같이 된다.

$$0 \times 0 = 0$$
$$0 \times 1 = 0$$
$$1 \times 0 = 0$$
$$1 \times 1 = 1$$

다음의 예제는 2진수에서 곱셈하는 방법을 예시한다.

예제 1-18 다음 2진수들의 곱셈을 수행하시오.

[풀이]

```
     1101
   × 1011
 ---------
     1101
    1101
   0000
  1101
 ---------
 10001111=143₁₀
```

$$\begin{array}{rl} 13 & \leftarrow \text{피승수} \\ \times\ 11 & \leftarrow \text{승수} \\ \hline 13 & \\ 13\ \ & \\ \hline 143_{10} & \end{array}$$

제14장에서 다시 한 번 설명하겠지만, 이 예에서 승수의 비트가 1이면 피승수의 값을 한번 적어주면 되고, 승수의 비트가 0이면 “0 0 0 0”을 적어주던지 한 자리 시프트하고 난 후, 다음 곱셈을 계속하여 수행하면 된다.

모든 디지털 시스템에서나 컴퓨터의 연산 장치에서 데이터를 처리할 때는 한 번에 두개의 2진수 데이터만을 처리할 수 있기 때문에, 두개 이상의 데이터가 더해질 경우의 연산은 먼저 처음 두 개의 데이터가 더해진다. 그리고 그 합이 세 번째 데이터와 더해지는 형태의 누적 가산(누산) 방법으로 처리한다.

마지막으로 2진수에서 나눗셈은 어떻게 수행하는지 알아보자.

예제 1-19 다음 2진수들의 나눗셈을 수행하시오.

[풀이] $45_{10} \div 6_{10} = 7.5_{10}$ $101101_2 \div 110_2 = 111.1_2$

```
        111
     ------
110 | 101101
      110
     ------
      1010
       110
     ------
       1001
        110
     ------
        011
```

데이터 표현의 단위
- Bit : 2진 숫자 0이나 1 둘 중 어느 한 자리를 의미한다.
  (Binary + Digit의 합성어 : 정보의 최소 단위로 정의)
- Nibble : 4 비트를 단위로 한다.(1 Nibble = 4 비트)
- Byte : 8 비트를 단위로 한다.(1 Byte = 8 비트)
- Word : 장치에서 한 번에 처리하는 데이터의 단위
  즉, 4, 8, 16, 32, 64 등의 비트를 1Word 단위로 한다.

1-5 음수(Negative numbers)의 표현

일반적으로 음(-)의 수를 2진수로 표현하는 방법에는 여러 가지 방법이 있다. 지금부터 대표적인 몇 가지 표현 방법을 소개하겠다. 대부분의 컴퓨터들은 처리하는 워드 단위의 데이터에서 첫 번째 비트를 부호 비트로 사용한다. 즉 양의 부호 "+"에 대해서는 "0"을 음의 부호 "-"에 대해서는 "1"을 부호 비트로 할당한다. 만약 처리되는 데이터가 n 비트인 경우 첫 번째 비트는 부호 비트로, 그리고 나머지 $n-1$ 비트들이 수의 크기를 표현하는 부분으로 나타내어진다. 그러므로 n 비트 워드는 2^{n-1} 개의 양의 정수 중에 하나이거나 또는 2^{n-1} 개의 음의 정수 중에 하나를 나타낸다. 표 1-3은 $n=4$인 경우에 대한 2진수를 표현하였다. 부호 및 크기(절대값) 표현 방법에서 "1000"은 "- 0"임을 나타낸다.

[표 1-3] $n=4$인 경우 부호화된 2진 정수 표현

양의 정수		음의 정수			
$+N$	2진 표현	$-N$	부호와 크기	2의 보수 N^*	1의 보수 $\overline{N}$
+ 0	0 0 0 0	- 0	1 0 0 0	×	1 1 1 1
+ 1	0 0 0 1	- 1	1 0 0 1	1 1 1 1	1 1 1 0
+ 2	0 0 1 0	- 2	1 0 1 0	1 1 1 0	1 1 0 1
+ 3	0 0 1 1	- 3	1 0 1 1	1 1 0 1	1 1 0 0
+ 4	0 1 0 0	- 4	1 1 0 0	1 1 0 0	1 0 1 1
+ 5	0 1 0 1	- 5	1 1 0 1	1 0 1 1	1 0 1 0
+ 6	0 1 1 0	- 6	1 1 1 0	1 0 1 0	1 0 0 1
+ 7	0 1 1 1	- 7	1 1 1 1	1 0 0 1	1 0 0 0
		- 8	×	1 0 0 0	×

부호 및 크기로 표현된 2진수의 뺄셈 연산을 위한 논리 회로의 설계는 쉽지가 않다. 따라서 산술 연산 장치를 설계할 때, 뺄셈 연산을 위한 논리 회로 설계에는 통상 1의 보수와 2의 보수 체계가 사용된다. 2의 보수 체계에서도 양(+)의 정수 N을 표현할 때는 부호 및 크기 표현 방법과 같이 부호 비트 "0"과 크기로 표현한다. 그러나 음의 정수 $-N$은 2의 보수 N^*에 의해 표현된다. 만일 워드가 n 비트이라면, 양의 정수 N에 대한 2의 보수는 다음 식 (1-10)과 같이 정의된다.

$$N^* = 2^n - N \tag{1-10}$$

$n = 4$인 경우 $-N$은 표 1-3에서와 같이 $16 - N$으로 표현된다. 예를 들어 -3은 $16 - 3 = 13 = 1101_2$로 표현된다. 따라서 부호 및 크기 표현에서와 같이, 모든 음수의 2의 보수들은 부호 비트에 해당하는 MSB 위치에 " − " 부호인 "1"을 갖는다.

1의 보수 체계에서 음의 정수 $-N$은 1의 보수 $\overline{N}$로 표현한다. 양의 정수 N에 대한 1의 보수 $\overline{N}$는 n 비트인 워드에 대하여, 다음 식 (1-11)과 같이 정의된다.

$$\overline{N} = (2^n - 1) - N \tag{1-11}$$

$n = 4$인 경우 $\overline{N}$는 표 1-3에서와 같이 $15 - N$으로 표현된다. 1의 보수 표현 방법에서 "1111"은 음의 정수 "− 0"을 나타내며, 워드가 $n = 4$인 1의 보수 체계에서는 음의 정수 "− 8"을 표현할 수가 없다. 1의 보수를 만드는 또 다른 방법은 2진수로 표현된 양의 정수 N에 대해 "0"은 "1"로, 그리고 "1 은 "0"으로 치환하여 만드는 방법이 있다. 예를 들어, $n = 6$이고 $N = 010101$인 경우 2^{n-1}은 모든 비트가 "1"이 되며, 양의 정수 N을 빼면 1의 보수 $\overline{N}$을 얻을 수 있다.

$$\begin{array}{rl} & (2^n - 1 = 111111) \\ - & (\ N = 010101) \\ \hline & \overline{N} = 101010 \end{array}$$

식 (1-10)과 (1-11)로부터 다음과 같은 식 (1-12)를 유도할 수 있다.

$$N^* = 2^n - N = (2^n - 1 - N) + 1 = \overline{N} + 1 \tag{1-12}$$

따라서, 2의 보수는 1의 보수를 구한 후, 1을 더해서도 얻을 수 있다. 일반적으로 가장 많이 사용하는 2의 보수를 구하는 방법으로는 2진수로 표현된 양의 정수 N의 LSB에서부터 시작하여 MSB 쪽으로 처음 등장하는 "1"이 나올 때까지는 그대로 적어주고, 나머지 좌측에 있는 비트들은 반전시켜주면 아주 쉽게 구할 수 있다.

예를 들면, 다음과 같다.

$$N = 0\ 1\ 0\ 1$$

$$N^{*} = 1\ 0\ 1\ 1$$

예제 1-20 2진수로 표현된 양의 정수들에 대한 1의 보수를 구하라.

$n=4$인 경우

(a) 0 1 1 0=+6　　(b) 0 1 1 1=+7

[풀이]

(a)	(b)
0 1 1 0(+6)	0 1 1 1(+7)
↓	↓
1 0 0 1(−6)	1 0 0 0(−7)

예제 1-21 2진수로 표현된 양의 정수들에 대한 2의 보수를 구하라.

$n=4$인 경우

(a) 0 1 1 0=+6　　(b) 0 1 1 1=+7

[풀이]

(a)	(b)
0 1 1 0(+6)	0 1 1 1(+7)
↓	↓
1 0 1 0(−6)	1 0 0 1(−7)

한편, 음의 수를 표현하는 1의 보수와 2의 보수 체계에 대한 개념은 다른 밑수 R을 갖는 수 체계에도 확장 적용할 수가 있다. 일반적으로 밑수가 R이고 워드가 n자리인 경우 양의 정수 N에 대한 R의 보수 N^R는 다음 식 (1-13)과 같이 정의한다.

$$N^R = R^n - N \tag{1-13}$$

그리고 $(R-1)$의 보수 $\overline{N^R}$는 다음 식 (1-14)와 같이 정의한다.

$$\overline{N^R} = (R^n - 1) - N \tag{1-14}$$

다음 표 1-4에는 밑수가 R인 보수 체계들을 나타내었다.

[표 1-4] 밑수가 R인 경우 보수 체계

Radix R	Decimal	Octal	Binary
R의 보수	10의 보수	8의 보수	2의 보수
$R-1$의 보수	9의 보수	7의 보수	1의 보수

10진수에서의 $R(10)$의 보수와 $R-1(9)$의 보수에 대해 예를 들어 설명해보자.

예제 1-22 주어진 수에 대한 9의 보수를 구하라.

[풀이] 자릿수 n에 따라 더해서 9, 99, 999 등이 되는 수를 구한다.

(a) $n=1$일 경우, 7 ………… → 2
5 ………… → 4

(b) $n=2$일 경우, 07 ………… → 92
05 ………… → 94

(c) $n=3$일 경우, 007 ………… → 992
005 ………… → 994

예제 1-22 주어진 수에 대한 10의 보수를 구하라.

[풀이] 자릿수 n에 따라 더해서 10, 100, 1000 등이 되는 수를 구한다.

(a) $n=1$일 경우, 7 ………… → 3
5 ………… → 5

(b) $n=2$일 경우, 07 ………… → 93
05 ………… → 95

(c) $n=3$일 경우, 007 ………… → 993
005 ………… → 995

1-6 보수(Complement) 연산

앞서 공부하였던 2진수의 뺄셈 연산은 감수의 보수를 구해 덧셈 방법으로 처리할 수도 있다. 따라서 컴퓨터의 연산 장치는 2의 보수를 만들어줄 수 있는 보수기와 병렬 가산기만을 설계하여도 덧셈과 뺄셈, 곱셈과 나눗셈까지도 처리할 수 있다. 여기서 굳이 2의 보수기를 요구하는 것은 1의 보수 방법으로 연산을 하였을 경우 음의 영"– 0"이 발생될 수 있기 때문이다.

(1) 2의 보수(2's complement) 가산

일반적으로 2진수의 보수 가산을 할 때, 연산을 하기 앞서 우선적으로 피감수와 감수의 자리 수가 같도록 조정해야 한다. 그리고 연산의 결과 MSB에서 발생되는 최종 자리올림수는 무시한다. 다음의 예를 들어 설명해 보기로 하자.

예제 1-24 주어진 수에 대해 2의 보수 가산 방법으로 연산하시오.

[풀이] (a) $n=3$인 부호 없는 두 수의 2의 보수 가산

```
   (7)          111      (5)= 101에 대한 2의 보수
 - (5)       +  011  ←──┘
 ─────       ───────
     2      [1̸]  010  ←── 이때 발생된 자리 올림수 [1] 무시
```

(b) $n=4$인 부호 없는 두 수의 2의 보수 가산(피감수와 감수 사이의 자릿수 조정 필요)

```
  (12)         1100      (5)= 0101에 대한 2의 보수
 - (5)       + 1011  ←──┘
 ─────       ───────
     7      [1̸] 0111  ←── 이때 발생된 자리 올림수 [1] 무시
```

(c) $n=4$인 부호 있는 두 수의 2의 보수 가산

```
  (+7)        0111         0111
 - (+5)      - 0101   ⇨   + 1011
 ──────      ───────     ────────
     2        0010     [1̸] 0010  ←── 이때 발생된 자리 올림수 [1] 무시
```

(d) $n=4$인 부호 있는 두 수의 2의 보수 가산

```
  (+6)          0110          0110
 - (+7)       - 0111   ⇨   + 1001
 ──────      ────────     ────────
   - 1       <1> 1111     [0] 1111
```

여기서 직접 뺄셈의 경우 결과가 음(−)수이기 때문에 자리내림수 ⟨1⟩이 발생, 또한 2의 보수 가산 방법에서 최종 자리올림수가 [0]이라면 연산 결과가 음수이기 때문이다.

(2) 1의 보수(1's complement) 가산

1의 보수 가산 방법은 2의 보수 가산 방법과 유사하다. 그러나 2의 보수 가산 방법에서는 버렸던 최종 자리올림수를 버리지 않고 n 비트로 구성된 합의 가장 오른쪽 비트 즉, LSB에 다시 한번 더해준다는 점이 다르다. 이 최종 자리올림수를 “End around carry”라고 한다. 다음의 예를 들어 설명해 보자.

예제 1-25 주어진 수에 대해 1의 보수 가산 방법으로 연산하시오.

[풀이] (a) $n=3$인 부호 없는 두 수의 1의 보수 가산

```
   (7)         111      (5)= 101에 대한 1의 보수
 - (5)     +   010  ←──┘
 ─────     ─────────
    2      [1] 001  ←── End around carry 발생
            └──→ 1
           +
           ─────────
               010
```

(b) $n=4$인 부호 없는 두 수의 1의 보수 가산(피감수와 감수 사이의 자릿수 조정 필요)

```
   (12)        1100     (5)= 0101에 대한 1의 보수
 -  (5)    +   1010  ←──┘
 ──────    ──────────
     2     [1] 0110  ←── End around carry 발생
            └──→ 1
           +
           ──────────
               0111
```

마지막으로 보수 가산 방법을 정리하면서 10의 보수 가산 방법과 9의 보수 가산 방법에 대해 잠깐 알아보기로 하자.

예제 1-26 다음 문항을 10의 보수, 9의 보수 가산 방법으로 풀이하시오.

[풀이] (a) (9 − 5)를 10의 보수 가산 방법으로 풀이하시오.

```
   9           9
 - 5   ⇨     + 5
 ───        ─────
   4        [1] 4   ← 자리올림수 무시   ([1]은 지움)
```

(b) (19 − 5)를 10의 보수 가산 방법으로 풀이하시오.

```
  19          19
 - 5   ⇨    + 95
 ───        ─────
  14       [1] 14   ← 자리올림수 무시   ([1]은 지움)
```

(c) (9 − 5)를 9의 보수 가산 방법으로 풀이하시오.

```
   9           9
 - 5   ⇨     + 4
 ───        ─────
   4        [1] 3   ← End around carry 발생
            +└→ 1
            ─────
                4
```

(d) (19 − 5)를 9의 보수 가산 방법으로 풀이하시오.

```
  19          19
 - 5   ⇨    + 94
 ----       ------
  14       [1] 13   ← End around carry 발생
           + └→ 1
           ------
               14
```

1-7 2진 코드(Binary codes)

대부분의 컴퓨터들이 내부적으로는 2진수를 사용하지만, 입출력 장치들은 보통 10진수를 사용한다. 또한 대부분의 논리 회로는 단지 두 값만 갖는 신호를 허용하기 때문에, 10진수도 2진 신호에 의해 코드화(Coded)되어져야만 한다. 일반적으로 사용하는 코드에는 수치 데이터 코드와 문자 코드가 있다. 수치 데이터 코드에는 8-4-2-1 BCD 코드, 3초과 코드, 그레이 코드 등이 있고, 문자 코드에는 6비트 BCD, 7비트 ASCII 코드, 8비트 EBCDIC 코드 등이 있다.

2진 코드의 가장 간단한 형태는, 10진수의 각 자리가 그에 상응한 2진 코드로 대치시키는 것이다. 예를 들어, 937.25는 다음과 같이 표현된다.

```
  9     3     7  .   2     5
  ↓     ↓     ↓      ↓     ↓
1001  0011  0111  .0010  0101
```

이러한 결과는 10진수 937.25를 직접 2진수로 변환하여 얻어진 결과와는 많은 차이점을 보이고 있다. 또한 이런 표현 방식을 2진화 10진수(BCD : Binary-coded-decimal), 또는 8-4-2-1 코드라 부른다. BCD 코드는 10진 숫자 한 개를 2진수 4비트로 표현한 코드이다.

10진수에 대해 2진수로 표현된 코드의 예를 표 1-5에 보였다. 각각의 코드들은 10진 숫자에 따른 2진 값의 개별 조합에 의해 표현되는 것이기 때문에 서로 다른 많은 코드들의 종류가 있을 수 있다. 10진수를 2진 코드형으로 변환하기 위해서는, 각각의 10진수를 그에 상응되는 코드로 대치시키면 된다. 그러므로 3초과 코드로 나타낸 937은 1100 0110 1010이다. 또한 8-4-2-1 코드와 6-3-1-1 코드는 각각의 위치에 따른 가중치(Weight)가 적용된 코드들이다. 이와 같은 코드에서 가중치가 w_3, w_2, w_1, w_0 일 때, 코드 a_3, a_2, a_1, a_0 들은 10진수의 값 N을 나타내게 된다.

$$N = w_3 a_3 + w_2 a_2 + w_1 a_1 + w_0 a_0 \tag{1-15}$$

[표 1-5] 2진 코드들

Decimal digit	8-4-2-1 code	6-3-1-1 code	Excess-3 code	2-out-of-5 code	Gray code
0	0000	0000	0011	00011	0000
1	0001	0001	0100	00101	0001
2	0010	0011	0101	00110	0011
3	0011	0100	0110	01001	0010
4	0100	0101	0111	01010	0110
5	0101	0111	1000	01100	0111
6	0110	1000	1001	10001	0101
7	0111	1001	1010	10010	0100
8	1000	1011	1011	10100	1100
9	1001	1100	1100	11000	1101

예를 들어, 6-3-1-1 코드의 가중치는 $w_3 = 6, w_2 = 3, w_1 = 1, w_0 = 1$이 된다. 따라서 6-3-1-1 코드 1011은 다음과 같은 10진수로 나타내어진다.

$$N = 6 \times 1 + 3 \times 0 + 1 \times 1 + 1 \times 1 = 8$$

한편 3초과 코드(Excess-3 code)는 8-4-2-1 코드 값에 3(0011)을 더하여 얻을 수 있다. 2-out-of-5 코드는 가중치가 적용되지 않는 코드이며, 모든 코드 조합에서 전체 5비트 중 2개의 비트가 "1"이 되는 특징을 가지고 있다. 아울러 이 코드는 에러(Error)를 검출할 수 있는 능력을 갖추고 있다. 만약 원인이 규명되지 않은 결함으로 인하여 논리 회로에 어떤 변화가 발생하였다면, 표현되는 전체 코드 조합을 이루고 있는 5개의 비트 중에서 "1"의 개수가 정확히 두(짝수) 개로 될 수 없기 때문에 짝수 패리티 방법에 의해 에러가 발생된 것을 알아낼 수 있다.

그리고 그레이 코드(Gray code, Reflected code라고도 함)는 가중치가 없는 코드로 전자 회로의 A/D 변환기나 디지털 시스템의 I/O 장치 등에 쓰이며, 바로 앞의 수와는 1비트만이 다른 특징을 가지고 있다. 그레이 코드를 생성시키기 위해서는 8-4-2-1 코드가 필요하며, 그 과정은 다음과 같다. 첫 번째로 그레이 코드의 MSB에는 8-4-2-1 코드의 MSB 값을 그대로 옮겨준다. 두 번째로 그 나머지 다음 비트들은 서로 이웃한 비트들끼리, 제2장에서 학습하게 될 Exclusive-OR 연산을 취한 후, 그 결과의 값을 적어주면 된다.

정보를 컴퓨터에서 입출력하거나, 컴퓨터와 컴퓨터 사이 데이터를 주고받는 통신을 위해 몇몇의 영숫자(Alphanumeric) 코드를 사용할 필요가 있다. 역사가 그리 깊지 않았던 초창기 컴퓨터에서는 각각의 메이커가 각기 다른 영숫자 코드를 사용하는 바람에 많은 혼란을 초래했었다. ASCII(American standard code for information interchange)라고 하는 코드가 정착되면서 키보드(Key-board), 프린터(Printer), 비디오 표시 장치(Display monitor) 등과 같은 컴퓨터의 하드웨어를 표준화하였다. “아스키”라고 발음하는 이 코드는 7비트로 이루어졌으며, 128개의 서로 다른 코드 조합들은 대소문자의 영문자와 숫자, 그리고 여러 가지 특수 기호들을 표현하는데 사용된다.

표 1-6에는 ASCII 코드의 일부분을 제시하였으며, 명시되지 않은 코드 조합은 “페이지 넘김(From feed)”이나 “전송 종료(End of transmission)”와 같은 특별한 제어 함수에 쓰이는 내용들이다. “Golf”란 단어에 대한 ASCII 코드는 다음과 같이 표현된다.

G	o	l	f
1000111	1101111	1101100	1100110

[표 1-6] ASCII 코드

Character	ASCII code $A_6A_5A_4A_3A_2A_1A_0$	Character	ASCII code $A_6A_5A_4A_3A_2A_1A_0$	Character	ASCII code $A_6A_5A_4A_3A_2A_1A_0$
space	0 1 0 0 0 0 0	@	1 0 0 0 0 0 0	'	1 1 0 0 0 0 0
!	0 1 0 0 0 0 1	A	1 0 0 0 0 0 1	a	1 1 0 0 0 0 1
"	0 1 0 0 0 1 0	B	1 0 0 0 0 1 0	b	1 1 0 0 0 1 0
#	0 1 0 0 0 1 1	C	1 0 0 0 0 1 1	c	1 1 0 0 0 1 1
$	0 1 0 0 1 0 0	D	1 0 0 0 1 0 0	d	1 1 0 0 1 0 0
%	0 1 0 0 1 0 1	E	1 0 0 0 1 0 1	e	1 1 0 0 1 0 1
&	0 1 0 0 1 1 0	F	1 0 0 0 1 1 0	f	1 1 0 0 1 1 0
'	0 1 0 0 1 1 1	G	1 0 0 0 1 1 1	g	1 1 0 0 1 1 1
(	0 1 0 1 0 0 0	H	1 0 0 1 0 0 0	h	1 1 0 1 0 0 0
)	0 1 0 1 0 0 1	I	1 0 0 1 0 0 1	i	1 1 0 1 0 0 1
*	0 1 0 1 0 1 0	J	1 0 0 1 0 1 0	j	1 1 0 1 0 1 0
+	0 1 0 1 0 1 1	K	1 0 0 1 0 1 1	k	1 1 0 1 0 1 1
,	0 1 0 1 1 0 0	L	1 0 0 1 1 0 0	l	1 1 0 1 1 0 0
−	0 1 0 1 1 0 1	M	1 0 0 1 1 0 1	m	1 1 0 1 1 0 1
.	0 1 0 1 1 1 0	N	1 0 0 1 1 1 0	n	1 1 0 1 1 1 0
/	0 1 0 1 1 1 1	O	1 0 0 1 1 1 1	o	1 1 0 1 1 1 1
0	0 1 1 0 0 0 0	P	1 0 1 0 0 0 0	p	1 1 1 0 0 0 0
1	0 1 1 0 0 0 1	Q	1 0 1 0 0 0 1	q	1 1 1 0 0 0 1
2	0 1 1 0 0 1 0	R	1 0 1 0 0 1 0	r	1 1 1 0 0 1 0
3	0 1 1 0 0 1 1	S	1 0 1 0 0 1 1	s	1 1 1 0 0 1 1
4	0 1 1 0 1 0 0	T	1 0 1 0 1 0 0	t	1 1 1 0 1 0 0
5	0 1 1 0 1 0 1	U	1 0 1 0 1 0 1	u	1 1 1 0 1 0 1
6	0 1 1 0 1 1 0	V	1 0 1 0 1 1 0	v	1 1 1 0 1 1 0
7	0 1 1 0 1 1 1	W	1 0 1 0 1 1 1	w	1 1 1 0 1 1 1
8	0 1 1 1 0 0 0	X	1 0 1 1 0 0 0	x	1 1 1 1 0 0 0
9	0 1 1 1 0 0 1	Y	1 0 1 1 0 0 1	y	1 1 1 1 0 0 1
:	0 1 1 1 0 1 0	Z	1 0 1 1 0 1 0	z	1 1 1 1 0 1 0
;	0 1 1 1 0 1 1	[	1 0 1 1 0 1 1	{	1 1 1 1 0 1 1
〈	0 1 1 1 1 0 0	₩	1 0 1 1 1 0 0	|	1 1 1 1 1 0 0
=	0 1 1 1 1 0 1	]	1 0 1 1 1 0 1	}	1 1 1 1 1 0 1
〉	0 1 1 1 1 1 0	^	1 0 1 1 1 1 0	~	1 1 1 1 1 1 0
?	0 1 1 1 1 1 1	_	1 0 1 1 1 1 1	delete	1 1 1 1 1 1 1

1-8 에러 검출 코드(Error detecting codes)

데이터를 주고받는 모든 시스템에서 에러의 발생은 그 원인과 형태가 다를 뿐 필연적으로 따를 수밖에 없다. 따라서 어떤 시스템이 데이터의 송·수신 과정에서 발생되는 에러를 검출할 수 있는 체계를 갖춘다면, 보다 높은 신뢰성을 구축할 수 있을 것이다.

패리티 검출(Parity check)은 컴퓨터와 컴퓨터 사이의 데이터 전송에 있어 가장 일반적으로 사용하는 에러 검출 방법이다. 이 방법은 전송되는 데이터 그룹에 여분의 패리티 비트(Parity bits)를 첨가하여 사용한다. 패리티 비트는 전송되는 데이터 그룹에 포함되는 "1"의 개수에 따라 홀수, 또는 짝수 개로 만드는 두 가지 방법이 있을 수 있다. 먼저 전송되는 데이터의 그룹에 포함되는 "1"의 개수를 짝수 형태로 하여 전송 및 수신을 하는 짝수 패리티(Even parity) 방법에 대해서 알아보기로 하자.

짝수 패리티 방법은 만약 전송되는 데이터 그룹에 포함된 "1"의 개수가 짝수개라면 첨가되는 여분의 비트 즉 패리티 비트는 "0"으로 되고, 홀수개라면 패리티 비트는 "1"로 된다. 예를 들어 대문자로 표시된 영문자 "A"에 상응하는 ASCII 코드는 "1000001"이다. 이 데이터를 짝수 패리티 방법으로 전송한다고 할 때, 데이터 그룹에 포함된 "1"의 개수가 짝수 개이므로 패리티 비트는 "0"으로 되게 된다. 즉 다음과 같다.

첨가되는 패리티 비트 → [0] 1 0 0 0 0 0 1

또한 전송되는 데이터의 그룹에 포함되는 "1"의 개수를 홀수 형태로 하여 전송 및 수신을 하는 홀수 패리티(Odd parity) 방법에 대해서 알아보기로 하자.

홀수 패리티 방법은 전송되는 데이터 그룹에 포함된 "1"의 개수가 홀수개일 경우 첨가되는 패리티 비트가 "0"으로 되고, 짝수개라면 패리티 비트는 "1"로 된다. 짝수 패리티 방법에서와 같이 대문자로 표시된 영문자 "A"를 예로 들어보면 다음과 같다.

첨가되는 패리티 비트 → [1] 1 0 0 0 0 0 1

한편 패리티 방법을 사용할 때는 송신 시스템과 수신 시스템 사이에 어떤 패리티 방법을 사용하여 데이터의 송수신을 할 것인지, 미리 약정이 되어 있어야 한다. 그러나 패리티 방법은 패리티 비트가 추가되어 전송한 데이터를 수신 시스템에서 수신하였을 때, 에러 발생의 유무는 검출 할 수 있으나 어느 위치에서 발생했는지는 알 수가 없는 방법이다.

해밍 코드(Hamming code)를 사용하면 전송된 데이터를 수신하였을 때, 수신 시스템에서 에러 발생 유무 및 위치까지 알아내어 보정을 취할 수 있으며, 그 과정은 다음과 같은 예를 들어 설명할 수 있다.

4비트의 데이터가 짝수 패리티 방법으로 전송될 경우를 알아보자. 먼저 전송되는 데이터 그룹의 형태를 살펴보면 다음과 같다.

$$D_7 D_6 D_5 P_4 D_3 P_2 P_1$$

여기에서 D_i는 데이터 비트이고, P_i는 패리티 비트임을 나타낸다. 그리고 패리티 비트가 첨가되는 위치는 $2^n (n = 0, 1, 2, ...)$번째가 된다.

1. P_1 비트는 7비트의 데이터 형태에서 $P_{1,} D_{3,} D_{5,} D_7$ 비트가 짝수 패리티가 되도록 "1"이나 "0"으로 채워진다.
2. P_2 비트는 $P_{2,} D_{3,} D_{6,} D_7$ 비트가 짝수 패리티가 되도록 "1"이나 "0"으로 채워진다.
3. P_4 비트는 $P_{4,} D_{5,} D_{6,} D_7$ 비트가 짝수 패리티가 되도록 "1"이나 "0"으로 채워진다.

또한 전송한 데이터 그룹이 정확하게 수신되었는지를 확인할 수 있는 즉, 에러의 유무와 위치를 파악하여 보정하기 위한 에러 검출 지정어를 구성해야 한다. 에러 검출 지정어를 구성하는 형태와 방법은 다음과 같다.

[4, 5, 6, 7 체크] [2, 3, 6, 7 체크] [1, 3, 5, 7 체크]

1. 수신된 데이터 중 1, 3, 5, 7번째 비트에 포함된 "1"의 개수를 파악한 후, 짝수 패리티가 될 수 있도록 "0"이나 "1"을 지정어의 LSB에 채워 넣는다.
2. 수신된 데이터 중 2, 3, 6, 7번째 비트에 포함된 "1"의 개수를 파악한 후, 짝수 패리티가 될 수 있도록 "0"이나 "1"을 지정어의 두 번째 비트에 채워 넣는다.
3. 수신된 데이터 중 4, 5, 6, 7번째 비트에 포함된 "1"의 개수를 파악한 후, 짝수 패리티가 될 수 있도록 "0"이나 "1"을 지정어의 마지막 세 번째 비트에 채워 넣는다.

예제 1-27 데이터가 1011일 경우 짝수 패리티 해밍 코드를 구성하시오.

[풀이] 정상적으로 전송된 데이터 그룹의 형태는 다음과 같다.

$D_7\ D_6\ D_5\ P_4\ D_3\ P_2\ P_1$

1 0 1 [0] 1 [0] [1]

그러나, 수신된 데이터의 형태가 "1000101"이라면 먼저 1, 3, 5, 7번째 비트에 포함된 "1"의 개수를 체크하여, 에러를 검출하기 위한 지정어의 첫 번째 비트(LSB)를 짝수 패리티 방법에 의해 [1]로 채운다. 다음으로, 2, 3, 6, 7번째 비트에 포함된 "1"의 개수를 체크한다. 에러를 검출하기 위한 지정어의 두 번째 비트를 짝수 패리티 방법에 의해 [0]으로 채운다. 마지막으로 4, 5, 6, 7번째 비트에 포함된 "1"의 개수를 체크한 결과 "1"의 개수가 홀수임으로, 에러를 검출하기 위한 지정어의 세 번째 비트를 [1]로 채운다. 그러면 에러를 검출하기 위한 지정어의 형태는 다음과 같이 된다.

$$[1]\ [0]\ [1] = 1 \times 2^2 + 0 \times 2^1 + 1 \times 2^0 = 5$$

이는 수신된 데이터 그룹 중 5번째 비트에서 에러가 발생되었음을 나타낸다. 따라서 수신된 데이터 중 해당 비트가 "0"이라면, 이를 "1"로 수정하여 바로 잡으면 정상적인 데이터로 된다.

더 복잡하고 커다란 데이터의 에러 검출 및 보정을 할 수 있는 방법에 대해 관심이 있는 학생들은 통신공학의 부호 이론에 관한 서적을 통해 배우기 바란다.

••• 연습문제

1.1 먼저 8진수로 바꾸고 나서 2진수로 나타내시오.

a. 757.25_{10}
b. 123.17_{10}
c. 357.89_{10}
d. 1063.5_{10}

1.2 먼저 8진수로 변환하여 나타낸 후, 10진수로 바꾸시오.

a. 10111011.1_2
b. 1101101.011_2
c. 10000011.11_2
d. 11101111.101_2

1.3 다음의 2진수에 대한 덧셈, 뺄셈, 곱셈을 수행하시오.

a. 1111과 1011
b. 1001001과 111010
c. 110100과 11011

1.4 다음의 예들에 대한 진법 변환을 수행하시오.

a. 10진수 $701,10_{10}$을 16진수로 변환하시오.
b. a번의 결과를 2진수로 변환하시오.
c. 16진수 $ABC.D_{16}$을 10진수로 변환하시오.

1.5 8진수 375.54_8를 10진수로 변환하시오.

1.6 8진수 457.13_8을 16진수로 변환하시오.

1.7 다음을 16진수로 바꾼 다음 2진수로 변환하시오.

a. $2983\frac{63}{64}$
b. 93.70

1.8 아래의 2진수에 대한 뺄셈을 보수 가산 방법으로 수행하시오.

a. 11011011 − 1101101　　b. 10001100 − 1100101

c. 110111101 − 11101010

1.9 아래의 2진수에 대한 나눗셈을 수행하시오.

a. 1011110 ÷ 1001　　b. 110000001 ÷ 1110

c. 1110010 ÷ 1001

1.10 10진수(15 − 8)을 2의 보수, 1의 보수, 10의 보수, 9의 보수 가산 방법으로 연산하시오.

1.11 10진수에 대한 6-2-2-1로 가중된 코드를 구성할 것. 이 코드에서 1001 0110은 무슨 숫자 값인가?

1.12 10진수 234.71_{10}를 16진수로 변환하여 표시한 후, 그 값을 ASCII 코드로 나타낼 것(소수점에 대한 코드도 나타낼 것)

1.13 "Birdie & Par"를 ASCII 코드로 나타내시오.

1.14 각자 본인의 이름을 영문자로 적고 나서 ASCII 코드로 나타내시오.

1.15 1.13에 쓰인 단어 중 "Par"의 ASCII 코드에 홀수 패리티 방법의 패리티 비트를 첨가하여, 그 결과의 표현을 16진수로 나타내시오.

CHAPTER 02

부울 대수

Boolean Algebra

디지털 시스템 논리 설계의 이해에 필요한 기본 산술은 부울 대수이다. 부울 대수는 집합 논리와 산술 논리를 포함하는 많은 곳에 적용되나, 이 장에서는 논리 회로에만 적용하는 것으로 국한할 것이다.

앞으로 우리가 사용할 모든 논리 소자들은 기본적으로 두 가지 상태(트랜지스터의 출력 전압이 높거나 낮은 상태)의 소자들을 사용할 것이고, 모든 변수들은 두 개의 값 중 어느 한 값만을 갖는 것으로 가정되는 부울 대수로 나타내며, 이러한 이원치 부울 대수(Two-valued algebra)를 스위칭 대수(Switching algebra)라고도 한다.

또한 논리 회로의 입력과 출력을 나타내기 위하여 X, Y와 같은 부울 변수(또는 논리 변수)들을 사용할 것이다. 이들 각 변수들은 단지 두 개의 값만을 나타낸다고 가정할 때, 논리 상수 "0"과 "1"은 각각 서로 다른 값으로 사용된다. 만일 변수 X를 논리 변수라고 한다면, X는 $X=0$ 또는, $X=1$의 값 중에서 어느 한 값을 갖게 된다.

이 장에서 사용되는 논리 상수 "0"과 "1"이 단순한 2진수처럼 보이지만 그렇지 않다. 여기서 "0"과 "1"은 일반적인 산술 연산을 위한 수치 값을 나타내는 것이 아니라 단지 어떤 독립된 논리 변수의 두 상태 값을 나타내는 논리 상수이다.

예를 들어, 논리 상수 "0"은 낮은 전압(Low voltage)으로, 논리 상수 "1"은 높은 전압(High voltage)으로 해석될 수 있으며, F(False)와 T(True) 역시 "0"과, "1"로 대신 사용될 수 있다.

2-1 기본 논리 연산

부울 대수의 기본 연산은 NOT(보수 또는 역), AND(논리곱), 그리고 OR(논리합), 등의 연산으로 나타낸다.

NOT 연산은 보수(Complement) 연산 또는 역(Inverse)이라고도 하며, 전자 회로에서 표기할 때는 인버터(Inverter)로 나타낸다. X의 역을 표현할 수 있는 NOT 연산 논리 게이트는 다음 그림 2-1과 같다.

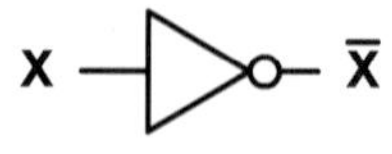

[그림 2-1] NOT 게이트

그림 2-1의 출력에 표시된 작은 원(Bubble)은 역(반전)을 나타낸다. 만일 논리 상수 0이 낮은 전압에 대응되고, 논리 상수 1이 높은 전압에 대응한다고 가정할 때, 인

버터의 입력 단에 낮은 전압을 인가하면 출력 단에는 높은 전압이 생성되며 그 반대의 경우도 성립될 수 있다.

역을 표현하기 위한 연산자는 "–"(Bar) 또는, " ′ "(Prime)을 사용한다. 예를 들면 0의 역은 1이고, 1의 역은 0이 된다. 이러한 내용을 연산자를 사용하여 표시하면 $\overline{0}=1$이고, $\overline{1}=0$이다.

[표 2-1] NOT 연산의 진리표(Truth table)

X	$\overline{X}$
0	1
1	0

또한 X를 독립된 논리 변수라고 할 때 $X=0$이면 $\overline{X}=1$이 되고, $X=1$이면 $\overline{X}=0$이 된다.

NOT 연산의 요약
• 출력 논리 상태는 항상 그 입력 논리 상태의 반대가 된다.

AND 연산은 다음과 같이 수행된다.

$$0 \cdot 0=0, \quad 0 \cdot 1=0, \quad 1 \cdot 0=0, \quad 1 \cdot 1=1$$

여기서 " • " 표시는 AND 연산자임을 나타낸다. 만일 부울 식이 $C=A \cdot B$라고 할 때, 각각 독립된 입력 논리 변수 A와 B에 값이 주어지면 출력 변수 C의 값을 표 2-2에서 결정할 수 있다.

[표 2-2] AND 연산의 진리표

A	B	C = A • B
0	0	0
0	1	0
1	0	0
1	1	1

입력 논리 변수 A와 B가 둘 다 1일 경우에만 C가 1이 되는 경우를 AND 연산이라 하고, AND 연산을 수행하는 논리 게이트(Logic gate)는 다음 그림 2-2와 같이 나타낸다.

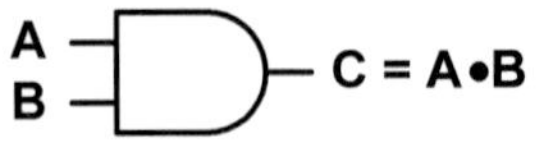

[그림 2-2] AND 게이트

AND 연산자 "·"는 부울 식에서 종종 생략되기도 하며 $A \cdot B$ 대신 통상 AB로 쓰는 것이 일반적이며 또한, AND 연산은 논리(또는 부울) 곱셈으로 사용된다.

AND 연산의 요약
- AND 연산은 일반 곱셈의 연산과 같이 수행된다.
- 출력의 결과는 모든 입력의 논리 상태가 1일 경우에만 1이 된다.

반면 OR 연산은 다음과 같이 수행된다.

$$0+0=0, \quad 0+1=1, \quad 1+0=1, \quad 1+1=1$$

여기서 "+" 표시는 OR 연산자임을 나타낸다. 만일 부울 식이 $C=A+B$라고 하면 표 2-3과 같이 OR 연산의 진리표를 나타낼 수 있다.

[표 2-3] OR 연산의 진리표

A	B	C = A+B
0	0	0
0	1	1
1	0	1
1	1	1

표 2-3에서 보여지는 OR 연산은 입력 논리 변수 A 또는 B중에 어느 하나가 1인 경우와 A, B 모두 1일 경우에서 출력 변수 C가 1이 되므로 논리 덧셈으로 사용된다. 이러한 OR 연산을 수행하는 논리 게이트를 그림 2-3에 나타낸다.

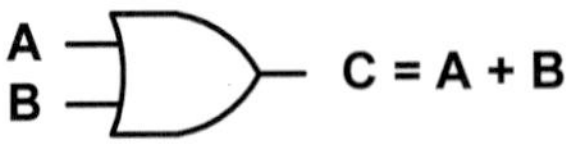

[그림 2-3] OR 게이트

OR 연산의 요약
- OR 연산은 입력 변수 중 어느 하나라도 논리 상태가 1이면 출력은 1이 된다.
- OR 연산은 모든 입력 변수가 0일 때만 출력이 0이 된다.

다음은 스위치로 된 회로를 설명하기 위해 부울 대수를 적용한다. 각 스위치를 X라는 변수로 표현 할 경우, X가 개방(Open) 상태일 때는 X의 값을 0으로, X가 단락(Closed) 상태일 때는 X값을 1로 취급한다.

두 개의 스위치가 직렬의 형태로 연결된 회로를 생각해 보자. 단자간의 전송(Transmission)은 단자 사이가 개방 회로(Open circuit)이면 $T=0$으로, 단자 사이가 단락 회로(Closed circuit)이면 $T=1$로 정의한다.

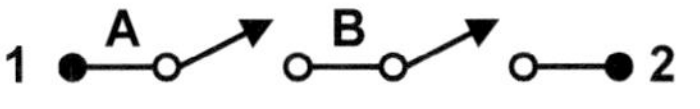

스위치 A와 스위치 B가 모두 닫혀 있을 때, 단자 1과 2 사이는 단락 회로 $T=1$을 형성한다. 이런 내용을 대수적으로 나타내면

$T = AB$ 이다.

반대로 두 개의 스위치가 병렬의 형태로 연결된 회로를 생각해 보자.

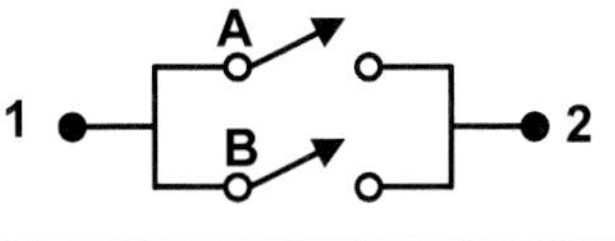

이 경우 스위치 A가 닫혀 있거나 또는, 스위치 B가 닫혀 있으면 단자 1과 2 사이는 단락 회로를 형성하게 되며, 이것을 대수적으로 표현한 논리식은 다음과 같다.

$T = A + B$

따라서 직렬로 연결된 스위치들은 AND 연산을 수행하며 병렬로 연결된 스위치들은 OR 연산을 수행하게 된다.

한편 NOR 연산은 다음과 같이 동작한다.

입력 변수 A와 B 둘 중 어느 하나가 1일 때 출력 변수 C가 0이 되는 경우를 NOR 연산이라고 하며, 부울 식이 $C = \overline{A + B}$라고 하면 각각의 독립된 입력 변수 A와 B 값에 따라 표 2-4와 같이 NOR 연산의 수행된 결과를 진리표로 나타낼 수 있다.

[표 2-4] NOR 연산의 진리표

A	B	$C = \overline{A+B}$
0	0	1
0	1	0
1	0	0
1	1	0

먼저 OR 연산을 수행한 후 반전시킨 결과를 보이는 NOT-OR 형태 구조의 NOR 연산 논리 게이트는 다음 그림 2-4와 같다.

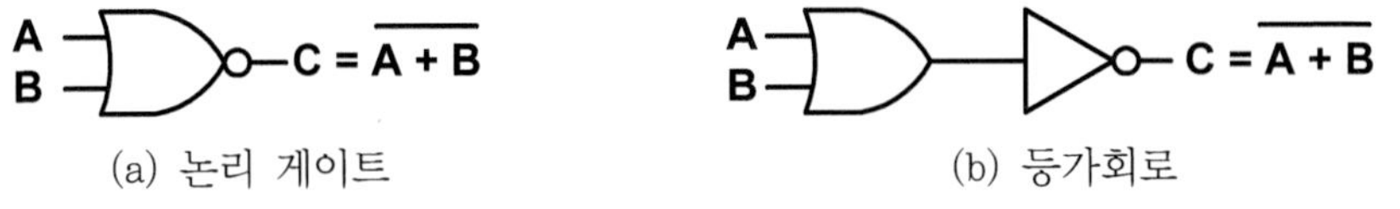

[그림 2-4] NOR 게이트

NOR 연산의 요약

- NOR 연산은 입력 변수 중 하나라도 논리 상태가 1이면 출력은 0이 되는 특징을 갖는다.
- NOR 연산은 모든 입력 변수가 0일 때 출력이 1이 된다.

그리고, NAND 연산은 다음과 같이 수행된다.

입력 논리 변수 A와 B 둘 중 어느 하나가 0일 때 출력 변수 C가 1이 되는 경우를 NAND 연산이라고 하며, 부울 식이 $C = \overline{A \cdot B}$ 라고 한다면 입력 논리 변수 A와 B값에 따라 표 2-5와 같이 NAND 연산의 수행된 결과를 진리표로 나타낼 수 있다.

[표 2-5] NAND 연산의 진리표

A	B	$C = \overline{A \cdot B}$
0	0	1
0	1	1
1	0	1
1	1	0

NOT-AND 게이트라고 불리기도 하였으며 먼저 AND 연산을 수행한 후 반전시킨 결과를 보이는 NAND 연산 논리 게이트는 다음 그림 2-5와 같다.

(a) 논리 게이트 (b) 등가회로

[그림 2-5] NAND 게이트

NAND 연산의 요약

- NAND 연산은 입력 변수 중 하나라도 논리 상태가 0이면 출력은 1이 되는 특징을 갖는다.
- NAND 연산은 모든 입력 변수가 1일 때 출력이 0이 된다.

2-2 부울 식과 진리표

부울 식은 한 개 이상의 논리 변수나 논리 상수들에 기본 연산을 적용하여 구성한다. 가장 간단한 표현식은 0, X, Y 등과 같은 단일 논리 상수나 논리 변수들을 사용하여 구성한다. 그 이상의 복잡한 표현식은 AND, OR 연산이나 보수 연산을 사용하여 둘 또는 그 이상의 결합에 의해 구성된다. 이러한 부울 식의 예는 다음과 같다.

$$A\overline{B} + C \qquad (2-1)$$

$$\overline{[A(C+D)]} + BE \qquad (2-2)$$

부울 식에서 연산을 수행하기 위해서는 연산 순서를 분명히 지켜야만 한다. 연산순위는 (1) 괄호, (2) 보수 연산, (3) AND 연산, OR 연산의 순서로 수행된다. 그러므로 식 (2-1)에서는 $\overline{B}$가 우선 수행되고 다음에 $A\overline{B}$가 그리고 마지막으로 $A\overline{B} + C$가 수행된다.

한편 식 (2-1)과 식 (2-2)를 논리 회로로 표현해 보면 그림 2-6과 같다.

부울 식의 결과는 각 논리 변수에 논리 상수 0 또는 1의 값을 대입하여 구해 질 수 있다. 만일 $A = B = C = 1$이고 $D = E = 0$이라고 할 때, 식 (2-2)의 결과는 다음과 같이 얻어질 수 있다.

$$\overline{[A(C+D)]} + BE = \overline{[1(1+0)]} + 1 \cdot 0 = \overline{[1(1)]} + 0 = 0 + 0 = 0$$

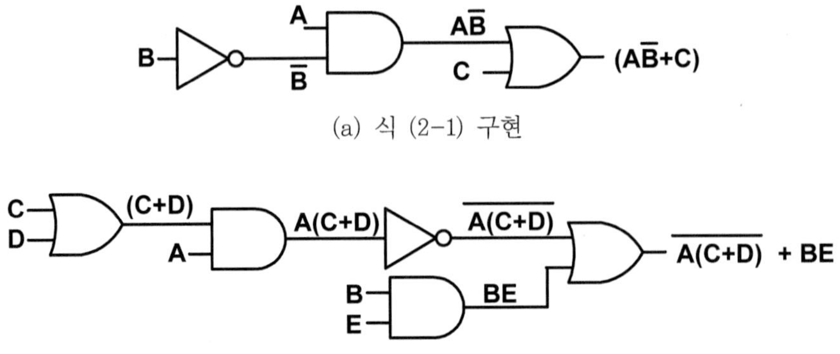

(a) 식 (2-1) 구현

(b) 식 (2-2) 구현

[그림 2-6] 식 (2-1)과 식 (2-2)에 대한 논리 회로

각각의 변수와 그 변수들에 대한 보수는 문자(Literal)로 나타낼 수 있다. 다음에 보이는 부울 식에서는 세 종류의 변수가 총 10개의 문자로 표현되었다.

$$A\overline{B}C+\overline{A}B+\overline{A}B\overline{C}+\overline{B}\,\overline{C}$$

임의의 부울 식을 논리 게이트를 사용하여 설계할 때, 부울 식의 각 논리 변수들은 게이트 입력 수와 동일하다.

한편 진리표는 부울 식에서 논리 변수들의 모든 가능한 조합으로써 부울 식의 값을 나타낸다. 진리표는 모든 가능한 조건에 따른 상태의 논리 값들을 "참(True)" 또는 "거짓(False)"을 사용하여 표로 나타낸다. 논리 회로에 대한 출력 값은 입력 변수의 값에 따라 다르게 나타낼 수 있다.

그림 2-7(a)에 보이는 회로의 출력은 $F=\overline{A}+B$이다. 그림 2-7(b)의 진리표에는 입력 변수 A와 B값의 모든 가능한 조합에 대한 출력을 나타내고 있다. 첫 번째 두 열은 A와 B값의 네 가지 입력 조합 상태를 나타내고, 다음 열은 이에 대응하는 값을 나타낸다. 마지막 열에서는 각각의 입력 상태에 따른 출력 $\overline{A}+B$의 값을 나타낸다.

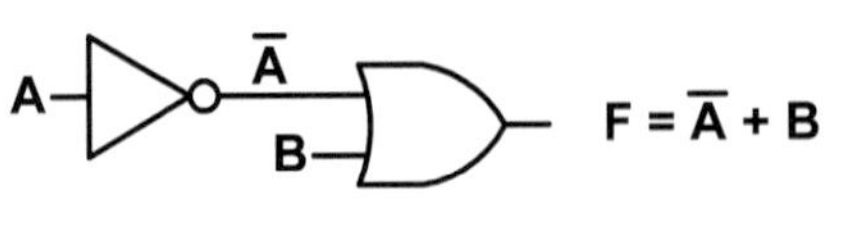

(a)

A	B	$\overline{A}$	$F=\overline{A}+B$
0	0	1	1
0	1	1	1
1	0	0	0
1	1	0	1

(b)

[그림 2-7] 2-입력 회로와 진리표

예를 들어 식 (2-3)의 각 논리 변수 A, B, C값을 조합하여 진리표를 구성하면 표 2-6과 같다. 표 2-6의 좌측에는 입력 변수 A, B, C의 논리 값들이 나타나 있다. 각각의 입력 변수들은 0과 1의 값을 취하게 되므로 식 (2-3)에서 보여지는 세 개의 입력 변수들은 8가지의 조합으로 표현된다. 이들 조합들을 2진수로 표현해 보면 0 0 0, 0 0 1, ……, 1 1 1로 나타낼 수 있다.

그러면 진리표에서 $\overline{B}$, $A\overline{B}$, $A\overline{B}+C$ 등을 각각 구할 수 있다.

[표 2-6] 진리표

A B C	$\overline{B}$	$A\overline{B}$	$A\overline{B}+C$	A+C	$\overline{B}+C$	$(A+C)(\overline{B}+C)$
0 0 0	1	0	0	0	1	0
0 0 1	1	0	1	1	1	1
0 1 0	0	0	0	0	0	0
0 1 1	0	0	1	1	1	1
1 0 0	1	1	1	1	1	1
1 0 1	1	1	1	1	1	1
1 1 0	0	0	0	1	0	0
1 1 1	0	0	1	1	1	1

따라서 진리표에서 나타낸 입력 변수 A, B, C들로 하여금 표현 가능한 8개의 모든 조합에서 $A\overline{B}+C$와 $(A+C)(\overline{B}+C)$가 동일한 결과를 보임으로 식 (2-3)의 좌변과 우변의 값이 같다는 것을 알 수 있다.

$$A\overline{B}+C=(A+C)(\overline{B}+C) \tag{2-3}$$

만일 n개의 변수를 가진 부울 식이 있다면 각 변수는 0 또는 1의 값을 가질 수 있고, 서로 다른 값을 갖는 표현 가능한 조합의 가지 수는 2^n 개이다.

$$\underbrace{2\times2\times2\times\cdots}_{n\text{개}}=2^n$$

그러므로 n개의 변수에 대한 진리표는 2^n 개의 행을 가진다.

2-3 기본 정리

이 절에서는 단일 변수만을 갖는 부울 대수의 기본 정리들을 소개하기로 한다.

$X+0=X$ (2-4) $X\cdot 1=X$ (2-4D)

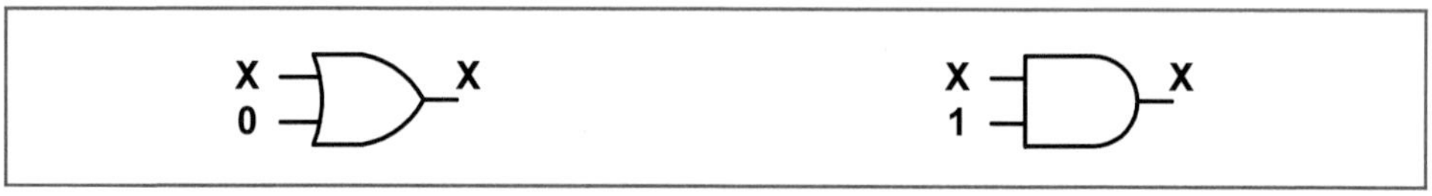

$X+1=1$ (2-5) $X\cdot 0=0$ (2-5D)

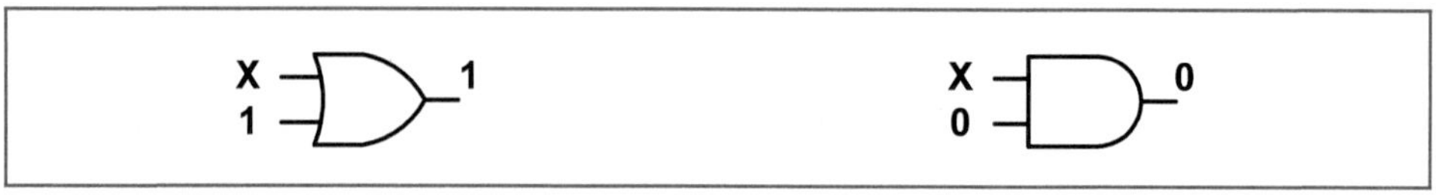

• 동등(Idempotent) 법칙

$X+X=X$ (2-6) $X\cdot X=X$ (2-6D)

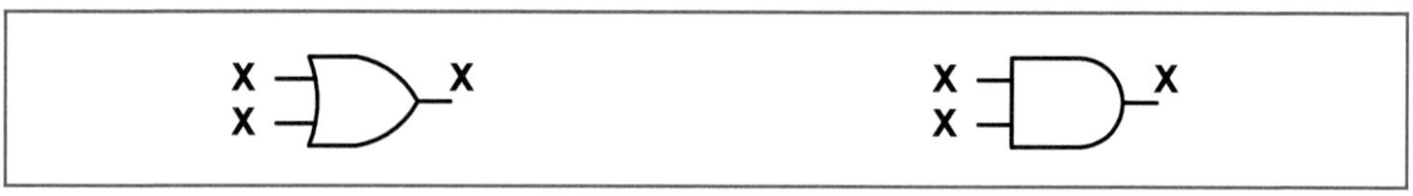

• 누승(Involution) 법칙

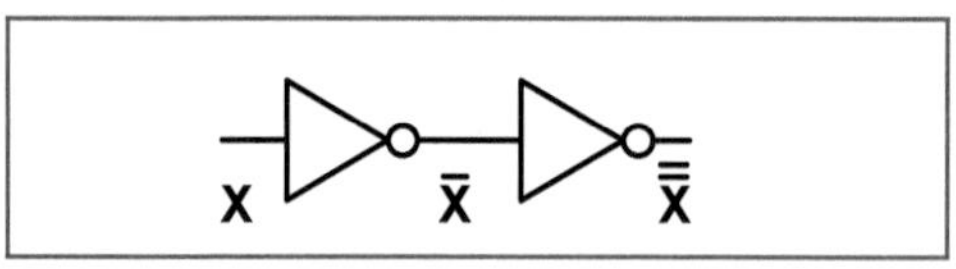

$\overline{\overline{X}}=X$ (2-7)

• 보완(Complementarity) 법칙

$X+\overline{X}=1$ (2-8) $X\cdot\overline{X}=0$ (2-8D)

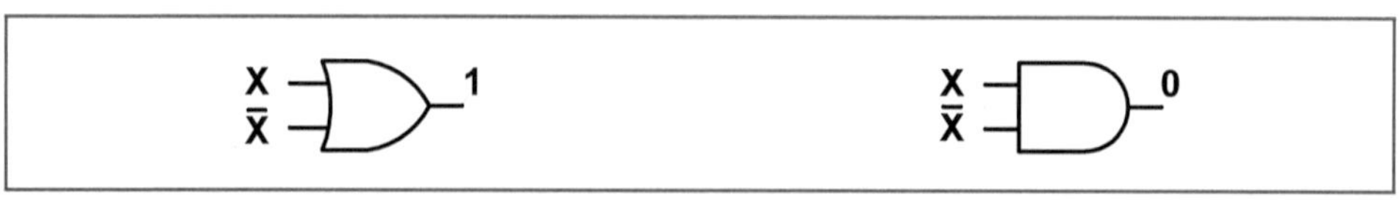

각 정리들을 X의 가능한 두 논리 상수값 "0"과 "1"을 적용해 봄으로써 쉽게 증명할 수 있다. 예를 들어 $X+\overline{X}=1$임을 증명하면 다음과 같다.

만일 $X=0$이라고 하면 윗 논리식은 $0+\overline{0}=0+1=1$이 되고, $X=1$이라고 하면 $1+\overline{1}=1+0=1$이 된다.

이 정리로부터 어떠한 부울 식이라도 변수 X로 치환할 수 있다. 따라서 $(A\overline{B}+D)E+1$과 같은 부울 식을 정리 (2-5)에 의하여 증명하면

$$(A\overline{B}+D)E+1=X+1=1$$

이 된다.

그리고 또 다른 부울 식 $(A\overline{B}+D)\overline{(A\overline{B}+D)}$를 정리 (2-8D)에 적용하여 증명하면

$$(A\overline{B}+D)\overline{(A\overline{B}+D)}=X\cdot\overline{X}=0$$

이 된다.

또한 기본 정리들을 스위치 회로에 적용해 보자. 전처럼 논리 상수 0은 회로나 스위치가 개방된 상태를 나타내고, 논리 상수 1은 회로나 스위치가 단락된 상태를 나타낸다.

만일 두 개의 스위치가 변수 A로 표시된다면 $A=0$일 경우 두 스위치는 개방된 것이고, $A=1$일 경우는 두 스위치가 단락되었음을 의미한다.

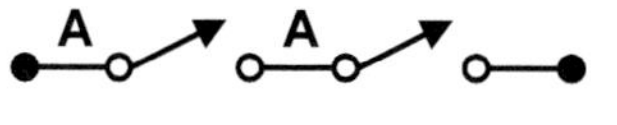

그러므로 이 회로는 하나의 스위치로 대치될 수 있다.

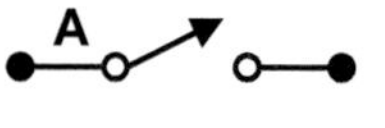

이것은 정리 $A\cdot A=A$의 예증이다.

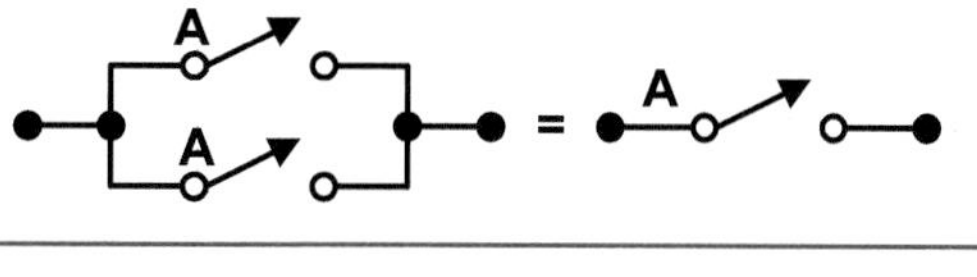

또한 개방 회로에 병렬로 연결된 두 개의 스위치 A는 단일 스위치와 등가이다.

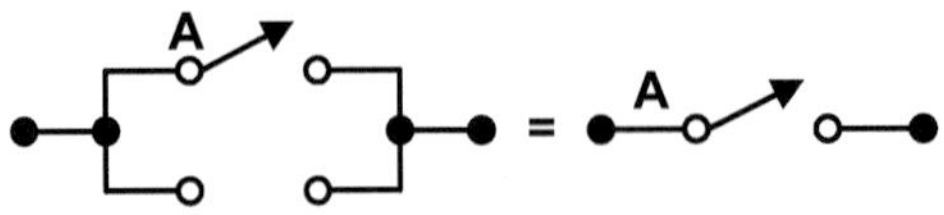

$(A+0=A)$

반면에 단락 회로에 병렬로 스위치가 연결된 경우는 스위치 없는 상태의 단락 회로와 등가이다.

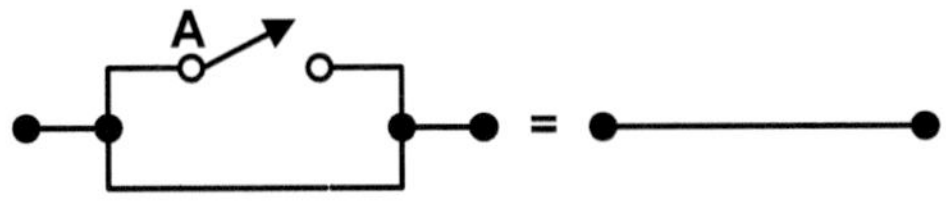

$(A+1=1)$

만일 두 개의 스위치 중 어느 한 개의 스위치가 $\overline{A}$로 표시되었다면 A가 닫혀 있을 때 $\overline{A}$는 열려 있는 것이고, 그 반대의 경우에도 결과는 마찬가지이다.

그러므로 A에 $\overline{A}$가 병렬로 연결되어 있다면 두 개의 스위치 중 어느 하나는 항상 닫혀있기 때문에 이것은 단락 회로로 대치될 수 있다.

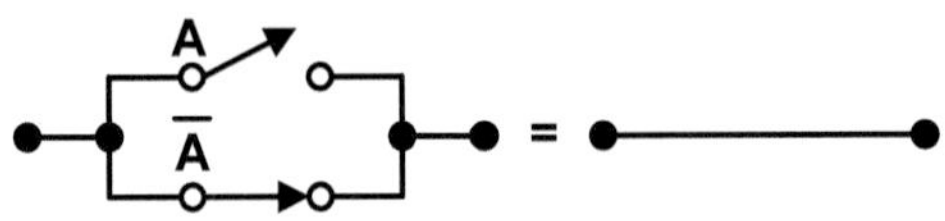

$(A+\overline{A}=1)$

한편 A와 $\overline{A}$가 직렬로 연결되어 있는 회로의 경우는 개방 회로로 대치될 수 있다.

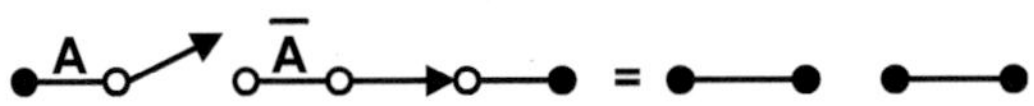

$(A\cdot\overline{A}=0)$

2-4 교환, 결합, 분배 법칙

부울 대수에서는 교환 법칙, 결합 법칙, 분배 법칙과 같은 상용 대수의 법칙들이 적용된다. 예를 들어 AND 연산이나 OR 연산을 이용한 교환 법칙은 다음과 같다.

$$XY=YX \tag{2-9}$$

$$X+Y=Y+X \tag{2-10}$$

윗 식에서 쓰여진 변수들의 순서는 AND 연산이나 OR 연산을 수행한 결과에는 어떠한 영향도 미치지 아니한다.

또한 결합 법칙을 AND 연산이나 OR 연산에 적용하여 보면 다음과 같다.

$$(XY)Z = X(YZ) = XYZ \tag{2-11}$$

$$(X+Y)+Z = X+(Y+Z) = X+Y+Z \tag{2-12}$$

여기서 세 변수들이 AND 또는 OR 형태일 때, 결과는 먼저 결합된 변수들의 쌍과는 관계없기 때문에 괄호는 식 (2-11)과 식 (2-12)에 나타난 것처럼 생략될 수 있다.

표 2-7의 진리표를 이용하여 AND 연산에 대한 결합 법칙을 증명해 보자.

[표 2-7] AND 연산에 대한 결합 법칙의 증명

X Y Z	XY	YZ	(XY)Z	X(YZ)
0 0 0	0	0	0	0
0 0 1	0	0	0	0
0 1 0	0	0	0	0
0 1 1	0	1	0	0
1 0 0	0	0	0	0
1 0 1	0	0	0	0
1 1 0	1	0	0	0
1 1 1	1	1	1	1

표의 왼쪽에 있는 첫 번째 열에서는 X, Y, Z 변수에 대한 표현 가능한 모든 조합을 나타낸다.

진리표의 다음 두 열은 X, Y, Z 값의 각 조합에 대한 XY와 YZ의 AND 연산 값을 나타냈고 마지막 열에는 $(XY)Z$와 $X(YZ)$ 각각의 AND 연산한 결과를 나타내었다. 변수들의 모든 가능한 조합에 대해 $(XY)Z$와 $X(YZ)$가 동일한 결과의 값을 보임으로써 식 (2-11)이 성립됨을 알 수 있다.

그림 2-8은 AND와 OR 게이트를 사용한 결합 법칙을 나타낸다. 그림 2-8 (a)에서 두 개의 2-입력 AND 게이트는 한 개의 3-입력 AND 게이트와 대치할 수 있다. 이와 유사하게 그림 2-8(b)에서는 2개의 2-입력 OR 게이트를 한 개의 3-입력 OR 게이트로 대치할 수 있다.

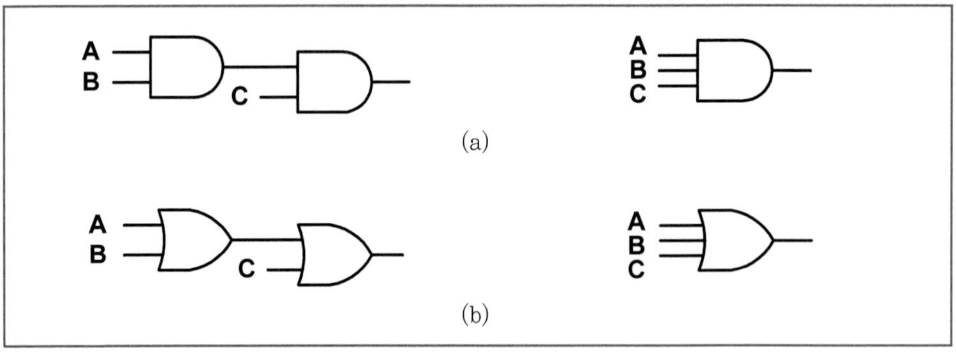

[그림 2-8] AND와 OR 연산에 대한 결합 법칙

둘 또는 그 이상의 입력 변수가 AND 되었다고 할 때, 모든 입력 변수가 1일 때에만 그 결과의 값이 1이 된다. 만일 입력 변수들 중 어느 하나라도 0을 가지고 있다면 AND 연산의 결과는 0이 될 것이다.

예를 들어,

$X=Y=Z=1$일 때만 $XYZ=1$이다.

둘 또는 그 이상의 입력 변수가 함께 OR 되었다고 할 때, 입력 변수들 중 어느 하나라도 1을 가지고 있다면 그 결과의 값은 1이 된다. 또한 모든 입력 변수가 0이라면 OR 연산의 결과는 0이 될 것이다.

예를 들면,

$X=Y=Z=0$일 때만 $X+Y+Z=0$이다.

그러므로 진리표를 사용하면 분배 법칙의 타당성을 쉽게 증명할 수 있다.

$$X(Y+Z)=XY+XZ \tag{2-13}$$

그러나 일반 대수에서는 적용되지 않는 제2분배 법칙이 있다. 일반적인 분배 법칙은 AND 연산 형태에서 OR 연산 형태로 분배되는데 비해 제2분배 법칙은 OR 연산 형태에서 AND 연산 형태로 분배된다.

제2분배 법칙은 다음과 같다.

$$X+YZ=(X+Y)(X+Z) \tag{2-14}$$

식 (2-14)의 제2분배 법칙을 증명하면 아래와 같다.

증명

$$(X+Y)(X+Z) = X(X+Z) + Y(X+Z) = XX + XZ + YX + YZ$$

(2-13에 의해)

$$= X + XZ + YX + YZ = X \cdot 1 + XZ + XY + YZ$$

(2-6D, 2-4D에 의해)

$$= X(1 + Z + Y) + YZ = X \cdot 1 + YZ = X + YZ$$

(2-13, 2-5에 의해)

제2분배 법칙은 부울 식을 나타내는데 매우 유용하게 쓰인다. 특히 일반 대수에서 인수화할 수 없는 $A+BC$와 같은 표현식의 경우 제2분배 법칙을 사용하면 쉽게 인수화할 수 있다.

$$A + BC = (A+B)(A+C)$$

다음 정리들은 부울 식을 최소화하는데 유용하게 사용된다.

$$XY + X\overline{Y} = X \quad (2\text{-}15)$$

$$(X+Y)(X+\overline{Y}) = X \quad (2\text{-}16)$$

$$X + XY = X \quad (2\text{-}17)$$

$$X(X+Y) = X \quad (2\text{-}18)$$

$$(X+\overline{Y})Y = XY \quad (2\text{-}19)$$

$$X\overline{Y} + Y = X + Y \quad (2\text{-}20)$$

위 식의 정리들을 사용하면 부울 식을 보다 더 간단한 식으로 바꿀 수가 있다. 이때 표현된 식은 논리 회로에 직접 대응되므로 부울 식을 최소화시키면 논리 회로의 설계도 최소화할 수 있다.

부울 식의 간략화

방법

- 괄호를 만나면 전개를 한다.(식 2-13 적용)
- 전개된 식을 만나면 공통 변수를 찾는다.(식 2-5 적용)
- 괄호도 없고 공통 변수도 없다면 제2분배 법칙을 적용한다.(식 2-14)

기대 효과

- 부울 식의 간략화를 통해 논리 회로의 설계를 최소화할 수 있다.
  (※논리 회로 설계의 목적에 해당)

앞에서 보인 각 정리들은 진리표를 이용하여 증명하거나 또는 기본 정리 이론들을 사용하여 증명할 수 있다.

증명

(2-17)의 증명 : $X+XY=X\cdot 1+XY=X(1+Y)=X\cdot 1=X$

(식 2-4D와 식 2-5에 의해)

(2-18)의 증명 : $X(X+Y)=XX+XY=X+XY=X$

(식 2-6D와 식 2-17에 의해)

(2-20)의 증명 : $X\overline{Y}+Y=(X+Y)(\overline{Y}+Y)=(X+Y)\cdot 1=X+Y$

(식 2-14와 식 2-8, 식 2-4D에 의해)

정리 (2-20)을 스위치를 이용하여 증명하면 다음과 같은 회로로 나타낼 수 있다.

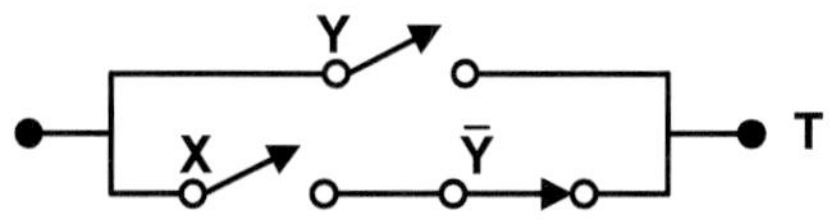

회로에서 스위치 X와 혹은 Y가 닫혔거나 또는 $\overline{Y}$가 닫혔다면 그 단자 사이는 단락 회로가 되기 때문에 $T=X\overline{Y}+Y$이다.

다음 회로는 Y가 단락되면 1을 전송하고 Y가 개방되면 X를 전송하기 때문에 앞서 보인 회로와 등가이다.

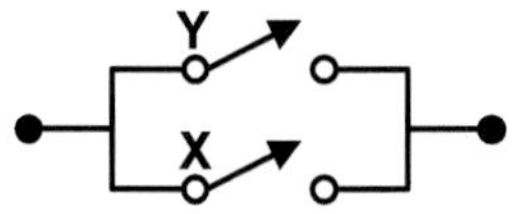

다음은 하나의 정리를 이용하여 논리 회로의 최소화를 예증한 것이다. 그림 2-9 (a) 회로의 출력은 아래와 같다.

$$F=A(\overline{A}+B)$$

정리들 중 식 (2-19)에 의해 F의 표현식은 AB로 간략화된다. 그러므로 회로 (a)는 (b)와 같은 등가 회로로 대치될 수 있다.

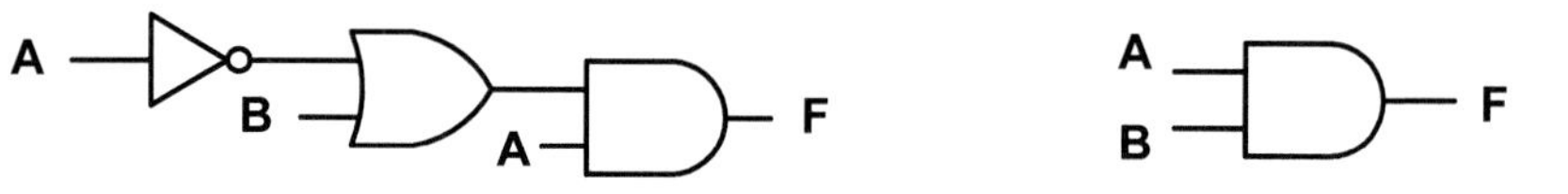

(a) $F = A(\overline{A} + B)$ (b) $F = AB$

[그림 2-9] 등가 회로

부울 식에서 어떠한 변수들도 X와 Y로 치환하여 기본 정리들을 적용하면 쉽게 부울 식을 간략화할 수 있다.

예제 2-1 $Z = \overline{A}BC + \overline{A}$를 간략화하시오.

[풀이] $X = \overline{A}$와 $Y = BC$로 가정한다면 식 (2-17)과 같은 표현식의 형태가 된다. 따라서 식은 $Z = XY + X = X(Y+1) = X \cdot 1 = X = \overline{A}$로 간략화된다.

예제 2-2 $Z = [A + \overline{B}C + D + EF][A + \overline{B}C + \overline{(D+EF)}]$를 간략화하시오.

[풀이] 먼저 $A + \overline{B}C$를 X로 치환하고, $D + EF$를 Y로 치환하면

$Z = [A + \overline{B}C + D + EF][A + \overline{B}C + \overline{(D+EF)}]$

치환 : $Z = [\ X \ + \ Y\ ]\ [\ X \ + \ \overline{Y}\ ]$

그러면 식 (2-4D), 식 (2-5), 식 (2-16) 등에 의해 예제의 식은

$$Z = X + X\overline{Y} + XY + Y\overline{Y} = X(1 + \overline{Y} + Y) + 0 = X \cdot 1$$
$$= X = A + \overline{B}C$$

로 간략화된다.

예제 2-3 $Z = (AB + C)(\overline{B}D + \overline{C}\,\overline{E}) + \overline{(AB+C)}$의 표현식을 간략화하시오.

[풀이] $Z = (AB + C)(\overline{B}D + \overline{C}\,\overline{E}) + \overline{(AB+C)}$

치환 : $Z = \quad \overline{Y} \qquad X \quad + \quad Y$

$$Z = (\overline{Y} + Y)(X + Y) = 1 \cdot (X + Y) = X + Y$$

식 (2-14) 즉, 제2분배 법칙과 식 (2-8), 식 (2-4D)를 적용

$$Z = X + Y = \overline{B}D + \overline{C}\,\overline{E} + \overline{(AB+C)}$$

와 같이 간략화된다.

예제 2-3에서 주어진 식의 치환 과정에서 형태를 식 (2-20)의 형태로 만들기 위하여 $(AB+C)$를 $\overline{Y}$로 즉, $\overline{Y}=(AB+C)$로 치환하는 것에 유의하라.

2-5 드모르간의 법칙(DeMorgan's laws)

부울 식에서 역과 쌍대를 이용하여 부울 식의 대수적 최소화를 수행할 수 있다. 어떤 부울 식의 역이나 보수는 아래 정리를 연속적으로 적용함으로써 쉽게 얻을 수 있으며, 이 식을 드모르간 법칙(DeMorgan's laws)이라 한다.

$$\overline{(X+Y)}=\overline{X}\cdot\overline{Y} \tag{2-21}$$

$$\overline{X\cdot Y}=\overline{X}+\overline{Y} \tag{2-22}$$

아래의 진리표를 이용하여 드모르간의 법칙을 증명해 보자.

X Y	X+Y	$\overline{X+Y}$	$\overline{X}\,\overline{Y}$	XY	$\overline{XY}$	$\overline{X}+\overline{Y}$
0 0	0	1	1	0	1	1
0 1	1	0	0	0	1	1
1 0	1	0	0	0	1	1
1 1	1	0	0	1	0	0

따라서 진리표의 결과를 기반으로 식 (2-21)과 식 (2-22)가 성립됨을 알 수 있다. 드모르간 법칙은 n개의 변수에 대해 쉽게 일반화될 수 있다.

$$\overline{X_1+X_2+X_3+\cdots+X_n}=\overline{X_1}\cdot\overline{X_2}\cdot\overline{X_3}\cdots\overline{X_n} \tag{2-23}$$

$$\overline{X_1\cdot X_2\cdot X_3\cdots X_n}=\overline{X_1}+\overline{X_2}+\overline{X_3}+\cdots+\overline{X_n} \tag{2-24}$$

예를 들어 $n=3$일 때, 식 $\overline{X_1+X_2+X_3}$는 드모르간 법칙을 적용함으로써

$$\overline{X_1+X_2+X_3}=\overline{X_1+X_2}\cdot\overline{X_3}=\overline{X_1}\cdot\overline{X_2}\cdot\overline{X_3}$$

와 같이 된다.

OR와 AND의 연산을 모두 포함하고 있는 부울 식에서 보수를 만들기 위해서는 드모르간 법칙이 적용된다.

> 드모르간 법칙의 정의
> • 합의 보수는 보수들의 곱이다.(NOR 형태는 보수들의 곱으로 표현)
> • 곱의 보수는 보수들의 합이다.(NAND 형태는 보수들의 합으로 표현)

예제 2-4 $(\overline{A}+B)\overline{C}$를 식 (2-21)과 (2-22)를 이용하여 보수를 구하시오.

[풀이] $\overline{(\overline{A}+B)\overline{C}} = \overline{(\overline{A}+B)} + \overline{\overline{C}} = A\overline{B} + C$

예제 2-5 $(A\overline{B}+C)\overline{D}+E$의 보수를 구하시오.

[풀이]

$$\overline{(A\overline{B}+C)\overline{D}+E} = \overline{[(A\overline{B}+C)\overline{D}]}\,\overline{E} \qquad \text{식 (2-21에 의해)}$$

$$-[\overline{(A\overline{B}+C)}+D]\,\overline{E} \qquad \text{식 (2-22에 의해)}$$

$$=[\overline{(A\overline{B})}\;\overline{C}+D]\,\overline{E} \qquad \text{식 (2-21에 의해)}$$

$$=[(\overline{A}+B)\,\overline{C}+D]\,\overline{E} \qquad \text{식 (2-22에 의해)}$$

다음은 부울 식을 드모르간의 법칙과 앞서 보인 정리들을 이용하여 결과를 구하고, 그 결과를 진리표를 이용하여 증명한 예이다.

$F=\overline{A}B+A\overline{B}$의 역은 다음과 같이 할 수 있다.

$$\overline{F} = \overline{(\overline{A}B+A\overline{B})} = \overline{(\overline{A}B)}\;\overline{(A\overline{B})} = (A+\overline{B})(\overline{A}+B)$$

$$= A\overline{A}+AB+\overline{A}\,\overline{B}+B\overline{B} = 0+AB+\overline{A}\,\overline{B}+0$$

$$= \overline{A}\,\overline{B}+AB$$

이제 F와 $\overline{F}$의 진리표를 만들어 이 결과가 옳다는 것을 증명해 보자.

[표 2-8] 진리표

AB	$\overline{A}B$	$A\overline{B}$	$F=\overline{A}B+A\overline{B}$	$\overline{A}\,\overline{B}$	AB	$\overline{F}=\overline{A}\,\overline{B}+AB$
0 0	0	0	0	1	0	1
0 1	1	0	1	0	0	0
1 0	0	1	1	0	0	0
1 1	0	0	0	0	1	1

표 2-8에서 변수 A 와 B 의 모든 조합에 대하여 어떤 경우이든지 ($F=0$, $\overline{F}=1$)이고 ($F=1$, $\overline{F}=0$)이 됨에 주의하라.

두 가지 형태의 드모르간 법칙에서 역을 취하는 과정은 다음과 같이 설명할 수 있다. 즉, 부울 식의 보수를 구하기 위해서는 각 변수의 보수를 구한 후 "0"은 "1"로 "1"은 "0"으로 대치하고, "+"(OR)는 " · "(AND)로, " · "는 "+"로 재배치하면 된다.

이 법칙을 적용할 때, 괄호를 첨가하거나 삭제함으로써 연산 순서를 지키는 것에 주의해야 한다. 그러기 위해서는 부울 식에서 연산의 우선 순위를 정하여 괄호가 제일 먼저 수행되고, NOT, AND, 그리고 OR의 순서로 수행되어야 하며 그렇게 하지 않으면 올바른 결과를 얻지 못한다.

예제 2-5에서 보수를 취하는 과정에 드모르간 법칙을 적용해 보면 다음과 같다.

$$\overline{(A\overline{B}+C)\overline{D}+E} = [(\overline{A}+B)\overline{C}+D]\,\overline{E} \tag{2-25}$$

식 (2-25)의 좌변에서 C는 $A\overline{B}$에 OR가 된다. 그러면 우변 쪽에서 $\overline{C}$는 $A\overline{B}$의 보수를 취한 값에 AND가 되는 것은 물론이고 괄호가 덧붙여진다.

또한 드모르간 법칙 적용을 일목요연하게 보여주는 식을 하나로 표현해 보면 다음과 같다.

$$[\overline{f(X_1, X_2, \cdot\cdot\cdot, X_n, 0, 1, +, \cdot)}] = f(\overline{X_1}, \overline{X_2}, \cdot\cdot\cdot, \overline{X_n}, 1, 0, \cdot, +) \tag{2-26}$$

식 (2-26)을 살펴보면 논리 변수 $X_1, X_2, \ldots\ldots, X_n$, 논리 상수 "0"과 "1", 그리고 연산자 " + "(OR)와 " · "(AND)를 포함하는 하나의 식으로 구성되어 있으며, 드모르간 법칙에 의해 X_1은 $\overline{X_1}$로, $X_2, \ldots\ldots, X_n$은 $\overline{X_2}, \ldots\ldots \overline{X_n}$로, "0"은 "1"로, "1"은 "0"으로, " + "는 " · "로 그리고 " · "는 " + "로 대치되어 있음을 알 수 있다.

또한 아래의 식 (2-27)에서는 연산 순위가 지켜지기 위해 어떻게 괄호가 첨가되거나 삭제되는지를 나타내었다.

$$\overline{(\overline{a}b+\overline{c})(\overline{d}+e\overline{f})+gh+w} = (a+\overline{b})c+d(\overline{e}+f)(\overline{g}+\overline{h})\overline{w} \tag{2-27}$$

2-6 부분곱화(Multiplying out) 및 인수화(Factoring)

앞에서 설명한 분배 법칙은 곱의 합(Sum of products)을 얻기 위하여 부분곱 표현식에 자주 사용한다. 부울 식에서 모든 곱 항들이 단일 변수들의 곱으로 표현되었을 때, 곱의 합이 되었다고 말할 수 있다. 이러한 형태의 부울 식은 완전 부분곱이 되었을 때 최종 결과가 된다.

임의의 부울 식이 합의 곱(Product of sums) 형태로 주어졌을 때 분배 법칙들을 이용하면 쉽게 부분곱으로 대응되는 곱의 합을 얻을 수 있다.

$$X(Y+Z)=XY+XZ$$

$$X+YZ=(X+Y)(X+Z)$$

또한 다음에 보이는 정리는 부울 식을 부분곱화하는 데 매우 유용하게 쓰인다.

$$(X+Y)(\overline{X}+Z)=XZ+\overline{X}Y \tag{2-28}$$

이 식에서 좌변에서 X와 짝지어진 변수 Y는 우변에서 $\overline{X}$와 짝지어지고, 그 반대의 경우 또한 마찬가지이다. 이를 증명해 보면 식 (2-28)은

$X=0$이면 $Y(1+Z)=0+1 \cdot Y$ 가 되어, 결국 $Y=Y$가 되고
$X=1$이면 $(1+Y)Z=Z+0 \cdot Y$ 가 되어, 결국 $Z=Z$가 된다.

따라서 $X=0$, $X=1$ 모두에 쓸 수 있으므로 이 식은 항상 성립한다.

다음에 보이는 식은 곱 항(AND term)들의 합으로 구성되어 있으므로 곱의 합 표현식이라 할 수 있다.

$$A\overline{B}+C\overline{D}E+A\overline{C}\overline{E} \tag{2-29}$$

한편 다른 경우에는 곱의 항이 하나 또는 그 이상의 단일 변수들로 구성될 수도 있다.

예를 들면 다음과 같은

$$AB\overline{C}+DEFG+H \tag{2-30}$$

그리고

$$A+\overline{B}+C+\overline{D}E \tag{2-31}$$

의 식이 있다.

다음에 보이는 식은

$$(A+B)CD+EF$$

$A+B$항이 CD에 곱하여져 있기 때문에 단일 변수들의 곱 항이 아니므로 전체적인 식을 볼 때 곱의 합이라 할 수 없다.

따라서 부분곱의 형식으로 전개하려면 먼저 제2분배 법칙을 적용해야 한다.

예를 들어 부분곱 $(A+BC)(A+D+E)$에서 $X=A$, $Y=BC$, $Z=D+E$로 치환하면 식 (2-14)에 의해 다음과 같이 나타낼 수 있다.

$$(X+Y)(X+Z)=X+YZ=A+BC(D+E)=A+BCD+BCE$$

물론, 본래의 식을 아래와 같이 완전하게 부분곱을 취한 후 여분의 항을 제거함으로써 같은 결과를 얻을 수도 있다.

$$\begin{aligned}(A+BC)(A+D+E) &= A+AD+AE+ABC+BCD+BCE \\ &= A(1+D+E+BC)+BCD+BCE \\ &= A+BCD+BCE\end{aligned}$$

제2분배 법칙을 적용하는 방법을 알고 있다면 위와 같은 문제를 어렵게 풀지 않고 쉽게 해결할 수 있을 것이다.

예제 2-6 다음 식을 부분곱화하시오.

[풀이] (a) $(Q+A\overline{B})(\overline{Q}+\overline{C}D)$

윗 식에서 하나의 항에 변수 Q가 있고 다른 한 쪽 항에는 $\overline{Q}$가 있으므로, 이 식은 식 (2-28)을 적용하여 다음과 같이 적어 볼 수 있다.

$(Q+A\overline{B})(\overline{Q}+\overline{C}D)=Q\overline{C}D+\overline{Q}A\overline{B}$

만일, 여기서 분배 법칙을 이용하여 단순히 부분곱화를 했다면 결과가 두 개의 항으로 나타나지 않고 다음 식과 같이 네 개의 항으로 구해진다.

$(Q+A\overline{B})(\overline{Q}+\overline{C}D)=Q\overline{Q}+Q\overline{C}D+A\overline{B}\,\overline{Q}+A\overline{B}\,\overline{C}D$

여기서 $A\overline{B}\,\overline{C}D$항은 소거되기 어려우므로 분배 법칙 대신 식 (2-28)의 정리를 적용하는 것이 효과적이다.

(b) $(A+B+\overline{C})(A+B+D)(A+B+E)(A+\overline{D}+E)(\overline{A}+C)$

$(X+Y)(X+Z)$ $\quad$ $(X+Y)(\overline{X}+Z)$

의 형태가 되므로 다음 식과 같이 된다.

$=(A+B+\overline{C}D)(A+B+E)[AC+\overline{A}(\overline{D}+E)]$

여기서, $(X+Y)(X+Z)$로 치환하면 $X+YZ$의 형태가 되어 다음에 보이는 식들과 같이 간략화 된 형태의 부분곱화가 이루어진다.

$$
\begin{aligned}
&= (A+B+\overline{C}DE)(AC+\overline{A}\,\overline{D}+\overline{A}E) \\
&= AC+ABC+\overline{A}B\overline{D}+\overline{A}BE+\overline{A}\,\overline{C}DE \\
&= AC(1+B)+\overline{A}B\overline{D}+\overline{A}BE+\overline{A}\,\overline{C}DE \\
&= AC+\overline{A}B\overline{D}+\overline{A}BE+\overline{A}\,\overline{C}DE
\end{aligned}
$$

이 예에서 만약 식 (2-28)의 정리를 이용하지 아니하고 분배 법칙만을 적용시켜 전개하면 전체 162개의 항이 발생되고, 완전한 형태의 부분곱화를 얻기 위해서는 158개의 항을 제거해야 한다.

한편 분배 법칙과 식 (2-28)은 합의 곱 형태를 얻기 위해 부울 식을 인수화하는데 또한 매우 유용하게 쓰인다. 부울 식에서 모든 합이 단일 변수들의 합으로 나타날 때 합의 곱 형태가 된다.

아래의 예에서 식 (2-28)의 정리가 인수화에 사용될 수 있음을 보여준다.

$$AB+\overline{A}C=(A+C)(\overline{A}+B)$$

하나의 항에서 변수를 포함하고 있고 다른 하나의 항에서 보수를 포함하고 있는 두 개의 항이 있을 때, 식 (2-28)의 정리를 적용하면 쉽게 인수화할 수 있다.

인수화는 합한 항(OR term)의 곱으로 구성되므로 다음과 같은 합의 곱 표현식을 예로 들 수 있다.

$$(A+\overline{B})(C+\overline{D}+E)(A+\overline{C}+\overline{E}) \tag{2-32}$$

한편 다른 경우에는 합의 항이 하나 또는 그 이상의 단일 변수들로 구성될 수도 있다.

예를 들면 다음과 같은

$$(A+B)(C+D+E)F \tag{2-33}$$

그리고

$$A\overline{B}C(\overline{D}+E) \tag{2-34}$$

은 합의 곱 형태로 생각되지만, 그러나 $(A+B)(C+D+E)F$는 합의 곱 형태가 아니다. 하나의 표현식은 식 전체가 합의 곱 형식일 때에만 완전한 인수화(Factoring)가 되지만, 그렇지 않은 경우는 완전 인수화가 될 수 없다.

예제 2-7 제2분배 법칙을 사용하여 다음 식을 인수화하시오.

[풀이] (a) $A+\overline{B}CD$

이 식은 치환을 통해 $X+YZ$ 형태로 할 수 있다. 여기서 $X=A$이고 $Y=\overline{B}$, $Z=CD$라고 하면 다음 식과 같이

$A+\overline{B}CD=(X+Y)(X+Z)=(A+\overline{B})(A+CD)$

가 되고, $A+CD$에 다시 한번 제2분배 법칙을 적용하여 전개하면 아래와 같이 완전한 형태의 인수화를 얻을 수 있다.

$A+\overline{B}CD=(A+\overline{B})(A+C)(A+D)$

(b) $A\overline{B}+\overline{C}D$는

$X+YZ$

즉 $X=A\overline{B}$로,

$Y=\overline{C}$, $Z=D$

로 치환한다면

$X+YZ=(X+Y)(X+Z)$가 되므로

$A\overline{B}+\overline{C}D=(A\overline{B}+\overline{C})(A\overline{B}+D)$가 되고,

다시 한번 치환하면

$(Y_1Z_1+X_1)(Y_2Z_2+X_2)$의 형태로 할 수 있으며,

제2분배 법칙에 의해

$(Y_1+X_1)(Z_1+X_1)(Y_2+X_2)(Z_2+X_2)$이므로

이는 다음과 같이 전개된다.

$=(A+\overline{C})(\overline{B}+\overline{C})(A+D)(\overline{B}+D)$

(c) $\overline{C}D+\overline{C}\,\overline{E}+\overline{G}H$는

먼저 공통 변수를 찾아 다음과 같이 식을 정리한다.

$\overline{C}D+\overline{C}\,\overline{E}+\overline{G}H=\overline{C}(D+\overline{E})+\overline{G}H$

여기서 $Y=\overline{C}, Z=D+\overline{E}$, $X=\overline{G}H$로 치환하면

$YZ+X=(Y+X)(Z+X)$ ← 식 (2-14) 적용

$=(\overline{C}+\overline{G}H)(D+\overline{E}+\overline{G}H)$가 되고

다시 한번 $X_1=\overline{C}$, $Y_1=\overline{G}$, $Z_1=H$로 치환하고,

$X_2=D+\overline{E}$, $Y_2=\overline{G}$, $Z_2=H$로 치환한다면

다음과 같이 정리할 수 있다.

$=(\overline{C}+\overline{G})(\overline{C}+H)(D+\overline{E}+\overline{G})(D+\overline{E}+H)$

곱의 합 표현식은 논리 회로에서 한 개 또는 그 이상의 AND 게이트의 출력이 OR 게이트로 들어가는 형태에 의해 실현될 수 있다.

그림 2-10은 식 (2-29)와 식 (2-31)에 대한 2단(Two-level circuit) 논리 회로이다. 입력 변수 쪽에 보수 발생을 나타내는 인버터가 요구되지만 생략하였다.

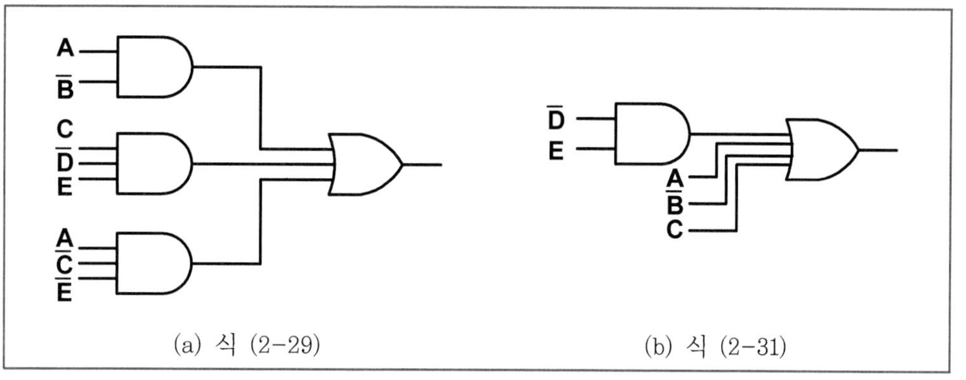

[그림 2-10] 식 (2-29)와 식 (2-31)에 대한 논리 회로

또한 합의 곱 표현식은 논리 회로에서 한 개 또는 그 이상의 OR 게이트의 출력이 AND 게이트로 들어가는 형태에 의해 실현될 수 있다. 그림 2-11은 식 (2-32)와 식 (2-34)에 대한 2단 논리 회로이며 입력 변수 쪽에 보수 발생을 나타내는 인버터는 생략하였다.

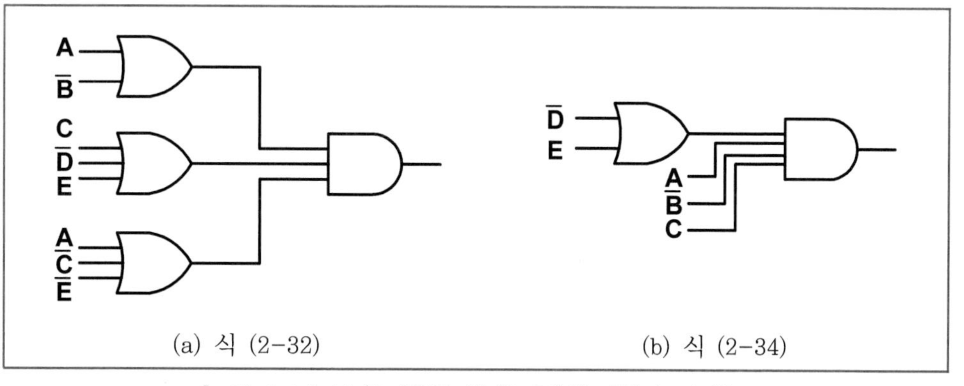

[그림 2-11] 식 (2-32)와 식 (2-34)에 대한 논리 회로

부분곱화와 인수화의 요약

- 부분곱화는 단일 변수들의 곱의 합 형태로 표현(AND term화)
- 인수화는 단일 변수들의 합의 곱 형태로 표현(OR term화)

2-7 쌍대성 정리(Duality theorem)

부울 식에서 주어지는 쌍대(Dual)는 AND를 OR로, OR를 AND로 바꾸고 1을 0으로, 0을 1로 대치시킴으로써 만들어진다. 이 때 변수와 보수는 바뀌지 않는다.

쌍대를 만드는 규칙은 식 (2-35)와 같다.

$$[f(X_1, X_2, \ldots, X_n, 0, 1, +, \cdot)]^D = f(X_1, X_2, \ldots, X_n, 1, 0, \cdot, +) \qquad (2\text{-}35)$$

예제 2-8 $F = a\bar{b} + c + 0 \cdot \bar{d}(1+e)$의 쌍대를 구하시오.

[풀이] 예제의 쌍대 정리는 $F^D = (a+\bar{b})c(1+\bar{d}+0 \cdot e)$가 된다.

부울 식에서 쌍대를 구하는 방법은 변수가 보수화 되지 않는 것을 제외하고는 보수를 구하는 방법과 비슷하다. 따라서 쌍대를 만드는 방법은 우선 주어진 식의 보수를 구한 후 각각의 변수를 대치하면 쉽게 구할 수 있다.

예를 들어, 부울 식 $(X+\overline{Y})Y = XY$가 주어진다면 쌍대는 다음과 같이 구할 수 있다.

$X\overline{Y} + Y = X + Y$

쌍대성 정리의 요약

- OR 연산자는 AND 연산자로 대치한다.
- AND 연산자는 OR 연산자로 대치한다.
- 부울 식에서 나타내는 모든 0과 1은 보수를 취해 표현한다.
- 변수나 보수는 바뀌지 아니한다.

2-8 Exclusive-OR와 동치 연산

Exclusive-OR(배타적 논리합) 연산은 아래와 같이 정의된다.

$$0 \oplus 0 = 0, \quad 0 \oplus 1 = 1, \quad 1 \oplus 0 = 1, \quad 1 \oplus 1 = 0$$

여기서 "⊕" 기호는 Exclusive-OR 연산자임을 나타내며 진리표는 다음과 같다.

X Y	X⊕Y
0 0	0
0 1	1
1 0	1
1 1	0

이 진리표로부터 입력 논리 변수 X와 Y 둘 중 어느 하나만이 “1”일 경우 $X\oplus Y=1$이 됨을 알 수 있다. 그러나 앞에서 정의한 일반적인 OR 연산은 $X=1$이거나 $Y=1$일 때, 또는 양쪽 모두 1일 때도 $X+Y=1$이 되므로 “통합적 논리합”(Inclusive OR)이라고도 한다.

배타적 논리합은 AND와 OR에 의해 나타낼 수 있다.

$$X\oplus Y=\overline{X}\,Y+X\,\overline{Y} \tag{2-36}$$

식 (2-36) 우변의 첫 번째 항에서 $X=0$이고 $Y=1$이면 결과는 1이 되고, 두 번째 항에서 $X=1$이고 $Y=0$이면 결과가 1이 된다. 이때, X나 Y 둘 중 한쪽이 1일 때만 $X\oplus Y=1$이라는 것을 살펴보면 식 (2-37)을 유도해 낼 수 있다.

$$X\oplus Y=(X+Y)\,\overline{(XY)}=(X+Y)(\overline{X}+\overline{Y})=\overline{X}\,Y+X\,\overline{Y} \tag{2-37}$$

Exclusive-OR 연산을 수행하는 논리 게이트는 다음 그림과 같이 나타낸다.

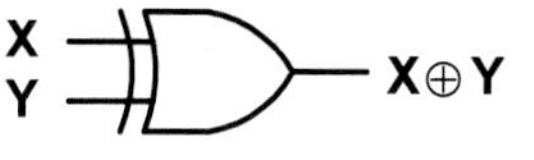

Exclusive-OR 연산을 아래의 공식에 적용하면 다음과 같다.

$$X\oplus 0=X \tag{2-38}$$

$$X\oplus 1=\overline{X} \tag{2-39}$$

$$X\oplus X=0 \tag{2-40}$$

$$X\oplus \overline{X}=1 \tag{2-41}$$

$$X\oplus Y=Y\oplus X \qquad \text{[교환법칙]} \tag{2-42}$$

$$(X\oplus Y)\oplus Z=X\oplus(Y\oplus Z)=X\oplus Y\oplus Z \qquad \text{[결합법칙]} \tag{2-43}$$

$$X(Y\oplus Z)=XY\oplus XZ \qquad \text{[분배법칙]} \tag{2-44}$$

$$\overline{(X\oplus Y)}=X\oplus\overline{Y}=\overline{X}\oplus Y=XY+\overline{X}\,\overline{Y} \tag{2-45}$$

Exclusive-OR 연산의 요약

• 배타적 논리합의 출력은 입력 논리 변수 X와 Y 둘 중 어느 하나만이 1일 경우에만 1이 된다.

예제 2-9 다음 식 $XY \oplus XZ = X(Y \oplus Z)$를 분배법칙을 이용하여 증명하시오.

[풀이]

$$\begin{aligned} XY \oplus XZ &= XY\overline{(XZ)} + \overline{(XY)}XZ = XY(\overline{X} + \overline{Z}) + (\overline{X} + \overline{Y})XZ \\ &= \overline{X} \cdot XY + XY\overline{Z} + \overline{X} \cdot XZ + X\overline{Y}Z \\ &= 0 + XY\overline{Z} + 0 + X\overline{Y}Z \\ &= XY\overline{Z} + X\overline{Y}Z \\ &= X(Y\overline{Z} + \overline{Y}Z) = X(Y \oplus Z) \end{aligned}$$

한편 동치 연산(Equivalence operations)은 아래와 같이 정의된다.

$$0 \equiv 0 = 1, \quad 0 \equiv 1 = 0, \quad 1 \equiv 0 = 0, \quad 1 \equiv 1 = 1$$

여기서 "≡" 기호는 동치 연산의 연산자임을 나타내며 진리표는 다음과 같다.

X Y	X ≡ Y
0 0	1
0 1	0
1 0	0
1 1	1

동치 연산의 정의와 진리표로부터 $X = Y$일 경우에만 $(X \equiv Y) = 1$이 된다는 사실을 알았다. 즉 $X = Y = 1$이거나 $X = Y = 0$일 때 $(X \equiv Y) = 1$이 된다. 이것을 식으로 적어보면 다음과 같다.

$$(X \equiv Y) = XY + \overline{X}\,\overline{Y} \tag{2-46}$$

동치 연산은 Exclusive-OR 연산의 보수 형태이다.

$$\begin{aligned} \overline{(X \oplus Y)} &= \overline{(\overline{X}Y + X\overline{Y})} = (X + \overline{Y})(\overline{X} + Y) \\ &= XY + \overline{X}\,\overline{Y} = (X \equiv Y) \end{aligned} \tag{2-47}$$

동치 연산은 Exclusive-OR 연산과 같이 교환적이고 결합적이다. 즉 교환법칙과 결합법칙이 적용될 수 있다.

동치 연산을 수행하는 논리 게이트는 다음 그림과 같다.

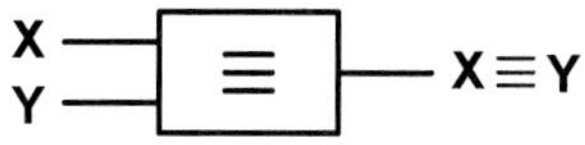

동치 게이트는 Exclusive-OR 연산의 보수이므로 보수 출력이 달린 Exclusive-OR 게이트를 대신 사용하기도 한다.

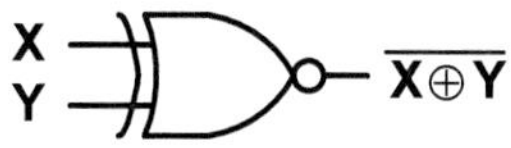

따라서, 동치 게이트를 Exclusive-NOR 게이트(⊙)라고 부르기도 한다.

> Exclusive-NOR 연산의 요약
> • 동치 연산의 출력은 입력 논리 변수 X와 Y가 같을 경우에만 1이 된다.

다음에 보이는 Exclusive-OR와 동치 연산뿐만 아니라 AND와 OR 연산을 포함하고 있는 부울 식을 최소화시키기 위해서는, ⊕와 ≡ 연산을 줄이기 위해 식 (2-36)과 식 (2-46)을 적용하는 것이 바람직하다.

그 예로 아래 식을 최소화하면,

$$F=(\overline{A}B\equiv C)+(B\oplus A\overline{C})$$

식 (2-36)과 식 (2-46)에 의해

$$\begin{aligned}
F &= [(\overline{A}B)C+\overline{(\overline{A}B)}\,\overline{C}]+[\overline{B}(A\overline{C})+B\,\overline{(A\overline{C})}] \\
&= \overline{A}BC+(A+\overline{B})\overline{C}+A\overline{B}\,\overline{C}+B(\overline{A}+C) \\
&= B(\underset{Y_1}{\overline{A}}\,\underset{Z_1}{C}+\underset{X_1}{\overline{A}+C})+\overline{C}(\underset{X_2}{A+\overline{B}}+\underset{Y_2}{A}\,\underset{Z_2}{\overline{B}}) \\
&\qquad (Y_1+X_1)(Z_1+X_1)(X_2+Y_2)(X_2+Z_2) \\
&= B[(\overline{A}+\overline{A}+C)(C+\overline{A}+C)]+\overline{C}[(A+\overline{B}+A)(A+\overline{B}+\overline{B})] \\
&= B[(\overline{A}+C)(\overline{A}+C)]+\overline{C}[(A+\overline{B})(A+\overline{B})] \\
&= B(\overline{A}+C)+\overline{C}(A+\overline{B})
\end{aligned}$$

가 된다.

그리고 여러 개의 Exclusive-OR나 동치 연산을 포함하고 있는 부울 식을 다룰 때 아래 식을 사용하면 유용하다.

$$\overline{(X\overline{Y}+\overline{X}Y)} = XY+\overline{X}\,\overline{Y} \tag{2-48}$$

증명

$$\overline{(X\overline{Y}+\overline{X}Y)} = \overline{(X\overline{Y})}\;\overline{(\overline{X}Y)} = (\overline{X}+Y)(X+\overline{Y})$$
$$= \overline{X}X+\overline{X}\,\overline{Y}+XY+Y\overline{Y} = XY+\overline{X}\,\overline{Y}$$

예를 들어, $\overline{A}\oplus B\oplus C$는 아래와 같이 나타낼 수 있다.

$$\overline{A}\oplus B\oplus C = [\overline{A}\,\overline{B}+\overline{(\overline{A})}B]\oplus C$$
$$=(\overline{A}\,\overline{B}+AB)\overline{C}+\overline{(\overline{A}\,\overline{B}+AB)}\,C$$
$$=(\overline{A}\,\overline{B}+AB)\overline{C}+[\overline{(\overline{A}\,\overline{B})}\;\overline{(AB)}]\,C$$
$$=(\overline{A}\,\overline{B}+AB)\overline{C}+[(A+B)(\overline{A}+\overline{B})]\,C$$
$$=(\overline{A}\,\overline{B}+AB)\overline{C}+(A\overline{A}+A\overline{B}+\overline{A}B+B\overline{B})\,C$$
$$=(\overline{A}\,\overline{B}+AB)\overline{C}+(\overline{A}B+A\overline{B})\,C \qquad \text{식 (2-36)에 의해}$$
$$=\overline{A}\,\overline{B}\,\overline{C}+AB\overline{C}+\overline{A}BC+A\overline{B}C \qquad \text{식 (2-48)에 의해}$$

2-9 정 논리(Positive logic)와 부 논리(Negative logic)

논리 게이트들은 다이오드, 트랜지스터 또는 다른 논리 소자들을 사용하여 만들어진다. 이 절에서는 입출력 게이트에 나타난 전압 레벨(Voltage level)과 게이트에서 실행되는 논리 함수 사이의 관계를 알아보겠다.

정상적인 조건에서 동작할 수 있는 논리 게이트는 입력 단자에 인가되는 전압이 두 개(0, 또는 +V Volts)의 값 중에 하나로 제한된다. 이 정상적인 입력 전압이 하나의 논리 게이트에 인가되었을 때, 출력 단자에 나타나는 전압은 두 개의 전압 가운데 하나라고 가정할 수 있다.

표 2-9는 그림 2-12의 논리 게이트에 대한 입출력 전압을 보여준다. 이제 각각의 입출력 전압은 두 개의 정상적인 값, 0 볼트나 +V 볼트 중 하나를 가질 수 있다고 가정해 보자.

그림 2-12의 논리 게이트에서 입력 단자의 수가 3개이므로 표 2-9에는 8가지의 서로 다른 입력 전압 조합이 있을 수 있다.

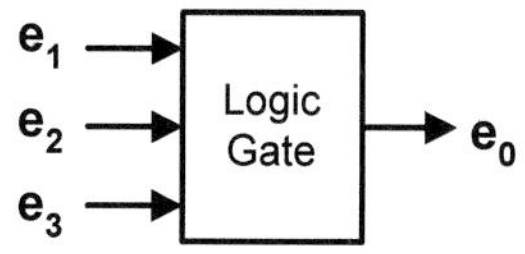

[그림 2-12]

[표 2-9] 전압

e_1	e_2	e_3	e_0
0	0	0	0
0	0	+V	0
0	+V	0	0
0	+V	+V	0
+V	0	0	0
+V	0	+V	0
+V	+V	0	0
+V	+V	+V	+V

예를 들어, 입력 전압들이 $e_1=0$, $e_2=e_3=+\mathrm{V}$ 볼트라고 가정하면 출력 전압 e_o는 0 볼트가 된다.

논리 게이트에 의해 실현된 논리 함수를 결정하기 위해서는 전압 레벨을 논리 값(0, 또는 1)으로 해석해야 한다. 전압 레벨을 해석하는 두 가지의 방법들은 다음과 같다.

a. 0 볼트를 논리 0으로, +V 볼트를 논리 1로 하는 정 논리
b. +V 볼트를 논리 0으로, 0 볼트를 논리 1로 하는 부 논리

일반적으로 두 개의 전압 레벨이 주어진다면 정 논리와 부 논리는 다음과 같이 정의된다.

- 정 논리 : 두 개의 전압 레벨 중에 낮은 것을 논리 0으로 대치하고 높은 것을 논리 1로 대치한다.
- 부 논리 : 두 개의 전압 레벨 중에 높은 것을 논리 0으로 대치하고 낮은 것을 논리 1로 대치한다.

실제로 이 두 가지 방법들은 모두 사용되므로 숙달해 두어야 한다.

앞서 설명한 표 2-9를 정 논리에 의해 전환 시켜보면 다음과 같은 표 2-10을 얻을 수 있다.

[표 2-10] 정 논리

e_1	e_2	e_3	e_0
0	0	0	0
0	0	1	0
0	1	0	0
0	1	1	0
1	0	0	0
1	0	1	0
1	1	0	0
1	1	1	1

e_1, e_2, e_3가 모두 1일 경우에만 e_o가 1이 되므로 즉, $e_0 = e_1 \cdot e_2 \cdot e_3$이 되어 정 논리에 대한 AND 함수가 실행된다.

만약 표 2-9를 부 논리에 의해 전환시켜 보면 다음과 같은 표 2-11을 얻을 수 있다. e_1, e_2 혹은 e_3가 1일 때에 e_o는 1이 되므로, $e_0 = e_1 + e_2 + e_3$이 되어 부 논리에 의한 OR 함수가 실행된다. 이러한 사실을 기반으로 부 논리로 실현된 어떤 함수는 정 논리에서 그 함수의 쌍대가 됨을 알 수 있다.

[표 2-11] 부 논리

e_1	e_2	e_3	e_0
1	1	1	1
1	1	0	1
1	0	1	1
1	0	0	1
0	1	1	1
0	1	0	1
0	0	1	1
0	0	0	0

예제 2-10

정 논리로 표현된 다음 주어진 식을 부 논리로 표현하시오.

$G = AB\overline{C} + \overline{A}\,\overline{B}C$

입출력 전압이 0 볼트와 +5 볼트 일 때, 정 논리에서는 0 볼트를 논리 "0"으로, +5 볼트를 논리 "1"로 해석한다.

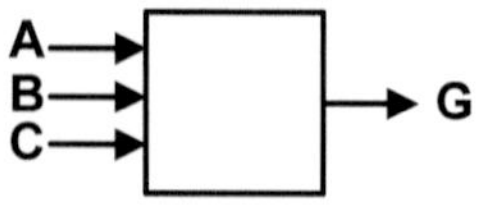

[풀이] 부 논리에서는 0 볼트를 논리 1로, +5 볼트를 논리 0으로 해석한다. 그러면 예제에서 제시한 식은 다음과 같이 된다.

$G = (A + B + \overline{C})(\overline{A} + \overline{B} + C)$

정 논리로 실현된 논리 회로의 함수를 안다면 부 논리 정리(Negative logic theorem)를 적용하여 부 논리에 대한 논리 함수를 쉽게 구할 수 있다.

부논리 정리

정 논리에 의해 입출력 변수가 결정될 때 조합 논리 회로(Combinational logic network)가 어떤 함수 F로 실현된다면, 입출력 변수가 부 논리로 결정될 때에는 함수 F의 쌍대(F^D)를 실현할 수가 있다.

증명

그림 2-13의 (a)는 모든 변수들에 대해 정 논리를 적용한 경우이고, (b)는 부 논리 변수들을 사용하여 입출력을 나타낸 것이다.

[그림 2-13] 논리 적용

예를 들어 i 번째 단자에 적용된 주어진 입력에서 $x_i = 1$이면 $w_i = 0$이고 $x_i = 0$이면 $w_i = 1$이 되므로, $x_i = \overline{w_i}$가 되며 이와 유사하게 $z = \overline{y}$가 된다. 정 논리 변수들에 대하여 $z = f(x_1, x_2, \ldots, x_n)$이라고 하자.

그러면 부 논리 변수들에서는 다음과 같이 적어 볼 수 있다.

$$\overline{y} = f(\overline{w_1}, \overline{w_2}, \ldots, \overline{w_n})$$

그러므로,

$$y = \overline{[f(\overline{w_1}, \overline{w_2}, \ldots, \overline{w_n})]} = f^D(w_1, w_2, \ldots, w_n)$$

이 되는 것은 함수의 쌍대가 그 함수의 보수를 취하고 다시 그에 대한 보수를 취한 후 각각의 변수들을 대치함으로써 얻을 수 있다. 만일 예제 2-10에서 했던 것과 같이 정·부 논리에 같은 변수 이름을 썼다면 정 논리에 대한 부 논리는 아래와 같이 표시된다.

$$z = \overline{[f(\overline{x_1}, \overline{x_2}, \ldots, \overline{x_n})]} = f^D(x_1, x_2, \ldots, x_n)$$

"부 논리 정리"를 적용함으로써 정 논리에 대한 AND 연산의 실현과 부 논리에 대한 OR 연산의 실현을 하나의 연산으로 할 수 있음을 알았다.

Exclusive-OR의 쌍대가 아래와 같으므로

$$(x \oplus y)^D = (\overline{x}\, y + x\overline{y})^D = (\overline{x} + y)(x + \overline{y}) = \overline{x}\, \overline{y} + xy = (x \equiv y) \qquad (2\text{-}49)$$

정 논리에 대한 Exclusive-OR를 실현하는 연산은 부 논리에 대한 동치 연산을 실현한다.

••• 연습문제

2.1 다음 식들의 보수를 구하시오.(결과를 최소화하지 말 것)

a. $wx(\overline{y}z+y\overline{z})+\overline{w}\,\overline{x}(\overline{y}+z)(y+\overline{z})$

b. $w+(ab+\overline{c})(\overline{d}e+1)+g(\overline{h}+0)$

c. $[a\overline{b}+d(\overline{e}\,\overline{f}+\overline{g}h)][\overline{a}+bcd(\overline{e}+\overline{f}g)]$

2.2 문제 2.1에서 보인 각 부울 식들의 쌍대를 구하시오.(결과를 최소화하지 말 것)

2.3 다음 주어진 식들의 보수와 쌍대를 구하시오.(결과를 최소화하지 말 것)

a. $F=[(AB+\overline{C}D+\overline{E}+0)(\overline{A}+BC)+1(\overline{D}E+B)](C+\overline{E})$

b. $F=(\overline{A}+B\cdot 0+1)[1\cdot(A\overline{B}+C)D+E\cdot 0]\overline{A}B\cdot 1$

c. $F=[A\overline{B}(C+D\overline{E})\cdot 0]+AC(1+CD+\overline{B}E)$

2.4 다음 주어진 문제들을 부분곱화하시오.

a. $(\overline{A}+B+D)(A+C)(A+\overline{B}+D)(\overline{A}+\overline{C}+\overline{D})(\overline{A}+B)$
(힌트 : 부분곱을 하기 전에 $X(X+Y)=X$, 식 (2-18)을 적용할 것)

b. $(\overline{B}+\overline{C}+\overline{D})(\overline{A}+\overline{B}+\overline{C})(A+B+C)(B+C+D)$

c. $(\overline{A}+\overline{C}+D)(\overline{A}+C)(B+\overline{C}+\overline{D})(\overline{A}+B+C)(C+D)$

2.5 다음 주어진 문제들을 인수화하시오.

a. $\overline{A}\,\overline{B}\,\overline{C}+\overline{A}\,\overline{D}+AB\overline{C}+AD$

b. $ACD+\overline{A}\,\overline{B}D+\overline{A}BC+A\overline{C}\,\overline{D}$

c. $\overline{A}\,\overline{C}D+A\overline{B}\,\overline{D}+\overline{A}C\overline{D}+BD$

2.6 다음 부울 식들을 간략화하시오.

a. $A\overline{B} + \overline{A}\,\overline{B}D + \overline{A}\,C\overline{D}$

b. $(\overline{A} + \overline{C} + D)(A + \overline{B} + \overline{C})(B + \overline{C})$

c. $A\overline{B} + A\overline{B}CD + AB\overline{C}\,\overline{D}$

d. $CE(\overline{A} + B + \overline{C} + \overline{E})(B + \overline{C} + D + \overline{E})(A + B + \overline{C} + \overline{E})$

2.7 다음 논리 회로의 출력 F와 G를 구하고 최소화하시오.

(a)

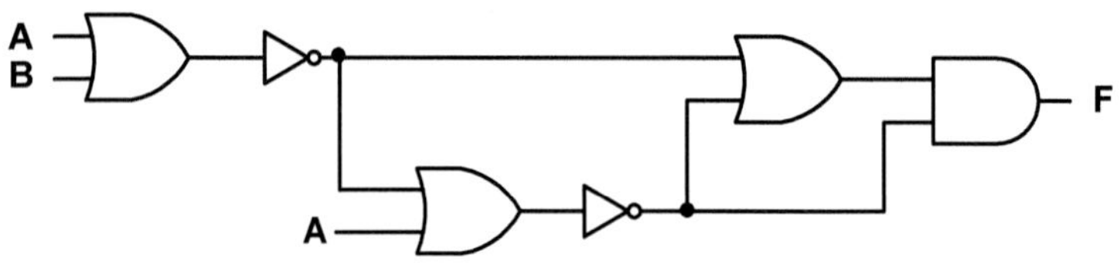

(b)

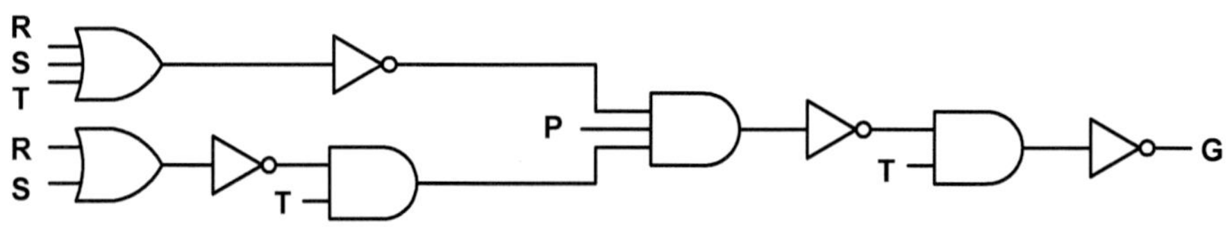

2.8 다음 식을 합의 곱 형태로 변환하시오.

$W\overline{X}\,Y + WX\overline{Z} + \overline{Y}Z$

2.9 다음 식을 곱의 합 형태로 변환하시오.

$(\overline{A} + B)(\overline{A} + \overline{B} + C)(B + D + E)(A + \overline{B} + \overline{E})$

2.10 다음 물음에 답하시오.

a. $A \oplus BC = (A \oplus B)(A \oplus C)$에서 분배법칙이 성립될 수 있는가? 성립된다면 증명하시오.

b. 동치 연산에 대한 결합법칙이 성립되는가? 성립된다면 증명하시오.

2.11 다음 논리 회로의 출력 F를 구하고 최소화하시오.

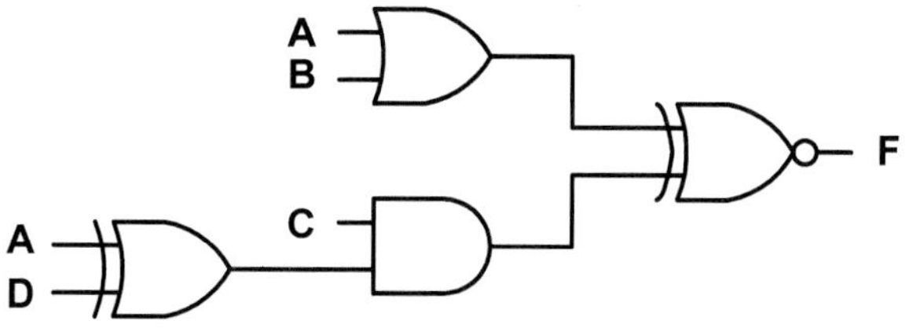

2.11 다음 물음에 답하시오.

a. $A \oplus BC = (A \oplus B)(A \oplus C)$에서 분배법칙이 성립될 수 있는가? 성립된다면 증명하시오.

b. 동치 연산에 대한 결합법칙이 성립되는가? 성립된다면 증명하시오.

2.12 Exclusive-OR 연산과 보수 연산을 이용하여 부울 식 F를 다시 정리하시오.

$F = \bar{a}\,\bar{b}\,\bar{c} + ab\bar{c} + \bar{a}bc + a\bar{b}c$

2.13 아래의 표는 2-입력 논리 게이트에 대한 입출력 전압을 나타낸다.

a. 정 논리를 이용한 진리표로 바꾸시오. 이때 어떤 함수가 실현될 수 있는가?

b. 부 논리를 이용한 진리표로 바꾸시오. 이때 어떤 함수가 실현될 수 있는가?

e_1	e_2	e_o
−5	−5	+5
−5	+5	−5
+5	−5	−5
+5	+5	+5

2.14 아래의 표는 3-입력 논리 게이트에 대한 입출력 전압을 나타낸다.

a. 만약 0 볼트가 논리 1이고 −5 볼트가 논리 0이라고 가정할 때, 어떠한 논리 연산을 실현할 수 있는가?

b. 또한 −5 볼트가 논리 1이고 0 볼트가 논리 0이라고 가정할 때는, 어떤 논리 연산을 실현할 수 있는가?

e_1	e_2	e_3	e_o
+5	+5	+5	+5
+5	+5	−5	+5
+5	−5	+5	+5
+5	−5	−5	+5
−5	+5	+5	+5
−5	+5	−5	+5
−5	−5	+5	+5
−5	−5	−5	−5

Digital Logic Design

CHAPTER 03

부울 식의 간략화

Algebraic Simplification

3-1 Consensus 정리

컨센서스(Consensus) 이론은 부울 식을 간략화하는 데 매우 유용한 정리이다. 이러한 컨센서스 이론은 하나의 항에 변수가 나타나고 또 다른 항에서 그 변수의 보수가 존재하는 쌍의 항들이 주어지면, 두 개의 항에서 선택된 변수와 그 변수의 보수를 제외하고 남은 변수들을 곱함으로써 얻어진다.

이러한 컨센서스 이론을 이용하여 $XY+\overline{X}Z+YZ$ 형태의 부울 식을 간략화 하면 부울 식에서 공통항 YZ 항을 제거하여 등가식 $XY+\overline{X}Z$로 간략화할 수 있다. 여기서 제거된 YZ 항을 "공통항(Consensus term)"이라고 한다.

예를 들면, ab와 $\overline{a}c$의 컨센서스는 bc이고, abd와 $\overline{b}d\overline{e}$의 컨센서스는 $(ad)(d\overline{e})$ $=ad\overline{e}$가 된다. 그러나 $a\overline{b}d$와 $\overline{a}b\overline{d}$ 항의 경우는 컨센서스가 없다.

식 (3-1)을 컨센서스 이론을 이용하여 증명하면 다음과 같다.

$$XY+\overline{X}Z+YZ=XY+\overline{X}Z \tag{3-1}$$

증명

$$\begin{aligned} XY+\overline{X}Z+YZ &= XY+\overline{X}Z+(X+\overline{X})YZ \\ &= (XY+XYZ)+(\overline{X}Z+\overline{X}YZ) \\ &= XY(1+Z)+\overline{X}Z(1+Y)=XY+\overline{X}Z \end{aligned}$$

식 (3-1)은 컨센서스 이론을 이용하여 부울 식에서 공통항을 제거함으로써 간략화를 증명하였다.

다음 식에서도 컨센서스 항을 구해보면,

$$\overline{a}\,\overline{b}+ac+b\overline{c}+\overline{b}c+ab=\overline{a}\,\overline{b}+ac+b\overline{c}$$

가 된다. 위 식에서 $\overline{a}\,\overline{b}$와 ac항의 컨센서스 $\overline{b}c$와, ac와 $b\overline{c}$항의 컨센서스 ab를 구할 수가 있다. 따라서 2개의 컨센서스 항 $\overline{b}c$와 ab를 제거할 수 있다.

일반적으로 컨센서스 항을 알 수 있는 방법은 한 변수를 포함하고 있는 항과 다른 항에 그 변수의 보수를 포함한 쌍의 항을 우선하여 찾아내는 것이 가장 중요한 사항이다.

한편, 식 (3-1)에 대한 쌍대 컨센서스 이론의 형식은 다음과 같다.

$$(X+Y)(\overline{X}+Z)(Y+Z)=(X+Y)(\overline{X}+Z) \tag{3-2}$$

이 경우에 컨센서스는 선택된 변수와 그 변수의 보수를 제외하고 쌍의 항에 남은 변수들을 더하는 형식이 된다. 이러한 방법을 "쌍대 컨센서스 이론"이라 한다.

다음의 식에서 쌍대 컨센서스 이론을 적용하여 컨센서스 항을 제거하면 컨센서스 항 $(a+b+\overline{d})$를 제거하여 2개의 항으로 최소화할 수 있다.

$$(a+b+\overline{c})(a+b+\overline{d})(b+c+\overline{d})=(a+b+\overline{c})(b+c+\overline{d})$$

Consensus 이론의 요약

- 두 개의 항에서 선택된 변수와 그 변수의 보수를 제외하고 남은 변수들의 곱으로 구해진다.
- 공통항을 구하기 위한 변수의 선택은 한 번에 하나의 변수만 인정된다.

예제 3-1 다음 식을 컨센서스 이론을 이용하여 간략화하시오.

①$\overline{A}BD$

$$\overline{A}\,\overline{C}D+\overline{A}BD+BCD+ABC+AC\overline{D}$$

②ABC

$$=\overline{A}\,\overline{C}D+BCD+AC\overline{D}$$

[풀이] 만약 위 식에서 제일 먼저 두 번째 항과 네 번째 항의 컨센서스 항이 되는 BCD를 구해 세 번째 항인 BCD를 제거하게 되면 더 이상 제거할 항이 없게 되며, 또 다른 항을 제거하는 데 사용할 수도 없다.

따라서, 컨센서스 이론으로 제거될 수 있는 항이 더 이상 없음을 알 수 있다.

하지만, 먼저 BCD를 제거하지 않고 브래킷(Bracket) ①과 ②에서 구해진 컨센서스 항에 의해 다른 두 개의 항을 제거한다. 이렇게 하면 BCD 항이 제거되지 않음을 알 수 있다. 제일 먼저 BCD 항을 제거했다면 4개의 항으로 되지만, BCD 항을 제거하지 않음으로써 3개의 항으로 줄일 수가 있다.

경우에 따라서는 단순히 항을 제거함으로써 직접 최소수의 항을 갖는 논리식을 구하기가 어려울 수도 있다. 컨센서스 이론을 이용하여 먼저 공통항을 구해 원래의 식에 더하고, 그 다음에 더해진 항을 이용하여 다른 항들을 제거할 수 있다.

예를 들어, 다음 논리식을 살펴보자.

$$F = ABCD + \overline{B}CDE + \overline{A}\,\overline{B} + BC\overline{E}$$

위 식에서 모든 쌍의 항을 비교해 보면 컨센서스 항의 형식임을 알 수 있다. 즉, $ABCD$와 $\overline{B}CDE$의 컨센서스 항 $ACDE$, $\overline{A}\,\overline{B}$와 $BC\overline{E}$의 컨센서스 항 $\overline{A}C\overline{E}$가 유일한 컨센서스 항임을 알 수 있다. 하지만 위 식에서 제거해야 할 공통항을 찾을 수가 없기 때문에 컨센서스 이론을 사용하여 더 이상 식을 간략화할 수 없다.

그러나 앞에서 구한 컨센서스 항 $ACDE$를 원래의 식 F에 더한다면 다음과 같은

$$F = ABCD + \overline{B}CDE + \overbrace{\overline{A}\,\overline{B} + BC\overline{E}}^{\overline{B}CDE} + \underbrace{ACDE}_{ABCD}$$

식이 되어, 컨센서스 이론을 사용하여 $ABCD$와 $\overline{B}CDE$를 제거할 수 있고 F는 다음과 같이 줄어든다.

$$F = \overline{A}\,\overline{B} + BC\overline{E} + ACDE$$

$ACDE$ 항은 불필요한 여분 항이 아니므로 F는 더 이상 최소화되지 않는다.

3-2 논리식의 대수적 간략화

이 절에서는 논리식을 간략화하는데 부울 대수 이론을 적용하도록 하겠다. 논리식을 간략화하는 것은 매우 중요하다. 왜냐하면 게이트를 사용하여 논리식을 구현할 때, 논리 회로를 설계할 때 회로를 최소화할 수 있기 때문이다. 5장에서 논리 함수를 간략화하는 도식적 방법에 대해 배우겠지만 먼저 대수적 방법에 대해 알아보도록 하자.

논리 함수를 간략화하는데는 부분곱과 인수화 외에 항 결합법(Combining terms), 항 제거법(Eliminating terms), 문자 제거법(Eliminating literals), 그리고 여분항 더하기(Adding redundant terms) 등의 방법이 있다.

(1) 항 결합법

항 결합법은 $XY+X\overline{Y}=X$의 정리를 이용하여 두 항을 결합한다.

$$\text{예)}\ ab\overline{c}\,\overline{d}+abc\overline{d}=ab\overline{d}\,[X=ab\overline{d},\ Y=c] \qquad (3\text{-}3)$$

식 (3-3)에서와 같이 항 결합법으로 항을 결합할 때 결합되는 두 항은 정확하게 같은 변수로 이루어져야 하고, 이들 변수 중 하나는 다른 항에 있는 변수에 대해 보수 관계로 존재해야 한다.

물론, 이 방법은 X와 Y가 더 복잡한 아래의 논리식으로 되어 있을 때도 적용할 수 있다.

$$\text{예)}\ (a+bc)(d+\overline{e})+\overline{a}(\overline{b}+\overline{c})(d+\overline{e})=d+\overline{e}$$
$$[X=d+\overline{e},\ \ Y=a+bc,\ \ \overline{Y}=\overline{a}(\overline{b}+\overline{c})] \qquad (3\text{-}4)$$

(2) 항 제거법

일반적으로 여분항들을 제거하는데는 $X+XY=X$의 정리를 이용한다. 그리고, 또 다른 방법으로 컨센서스 이론을 이용하여 컨센서스 항을 제거하기도 한다. $(XY+\overline{X}Z+YZ=XY+\overline{X}Z)$

$$\text{예)}\ ①\ \overline{a}b+\overline{a}bc=\overline{a}b\ [X=\overline{a}b,\ \ Y=c]$$
$$②\ \overline{a}b\overline{c}+bcd+\overline{a}bd=\overline{a}b\overline{c}+bcd\ [X=c,\ Y=bd,\ Z=\overline{a}b] \qquad (3\text{-}5)$$

(3) 문자 제거법

문자 제거법은 $X+\overline{X}Y=X+Y$의 정리를 이용하여 여분의 문자를 제거한다. 이 정리를 적용하기 위해서는 먼저 간단한 형태의 인수화가 필요하다.

$$\text{예)}\ \overline{A}B+\overline{A}\,\overline{B}\,\overline{C}\,\overline{D}+ABC\overline{D}$$
$$=\overline{A}(B+\overline{B}\,\overline{C}\,\overline{D})+ABC\overline{D}=\overline{A}(B+\overline{C}\,\overline{D})+ABC\overline{D}$$
$$=\overline{A}B+\overline{A}\,\overline{C}\,\overline{D}+ABC\overline{D}$$
$$=B(\overline{A}+AC\overline{D})+\overline{A}\,\overline{C}\,\overline{D}=B(\overline{A}+C\overline{D})+\overline{A}\,\overline{C}\,\overline{D}$$
$$=\overline{A}B+BC\overline{D}+\overline{A}\,\overline{C}\,\overline{D} \qquad (3\text{-}6)$$

위에서 보인 (1), (2), (3)의 방법을 적용한 후에 얻어지는 논리식이 반드시 최소의 항 또는 최소 문자를 갖는 것은 아니다. 왜냐하면, (1), (2), (3)의 방법을 적용하여 더 이상 간략화를 할 수 없는 상태에서도 다음에 설명하는 의도적인 여분항을 추가하여 최소화를 시도할 수 있기 때문이다.

(4) 여분항 더하기

여분항 $X\overline{X}$와 $(X+\overline{X})$를 어떤 식에 더하거나 곱해서, 또는 $XY+\overline{X}Z$에 YZ를 더하거나, X에 XY를 더하는 등과 같은 여러 가지 여분의 항들을 추가하여 최소화를 시도하는 방법이다. 이때 추가되는 여분항은 기존의 식에서 다른 항들과 결합할 수 있거나, 다른 항들을 제거하는데 도움이 되는 여분항을 선택한다.

예) $WX+XY+\overline{X}\,\overline{Z}+W\overline{Y}\,\overline{Z}$

(컨센서스 이론에 의해 첫 번째와 세 번째 항의 공통항 $W\overline{Z}$를 추가)

$= WX+XY+\overline{X}\,\overline{Z}+W\overline{Y}\,\overline{Z}+W\overline{Z}$ ($W\overline{Y}\,\overline{Z}$를 제거)

$= WX+XY+\overline{X}\,\overline{Z}+W\overline{Z}(\overline{Y}+1)$

$\downarrow W\overline{Z}\cdot 1$

$\downarrow W\overline{Z}$

$= WX+XY+\overline{X}\,\overline{Z}+W\overline{Z}$ (공통항 $W\overline{Z}$를 제거)

$$= WX+XY+\overline{X}\,\overline{Z} \tag{3-7}$$

다음은 앞에서 설명한 4가지 방법을 모두 사용하여 포괄적인 예를 들어 설명하겠다.

$\overline{A}\,\overline{B}\,\overline{C}\,\overline{D}+\overline{A}B\overline{C}\,\overline{D}+\overline{A}BD+\overline{A}B\overline{C}D+ABCD+AC\overline{D}+\overline{B}C\overline{D}$

[①] [②]

$= \overline{A}\,\overline{C}\,\overline{D}(\overline{B}+B)+\overline{A}BD(1+\overline{C})+ABCD+AC\overline{D}+\overline{B}C\overline{D}$

$= \overline{A}\,\overline{C}\,\overline{D}+\overline{A}BD+ABCD+AC\overline{D}+\overline{B}C\overline{D}$

[③]

$= \overline{A}\,\overline{C}\,\overline{D}+BD(\overline{A}+AC)+AC\overline{D}+\overline{B}C\overline{D}$

$= \overline{A}\,\overline{C}\,\overline{D}+BD(\overline{A}+C)+AC\overline{D}+\overline{B}C\overline{D}$

$= \overline{A}\,\overline{C}\,\overline{D}+\overline{A}BD+BCD+AC\overline{D}+\overline{B}C\overline{D}$

(컨센서스 이론에 의해 3, 4번 항의 공통항 ABC를 여분항으로 추가)

[④]

공통항 BCD

$= \overline{A}\,\overline{C}\,\overline{D}+\overline{A}BD+BCD+AC\overline{D}+\overline{B}C\overline{D}+ABC$

공통항 $AC\overline{D}$

$= \overline{A}\,\overline{C}\,\overline{D}+\overline{A}BD+\overline{B}C\overline{D}+ABC$

첫 번째 단계[①]로 $\overline{A}\,\overline{B}\,\overline{C}\,\overline{D}$와 $\overline{A}B\overline{C}\,\overline{D}$를 항 결합법을 적용하여 결합하면 $\overline{A}\,\overline{C}\,\overline{D}$로 간략화되고, 두 번째[②]로 $\overline{A}BD$와 $\overline{A}B\overline{C}D$는 항 제거법에 의해 $\overline{A}BD(1+\overline{C})$로 결합한 다음 $\overline{A}BD$로 표현할 수 있다. 여기에서 생성된 $\overline{A}BD$와 $ABCD$는 [③]$BD(\overline{A}+AC)$로 재결합한 후, 문자 제거법의 $X+\overline{X}Y=X+Y$를 적용하면 $\overline{A}BD$와 BCD로 표현할 수 있다. 세 번째 단계[④]로 컨센서스 이론에 의해 공통항 ABC를 구하여 여분항으로 추가한 후, $\overline{A}BD$와 ABC의 공통항 BCD, 그리고 $\overline{B}C\overline{D}$와 ABC의 공통항 $AC\overline{D}$를 제거하면 4개의 항으로 최소화된다.

만약 간략화된 논리식을 곱의 합 형태 대신에 합의 곱 형식으로 표현하고 싶다면 앞서 설명한 쌍대 이론을 적용하면 된다.

예) $(\overline{A}+\overline{B}+\overline{C})(\overline{A}+\overline{B}+C)(\overline{B}+C)(A+C)(A+B+C)$

$(X+Y)(X+\overline{Y})=X$정리 적용 　 $X(X+Y)=X$정리 적용

$$=(\overline{A}+\overline{B})(\overline{B}+C)(A+C)=(\overline{A}+\overline{B})(A+C) \qquad (3\text{-}9)$$

컨센서스 이론에 의해 공통항$(\overline{B}+C)$ 삭제

일반적으로 최소의 항 또는 최소의 문자를 갖는 부울 식을 결정하는 쉬운 방법은 없다. 최소의 곱의 합과 최소의 합의 곱 식을 찾는 체계적인 방법은 뒷장에서 논의하도록 하겠다.

예제 3-2 다음 식을 증명하시오.

$\overline{A}B\overline{D}+BCD+AB\overline{C}+A\overline{B}D=AD+B\overline{C}\,\overline{D}+\overline{A}BC$

[풀이] 먼저 컨센서스 항들을 구하여 여분항으로 추가한다. 그리고 항을 결합하여 식을 정리한다. 마지막으로 컨센서스 이론에 의해 항을 삭제한다.

$$\overline{A}B\overline{D}+BCD+AB\overline{C}+A\overline{B}D$$
$$=\overline{A}B\overline{D}+BCD+AB\overline{C}+A\overline{B}D+\underset{①}{\overline{A}BC}+\underset{②}{B\overline{C}\,\overline{D}}+\underset{③}{ABD}$$

① $\overline{A}B\overline{D}$와 BCD의 공통항 $\overline{A}BC$를 여분항으로 추가

② $\overline{A}B\overline{D}$와 $AB\overline{C}$의 공통항 $B\overline{C}\,\overline{D}$를 여분항으로 추가

③ BCD와 $AB\overline{C}$의 공통항 ABD를 여분항으로 추가

위 식은 네 번째 항과 일곱 번 째 항의 공통변수 $AD(\overline{B}+B)=AD$에 의해 다음 식으로 된다.

$=\overline{A}B\overline{D}+BCD+AB\overline{C}+AD+B\overline{C}\,\overline{D}+\overline{A}BC$

④ ⑤ ⑥

$=AD+B\overline{C}\,\overline{D}+\overline{A}BC$ (3-10)

④ $\overline{A}B\overline{D}$는 $B\overline{C}\,\overline{D}$와 $\overline{A}BC$의 공통항으로 컨센서스 이론에 의해 제거

⑤ BCD는 AD와 $\overline{A}BC$의 공통항으로 〃

⑥ $AB\overline{C}$는 AD와 $B\overline{C}\,\overline{D}$의 공통항으로 〃

예제 3-3 다음 식을 간략화하시오.

$a\overline{b}c\overline{d}e+acd+ac\overline{f}g\overline{h}+acd\overline{e}+\overline{e}\,\overline{h}+abc\overline{d}e$

[풀이] $a\overline{b}c\overline{d}e$와 $abc\overline{d}e$ 항에 $XY+X\overline{Y}=X$의 정리를 적용하면 다음의 식과 같이 된다.

$=ac\overline{d}e(\overline{b}+b)+acd+ac\overline{f}g\overline{h}+acd\overline{e}+\overline{e}\,\overline{h}$

$=ac\overline{d}e+acd+ac\overline{f}g\overline{h}+acd\overline{e}+\overline{e}\,\overline{h}$

또한 acd와 $acd\overline{e}$ 항에 $X+X\overline{Y}=X$의 정리를 적용하여 전개하면 다음 식과 같이 된다.

$=ac\overline{d}e+acd(1+\overline{e})+ac\overline{f}g\overline{h}+\overline{e}\,\overline{h}$

$=ac\overline{d}e+acd+ac\overline{f}g\overline{h}+\overline{e}\,\overline{h}$

그리고 $X+\overline{X}Y=X+Y$의 정리를 이용하여 $ac\overline{d}e$ 항과 acd 항으로부터 문자를 제거하면

$=ac(\overline{d}e+d)+ac\overline{f}g\overline{h}+\overline{e}\,\overline{h}$

$=ac(e+d)+ac\overline{f}g\overline{h}+\overline{e}\,\overline{h}$

$=ace+acd+ac\overline{f}g\overline{h}+\overline{e}\,\overline{h}$

와 같은 식이 되고, 다음 단계로 ace와 $\overline{e}\,\overline{h}$의 공통항 $ac\overline{h}$를 여분항으로 추가하여 정리해 보면 다음과 같은 식이 된다.

$=ace+acd+ac\overline{f}g\overline{h}+\overline{e}\,\overline{h}+ac\overline{h}$

아울러 방금 추가한 $ac\overline{h}$와 $ac\overline{f}g\overline{h}$ 항을 $X+XY=X$의 정리에 적용하여 다시 적어보면 다음과 같다.

$=ace+acd+ac\overline{h}(\overline{f}g+1)+\overline{e}\,\overline{h}$

마지막으로 공통항을 구하여 컨센서스 이론에 의해 제거하면 최종적인 부울 식은 다음과 같이 3개의 항으로 최소화된다.

$=ace+acd+ac\overline{h}+\overline{e}\,\overline{h}$

공통항 $ac\overline{h}$

$=ace+acd+\overline{e}\,\overline{h}$

예제 3-4 다음 식을 간략화하시오.

$$Z = (A+\overline{C}+\overline{F}+G)(A+\overline{C}+F+G)(A+B+\overline{C}+\overline{D}+G)$$
$$(A+C+E+G)(\overline{A}+B+G)(B+\overline{C}+F+G)$$

[풀이] 위 식에서 첫 번째 항과 두 번째 항에 $(X+Y)(X+\overline{Y})=X$ 정리를 적용하면, 다음과 같은 식을 얻을 수 있다.

$$= (A+\overline{C}+G)(A+B+\overline{C}+\overline{D}+G)(A+C+E+G)$$
$$(\overline{A}+B+G)(B+\overline{C}+F+G)$$

또한 이 식으로부터 첫 번째 항과 두 번째 항에 $X(X+Y)=X$의 정리를 적용하면

$$= (A+\overline{C}+G)(A+C+E+G)(\overline{A}+B+G)(B+\overline{C}+F+G)$$

와 같은 식이 된다.
그리고, 위 식으로부터 첫 번째 항과 두 번째 항을 결합하면 다음과 같이 되며

$$(A+\overline{C}+G)(A+C+E+G) = A+G+\overline{C}(C+E)$$
$$= A+G+\overline{C}E = (A+\overline{C}+G)(A+E+G)$$

따라서 다음과 같이 식을 정리해 볼 수 있다.

$$= \underbrace{(A+\overline{C}+G)(A+E+G)(\overline{A}+B+G)}_{\text{공통항 }(B+\overline{C}+G)}(B+\overline{C}+F+G)$$

다음 단계로 부울 식을 더욱 간략화하기 위해서 공통항을 구해 여분항으로 추가하면 다음과 같은 식을 얻을 수 있다.

$$= (A+\overline{C}+G)(A+E+G)(\overline{A}+B+G)(B+\overline{C}+F+G)(B+\overline{C}+G)$$

그런 다음 네 번째와 다섯 번째 항에 $X(X+Y)=X$의 정리를 사용하여 다음의 식을 얻는다.

$$= (A+\overline{C}+G)(A+E+G)(\overline{A}+B+G)(B+\overline{C}+G)$$

마지막 단계로, 여분항으로 추가했던 공통항 $B+\overline{C}+G$를 컨센서스 이론에 의해 다시 제거하면 최종적인 부울 식은 다음과 같이 3개의 항으로 최소화된다.

$$Z = (A+\overline{C}+G)(A+E+G)(\overline{A}+B+G)$$

••• 연습문제

3.1 컨센서스 이론 또는 쌍대 컨센서스 이론을 사용하여 다음의 식들을 간략화하시오.

a. $B\overline{C}\,\overline{D} + AB\overline{C} + A\overline{C}D + A\overline{B}D + \overline{A}B\overline{D}$ (3개의 항으로)

b. $\overline{W}\,\overline{Y} + WYZ + X\overline{Y}Z + W\overline{X}Y$ (3개의 항으로)

c. $(B+C+D)(A+B+C)(\overline{A}+C+D)(\overline{B}+\overline{C}+\overline{D})$

3.2 컨센서스 이론 또는 쌍대 컨센서스 이론을 사용하여 다음의 식들을 간략화하시오.

a. $\overline{W}XY + WXZ + W\overline{Y}Z + \overline{W}\,\overline{Z}$

b. $\overline{A}B\overline{C} + B\overline{C}\,\overline{D} + \overline{A}CD + \overline{B}CD + \overline{A}BD$

c. $(A+B+C)(B+\overline{C}+D)(A+B+D)(\overline{A}+\overline{B}+\overline{D})$

3.3 각각의 다음 식들을 간략화하시오.

a. $xy + \overline{x}y\overline{z} + yz$

b. $(x\overline{y} + z)(x + \overline{y})z$

c. $x\overline{y} + z + (\overline{x} + y)\overline{z}$

d. $\overline{a}d(\overline{b} + c) + \overline{a}\,\overline{d}(b + \overline{c}) + (\overline{b} + c)(b + \overline{c})$

e. $\overline{w}\,\overline{x} + \overline{x}\,\overline{y} + yz + \overline{w}\,\overline{z}$

f. $\overline{A}BCD + \overline{A}B\overline{C}D + \overline{B}EF + CD\overline{E}G + \overline{A}DEF + \overline{A}\,\overline{B}EF$ (3개항의 합으로)

g. $\overline{[(\overline{a} + \overline{d} + \overline{b}c)(b + d + a\overline{c})]} + \overline{b}\,\overline{c}\,\overline{d} + \overline{a}\,\overline{c}d$ (3개의 항으로)

3.4 4개의 곱 항을 얻을 수 있도록 인수화한 후, 컨센서스 이론을 적용하여 3개의 항으로 최소화하시오.

$\overline{X}\,\overline{Y}\,\overline{Z} + XYZ$

3.5 $Z = ABC + DE + ACF + A\overline{D} + A\overline{B}\,\overline{E}$를 $(X+X)(X+X)(X+X+X+X)$의 형식으로 간략화하시오.(여기서 X는 문자를 말한다)
먼저 Z를 $XX + XX + XX + XX$의 형식에서 최소의 곱의 합으로 표시하시오.

3.6 3개항의 합으로 간략화하시오.

a. $\overline{A}\,\overline{C}\,\overline{D} + A\overline{C} + BCD + \overline{A}\,C\overline{D} + \overline{A}\,BC + A\overline{B}\,\overline{C}$

b. $\overline{A}\,\overline{B}\,\overline{C} + ABD + \overline{A}\,C + \overline{A}\,C\overline{D} + A\overline{C}D + A\overline{B}\,\overline{C}$

3.7 최소의 곱의 합으로 간략화하시오.

$$F = WX\overline{Y} + (\overline{W}\,\overline{Y} \equiv X) + (Y \oplus WZ)$$

3.8 다음을 간략화하시오.

$$F = \overline{a}b \oplus bc \oplus ab \oplus \overline{b}\,\overline{c}$$

3.9 다음 식이 유용한가를 대수적으로 증명하시오.

$$(\overline{A} + \overline{B} + \overline{D})(\overline{A} + B + \overline{D})(B + C + D)(A + \overline{C})(A + \overline{C} + D)$$
$$= \overline{A}\,\overline{C}D + AC\overline{D} + B\overline{C}\,\overline{D}$$

3.10 다음 식이 타당한가를 대수적 증명하시오.

a. $\overline{a}b + \overline{b}c + \overline{c}a = a\overline{b} + b\overline{c} + c\overline{a}$

b. $(a+b)(b+c)(c+a) = (\overline{a} + \overline{b})(\overline{b} + \overline{c})(\overline{c} + \overline{a})$

c. $abc + a\overline{b}\,\overline{c} + \overline{b}cd + b\overline{c}d + ad = abc + a\overline{b}\,\overline{c} + \overline{b}cd + b\overline{c}d$

3.11 대수적으로 증명하시오.

a. $(A \oplus B)(B + C) + (A \equiv B)(\overline{B} + \overline{C}) = \overline{A} + (B \oplus C)$

b. $ABC + \overline{A}\,\overline{B}\,\overline{C} + ABD + \overline{B}\,\overline{C}D = (B + \overline{C})(A + \overline{B})(\overline{A} + C + D)$

c. $XZ + \overline{Y}\,\overline{Z} + WYZ + W\overline{X}Y = (X + W + \overline{Y})(X + Y + \overline{Z})(\overline{X} + Z + \overline{Y})$

3.12 다음의 내용이 옳은 것인가? 여러분의 답으로 증명을 하시오.

a. $x(y + \overline{a}) = x(y + \overline{b})$ 이면, $a = b$ 이다.

b. $a = b$ 이면, $x(y + \overline{a}) = x(y + \overline{b})$ 이다.

3.13 다음의 내용들이 과연 옳은가?

a. $A+B=C$이면, $A\overline{D}+B\overline{D}=CD$이다.

b. $\overline{A}B+\overline{A}C=\overline{A}D$이면, $B+C=D$이다.

c. $A+B=C$이면, $A+B+D=C+D$이다.

d. $A+B+C=C+D$이면, $A+B=D$이다.

3.14 각각의 다음 식들을 간략화하시오.

a. $F=AB+AC+BC+\overline{B}\,\overline{C}$

b. $F=AB+ABC+BC\overline{D}+A\overline{B}D+\overline{A}C\overline{D}+\overline{A}BCD$ (3개의 항으로)

c. $F=A\overline{B}+\overline{A}BC+A\overline{B}\,\overline{C}+\overline{A}B\overline{D}+\overline{A}\,\overline{B}\,\overline{D}+BCD$ (3개의 항으로)

Digital Logic Design

CHAPTER 04

부울 함수

Boolean Functions

4-1 개요

이 장에서는 논리 회로를 설계할 때, 어떤 논리 게이트들을 조합하여 설계할 것인가에 대해 공부하기로 한다. 설계의 첫 번째 과정에서는 부울 함수를 진리표나 부울 대수 표현식으로 변환하는 것이 일반적이다. 부울 함수가 진리표로 주어지게 되면 해당 함수를 두 가지의 대수 표준형식 중 하나인 표준 곱의 합(Standard sum of products, or Canonical sum of products) 혹은 최소항(Minterm) 전개식과 또 다른 형태의 하나인 표준 합의 곱(Standard product of sums, or Canonical product of sums) 혹은 최대항(Maxterm) 전개식으로 유도해 낼 수 있다.

그러면 두 번째 과정에서는 표준형으로 표현된 논리식을 간략화 시킨 후, NOT, AND, OR 등의 게이트들을 사용하여 논리 회로로 나타낼 수 있다.

조합 논리 회로의 설계 시 그 진행하는 과정을 정리해보면 다음과 같다.

1. 먼저 원하는 회로의 동작을 표현하는 진리표를 작성한다.
2. 진리표로부터 출력 함수를 구한다.
3. 간략화된 논리식을 구한다.
4. 논리 게이트들을 사용하여 간략화된 함수를 구현한다.

4-2 진리표를 이용한 조합 논리 회로 설계

이 절에서는 진리표를 이용하여 논리 회로를 설계하는 방법에 대해 설명한다. 지금부터 우리가 설계하고자 하는 논리 회로는 아래 그림 4-1과 같이 세 개의 입력과 한 개의 출력을 갖는다. 표 4-1에서 입력 변수 A, B, C는 2진수의 입력 조합에서 첫 번째, 두 번째, 세 번째 비트를 각각 나타내고, f와 $\overline{f}$는 출력 함수임을 나타낸다.

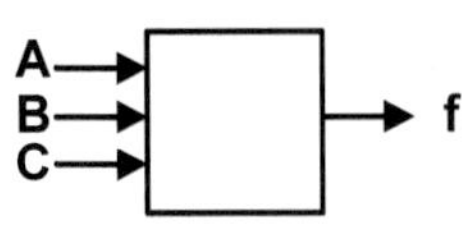

[그림 4-1] 논리회로

[표 4-1] 진리표

A	B	C	f	$\overline{f}$
0	0	0	0	1
0	0	1	0	1
0	1	0	0	1
0	1	1	1	0
1	0	0	1	0
1	0	1	1	0
1	1	0	1	0
1	1	1	1	0

표 4-1의 진리표에서 출력이 $f=1$인 것에 대해 A, B, C값의 대수 표현식을 유도해보면, $\overline{A}BC$는 $A=0$, $B=1$, $C=1$일 때 출력 f가 1이 된다. 마찬가지로 $A\overline{B}\overline{C}$는 입력 조합 100에 대해서만 출력 f가 1이고, $A\overline{B}C$는 입력 조합 101에 대해서만, $AB\overline{C}$는 입력 조합 110에 대해서만, 그리고 ABC는 입력 조합 111에 대해서만 출력 f가 1이 된다. 이들 항을 함께 OR하면 식 (4-1)과 같다.

$$f=\overline{A}BC+A\overline{B}\overline{C}+A\overline{B}C+AB\overline{C}+ABC \tag{4-1}$$

식 (4-1)은 입력 변수 ABC가 5가지 조합들 011, 100, 101, 110, 111 중에 하나로 주어질 때 출력 f가 1이 되는 논리식이다. 위에서 보이는 입력 조합이외에 다른 조합들이 주어진다면(000, 001, 010 등), 출력 f는 0이 된다.

식 (4-1)은 최소의 소자로 구현하기 위해 먼저 항들을 결합시킨 후에 문자를 소거함으로써 식 (4-2)와 같이 간략화할 수 있다.

$$\begin{aligned} f &= \overline{A}BC+A\overline{B}(\overline{C}+C)+AB(\overline{C}+C) \\ &= \overline{A}BC+A\overline{B}+AB \\ &= \overline{A}BC+A(\overline{B}+B)=\overline{A}BC+A \\ &= A+BC \end{aligned} \tag{4-2}$$

식 (4-1)과 간략화 된 식 (4-2)는 다음 그림 4-2와 같이 나타낼 수 있다. 그림 (a)의 입력 변수 쪽에 보수 발생을 나타내는 인버터가 요구되지만 생략하였다.

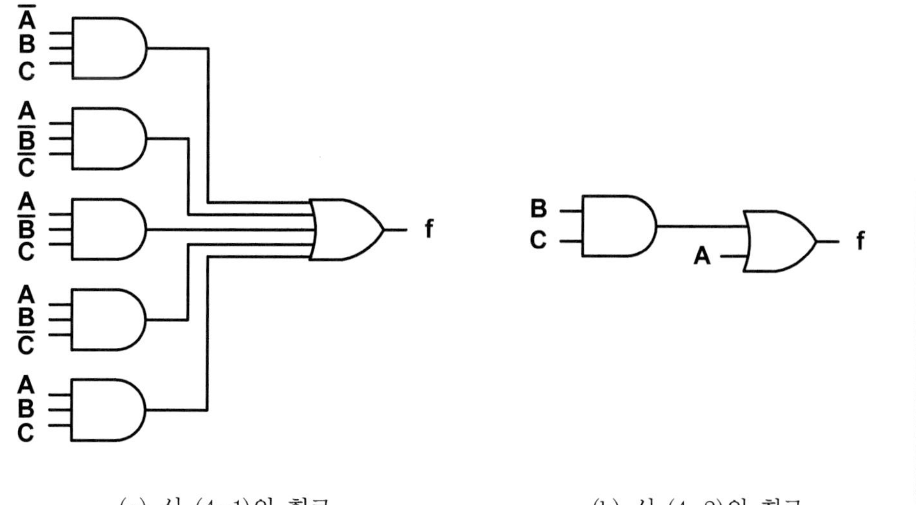

(a) 식 (4-1)의 회로 (b) 식 (4-2)의 회로

[그림 4-2] 식 (4-1)과 식 (4-2)의 논리 회로

한편 출력 함수 f의 표현에 있어 $f=1$이 되는 항을 기준으로 표현하지 않고, 반대로 $f=0$으로 되는 항을 기준으로 표현할 수도 있다. 표 4-1에서 정의된 출력 함수 f는 세 가지 입력 변수의 조합에 대해 0이다. 즉 A, B, C가 000일 때$(A+B+C)$ 출력 f가 0이 된다. 또한 입력 조합이 001일 때$(A+B+\overline{C})$ 출력 f가 0이고, 입력 조합이 010일 때$(A+\overline{B}+C)$ 출력 f가 0이 된다. 이들 항을 함께 AND를 취하면 식 (4-3)과 같다.

$$f=(A+B+C)(A+B+\overline{C})(A+\overline{B}+C) \qquad (4-3)$$

식 (4-3)은 입력 변수 ABC가 3가지 조합들 000, 001, 010 중에 하나로 주어질 때 출력 f가 0이 되는 논리식이다. 위에서 보이는 입력 조합이외에 다른 조합들이 주어진다면(011, 100, 101, 110, 111 등), 출력 f는 1이 된다. 식 (4-3)은 식 (4-1)과 동일한 함수 f를 나타내고 있는 것이기 때문에 같은 표현식 즉 식 (4-2)의 형태와 같이 간략화되어야 한다. 먼저 항을 결합한 후 제2분배 법칙을 적용하여 전개하면 다음 식 (4-4)와 같이 간략화된다.

$$\begin{aligned} f &= (A+B+C)(A+B+\overline{C})(A+\overline{B}+C) \\ &= (A+B)(A+\overline{B}+C) \\ &= A+B(\overline{B}+C)=A+BC \end{aligned} \qquad (4-4)$$

식 (4-3)을 유도하는 또 다른 방법은 우선 $\overline{f}=1$인항들을 곱의 합 형태의 표현식으로 나타낸 다음, 그 결과의 보수를 구하면 된다.

표 (4-1)에서, $\overline{f}$는 입력 조합이 000, 001, 010 등에 대해서만 1이 되는 함수이다. 따라서 $\overline{f}$는 다음과 같은 식이 되고,

$$\overline{f}=\overline{A}\,\overline{B}\,\overline{C}+\overline{A}\,\overline{B}\,C+\overline{A}\,B\,\overline{C}$$

이렇게 구해진 함수 $\overline{f}$의 보수를 취하면 식 (4-3)을 얻을 수 있게 된다.

바로 다음절에서 언급하겠지만 최소항(Minterm)과 최대항(Maxterm)은 서로 보수 관계를 갖는다.

4-3 최소항과 최대항 전개식

우리는 식 (4-1)에서 표현된 각 항들을 최소항이라고 한다. 일반적으로 n개의 변수들로 이루어진 최소항은 그 변수가 진리나 보수 형태 둘 중 어느 한 가지 형태로

나타나는 n 문자(Literal)의 곱 형태이다.(여기서 Literal이란 그 변수 자체이거나 보수를 말함). 표 4-2에는 세 입력 변수 A, B, C에 대한 표현 가능한 모든 최소항들을 나타내었다. 각각의 최소항들은 입력 변수 ABC의 조합에 따라 어느 한 개의 조합에 대해서만 1의 값을 갖는다. 예를 들면 $A=B=C=0$이면 $\overline{A}\,\overline{B}\,\overline{C}$가 1이 되고, $A=B=0$이고 $C=1$이면 $\overline{A}\,\overline{B}\,C$가 1이 된다.

한편 최소항은 가끔 생략된 형태로 표현하기도 한다. 즉, $\overline{A}\,\overline{B}\,\overline{C}$는 m_0로 $\overline{A}\,\overline{B}\,C$는 m_1로 나타내기도 한다. 통상 진리표의 i 번째 행과 일치하는 최소항은 m_i(여기서 i는 10진수로 나타냄)로 표시한다.

[표 4-2] 세 가지 변수에 대한 최소항과 최대항

행번호	ABC	최소항	최대항
0	000	$\overline{A}\,\overline{B}\,\overline{C}=m_0$	$A+B+C=M_0$
1	001	$\overline{A}\,\overline{B}\,C=m_1$	$A+B+\overline{C}=M_1$
2	010	$\overline{A}\,B\,\overline{C}=m_2$	$A+\overline{B}+C=M_2$
3	011	$\overline{A}\,B\,C=m_3$	$A+\overline{B}+\overline{C}=M_3$
4	100	$A\,\overline{B}\,\overline{C}=m_4$	$\overline{A}+B+C=M_4$
5	101	$A\,\overline{B}\,C=m_5$	$\overline{A}+B+\overline{C}=M_5$
6	110	$A\,B\,\overline{C}=m_6$	$\overline{A}+\overline{B}+C=M_6$
7	111	$A\,B\,C=m_7$	$\overline{A}+\overline{B}+\overline{C}=M_7$

함수 f를 식 (4-1)과 같이 최소항들의 합으로 표현하였을 때, 이런 표현식을 최소항 전개식 또는 표준화된 곱의 합 형식이라고 한다. 진리표의 i 번째 행에 대해 $f=1$이면, i 번째 행과 일치하는 입력 변수의 조합에 대해서만 $m_i=1$이기 때문에, 해당 m_i는 최소항 전개식에 반드시 포함되어 있어야 한다. 함수 f에 나타난 최소항들은 진리표에서 출력 함수를 가리키는 f의 열에 표현된 1과 대응 관계를 갖기 때문에, 함수 f에 대한 최소항 전개식은 유일(Unique)하게 된다.

또한 식 (4-1)은 다음과 같은 m (minterm) 표기법으로 다시 쓸 수 있다.

$$f(A,B,C)=m_3+m_4+m_5+m_6+m_7 \tag{4-5}$$

식 (4-1)은 또 다른 표현 방법으로 다음과 같이 10진수의 첨자만을 열거하여 쓸 수도 있다.

$$f(A,B,C)=\sum m(3,4,5,6,7) \tag{4-5a}$$

우리는 식 (4-3)에서 표현된 각 합의 항을 최대항이라고 한다. 일반적으로 n 변수의 최대항은 각각의 변수가 진리 또는 보수의 형태 둘 중 어느 한 가지 형태로 나타난다.

표 4-2에는 입력 변수 A, B, C에 대한 표현 가능한 모든 최대항들을 나타내었다. 각각의 최대항들은 입력 변수 ABC의 조합에 따라 어느 한 개의 조합에 대해서만 0의 값을 갖는다.

예를 들면 $A=B=C=0$이면 $A+B+C=0$이고, $A=B=0$이고 $C=1$이면 $A+B+\overline{C}=0$이 된다.

최대항 표현은 종종 M(Maxterm) 표기법을 사용하여 간략화 된 형태로 쓰기도 한다. 통상 진리표의 i 번째 행과 일치하는 최대항을 M_i로 표기한다. 각 최대항은 대응된 최소항의 보수가 된다. 즉, 최대항 M_i는 최소항 $\overline{m_i}$와 같다. 한마디로 $M_i=\overline{m_i}$가 된다.

함수 f를 식 (4-3)과 같이 최대항들의 곱으로 표현하였을 때, 이런 표현식을 최대항 전개식 또는 표준화된 합의 곱 형식이라고 한다.

만약 진리표의 i 번째 행에 대해 $f=0$이면 M_i는 반드시 최대항 전개식에 나타나야 한다. 왜냐하면 진리표에서 i 번째 행과 일치하는 입력 변수의 조합에 대해서만 $M_i=0$이기 때문이다. 주의할 것은 최대항들은 함께 곱해지는데 만약 그들 중의 하나가 0이었다면 f는 0이 된다. 함수 f에 나타난 최대항들은 진리표에서 출력 함수를 가리키는 f의 열에 표현된 0과 대응 관계를 갖기 때문에, 함수 f에 대한 최대항 전개식은 유일하게 된다.

또한 식 (4-3)은 다음과 같은 M 표기법으로 다시 쓸 수 있다.

$$f(A,B,C)=M_0M_1M_2 \tag{4-6}$$

식 (4-3)은 또 다른 표현 방법으로 다음과 같이 10진수의 첨자만을 열거하여 쓸 수도 있다.

$$f(A,B,C)=\Pi M(0,1,2) \tag{4-6a}$$

식 (4-6a)에서 Π는 곱을 의미한다.

만약 $f\neq 1$이라면 $f=0$이기 때문에, m_i가 f의 최소항에 포함되지 않으면 M_i는 최대항 전개식에 포함된다. 따라서 10진수의 첨자를 사용하여 표현한 식에서 n 변수로 된 함수 f의 최소항 전개식이 주어지면, 최대항 전개식은 최소항의 첨자 번호가 아닌 10진 정수(0≤ i ≤2n -1)를 나열함으로써 구해진다. 이 방법을 사용하면 식 (4-6a)는 식 (4-5a)로 부터 바로 구할 수 있다.

함수 f의 최소항 또는 최대항 전개식이 주어지면, 함수 f의 보수($\overline{f}$)에 해당하는 최소항, 최대항 전개식은 쉽게 구할 수 있다. 따라서 $\overline{f}$가 1일 때는 f가 0일 때이므로, $\overline{f}$에 대한 최소항 전개식은 함수 f의 최소항 전개식에 표현되지 않았던 최소항들을 포함하게 된다. 따라서 식 (4-5)에 표현되지 않았던 최소항들을 다음 식 (4-7)과 같이 적어 볼 수 있다.

$$\overline{f}(A, B, C) = m_0 + m_1 + m_2 = \sum m(0,1,2) \tag{4-7}$$

같은 방법으로 $\overline{f}$ 에 대한 최대항 전개식은 함수 f 에 포함되지 않았던 최대항들로 구성된다. 따라서 식(4-6)으로부터 다음과 같은 식이 구해진다.

$$\overline{f}(A, B, C) = M_3 M_4 M_5 M_6 M_7 = \Pi M(3,4,5,6,7) \tag{4-8}$$

최소항의 보수는 최대항과 일치하기 때문에, 식 (4-8)은 식 (4-5)의 보수를 취해 구하기도 한다.

$$\begin{aligned} \overline{f} &= \overline{m_3 + m_4 + m_5 + m_6 + m_7} = \overline{m_3}\,\overline{m_4}\,\overline{m_5}\,\overline{m_6}\,\overline{m_7} \\ &= M_3 M_4 M_5 M_6 M_7 \end{aligned}$$

같은 방법으로 식 (4-7)은 식 (4-6)의 보수를 취해 얻어진다.

$$\overline{f} = \overline{M_0 M_1 M_2} = \overline{M_0} + \overline{M_1} + \overline{M_2} = m_0 + m_1 + m_2$$

일반적으로 논리식은 진리표 또는 대수식을 이용하여 최소항 또는 최대항 전개식으로 변환된다. 만약 진리표에 입력 변수들이 모든 표현 가능한 조합으로 구성되어 있다면 최소항과 최대항 전개식은 논의된 방법에 의해 얻어질 수 있다. 한편 또 다른 방법으로 최소항 전개식을 구할 수 있는데, 우선 곱의 합 형태로 식을 정리한 다음, 표준 최소항을 이루지 못하고 빠진 변수들이 발생된 항에 $X + \overline{X} = 1$의 정리를 사용하여 변수를 첨가해 나가면, 원하는 최소항 전개식을 구할 수 있다.

예제 4-1 $f(a,b,c,d) = \overline{a}(\overline{b} + d) + ac\overline{d}$의 최소항 전개식을 구하시오.

[풀이]

$$\begin{aligned} f &= \overline{a}\,\overline{b} + \overline{a}d + ac\overline{d} \\ &= \overline{a}\,\overline{b}(c + \overline{c}) + \overline{a}d(b + \overline{b}) + ac\overline{d}(b + \overline{b}) \\ &= \overline{a}\,\overline{b}c + \overline{a}\,\overline{b}\,\overline{c} + \overline{a}bd + \overline{a}\,\overline{b}d + abc\overline{d} + a\overline{b}c\overline{d} \\ &= \overline{a}\,\overline{b}c(d + \overline{d}) + \overline{a}\,\overline{b}\,\overline{c}(d + \overline{d}) + \overline{a}bd(c + \overline{c}) + \overline{a}\,\overline{b}d(c + \overline{c}) + abc\overline{d} + a\overline{b}c\overline{d} \end{aligned}$$

0011 0010 0001 0000 0111 0101

$$\begin{aligned} &= \overline{a}\,\overline{b}cd + \overline{a}\,\overline{b}c\overline{d} + \overline{a}\,\overline{b}\,\overline{c}d + \overline{a}\,\overline{b}\,\overline{c}\,\overline{d} + \overline{a}bcd + \overline{a}b\overline{c}d \\ &\quad + \overline{a}\,\overline{b}cd + \overline{a}\,\overline{b}\,\overline{c}d + abc\overline{d} + a\overline{b}c\overline{d} \end{aligned} \tag{4-9}$$

0011(×) 0001(×) 1110 1010

식 (4-9)에서 중복되는 항들(×)은 $X+X=X$ 정리에 의해 둘 중 어느 하나는 제거된다. 또한 식 (4-9)는 십진 표현식으로도 변환될 수 있다. 따라서 식 (4-9)를 다시 정리해 보면 다음과 같다.

$$f = \underset{0000}{\bar{a}\bar{b}\bar{c}\bar{d}} + \underset{0001}{\bar{a}\bar{b}\bar{c}d} + \underset{0010}{\bar{a}\bar{b}c\bar{d}} + \underset{0011}{\bar{a}\bar{b}cd} + \underset{0101}{\bar{a}b\bar{c}d} + \underset{0111}{\bar{a}bcd} + \underset{1010}{a\bar{b}c\bar{d}} + \underset{1110}{abc\bar{d}}$$

$$f = \sum m(0, 1, 2, 3, 5, 7, 10, 14) \qquad (4-10)$$

또한 f의 최대항 전개식은 최소항 전개식에서, 즉 식 (4-10)에서 빠진 10진 정수(0-15 사이)를 나열함으로써 얻어질 수 있다.

$$f = \Pi M(4, 6, 8, 9, 11, 12, 13, 15)$$

최대항 전개식을 구하는 또 다른 방법은 합의 곱 함수 f에 의해 얻어지는데, $X\bar{X}=0$의 정리를 사용하여 각 합의 항에서 빠진 변수들을 구하여 첨가해 나가면 원하는 최대항 전개식을 구할 수 있다.

예를 들면,

$$f = (\bar{a} + c\bar{d})(a + \bar{b} + d) = (\bar{a} + c)(\bar{a} + \bar{d})(a + \bar{b} + d)$$

먼저 문제의 함수를 $X+YZ=(X+Y)(X+Z)$의 정리를 사용하여 인수화 시킨다.

$$\begin{aligned}
&= (\bar{a} + b\bar{b} + c + d\bar{d})(\bar{a} + b\bar{b} + c\bar{c} + \bar{d})(a + \bar{b} + c\bar{c} + d) \\
&= (\bar{a} + b\bar{b} + c + d)(\bar{a} + b\bar{b} + c + \bar{d})(\bar{a} + b\bar{b} + c + \bar{d}) \\
&\quad (\bar{a} + b\bar{b} + \bar{c} + \bar{d})(a + \bar{b} + c\bar{c} + d) \\
&= \underset{1000}{(\bar{a} + b + c + d)}\underset{1100}{(\bar{a} + \bar{b} + c + d)}\underset{1001}{(\bar{a} + b + c + \bar{d})}\underset{1101}{(\bar{a} + \bar{b} + c + \bar{d})} \\
&\quad \underset{1011}{(\bar{a} + b + \bar{c} + \bar{d})}\underset{1111}{(\bar{a} + \bar{b} + \bar{c} + \bar{d})}\underset{0100}{(a + \bar{b} + c + d)}\underset{0110}{(a + \bar{b} + \bar{c} + d)}
\end{aligned}$$

※ 여기서 Bar가 붙은 변수는 "1"로, 붙지 않은 변수는 "0"으로 해석

$$= \Pi M(4, 6, 8, 9, 11, 12, 13, 15) \qquad (4-11)$$

최대항을 십진 표현식으로 바꿀 때 주의할 점은 보수로 표시된 변수는 1로 대치되고, 보수로 표현되지 않은 변수는 0으로 대치한다는 점이다.

함수 f의 최소항 전개식의 항들은 진리표에서 $f=1$에 대한 대응 관계를 갖기 때문에 최소항 전개식 f는 유일하다. 따라서 다음에 보이는 예제에서 양변의 최소항 전

개식을 구하고, 이 전개식들이 같다는 것을 보여줌으로써 이 식이 타당하다는 것을 증명할 수 있다.

예제 4-2 $\bar{a}c+\bar{b}\bar{c}+ab=\bar{a}\bar{b}+bc+a\bar{c}$ 임을 증명하시오.

[증명] 양변에 대해 최소항 전개식을 구하여 비교 증명한다. 그러기 위해서는 표준 최소항에서 빠진 변수를 첨가함으로써 최소항 전개식을 구할 수 있다. 좌변의 경우 각 최소항에 $(b+\bar{b})$와 $(a+\bar{a})$, $(c+\bar{c})$를 첨가하여 전개하면 다음과 같은 6개의 최소항으로 표현된다.

$$\begin{aligned}&\bar{a}c(b+\bar{b})+\bar{b}\bar{c}(a+\bar{a})+ab(c+\bar{c})\\&=\bar{a}bc+\bar{a}\bar{b}c+a\bar{b}\bar{c}+\bar{a}\bar{b}\bar{c}+abc+ab\bar{c}\\&=m_3+m_1+m_4+m_0+m_7+m_6\end{aligned}$$

우변의 경우도 좌변의 경우와 같은 조건으로 전개하면 다음과 같은 6개의 최소항으로 표현된다.

$$\begin{aligned}&\bar{a}\bar{b}(c+\bar{c})+bc(a+\bar{a})+a\bar{c}(b+\bar{b})\\&=\bar{a}\bar{b}c+\bar{a}\bar{b}\bar{c}+abc+\bar{a}bc+ab\bar{c}+a\bar{b}\bar{c}\\&=m_1+m_0+m_7+m_3+m_6+m_4\end{aligned}$$

따라서 양변의 최소항 전개식을 비교한 결과 동일하기 때문에 예제의 식은 타당하다고 할 수 있다.

최소항 전개식
- 간략화되지 않은 최소항들의 합으로 표현

최대항 전개식
- 간략화되지 않은 최대항들의 곱으로 표현

※ 진리표에서 입력 조건이 주어졌을 때, 함수 f를 최소항 전개식으로 표현하였거나 최대항 전개식으로 표현하였을 때, 간략화된 상태의 식은 동일하게 된다.

4-4 일반적인 최소항과 최대항 전개식

표 4-3은 일반적인 세 변수를 갖는 함수를 진리표로 나타내었다. 각 a_i는 0 또는 1의 값을 가지는 정수이다. 어떤 함수를 표현하기 위해서는, 모든 a_i에 값을 할당하여야 한다. 각 a_i는 두 가지 방법으로 나타낼 수 있기 때문에, 진리표에서 F는 2^8에 해당하는 256가지의 다른 조합을 갖는 함수가 존재할 수 있다. 입력 변수가 n 개일

경우 진리표는 2^n 개의 행이 존재한다. F의 값은 각 열에서 0 또는 1이 될 수 있으므로, n개의 변수에 대해 가능한 함수의 수는 2^{2^n} 개가 된다.

표 4-3으로부터 세 변수들의 일반적인 함수에 대한 최소항 전개식은 다음과 같이 쓸 수 있다.

$$F = a_0 m_0 + a_1 m_1 + a_2 m_2 +, \ldots, + a_7 m_7 = \sum_{i=0}^{7} a_i m_i \tag{4-12}$$

이 식에서 만약 $a_i = 1$이면 최소항 m_i는 전개식에 존재하고, $a_i = 0$이라면 대응되는 최소항은 존재하지 않는다. 세 변수들의 일반적 함수에 대한 최대항 전개식은 다음 식 (4-13)과 같다.

$$\begin{aligned} F &= (a_0 + M_0)(a_1 + M_1)(a_2 + M_2), \ldots, (a_7 + M_7) \\ &= \prod_{i=0}^{7} (a_i + M_i) \end{aligned} \tag{4-13}$$

이 식에서 만약 $a_i = 1$이면, $a_i + M_i = 1$이 되어 M_i(최대항)는 전개식에서 제거된다. 만약 $a_i = 0$이라면 M_i는 최대항 전개식에 존재한다.

[표 4-3] 세 변수에 대한 일반적인 진리표

ABC	F	$2^{2^n} = 2^8 = 256$
000	a_0	0 0 0 0 0 　　　　 0 1
001	a_1	0 0 0 0 0 　　　　 1 1
010	a_2	0 0 0 0 0 　　　　 1 1
011	a_3	0 0 0 0 0 ……… 1 1
100	a_4	0 0 0 0 0 　　　　 1 1
101	a_5	0 0 0 0 1 　　　　 1 1
110	a_6	0 0 1 1 0 　　　　 1 1
111	a_7	0 1 0 1 0 　　　　 1 1

식 (4-13)으로부터 $\overline{F}$의 최소항 전개식은 다음 식 (4-14)와 같이 전개할 수 있다.

$$\overline{F} = \overline{\left[\prod_{i=0}^{7} (a_i + M_i)\right]} = \sum_{i=0}^{7} \overline{a_i}\ \overline{M_i} = \sum_{i=0}^{7} \overline{a_i}\, m_i \tag{4-14}$$

F에 존재하지 않는 최소항들은 $\overline{F}$에는 존재한다는 점에 유의하자. 또한 식 (4-12)로부터 다음 식 (4-15)와 같이 $\overline{F}$의 최대항 전개식을 구할 수 있다.

$$\overline{F} = \overline{\left[\sum_{i=0}^{7} a_i m_i\right]} = \prod_{i=0}^{7} (\overline{a_i} + \overline{m_i}) = \prod_{i=0}^{7} (\overline{a_i} + M_i) \tag{4-15}$$

F에는 존재하지 않는 최대항들이 $\overline{F}$에는 존재함에 유의하자. 앞에서 보인 식 (4-12), (4-13), (4-14), (4-15)를 n 변수로 정리하면 다음 관계를 얻을 수 있다.

$$F = \sum_{i=0}^{2^n-1} a_i m_i = \prod_{i=0}^{2^n-1} (a_i + M_i) \tag{4-16}$$

$$\overline{F} = \sum_{i=0}^{2^n-1} \overline{a_i} m_i = \prod_{i=0}^{2^n-1} (\overline{a_i} + M_i) \tag{4-17}$$

n 변수로 된 두 개의 서로 다른 최소항 m_i와 m_j가 주어지면, 둘 중 하나의 최소항에서 임의의 변수가 보수로 나타나고, 다른 최소항에서는 보수가 아닌 변수의 형태로 나타난다. 그러므로 만약 $i \neq j$면 $m_i m_j = 0$이다. 예를 들어 변수 $n = 3$이라고 할 때, $m_1 m_3 = (\overline{A}\,\overline{B}\,C)(\overline{A}\,B\,C) = 0$이 된다.

두 개 함수 f_1과 f_2의 최소항 전개식들이 다음과 같이 주어지면

$$f_1 = \sum_{i=0}^{2^n-1} a_i m_i \qquad f_2 = \sum_{j=0}^{2^n-1} b_j m_j \tag{4-18}$$

두 함수의 곱은 다음과 같다.

$$f_1 f_2 = \left(\sum_{i=0}^{2^n-1} a_i m_i\right)\left(\sum_{j=0}^{2^n-1} b_j m_j\right) \sum_{i=0}^{2^n-1}\sum_{j=0}^{2^n-1} a_i b_j\, m_i m_j$$

$$= \sum_{i=0}^{2^n-1} a_i b_j m_i \quad [i = j\text{가 아니면 } m_i m_j = 0\text{이기 때문에}] \tag{4-19}$$

이 식에서 크로스로 곱한 모든 최소항($i \neq j$)들은 f_1과 f_2 모두에 존재하는 최소항들만 남고 나머지는 제거된다. 예를 들어,

$$f_1 = \sum m(0, 2, 3, 5, 9, 11) \qquad f_2 = \sum m(0, 3, 9, 11, 13, 14)$$

와 같을 경우 두 함수의 곱은 다음과 같다.

$$f_1 f_2 = \sum m(0, 3, 9, 11)$$

아래의 표 4-4에서 F와 $\overline{F}$의 최소항과 최대항 전개식 사이의 변환 과정을 요약해 보면 모든 전개식들은 10진 정수의 목록처럼 쓸 수 있다. 이 표를 사용할 때 기억할 것은 n 변수로 구성된 함수에 대한 진리표는 2^n 개의 행을 가지므로, 최소항(또는 최대항)의 개수는 0부터 최대 $2^n - 1$개이다. 그리고 표 4-5는 표 4-1을 표 4-4에 적용하여 설명한 것이다.

[표 4-4] 전개식 형태의 변환

		필요한 형태			
		F의 최소항 전개식	F의 최대항 전개식	$\overline{F}$의 최소항 전개식	$\overline{F}$의 최대항 전개식
주어진 형태	F의 최소항 전개식		함수 F의 최대항 전개식은 최소항 전개식 목록에서 빠진 십진 정수이다.	함수 $\overline{F}$의 최소항 전개식의 최소항들은 함수 F에는 나타나지 않는다.	함수 $\overline{F}$의 최대항 전개식은 F의 최소항 전개식의 번호와 동일하다.
	F의 최대항 전개식	함수 F의 최소항 전개식은 최대항 전개식 목록에서 빠진 십진 정수이다.		함수 $\overline{F}$의 최소항 전개식은 F의 최대항 전개식의 번호와 동일하다.	함수 $\overline{F}$의 최대항 전개식의 최대항들은 함수 F에는 나타나지 않는다.

[표 4-5] 표 4-1을 표 4-4에 적용

		필요한 형태			
		f의 최소항 전개식	f의 최대항 전개식	$\overline{f}$의 최소항 전개식	$\overline{f}$의 최대항 전개식
주어진 형태	$f = \sum m(3,4,5,6,7)$		$\Pi M(0,1,2)$	$\sum m(0,1,2)$	$\Pi M(3,4,5,6,7)$
	$f = \Pi M(0,1,2)$	$\sum m(3,4,5,6,7)$		$\sum m(0,1,2)$	$\Pi M(3,4,5,6,7)$

4-5 불완전하게 규정된 함수

대규모 디지털 시스템은 보통 여러 개의 부 회로로 나뉘어진다.

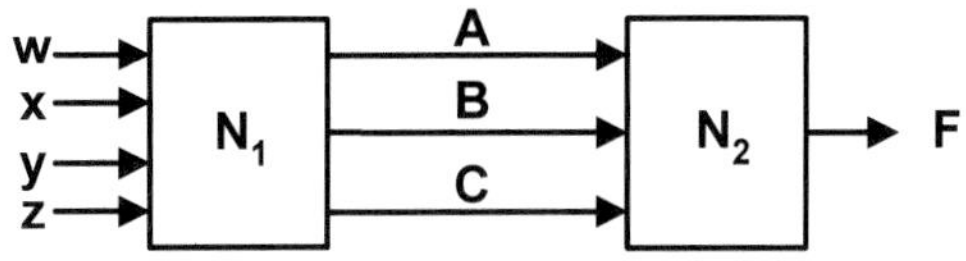

[그림 4-3] 디지털 시스템

N_1 회로의 출력이 N_2 회로의 입력으로 사용될 경우 이 회로가 어떻게 구동되는지를 알아보자.

가령, N_1 회로의 출력이 A, B, C 변수들의 모든 가능한 조합으로 만들어지지 않는다고 하자. N_1 회로의 입력 W, X, Y, Z의 조합 중에 N_1 회로의 출력 A, B, C에 나타나지 않는, 즉 001 또는 110에 해당하는 출력을 할 수 없는 입력이 있다고 가정하여 진리표를 구성하면 다음 표 4-6과 같다.

따라서 N_2 회로를 설계할 때, $ABC=001$ 또는 110에 대한 F값의 상술은 불필요하다. 왜냐하면 이 값들의 조합은 N_2 회로의 입력으로 나타나지 않기 때문이다.

여기에서 $ABC=001$과 110은 N_2 회로의 입력으로 사용되지 않았다. 이런 입력들의 집합을 우리는 불완전하게 규정된 함수라고 정의한다.

[표 4-6] 불완전하게 규정된 진리표

A B C	F
0 0 0	1
0 0 1	×
0 1 0	0
0 1 1	1
1 0 0	0
1 0 1	0
1 1 0	×
1 1 1	1

표 4-6에서 ×의 표시는 입력 조합$ABC=001$ 또는 110에 대한 출력 함수 F를 0으로 사용하든지 1로 사용하든지 관계없다는 표시이다. 이런 경우 함수 F는 불완전하게 규정되어 있다고 정의하고, 최소항 $\overline{A}\,\overline{B}\,C$와 $AB\overline{C}$는 "돈 캐어(Don't care) 상태"라고 한다. 표 4-6에서 ×의 표시는 돈 캐어 표시를 나타낸다.

일반적으로 우리가 함수를 실현시킬 때 반드시 돈 캐어 상태(상관치 않는 상태)의 값을 결정해야 한다. 이 값을 어떻게 결정하느냐에 따라 함수를 간략화하는데 많은 도움이 되기도 한다.

1. 두 개의 돈 캐어 모두를 0으로 선택하였을 경우 함수 F는 다음 식 (4-20)과 같이 된다.

$$\begin{aligned} F &= \overline{A}\,\overline{B}\,\overline{C} + \overline{A}BC + ABC \\ &= \overline{A}\,\overline{B}\,\overline{C} + (\overline{A} + A)BC = \overline{A}\,\overline{B}\,\overline{C} + BC \end{aligned} \tag{4-20}$$

2. 첫 번째 ×를 1로, 두 번째 ×를 0으로 선택하였을 경우는 다음과 같다.

$$\begin{aligned} F &= \overline{A}\,\overline{B}\,\overline{C} + \overline{A}\,\overline{B}C + \overline{A}BC + ABC \\ &= \overline{A}\,\overline{B}(\overline{C} + C) + (\overline{A} + A)BC = \overline{A}\,\overline{B} + BC \end{aligned} \tag{4-21}$$

3. 첫 번째 ×를 0으로, 두 번째 ×를 1로 선택하였을 경우는 다음과 같다.

$$\begin{aligned} F &= \overline{A}\,\overline{B}\,\overline{C} + \overline{A}BC + AB\overline{C} + ABC \\ &= \overline{A}\,\overline{B}\,\overline{C} + (\overline{A} + A)BC + AB(\overline{C} + C) \\ &= \overline{A}\,\overline{B}\,\overline{C} + BC + AB \end{aligned} \tag{4-22}$$

4. 마지막으로 두 개의 돈 캐어 모두를 1로 선택하였을 경우는 다음과 같이 된다.

$$\begin{aligned} F &= \overline{A}\,\overline{B}\,\overline{C} + \overline{A}\,\overline{B}C + \overline{A}BC + AB\overline{C} + ABC \\ &= \overline{A}\,\overline{B}(\overline{C} + C) + (\overline{A} + A)BC + AB(\overline{C} + C) \\ &= \overline{A}\,\overline{B} + BC + AB \end{aligned} \tag{4-23}$$

따라서 두 번째의 경우에서 선택한 값이 가장 간단한 함수가 됨을 알 수 있다.

우리는 경우에 따라선 불완전하게 규정된 함수를 고려하여 함수를 전개하는 것이, 함수를 최소화하는데 도움이 될 수 있다는 사실에 대해 공부해 보았다.

앞으로 불완전하게 규정된 함수에 대해 최소항 전개식을 쓸 때 "m"을 최소항으로 사용할 것이고, "d"는 돈 캐어 상태의 최소항임을 나타낼 것이다.

표 4-6에서 나타낸 함수 F의 최소항 전개식에 돈 캐어 상태를 고려하여 나타내면 다음 식과 같이 된다.

$$F = \sum m(0,3,7) + \sum d(1,6)$$

돈 캐어 상태의 최소항은 돈 캐어 상태의 최대항과 대응된다. 예를 들면, 만약 입력조합 001에 $F=\times$ (Don't care)이면 m_1은 돈 캐어 상태 최소항이고, M_1은 돈 캐어 상태 최대항이다. 우리는 "D"를 사용해서 "돈 캐어 상태 최대항"을 표현하고, 표 4-6에 있는 함수 F의 최대항 전개식을 쓰면

$$F = \prod M(2,4,5) \cdot \prod D(1,6)$$

이 된다. 이것은 함수 F에 최대항 M_2, M_4, M_5 가 존재하는 것과 돈 캐어 상태 최대항 M_1과 M_6 가 있음을 나타낸다.

예제 4-3 회로에 4개의 입력 (A, B, C, D)를 BCD로 표현하였다. 만약 입력에 의해 표현된 10진 정수가 3으로 나누어질 때 출력Z가 1이 되는 회로를 설계하시오(이때, BCD 부호값이 입력으로 들어올 때만 유효하다고 가정한다).

[풀이] 입력 조건들 중 숫자 0, 3, 6, 9에 해당하는 입력은 3에 의해 나누어질 수 있다. 따라서 입력 조합 $ABCD$=0000, 0011, 0110, 1001에 대해 $Z=1$이 된다. 4변수 표현된 입력 조합들 중 1010, 1011, 1100, 1101, 1110, 그리고 1111은 BCD 부호가 아니기 때문에 돈 캐어 상태가 된다. 따라서 설계에 중요한 기초가 되는 진리표는 아래와 같이 작성할 수 있다. 진리표와 대응되는 돈 캐어를 고려한 출력 함수는 다음과 같다.

$$Z = \sum m(0,3,6,9) + \sum d(10,11,12,13,14,15)$$

$$\begin{aligned}
Z &= \overline{A}\,\overline{B}\,\overline{C}\,\overline{D} + \overline{A}\,\overline{B}CD + \overline{A}BC\overline{D} + A\overline{B}\,\overline{C}D \\
&\quad + A\overline{B}CD + AB\overline{C}D + ABC\overline{D} + ABCD \\
&= \overline{A}\,\overline{B}\,\overline{C}\,\overline{D} + (\overline{A}+A)\overline{B}CD + (\overline{A}+A)BC\overline{D} \\
&\quad + A\overline{B}D(\overline{C}+C) + ABD(\overline{C}+C) \\
&= \overline{A}\,\overline{B}\,\overline{C}\,\overline{D} + \overline{B}CD + BC\overline{D} + A\overline{B}D + ABD \\
&= \overline{A}\,\overline{B}\,\overline{C}\,\overline{D} + \overline{B}CD + BC\overline{D} + AD(\overline{B}+B) \\
&= \overline{A}\,\overline{B}\,\overline{C}\,\overline{D} + \overline{B}CD + BC\overline{D} + AD
\end{aligned}$$

[진리표]

$ABCD$	Z
0 0 0 0	1
0 0 0 1	0
0 0 1 0	0
0 0 1 1	1
0 1 0 0	0
0 1 0 1	0
0 1 1 0	1
0 1 1 1	0
1 0 0 0	0
1 0 0 1	1
1 0 1 0	×
1 0 1 1	×
1 1 0 0	×
1 1 0 1	×
1 1 1 0	×
1 1 1 1	×

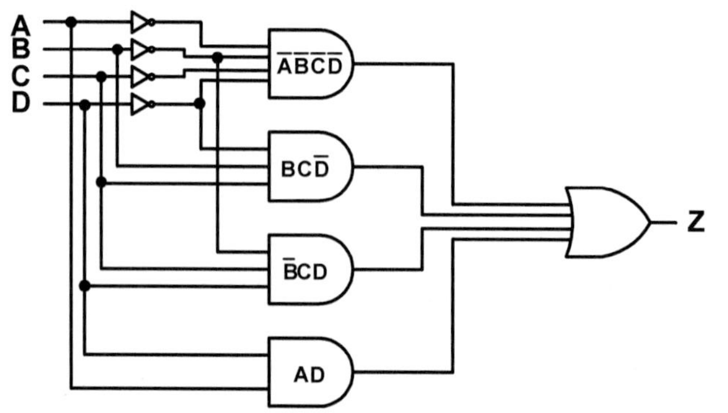

출력 함수 Z를 최소화 한 후 구현시키는 데 있어, 가장 간단한 형태의 논리 회로를 설계하기 위해서는 반드시 몇 개의 돈 캐어 상태(×)를 0 (1010과 1100)으로 하고, 몇 개는 1 (1011, 1101, 1110, 1111 등)로 해야 한다. 가장 쉬운 방법은 5장에서 다루게 될 카르노 맵을 사용하는 것이다.

4-6 가산기와 감산기

지금까지 배운 학습 내용들을 토대로 하여 이제부터 가산기와 감산기를 설계해 보자. 가산기에는 1비트(피가수: Augend) 더하기 1비트(가수: Addend)의 가산만을 할 수 있는 반가산기와 1비트 더하기 1비트, 그리고 아래 자리에서 올라오는 자리올림수까지 함께 가산 처리를 할 수 있는 전가산기가 있다. 그리고 감산기도 가산기와 마찬가지로 반감산기와 전감산기가 있다.

먼저 반가산기(Half adder : H · A)에 대해 알아보기로 하자.

반가산기는 단지 한 비트씩의 데이터 A와 B를 2진 덧셈으로 수행한 후, 그 결과를 자리올림수와 합으로 출력한다. 반가산기를 설계하기 위해서는, 먼저 입력과 출력 변수를 포함하는 모든 표현 가능한 입력 조합과 출력의 형태를 나타내는 진리표를 작성해야 한다. 표 4-7은 A와 B 2개의 입력과 2개의 출력 C와 S를 갖는 반가산기의 진리표를 나타낸다. 예를 들어 $A=1, B=0$인 경우는 2진 덧셈을 수행하면 자리올림수 C가 0이 되고, 합 S는 1이 된다.

[표 4-7] 반가산기 진리표

A	B	Carry	Sum
0	0	0	0
0	1	0	1
1	0	0	1
1	1	1	0

그러면 우리는 표 4-7의 진리표로부터 다음과 같은 출력 함수들을 얻을 수 있다.

$$C = AB$$
$$S = \overline{A}B + A\overline{B} = A \oplus B \tag{4-24}$$

2개의 입력과 2개의 출력을 갖는 반가산기 회로는 다음 그림 4-4와 같이 한 개의 Exclusive-OR 게이트와 한 개의 AND 게이트를 사용하여 구성할 수 있다.

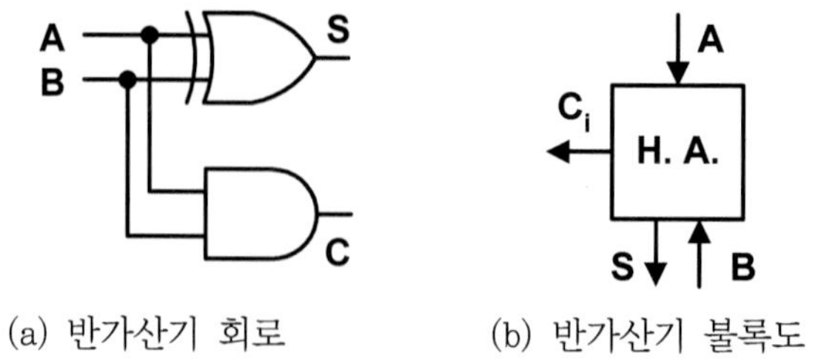

[그림 4-4] 반가산기

한편 전가산기(Full adder : F · A)는 입력 데이터 A와 B, 그리고 아래 자리에서 발생되어 올라오는 자리올림수 C_i 등 3개의 데이터를 동시에 2진 덧셈으로 처리한 후, 그 결과를 자리올림수 C_{i+1}과 합 S로 출력할 수 있는 회로이다. 전가산기 설계를 하기 위해서는 다음과 같은 과정이 요구된다. 먼저 입력과 출력 변수를 포함하는 모든 표현 가능한 입력 조합과 출력의 형태를 나타내는 진리표를 작성해야 한다.

[표 4-8] 전가산기 진리표

A	B	C_i	C_{i+1}	S
0	0	0	0	0
0	0	1	0	1
0	1	0	0	1
0	1	1	1	0
1	0	0	0	1
1	0	1	1	0
1	1	0	1	0
1	1	1	1	1

표 4-8은 A와 B, 그리고 C_i 등 3개의 입력과 2개의 출력 C_{i+1}과 S를 갖는 전가산기의 진리표를 나타낸다. 예를 들어 $A=0, B=1, C_i=1$인 경우, 2진 덧셈을 수행하면 자리올림수 C_{i+1}이 1이 되고, 합 S는 0이 된다. 또한 $A=1, B=1, C_i=1$인 경우는 C_{i+1}이 1이 되고, 합 S도 1이 된다.

표 4-8의 진리표로부터 전가산기를 설계하기 위한 출력 함수들을 다음 식 (4-25), (4-26)과 같이 구할 수 있다.[식 (2-47) 참고]

$$\begin{aligned} C_{i+1} &= \sum m(3,5,6,7) \\ &= \overline{A}BC_i + A\overline{B}C_i + AB\overline{C_i} + ABC_i \\ &= (\overline{A}B + A\overline{B})C_i + AB(\overline{C_i} + C_i) \\ &= (A \oplus B)C_i + AB \end{aligned} \qquad (4-25)$$

$$\begin{aligned} S &= \sum m(1,2,4,7) \\ &= \overline{A}\,\overline{B}C_i + \overline{A}B\overline{C_i} + A\overline{B}\,\overline{C_i} + ABC_i \\ &= (\overline{A}B + A\overline{B})\overline{C_i} + (\overline{A}\,\overline{B} + AB)C_i \\ &= (A \oplus B)\overline{C_i} + \overline{(A \oplus B)}C_i \\ &= (A \oplus B) \oplus C_i = A \oplus B \oplus C_i \end{aligned} \qquad (4-26)$$

3개의 입력과 2개의 출력을 갖는 전가산기 회로는 다음 그림 4-5와 같은 논리 회로로 구성할 수 있다.

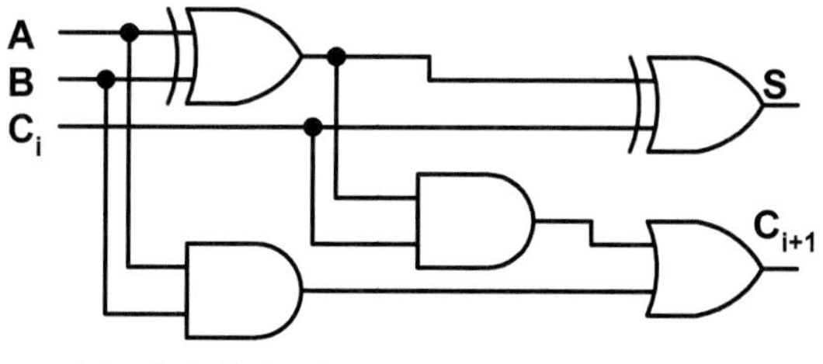

(a) 전가산기 회로

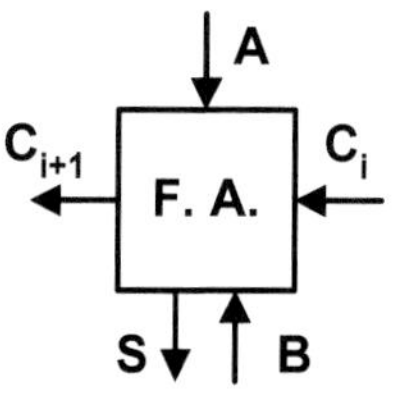

(b) 전가산기 블록도

[그림 4-5] 전가산기

전가산기를 2개 이상 연결하여 병렬 가산기를 만들 수 있다. 이미 1장에서 배운 내용이지만 보수의 가산 방법을 통해 병렬 가산기를 사용하면 뺄셈마저도 가산의 방법으로 처리할 수 있게 된다.

연산 회로 중에서 뺄셈의 기능을 수행하는 회로로는 반감산기와 전감산기가 있다.

지금부터 반감산기(Half subtracter : H・S)에 대해 알아보기로 하자.

반감산기는 반가산기와 유사한 형태로 동작하며, 단지 한 비트씩의 데이터 피감수(Minuend) X와 감수(Subtrahend) Y의 2진 뺄셈을 수행하는 논리 회로이다. 이때 X, Y의 감산에 의해 얻어지는 차(Difference)와 한 비트 윗자리로부터 빌려오는 자리내림수(Borrow)가 발생한다.

반감산기를 설계하기 위해서는, 먼저 입력과 출력 변수를 포함하는 모든 표현 가능한 입력 조합과 출력의 형태를 나타내는 진리표를 작성해야 한다. 표 4-9는 X와 Y 2개의 입력과 2개의 출력 B와 D를 갖는 반감산기의 진리표를 나타낸다. 예를 들어 $X=1$, $Y=0$인 경우, 2진 뺄셈을 수행하면 자리내림수의 발생이 필요 없기 때문에 B가 0이 되고, 차 D는 1이 된다. 그러나 $X=0, Y=1$의 경우는 사정이 다르다. 이러한 경우 2진 뺄셈을 수행하면 자리내림수의 발생이 요구되어 B가 1이 되며, 차 D 또한 1이 된다.

[표 4-9] 반감산기 진리표

X Y	B D
0 0	0 0
0 1	1 1
1 0	0 1
1 1	0 0

그러면 우리는 표 4-9의 진리표로부터 다음과 같은 출력 함수들을 얻을 수 있다.

$$B=\overline{X}\,Y$$
$$D=\overline{X}\,Y+X\,\overline{Y}=X\oplus Y \qquad (4-27)$$

반가산기 회로와 아주 유사한 형태로 표현되는 2개의 입력과 2개의 출력을 갖는 반감산기 회로는 다음 그림 4-6과 같이 한 개의 Exclusive-OR 게이트와 한 개의 NOT 게이트, 그리고 한 개의 AND 게이트를 사용하여 구성할 수 있다.

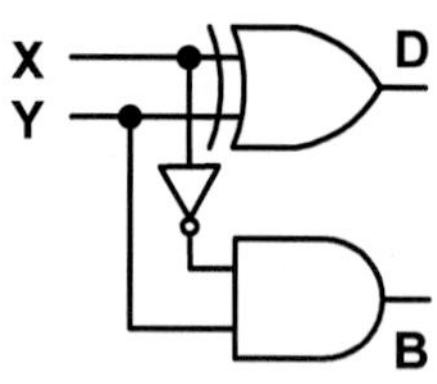

(a) 반감산기 회로

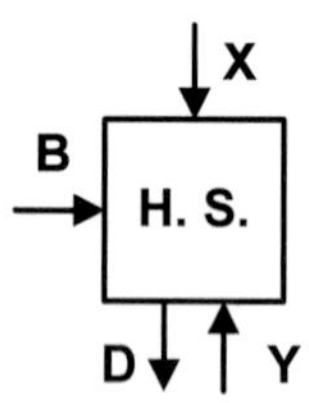

(b) 반감산기 블록도

[그림 4-6] 반감산기

한편 전감산기(Full subtracter : F・S)는 입력 데이터 X와 Y, 그리고 한 비트 아래 자리에서 요구되어지는 자리내림수 B_i 등까지 포함하여 3개의 데이터를 동시에 2진 뺄셈 처리하는 논리 회로이다. 즉 피감수 X와 감수 Y, 그리고 한 비트 아래 자리에서 요구되는 B_i 등을 입력으로 하고, 이들을 입력으로 하여 감산을 하였을 때,

얻어지는 차 D와 한 비트 윗자리$(i+1)$의 자리에서 자리내림수가 필요한가의 여부를 나타내는 B_{i+1}을 출력으로 하는 회로이다. 전감산기를 설계하기 위해서는 다음과 같은 과정이 요구된다. 먼저 입력과 출력 변수를 포함하는 모든 표현 가능한 입력 조합과 출력의 형태를 나타내는 진리표를 작성해야 한다.

표 4-10은 X와 Y, 그리고 B_i 등 3개의 입력과 2개의 출력 B_{i+1}과 D를 갖는 전감산기의 진리표를 나타낸다. 예를 들어 $X=1, Y=0, B_i=0$인 경우, 2진 뺄셈을 수행하면 윗자리로부터 빌려오는 자리내림수 B_{i+1}는 필요가 없게 되어 0이 되고, 차 D는 1이 된다. 그러나 $X=0, Y=1, B_i=0$인 경우는 자체적으로 뺄셈이 불가능하기 때문에 윗자리로부터 빌려오는 자리내림수 B_{i+1}가 필요하다. 따라서 B_{i+1}은 1이 되고, 차 D도 1이 된다. 그리고 $X=1$, $Y=1$, $B_i=1$ 일 경우는 앞의 경우와 유사하게 처리된다. X와 Y만을 감산하는 것 같으면 쉽게 처리할 수 있지만 아래 자리로부터 자리내림수가 요구되기 때문에 연쇄적으로 윗자리로부터 자림내림수의 요건이 발생된다. 따라서 감산의 결과는 다음과 같이 된다. 즉 B_{i+1}은 1이 되며, 차 D 또한 1이 된다.

[표 4-10] 전감산기 진리표

X	Y	B_i	B_{i+1}	D
0	0	0	0	0
0	0	1	1	1
0	1	0	1	1
0	1	1	1	0
1	0	0	0	1
1	0	1	0	0
1	1	0	0	0
1	1	1	1	1

표 4-10의 진리표로부터 전감산기를 설계하기 위한 출력 함수들을 다음 식 (4-28), (4-29)와 같이 구할 수 있다.[식 (2-47), 식 (4-25), (4-26) 참고]

$$
\begin{aligned}
B_{i+1} &= \sum m(1,2,3,7) \\
&= \overline{X}\,\overline{Y}B_i + \overline{X}\,Y\overline{B_i} + \overline{X}\,YB_i + XYB_i \\
&= \overline{X}\,Y(\overline{B_i} + B_i) + (\overline{X}\,\overline{Y} + XY)B_i \\
&= \overline{X}\,Y + \overline{(X \oplus Y)}\,B_i
\end{aligned}
\qquad (4\text{-}28)
$$

$$\begin{aligned} D &= \sum m(1,2,4,7) \\ &= \overline{X}\,\overline{Y}B_i + \overline{X}\,Y\overline{B_i} + X\overline{Y}\,\overline{B_i} + XYB_i \\ &= (\overline{X}\,Y + X\overline{Y})\,\overline{B_i} + (\overline{X}\,\overline{Y} + XY)\,B_i \qquad (4\text{-}29) \\ &= (X \oplus Y)\,\overline{B_i} + \overline{(X \oplus Y)}\,B_i \\ &= (X \oplus Y) \oplus B_i = X \oplus Y \oplus B_i \end{aligned}$$

3개의 입력과 2개의 출력을 갖는 전감산기 회로는 전가산기와 아주 유사하며 단지 NOT 게이트 2개가 더 첨가된 형태로 다음 그림 4-7과 같은 논리 회로로 구성된다.

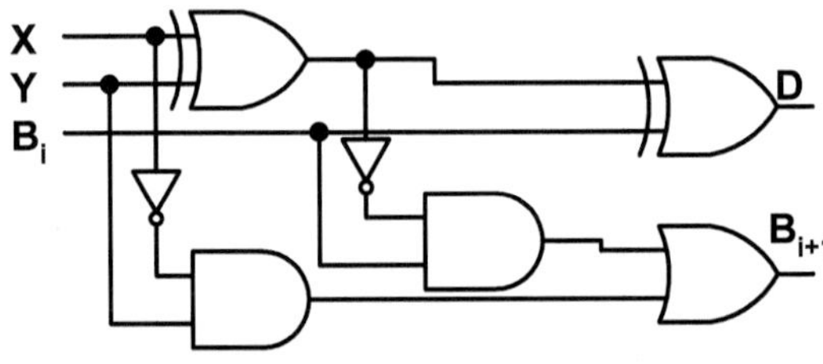

(a) 전감산기 회로

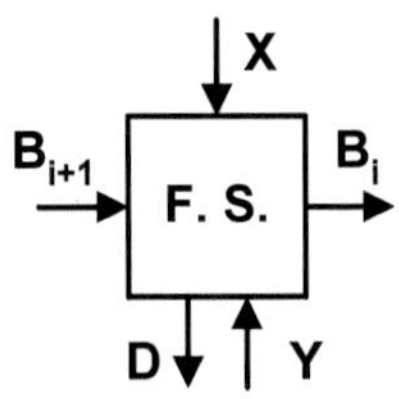

(b) 전감산기 블록도

[그림 4-7] 전감산기

또한 전감산기도 전가산기의 경우처럼 2개 이상 연결하여 동시에 여러 비트의 데이터를 감산 처리할 수 있는 병렬 감산기를 만들 수 있다.

앞에서도 공부하면서 언급했지만 이론적인 보수 가산 방법을 통해 뺄셈 연산을 처리할 수 있었듯이 종종 병렬 감산기는 병렬 가산기로 대치되어 사용하기도 한다. 실제로도 특히 소형 컴퓨터의 경우 CPU(Central Processing Unit : 중앙처리장치) 내에 구성되는 연산 장치를 설계할 때, 보수기가 부가된 병렬 가산기만을 설계하여도 덧셈과 뺄셈, 그리고 곱셈과 나눗셈까지 처리가 가능하기 때문에 병렬 감산기는 병렬 가산기로 대치될 수 있다.

다음 5장에서는 지금까지 배운 어떤 방법을 통해 논리식을 간략화하는 것 보다, 아주 쉽게 논리식을 간략화할 수 있는 방법들을 경험하게 될 것이다.

••• 연습문제

4.1 다음 문장들을 부울 식으로 나타내시오.

a. 에어컨의 온도가 75℃보다 높고, 시간이 오전 8시에서 오후 8시 사이이고, 휴일이 아니면 켜진다.

b. A와 B의 곱은 A가 음이고 B가 양이거나, A가 양이고 B가 음일 때 음이다.(단지 두 독립 변수만 사용할 것)

c. 테이프 구동 모터는 다음 조건에 의해 구동된다.

(1) 테이프가 적당히 감겼을 때

(2) 테이프의 끝 신호가 없고

(3) 수동식이면 수동 시작 단추를 눌렀거나, 자동식이면 "Tape-on" 신호가 컴퓨터로부터 들어올 때 테이프는 구동된다.

d. 음향 시스템은 마이크로폰이 켜져 있고, 마이크로폰이 스피커와 아주 가깝거나 또는 소리 조정이 너무 높게 되어 있을 때 "삑" 소리가 난다.

4.2 3개의 입력과 2개의 출력을 갖는 회로가 있다.
출력 변수 a와 b는 2진수 N을 구성하는 첫 번째와 두 번째 비트를 나타낸다. N은 입력의 수와 같을 때 "0"이다.
예를 들면 $x=1, y=0, z=1$이면 $a=1, b=0$이다.

a. a와 b에 대한 최소항 전개식을 구하고 간략화하시오.

b. a와 b에 대한 최대항 전개식을 구하고 간략화하시오.

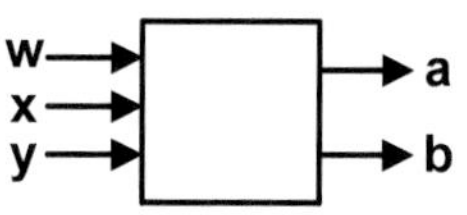

4.3 다음은 4개의 입력을 갖는 회로이다. A와 B는 2진수 N_1의 첫 번째와 두 번째 비트를 나타내고, C와 D는 2진수 N_2의 첫 번째와 두 번째 비트를 나타낸다.
$N_1 \times N_2$가 2보다 작거나 같을 때 회로의 출력은 "1"이 된다.

a. F에 대한 최소항 전개식을 구하시오.

b. F에 대한 최대항 전개식을 구하시오.

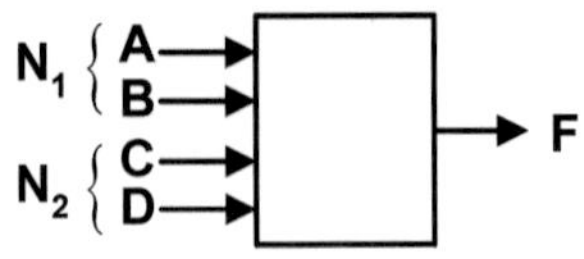

4.4 $f(a,b,c) = b + \bar{a}c$ 일 때

a. f를 최소항 전개식으로 표현하시오(m 표식을 사용해서).
b. f를 최대항 전개식으로 표현하시오(M 표식을 사용해서).
c. $\bar{f}$를 최소항 전개식으로 표현하시오(m 표식을 사용해서).
d. $\bar{f}$를 최대항 전개식으로 표현하시오(M 표식을 사용해서).

4.5 $f(a,b,c,d) = (\bar{b} + \bar{d} + a)(\bar{c} + \bar{a})(b + d + a)(b + c + \bar{d} + a)$ 일 때, 문제 4.4를 반복하시오.

4.6 $F_1 = XY\bar{Z}$, $F_2 = X + \bar{Y}Z, F_3 = \bar{X}\,\bar{Y}Z + \bar{X}YZ + XY\bar{Z} + X\bar{Y}$에 대한 진리표를 작성하시오.

4.7 $F_1 = \Pi M(0,4,5,6)$이고 $F_2 = \Pi M(0,3,4,6,7)$로 주어질 때, F_1, F_2의 최대항 전개식을 구하시오. 주어진 F_1, F_2의 최대항 전개식을 구하는 일반적인 규칙을 설명하시오. 그리고 최대항 전개식의 일반적인 형태를 사용해서 그 답을 증명하시오.

4.8 a. 두개의 변수(X와 Y)를 갖는 함수의 입력 조합의 수는 얼마나 되는가?
b. 진리표를 작성하고 간략화 된 대수식으로 나타내시오.
($F(x,y) = 0$, $F(x,y) = x$, $F(x,y) = \bar{y}$ 등과 같은 경우를 포함할 것)

4.9 4개의 입력(A,B,C,D)과 한 개의 출력 Z를 갖는 조합 논리 회로가 있다. 입력 조합 중 세 개 이상이 1이면 출력은 1이 된다고 하자. 2개의 AND 게이트와 3개의 OR 게이트를 사용하여 회로를 설계하시오. 만약 3-입력 게이트로 회로를 구현하려면 구현하기 전에 부분적인 논리식의 인수화가 필요하게 된다.

4.10 4개의 입력(A, B, C, D)과 한 개의 출력 Z를 갖는 조합 논리 회로가 있다. 입력조합에 의해 표현되는 Gray 코드값이 5보다 작게 들어오면 출력은 1이 된다고 하자. 물론 정의하지 않은 다른 입력이 들어오면 출력은 1이 된다. 2개의 AND 게이트와 3개의 OR 게이트를 사용하여 회로를 설계하시오. 만약 3-입력 게이트로 회로를 구현하려면 구현하기 전에 논리식을 부분적으로 인수화시켜야 한다.

4.11 다음에 주어진 함수 $F = A + \overline{B}\,C$의 최소항 전개식을 구하시오.

4.12 $\overline{F}(A, B, C, D) = \sum m(0,1,2,6,7,13,15)$일 때

a. F에 대한 최소항 전개식을 구하시오.(각각 10진 형식과 대수적 형식 모두로 표현)

b. F에 대한 최대항 전개식을 구하시오.(각각 10진 형식과 대수적 형식 모두로 표현)

4.13 각 경우에서 $X - Y$가 됨을 증명하시오.

a. $X = C(A + B) + A\,B, \qquad Y = A\,B\,\overline{C} + A\,\overline{B}\,C + B\,C$

b. $X = \overline{B}\,\overline{C}\,\overline{D} + A\,\overline{B}\,C + B\,C\,D + \overline{A}\,B\,\overline{C}$

$Y = \overline{A}\,\overline{C}\,\overline{D} + A\,\overline{B}\,\overline{D} + A\,C\,D + \overline{A}\,B\,D$

4.14 $f(a, b, c, d) = a\,b\,d + \overline{a}\,\overline{c} + a\,\overline{b}\,\overline{d} + a\,\overline{b}\,c\,d$를 문제 4.4에 적용하여 구하시오.

4.15 4개의 입력(A, B, C, D)와 세 개의 출력(X, Y, Z)를 갖는 조합 논리 회로가 있다. XYZ는 2진수로 표현하며 그 값은 입력 조합에서 보이는 1의 개수와 동일한 값을 갖는다. 예를 들어, 만일 $ABCD$=1011이라면 XYZ=011이 된다.

a. X, Y, Z에 대한 최소항 전개식을 구하시오.

b. X, Y, Z에 대한 최대항 전개식을 구하시오.

4.16 4개의 입력(A, B, C, D) BCD(2진화 10진수)로 표현되는 조합 논리 회로가 있다. 이 회로는 출력이 각각 4개씩으로 구성되는S, T, U, V와 W, X, Y, Z의 2 그룹으로 출력이 이루어진다. 각 그룹은 BCD로 표현된다. 출력의 형태는 입력값에 5배를 곱하여 BCD로 나타낸다. 예를 들어, $ABCD$=0111이면 출력은 0011 0101이 된다. 진리표를 검토하여 출력에 대한 최소의 표현식으로 작성하시오.

(힌트 : 진리표에서 입력값과 출력값을 비교 검토하면서 작성할 것)

4.17 아래 진리표를 사용하여 (a)와 (b)를 풀어라.

$A\ B\ C$	$F\ \ G$
0 0 0	0 0
0 0 1	1 ×
0 1 0	× 0
0 1 1	1 1
1 0 0	0 1
1 0 1	× 0
1 1 0	1 1
1 1 1	0 ×

a. F 함수에 대한 가장 간단한 식을 구하라. 이때 사용된 돈 캐어 상태를 열거하시오.
b. G 함수에 대한 가장 간단한 식을 구하라. 이때 사용된 돈 캐어 상태를 열거하시오.

4.18 8비트의 데이터를 동시에 가산할 수 병렬 가산기의 블록도를 작성하시오.
(전가산기의 블록도 사용)

Digital Logic Design

CHAPTER 05

부울 함수의 간략화

Simplification of Boolean Functions

논리 회로를 설계하는 과정에서 회로가 복잡해지면 많은 게이트가 추가되고 동일한 입력이 중복해서 사용되는 경우가 자주 발생한다. 이런 경우에는 게이트의 수를 줄이고 구현된 회로의 비용을 최소화할 수 있는 논리 함수의 간소화 과정이 필요하다.

부울 함수를 간략화하기 위한 방법으로 진리표나 논리 함수를 이용하는 방법, 부울 대수에 의한 방법, 벤 다이어그램(Ven diagram)에 의한 방법, 논리 함수의 표준 전개법 등이 있는데 이들 방법은 논리 변수가 4개 이상일 때는 이용하기 불편하다. 따라서 이 장에서는 논리 변수가 4개 이상에서도 체계적인 간소화 방법이 가능한 세 가지 방법을 소개하고자 한다.

① 카르노 맵을 이용하여 입력 변수가 6개 이하인 경우의 부울 함수를 간소화한다.
② 퀸-멕클로스키(Quine-McCluskey) 방법(테이블 방법이라고도 함)을 이용하여 입력 변수가 10개 이하의 부울 함수를 간소화한다.
③ 큐브(Cube)를 기반으로 한 최소화 방법을 이용하여 입력 변수가 N개인 부울 함수를 최소화하는 과정을 소개한다.

5-1 카르노 맵(Karnaugh Map)

일반적으로 2장과 3장, 4장에서 학습한 대수적 기법을 이용하여 논리 함수를 간소화할 때는 다음과 같은 문제가 발생한다.

① 대수적 과정을 체계적으로 적용하기 힘들다.
② 간소화 결과가 완전한 최소화라고 확신할 수 없다.

카르노 맵은 논리 함수의 간소화에 대한 체계적인 방법을 제공하기 때문에 변수가 3개 혹은 4개인 논리 함수를 간소화할 경우에는 매우 유용한 도구이지만 변수가 6개 혹은 그 이상인 경우에는 맵의 형태가 복잡해지기 때문에 최소화하는데 어려움이 있다. 임의의 논리 회로를 OR와 AND 게이트를 이용하여 구현할 때 그 함수를 실현하는 값은 게이트 수와 사용된 게이트의 입력 수에 직접 연관된다.

이 장에서 설명할 카르노 맵의 기법을 이용할 경우 AND와 OR로 구성된 2단 회로망을 최소 값으로 실현시킬 수 있다. 곱의 합 항은 AND 게이트들을 입력으로 받는 단일 OR 게이트로 구성된 2단 회로망과 직접 대응하며, 합의 곱 표현식은 단일 AND 게이트의 입력으로 작용하는 OR 게이트들로 구성된 2단 회로망과 일치한다. 따라서 최소 값을 갖는 2단 AND-OR 게이트 회로망을 얻기 위해서는 합의 곱 형태나 곱의 합 형태로 된 최소 표현식을 얻어야 한다.

임의의 함수에 대한 최소 곱의 합 표현식은 : (a) 최소 개수의 항을 갖고, (b) 이 항들이 최소한의 문자를 갖는 모든 식의 곱의 합 항으로 정의된다.

다시 말해서 최소의 곱의 합은 : (a) 최소 수의 게이트를 갖고, (b) 최소한의 게이트 입력을 갖는 최소 2단 게이트 회로와 직접 대응한다. 함수에 대한 최소항 표현식과는 다르게 최소 곱의 합은 유일하지 않아도 된다. 즉 주어진 함수는 두 개의 다른 최소 곱의 합 형태를 가질 수도 있고, 각각 같은 수의 항과 같은 수의 문자를 갖는다. 최소항 전개식이 주어졌을 때 최소 곱의 합 형태는 아래와 같은 과정을 거쳐 얻어질 수 있다.

① $X\overline{Y}+XY=X$ 정리를 이용하여 항을 조합한다. 가능한 많은 문자를 소거시키기 위해 작업을 반복한다. 또한 $X+X=X$ 정리를 주어진 항에 한번 이상 적용해 본다.

② 컨센서스 정리나 다른 정리를 이용하여 여분의 항을 소거시킨다.

불행하게도 위 과정의 결과는 조합되거나 소거되는 순서에 따라 최종 표현식은 반드시 최소 표현식이 안될 수도 있다.

예제 5-1 아래 표현식에 대한 최소 곱의 합 표현식을 구하라.

[풀이] $F(a,b,c)=\sum m(0,1,2,5,6,7)$

$F=\overline{a}\,\overline{b}\,\overline{c}+\overline{a}\,\overline{b}c+\overline{a}b\overline{c}+a\overline{b}c+ab\overline{c}+abc$

$=\overline{a}\,\overline{b}+\overline{b}c+b\overline{c}+ab$

위의 표현식에서 어떠한 항도 컨센서스 정리로 제거될 수 없다. 그렇지만 다른 순서로 결합되면 아래 식과 같이 최소 곱의 합이 유도된다.

$$F=\overline{a}\,\overline{b}\,\overline{c}+\overline{a}\,\overline{b}c+\overline{a}b\overline{c}+a\overline{b}c+ab\overline{c}+abc$$

$$=\overline{a}\,\overline{b}+b\overline{c}+ac$$

함수에 대한 최소 합의 곱 표현식은 : (a) 최소한의 인수(Factor)를 갖고, (b) 인수의 수가 같은 표현식들은 최소한의 문자를 갖는 합의 곱 항으로 정의된다. 최대항 표현식과는 다르게 함수의 최소 합의 곱은 유일하지 않아도 된다. 최대항 전개식이 주어졌을 때, 최소 합의 곱은$(X+Y)(X+\overline{Y})=X$의 정리를 이용하는 것을 제외하고는 최소 곱의 합 경우와 비슷한 과정을 적용할 수 있다.

예제 5-2 아래 표현식에 대한 최소 합의 곱을 구하라.

[풀이]
$$F=(A+\overline{B}+C+\overline{D})(A+\overline{B}+\overline{C}+\overline{D})(A+\overline{B}+\overline{C}+D)$$
$$(\overline{A}+\overline{B}+\overline{C}+D)(A+B+\overline{C}+D)(\overline{A}+B+\overline{C}+D)$$
$$=(A+\overline{B}+\overline{D})\ \ (A+\overline{B}+\overline{C})\ \ (\overline{B}+\overline{C}+D)\ \ (B+\overline{C}+D)$$
$$=(A+\overline{B}+\overline{D})\ \ (A+\overline{B}+\overline{C})\ \ (\overline{C}+D)$$
$$=(A+\overline{B}+\overline{D})(\overline{C}+D)$$

> 임의의 함수에 대한 최소 곱의 합(Minimum sum-of-product) 표현식의 정의
> (a) 함수가 최소개의 항을 갖고
> (b) 이 항들이 최소한의 문자를 갖는 모든 식의 곱의 합 항으로 표현된다.

(1) 2-변수와 3-변수 카르노 맵

진리표와 동일하게 임의의 함수에 대한 카르노 맵은 독립 변수 값의 모든 조합에 대한 함수 값을 기술한다. 2-변수 카르노 맵은 아래와 같다. 두 개의 변수 중 한 변수의 값을 맵의 상단 영역에 표기하고, 다른 한 변수의 값은 왼쪽 세로 영역에 표기한다. 아래에 나타낸 것처럼 맵에서 각각의 사각형 영역은 진리표의 A와 B에 대한 값과 일치함을 나타낸다.

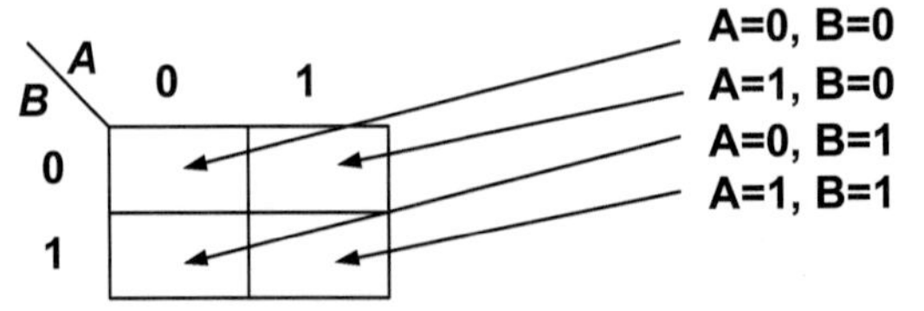

그림 5-1은 함수 F에 대한 진리표와 이에 대응하는 카르노 맵을 보여주고 있다. $A=B=0$에 대한 값은 상단 모서리 영역에 기입되고, 다른 영역은 즉 $A=B=1$에 대한 표현은 그림 5-1(b)에서와 같은 방법으로 기입된다는 것에 유의하자.

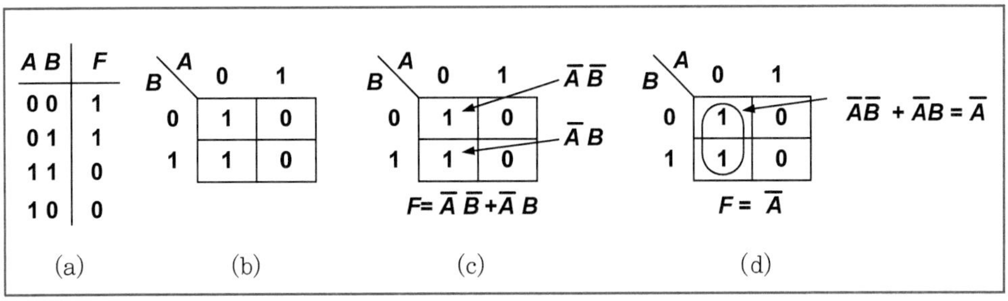

[그림 5-1] 2-변수 카르노 맵의 예

맵에서 "1"은 각각 함수 F의 최소항 하나와 대응된다. 진리표로부터 최소항을 읽을 수 있는 것과 같이 카르노 맵에서도 최소항을 읽을 수 있다. 그림 5-1(c)의 영역 "00"에서의 "1"은 $\overline{A}\,\overline{B}$가 F의 최소항임을 나타낸다. 이와 유사하게 영역 "01"에서의 "1"은 $\overline{A}B$가 최소항임을 나타낸다. 인접된 영역의 최소항들은 단지 하나의 변수 값만이 다르므로 묶여질 수 있다. 그러므로 $\overline{A}\,\overline{B}$와 $\overline{A}B$는 $\overline{A}$ 형태로 묶여지고, 이것은 그림 5-1(d)의 맵에서 대응되는 "1"들을 한 개의 고리로 묶는 것(Looping)으로 나타내어진다.

그림 5-2는 3-변수 진리표와 이에 대응하는 카르노 맵을 보인다. 세 개의 변수 중 하나의 변수 A 의 값은 맵의 상단 영역에 표기하고, 다른 두 개의 변수 BC 값은 맵의 왼쪽 영역에 표기한다. 이웃한 행의 값들은 두 개의 변수 중 한 개의 변수 값만이 다르도록 영역이 나뉘어야 한다. 즉 00, 01, 11, 10으로 구분된다.

예를 들어 입력 조합 $ABC = 001$ 은 $A = 0$ 이고, $BC = 01$ 인 영역에 기입한다. 또한 입력 조합 $ABC = 110$ 은 $A = 1$ 이고, $BC = 10$ 인 영역에 표기한다.

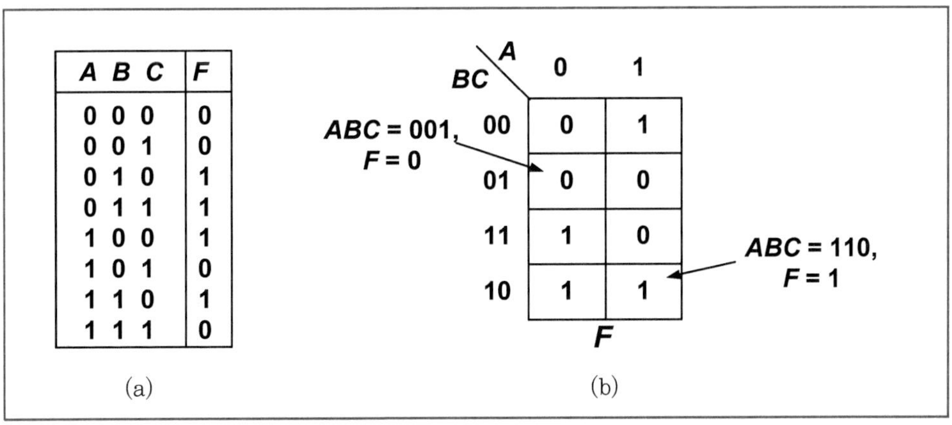

[그림 5-2] 3-변수 함수에 대한 진리표와 카르노 맵

그림 5-3은 3-변수 맵에서 최소항의 위치들을 보여주고 있다. 맵에서 인접해 있는 최소항들은 단지 하나의 변수가 다르므로 $X\,\overline{Y} + XY = X$ 정리를 이용하여 묶여

질 수 있다. 예를 들어 최소항 “011”($\bar{a}bc$)은 세 개의 최소항들 즉 “001”($\bar{a}\,\bar{b}\,c$), “010”($\bar{a}\,b\,\bar{c}$), “111”(abc)과 인접해 있기 때문에 서로 묶을 수 있다.

또한 맵의 맨 위와 맨 아래 행에 있는 최소항들은 단지 하나의 변수만이 다르므로 서로 인접해 있다고 말할 수 있다. 따라서 “100”과 “110”은 하나의 쌍(Pair)으로 묶을 수 있다.

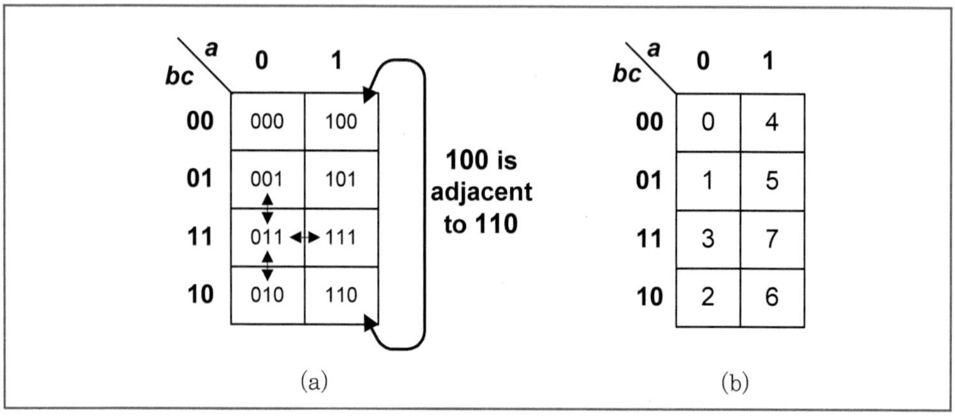

[그림 5-3] 3-변수 카르노 맵에서 최소항의 위치

어떤 함수의 최소항 전개식이 주어졌을 때, 함수의 최소항에 대응되는 영역에 “1”을 넣고 나머지 영역은 “0”을 넣어 맵 안을 채운다.(편의상 “0”의 표기는 생략 할 수도 있다)

그림 5-4는 $F(a,b,c) = m_1 + m_3 + m_5$ 의 구성을 보여주고 있다. 만약 F가 최대항 전개식으로 표현되어 있다면 맵은 최대항에 대응하는 영역에 “0”을 넣고 나머지 영역에 “1”을 채워 넣는 것으로 만들어진다.

따라서 $F(a,b,c) = M_0 M_2 M_4 M_6 M_7$ 은 그림 5-4와 같은 맵으로 주어진다.

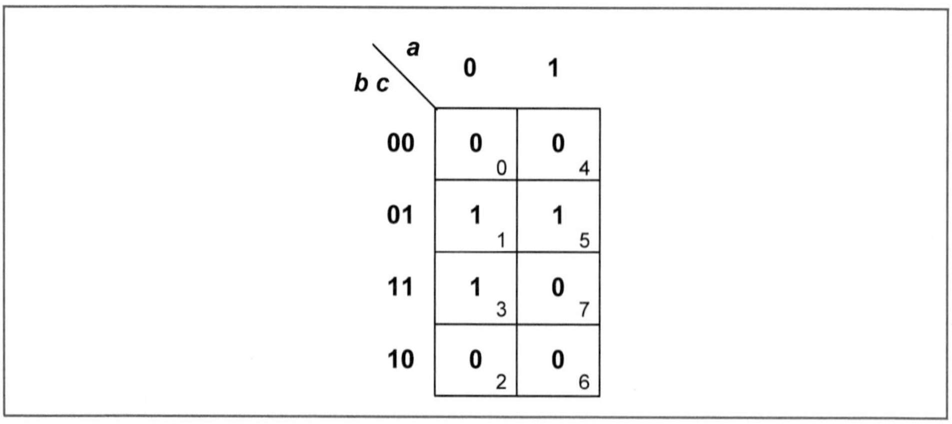

[그림 5-4] $F(a,b,c) = \sum m(1,3,5) = \prod M(0,2,4,6,7)$ 에 대한 카르노 맵

그림 5-5에는 어떻게 곱 항들이 바로 카르노 맵에 나타나는지를 예를 들어 표현하고 있다.

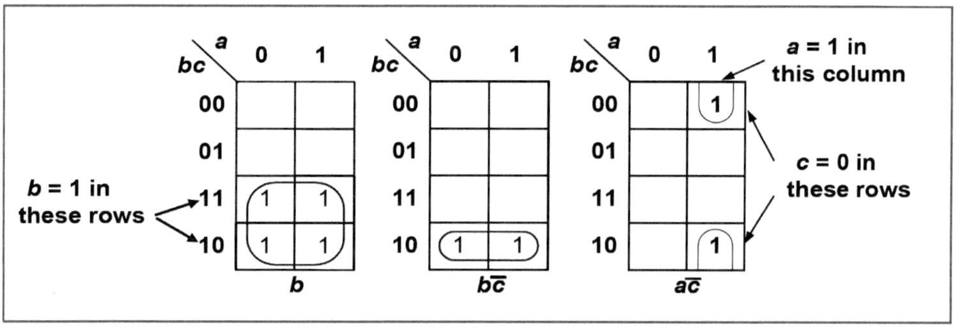

[그림 5-5] 곱항에 대한 카르노 맵

즉 항b를 만들기 위해서$b=1$인 맵의 4개의 영역에 “1”이 들어간다. $b=1$이고 $c=0$일때, 항 $b\overline{c}$는 “1”이므로 $bc=10$인 행의 두 영역에 “1”이 채워진다. $a=1$ 그리고 $c=0$일때, $a\overline{c}$항은 “1”이 되므로 $c=0$인 행과 $a=1$인 열 두 영역에 “1”이 표기된다.

함수가 대수 형태로 주어졌다면 맵을 채우기 전에 최소항으로 전개하는 것이 필요하다. 만약 대수 표현식이 곱의 합 형태로 바뀌었다면 각각의 곱 항들은 맵에서 “1”들의 집합으로 바로 표기될 수 있다. 예를 들어 아래와 같이 함수 f가 주어졌다고 가정하자.

$$f(a,b,c)=ab\overline{c}+\overline{b}c+\overline{a}$$

위의 표현식은 다음과 같은 맵을 만들 수 있다.

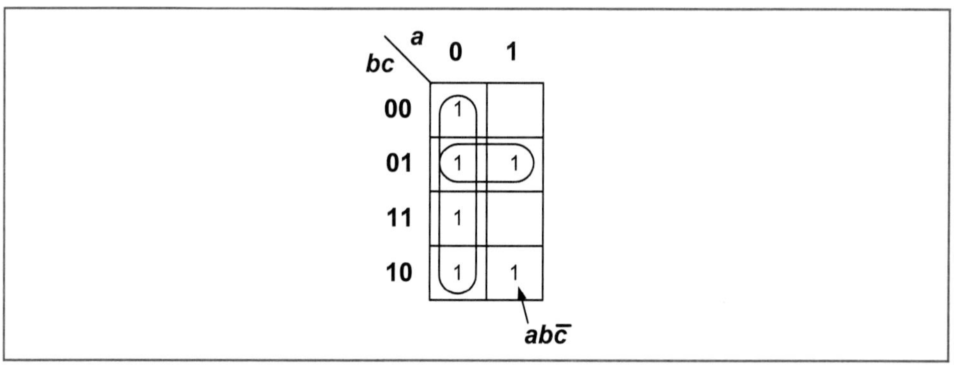

① $a=1$이고 $bc=10$일 경우 항 $ab\overline{c}$는 “1”이 되므로, a가 “1”인 열과 bc가 “10”인 행에 대응하는 영역에 “1”을 넣는다.

② $bc=01$ 일 경우는 항 $\bar{b}c$가 "1"이 되므로, bc가 "01"인 행의 양쪽 영역에 "1"을 표기한다.

③ $a=0$ 인 경우는 항 $\bar{a}$가 "1"이 되므로, a가 "0"인 열의 모든 영역에 "1"을 넣는다.

그림 5-6은 함수의 간소화 표현 방법을 카르노 맵을 이용하여 유도하는 방법을 설명하고 있다. 간소화할 함수를 먼저 그림 5-6(a)처럼 카르노 맵에 기입한다. 맵 에서 각각의 영역들의 항들은 단지 하나의 변수만이 다르기 때문에 $X\overline{Y}+XY=X$ 정리를 이용하여 결합시킬 수 있다. 따라서 그림 5-6(b)에서 보는 바와 같이 $\bar{a}\,\bar{b}\,c$와 $\bar{a}bc$는 $\bar{a}c$로 결합될 수 있고, $\bar{a}\,\bar{b}\,c$와 $a\bar{b}c$는 $\bar{b}c$로 결합될 수 있다. 최소항들의 모임에 고리가 둘러진 것은 그들 항들이 합쳐졌다는 것을 나타낸다. 고리로 묶여진 항들은 맵에서 직접 읽어낼 수 있다. 그림 5-6(a)에서 항 T_1은 $a=0\,(\bar{a})$인 열과 $c=1$인 행들에 소속되므로 $T_1=\bar{a}c$이다. T_1에서 두 개의 최소항은 변수 b가 각기 다르므로, 변수b가 소거되었다는 것에 유의해야 한다. 비슷하게 $T_2=\bar{b}c$이므로 T_2는 $bc=01$인 행에 소속되고, 또한 T_2가 $a=0$과 $a=1$인 열에 겹쳐서 소속되므로 변수 a는 소거될 수 있다. 따라서F에 대한 최소 곱의 합 형식은 $\bar{a}c+\bar{b}c$가 된다.

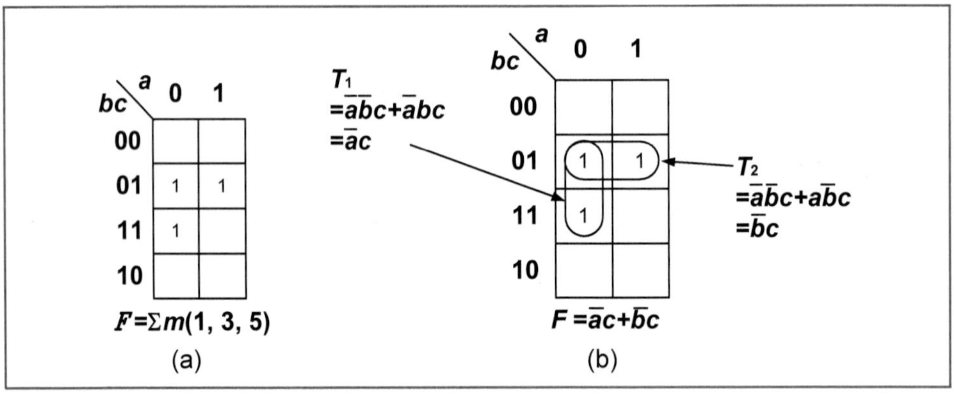

[그림 5-6] 3-변수 함수의 간략화

한편 그림 5-7에서는 F의 보수에 대한 맵을 나타내며, 그림 5-6(b)의 맵에 있는 "1"을 "0"으로 "0"을 "1"로 대치하여 나타내었다. $\overline{F}$를 간소화시킬 때 맨 위 행의 항이 $\bar{b}\,\bar{c}$로 합쳐지고, 맨 아래 행의 항이 $b\bar{c}$로 합쳐짐에 주의하자. $\bar{b}\,\bar{c}$와 $b\bar{c}$는 단지 한 개의 변수 값만 다르므로 맨 위와 맨 아래 행에 있는 네 개의 영역이 묶여질 수 있다. 그 결과 두 개의 변수가 소거되어 $T_1=\bar{c}$가 된다. 남겨진 "1"은 그림에서와 같이 $T_2=ab$로 합쳐지고, 결과적으로 $\overline{F}$에 대한 최소 곱의 합은 $\bar{c}+ab$가 된다.

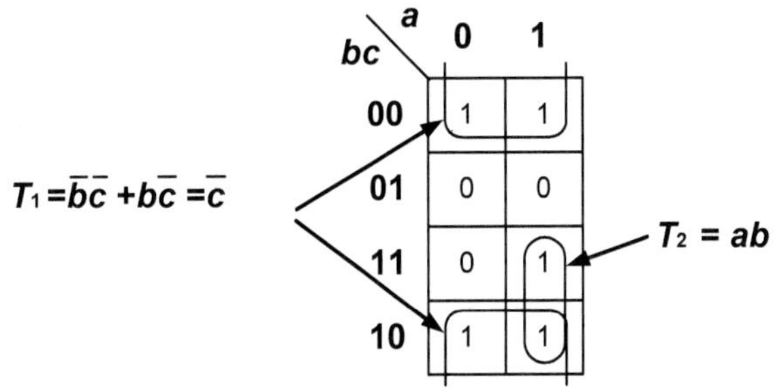

[그림 5-7] 그림 5-6(a)에 대한 보수

또한 카르노 맵은 부울 대수의 기본 정리를 예증해 주기도 한다. 그림 5-8은 컨센서스 정리 $XY + \overline{X}Z + YZ = XY + \overline{X}Z$를 예증한 것이다. 컨센서스 항 YZ는 다른 두 항에 의해서 이미 묶여져 있기 때문에 다시 중복해서 묶을 필요가 없는 여분의 항이 된다.

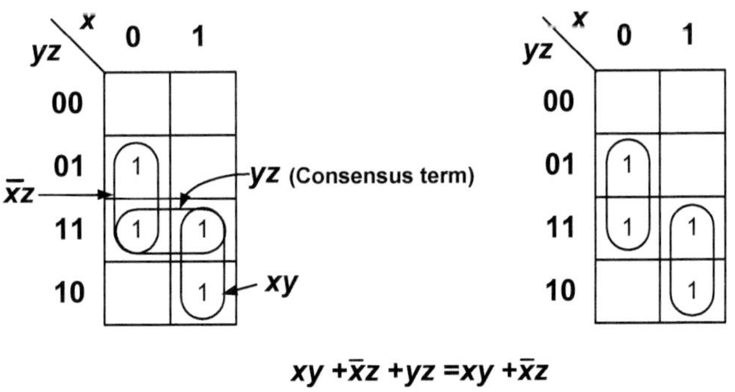

[그림 5-8] Consensus 정리를 예증하는 카르노 맵

만일 함수가 두 개 이상의 최소 곱의 합 형태로 된다면 그 함수들의 모든 형태는 맵으로부터 결정할 수 있다. 그림 5-9는 $F = \Sigma m(0,1,2,5,6,7)$에 대한 두 가지의 최소 해를 보여주고 있다.

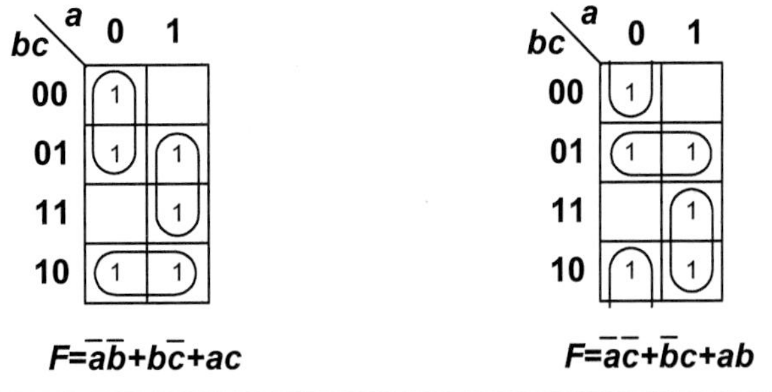

[그림 5-9] 두 개의 최소 형태를 갖는 함수

(2) 4-변수 카르노 맵

그림 5-10은 4-변수 맵에 대한 최소항들의 위치를 나타낸다. 각각의 최소항들은 결합이 가능한 4개의 항과 이웃하여 배치된다. 예를 들어 $m_5(0101)$은 이웃한 최소항들과 단지 한 개의 변수만 다르므로 $m_1(0001)$, $m_4(0100)$ $m_7(0111)$ 혹은 $m_{13}(1101)$과 결합될 수 있다. 이웃한 영역의 의미는 3-변수 맵에서와 같이 맨 위와 맨 아래 행뿐만 아니라 첫 번째 열과 마지막 열도 이웃한 영역으로 되도록 확장되어 있다. 최소항 "0"과 "8", 그리고 "1"과 "9" 등이 이웃된 영역이므로 00, 01, 11, 10의 순으로 세로 열에 표기한다.

CD \ AB	00	01	11	10
00	0	4	12	8
01	1	5	13	9
11	3	7	15	11
10	2	6	14	10

[그림 5-10] 4-변수 카르노 맵에서 최소항의 위치

카르노 맵에 다음의 4-변수 표현식을 작성해보자.

$$f(a,b,c,d) = acd + \bar{a}b + \bar{d}$$

$a = c = d = 1$ 일때, 첫째 항은 "1"이므로 열이 $a = 1$이고, 행이 $cd = 11$ 인 두 영역에 "1"을 채워 넣는다. 다음으로 두 번째 항 $\bar{a}b$는 $ab = 01$일때, "1"이므로 $ab = 01$인 열에 4개의 "1"을 넣는다. 마지막으로 $\bar{d}$ 항은 $d = 0$ 일때, "1"이므로 $d = 0$인 두 개의 행에 8개의 "1"을 넣는다.($1 + 1 = 1$ 이므로 중복된 "1"은 넣지 않는다).

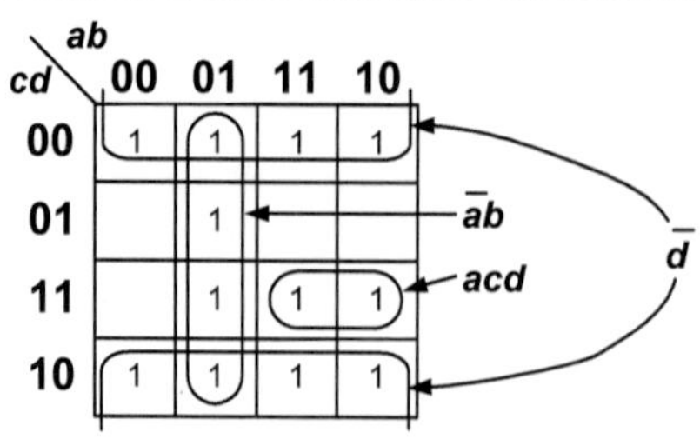

[그림 5-11] $acd + \bar{a}b + \bar{d}$에 대한 카르노 맵

다음으로 그림 5-12에 주어진 함수 f_1과 f_2를 간소화시켜 보자. 이 함수들은 최소항 형태로 표현되어 있으므로 그림 5-10의 맵을 이용하여 각각의 영역에 "1"들의 위치를 결정할 수 있다. 이렇게 하여 맵을 작성하고 나면, "1"들의 이웃된 모임을 묶을 수 있다. 한 개나 두 개, 혹은 3개의 변수를 소거하기 위해 각각 2개(Pair)나 4개(Quad), 또는 8개의 최소항이 서로 묶여진다. 그림 5-12(a)에서 열이 $b=1$이고, 행이 $c=0$인 4개의 "1"들의 모임은 $b\overline{c}$로 표현될 수 있다.

그림 5-12(b)에서 각기 위치를 달리하는 4개의 구석(Corner)에 있는 "1"들은 열이 $b=0$이고, 행이 $d=0$인 영역에 포함되므로 항은 $\overline{b}\,\overline{d}$로 만들기 위해 묶여진다. 그리고 아래쪽 두 행에 위치한 8개의 "1"들은 항 c로 표시된다. 또한 중간 부분에 위치한 고리로 묶여진 한 쌍의 "1"들은 $ab=01$인 열과 $d=1$인 행에 걸쳐 있으므로 $\overline{a}bd$ 항으로 표시된다.

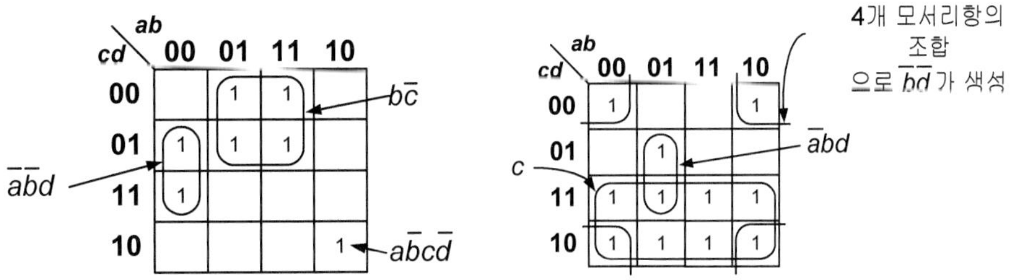

(a) $f_1 = \sum m(1,3,4,5,10,12,13)$
$= b\overline{c} + \overline{a}\,\overline{b}\,d + a\overline{b}\,c\,\overline{d}$

(b) $f_2 = \sum m(0,2,3,5,6,7,8,10,11,14,15)$
$= c + \overline{b}\,\overline{d} + \overline{a}\,b\,d$

[그림 5-12] 4-변수 함수의 간략화

카르노 맵 방식은 돈 캐어 상태가 있는 함수에도 쉽게 연장시켜 적용할 수 있다. 필요한 최소항은 맵 상에 "1"로 표시되고 돈 캐어 상태 최소항은 ×로 표시된다. 최소곱의 합 형태로 만들기 위해 항들을 선택할 때, 모든 "1"들은 이 항들에 포함되어야 하지만, 돈 캐어 ×는 결과를 나타내는 식을 간단히 할 수 있을 때에만 사용된다. 그림 5-13에서 표현식을 간략화하는데 쓰여진 돈 캐어 상태는 13번(m_{13}) 항에 있는 것 뿐이다.

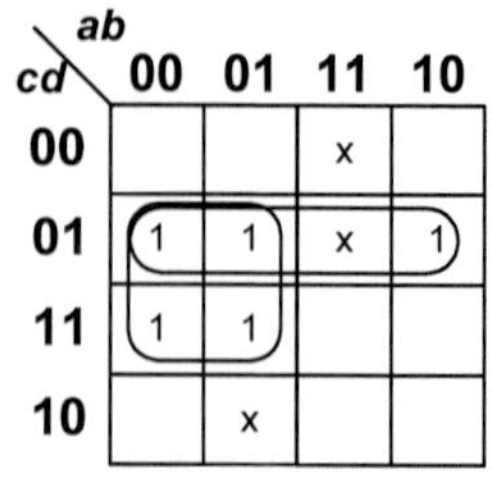

$$f = \sum m(1,3,5,7,9) + \sum d(6,12,13)$$
$$= \bar{a}d + \bar{c}d$$

[그림 5-13] 불완전하게 규정된 함수의 간략화

카르노 맵을 이용하여 함수에 대한 최소 곱의 합을 찾는 것을 그림 5-1, 그림 5-6, 그리고 그림 5-12에서 설명하였다. 최소 합의 곱 형태 또한 맵으로부터 얻어질 수 있다. 함수 f 에서 "0"은 그 함수 보수인 $\bar{f}$ 에서는 "1"이 되므로, $\bar{f}$ 에 대한 최소 곱의 합은 f 의 맵에서 "0"들을 고리로 묶어서 얻을 수 있다. $\bar{f}$ 에 대한 최소 곱의 합의 보수는 f 에 대한 최소 합의 곱이다. 아래의 예는 이 과정을 설명한 것이다.

$$f = \bar{x}\,\bar{z} + wyz + \bar{w}\,\bar{y}\,\bar{z} + \bar{x}y$$

먼저 f 의 "1"들을 그림 5-14에 기입한다. 그리고 출력이 "0"인 최소항들을 구해보면

$$\bar{f} = \bar{y}z + wx\bar{z} + \bar{w}xy$$

와 같이 된다. 여기서 $\bar{f}$ 의 보수 즉f 에 대한 최소 합의 곱을 구하면 아래와 같이 전개할 수 있다.

$$f = (y + \bar{z})(\bar{w} + \bar{x} + z)(w + \bar{x} + \bar{y})$$

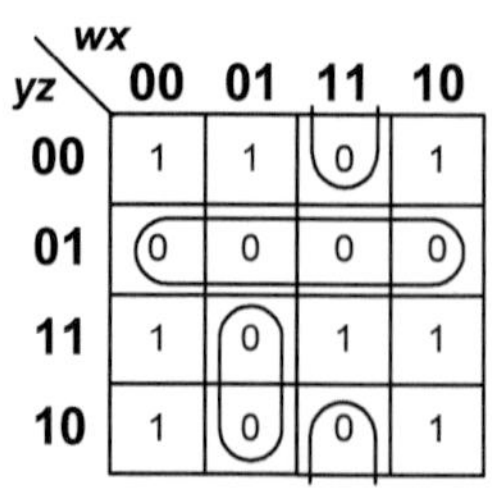

[그림 5-14] f 에 대한 최소 합의 곱

카르노 맵
- 보다 크게 묶을수록 간소화된다.
- 가능하면 겹치지 않게 묶는다.
- 돈 캐어 민텀 x는 표현식을 간단히 할 수 있을 때만 선택적으로 사용한다.

(3) 필수 주항을 사용한 최소 표현식의 결정

함수 F의 맵 상에서 함께 결합될 수 있는 어떤 "1"들의 모임이나 독립되어 있는 "1"들을 F의 임플리컨트라 불리는 곱의 항으로 표현한다. 그림 5-15에 F의 여러 개의 임플리컨트가 나타나 있다.

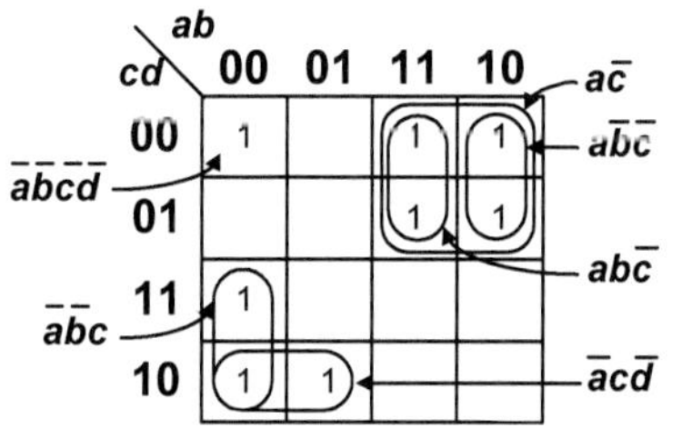

[그림 5-15]

곱의 항에서 변수를 줄이기 위해 다른 항과 더 이상 결합될 수 없다면 이것을 주항(Prime implicant)이라 부른다. 그림 5-15에서 $\bar{a}\,\bar{b}\,c$, $\bar{a}c\bar{d}$와 $a\bar{c}$는 변수를 줄이기 위해 다른 항과 더 이상 결합 할 수 없으므로 주항이 된다. 이와는 다르게 $\bar{a}\,\bar{b}\,\bar{c}\,\bar{d}$는 $\bar{a}\,\bar{b}c\bar{d}$ 또는 $a\bar{b}\,\bar{c}\,\bar{d}$와 결합되어 변수를 줄일 수 있으므로 주항이 되지 못한다. $ab\bar{c}$나 $a\bar{b}\,\bar{c}$도 서로 결합하여 $a\bar{c}$가 될 수 있으므로 주항이 아니다.

함수에 대한 모든 주항은 카르노 맵을 이용하여 얻을 수 있다. 맵 상에서 하나의 "1"이 다른 어떤 "1"과도 이웃하지 않았다면 그 함수에 대한 주항이 된다. 맵 상에서 이웃된 두 개의 "1"들이 만일 4개의 "1"들의 모임에 속해 있지 않는다면 주항의 형태이고, 또한 이웃된 4개의 "1"들이 만일 8개의 "1"들의 모임에 속하지 않는다면 주항이 된다.

함수에 대한 최소 곱의 합 표현식은 그 함수에 대한 몇 개의 주항으로 구성된다(전부 필요하지는 않다). 다시 말해서 주항이 아닌 항으로 구성된 합의 곱 표현식은 최소 표현식이 될 수 없다는 것이다.

왜냐하면 비 주항(Non-prime term)이 존재한다면 식은 비 주항과 추가된 최소항을 묶어서 간략화될 수 있기 때문이다(즉 주항이 아니라는 것은 소거시킬 수 있는 변수가 있다는 것이다). 맵으로부터 최소 곱의 합 형을 얻기 위하여 맵 상에 있는 모든 "1"을 포함하는 주항의 최소 수를 알아내야 한다. 그림 5-16에 그려진 함수는 6개의 주항을 갖고 있다. 그 중 3개가 맵 상에 있는 모든 "1"들을 포함하고 있기 때문에, 최소 해는 3개의 주항의 합으로 된다.

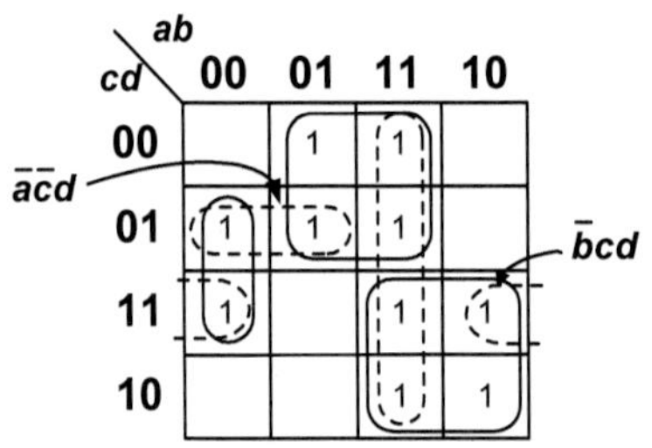

최소화 결과 : $F=\bar{a}\,\bar{b}\,d+b\,\bar{c}+a\,c$

모든 주항 : $\bar{a}\,\bar{b}\,d, b\,\bar{c}, ac, \bar{a}\,\bar{c}\,d, ab, \bar{b}\,cd$

[그림 5-16] 모든 주항의 구성

맵으로부터 모든 주항의 목록을 작성할 때 최소 곱의 합에 포함되지 않은 주항이 있을 수 있다는 점에 주의하자. 비록 주항이 이미 항속의 모든 "1"을 포함했더라도 "1"들의 큰 모임에 포함되지 않았다면 그 항은 아직 주항일 수 있다. 예를 들어 그림 5-16에서 $\bar{a}\,\bar{c}\,d$는 또 다른 "1"과 결합하여 변수를 줄일 수 없으므로 주항이다. 그렇지만abd는 두 개의 다른 "1"과 결합할 수 있으므로 주항이 아니다. 항 $\bar{b}cd$는 그 "1"의 양쪽 다 이미 다른 주항에 포함되었다 하더라도 역시 주항이다. 주항을 발견하는 과정에서 돈 캐어 상태는 "1"과 같이 다루어진다. 그렇지만 전적으로 돈 캐어 상태로만 구성된 주항은 최소 해의 일부분이 절대로 될 수 없다.

일반적으로 함수에 대한 모든 주항이 최소 곱의 합을 형성할 때, 모두 필요한 것은 아니므로 필요한 주항에 대한 체계적 순서가 요구된다. 맵에서 잘못된 순서로 주항이 선택됐다면 최소해가 아니라는 결론을 내릴 수 있다. 예를 들어 그림 5-17에서 CD 항을 먼저 선택하였다면 남은 "1"들을 포함하기 위하여 BD와 $\bar{B}C$, 그리고 AC가 필요하게 되어, 최소 해는 4개항이 된다. 그렇지만 그림 5-17(b)에서처럼 지시된 주항이 먼저 선택되었다면 모든 1이 포함되고 CD는 필요 없게 된다.

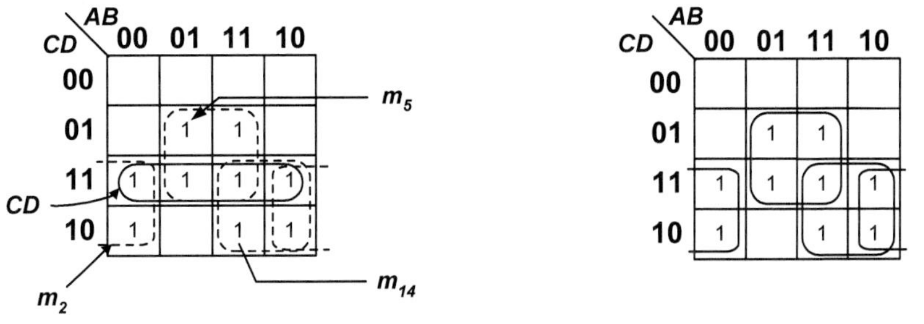

(a) $f = CD + BD + \overline{B}C + AC$ (b) $f = BD + \overline{B}C + AC$

[그림 5-17]

그림 5-17(a)의 맵에서 $m_{2,}m_{5,}m_{14}$ 의 최소항들은 단지 하나의 주항에 포함되지만 나머지 최소항들은 두 개의 다른 주항에 포함되는 것에 유의해야 한다. 즉 m_2는 $\overline{B}C$에 의해서만 묶여지지만, m_3는 $\overline{B}C$와 CD 모두에 의해 포함된다. 최소항이 단지 하나의 주항에 의해서만 묶여진다면 이 주항을 필수 주항(Essential prime implicant)이라 하며, 이 항은 최소 곱의 합 표현식에 반드시 포함되어야만 한다. 따라서 $\overline{B}C$는 m_2가 다른 어떤 주항에도 묶여지지 않으므로 필수 주항이라고 한다. 하지만 CD는 CD속에 있는 각각의 모든 "1"들이 다른 주항에 묶여질 수 있으므로 필수 주항이 아니다. 이와 유사하게 AC는 어떤 다른 주항 에서도 m_{14}를 포함하고 있지 않으므로 필수 주항이다. 이 예에서 모든 필수 주항들로 간소화를 유도했다면 CD는 필요하지 않게 된다.

일반적으로 맵으로부터 최소 곱의 합을 얻기 위해서는 먼저 모든 주항을 고리로 묶어야 한다. 맵 상에서 필수 주항을 얻는 한 가지 방법은 맵 상에 아직 묶여지지 않은 "1"들을 찾아서 "1"을 포함하는 또 다른 주항이 있는가를 검사하는 것이다. 만약 어떤 "1"을 포함하는 주항이 두 개 혹은 그 이상이라면 더 이상의 검사가 필요 없이 필수 주항이 아님을 알 수 있다. 또한 맵 상에 있는 각각의 "1"들을 점검하는 방법으로 필수 주항을 찾아낼 수 있다. 예를 들어 그림 5-16에서 m_4는 주항 $b\overline{c}$에 의해 포함되고 m_{10}은 주항 ac에 의해 포함된다. 그 밖의 맵 상의 모든 "1"들은 두 개의 주항에 의해 포함되므로, 필수 주항은 $b\overline{c}$와 ac뿐이다.

더 복잡한 맵 특히 5개 또는 그 이상의 변수를 갖는 맵에서 필수 주항을 찾아내기 위해서는 더욱 체계적인 방법이 필요하다. 이 최소항이 단지 하나의 주항에 포함되는지를 알기 위해 최소항을 점검할 때, 우리는 그 최소항에 대한 모든 인접한 영역들을 검사해야 한다. 만약 주어진 최소항과 그것에 이웃된 모든 "1"들이 단일 항에 묶여진다면 이 항은 필수 주항이 된다. 만약 주어진 최소항에 인접한 모든 "1"들이 단일 항에 포함되어지지 않는다면 더 이상 검토할 필요가 없으며, 이는 필수 주항이 아니다. 그림 5-18은 이 원리를 설명하고 있다.

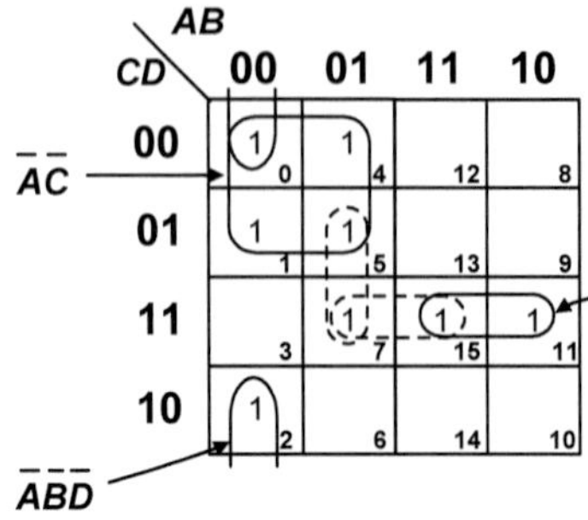

[그림 5-18]

최소항 $m_0(1_0)$에 대하여 인접한 "1"들은 1_1, 1_2, 1_4이다. 어떤 유일항도 이 4개의 "1"을 포함하지 않으므로, 어떤 필수 주항도 아직 보이지 않는다. 1_1에 대하여 이웃된 "1"들은 1_0와 1_5이므로, 1_1, 1_2, 1_4 영역에 있는 이 세 개의 "1"들을 포함하는 항 $(\overline{A}\,\overline{C})$는 필수 주항이 된다. 1_2에 이웃된 "1"은 1_0밖에 없으므로 $\overline{A}\,\overline{B}\,\overline{D}$는 당연히 필수 주항이 된다. 그렇지만 1_7에 이웃된 "1"들(1_5와 1_{15})은 단일 항에 묶여지지 못하므로, $\overline{A}BD$ 또는 BCD는 필수 주항이 되지 못한다. 또한 1_{11}에 이웃된 "1"은 오직 1_{15} 뿐이므로 ACD는 필수 주항이다. 최소 해를 완성하기 위해서는 필수 주항이 아닌 것들 중에 하나가 필요하다. 즉 $\overline{A}BD$ 혹은 BCD 중에 하나가 선택될 수 있다. 최종 해는 아래와 같다.

$$\overline{A}\,\overline{C} + \overline{A}\,\overline{B}\,\overline{D} + ACD + \begin{cases} \overline{A}BD \\ \text{or} \\ BCD \end{cases}$$

맵에 돈 캐어 상태 최소항이 존재할 때 그것이 하나 이상의 주항에 포함되는지를 보기 위하여 점검할 필요는 없다. 그렇지만 돈 캐어 상태가 주항을 만드는 과정에서 "1"들과 함께 결합될 수 있으므로 인접한 "1"에 대하여 하나의 "1"을 점검할 때, 돈 캐어 상태를 마치 "1"처럼 다룰 수 있다. 돈 캐어가 있는 카르노 맵으로부터 최소 곱의 합을 얻는 방법은 다음과 같다.

① 아직 묶여지지 않은 하나의 최소항 (하나의 "1")을 선택한다.
② 모든 "1"과 그 최소항의 인접한 ×를 찾는다. (n-변수 맵에서 n개의 인접한 영역을 점검한다).
③ 만일 단일 항이 최소항과 모든 이웃된 "1"과 ×들을 포함한다면 그 항은 필수 주항이다. 그렇다면 그 항을 선택한다. (ⓑ와 ⓒ단계에서는 돈 캐어 상태를 "1"과 같이 다룰 수 있지만 ⓐ단계에서는 그렇게 할 수 없다는 것에 주의하자).
④ 모든 필수 주항이 선택되어질 때까지 ⓐ, ⓑ와 ⓒ단계를 반복한다.

⑤ 맵 상에 남겨진 "1"들을 포함하는 주항의 최소 조합을 구한다(만약 그와 같은 조합이 한 개 이상이라면 최소 문자를 갖는 조합을 선택한다). 그림 5-19는 이들 방법의 처리 과정에 대한 흐름도를 나타내고 있다.

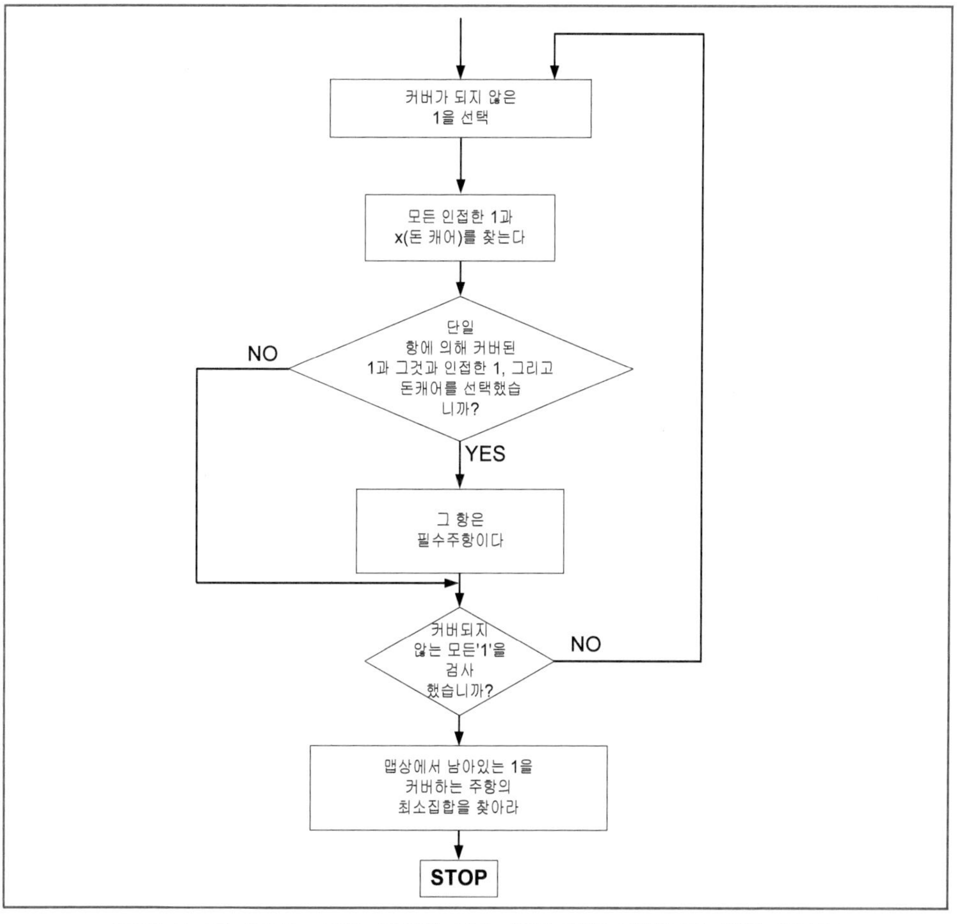

[그림 5-19] 카르노 맵을 이용한 최소 곱의 합을 결정하기 위한 흐름도

다음의 예 그림 5-20은 위의 처리 과정을 설명하고 있다.

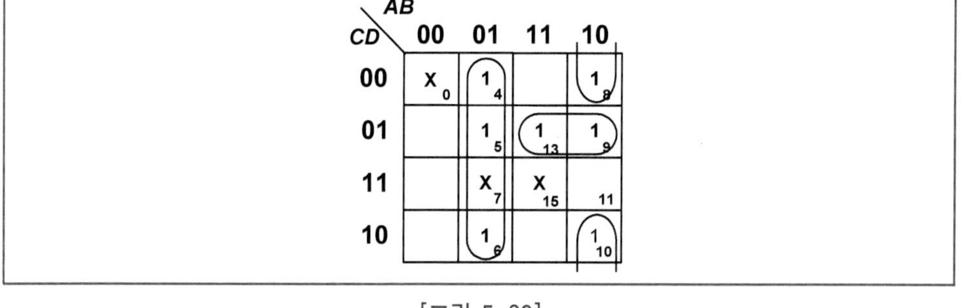

[그림 5-20]

우선 1_4에서 시작하여 이웃된 "1"들과 ×들($\times_0, 1_5$와1_6)은 단일 항에 묶여지지 않으므로 아직 필수 주항은 나타나지 않는다. 그렇지만 1_6과 그것에 이웃된 "1"과 돈 캐어 ×($\times_7$과 1_4)는$\overline{A}B$에 포함되므로 $\overline{A}B$는 필수 주항이다. 다음에 1_{13}을 보면 그것에 이웃된 1과 ×($1_5, 1_9$와 $\times_{15}$)는 단일 항에 묶여지지 않으므로 어떤 필수 주항도 보이지 않는다. 비슷하게 1_8과 1_9에 대한 이웃된 항을 검사하여 이것이 필수 주항이 아님을 알 수 있다. 그러나 1_{10}은 단지 1_8과 이웃된다. 따라서 1_{10}과 1_8의 고리에 의한 $A\overline{B}\,\overline{D}$ 는 필수 주항이다. 먼저 필수 주항을 선택하고 나면 이제는 $A\overline{C}D$가 남아 있는 1들을 포함하므로 이것을 선택한다. 최소항이 선택되어지는 순서를 잘 결정한다면 위의 과정에서 필요한 작업의 양을 줄일 수 있다. 이러한 과정은 5-변수 혹은 6-변수에 대한 최소 해를 얻는데 아주 유용하다는 것을 다음절에서 알게 될 것이다.

(4) 5-변수와 6-변수 카르노 맵

5-변수 맵은 4-변수 맵 하나를 두 번째 맵에 위에 올려놓음으로써 3차원적 맵으로 구성할 수 있다. 아래층에는 0번째 항부터 15번째까지의 항이 있고, 위층에는 대응하는 16번째 항부터 31번째 항까지가 있으므로 아래층의 항들은 $\overline{A}$을 기본으로 갖고, 위층에 있는 항들은 A를 기본으로 갖는다. 2차원적으로 맵을 나타내기 위하여 4-변수 맵의 각 영역을 사선으로 나눈 다음, 사선 밑 부분에 아래층의 항을 넣고 사선 위 부분에 위층의 항을 넣는다(그림 5-21). 위층의 항이나 아래층의 항들은 4-변수 맵에서와 똑같이 결합될 수 있다. 또한 사선에 의해 나누어진 같은 네모 칸에 있는 두개의 항은 하나의 변수만이 다르기 때문에 서로 결합할 수 있다. 그러나 눈으로 보기에는 이웃되게 나타나는 항이 결합되지 못하는 경우도 있다. 예를 들면 항 m_0와 m_{20}은 서로 다른 열에 위치해 있고 층도 서로 다르므로 이웃하지 못한다.

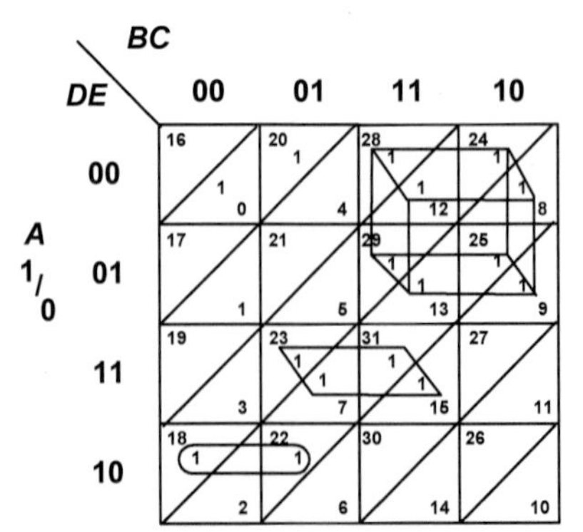

[그림 5-21] 5-변수 카르노 맵

각각의 항은 정확히 5개의 항, 즉 4개의 같은 층에 있는 항과 다른 층에 있는 한 개의 항과 이웃하게 된다(그림 5-22). 이웃된 각 항들을 점검할 때는 5개의 연결 가능한 이웃된 영역에 대하여 일일이 점검해야만 한다.

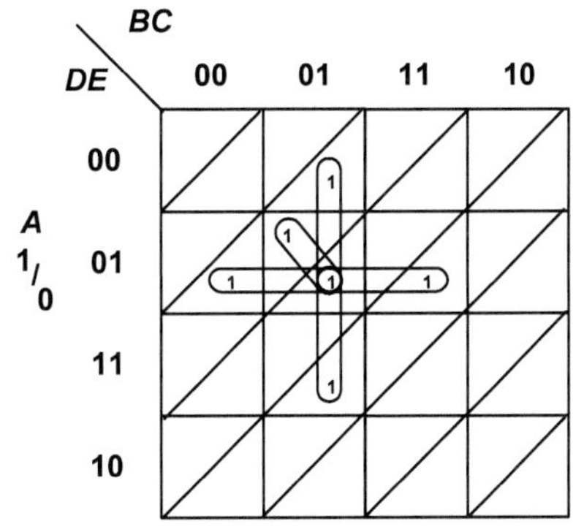

[그림 5-22]

다음은 맵을 이용한 5-변수 최소화의 두 가지 예를 보인다. 그림 5-23은 다음 함수에 대한 예이다.

$$F(A,B,C,D,E) = \Sigma m(0,1,4,5,13,15,20,21,22,23,24,26,28,30,31)$$

최소항 m_0 에 이웃한 모든 "1"들이 P_1 에 포함되므로 P_1은 제일 먼저 주항으로 선택된다. 다음에 최소항 m_{24} 에 이웃한 모든 "1"들이 P_2에 포함되므로 P_2가 주항으로 선택된다. 맵 상에 남겨진 모든 "1"들은 적어도 2개의 다른 주항 에 모두 포함될 수 있으므로 몇 번의 시행착오를 거쳐야만 가장 적당한 최적의 해를 얻을 수 있다. 일련의 과정을 거쳐 남겨진 "1"들은 3개의 주항에 포함된다는 것을 알 수 있다.

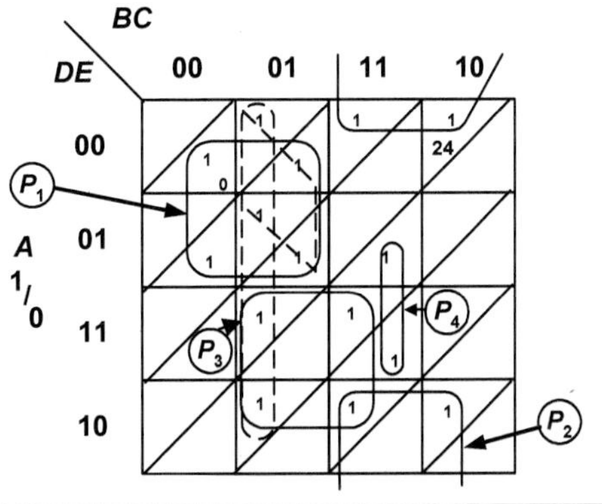

[그림 5-23]

그 다음으로 주항 P_3와 P_4를 선택하게 되면 남겨진 두 개의 "1"들은 네 개의 서로 다른 두 그룹에 포함될 수 있다. 결과적으로 최소 해는 묶여지는 상황에 따라 아래와 같이 얻어질 수 있다.

$$F = \overline{A}\,\overline{B}\,\overline{D} + AB\overline{E} + ACD + \overline{A}BCE + \begin{cases} A\overline{B}C \\ \text{or} \\ \overline{B}C\overline{D} \end{cases}$$

$$P_1 \quad P_2 \quad P_3 \quad P_4$$

그림 5-24는 다음 함수를 만족하는 맵이다.

$$F(A,B,C,D,E) = \Sigma m(0,1,3,8,9,14,15,16,17,19,25,27,31)$$

m_{16}에 이웃되는 모든 "1"은 P_1에 포함되므로 먼저 P_1을 주항으로 선택한다. 또한 m_3에 이웃되는 모든 "1"들은 P_2에 포함되므로 P_2가 다음으로 선택된다. m_8에 이웃되는 모든 1들은 P_3에 포함되므로 P_3가 주항으로 선택된다. 그리고 m_{15}에 인접한 것은 단지 m_{14}이므로 P_4 역시 주항이 된다.

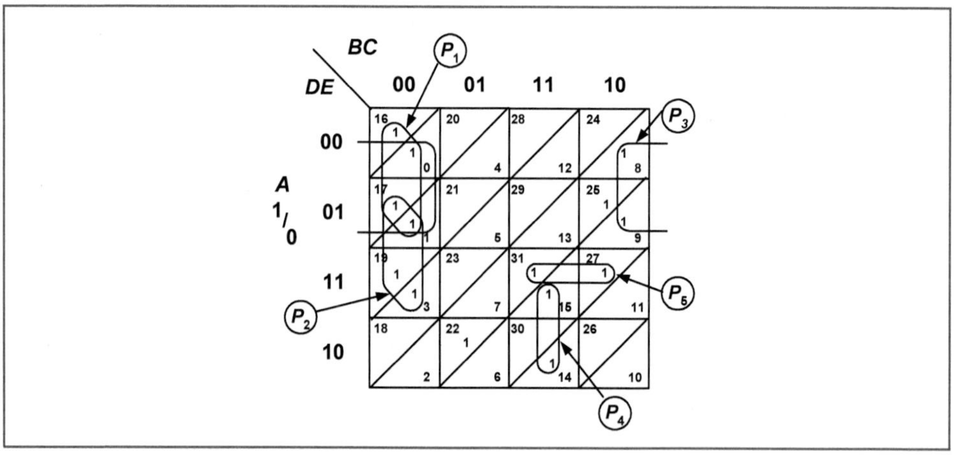

[그림 5-24]

이제 더 이상의 필수 주항은 없고 남겨진 m_{25}의 "1"은 (1-9-17-25) 또는 (17-19-25-27)에 포함된다. 최종 해는 아래와 같이 구해진다.

$$F = \overline{B}\,\overline{C}\,\overline{D} + \overline{B}\,\overline{C}E + \overline{A}\,\overline{C}\,\overline{D} + \overline{A}BCD + ABDE + \begin{Bmatrix} \overline{C}\,\overline{D}E \\ \text{or} \\ A\overline{C}E \end{Bmatrix}$$

$$P_1 \quad P_2 \quad P_3 \quad P_4 \quad P_5$$

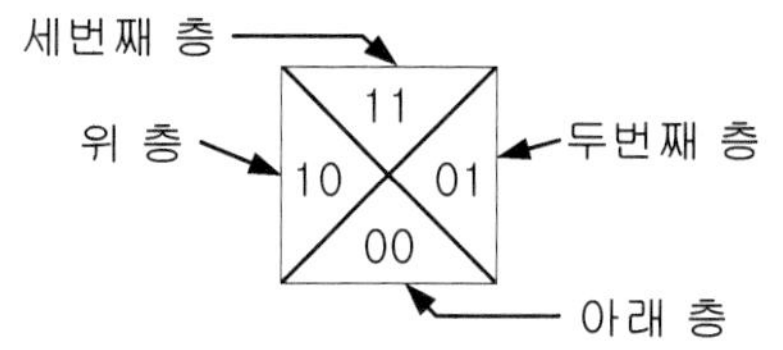

6-변수 맵은 4개의 4-변수 맵을 쌓아 올려 3차원적으로 구성할 수 있다. 변수 AB 값을 각각의 층에 작성하고, 변수 CD와 EF는 각층의 행과 열에 표기한다. 맨 아래층은 $AB=00$, 두 번째 층은 $AB=01$, 세 번째 층은 $AB=11$, 그리고 맨 위 층은 $AB=10$이라고 지정하자. 이렇게 하면 이웃된 층과 단지 한 개의 변수만 다르게 된다(맨 위와 맨 아래층은 이웃한다). 6-변수 맵은 4-변수 맵의 각 영역을 아래에서 보여주는 것처럼 4개의 부분으로 나누어 2차원적으로 나타낼 수 있다. 맨 아래층 (00)에는 최소항 $m_0 \sim m_{15}$가 위치하고 두 번째 층 (01)에는 최소항 $m_{16} \sim m_{31}$, 세 번째 층(11)에는 $m_{48} \sim m_{63}$, 그리고 맨 위층 (10)에는 $m_{32} \sim m_{47}$이 기입된다.

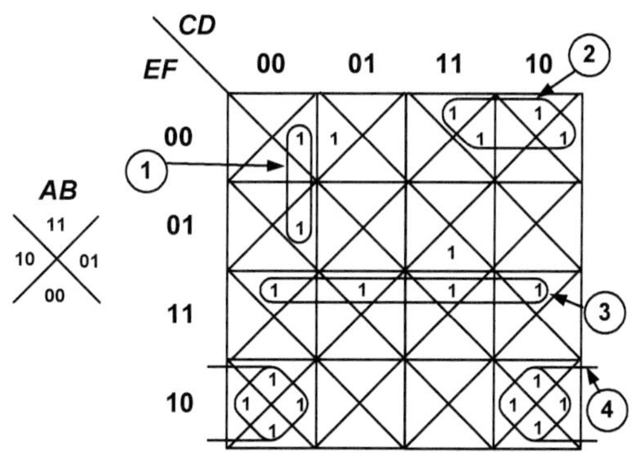

[그림 5-25]

그림 5-25는 6-변수에 대한 예이다. 같은 층에 있을 때에만 행과 열에 인접한 항들이 이웃함을 유의해야 한다. 두번째 층에 있는 항 "①"은 $\overline{A}B\overline{C}\,\overline{D}\,\overline{E}$이다. 항 "②"는 2층과 3층에 걸쳐 있고 $BC\overline{E}\,\overline{F}$이 된다. 3번째 층에 있는 항 "③"은 $ABEF$이다. 항 "④"는 4개의 층 모두에 걸쳐 있고 A와 B가 소거된다. 따라서 항 "④"는 $\overline{D}E\overline{F}$이 된다. 맵 상에 남겨진 두 개의 "1"은 어떤 다른 항과도 결합되지 못한다. 이것들의 가장 가까운 항과도 이웃되지 못하는 것은 그 항들과 층이 다르기 때문이다.

5-2 테이블 방법

카르노 맵에 의한 논리 최소화 방법은 입력 변수의 수가 적은 경우에는 매우 효과적인 방법이지만 입력 변수의 수가 5개 이상이 되면 맵이 매우 복잡해지기 때문에 테이블 방법 등의 새로운 방법이 요구된다.

테이블 방법은 Quine이 제안하였고 McCluskey가 일반화한 방법으로 퀸-맥클라스키(Quine-McClusky) 방식이라고도 부른다. 테이블 형식으로 부울 함수를 간략화하기 위해 최소항을 2진수로 바꾼 다음 테이블에서 각 최소항들을 비교하여 간략화를 수행하는 이 방법은, 최소의 곱의 합 형태를 얻기 위해 함수의 최소항 형태를 사용하게 되며 디지털 컴퓨터에서 바로 프로그래밍을 할 수 있는 조직적인 방법이며 전체적인 과정은 크게 두 단계로 나눈다.

① $XY+X\overline{Y}=X$ 정리를 체계적으로 적용하여 각 항에서 가능한 한 많은 문자(Literal)를 제거한다. 결과적으로 남은 항들이 주항이 된다(돈 캐어 항들이 존재하면, 최소항들과 결합시켜 가능한 많은 문자를 제거한다.)
② 주항 도표(Implicant chart)를 이용하여 최소 개수의 문자를 갖는 주항 집합을 선택한다(돈 캐어 항들은 주항 도표에서는 포함할 필요가 없다).

(1) 주항(Prime Implicant)의 결정

테이블 방법을 적용하여 부울 함수를 간략화하려면 먼저 최소항들의 목록을 작성한 다음 이들을 2진수로 표현하여 다른 최소항들과 비교한다. 만일 2개의 최소항을 비교하여 하나의 변수만이 다르다면 두 최소항 중에 하나는 제거되고, 문자도 1개가 적은 최소항으로 줄어질 수 있다. 즉 이진수로 표현된 최소항들은 다음 식을 이용하여 적용하여 조합된다.

$$XY+X\overline{Y}=X$$

그 예를 아래와 같이 2진수 표현과 대수적 등가로 보였다.

$$ABC\overline{D}+AB\overline{C}\,\overline{D}=AB\overline{D}$$

1 1 1 0+11 0 0=1 1− 0 (−는 제거된 변수를 의미)

이러한 과정을 반복함으로써 주항을 생성하게 되는데, 그 비교 횟수를 줄이기 위하여 최소항을 2진수로 표현한 다음, 최소항들의 “1”의 개수를 조사하여 “1”의 개수에 따라 몇 개의 그룹으로 나누게 된다.

예를 들어 논리식이 아래와 같을 때

$$F(A,B,C,D) = \sum m(0,1,2,5,6,7,8,9,10,14)$$

2진수로 표현된 최소항들을 각 항의 1의 개수에 따른 그룹으로 정렬하면 다음 표 5-1과 같다.

[표 5-1] 주항의 결정

	I	II	III
그룹 0	0 0000 √	0, 1 000- √ 0, 2 00-0 √ 0, 8 -000 √	0, 1, 8, 9 -00- 0, 2, 8, 10 -0-0 0, 8, 1, 9 -00- 0, 8, 2, 10 -0-0
그룹 1	1 0001 √ 2 0010 √ 8 1000 √	1, 5 0-01 1, 9 -001 √ 2, 6 0-10 √ 2, 10 -010 √ 8, 9 100- √ 8, 10 10-0 √	2, 6, 10, 14 --10 2, 10, 6, 14 --10
그룹 2	5 0101 √ 6 0110 √ 9 1001 √ 10 1010 √	5, 7 01-1 6, 7 011- 6, 14 -110 √ 10, 14 1-10 √	
그룹 3	7 0111 √ 14 1110 √		

위의 표에서 그룹의 번호는 최소항들이 갖고 있는 "1"의 개수를 나타낸다 .즉 그룹 0은 "1"을 갖지 않은 항들이고, 그룹 1은 1개의 "1"을 갖는 항들이며, 그룹 2는 2개의 "1"을 갖고, 그룹 3은 3개의 "1"이 포함된 항들을 의미한다. 최소항들은 오직 하나의 변수만이 다를 때 두 최소항을 결합할 수 있기 때문에, 결과적으로 서로 인접해 있지 않은 그룹에 포함되는 최소항은 비교할 필요가 없으므로 비교 횟수를 줄일 수 있다.

표 5-1에서 Ⅰ열의 그룹 0에 있는 "0000"과 그룹 1에 있는 "0001"을 비교, "000-"로 결합하여 Ⅱ열에 표시하고 비교한 최소항은 반드시 체크 표시 √를 해야한다. 또한 그룹 1에 있는 "1000"과 그룹 2에 있는 "1001"을 결합하여 "100-"를 만들고 Ⅱ열에 기입한 다음 비교한 최소항은 체크 표시를 해둔다. 다른 최소항도 똑같은 방법으로 수행하면서 비교하면 된다. Ⅱ열에 최소항들도 Ⅰ열에서 했던 방법으로 그룹별로 최소항을 비교하여 Ⅲ열에 기입한다.

Ⅲ열에서 세 쌍의 중복된 항이 존재함을 주목하라[(0, 1 ,8 ,9와 0, 8, 1, 9), (0,

2, 8, 10과 0, 8, 2, 10), (2, 6, 10, 14와 2, 10, 6, 14)] 이들 중복된 항들은 4개의 같은 최소항들이 단지 다른 순서로 조합되었기 때문에 생성된 것이다. 중복되는 항들을 제거한 후에 Ⅲ열의 두 그룹을 비교해보면 더 이상의 비교가 불가능하기 때문에 조합 과정은 끝난다.

따라서 테이블 방법으로 함수 F를 최소화하여 구한 주항들은 다음과 같다.

$$F=\overline{A}\,\overline{C}D+\overline{A}BD+\overline{A}BC+\overline{B}\,\overline{C}+\overline{B}\,\overline{D}+C\overline{D}$$

테이블에서 생성된 6개의 주항들은 최소 개수의 문자로 구성되어 있지만 항의 개수는 최소가 아니므로 함수 F의 곱의 합 표현에 있어 최소 해라고 볼 수는 없다. 따라서 최소수의 필수 주항을 결정하기 위해서는 테이블 방법의 두 번째 과정인 주항 도표를 표 5-2와 같이 작성한다.

[표 5-2] 필수 주항의 결정

주항들 \ 최소항들	0	1	2	5	6	7	8	9	10	14
(0, 1, 8, 9) $\overline{B}\,\overline{C}$	×	×					×	@		
(0, 2, 8, 10) $\overline{B}\,\overline{D}$	×		×				×		×	
(2, 6, 10, 14) $C\overline{D}$			×		×				×	@
(1, 5) $\overline{A}\,\overline{C}D$		×		×						
(5, 7) $\overline{A}BD$				×		×				
(6, 7) $\overline{A}BC$					×	×				

표 5-2에서 × 표는 주항들이 포함하는 최소항들을 표시한 것이다. 여기에서 어떤 최소항은 오직 하나의 주항에만 포함되는 경우가 있는데, 이 주항을 필수 주항이라고 부른다. 따라서 표 5-2에서는 $\overline{B}\,\overline{C}$와 $C\overline{D}$가 필수 주항이며 @로 표시하였다. 표 5-3에서는 한 개의 주항이 최소항에 포함되는 것으로 선택될 때마다 해당하는 항들을 지워나간다. 따라서 표 5-3에서 $\overline{B}\,\overline{D}$는 앞에서 생성한 필수 주항 $\overline{B}\,\overline{C}$와 $C\overline{D}$에 포함되므로 제거된다. 표 5-3은 표 5-2에서 필수 주항에 해당하는 최소항을 중심으로 관련된 행과 열을 삭제한 결과이다.

[표 5-3] 결정된 필수 주항에 연관되어 제거된 항

		0	1	2	5	6	7	8	9	10	14
(0, 1, 8, 9)	$\overline{B}\overline{C}$	×	×					×	×		
(0, 2, 8, 10)	$\overline{B}\overline{D}$	×		×				×		×	
(2, 6, 10, 14)	$C\overline{D}$			×		×				×	×
(1, 5)	$\overline{A}\overline{C}D$		×		×						
(5, 7)	$\overline{A}BD$				×		×				
(6, 7)	$\overline{A}BC$					×	×				

다음 단계로 필수 주항 $\overline{B}\,\overline{C}$와 $C\overline{D}$를 제외한 나머지 주항들의 포함 관계를 보기 위하여 표 5-4와 같은 표를 작성한다.

[표 5-4] 주항들의 포함 관계

주항 \ 최소항		5	7
(1, 5)	$\overline{A}\,\overline{C}D$	×	
(5, 7)	$\overline{A}BD$	×	×
(6, 7)	$\overline{A}BC$		×

표 5-4에서처럼 주항 $\overline{A}\,\overline{C}D$와 $\overline{A}\,BC$는 $\overline{A}\,BD$에 포함되므로 제거할 수가 있다. 따라서 함수 F의 최종 해는 다음과 같다.

$$F = \overline{B}\,\overline{C} + C\overline{D} + \overline{A}\,BD$$

예제 5-3 다음 논리 함수를 테이블 방법을 이용하여 간소화하시오.

$$F(A,B,C,D) = \sum m(0,2,3,6,7,8,9,10,13)$$

[풀이] 주항을 결정하기 위하여 최소항의 1의 개수에 따라 그룹화하면 아래와 같은 주항표를 얻는다.

	I	II	III
그룹 0	0 0000 √	0, 2 00-0 √ 0, 8 -000 √	0, 2, 8, 10 -0-0 2, 3, 6, 7 0-1-
그룹 1	2 0010 √ 8 1000 √	2, 3 001- √ 2, 6 0-10 √ 2, 10 -010 √ 8, 9 100- 8, 10 10-0 √	
그룹 2	3 0011 √ 6 0110 √ 9 1001 √ 10 1010 √	3, 7 0-11 √ 6, 7 011- √ 9, 13 1-01	
그룹 3	7 0111 √ 13 1101 √		

각 그룹의 모든 열에서 더 이상 결합이 생성되지 않는 최소항들을 √ 로 표시한 후, 이 최소항들을 이용하여 필수 주항을 결정한다. 따라서 필수 주항은 다음과 같다.

주항 \ 최소항	0	2	3	6	7	8	9	10	13
(0, 2, 8, 10)	×	×	×			×		@	
(2, 3, 6, 7)		×		×	@				
(8, 9)						×	×		
(9, 13)							×		@

따라서 간소화된 논리식은 다음과 같다.

$$F(A,B,C,D) = A\overline{C}D + \overline{B}\,\overline{D} + \overline{A}C$$

테이블 방법으로 함수를 간소화하는 과정

① 최소항들을 2진수의 형태로 표현하여 논리 1의 수를 계수하여 그룹화한다.

② 인접한 그룹과 최소항을 비교하여 변수를 줄여간다.

③ 선택된 주항들 중에서 주항표를 이용하여 필수 주항을 결정한다.

④ 필수 주항의 2진수 형태에서 간소화된 논리식을 얻는다.

5-3 큐브 방법

이 절에서는 큐브(Cube)를 기저로한 논리 최소화 방법을 소개한다. 지금까지 살펴본 논리 간소화 방법은 입력 변수가 많은 경우(적어도 변수가 5개 이상) 최소화를 수행하는 과정에서 여러 가지 어려움이 있었다. 그러나 큐브를 기저로한 논리최소화 방법은 입력 변수의 개수에 제한 받지 않고 n 개까지 최소화가 가능하다는 장점을 가지고 있다.

큐브를 이용한 간소화 방법은 돈 캐어 항들을 효과적으로 처리하여 주항을 생성함으로써 기존의 최소화 방법들 보다 체계적으로 프로그래밍할 수 있고 또한 경제적으로 최소화된 논리식을 추출 할 수 있다.

(1) 부울 함수의 큐브 표현

큐브는 라인으로 표현하는 1차원 큐브와 사각형으로 구성된 2차원 큐브, 그리고 6개의 사각형으로 구성된 입방체 형태의 3차원 큐브와 2^N 개의 사각형으로 구성되어 있는 N차원 큐브까지 있다. 3차원 큐브인 경우에는 변수 X, Y, Z와 같이 3-방향 평면으로 나타낸다. 그림 5-26은 큐브의 종류를 표현하였다.

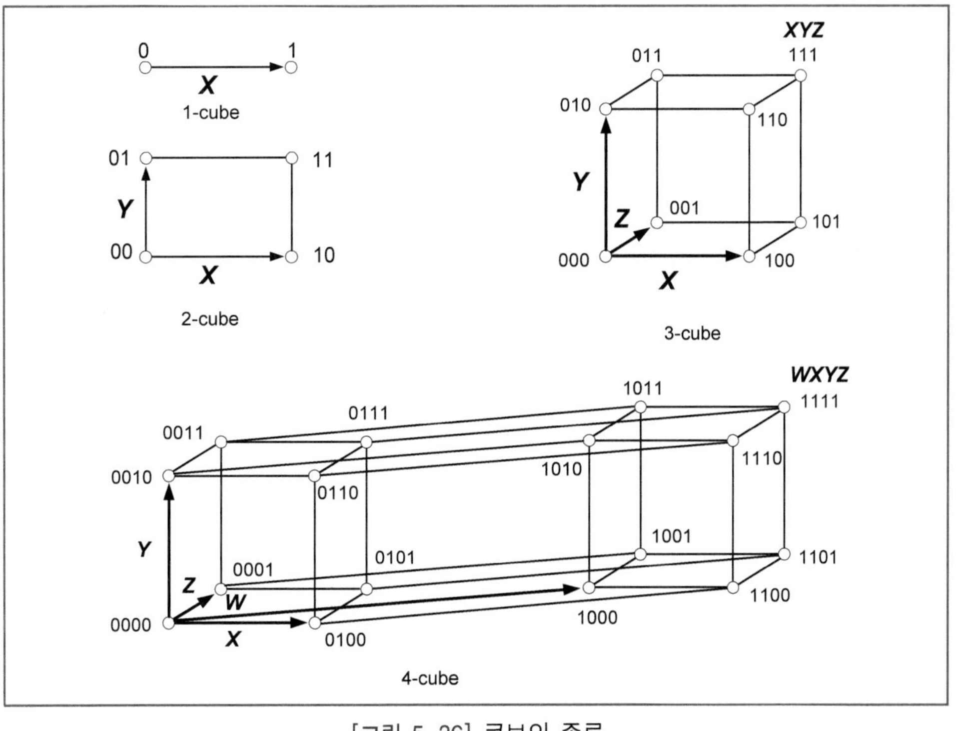

[그림 5-26] 큐브의 종류

그림 5-26에서 3-큐브의 경우에 최소항 $\overline{X}\,\overline{Y}\,\overline{Z}$(000)와 $X\overline{Y}\,\overline{Z}$(100)는 서로 거리가 1이므로 $\overline{Y}\,\overline{Z}$(200)로 결합할 수 있다. 여기에서 없어진 변수 X는 일반 표현식에서는 돈 캐어로 표시되는데 큐브 표현에서는 숫자 "2"로 나타낸다. 따라서 앞으로 큐브 표현에서는 돈 캐어는 "×"나 "-"와 같은 표현은 사용하지 않고 숫자 "2"를 사용하기로 한다.

예를 들어 전가산기 설계를 위한 논리식에서 자리올림수 C_{i+1}을 3-큐브를 이용하여 최소화를 수행하면 그림 5-27과 같다.

A B C_i	C_{i+1}
0 0 0	0
0 0 1	0
0 1 0	0
0 1 1	1
1 0 0	0
1 0 1	1
1 1 0	1
1 1 1	1

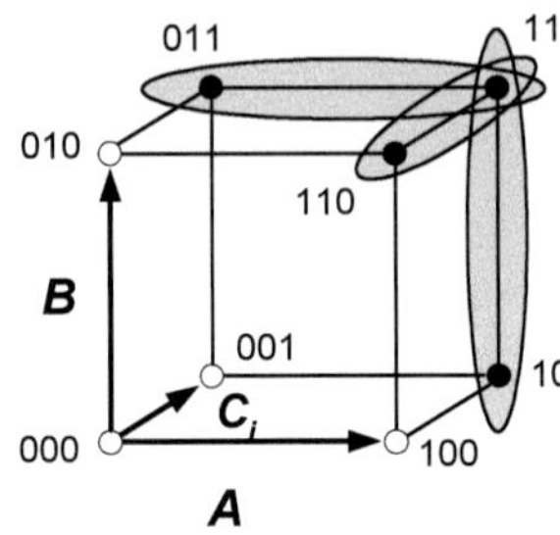

[그림 5-27] 전가산기의 자리올림수에 대한 큐브 표현

그림 5-27의 진리표에서 C_{i+1}의 값이 1인 4개의 최소항들을 3-큐브에 검게 표기한 다음 각 최소항의 거리가 1이 되는 최소항들끼리 결합하면 BC_i, AB, AC_i와 같이 3개의 주항이 생성된다. 이 주항들은 더 이상 최소화할 수 없으므로 전가산기의 자리올림수에 대한 최종해 C_{i+1}은 다음과 같이 된다.

$$C_{i+1} = AB + AC_i + BC_i$$

(2) 1거리 병합(Distance one merging)

1거리 병합(Distance one merging)이란 앞 절에서 설명한 테이블 방법과 유사하게 논리 함수의 최소항들 중에 각 변수의 차이가 1인 최소항을 모아서 비교하는 것으로 입력 변수가 많은 부울 함수를 각 큐브의 거리가 "1"이 되는 것끼리 반복적으로 비교하여 단시간 내에 주항을 생성할 수 있다.

따라서 임의의 큐브 c, d의 거리를 식으로 표시하면 다음 식과 같다.

$$\delta(c,d) = [I(c), I(d) + O(c), O(d)]$$

여기서 $I(c), I(d)$는 입력의 거리이고 $O(c), O(d)$는 출력의 거리를 나타내며 큐브 c, d의 거리가 1이 되어야만 최소화를 할 수 있다.

논리 함수 $f = 000, 001, 010, 011$ 을 1거리 병합 알고리듬을 이용하여 최소화하는 방법을 그림 5-28에 표현하였다.

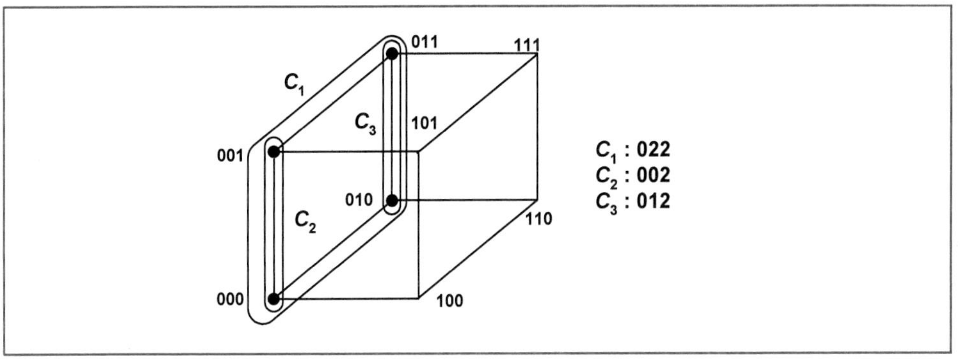

[그림 5-28] 1거리 병합 알고리즘을 이용한 함수f 의 큐브 표현

위 그림에서 큐브C_2와 C_3는 서로의 거리가 1이 되므로C_1으로 커버된다.

(3) 단일 큐브 포함(Single cube containment)

임의의 큐브 집합$C = \{C_1,\ C_2,\ C_3,\ \ldots\ldots,\ C_n\}$에서 임의의 큐브$C$와 커버 F와 포함 관계를 판정하는 방법은 단일 큐브 포함 알고리듬(Single containment algorithm)으로 설명 가능하다.

단일 큐브 포함 알고리듬은 주어진 큐브 집합으로부터 큐브의 커버 관계를 검색하면서 포함되는 큐브들을 제거하는 방법론을 의미한다. 즉 임의의 커버 F_i에 임의의 큐브 C_k가 포함되면, 큐브 C_k를 제거함으로써 큐브의 수를 최소화하게된다.

논리 함수 $f = 002, 100, 202$를 단일 큐브 포함 알고리듬을 이용하여 최소화하여 보자.

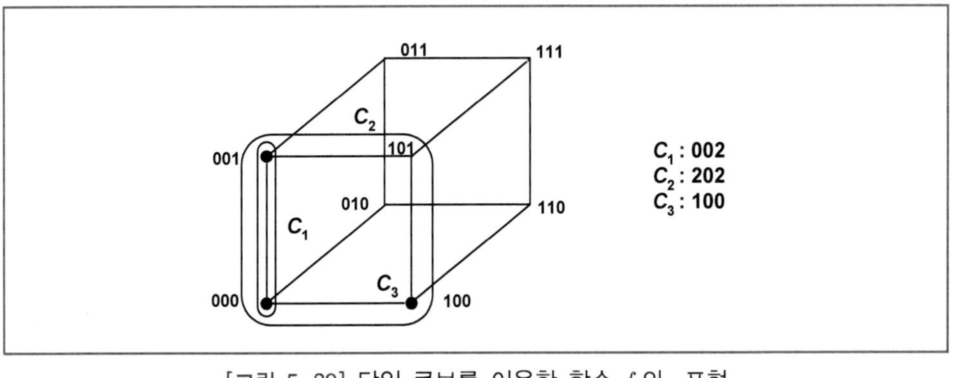

[그림 5-29] 단일 큐브를 이용한 함수 f의 표현

그림 5-29에서 큐브 C_1과 C_3는 서로의 포함 관계는 성립하지는 않지만 커버 C_2에 모두 포함되므로 단일 큐브 포함 알고리듬을 이용하면 C_1, C_3가 제거되어 논리 함수는 $f = 202$가 된다.

일반적으로 입력 변수의 개수가 n인 논리 함수는 최소 1개 최대 2^n 개의 최소항으로 표현되어진다.

••• 연습문제

5.1 다음 식을 카르노 맵을 이용하여 간소화하시오.

a. $f = AB + AC + ABC$

b. $f = AC + ACD + AD$

c. $f = ABC + CD + CDE + \overline{C}DE$

d. $f = \overline{A}\,\overline{B} + A\overline{B}C + B\overline{C}$

5.2 다음 식을 퀸-맥클라스키 방법을 이용하여 간략화하시오.

a. $f = \sum m(0,\ 2,\ 3,\ 8,\ 9,\ 10,\ 13,\ 14,\ 15)$

b. $f = \sum m(0,\ 1,\ 2,\ 3,\ 6,\ 7)$

c. $f = \sum m(1.,\ 2,\ 5,\ 6,\ 7,\ 8,\ 9,\ 10,\ 14$

5.3 다음 식을 큐브를 이용하여 간략화하시오.

a. $f = AB\overline{C} + \overline{A}B + \overline{A}\,\overline{B} + AC$

b. $f = BC + \overline{A}\,\overline{C} + B\overline{C} + AC$

c. $f = ABC + A\overline{B}\,\overline{C} + \overline{A}\,\overline{B}C + AB\overline{C}$

Digital Logic Design

CHAPTER 06

다단 NAND, NOR 게이트 회로

Multi-level Gate Networks NAND and NOR Gates

이 장에서는 지금까지 학습한 논리 함수의 간소화 과정을 거쳐 최소화된 논리식을 2단 이상의 AND와 OR 게이트를 갖는 논리 회로의 설계 방법에 대하여 설명한다. 또한 함수적으로 논리 게이트의 완전 집합 형태인 NAND-NOR 게이트, OR-NAND 게이트 등으로 설계하는 방법들도 학습한다. 이 기법들은 일반적으로 AND와 OR 게이트들로 먼저 설계한 다음 이것을 회로 설계자의 필요에 따라 다양한 형태의 게이트로 변환하도록 한다. 이러한 기법은 논리 회로의 독특한 형태로 출발하여 쉽게 적용할 수 있도록 되어져 있다.

6-1 다단 게이트 회로

회로의 입력과 출력 간에 직렬 형태로 연결된 최대 게이트의 수를 게이트 단(Level) 수로 나타낸다(전압 레벨과 혼돈하지 말 것). 따라서 곱의 합 형태나 합의 곱 형태로 작성된 함수는 직접 2단 게이트 회로와 대응한다. 또한 디지털 회로의 경우 모든 변수와 그들의 보수를 함께 공급받을 수 있다고 본다. 그러므로 회로 내에서 단 수를 결정할 때 입력 변수에 직접 연결된 인버터들은 정상적으로 계산하지 않는다. 이 장에서는 다음과 같은 용어를 사용할 것이다.

① AND-OR 회로는 AND 게이트 단의 출력에 OR 게이트가 이어져 구성된 2단 논리 회로를 의미한다.
② OR-AND 회로는 OR 게이트 단의 출력에 AND 게이트가 이어져 구성된 2단 논리 회로이다.
③ OR-AND-OR 회로는 OR 게이트 단의 출력에 AND 게이트가 연결되고 AND 게이트 단의 출력에 OR 게이트가 뒤따라 이어져 구성된 3단 논리 회로이다.
④ AND와 OR 게이트 회로는 게이트의 특별한 순서가 없음을 의미한다. 즉 출력 게이트는 AND 또는 OR가 되어도 좋다.

AND-OR 회로의 단 수는 곱의 합 표현식에서 얻어지며 이를 인수화시키면 단 수는 보편적으로 증가한다. OR-AND 회로에서는 합의 곱 표현식에서 얻어지며 그 항들에 부분곱을 적용해 가면 단 수가 증가된다.

논리 회로 설계자들은 다음과 같은 이유로 회로의 단 수에 관심을 갖는다. 게이트의 단 수를 증가시키기 위해 인수화하거나, 혹은 부분곱하는 것은 필요한 게이트 수와 게이트 입력을 줄일 수 있기 때문에 회로를 설계하는 비용은 절감되지만, 일반적으로 단 수를 증가시키면 비용이 증가하게 된다. 어떤 경우에 있어서는 게이트의 단 수는 게이트 지연(Gate delay) 시간에 의해 제한된다. 게이트의 입력이 변할 때 이에 응답하여 출력이 변하기 전까지는 일정 시간이 필요하다. 따라서 여러 개의 입력이 연결되었을 때, 입력 변화와 이에 대한 출력 회로 사이에 필요한 시간이 초과할 수 있기 때문에 디지털 시스템의 동작 속도는 느려진다.

게이트의 수, 게이트 입력 수, 그리고 회로의 단 수들은 이에 대응되는 표현식을 살펴보면 알 수 있다. 그림 6-1에서 Z에 대한 표현식 밑에 나무도형(Tree diagram)으로 그려진 것은 그림에서 나타낸 것과 같이 이 회로에 따르는 4단, 6개의 게이트, 13개의 게이트 입력을 갖는다는 것을 나타낸다. 나무 도형에서의 각 마디(Node)는 게이트를 나타내고 게이트 입력 수는 각 마디 바로 옆에 나타낸다. Z에 대한 표현식은 일부를 부분곱하여 3단으로 바꿀 수 있다.

$$Z = (AB + C)[(D + E) + FG] + H$$
$$= AB(D + E) + C(D + E) + ABFG + CFG + H$$

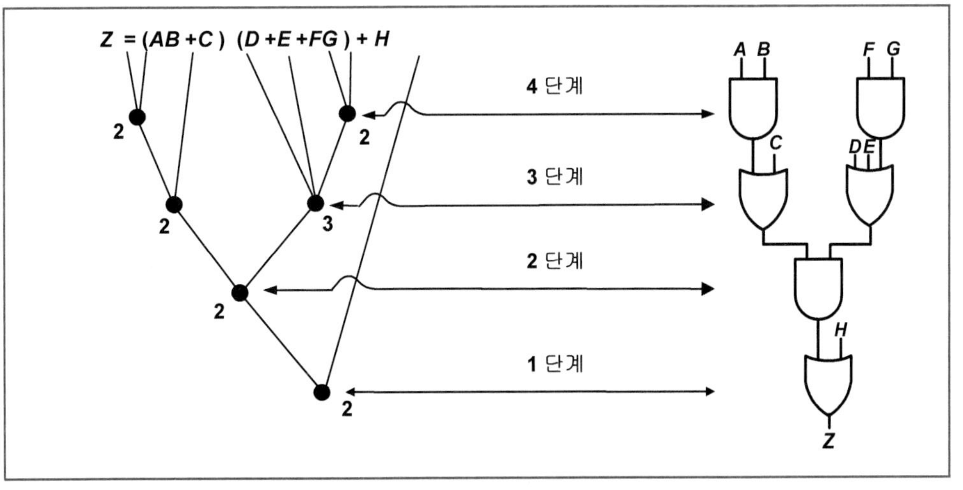

[그림 6-1] 함수 Z의 4단 논리 회로

그림 6-2에 보인 것과 같이 결과를 나타내는 이 회로는 3단, 6개의 게이트 19개의 입력이 필요하다.

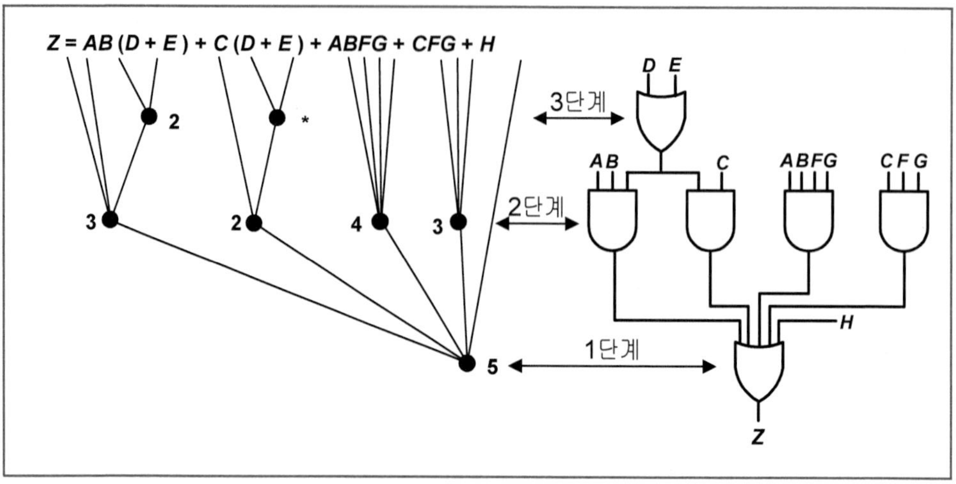

[그림 6-2] 함수 Z의 3단 구현

예제 6-1 다음 함수를 구현하기 위한 AND와 OR게이트의 회로를 구하시오.

$f(a,\ b,\ c,\ d) = \sum m(1,\ 5,\ 6,\ 10,\ 13,\ 14)$

[풀이] 2단 게이트와 3단 게이트에 대한 해를 고려해 보자. 게이트의 수와 게이트 입력의 총수를 최소화한다. 모든 변수와 그것의 보수를 함께 입력으로 사용할 수 있다고 가정한다. 먼저 카르노 맵을 이용하여 함수 f 를 간략화한다.

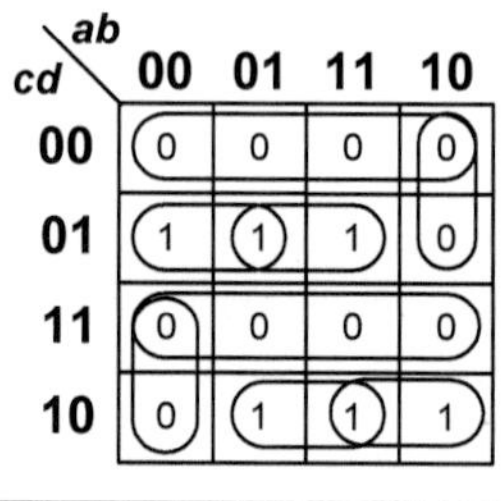

[그림 6-3] 함수 f 의 카르노 맵

$$f = \bar{a}\,\bar{c}\,d + b\,\bar{c}\,d + b\,c\,\bar{d} + a\,c\,\bar{d} \qquad (6\text{–}1)$$

이것은 바로 2단 AND-OR게이트 회로로 직접 실현시킬 수 있다.

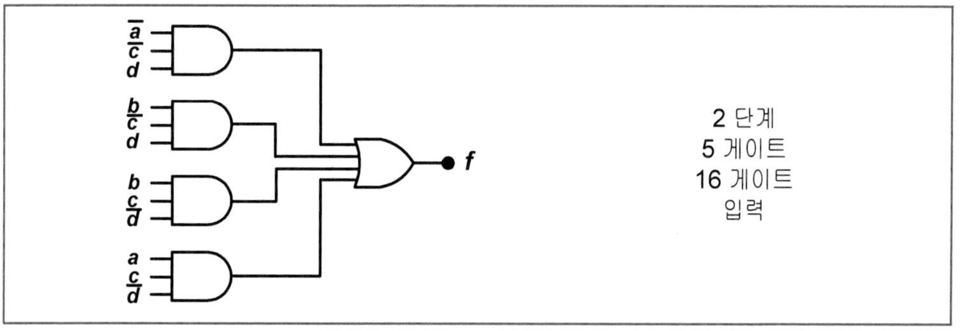

[그림 6-4] 예제 6-1의 2단 AND-OR 회로

식 (6-1)을 인수화하면 다음과 같이 얻어진다.

$$f=\bar{c}d(\bar{a}+b)+c\bar{d}(a+b) \tag{6-2}$$

이 식은 다음과 같은 3단 OR-AND-OR 게이트 회로로 실현시킬 수 있다.

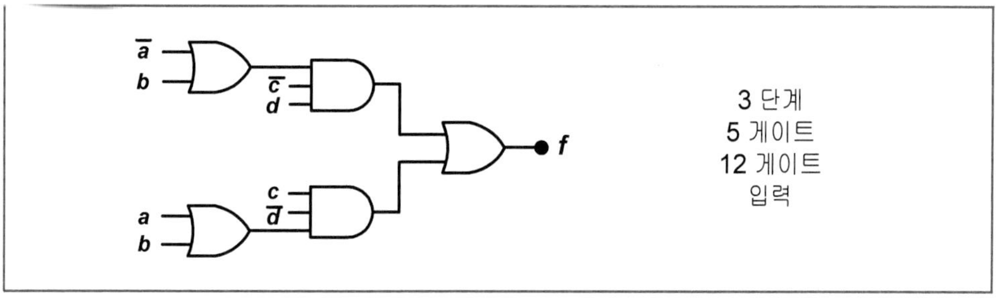

[그림 6-5] 함수 f의 3단 OR-AND-OR 회로

이 두 가지 해는 모두 출력에 OR 게이트를 갖는다. 출력에 AND 게이트가 있는 해는 좀 더 적은 수의 게이트, 또는 게이트 입력을 갖는다. 2단 OR-AND 회로는 함수에 대한 합의 곱 표현식에 대응한다. 이것은 다음과 같이 카르노 맵에 있는 "0"(Zero)의 항들로부터 얻어지게 된다.

$$\bar{f}=\bar{c}\,\bar{d}+a\bar{b}\,\bar{c}+cd+\bar{a}\,\bar{b}c \tag{6-3}$$

$$f=(c+d)(\bar{a}+b+c)(\bar{c}+\bar{d})(a+b+\bar{c}) \tag{6-4}$$

식 (6-4)는 다음과 같은 2단 OR-AND 회로로 구현된다.

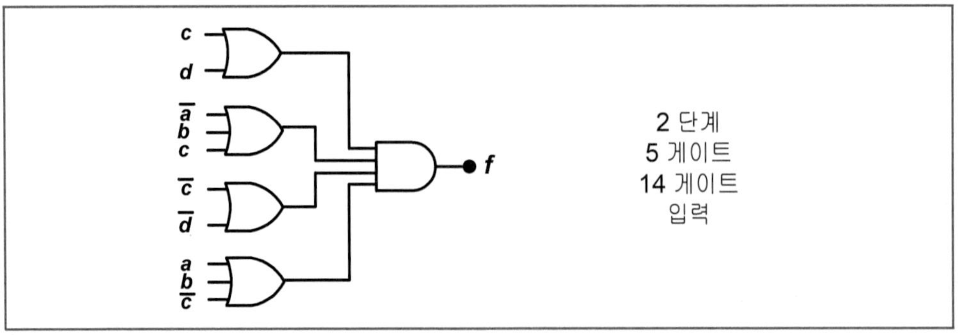

[그림 6-6] 함수 f 의 2단 OR-AND 회로

AND 게이트 출력을 갖는 3단 회로를 얻기 위해$(X+Y)(X+Z)=X+YZ$의 정리를 이용하여, 식 (6-4)의 일부를 부분곱화시키면 다음과 같다.

$$f=[c+d(\overline{a}+b)][\overline{c}+\overline{d}(a+b)] \tag{6-5}$$

식 (6-5)를 실현하기 위해서는 4단의 게이트가 필요하게 되지만, $\overline{d}(a+b)$와 $d(\overline{a}+b)$를 부분곱하면 다음 식이 얻어진다.

$$f=(c+\overline{a}d+bd)(\overline{c}+a\overline{d}+b\overline{d}) \tag{6-6}$$

따라서 이 식은 그림 6-7과 같은 3단 AND-OR-AND 회로로 실현된다.

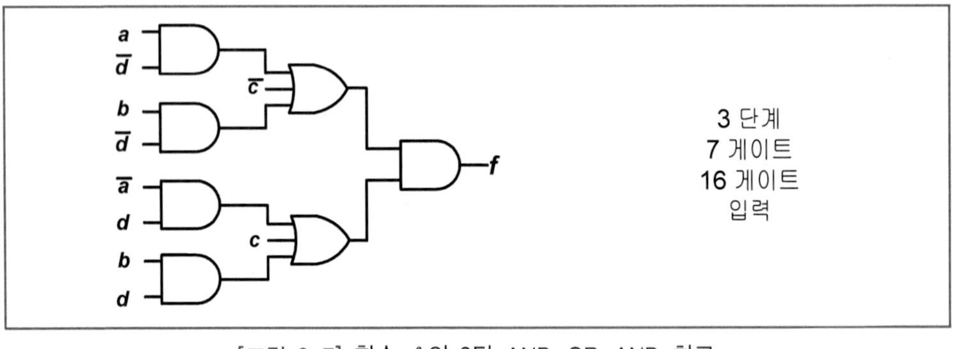

[그림 6-7] 함수 f 의 3단 AND-OR-AND 회로

이와 같은 특별한 예에서 가장 좋은 2단 해(Two-level solution)는 출력을 AND 게이트로 갖는 것(그림 6-6)이고 가장 좋은 3단 해(Three-level solution)는 출력을 OR 게이트로 갖는 해이다.

일반적으로 최소 해를 얻기 위해서는 AND 게이트 출력을 갖는 회로와 OR 게이트 출력을 갖는 회로 모두를 찾아내야 알 수 있다.

$\overline{f}$ 에 대한 표현식이 n 단을 갖는다면, 그 표현식의 보수도 f에 대한 n 단 표현식이 된다. 그러므로 AND 게이트 출력을 갖는 n 단 회로로 f를 실현하기 위해서는 우선 출력 단에 OR 동작을 갖는 $\overline{f}$ 에 대한 n 단 표현식을 찾는 것이고, $\overline{f}$ 에 대한 보수 표현식을 찾는다. 위의 예에서 식 (6-3)을 인수화하면 $\overline{f}$ 에 대한 3단 표현식이 된다.

$$\begin{aligned}\overline{f} &= \overline{c}(\overline{d} + a\overline{b}) + c(d + \overline{a}\,\overline{b}) \\ &= \overline{c}(\overline{d}+a)(\overline{d}+\overline{b}) + c(d+\overline{a})(d+\overline{b}) \qquad (6\text{-}7)\end{aligned}$$

식 (6-7)을 보수화 하면 식 (6-6)이 되고 결과적으로 이 식은 그림 6-7의 3단 AND-OR-AND 논리 회로와 대응한다.

- 최소 해를 얻기 위해서는 AND 게이트 출력 및 OR 게이트 출력을 갖는 회로 모두를 찾아내야 알 수 있다.
- 일반적으로 가장 좋은 2단 해(Two-level solution)는 출력을 AND 게이트로 갖고, 3단 해(Three-level solution)는 출력을 OR 게이트로 갖는 해를 구한다.

6-2 논리 게이트의 다른 형태

지금까지 AND 게이트, OR 게이트, 그리고 인버터를 이용하여 논리 회로를 설계하였다. 이 절에서는 NAND, NOR 게이트를 정의할 것이며, 일반적으로 논리 회로 설계자들은 NAND와 NOR 게이트를 자주 이용한다. 그림 6-8(a)는 3단 입력 NAND 게이트를 보여준다. 게이트의 출력에서 작은 동그라미는 반전을 나타내며 그림 6-8(b)에 나타난 것과 같이 NAND 게이트는 AND 게이트 뒤에 인버터가 연결된 것과 등가이다. 이 게이트의 출력은 다음과 같다.

$$F = \overline{(ABC)} = \overline{A} + \overline{B} + \overline{C}$$

그림 6-8(c)와 같은 n 개-입력 NAND 게이트의 출력은 식 (6-8)과 같으며, 이 게이트의 출력은 하나 또는 그 이상의 입력이 “0”일 때에만 “1”이 된다.

$$F = \overline{(X_1 X_2 \ldots X_n)} = \overline{X_1} + \overline{X_2} + \ldots + \overline{X_n} \qquad (6\text{-}8)$$

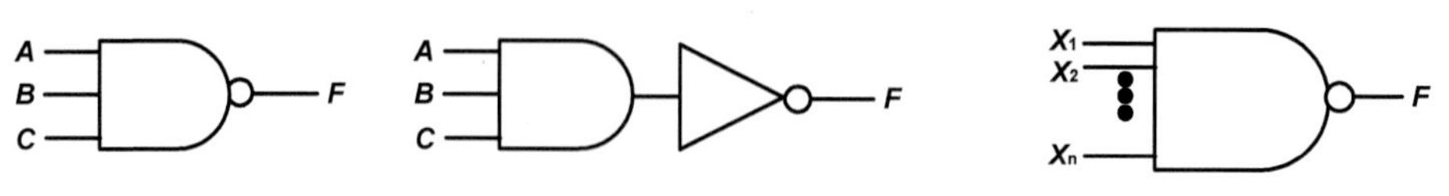

(a) 3-입력 NAND 게이트 (b) NAND 게이트의 등가 (c) n -입력 NAND 게이트

[그림 6-8] NAND 게이트

그림 6-9(a)는 3단 입력 NOR 게이트를 보여주고 있다. 게이트의 출력에서 작은 동그라미는 역시 논리 반전을 의미한다. NOR 게이트는 뒤에 인버터가 연결된 OR 게이트와 등가이며 이 게이트의 출력은 다음과 같다.

$$F=\overline{(A+B+C)}=\overline{A}\,\overline{B}\,\overline{C}$$

그림 6-9(c)에서 나타낸 n 개-입력 NOR 게이트의 출력은 식 (6-9)와 같으며, 이 게이트의 출력은 입력이 모두 "0"일 때만 "1"이다

$$F=\overline{(X_1+X_2+\ldots+X_n)}=\overline{X_1}\,\overline{X_2}\ldots\overline{X_n} \tag{6-9}$$

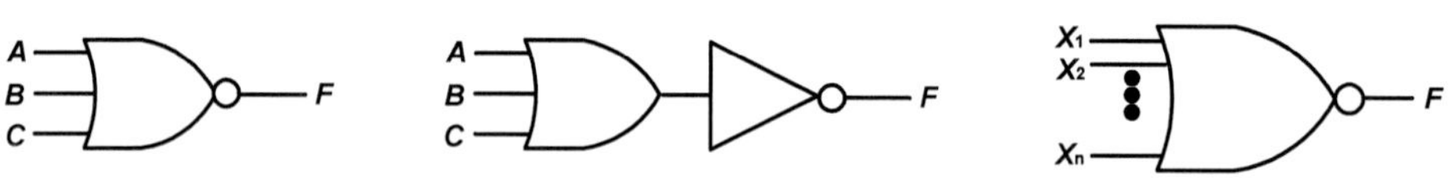

(a) 3-입력 NOR 게이트 (b) NOR 게이트의 등가 (c) n -입력 NOR 게이트

[그림 6-9] NOR 게이트

식 (6-8)과 식 (6-9)로부터 NAND와 NOR 함수는 쌍대 관계가 있음을 유의하라. 그러므로 부 논리 정리를 적용함으로써 정 논리에 대한 NAND 함수를 실현한 회로가 주어졌다면 이것은 부 논리에 대한 NOR 함수로 실현된다.

다수(Majority) 게이트는 입력의 수가 홀수 개이며, 이들 입력 조합 중에서 "1"의 개수가 다수일 때, 출력이 "1"이 된다. 그러므로 3-입력 다수 게이트에서는 입력 조합 중 "1"의 개수가 2개 혹은 3개, 즉 2개 이상일 때, "1"의 출력을 갖는다. 소수(Minority) 게이트는 입력의 수가 홀수 개이며 이들 입력 조합 중에서 "1"의 개수가 소수일 때 출력은 "1"이 된다. 그러므로 3-입력 소수 게이트에서는 입력 조합에서 "1"이 없거나 하나일 때, "1"의 출력을 갖는다.

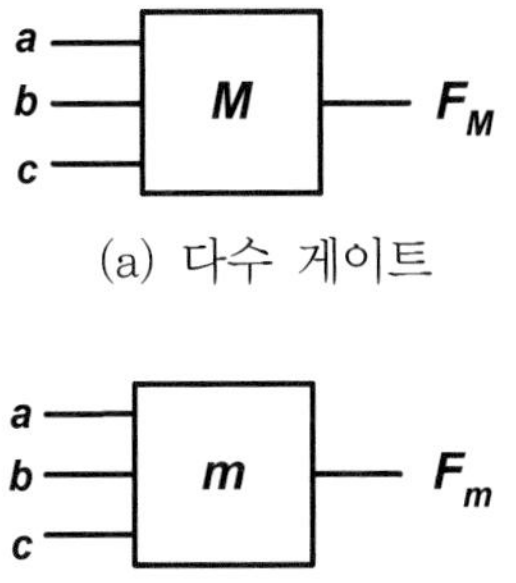

(a) 다수 게이트

(b) 소수 게이트

a b c	F_M (Majority)	F_m (Minority)
0 0 0	0	1
0 0 1	0	1
0 1 0	0	1
0 1 1	1	0
1 0 0	0	1
1 0 1	1	0
1 1 0	1	0
1 1 1	1	0

(c) 진리표

[그림 6-10] 다수 · 소수 게이트와 진리표

위의 진리표로부터 3-입력 다수 게이트를 실현하는 함수는 다음과 같다.

$$F_M = \bar{a}bc + a\bar{b}c + ab\bar{c} + abc = bc + ac + ab \tag{6-10}$$

그림 6-10을 살펴보면, $F_m = \overline{F_M}$ 이므로 3-입력 소수 게이트를 수식으로 표현하면 식 (6-11)과 같다.

$$F_m = \overline{(bc + ac + ab)} = (\bar{b} + \bar{c})(\bar{a} + \bar{c})(\bar{a} + \bar{b}) \tag{6-11}$$

6-3 함수적으로 완전한 논리 게이트 집합

논리 연산에서 어떤 부울 함수가 그들 집합체로만 표현되어 진다면 이들 논리집합은 "함수적으로 완전하다"라고 표현할 수 있다. 모든 함수가 AND, OR, NOT 연산에 의해 곱의 합 형태와 합의 곱 형태로 표현될 수 있으므로 AND, OR, NOT 연산은 명백하게 함수적으로 완전한 집합이다. 또한 모든 부울 함수가 게이트의 한 집합으로 실현시킬 수 있다면, 이 논리 게이트들의 집합은 함수적으로 완전하게 된다. AND, OR, NOT 연산의 집합이 함수적으로 완전하므로 AND, OR, NOT 연산을 실현할 수 있는 어떤 논리 게이트의 집합도 또한 함수적으로 완전하다. 또한 OR는 AND, NOT 연산을 이용하여 실현시킬 수 있으므로 AND와 NOT연산은 함수적으로 완전한 게이트의 집합이 된다.

단일 게이트만 가지고 함수적으로 완전한 집합을 형성한다면, 모든 부울 함수들을 한 종류의 게이트만 사용하여 실현시킬 수 있다. 대표적으로 NAND 게이트가 이런 게이트의 한 예이다. NAND 게이트의 동작은 AND 동작 뒤에 반전이 뒤따르므로

NOT, OR, AND를 그림 6-11에서 보여주는 바와 같이 NAND 게이트만을 사용하여 실현시킬 수 있다. 그러므로 어떤 부울 함수도 NAND 게이트만을 사용하여 실현시킬 수 있다.

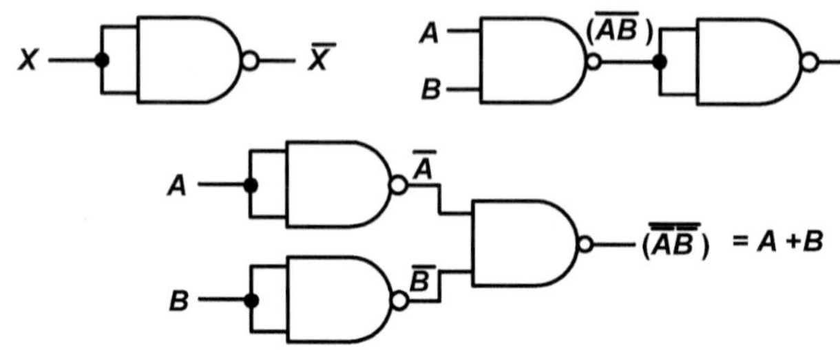

[그림 6-11] NAND 게이트를 이용한 NOT, AND, OR 게이트 구현

주어진 게이트의 집합이 함수적으로 완전한가를 확인하려면 다음 과정을 거쳐 결정하면 된다.

① 각 게이트에 의해 실현되는 함수에 대한 최소 곱의 합 표현식을 쓴다. 주어진 논리식에서 보수가 나타나지 않는다면 NOT는 실현될 수 없고, 따라서 이 게이트 집합은 함수적으로 완전하지 못하다.

② 표현식 중의 하나에 보수가 나타나면 일반적으로 해당 게이트에 적당한 입력을 선택하여 NOT를 실현할 수 있다(게이트 입력으로 항상 "0"과 "1"이 가능하다고 가정한다).

③ AND와 OR를 구현해 본다. 이때는 NOT 게이트를 사용할 수 있다. 일단 AND나 OR 중 하나로 구현이 가능하면, 이 논리식은 드모르간 법칙을 이용하여 실현시킬 수 있다.

예를 들어 OR와 NOT가 만들어지면, AND는 다음 식에 의해 실현될 수 있다.

$$XY = \overline{(\overline{X} + \overline{Y})}$$

예제 6-2 3-입력 소수 게이트만을 이용하여 모든 부울 함수를 실현시킬 수 있음을 보여라.

[풀이] 먼저 그림 6-12에 보이는 것처럼 카르노 맵을 이용하여 3-입력 소수 게이트를 실현하는 함수를 유도한다. 입력 조합 중 "1"이 하나도 없거나, 또는 입력 조합 중 하나가 "1"일 때는 카르노 맵의 영역이 "1"로 된다.

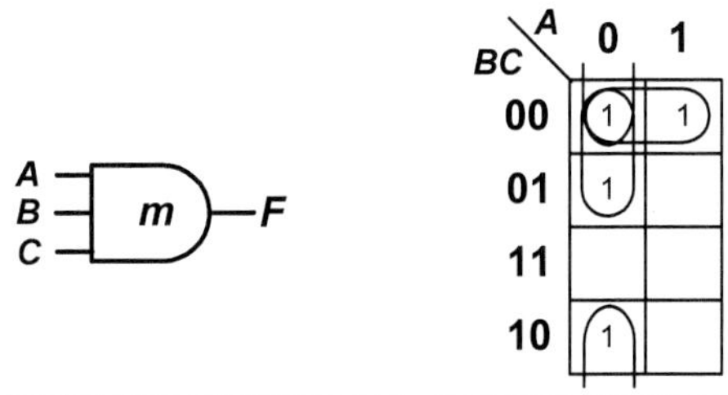

$$F = \bar{B}\bar{C} + \bar{A}\bar{B} + \bar{A}\bar{C}$$

[그림 6-12] 소수 게이트 출력 함수의 유도

$A = B = C$를 X로 치환하면 X의 보수를 쉽게 실현할 수 있다.

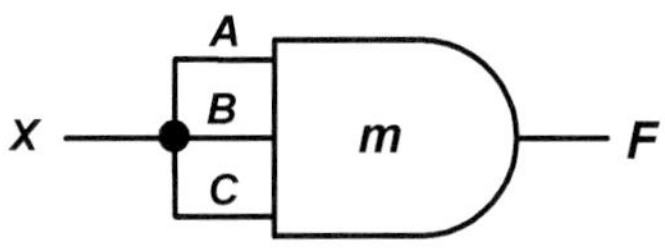

$$F = \bar{X}\bar{X} + \bar{X}\bar{X} + \bar{X}\bar{X} = \bar{X}$$

F에 대한 표현시에서 $A = 1$ 이면 F는 $\bar{B}\bar{C}$로 줄어든다는 것을 알 수 있다. 그러므로 AND 연산은 그림 6-13에서 보여진 형태로 실현될 수 있다.

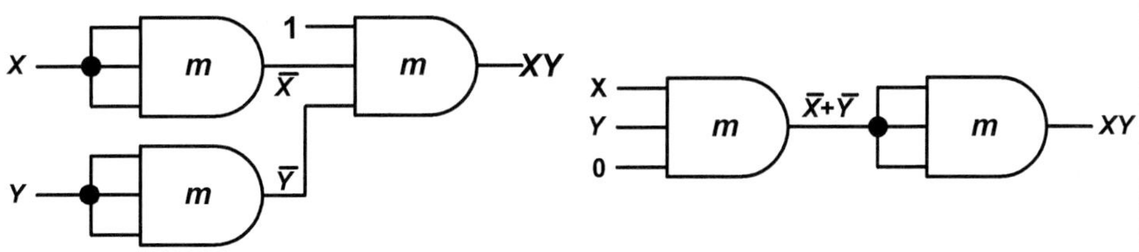

(a) AND 회로의 3-게이트 구현

$F = (\bar{\bar{X}})(\bar{\bar{Y}}) + 0 + 0 = XY$

(b) AND에 대한 다른 형태

$F = \overline{(\bar{X} + \bar{Y} + \bar{X}\bar{Y})} = \overline{(\bar{X} + \bar{Y})} = XY$

[그림 6-13] 소수 게이트를 사용한 AND 게이트의 실현

OR 게이트는 $\overline{(\bar{X}\bar{Y})} = X + Y$를 이용하여 실현시킬 수 있다.

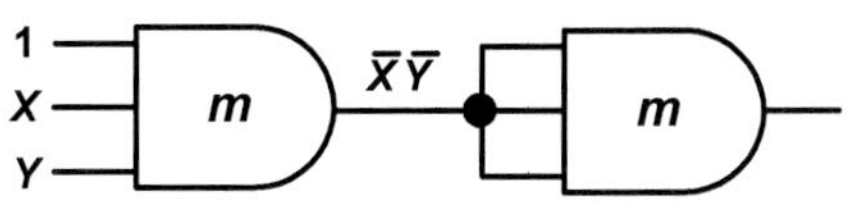

$$\overline{(\bar{X}\bar{Y})} = X + Y$$

AND, OR, NOT는 소수 게이트만을 이용하여 실현시킬 수 있으므로, 어떠한 부울 함수도 소수 게이트들만을 이용하여 구현할 수 있게 된다.

> 함수적으로 완전한 (Functionally complete) 논리 게이트의 집합의 예
> ① AND, OR, NOT 게이트
> ② AND, NOT 게이트
> ③ NAND 게이트

6-4 NAND와 NOR 게이트 회로의 설계

AND와 OR 게이트로 구성된 2단 회로는 NAND 게이트나 NOR 게이트로 구성된 논리 회로로 쉽게 변환시킬 수 있다. 이 변환은 $F=\overline{\overline{(F)}}$ 을 적용하여 유도되며 그 다음에 드모르간 법칙이 적용된다.

$$\overline{(X_1+X_2+\ldots+X_n)}=\overline{X_1}\,\overline{X_2}\ldots\overline{X_n} \qquad (6\text{–}12)$$

$$\overline{(X_1X_2\ldots X_n)}=\overline{X_1}+\overline{X_2}+\ldots+\overline{X_n} \qquad (6\text{–}13)$$

다음의 예는 최소 곱의 합 형태에서 다른 여러 가지 2단 게이트 형태로의 변환을 예시하고 있다.

$$F=A+B\overline{C}+\overline{B}CD=\overline{\overline{[(A+B\overline{C}+\overline{B}CD)]}} \qquad (6\text{–}14)$$

$$=\overline{[\overline{A}(\overline{B\overline{C}})(\overline{\overline{B}CD})]}\ldots \text{ (6–12에서)} \qquad (6\text{–}15)$$

$$=\overline{[\overline{A}(\overline{B}+C)(B+\overline{C}+\overline{D})]} \text{ (6–13에서)} \qquad (6\text{–}16)$$

$$=A+\overline{(\overline{B}+C)}+\overline{(B+\overline{C}+\overline{D})} \text{ (6–13에서)} \qquad (6\text{–}17)$$

식 (6–14), 식 (6–15), 식 (6–16), 그리고 식 (6–17)은 그림 6–14에 나타낸 것처럼 각각 AND–OR, NAND–NAND, OR–NAND, 그리고 NOR–OR 형태로 표현된다.

식 (6–17)을 다시 정리하여 보면 다음과 같은 식이 된다.

$$F=\overline{\overline{[A+\overline{(\overline{B}+C)}+\overline{(B+\overline{C}+\overline{D})}]}} \qquad (6\text{–}18)$$

이 식은 3단 NOR–NOR–NOT 형태의 회로로 유도된다. 그러나 NOR 게이트만으로 구성된 2단 논리 회로를 원한다면, 최소 곱의 합 대신 F에 대한 최소 합의 곱 형

태로 하면 된다. 카르노 맵으로부터 최소합의 곱을 얻은 후에 F는 다음과 같은 2단 논리 회로의 형태로 나타낼 수 있다.

$$F = (A+B+C)(A+\overline{B}+\overline{C})(A+\overline{C}+D) \tag{6-19}$$

$$= \overline{\overline{\{[(A+B+C)(A+\overline{B}+\overline{C})(A+\overline{C}+D)]\}}}$$

$$= \overline{[\overline{(A+B+C)}+\overline{(A+\overline{B}+\overline{C})}+\overline{(A+\overline{C}+D)}]} \text{ (6-13에서)} \tag{6-20}$$

$$= \overline{(\overline{A}\,\overline{B}\,\overline{C}+\overline{A}BC+\overline{A}C\overline{D})} \text{ (6-12에서)} \tag{6-21}$$

$$= \overline{(\overline{A}\,\overline{B}\,\overline{C})} \cdot \overline{(\overline{A}BC)} \cdot \overline{(\overline{A}C\overline{D})} \text{ (6-12에서)} \tag{6-22}$$

식 (6-19), 식 (6-20), 식 (6-21), 그리고 식 (6-22)는 그림 6-14에서 보여진 것처럼 각각 OR-AND, NOR-NOR, AND-NOR, 그리고 NAND-AND 형태로 구현된다.

8가지의 가능한 2단 논리 회로(AND-AND, OR-OR, OR-NOR, AND-NAND, NAND-NOR, NOR-NAND, 등)로는 모든 부울 함수들을 실현시킬 수 없다.

그 예로 다음의 NAND-NOR 논리 회로를 생각해 보자.

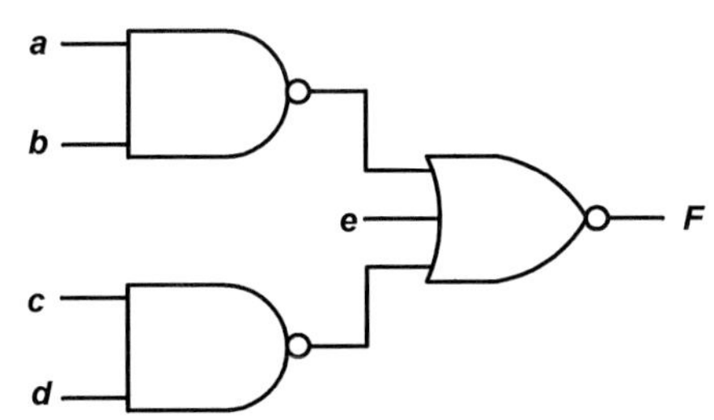

$$F = \overline{[\overline{(ab)}+\overline{(cd)}+e]} = abcd\overline{e}$$

위의 예로부터 NAND-NOR 형은 단지 문자들의 곱만을 실현하지만 곱의 합을 실현하지 못한다는 것은 명백하다.

따라서 우리는 이러한 문제점을 해결하기 위해 가장 일반적으로 사용되는 두 가지의 회로 NAND-NAND와 NOR-NOR를 사용하기로 한다. 만일 모든 변수와 그들의 보수가 입력으로 사용될 수 있다고 가정하면, 아래의 방법은 NAND 게이트로 이루어진 F함수를 실현하는데 적용할 수 있다.

최소 2단 NAND-NAND 회로를 설계하기 위한 과정은 다음과 같다.

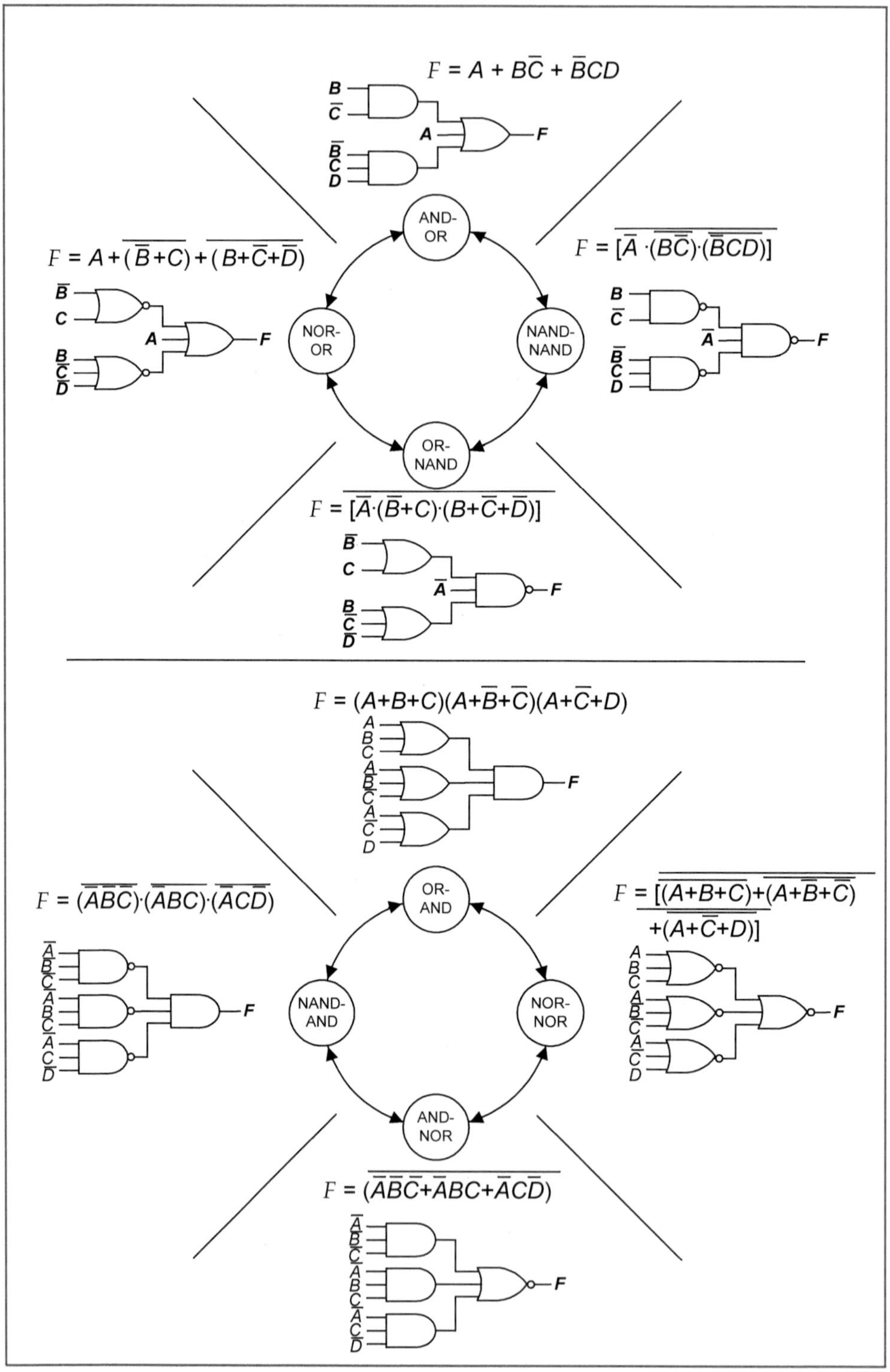

[그림 6-14] 2단 논리 회로에 대한 8가지의 기본 형태

① F에 대한 최소 곱의 합 표현식을 구한다.
② 대응하는 2단 AND-OR 회로를 그린다.
③ 모든 게이트를 NAND 게이트로 대치하고 남아있는 게이트의 결선은 바꾸지 않는다. 출력 게이트가 입력으로 어떤 단일 문자를 갖는다면, 그 문자를 보수화 한다.

그림 6-15는 ⓒ 단계의 변환 과정을 표시한 것이다. 이 변환은 회로의 출력이 다음과 같이 변하지 않은 채 남아 있는 것으로 증명된다. 일반적으로 함수F는 리터럴 $(l_{1,}l_{2,}...)$과 곱항$(p_{1,}p_{2,}...)$으로 되어 있다.

$$F = l_1 + l_2 + ... + p_1 + p_2 + ...$$

이 식에 드모르간 법칙을 적용을 하면,

$$F = \overline{(\overline{l_1}\,\overline{l_2}\ ...\ \overline{p_1}\,\overline{p_2}...)}$$

그러므로 출력 OR 게이트는 입력 $\overline{l_1}, \overline{l_2}, ..., \overline{p_1}, \overline{p_2}...$를 갖는 NAND 게이트로 대치된다. 곱항 $p_{1,}p_{2,}...$들은 AND 게이트로 실현되므로, 변환된 회로에서 $\overline{p_1}$, $\overline{p_2}, ...$는 NAND 게이트로 실현된다.

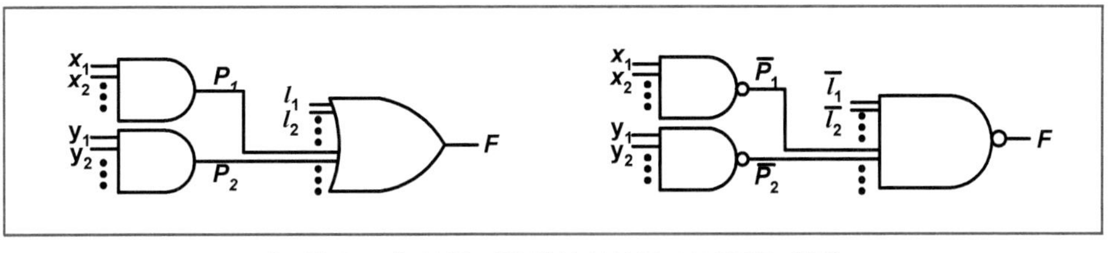

[그림 6-15] AND-OR에서 NAND-NAND로 변환

모든 변수들과 그의 보수들이 입력으로 가능하다면, 다음 방법은 NOR 게이트들로 함수F를 실현시킬 수 있는 방법이다. 2단 NOR-NOR 회로를 설계하기 위한 과정은 다음과 같다.

① F에 대한 최소 합의 곱 표현식을 구한다.
② 대응되는 2단 OR-AND 회로를 그린다.
③ 모든 게이트를 NOR 게이트로 대치하고, 그 게이트들의 결선은 바꾸지 않는다. 만일 출력 게이트가 입력으로 어떤 단일 문자를 갖는다면, 그 문자에 보수를 취한다.

위의 과정은 NAND-NAND 회로들을 설계하는데 사용한 것과 비슷하다. 그러나 NOR-NOR 회로에서의 과정은 최소 곱의 합 표현식이 아니라 최소 합의 곱에서 출발한다는 것에 유의해야 한다.

> 2단 회로의 8가지 기본 형태
> AND-OR, NAND-NAND, OR-NAND, NOR-OR
> OR-AND, NOR-NOR, AND-NOR, NAND-AND

6-5 다단 NAND와 NOR 게이트 회로의 설계

다음 과정은 다단 NAND 게이트 회로를 설계하는데 유용하게 사용할 수 있다.

① 실현할 논리 함수를 간소화한다.
② AND와 OR 게이트들의 다단 회로를 설계한다. 이때 출력 게이트는 반드시 OR 게이트이어야 한다. AND 게이트 출력은 AND 게이트를 입력으로 사용할 수 없고, 또한 OR 게이트가 출력인 회로는 OR 게이트를 입력으로 사용할 수 없다.
③ 출력 게이트를 1단으로 시작하여 단의 수를 열거한다. NAND 게이트로 모든 게이트를 대치시키고 게이트간의 모든 결선은 바꾸지 않는다. 2번째, 4번째, 6번째, …,단에 대한 입력, 즉 짝수 번째 단의 입력은 바꾸지 않는다. 1번째, 3번째, 5번째, …단에 대한 입력, 즉 홀수 번째 단의 모든 입력 문자는 반전시킨다.

위 과정의 타당성은 다단 회로를 2단 부분 회로로 나누고, 또한 2단 회로에 대한 앞의 결과를 각 2단 부분 회로에 적용함으로써 쉽게 증명할 수 있다. 그림 6-16의 예는 이런 과정을 설명한다. 만약 ⓑ의 단계가 옳게 실행됐다면, 회로의 각 단은 AND 게이트들만으로 혹은 OR 게이트만으로 이루어질 것이다.

다단 NOR 게이트 회로의 설계에 대한 과정은 AND와 OR 게이트의 출력 게이트는 AND 게이트이어야 한다는 것과 모든 게이트는 NOR 게이트와 대치한다는 것을 제외하고는 NAND 게이트 회로 설계와 동일하다.

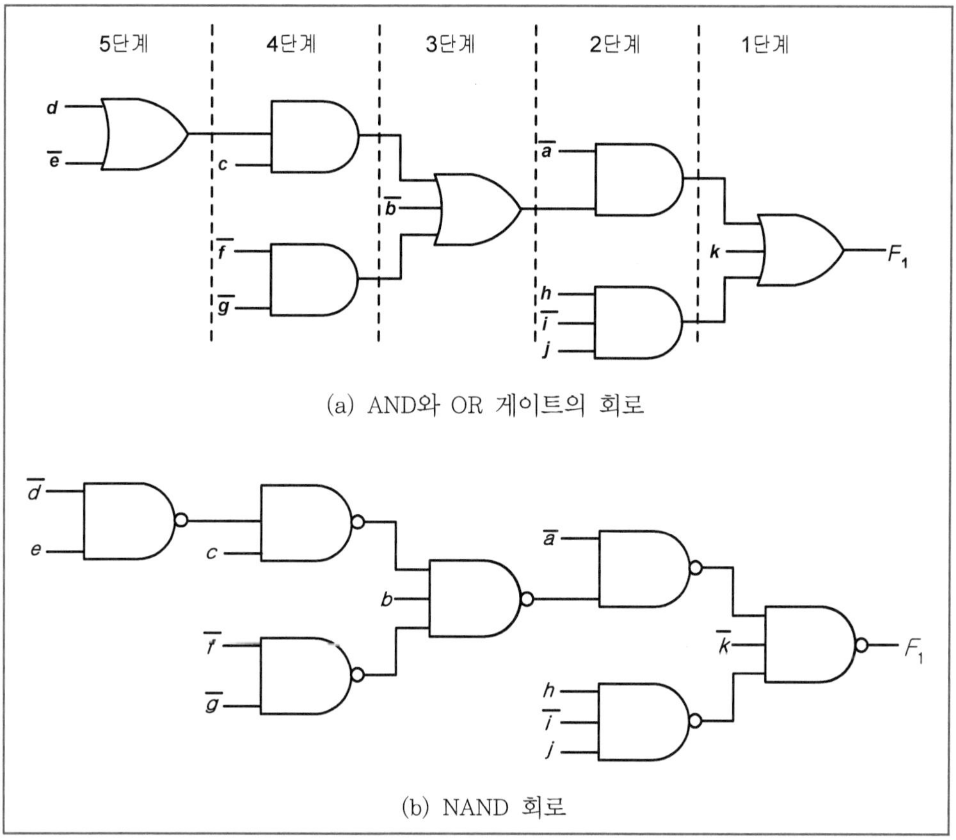

(a) AND와 OR 게이트의 회로

(b) NAND 회로

[그림 6-16] NAND 게이트에 의한 다단 회로로의 변환

6-6 선택적 게이트 심벌을 이용한 회로망 변환

복잡한 디지털 시스템을 설계하는 논리 설계자는 주어진 게이트의 형태에 대한 하나 이상의 표현을 사용하는 것이 종종 편리하다. 예를 들면 인버터는 아래와 같이 표현된다.

그림 6-17에서는 AND, OR, NAND, 그리고 NOR 게이트의 선택적인 표현법을 보여준다. 이러한 등가 게이트 심벌은 다음과 같은 동질성에 기본을 두고 있다.

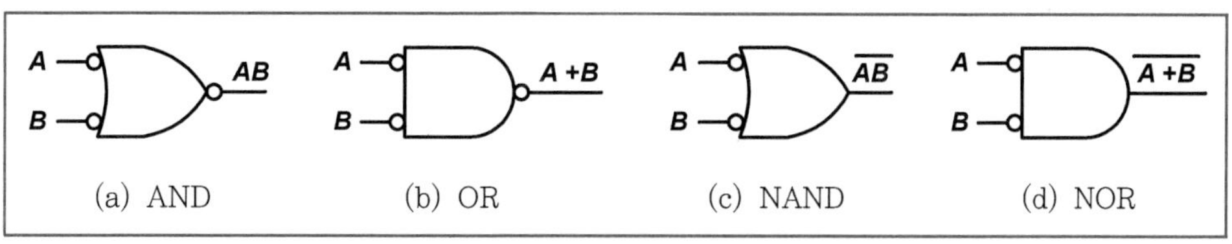

(a) AND (b) OR (c) NAND (d) NOR

[그림 6-17] 선택적인 게이트 심벌

$$AB = \overline{(\overline{A} + \overline{B})},\ A + B = \overline{(\overline{A} \cdot \overline{B})},\ \overline{(AB)} = \overline{A} + \overline{B},\ \overline{(A + B)} = \overline{A}\,\overline{B}$$

위의 선택적인 심벌은 NAND와 NOR 게이트 회로망의 분석과 설계를 용이하게 하는데 사용된다. 그림 6-18(a)는 단순한 NAND 게이트 회로망을 보여준다. 회로망을 분석하기 위해서 선택적인 NAND 게이트 심벌을 가지고 첫째단과 세 번째 단의 NAND를 바꾼다. 그림 6-18(b)에서 보는 바와 같이 반전된 출력은 항상 반전된 입력과 연결되고, 비 반전된 출력은 비 반전된 입력과 연결되어진다. 예를 들면 게이트 2의 출력은 $\overline{[(\overline{A} + B)C]}$ 이나 출력 함수에서는 $(\overline{A} + B)C$가 나타남을 유념하라. 또한 회로망을 이중 반전을 시키므로 AND-OR 회로망으로 변환 할 수 있다.(그림 6-18(c)를 참조) 반전된 입력이 단일 입력 변수와 연결될 때는 반드시 게이트 입력으로부터 반전을 제거할 때, 변수의 보수화를 취해야 한다. 예를 들면 그림 6-18(a)의 A 는 그림 6-18(c)에서는 $\overline{A}$ 가 된다.

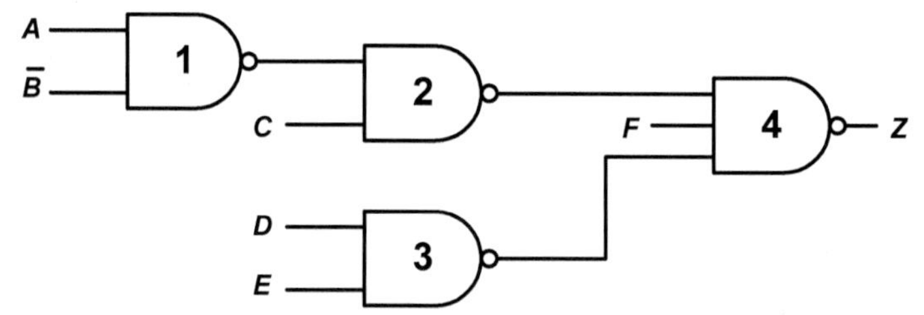

(a) NAND 게이트 회로망

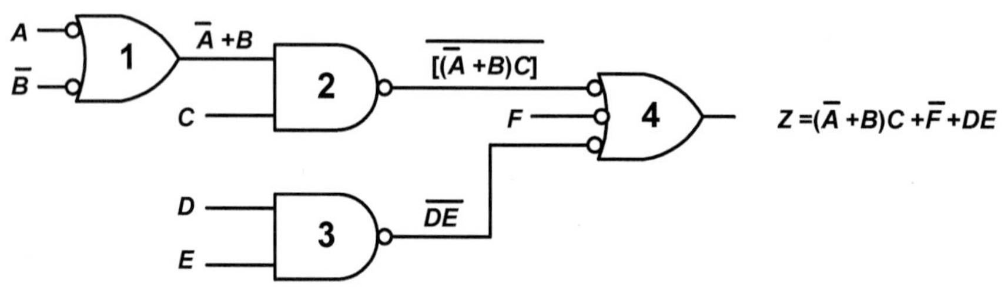

(b) NAND 게이트 회로망에 의한 선택적인 형태

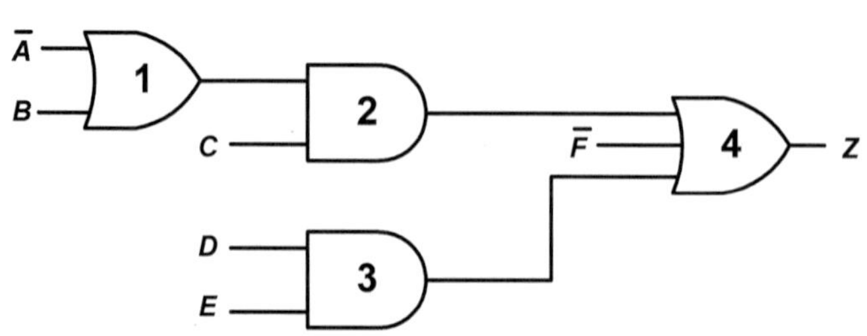

(c) 등가적인 AND-OR 회로망

[그림 6-18] NAND 게이트 회로망의 변환

그림 6-19(a)의 AND와 OR 게이트 회로망은 출력 게이트가 AND 게이트, 그리고 OR 게이트로 선택되기에 NOR 게이트 회로망으로 쉽게 변환이 가능하다. 즉 AND 게이트 출력은 오직 OR 게이트 출력과 연결되고, OR게이트 출력은 오직 AND 게이트 출력과 연결된다. NOR 게이트로의 변환을 수행하기 위해 우리는 모든 OR와 AND를 그림 6-19(b)에 나타나는 NOR 게이트를 가지고 바꾼다. 각각 반전된 게이트 출력은 반전된 게이트 입력에서 나오기 때문에 단일 반전을 더하므로 변수를 보상하기 위한 보수화를 취해야 한다. 따라서 NOR게이트 회로망의 결과는 원래의 AND-OR 회로망과 등가이다.

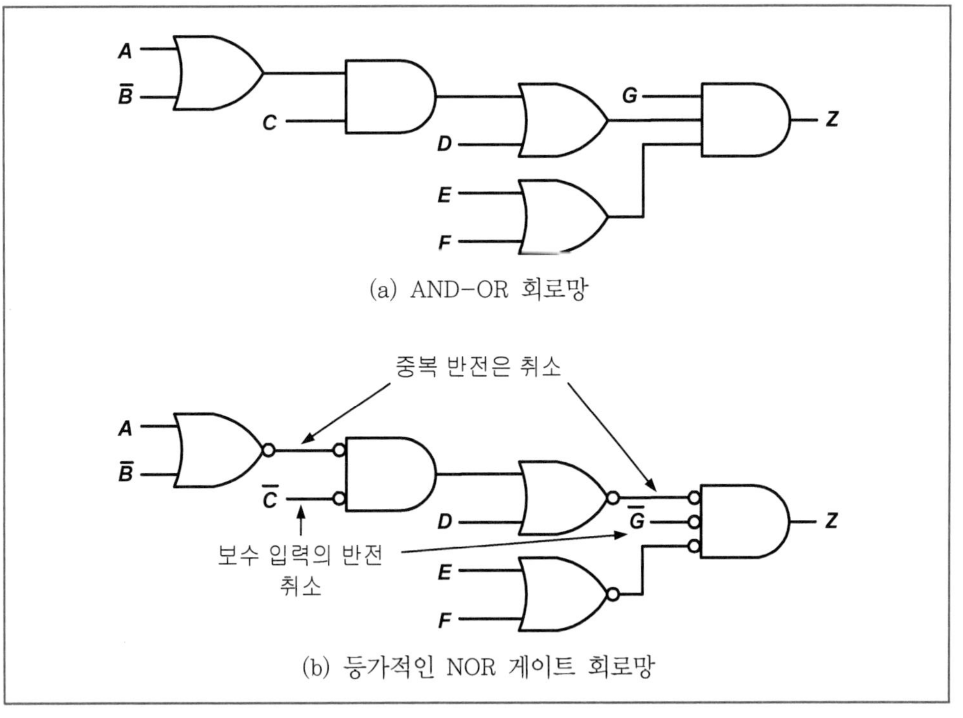

[그림 6-19] NOR 게이트로의 변환

비록 AND와 OR 게이트가 선택되지 않더라도 AND-OR 회로망을 NAND나 NOR 회로망으로 변환할 수 있으나, 다른 반전에 의해서 각각 더해진 반전을 생략시키기 위해 여분의 반전을 더하는 것이 필요하다. 다음의 과정은 NAND(혹은 NOR)회로망으로 변환하는데 이용된다.

① 출력 단에서 Bubble(혹은 반전)을 더하므로 모든 AND 게이트를 NAND 게이트로 변환한다. 입력 단에서 Bubble을 더하므로 모든 OR 게이트를 NOR 게이트로 변환한다.(NOR 게이트로 변환하기 위해 모든 AND 게이트 입력과 OR 게이트 출력에 Bubble을 더한다.)

② 반전된 출력이 반전된 입력에서 나타날 때마다 이중 반전은 생략되기 때문에 더 이상의 과정은 필요 없다.

③ 비 반전 게이트 출력은 반전 게이트 입력, 또는 그와 반대로 될 때마다 Bubble이 생략되기 위하여 인버터를 삽입한다.

④ 변수가 반전된 입력으로 될 때마다 변수에 보수를 취한다(또는 인버터를 더한다). 따라서 보수는 출력 단에 반전을 생략한다.

이 과정을 증명하기 위해서 그림 6-20(a)를 NAND로 변환해 보자. 먼저 모든 게이트를 그림 6-20(b)의 NAND 게이트로 바꾸기 위해 Bubble을 더한다. 네 개의 위치에서 오직 단일 반전을 더해준다. 이는 그림 6-20(c)에서 두 변수에 보수를 취하고, 두 반전을 더함으로써 수정된다.

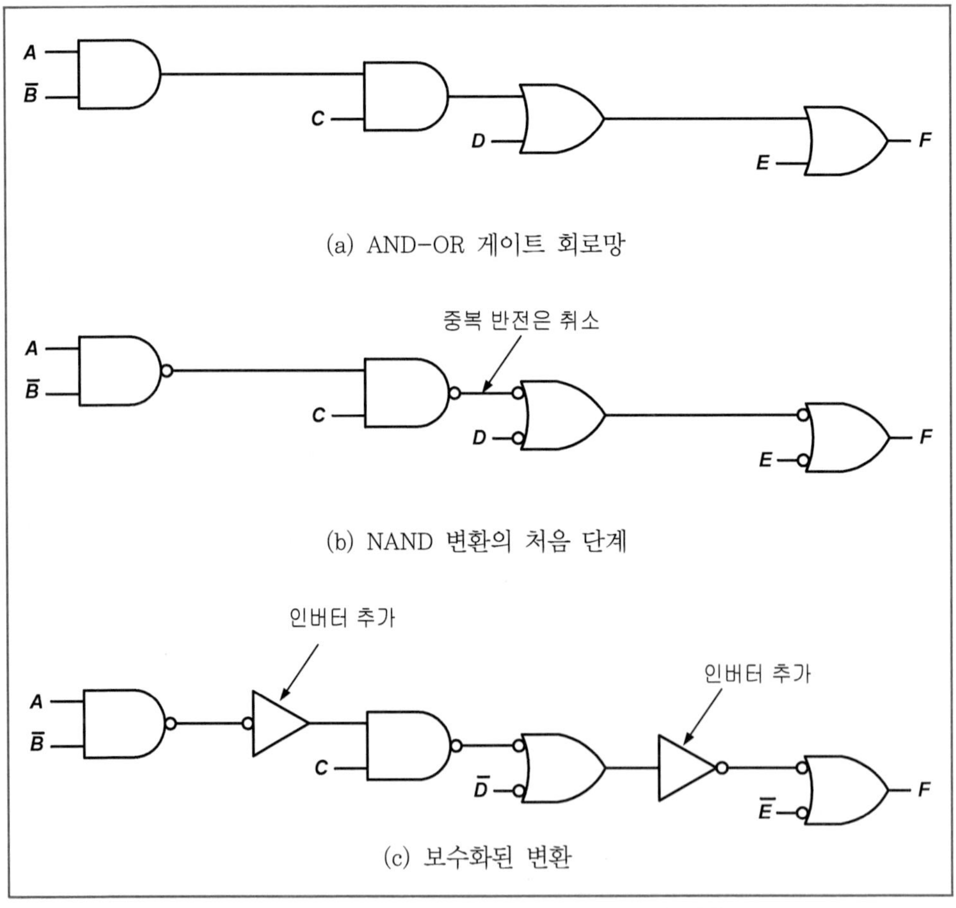

(a) AND-OR 게이트 회로망

(b) NAND 변환의 처음 단계

(c) 보수화된 변환

[그림 6-20] AND-OR 회로망의 NAND로의 변환

6-7 한정된 게이트 팬-인(Fan-in)을 갖는 회로 설계

실제적인 논리 설계에 있어서의 문제점은 각 게이트에서 입력의 최대수가 제한된다는 것이다. 사용하는 게이트의 종류에 따라 입력 수는 2, 3, 4, 8, … 등으로 제한된다. 만약 회로를 2단으로 실현시키려 할 때, 허용된 입력보다 더 많은 게이트 입력이 필요하다면 논리식을 인수화하여 다단 회로로 변경해야 한다.

예제 6-3 3입력 NOR 게이트를 이용하여 다음 식을 실현하시오.

$$f(a,b,c,d)=\sum m(0,3,4,5,8,9,10,14.15)$$

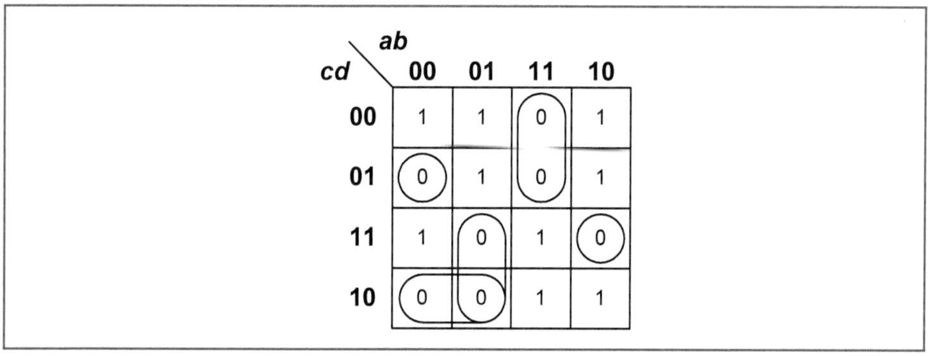

$$\overline{f}=\overline{a}\,\overline{b}\,\overline{c}\,d+a\overline{b}\,c\,d+ab\overline{c}+\overline{a}\,b\,c+\overline{a}\,c\,\overline{d}$$

[풀이] 위의 표현식으로부터 알 수 있듯이 2단으로 표현식을 실현하기 위하여 세 개의 3입력 게이트와 두개의 4입력 게이트, 그리고 하나의 5입력 게이트가 있어야 한다. $\overline{f}$ 에 대한 표현식은 게이트 입력의 최대 수를 셋으로 줄이기 위해 인수화시키고 이 식을 보수화한다.

$$\overline{f}=\overline{b}\,d(\overline{a}\,\overline{c}+ac)+\overline{a}\,c(b+\overline{d})+ab\overline{c}$$
$$f=[b+\overline{d}+(a+c)(\overline{a}+\overline{c})][a+\overline{c}+\overline{b}d][\overline{a}+\overline{b}+c]$$

이 결과에 의한 NOR 게이트 논리 회로는 다음 6-21과 같다.

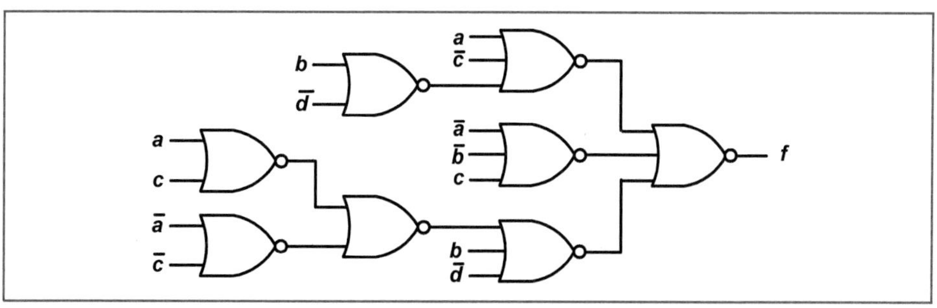

[그림 6-21]

6-2절에서 설명한 2단 다중 출력 회로를 설계하는 기법은 2단 이상을 갖는 다중 출력 회로를 설계하는 경우 매우 비효율적이다. 비록 2단 표현식이 공통항을 갖고 있더라도 대부분 이들 공통항들은 표현식의 인수화하는 과정에서 없어진다. 그러므로 2단 이상의 다중 출력 회로를 설계할 때는 각각의 함수를 별도로 최소화하는 것이 좋다. 그 다음에 결과로 나타나는 2단 식은 단 수를 증가시키기 위해 인수화해야 한다. 이런 인수화는 가능한 곳마다 공통항을 삽입하는 방법으로 이루어져야 한다.

예제 6-4 그림 6-22에 주어진 함수에 대하여 2입력 NAND 게이트와 인버터만을 사용하여 f_1, f_2 와 f_3 을 실현하시오.

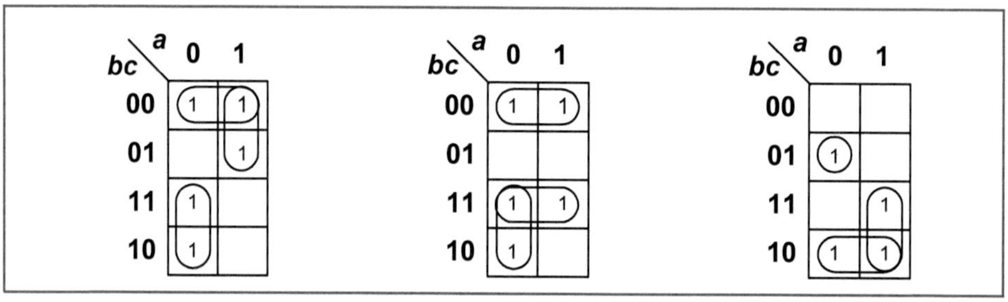

[그림 6-22]

[풀이] 만일 함수를 별도로 최소화하면 그 결과는 다음과 같다.

$$f_1 = \bar{b}\,\bar{c} + a\bar{b} + \bar{a}b$$
$$f_2 = \bar{b}\,\bar{c} + bc + \bar{a}b$$
$$f_3 = \bar{a}\,\bar{b}c + ab + b\bar{c}$$

각 함수는 3입력 OR 게이트를 필요로 하므로 게이트 입력의 수를 줄이기 위해서는 인수화를 한다.

$$f_1 = \bar{b}\underline{(a+\bar{c})} + \underline{\bar{a}b}$$
$$f_2 = b(\bar{a}+c) + \bar{b}\,\bar{c} \qquad \text{or} \qquad f_2 = (\bar{b}+c)(b+\bar{c}) + \underline{\bar{a}b}$$
$$f_3 = \bar{a}\,\bar{b}\,c + b\underline{(a+\bar{c})}$$

f_2 에 대한 두 번째 표현식은 f_1 에 대한 공통항을 가지므로 두 번째 표현식을 선택한다. 다음 식을 이용하여 남은 3입력 게이트를 f_3 로부터 소거할 수 있다.

$$\bar{a}\,\bar{b}\,c = \bar{a}(\bar{b}\,c) = \bar{a}\ \overline{(b+\bar{c})}$$

그림 6-23(a)는 공통항 $\bar{a}b$ 와 $a+\bar{c}$ 를 사용한 회로망을 나타낸다.
각각의 출력 게이트는 OR이므로 그림 6-23(b)에 보여주는 것처럼 NAND 게이트로의 변환은 간단히 이루어진다.

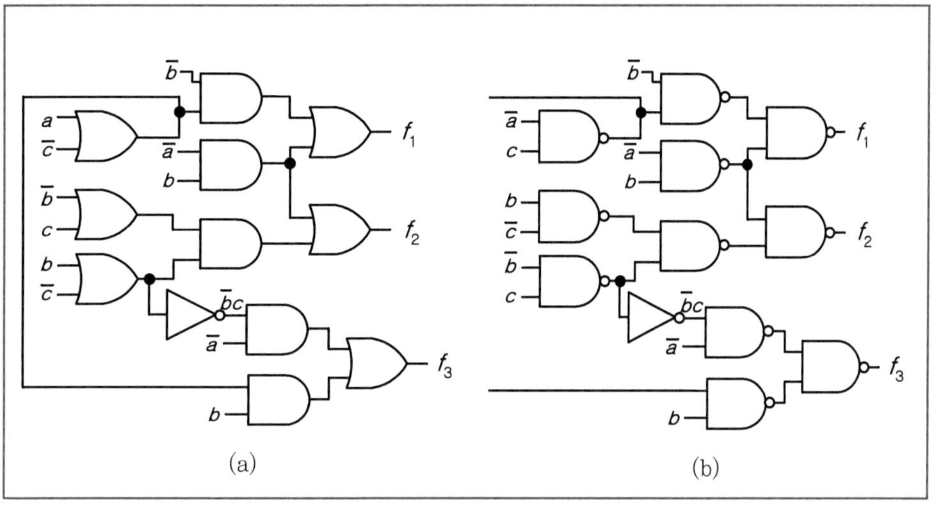

[그림 6-23] 그림 6-22의 실현

••• 연습문제

6.1 AND와 OR 게이트를 사용하여 다음 식의 논리 회로를 설계하시오.

$$f(a,b,c,d) = M_1 M_2 M_5 M_9 M_{10} M_{14}$$

a. 2단 논리를 사용하시오.

b. 3단 논리를 사용하시오.(최소 12 게이트 입력으로)

6.2 AND와 OR 게이트를 이용하여 다음 함수를 실현하시오(게이트의 입력 수를 최소화하시오).

a. $AC\overline{D} + AE + \overline{B}C\overline{D} + \overline{B}E + A\overline{C}D$

b. $ABCD + ABEF + ABG + CDF + CEF + CG$

6.3 주어진 3-입력 게이트에 대한 입출력 전압이 다음 표로 만들어져 있다. 만약 전압들이 정 논리로 해석되어졌다면 게이트의 형태는 무엇이고, 부 논리로 해석하면 무슨 게이트가 되는가?

A	B	C	F
0	0	0	+V
0	0	+V	0
0	+V	0	0
0	+V	+V	0
+V	0	0	0
+V	0	+V	0
+V	+V	0	0
+V	+V	+V	0

6.4 다음 함수를 최소 2단 게이트로 구성하시오.

$$F = X\overline{Y}Z + \overline{X}YZ + W$$

6.5 다음 함수를 최소 2단 NOR 게이트로 구현하시오.

$$f(a,b,c,d,e) = \sum m(0,2,5,8,10,11,13,15,18,21,26,27,28,29,30,31)$$

6.6 다음 함수를 최소 3단 NOR 게이트로 설계하시오.

$$F = \overline{a}b + a\overline{d} + a\overline{b}\,\overline{c}$$

6.7 다음 함수를 2단 NAND 게이트만을 이용하여 구현하시오.

$$F = \overline{A}[\overline{B} + \overline{B}\,\overline{D} + DE]$$

6.8 다음 함수를 카르노 맵을 이용한 방법과 대수적인 방법을 이용하여 다음 함수를 간략화시키시오.

a. $F_1 = xy \oplus xyz \oplus wxyz$

b. $F_2 = (AC \oplus \overline{B}C \oplus A\overline{D}) + AC\overline{D}$

6.9 다음 함수를 최소 4단 NAND 게이트 회로로 구현하시오.

$$Z = ab\overline{e}f + \overline{c}\,\overline{e}f + d\overline{e}f + gh$$

6.10 다음 함수를 AND와 OR 게이트로 구성된 최소 2단 회로로 구현하시오.

$$F = \overline{a}c + b\overline{c}d + a\overline{c}d$$

6.11 다음 함수를 최소 2단 회로로 구현하시오.

$$F(a,b,c,d) = \sum m(0,2,6,8,12)$$

6.12 4-Bit 2진수를 입력으로 갖고 하나의 출력을 갖는 논리 함수를 설계하시오(입력이 가장 큰 수이거나 0일 때마다 출력은 1이다).

a. 2단 NAND 게이트 회로를 사용할 것

b. 2단 NOR 게이트 회로를 사용할 것

c. 2-입력 NAND 게이트만을 사용할 것

6.13 2-입력 NAND 게이트만을 이용하여 다음 함수를 실현하고, 2-입력 NOR 게이트만을 사용하여 구현하시오.

$$F = \overline{A}B\overline{C} + BD + AC + \overline{B}C\overline{D}$$

6.14 AND와 OR 게이트를 사용하여 다음 함수를 실현하기 위한 최소 2단 회로를 구현하시오.

$$F = \overline{a}c\overline{d} + \overline{a}bc + ad$$

Digital Logic Design

CHAPTER 07

다중 출력 회로, 멀티플렉서, 디코더, ROM, PLA

Multiple-Output Networks, Multiplexers, Decoders, Read-Only Memories, and Programmable Logic Arrays

7-1 개요

대형 디지털 시스템에서 어떤 입력 변수들은 여러 부울 함수에 중복되어 사용되는 경우가 있다. 비록 각 함수들을 개별적으로 실현시킬 수 있을지라도 다중 출력을 갖는 단일 게이트 논리 회로를 사용하여 함수를 실현하는 것이 경제적이다.

지금까지는 논리 설계의 기본 원리에 관해 주로 다루었고 이 장에서는 논리 설계에 있어 좀더 복잡한 집적회로(IC)의 사용법을 소개하겠다. 집적회로는 패키지에 따른 게이트 수와 기능의 유형에 따라 소규모 (SSI : Small Scale Integration), 중규모(MSI : Medium Scale Integration), 대규모(LSI : Large Scale Integration), 초대규모(VLSI : Very Large Scale Integration) IC로 분류할 수 있다. SSI칩에는 NAND, NOR, AND, OR 게이트들이나 인버터, 플립-플롭 등을 집적화 시킬 수 있으며 SSI 집적회로 패키지는 전형적으로 1에서 4개의 게이트와 6개의 인버터 혹은 1개나 2개의 플립-플롭 등, 10개미만의 게이트를 집적한다. MSI 집적회로는 가산기, 멀티플렉서, 디코더, 레지스터, 카운터와 같은 다소 복잡한 기능을 수행한다. 이런 MSI는 한 개의 패키지 안에 10에서 100개 사이의 게이트를 포함한다. 메모리나 마이크로프로세서와 같은 아주 복잡한 기능을 갖는 집적회로는 LSI나 VLSI로 분류된다. LSI는 보통 한 패키지에 100개에서 10000개의 게이트를 포함시킬 수 있고, VLSI에는 10000개 이상의 게이트를 포함시킬 수 있다. 최근의 VLSI는 수십억 개의 게이트를 포함할 수도 있다.

일반적으로 SSI만 사용하여 디지털 시스템을 설계하는 것은 비경제적이다. MSI와 LSI를 사용하면 필요한 IC의 개수를 크게 줄일 수 있게 된다. 따라서 MSI와 LSI를 이용하면 디지털 시스템을 설계하고 유지 보수하는 비용은 물론 IC를 배선하고 장착하는 단가를 낮출 수 있다. 최근에는 더 큰 단위의 기능 블록 또는 IP(Intellectual Property)를 이용해서 수십억 게이트를 내장한 반도체 칩을 효율적으로 개발할 수 있다.

이 장에서는 먼저 다중 출력 게이트 회로에 관하여 설명한 다음에 MSI 멀티플렉서와 디코더를 사용한 논리 설계 사용법을 소개하겠다. 그리고 판독 전용 메모리(ROM)를 설명하고 다중 출력 조합 논리 회로를 수행하는데 어떻게 적용하는가를 예를 들어 설명하기로 한다. 마지막으로 PLAs(Programmable Logic Arrays)와 PALs(Programmable Array Logic Devices)의 응용을 소개한다. 최근 널리 사용되고 있는 FPGAs(Field-Programmable Gate Arrays)의 소개는 생략한다.

7-2 2단 다중 출력 논리 회로의 설계

논리 회로를 설계하다 보면 종종 입력 변수가 여러 함수들에 중복되어 사용된다. 이런 경우 각 함수를 개별적으로 실현시킬 수도 있지만 두 개나 그 이상의 함수 사이에서 공통인 게이트들을 사용하면 더 경제적으로 실현할 수 있다. 다음 예는 이런 관계를 설명한다.

예를 들어, 다음의 함수를 실현하는 4개의 입력과 3개의 출력을 갖는 회로를 설계해 보자.

$$F_1(A, B, C, D) = \sum m(11, 12, 13, 14, 15)$$
$$F_2(A, B, C, D) = \sum m(3, 7, 11, 12, 13, 15)$$
$$F_3(A, B, C, D) = \sum m(3, 7, 12, 13, 14, 15) \qquad (7\text{-}1)$$

우선 각 함수를 개별적으로 구현해 보자. 카르노 맵과 함수의 결과에 따른 논리 회로를 그림 7-1과 그림 7-2에 나타내었다. 이 회로는 9개의 게이트와 21개의 게이트 입력으로 구성되어 있다.

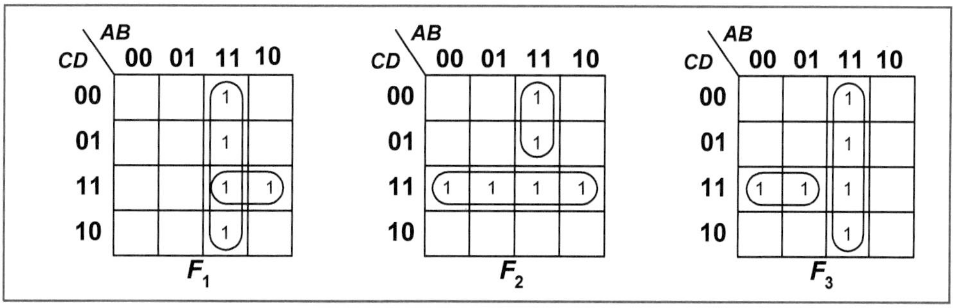

[그림 7-1] 식 (7-1)의 카르노 맵

그림 7-2의 회로에서 F_1과 F_3 두 함수에 각각 사용된 게이트 AB를 공통으로 사용하게 되면, 한 개의 게이트를 줄인 8개의 게이트와 19개의 게이트 입력으로 간략화할 수 있어 회로를 구성하는 가격을 낮출 수가 있다. 한편 함수 F1에 대해서는 ACD항이, 함수 F_3에 대해서는 $\overline{A}CD$항이 반드시 필요하다. 여기서 $\overline{A}CD + ACD$를 취하여 함수 F_2에서 사용된 CD를 대신한다면, CD는 불필요하게 되어 또 하나의 게이트를 줄일 수 있게 된다. 그림 7-3은 이렇게 하여 간략화시킨 회로망으로 전체 7개의 게이트와 18개의 게이트 입력이 필요하게 된다.

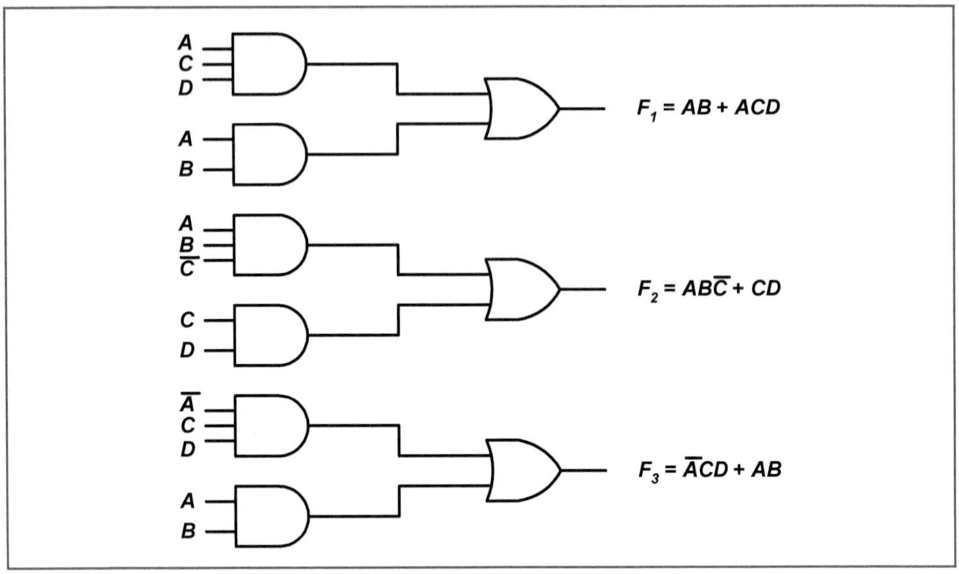

[그림 7-2] 식 (7-1)의 실현

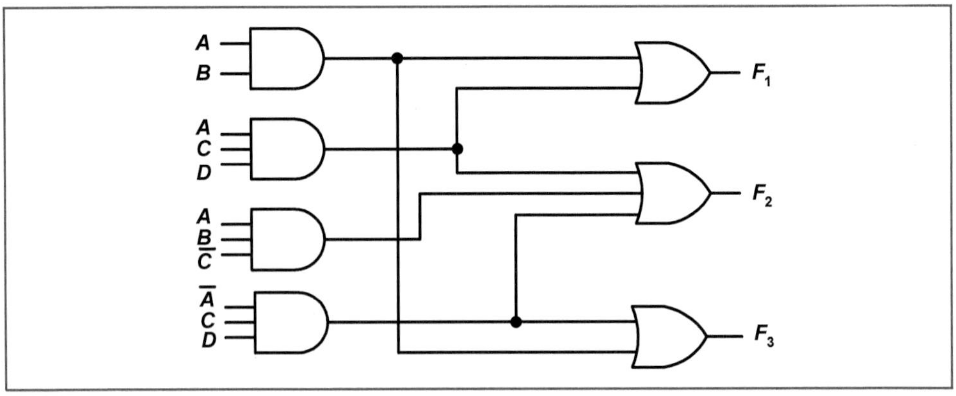

[그림 7-3] 식 (7-1)의 다중 출력 논리 회로의 실현

이 경우에 함수 F_2는 최소 곱의 합이 아닌 식 $AB\overline{C}+\overline{A}CD+ACD$에 의해 실현되고, 세 개의 항 중에서 두 개의 항은 함수 F_2의 주항이 아님을 주의하자. 따라서 다중 출력 논리 회로를 구현하는데 있어서 각 함수의 주항의 최소 합은 전체 다중 출력 회로의 비용을 낮추는 데 있어서는 필수 조건이 아니다.

다중 출력 논리 회로를 설계하고자 할 때는 먼저 소요되는 게이트들의 총 개수를 최소화하도록 시도해야 한다. 따라서 여러 해법들이 같은 수의 게이트를 필요로 한다면 게이트 입력의 수가 최소인 구현법으로 실현해야 한다. 다음의 예는 소요되는 게이트의 개수를 줄이기 위해 공통항을 사용하는 것에 관하여 설명하기 위해 다음의 4입력 3출력 논리 회로 설계를 고려해본다.

$$f_1 = \sum m(2,3,5,7,8,9,10,11,13,15)$$
$$f_2 = \sum m(2,3,5,6,7,10,11,14,15)$$
$$f_3 = \sum m(6,7,8,9,13,14,15) \qquad (7\text{-}2)$$

우선 f_1, f_2, f_3의 맵을 그림 7-4에 나타내었다.

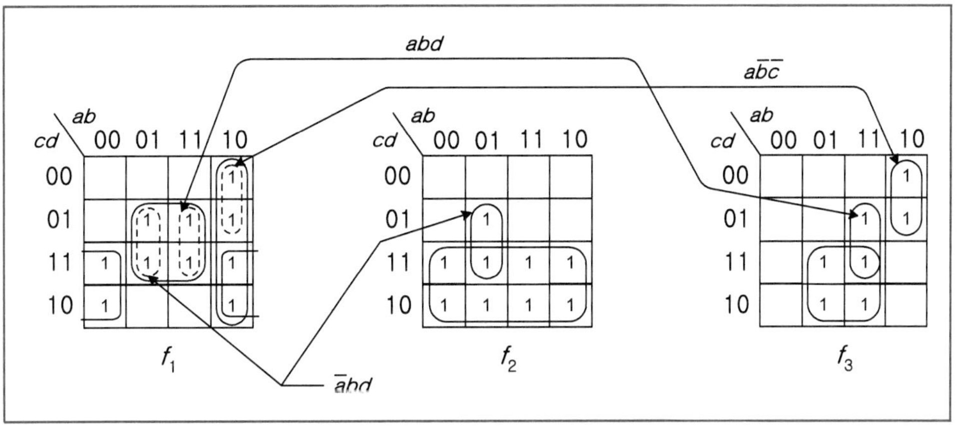

[그림 7-4] 식 7-2의 맵

각 함수를 개별적으로 간략화하면 다음과 같다.

$$f_1 = bd + \bar{b}c + a\bar{b}$$
$$f_2 = c + \bar{a}bd \qquad \text{10게이트}$$
$$f_3 = bc + a\bar{b}\,\bar{c} + \begin{bmatrix} abd \\ \text{or} \\ ac\bar{d} \end{bmatrix} \qquad \text{25게이트 입력} \qquad (7\text{-}2a)$$

맵을 살펴보면 f_2의 $\bar{a}bd$, f_3의 abd와 $a\bar{b}\,\bar{c}$가 f_1에서 사용될 수 있음을 알 수 있다. bd를 $\bar{a}bd + abd$로 대치하면 bd를 실현할 게이트가 제거된다. f_1의 m_{10}과 m_{11}이 이미 $\bar{b}c$에 묶여졌기 때문에 f_3의 $a\bar{b}\,\bar{c}$은 m_8과 m_9를 묶는 데 쓸 수 있고, 따라서 $a\bar{b}$를 실현하는 데 필요한 게이트는 제거될 수 있다. 결과적으로 최소 해법은 다음과 같다.

$$f_1 = \underline{\bar{a}bd} + \underline{abd} + \underline{a\bar{b}\,\bar{c}} + \bar{b}c$$
$$f_2 = c + \underline{\bar{a}bd} \qquad \text{8게이트}$$
$$f_3 = bc + \underline{a\bar{b}\,\bar{c}} + \underline{abd} \qquad \text{22게이트 입력} \qquad (7\text{-}2b)$$

(두 함수 사이에 공통으로 사용되는 항은 밑줄로 표기하였다.)

다중 출력 회로를 설계할 때, 그림 7-5에 예시한 것과 같이 "1"과 그 주변 "1"을 서로 결합하지 않는 것이 때로는 좋을 경우가 있다.

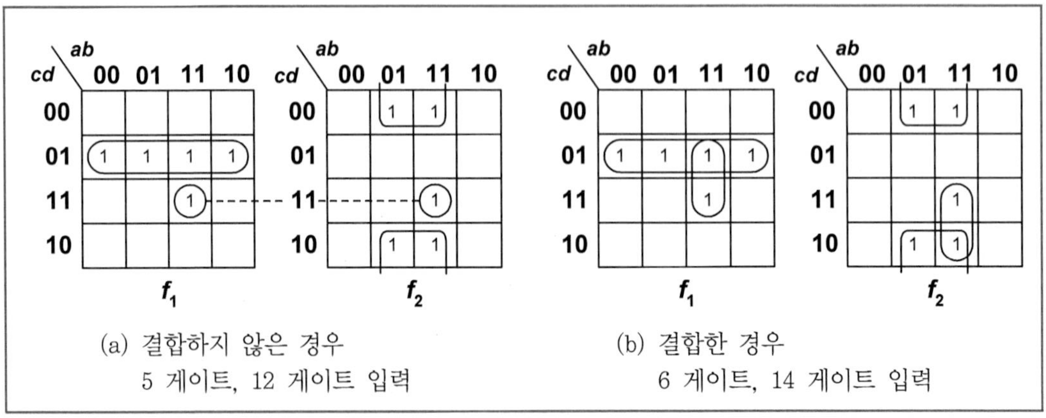

[그림 7-5]

다음의 예에서처럼 공통항을 무조건 최대로 한 해법도 항상 좋은 방법이 되지는 못한다.

최소 2단 다중 출력을 실현하는 데 있어 첫 단계로 필수 주항을 결정하는 것이 바람직하다. 그렇지만 아주 주의를 요하는데 어떤 개별 함수의 주항들은 다중 출력의 실현에는 필수가 아닐 수 있기 때문이다. 예를 들어 그림 7-4를 보면 bd는 f_1의 필수 주항(m_5를 묶는 유일한 주항)이지만, 다중 출력 함수에서는 필수 주항이 아니다. bd가 필수가 아닌 이유는 f_2에도 m_5가 있기 때문이며 f_1과 f_2가 공통의 항으로 묶어질 수 있게 된다.

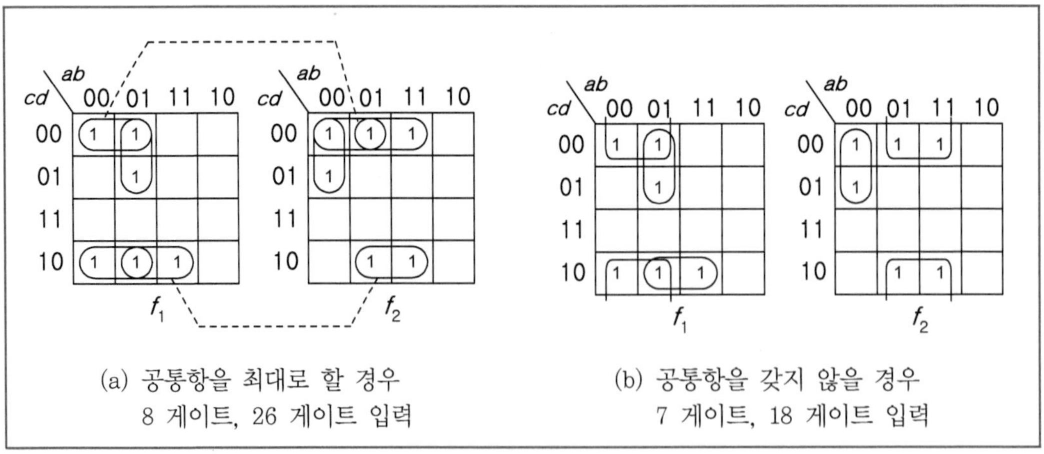

[그림 7-6]

함수 중 한 개에 필수인 주항을 찾고 또한 단일 출력의 경우에 적용된 과정을 약간 수정함으로써 다중 출력 함수의 주항을 찾을 수 있다. 특히 한 주항에 포함되는지를 알아보기 위해 맵에서 각각의 "1"을 찾을 때 다른 함수 맵에 나타나지 않는 "1"들의 인접이 있는가에 대해서만 조사한다. 따라서 그림 7-5에는 $\bar{c}d$ 는 다중출력 실현에 대해 f_1 에 필수(m_1 때문에)이지만 abd 는 f_2 맵에 m_{15} 가 역시 나타나므로 필수적이지 않다. 그림 7-6에서는 f_2 맵에 없는 f_1 의 최소항들은 m_2 와 m_5 뿐이다.

m_2 를 포함하는 유일한 주항이 $\bar{a}\,\bar{d}$ 이므로 $\bar{a}\,\bar{d}$ 는 다중출력 실현에서 f_1 에 필수적이다. 마찬가지로 m_5 를 포함하는 유일한 주항은 $\bar{a}b\bar{c}$ 이며 이것은 필수 주항이다. 이상에서 설명한 필수 주항을 찾는 기법들은 그림 7-4와 같은 문제에는 적용할 수 없는데 이유는 f_1 의 모든 최소항이 f_2 나 f_3 맵에도 존재하기 때문이다.

■ 코드변환 회로의 설계

때로는 임의의 코드 체계를 다른 코드 체계로 변환할 필요가 종종 있다. 다음은 8-4-2-1 BCD코드를 Excess-3코드로 변환하는 논리 회로 설계에 대한 예이나. 이 논리 회로는 4-입력과 4-출력을 갖게 된다. 입력 변수 $abcd$ 는 BCD코드에서 10가지의 입력 조건 중 하나를 나타내며 출력 $wxyz$ 는 Excess-3코드에서 10개의 출력값 중 하나를 나타낸다. 그림 7-7에 있는 표는 논리 회로로 실현될 4개의 함수를 규정한 진리표이다.

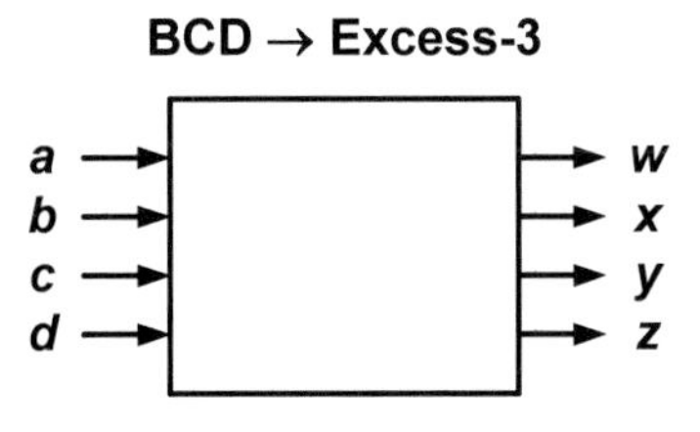

a b c d	w x y z
0 0 0 0	0 0 1 1
0 0 0 1	0 1 0 0
0 0 1 0	0 1 0 1
0 0 1 1	0 1 1 0
0 1 0 0	0 1 1 1
0 1 0 1	1 0 0 0
0 1 1 0	1 0 0 1
0 1 1 1	1 0 1 0
1 0 0 0	1 0 1 1
1 0 0 1	1 1 0 0

[그림 7-7] 코드 변환 논리 회로망

10진수와 일치하지 않는 입력 조합은 결코 입력되지 않는다고 가정하면 이들 입력 조합에 대해 w, x, y, z 는 돈 캐어 상태를 갖는다. 이에 대한 카르노 맵은 그림 7-8에 나타내었다.

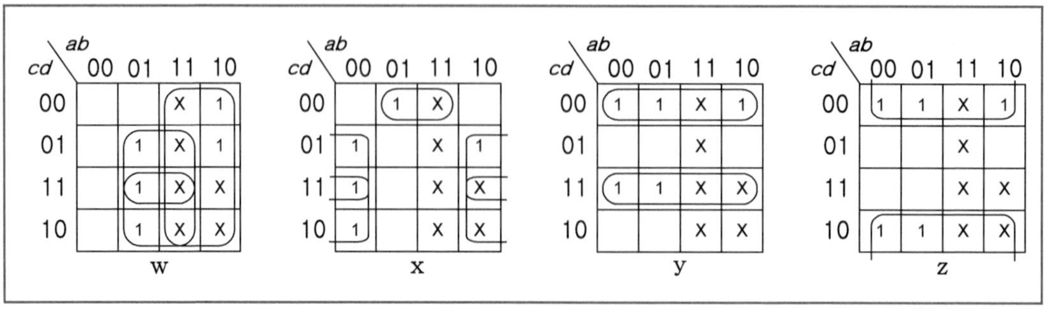

[그림 7-8] BCD to Excess-3 코드 변환기의 카르노 맵

z에 대한 최소 해는 $\bar{d}$가 된다. w, x, y 맵 사이에 공통이 되는 항을 찾아보면 공통항의 사용이 논리 회로를 간략화 하는데 도움이 되지 못함을 알 수 있다. 따라서 최소 2단 AND-OR해 (10게이트)는 다음과 같다.

$$w = a + bc + bd, \quad x = b\bar{c}\bar{d} + \bar{b}d + \bar{b}c, \quad y = \bar{c}\bar{d} + cd, \quad z = \bar{d}$$

x와 w를 다음과 같이 공통항 $c+d$를 얻기 위해 인수화하면 9개의 게이트를 갖는 3단 표현식이 얻어질 수 있다.

$$w = a + b\underline{(c+d)} \qquad x = b\bar{c}\bar{d} + \bar{b}\,\underline{(c+d)}$$

7-3 다중-출력 NAND와 NOR 회로

단일 출력 다단 NAND 게이트와 NOR 게이트 논리 회로의 설계에 대한 6-5절의 내용은 다중-출력 논리 회로에도 적용할 수 있다. 모든 출력 게이트가 OR 게이트로 되어 있으면 NAND 게이트 논리 회로로 바로 변환시킬 수 있다. 또한 모든 출력 게이트가 AND로 되어 있으면 NOR 게이트 논리 회로로 바로 변환시킬 수 있게 된다. 그림 7-9에는 2출력 논리 회로를 NOR 게이트들로 변환하는 예를 보이고 있다. 여기서 첫 번째 단과 세 번째 단의 NOR 게이트 입력 변수는 역으로 됨에 유의하자.

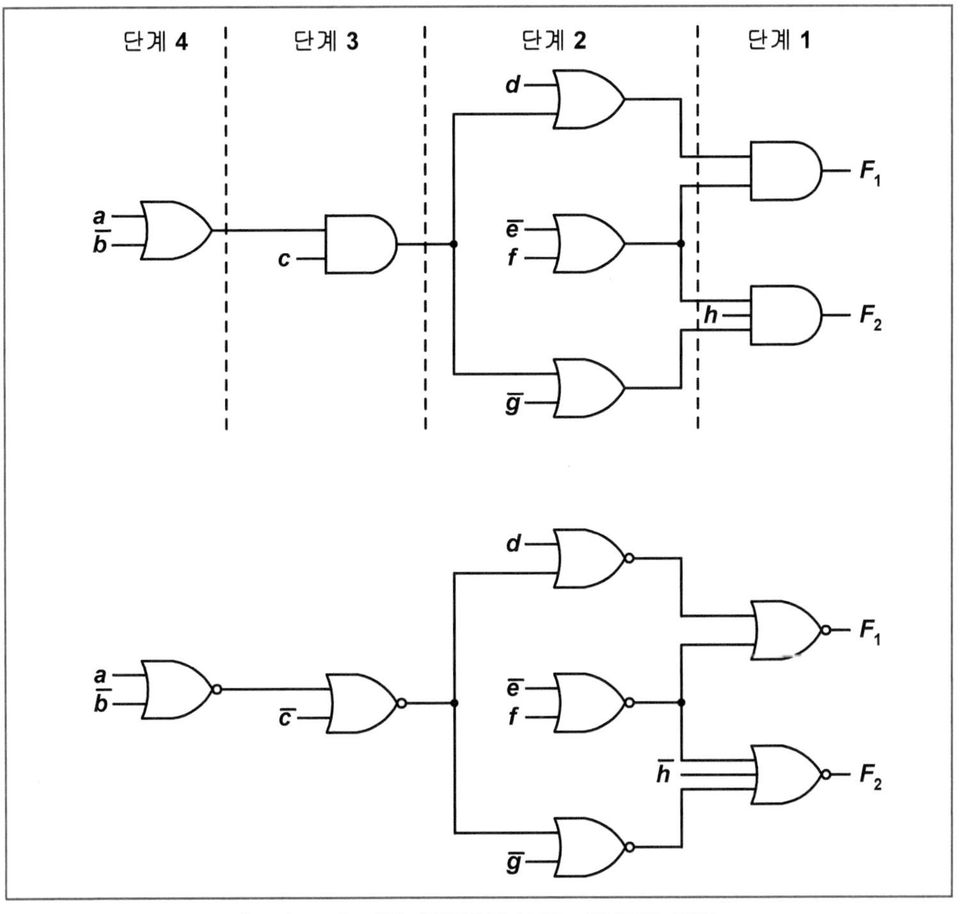

[그림 7-9] 다단 회로망을 NOR 게이트로 변환

7-4 멀티플렉서(Multiplexer)

멀티플렉서(혹은 데이터 선택기)는 데이터 입력 그룹과 제어 입력 그룹을 갖는다. 제어 입력은 입력 데이터들 중에 하나를 선택하는 데 쓰이고, 선택된 입력이 출력 단자에 연결된다. 그림 7-10은 4 : 1 멀티플렉서, 8 : 1 멀티플렉서 그리고 2^n : 1 멀티플렉서의 블록도를 나타낸다.

4 : 1 멀티플렉서(생략해서 MUX)는 다음 식으로 설명된다.

$$Z = \overline{A}\,\overline{B}I_0 + \overline{A}BI_1 + A\overline{B}I_2 + ABI_3 \qquad (7\text{-}3)$$

제어 입력 AB가 "00"이면 출력은 I_0 이고, 제어 입력이 "01, 10, 11"이면 각각 출력은 I_1, I_2, I_3 가 된다. 또한 8 : 1 MUX는 다음 식으로 설명된다.

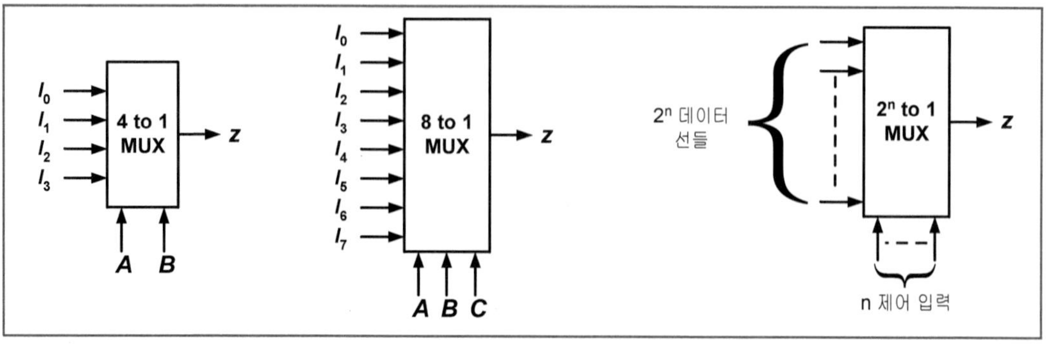

[그림 7-10] 여러 가지 멀티플렉서

$$Z = \overline{A}\,\overline{B}\,\overline{C}I_0 + \overline{A}\,\overline{B}\,CI_1 + \overline{A}\,B\,\overline{C}I_2 + \overline{A}\,B\,CI_3 + A\,\overline{B}\,\overline{C}I_4 + A\,\overline{B}\,CI_5 + A\,B\,\overline{C}I_6 + A\,B\,CI_7 \quad (7-4)$$

제어 입력 ABC가 "011"일 때, 출력은 I_3 이 되며, 다른 출력 관계들도 이와 같은 방법으로 나타낼 수 있다. 그림 7-11에는 8 : 1 MUX의 내부 구조를 보여주고 있다.

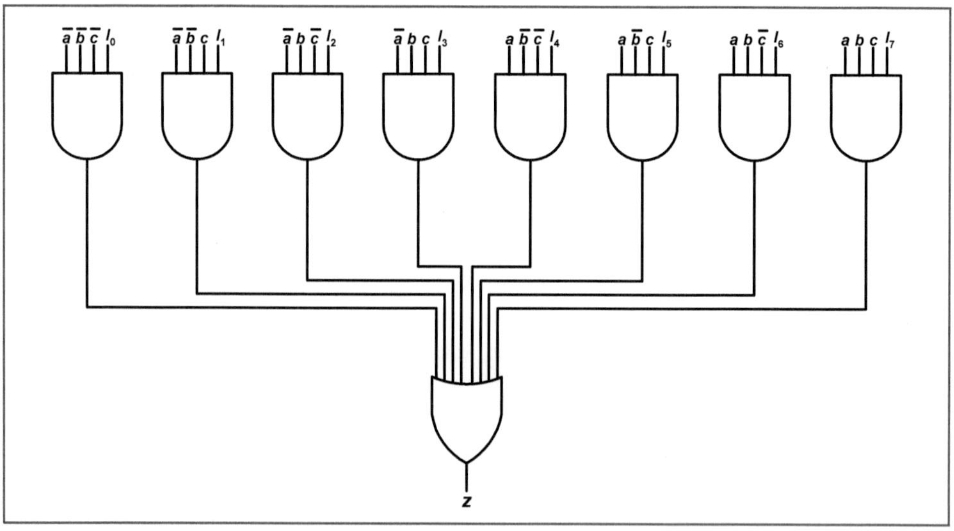

[그림 7-11] 8 : 1 MUX의 논리도

보통 n 개 제어 입력을 갖는 멀티플렉서는 2^n 개의 데이터 입력 중 어느 하나를 선택하는 데 사용된다. n 개 제어 입력과 2^n 개의 데이터 입력을 갖는 MUX 출력 방정식은 다음과 같다.

$$Z = \sum_{k=0}^{2^n - 1} m_k I_k$$

여기서 m_k는 n개의 제어 변수 중 하나의 최소항이고, I_k는 어느 하나의 데이터 입력을 나타낸다.

멀티플렉서는 디지털 시스템 설계 시에 저장될 데이터를 선택하는데 보통 사용한다. 그림 6-12는 네 개(Quadruple)의 2 : 1 MUX로 두 4비트 데이터 워드 중에 하나를 선택하는데 사용되어지는 방법을 나타내고 있다.

제어 입력이 $A=0$ 이면, x_0, x_1, x_2, x_3의 값이 출력 z_0, z_1, z_2, z_3에 나타나고, $A=1$ 이면 y_0, y_1, y_2, y_3의 값이 출력에 나오게 된다.

또한 멀티플렉서는 조합 논리 회로를 구현하는 데도 사용된다. 4 : 1 MUX는 어떤 논리 게이트의 추가 없이 3-변수 함수를 실현하는데 쓸 수 있다.

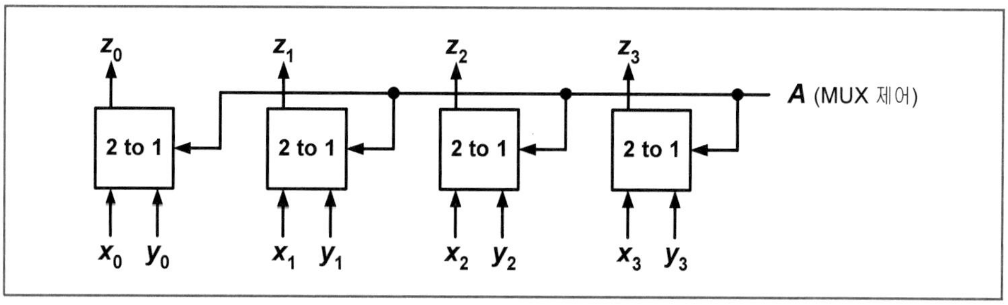

[그림 7-12] 데이터 선택에 적용된 네 개의 멀티플렉서

예를 들어

$$F(A,B,C)=\overline{A}\,\overline{B}+AC \tag{7-5}$$

를 실현해 보자. 모든 항에 두 제어입력 A와 B를 포함하도록 F를 전개하면 다음과 같다.

$$F=\overline{A}\,\overline{B}+AC(B+\overline{B})=\overline{A}\,\overline{B}\cdot 1+A\overline{B}\cdot C+AB\cdot C \tag{7-6}$$

식 (7-3)과 식 (7-6)을 비교하면, $I_0=1$, $I_1=0$, $I_2=C$, $I_3=C$로 할 때 두 식이 동일함을 알 수 있다. 따라서 식 (7-5)는 그림 7-13과 같이 실현된다.

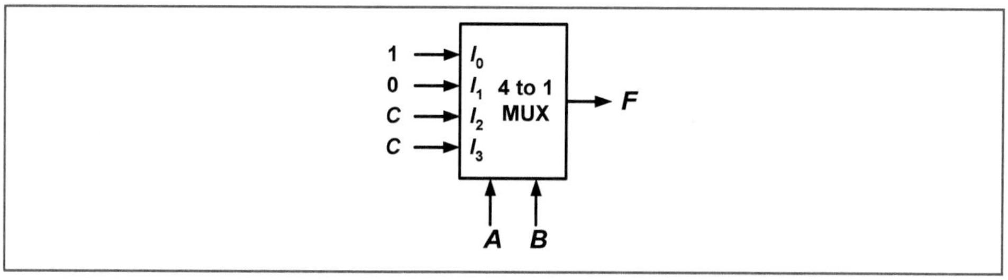

[그림 7-13] 식 (7-5)의 실현

하나의 8 : 1 MUX로 4변수 함수를 별도의 게이트 추가 없이 실현할 수 있다. 네 개의 변수 중 세 개는 MUX의 제어 입력으로 사용되고, 나머지 한 개의 변수는 데이터 입력에 사용된다.

예를 들어 그림 7-14(a)의 카르노 맵에 나타난 4변수 함수 Z를 설계해 보자. 먼저 A, B, C 변수를 제어 입력으로 선택한 후, 식 (7-4)에 적용하여 I_k 들을 결정한다. 식 (7-4)에서 $ABC=000$ 으로 선택하면 $Z=I_0$ 가 되고, $ABC=001$ 로 선택하면 $Z=I_1$ 등이 된다. 카르노 맵 상에서 이런 방법을 실행하는 것은 I_0, I_1 등에 일치하는 곳을 블록화하는 것과 같다. 따라서 ABC의 변수 값을 000으로 결정하면 4변수 맵이 1변수 맵으로 축소되어 그림 7-14에서 I_0 로 명시된다. 마찬가지로 $ABC=001$ 로 두면 맵의 $AB=00$열과 $C=1$인 행이 선택되어 I_1 로 분류된 1변수 맵이 주어진다. 각각의 경우에 대해 A, B, C값을 지정하면, 각 1변수 맵은 D 변수의 항으로 I_k 의 값을 결정하게 된다. 맵의 I_0 영역에서 D 값이 0과 1 모두에 대해 1이므로 $I_0=1$이 되고, I_1 영역에서는 D 값이 1인 영역에서만 1이므로 $I_1=D$가 된다. I_k 의 다른 값들도 위와 같은 방법으로 다음과 같이 결정할 수 있다.

$$ABC=000 \quad Z=I_0=1 \qquad ABC=100 \quad Z=I_4=\overline{D}$$
$$ABC=001 \quad Z=I_1=D \qquad ABC=101 \quad Z=I_5=D$$
$$ABC=010 \quad Z=I_2=0 \qquad ABC=110 \quad Z=I_6=\overline{D}$$
$$ABC=011 \quad Z=I_3=1 \qquad ABC=111 \quad Z=I_7=\overline{D}$$

그림 7-14(c)는 8 : 1 MUX를 사용하여 Z를 최종 실현한 결과를 나타낸다.

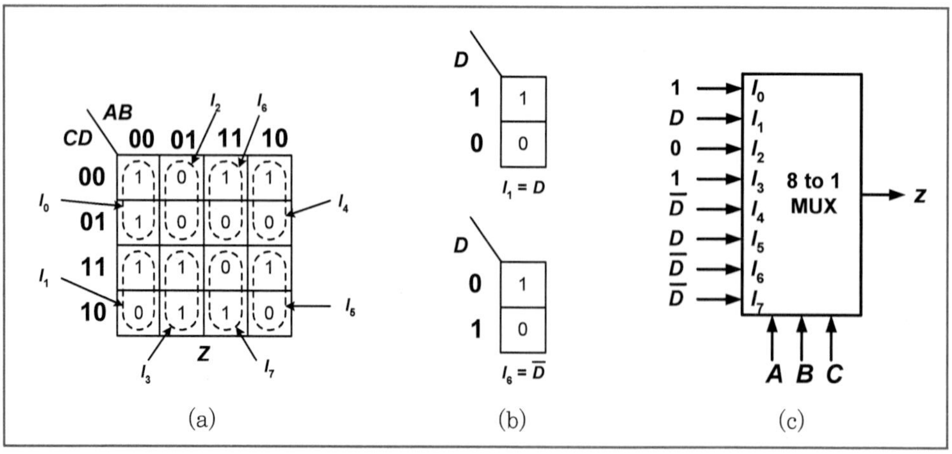

(a) (b) (c)

[그림 7-14] 4-입력 함수의 MUX 실현

멀티플렉서에 대해 제어 입력을 달리 선택하면 그에 따라 맵의 블록 영역 위치도 바뀌게 된다. 그림 7-15는 제어 입력을 A, B, D로 선택했을 경우에 대한 멀티플렉서와 구획을 보여준다. $ABD = 000$ 으로 지정하면 I_0 영역이 되고, C 값이 0인 영역에서 1이 되므로 $I_0 = \overline{C}$가 됨을 알 수 있다.

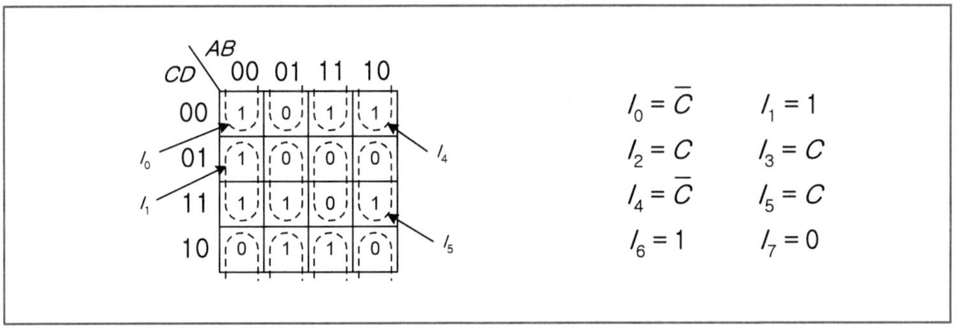

[그림 7-15] 제어 입력에 A, B, D 변수를 배치한 MUX 맵

그림 7-14(a)에 나타난 함수는 그림 7-16처럼 게이트를 추가한 4 : 1 MUX로 실현할 수 있다. 제어 입력을 AB로 보면 식 (7-3)을 적용하여 다음과 같이 풀이 할 수 있다.

$AB = 00, 01, 10, 11$, 출력 $Z = I_0, I_1, I_2, I_3$ 으로 표시하였다. 각 영역의 구획은 C와 D 변수의 값으로 I_k를 표현하는 2변수 맵이 된다.

따라서 $I_0 = \overline{C} + D$, $I_1 = C$, $I_2 = \overline{C}\,\overline{D} + CD = \overline{C} \oplus D$, 그리고 $I_3 = \overline{D}$ 가 되어 그림 7-16(b)처럼 구현된다.

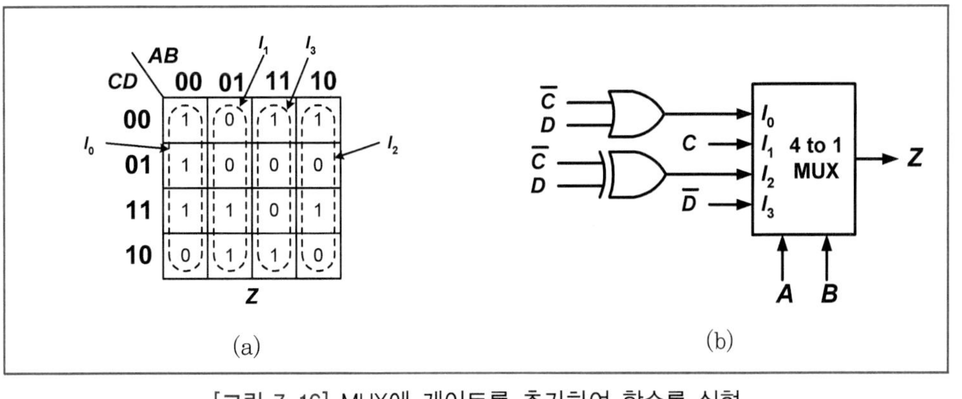

[그림 7-16] MUX에 게이트를 추가하여 함수를 실현

디지털 시스템에서 데이터 선택의 우선 적용 외에도 조합 논리 회로를 구현하기 위해 멀티플렉서를 어떻게 쓸 것인가에 대해 알아보았다. 멀티플렉서는 다음 구조로 IC 패키지에 쉽게 이용할 수 있다. 네 개의 2 : 1, 두 개의 4 : 1, 8 : 1, 16 : 1 등등

이미 알고 있는 바와 같이 4 : 1과 8 : 1 멀티플렉서는 3변수와 4변수 함수를 각각 실현하는 데 쓸 수 있다. 마찬가지로 4개의 제어 입력을 갖는 16 : 1 MUX는 별도의 게이트를 추가할 필요 없이 임의의 5변수 함수를 실현하는 데 사용될 수 있다.

> • n 개의 제어 입력을 갖는 MUX는 2^n 개의 입력 데이터 중 하나를 선택할 수 있다.
> • MUX는 데이터 선택기로 주로 사용되지만 조합회로의 함수 구현에도 사용된다.
> 즉, 4 : 1 MUX는 3변수 함수, 8 : 1 MUX는 4변수 함수를 직접 구현할 수 있다.

7-5 디코더(Decoder)

디코더는 IC형으로 논리 회로에서 많이 사용한다. 그림 7-17은 3 : 8 라인 디코더의 블록도와 진리표를 나타낸다. 이 디코더는 세 개의 입력 변수에 따른 모든 최소항을 발생한다. 출력선 중 어느 하나는 입력 변수의 각 조합에 대해 정확히 1이 된다.

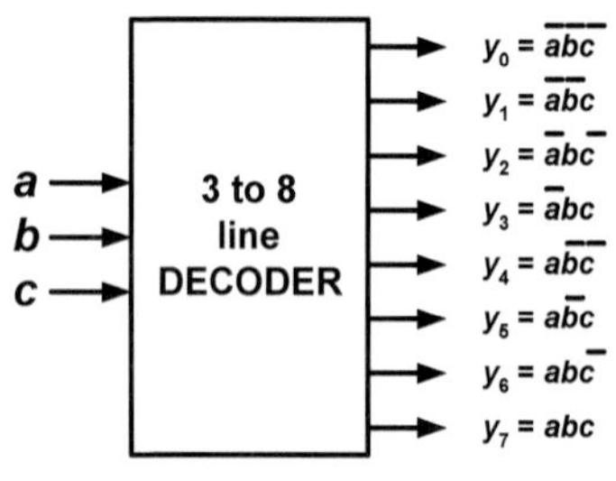

a	b	c	y_0	y_1	y_2	y_3	y_4	y_5	y_6	y_7
0	0	0	1	0	0	0	0	0	0	0
0	0	1	0	1	0	0	0	0	0	0
0	1	0	0	0	1	0	0	0	0	0
0	1	1	0	0	0	1	0	0	0	0
1	0	0	0	0	0	0	1	0	0	0
1	0	1	0	0	0	0	0	1	0	0
1	1	0	0	0	0	0	0	0	1	0
1	1	1	0	0	0	0	0	0	0	1

[그림 7-17] 3 : 8 디코더

그림 7-18은 4 : 10 라인 디코더를 나타낸다. 이 디코더는 반전된(작은 원으로 표시된) 출력을 갖고 있다. 입력값의 각 조합에 대해 출력 라인 중에 하나는 정확히 0으로 반응된다. BCD(2진화 10진수) 코드가 이 디코더의 입력 신호로 적용되면 출력 중의 어느 한 라인만이 0으로 되어, 10진수에 대응되는 값을 나타내게 된다. 일반적으로 $n : 2^n$ 라인 디코더는 n 개 입력 변수에 대해 2^n 개의 최소항(혹은 최대항)을 발생시킨다. 디코더의 출력은 다음 식에 의해 규정된다.

$$y_i = m_i ,\ i = 0 \text{ 에서 } 2^n - 1 \text{ 까지 (반전 안된 출력)} \qquad (7-7)$$

혹은

$$y_i = \overline{m_i} = M_i ,\ i = 0 \text{ 에서 } 2^n - 1 \text{ 까지 (반전된 출력)} \qquad (7-8)$$

여기서 m_i는 n개의 입력 변수에 대응되는 최소항을 의미하고, M_i는 최대항을 의미한다.

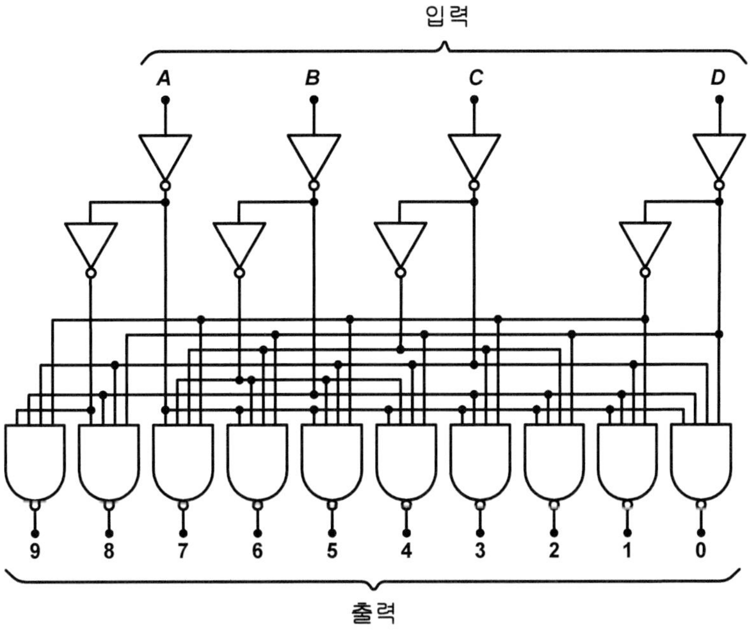

(a) 논리도

BCD TO DECIMAL DECODER
4 × 10

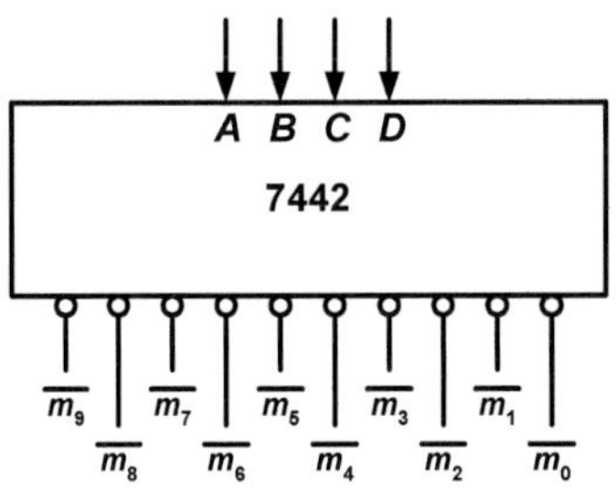

(b) 블록도

BCD input				Decimal output									
a	*b*	*c*	*d*	0	1	2	3	4	5	6	7	8	9
0	0	0	0	0	1	1	1	1	1	1	1	1	1
0	0	0	1	1	0	1	1	1	1	1	1	1	1
0	0	1	0	1	1	0	1	1	1	1	1	1	1
0	0	1	1	1	1	1	0	1	1	1	1	1	1
0	1	0	0	1	1	1	1	0	1	1	1	1	1
0	1	0	1	1	1	1	1	1	0	1	1	1	1
0	1	1	0	1	1	1	1	1	1	0	1	1	1
0	1	1	1	1	1	1	1	1	1	1	0	1	1
1	0	0	0	1	1	1	1	1	1	1	1	0	1
1	0	0	1	1	1	1	1	1	1	1	1	1	0
1	0	1	0	1	1	1	1	1	1	1	1	1	1
1	0	1	1	1	1	1	1	1	1	1	1	1	1
1	1	0	0	1	1	1	1	1	1	1	1	1	1
1	1	0	1	1	1	1	1	1	1	1	1	1	1
1	1	1	0	1	1	1	1	1	1	1	1	1	1
1	1	1	1	1	1	1	1	1	1	1	1	1	1

(c) 진리표

[그림 7-18] 4 : 10 디코더

n 입력 디코더는 n 개의 입력 변수에 대해 모든 최소항들을 발생하기 때문에 n 변수 함수들은 하나의 디코더로부터 나온 선택된 최소항 출력들과 함께 OR하면 실현시킬 수 있다. 디코더 출력이 반전된다면 다음 예에서 설명된 것 같이 NAND 게이트는 그 함수를 생성하는 데 사용할 수 있다.

$$f_1(a,b,c,d) = m_1 + m_2 + m_4 \quad \text{그리고,} \quad f_2(a,b,c,d) = m_4 + m_7 + m_9$$

위 함수를 그림 7-18의 디코더를 사용하여 실현해 보자. f_1 과 f_2 를 다시 쓰면 다음과 같다.

$$f_1 = \overline{(\overline{m_1}\,\overline{m_2}\,\overline{m_4})} \qquad\qquad f_2 = \overline{(\overline{m_4}\,\overline{m_7}\,\overline{m_9})}$$

그런 다음 그림 7-19에서처럼 NAND 게이트를 이용하여 f_1 과 f_2 를 생성시킬 수 있다.

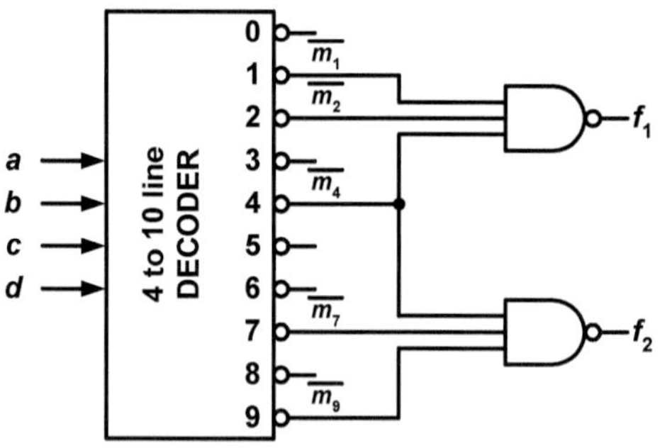

[그림 7-19] 디코더를 사용한 다중 출력 논리 회로의 실현

7-6 ROM(Read Only Memory)

ROM은 반도체 부품(다이오드, 트랜지스터, 또는 FET)의 배열로 이루어진 LSI 회로이며 2진 데이터를 저장 할 수 있는 내부 구조를 갖고 있다. 따라서 2진 데이터가 ROM에 한 번 저장되면 CPU에서 언제든지 읽어 낼 수 있으며, 정상적인 동작 하에서는 저장된 데이터가 변경되지 아니 한다. 그림 7-20(a)는 3개의 입력과 4개의 출력 라인을 갖는 ROM을 나타낸 것이다. 그림 7-20(b)는 이 ROM의 입력과 출력에 연관된 전형적인 진리표이다. 3개의 입력 라인의 조합들에 대하여 "0"과 "1"로 된 대응된 값이 ROM의 출력으로 나온다.

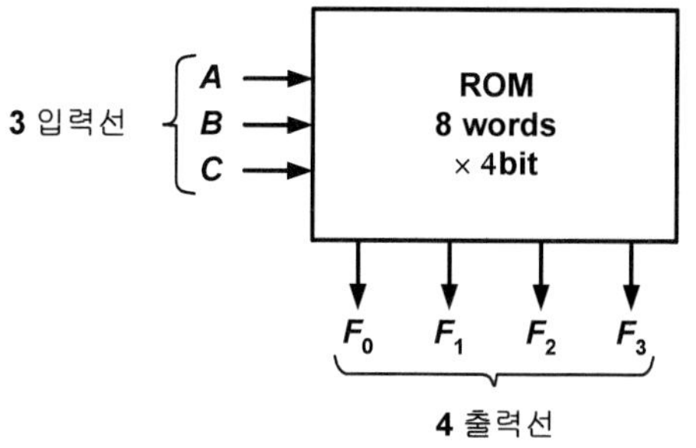

(a) 블록도

A B C	F_0 F_1 F_2 F_3
0 0 0	1 0 1 0
0 0 1	1 0 1 0
0 1 0	0 1 1 1
0 1 1	0 1 0 1
1 0 0	1 1 0 0
1 0 1	0 0 0 1
1 1 0	1 1 1 1
1 1 1	0 1 0 1

(b) ROM 진리표

[그림 7-20] 8워드×4비트 ROM

예를 들면 조합 $ABC = 010$ 이 입력 라인에 인가되면 출력에는 $F_0F_1F_2F_3 = 0111$ 이 나타난다. ROM에 저장된 각각의 출력 형태를 워드(Word)라 한다.

ROM의 입력 단자가 3개이므로 입력값의 조합은 $2^3 = 8$ 개의 서로 다른 값을 갖는다. 각각의 입력 조합은 메모리에 저장된 8개의 워드 중의 하나를 지정하는 주소가 된다. 4개의 출력 단자를 갖고 있으므로 각 워드는 4비트의 데이터 크기를 갖으며, 이 ROM의 크기는 8워드×4비트=32비트이다.

그림 7-21에 나타낸 n 개의 입력 라인과 m 개의 출력 라인을 갖는 ROM은 2^n 개의 워드 배열을 갖는다. 그리고 각 워드의 길이는 m 비트이다. ROM에 입력 조합이 가해지면 대응하는 메모리 내부의 워드가 "0"과 "1"의 형태로 출력 단자에 나타난다.

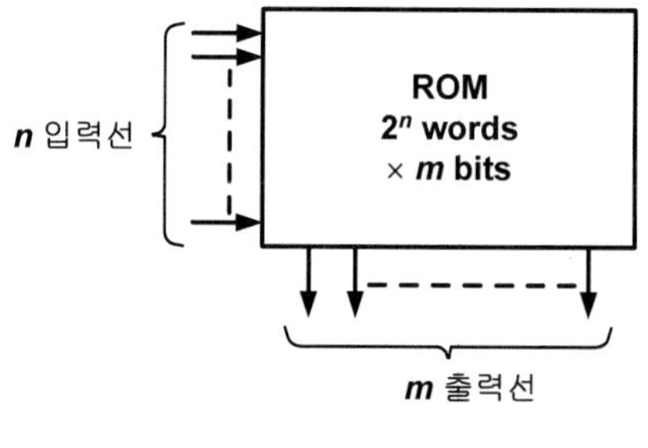

n 입력변수	m 출력변수
00 ··· 00	100 ··· 110
00 ··· 01	010 ··· 111
00 ··· 10	101 ··· 101
00 ··· 11	110 ··· 010
⋮	⋮
11 ··· 00	001 ··· 011
11 ··· 01	110 ··· 110
11 ··· 10	011 ··· 000
11 ··· 11	111 ··· 101

[그림 7-21] n개의 입력과 m개의 출력을 갖는 ROM

그림 7-21의 예에서 만일 00···11이 ROM의 입력(주소라인)에 가해지면 해당하는 주소에 저장된 워드 110···010이 선택되어 출력 라인에 전송된다. 하나의 $2^n \times m$ ROM은 2^n 행과 m 열을 갖는 데이터를 저장할 수 있으므로, n 개의 변수를 갖는 m 개의 함수를 실현할 수 있다. 상업적으로 이용되는 ROM의 크기는 32워드×4비트에서부터 512K워드×8비트나 그 이상의 크기이다.

ROM은 그림 7-22에서 보이는 것처럼 기본적으로 디코더와 메모리 배열(OR 구조)로 이루어져 있다. n 개의 "0"과 "1"의 형태가 디코더의 입력에 적용되면 정확하게 2^n 디코더 출력 중의 하나가 "1"이 된다. 이 디코더의 출력 라인은 메모리 배열 중에서 한 개의 워드를 선택하게 되고, 이 워드에 저장된 비트 패턴이 메모리의 출력 라인으로 전송된다.

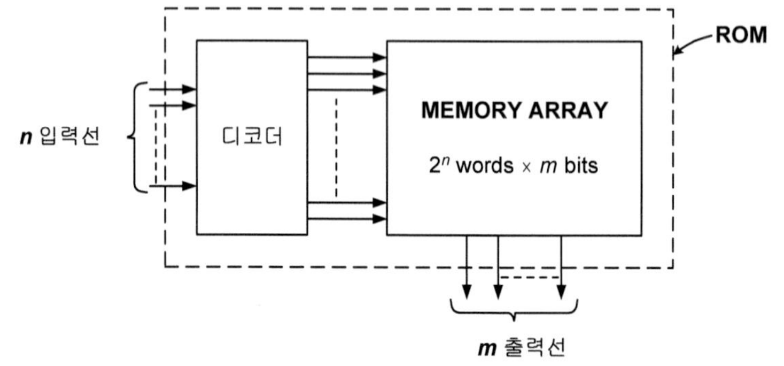

[그림 7-22] ROM의 기본 구조

그림 7-23은 그림 7-20의 8워드×4비트로 된 ROM의 내부 구조를 표현한 것이다. 디코더는 3개의 입력 변수로부터 8개의 최소항을 발생시킨다. 메모리 배열은 선택된 최소항과 함께 OR구조에 의해 4개의 출력 함수 형태를 갖는다. 만일 대응되는 최소항이 출력 함수에 포함된다면 논리 소자는 워드 선과 출력선의 교차점에 위치하게 된다. 그렇지 않으면 논리 소자는 생략된다. 이런 식으로 효율적으로 메모리 배열에 연결된 논리 소자들은 각각의 출력 함수에 대해 OR게이트를 형성한다. 예를 들면 m_0, m_1, m_4 와 m_6 는 F_0 를 형성하기 위해서, 그리고 출력 라인 F_1 에 연결된 최소항들은 출력 F_1 을 형성하기 위해 함께 OR되어 있다. 따라서 그림 7-23에 보인 ROM은 그림 7-20(b)의 진리표로부터 얻어진 다음과 같은 출력 함수를 발생시킨다.

$$F_0 = m(0,1,4,6) = \overline{A}\,\overline{B} + A\overline{C}$$
$$F_1 = m(2,3,4,6,7) = B + A\overline{C}$$
$$F_2 = m(0,1,2,6) = \overline{A}\,\overline{B} + B\overline{C}$$
$$F_3 = m(2,3,5,6,7) = AC + B \tag{7-9}$$

ROM의 내용은 보통 진리표에 의해서 규정된다. 그림 7-20(b)의 진리표는 그림 7-23의 ROM을 규정하고 있다. 진리표의 출력 부분에 있는 "1" 또는 "0"은 ROM의 메모리 배열에서 논리 소자가 존재하거나 없는 것에 일치됨을 알 수 있다.

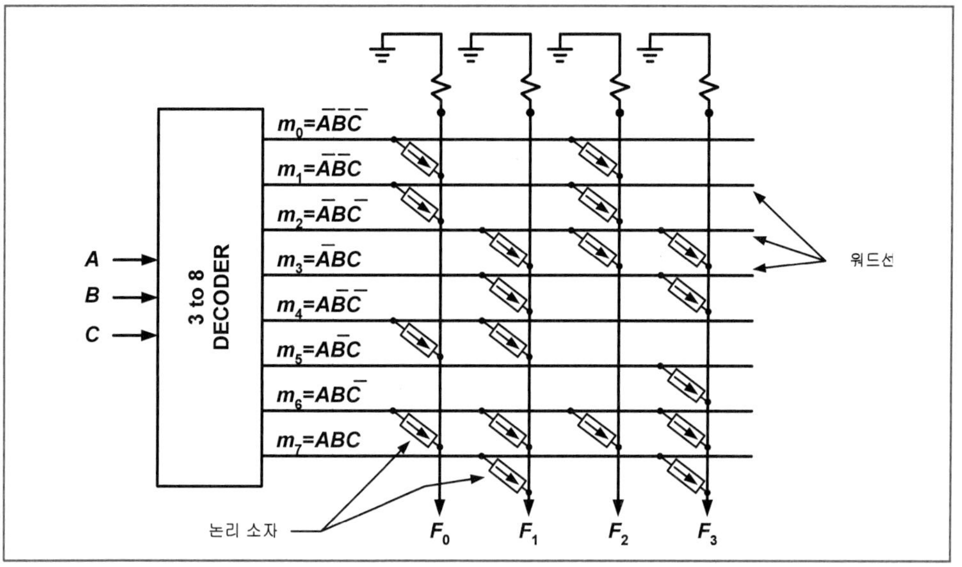

[그림 7-23] 8워드×4비트 ROM의 내부 구조

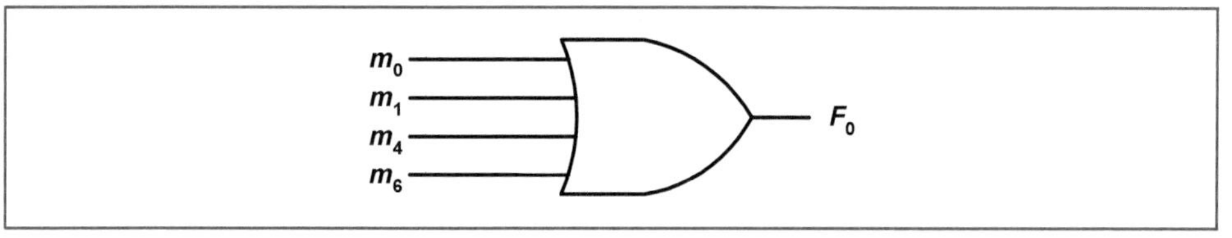

[그림 7-24] F_0를 위한 등가 OR 게이트

다중 출력을 갖는 조합회로는 ROM을 이용하여 쉽게 구현할 수 있다. 예를 들면 그림 7-7의 BCD를 Excess-3 코드 회로로 변환시키는 것은 4-입력, 4-출력 ROM을 이용하여 구현할 수 있다. 그림 7-7의 진리표는 ROM에서 10개의 주소에 저장된 워드 데이터를 나타낸다고 볼 수 있다. 4-입력 ROM은 16개의 워드를 갖고 있으므로 나머지 여섯 개의 워드가 돈 캐어 상태가 되며 "0" 또는 "1"로 채워질 수 있다. 그림 7-25는 ROM의 내부구조를 나타낸 그림이다. 메모리 배열의 열과 행이 교차되는 지점의 논리 소자는 검은 점(Dot)을 이용하여 나타내었다. 하나의 검은 점은 논리 소자가 존재함을 나타내고, 없는 부분은 대응되는 논리 소자가 없음을 나타낸다.

ROM의 기본적인 세 가지 형태는 Mask ROM, Field-programmable ROM(PROM이라 함)과 전기적으로 소거가 가능한 ROM(EEPROM : Electrically Erasable Programmable ROM)이다. Mask ROM은 제조 공정에서 진리표로 주어지는 데이터 배열을 ROM 속에 영구히 저장한다. 이것은 메모리 배열의 열과 행의 교차 지점의 논리 소자들을 선택적으로 포함시키거나 생략시킴으로써 만들어진다. 이를 위해서는 집적회로 제조 공정에 특별한 "Mask"가 준비되어야 한다. 이러한 Mask의 준비는 비용이

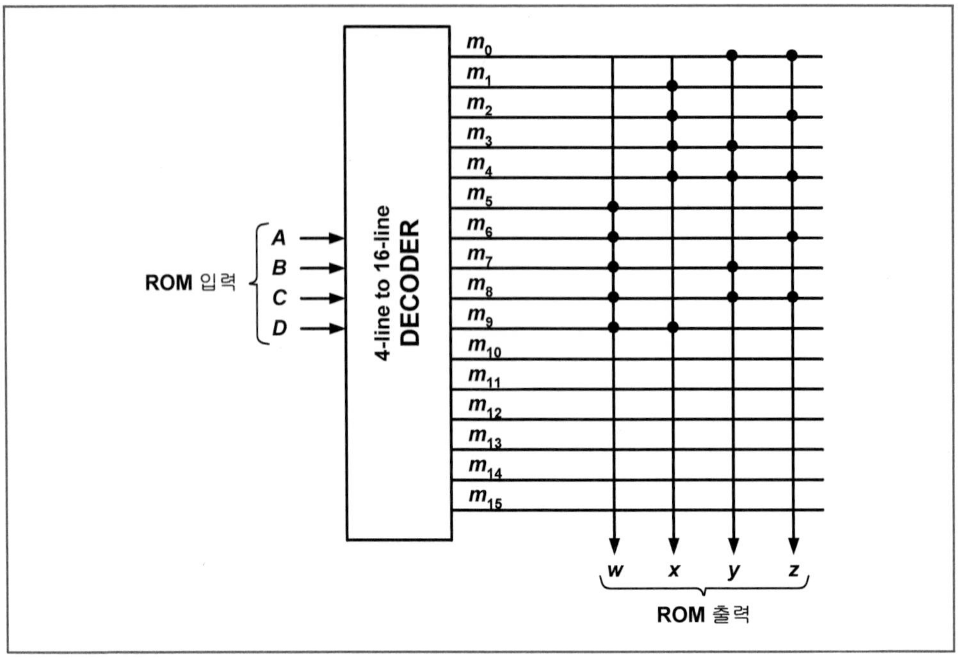

[그림 7-25] ROM으로 실현한 코드 변환기

많이 들게 되며 Mask-programmable ROM은 동일한 데이터 배열이 대량으로 요구되는(수천 개 이상) 경우에만 경제적이다. 만일 소량의 주어진 데이터 배열이 필요한 ROM이 요구되면 EEPROM이 사용될 수 있다.

디지털 시스템을 개발하는 동안 종종 ROM에 저장된 데이터를 변경해야 하는 필요가 발생되기도 한다. 데이터가 변경될 때마다 값비싼 새로운 Mask ROM을 사용하는 것을 피하기 위해, 데이터의 삭제와 프로그래밍이 가능한 EEPROM이 사용될 수 있다. EEPROM은 전기적으로 읽기, 쓰기, 및 소거가 가능하다. PROM이 퓨즈로 연결된 대신 EEPROM은 전하의 축적이 가능한 부유(Floating) 게이트 구조를 가진 메모리 배열의 논리 소자를 인에이블(Enable)시키거나 디스에이블(Disable)시킨다. EEPROM에 데이터를 저장하려면 전기적인 소거 동작이 필요하며 적당한 전압을 인가하여 메모리 셀에 전자 주입 및 방출로 스위칭한다. 저장된 데이터는 지워지기 전까지 영구히 보존되며, 소거가 끝난 후 다시 새로운 데이터를 EEPROM에 저장시킬 수 있다. 데이터 저장 횟수는 제한적이다.

- ROM의 내용은 항상 진리표에 의해 규정되며 기본적으로 디코더와 메모리 배열(OR 구조)로 구성된다.
- ROM을 이용하면 다중 출력 회로망을 쉽게 구현할 수 있다.

7-7 PLA(Programmable Logic Array)

PLD(Programmable Logic Device)는 여러 가지 유형의 논리 함수를 제공하도록 프로그램될 수 있는 집적회로의 일반적인 이름이다. 전형적인 조합 PLD는 단일 집적 회로에 의해 4~16개의 변수로 이루어진 2~10개 정도의 논리 함수들을 실현 할 수가 있다. 따라서 PLD는 많은 SSI와 MSI를 대치할 수 있고 결과적으로 시스템 설계 비용을 줄 일 수 있으며, 시스템의 배선을 변경할 필요 없이 프로그래밍을 변경함으로써, 시스템의 설계 변경을 용이하게 한다. 사용 가능한 유형의 PLD들로는 PLA, PAL(Programmable Array Logic), GAL(Generic Array Logic), EPLD(Erasable PLD), PEEL(Programmable Electrically Erasable Logic), FPGA(Field-Programmable Gate Array) 등이 있다. 여기서는 PLA 및 PAL의 기능과 조합 회로의 응용에 대하여 살펴본다.

PLA 구조는 AND 어레이와 OR 어레이를 모두 프로그래밍 할 수 있는 구조로 되어 있다. PLA는 논리 회로 구현에서 n 개의 입력과 m 개의 출력을 갖으며, m 개의 함수를 실현할 수 있다. 또한 신호가 2개의 프로그램 가능한 어레이를 통하여 전달되기 때문에 PAL에 비해서는 동작 속도가 느리다는 단점을 가지고 있다. 그림 7-26은 PLA의 일반적인 구조이다.

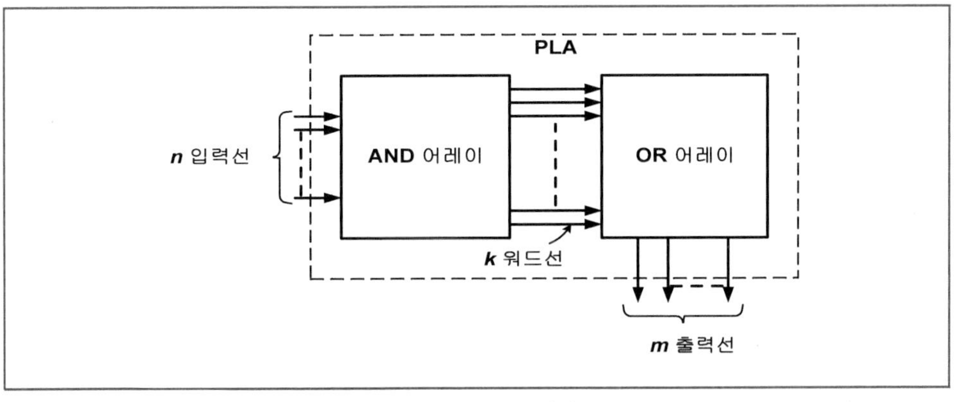

[그림 7-26] PLA의 일반 구조

또한 그림 7-27은 그림 7-23의 ROM이 갖는 함수와 동일한 함수를 실현한 3 입력 PLA 구조를 보여주고 있다. 곱항은 배열 내의 적당한 위치에 논리 소자를 연결함으로써 배열 내부에 형성한다. 예를 들어 $\overline{A}\,\overline{B}$의 형태를 갖도록 하려면 $\overline{A}$와 $\overline{B}$ 라인에 있는 워드 선을 연결하기 위해 논리 소자들이 사용된다. 논리 소자들은 출력 함수를 위해 필요한 곱항이 선택되도록 OR 배열과 연결된다. 예를 들어 $F_0 = \overline{A}\,\overline{B} + A\overline{C}$ 이므로, 논리 소자는 $\overline{A}\,\overline{B}$과 $A\overline{C}$라인을 F_0 라인에 연결하기 위해 사용된다. 이

PLA의 AND와 OR 배열 내의 연결은 그림 7-28의 AND-OR 배열과 등가이도록 해준다.

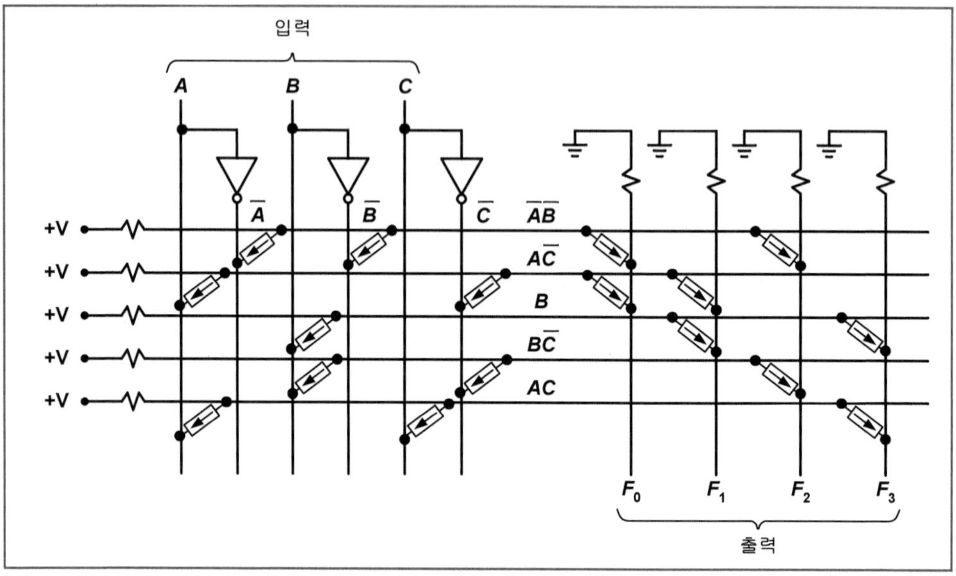

[그림 7-27] 3입력, 5곱항, 4출력을 갖는 PLA

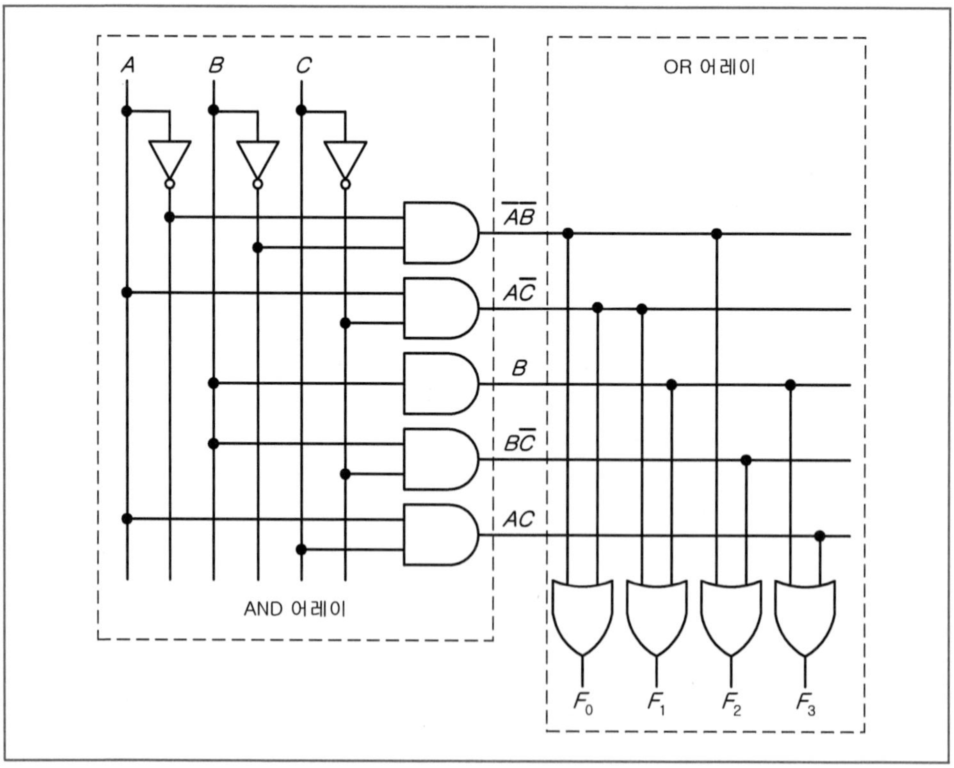

[그림 7-28] 그림 7-27에 대한 등가 AND-OR 배열

PLA의 내용은 수정된 진리표에 의해 규정할 수 있다. 표 7-1은 그림 7-27의 PLA를 규정한 것이다. 표의 입력측은 곱항을 규정한다. 논리 상수 "0"과 "1", 그리고 "-"는 변수가 보수된 것 보수되지 않은 것, 혹은 대응되는 곱의 합에서 나타나지 않은 변수를 가리킨다. 표의 출력은 각각의 출력 함수 중에서 어떤 곱항이 나타나는가를 결정한다. 하나의 "1" 또는 "0"은 주어진 곱항이 대응하는 출력 함수 내에 존재하는가 혹은 존재하지 않는가를 나타낸다. 따라서 표 7-1의 첫 번째 행은 $\overline{A}\,\overline{B}$항이 출력 함수 F_0, F_2 에 존재하고 있음을 나타내며, 두 번째 행은 $A\overline{C}$항이 F_0, F_1 에 존재함을 나타낸다.

[표 7-1] 그림 7-27에 대한 PLA표

	입 력			출 력			
곱 항	A	B	C	F_0	F_1	F_2	F_3
$\overline{A}\,\overline{B}$	0	0	-	1	0	1	0
$A\overline{C}$	1	-	0	1	1	0	0
B	-	1	-	0	1	0	1
$B\overline{C}$	-	1	0	0	0	1	0
AC	1	-	1	0	0	0	1

$$F_0 = \overline{A}\,\overline{B} + A\,\overline{C}$$
$$F_1 = A\,\overline{C} + B$$
$$F_2 = \overline{A}\,\overline{B} + B\overline{C}$$
$$F_3 = B + A\,C$$

다음에 PLA를 이용하여 식 (7-2)식을 실현해 보자. 식 (7-2b)에 주어진 최소 다중 출력의 해를 이용하면 그림 7-29(a)처럼 각각 구분된 곱항에 대하여 하나의 행을 갖는 PLA표를 작성할 수 있다. 그림 7-29(b)는 이와 대응되는 PLA의 구조를 나타내고 있으며 4개의 입력과 6개의 곱항과 3개의 출력을 갖는다. 워드라인과 입력 또는 출력 라인의 교차점에 있는 검은 점은 배열에서 논리 소자들이 존재함을 나타낸다.

PLA의 표는 ROM의 진리표와는 많이 다르다. 진리표에서 각각의 행은 최소항을 나타낸다. 따라서 각 입력 변수의 조합에 의해 하나의 행이 정확하게 선택된다. 선택된 행의 출력 부분에서 "0"과 "1"은 대응되는 출력 함수에 의해 결정된다. 한편 PLA 표 각각의 행은 일반적인 곱항을 표현한다. 주어진 입력 조합에 대한 f_1 의 값을 결정하려면 PLA 표의 선택된 각각의 행에 있는 곱항들이 함께 OR 되어야만 한다.

다음의 예는 그림 7-29(a)의 PLA표를 참조하고 있다. 만일 $abcd = 0001$ 이면 어떠한 행도 선택되지 않으며 모든 f_i 는 0이다. 만일 $abcd = 1001$ 이면 오직 세 번째 행만 선택되며 $f_1 f_2 f_3 = 101$ 이다. 만일 $abcd = 0111$ 이면 첫 번째, 다섯 번째, 여섯 번째 행이 선택된다. 따라서 $f_1 = 1 + 0 + 0 = 1$, $f_2 = 1 + 1 + 0 = 1$ 이고 $f_3 = 0 + 0 + 1 = 1$ 이다.

a b c d	$f_1\, f_2\, f_3$
0 1 − 1	1 1 0
1 1 − 1	1 0 1
1 0 0 −	1 0 1
− 0 1 −	1 0 0
− − 1 −	0 1 0
− 1 1 −	0 0 1

(a) PLA표

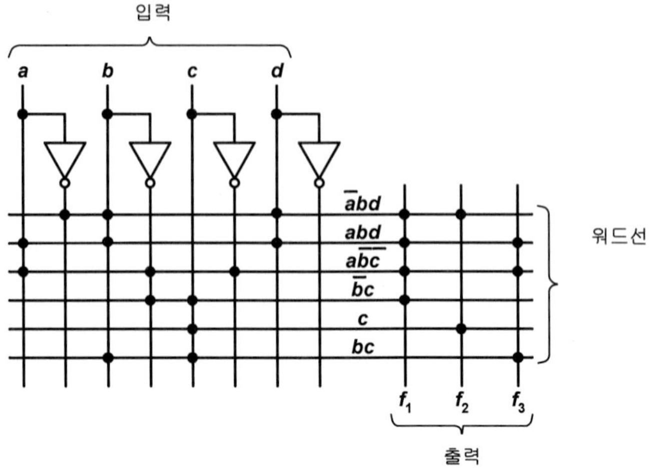

(b) PLA 구조

[그림 7-29] 식 (7-2b)를 PLA로 실현

Mask-programmable PLA와 Field-programmable PLA 모두 유용하게 사용된다. Mask-programmable 형태는 Mask-programmable ROM의 경우처럼 제조 공정 시에 프로그래밍된다. FPLA (Field-programmable Logic Array)는 퓨즈로 연결되어 있으며 AND와 OR 배열에서 패턴을 저장하기 위해 퓨즈를 끊는다. 전형적인 FPLA는 16개의 입력과 48개의 곱항, 8개의 출력을 갖는다. 입력 변수의 수가 작을 때는 PLA를 사용하는 것보다 ROM을 사용하는 것이 더 경제적이다. 그렇지만 입력 변수의 개수가 크다면 PLA가 ROM보다 더 경제적인 해법을 제공한다. 예를 들면 16 변수로 된 8개의 함수를 실현하기 위해서는 ROM은 65,536개의 8비트 워드로 된 ROM이 필요하다. 이러한 크기를 갖는 ROM은 신속하게 사용될 수 없으므로 크기가 작은 몇 개의 ROM을 이용하여 실현될 수 있도록 함수가 분해되어야 한다. 16변수로 된 8개의 동일한 함수는 총 곱항의 수가 작은 제공된 하나의 PLA를 이용하여 쉽게 구현할 수가 있다. 만일 그 이상의 항이 요구되면 여러 개의 PLA의 출력들을 함께 OR시키면 된다.

7-8 PAL(Programmable Array Logic)

PAL은 프로그램이 가능한 AND 배열과 고정된 OR 배열로 구성되어 있으며 AND 배열만 프로그램이 가능하기 때문에 복잡도를 감소시킬 수 있어 설계가 용이하고 설계시간을 단축할 수 있는 장점을 가지고 있다.

또한 PAL은 일반적인 PLA보다 값이 싸며 프로그램이 더 용이하다. 이런 이유로 인해 논리회로 설계자들은 흔히 몇 개의 논리 함수만 실현되어야 할 때는 논리 게이트를 PAL로 구현하게 된다.

PAL의 기본적인 구조는 PLA와 유사하며 그림 7-30과 같다.

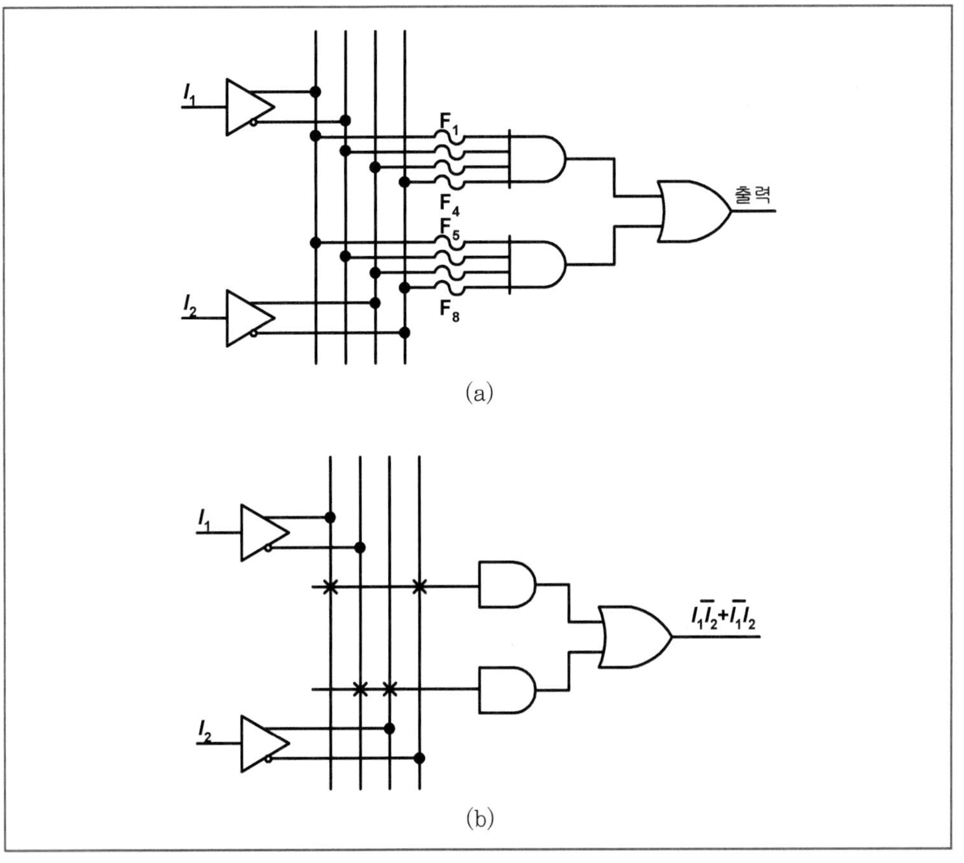

[그림 7-30] PAL의 일부분

각각의 PAL 입력은 많은 수의 AND 게이트 입력을 구동하여야 하므로 버퍼가 사용된다. PAL을 프로그램할 때, 퓨즈의 연결($F_1, F_2, \ldots, F_8$)은 AND 게이트 입력에 원하는 대로 연결되도록 선택적으로 끊어진다. PAL 내에서 AND 게이트의 입력에 대한 연결은 그림에서 보여주는 바와 같이 ×표에 의해 나타난다.

그림 7-30(a)에서 PAL의 일부는 함수 $I_1\overline{I_2}+\overline{I_1}I_2$를 실현하는 데 사용할 수 있다. ×표시는 I_1 과 $\overline{I_2}$ 라인이 첫 번째 AND 게이트에 연결되어 있음을 나타내고, $\overline{I_1}$ 과 I_2 라인은 또 다른 AND 게이트에 연결되어 있음을 나타낸다.

표 7-2는 조합형 PAL의 몇 가지 이용 가능한 형태에 대한 종류를 보여주고 있다.

[표 7-2] 조합형 PAL의 종류

종류	입력수	출력수	게이트구조	입력수/OR게이트
10H8	10	8	AND-OR	2
12H6	12	6	AND-OR	4,2,2,2,2/4
14H4	14	4	AND-OR	4
16H2	16	2	AND-OR	8
16C1	16	1	AND-OR/NOR	16
20C1	20	1	AND-OR/NOR	16
10L8	10	8	AND-NOR	2
12L6	12	6	AND-NOR	4,2,2,2,2/4
14L4	14	4	AND-NOR	4
16L2	16	2	AND-NOR	8
12L10	12	10	AND-NOR	2
14L8	14	8	AND-NOR	4,2,2,2,2,2,2,4
16L6	16	6	AND-NOR	4,4,2,2,4,4,
18L4	18	4	AND-NOR	4
20L2	20	2	AND-NOR	8
16L8	16	8	AND-NOR	8
20L8	20	8	AND-NOR	8
20L10	20	10	AND-NOR	4

그림 7-31은 14개의 입력과 4개의 출력을 갖는 PAL 14L에 대한 내부의 논리도를 나타낸 것이다. 4개의 출력 NOR 게이트 각각은 4개의 AND 게이트로부터 구동된다.

또한 14H4는 NOR 게이트가 OR 게이트로 대치된 점만 제외하고는 14L4와 동일하다.

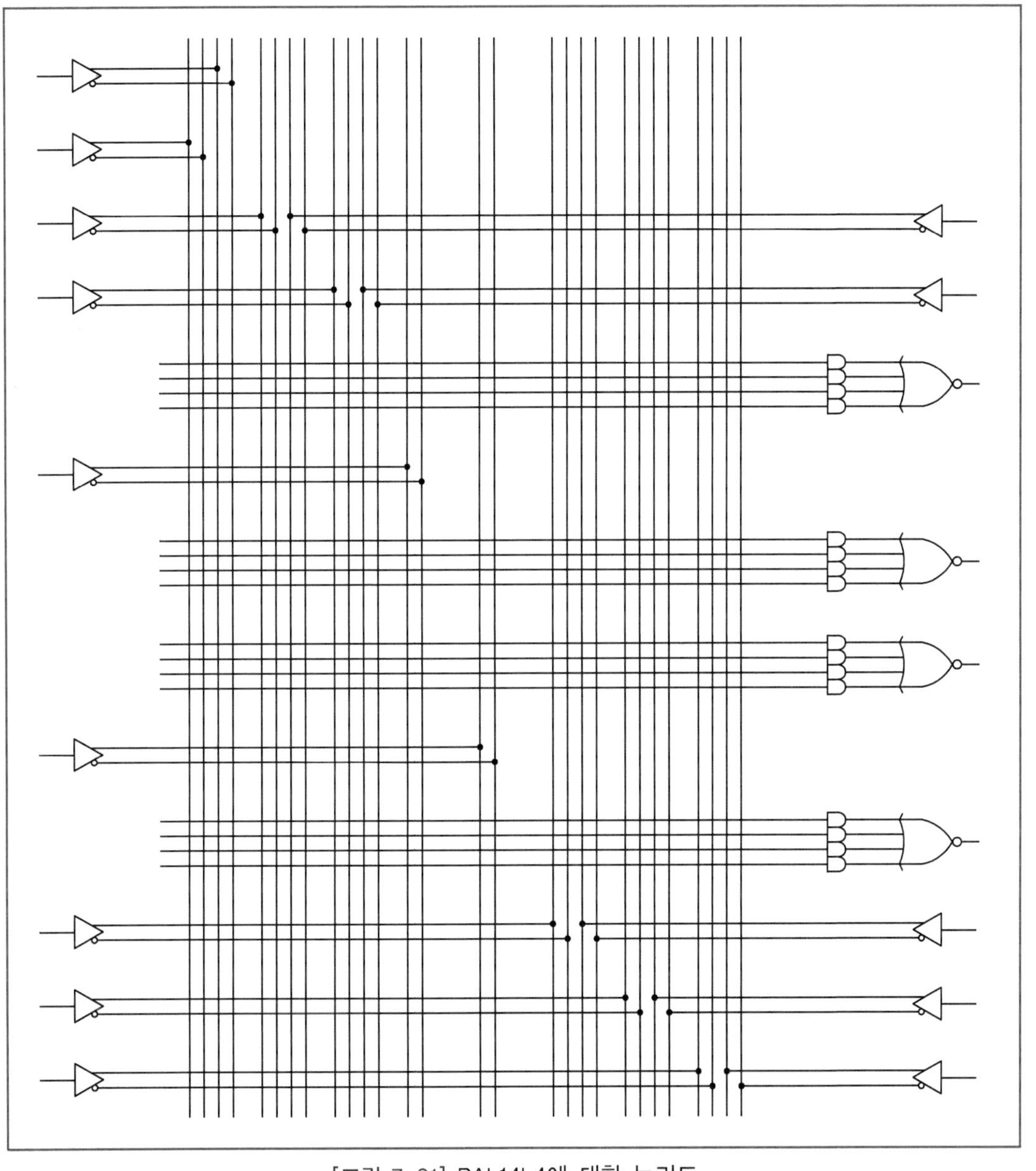

[그림 7-31] PAL14L4에 대한 논리도

12H6(그림 7-32)은 12개의 입력과 6개의 출력을 갖는다. 출력 OR 게이트들 중에서 두 개는 4개의 AND 게이트들로부터 구동되며 OR 게이트들 중에서 4개는 2개의 AND 게이트로부터 각각 구동되고 있다. ×표시는 다음의 예에서 설명할 AND 게이트에 연결되어 있는 변수들을 나타낸다.

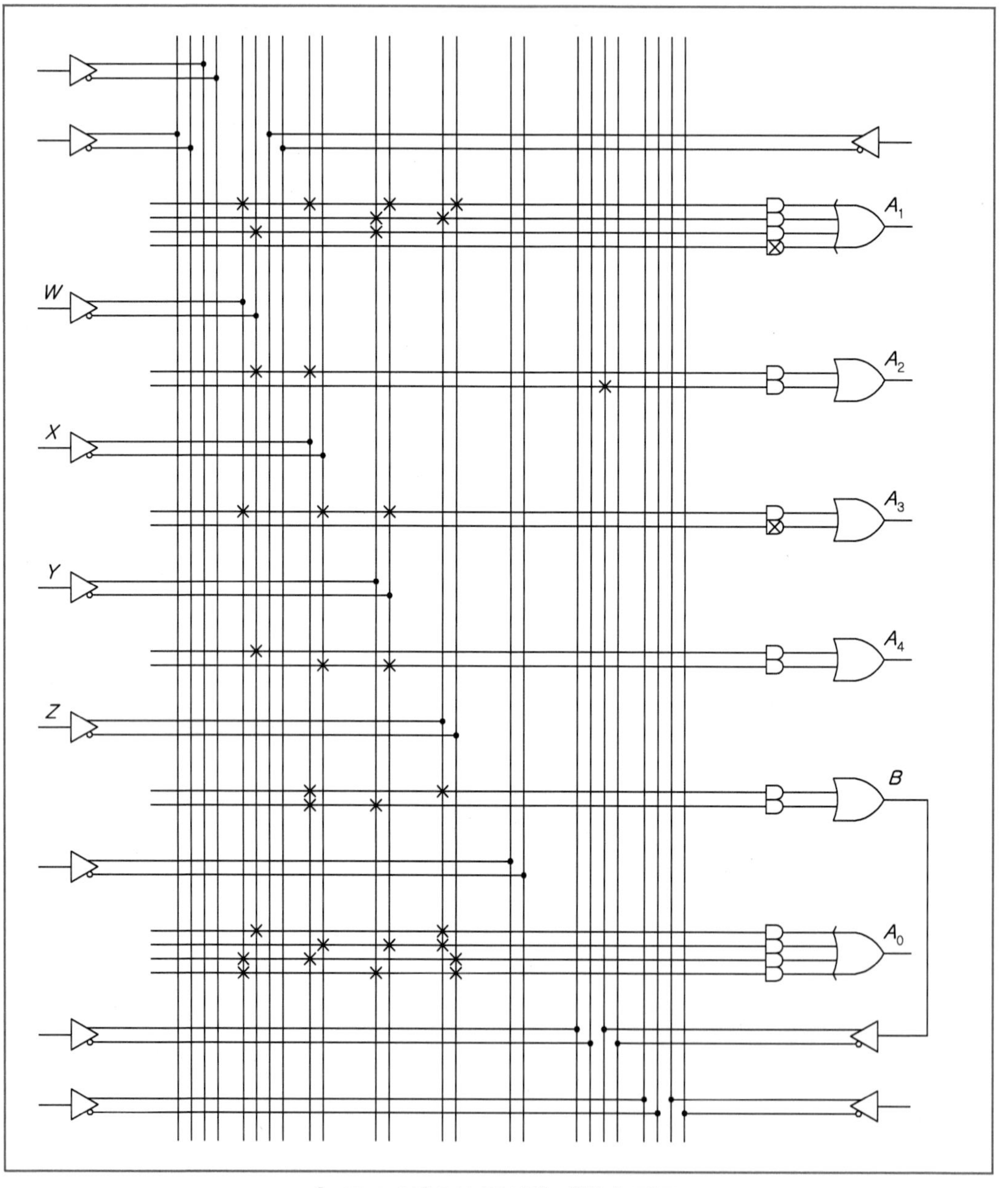

[그림 7-32] PAL12H6에 대한 논리도

PAL을 설계할 때 논리식을 간소화시켜야만 하며 설계할 PAL들 중 하나(혹은 그 이상)를 선택하여 간략화된 논리식이 적용될 수 있도록 고려해야 한다. PAL은 PLA와는 달리 AND항은 두 개 혹은 그 이상의 OR 게이트들에 의해서 분할될 수 없다. 그래서 실현될 각 함수는 공통항을 고려할 필요 없이 그 자신에 의해서만 간소화가 될 수 있다. 주어진 PAL의 형태에 대하여 각각 OR 게이트에 전송하는 AND항의 수는 고정되거나 제한된다. 만일 간소화된 함수의 AND항의 수가 너무 클 경우에는 더 많은 수의 게이트 입력과 보다 작은 수의 출력을 갖는 PAL을 선택해야 한다.

PAL을 이용하는 예로써 4비트의 2진수를 16진수로 변환하고 또 그 16진수에 대해 7-비트 ASCII코드를 출력하는 회로를 설계해 보자. 그림 7-33(a)는 회로에 대한 진리표를 나타낸다. $A_5 = A_4$ 이고 $A_6 = \overline{A_4}$ 이므로 PAL은 그림 7-33(b)에서처럼 4개의 변수를 갖는 5개의 함수를 생성할 필요가 있다. 표 7-2로부터 6개의 출력과 12개의 입력을 갖는 12H6이나 혹은 12L6 PAL을 임시로 선택하자.

다음 단계는 그림 7-34에서처럼 카르노 맵을 이용하여 5개의 함수에 대해 간략화된 표현식을 찾는 것이다. 회로망을 12H6에 맞추는 것은 적절하지 못하다. 왜냐하면 함수들 중에서 두 개는 3개의 AND항을 갖고 한 개의 함수는 4개의 AND항을 갖기 때문이다. 한 가지 가능한 방법은 12L6을 이용하는 것이다. 이것은 반전된 출력을 갖고 있으므로 함수 $\overline{A_4}$, $\overline{A_3}$, $\overline{A_2}$, $\overline{A_1}$와 $\overline{A_0}$를 이용하면 된다. 이들 함수 중에서 2개의 함수는 4개의 AND를 필요로 하고, 한 개의 함수는 3개의 AND가 필요하므로 12L6을 양쪽에 모두 사용할 수 없음을 알 수 있다. 12H6으로 되돌아가서 보면 사용되지 않은 하나의 출력이 있음을 알 수 있다. A2에 대한 식을 다시 쓰면

$$A_2 = \overline{W}X + (XZ + XY) = \overline{W}X + B, \text{ 여기서 } B = XZ + XY \qquad (7\text{-}10)$$

여분의 PAL 출력은 B를 생성하는 데 사용할 수 있고 그림 7-33(b)에서처럼 B는 PAL의 입력들 중 하나에 연결할 수 있다. 이러한 방법으로 다른 외부 논리 회로 없이 단일 PAL로 5개의 함수 모두를 생성할 수 있다. 도표에서 ×표시는(그림 7-32) PAL의 AND게이트 입력에 연결된 변수들을 나타낸다. AND 게이트 내부에 있는 ×는 해당 게이트가 사용되지 않는다는 것을 의미한다.

Input W X Y Z	Hex Digit	ASCII Code for HEX Digit $A_6A_5A_4A_3A_2A_1A_0$
0 0 0 0	0	0 1 1 0 0 0 0
0 0 0 1	1	0 1 1 0 0 0 1
0 0 1 0	2	0 1 1 0 0 1 0
0 0 1 1	3	0 1 1 0 0 1 1
0 1 0 0	4	0 1 1 0 1 0 0
0 1 0 1	5	0 1 1 0 1 0 1
0 1 1 0	6	0 1 1 0 1 1 0
0 1 1 1	7	0 1 1 0 1 1 1
1 0 0 0	8	0 1 1 1 0 0 0
1 0 0 1	9	0 1 1 1 0 0 1
1 0 1 0	A	1 0 0 0 0 0 1
1 0 1 1	B	1 0 0 0 0 1 0
1 1 0 0	C	1 0 0 0 0 1 1
1 1 0 1	D	1 0 0 0 1 0 0
1 1 1 0	E	1 0 0 0 1 0 1
1 1 1 1	F	1 0 0 0 1 1 0

(a) 진리표

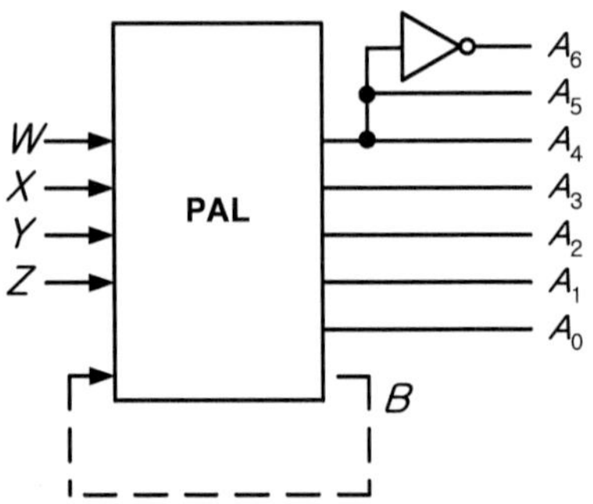

(b) 블록도

[그림 7-33] 2진-ASCII 코드 변환기

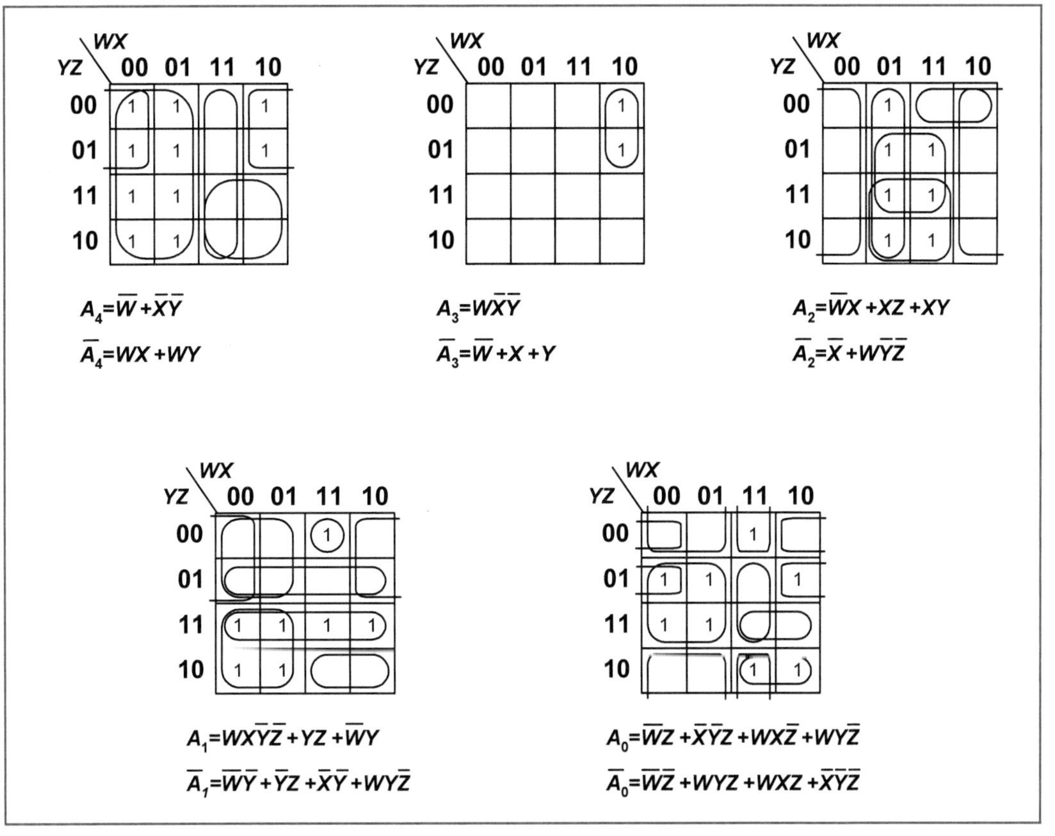

[그림 7-34] 2진-ASCII 코드 변환기에 대한 카르노 맵

••• 연습문제

7.1 $f_1 = \bar{a}c + \bar{a}\,\bar{d} + \bar{b}c$ 와 $f_2 = \bar{c}\,\bar{d} + a\bar{b} + a\bar{c}$ 를 2단 AND-OR 게이트로 실현하시오.

7.2 아래 함수를 실현할 수 있는 최소 2단 다중-출력 AND-OR 게이트 회로망을 구현하시오.

$$f_1 = (A,B,C,D) = \sum m(4,5,10,11,12)$$
$$f_2 = (A,B,C,D) = \sum m(0,1,3,4,8,11)$$
$$f_3 = (A,B,C,D) = \sum m(0,4,10,12,14)$$

7.3 아래 함수를 실현할 수 있는 최소 2단 다중-출력 AND-OR 게이트 회로망을 구현하시오.

$$f_1 = (a,b,c,d) = \sum m(0,2,9,10) + d(1,8,13)$$
$$f_2 = (a,b,c,d) = \sum m(1,3,5,13) + d(0,7,9)$$
$$f_3 = (a,b,c,d) = \sum m(2,8,10,11,13) + d(3,9,15)$$

7.4 Excess-3코드를 8-4-2-1 BCD코드로 변환하는 회로를 AND와 OR 게이트로 설계하시오.

7.5 a. 제어입력 A, C와 D를 갖는 $8\ to\ 1\ MUX$를 사용하여 그림 7-18의 함수를 구현하시오.

b. $4\ to\ 1\ MUX$를 사용하여 위의 과정을 반복하시오. 추가되는 게이트수가 최소가 되도록 제어 입력을 선택하시오.

7.6 $4\ to\ 1$ 라인 디코더(그림 7-17)와 4개의 NAND게이트를 사용하여 BCD를 Excess-3코드로 변환하는 변환기(그림 7-7)를 구현하시오.

7.7 a. 8-4-2-1 BCD 가산기를 사용하여 ROM을 설계하시오.

b. 8-4-2-1 BCD 가산기를 PLA를 사용하여 구현하시오.(입력으로는 오직 BCD 10자릿수만 발생한다고 가정한다.)

7.8 a. $f_1 = (a,b,c,d) = \sum m(3,6,7,11,13,14,15)$ 와
$f_2 = (a,b,c,d) = \sum m(3,4,6,11,12,13,14)$ 를 구현할 수 있는 최소 2단 NAND–NAND 회로를 보이시오.

b. 최소의 2단 NOR–NOR 회로에 대하여 위의 과정을 반복하시오.

7.9 a. 최소 2단 OR–AND 회로로 $f_1 = \bar{b}\,d + \bar{a}\,\bar{b} + \bar{c}d$ 와 $f_2 = \bar{a}\,\bar{d} + b\bar{c} + b\bar{d}$ 를 실현하시오.

b. 최소 2단 NAND–NAND 회로로 위의 함수를 실현하시오.

Digital Logic Design

CHAPTER 08

플립-플롭

FLIP-FLOPs

순서 스위칭 회로(Sequential logic circuits)의 출력은 현재 입력만 아니라 과거 입력에 의해서도 결정되어진다는 특성을 갖는다. 즉 이와 같은 논리회로들은 현재 상태의 출력을 얻기 위해서는 과거의 입력상태를 기억할 수 있어야 한다. 플립-플롭은 순차회로에서 가장 흔히 사용되는 기억소자이다. 기본적으로 플립-플롭은 2개의 안정된 출력 상태 중 하나를 가질 수 있으며, 보수출력을 가지고 있고 출력 상태를 변화시키는 한 개나 그 이상의 입력을 가지는 일련의 기억소자이다. 본 장에서는 이러한 여러 형태의 플립-플롭에 대하여 자세히 설명하기로 한다.

8-1 게이트 지연 및 타이밍도

논리 게이트 입력이 변화할 때 출력은 순간적으로 변화하지는 않는다. 게이트 내의 트랜지스터나 혹은 다른 스위칭 소자들은 입력 변화에 대하여 반응하는 데는 어느 정도 시간이 걸리게 된다. 그러므로 게이트 출력에서의 변화는 입력 변화에 대하여 어느 정도 지연이 있게 된다. 그림 8-1은 인버터에 비하여 시간 ϵ만큼 지연되었다면 이 게이트는 ϵ의 전파 지연을 갖는다라고 말할 수가 있다. 실질적으로 출력 변화 0에서 1에 대한 전파지연은 1에서 0의 변화에 대한 전파지연과 서로 다를 수가 있다.

집적회로 게이트에 대한 전파지연은 몇 ps(picoseconds : 10^{-12}초)만큼 짧기 때문에 대부분 이 경우에 이들 지연은 무시할 수가 있다. 그러나 어떤 순차회로 형태의 해석에 있어서는 짧은 지연일지라도 중요할 수 있다.

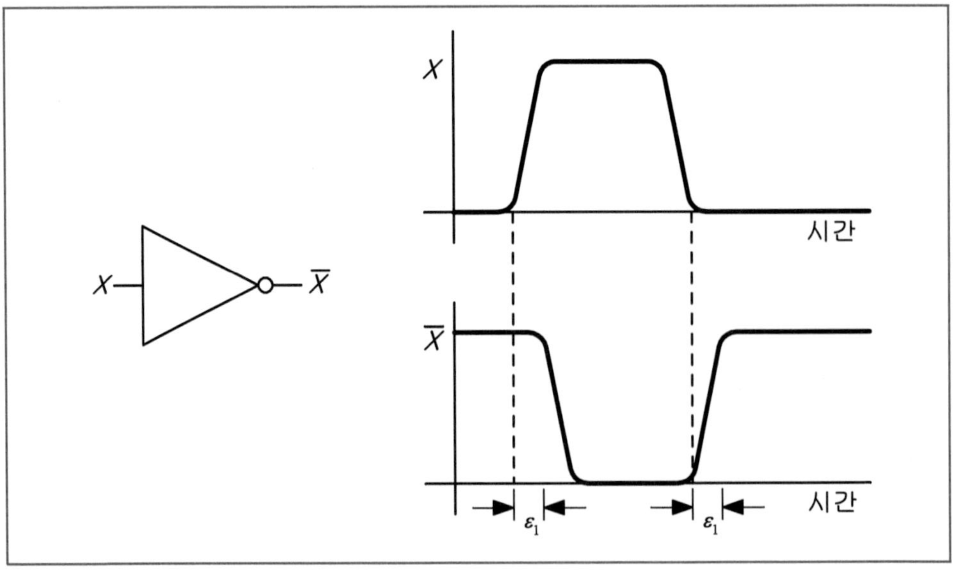

[그림 8-1] 인버터에서 전파지연

타이밍도(Timing diagram)는 순차회로를 해석하는 데 종종 사용되어 진다. 이들 타이밍도는 회로에서의 여러 신호를 시간의 함수로 나타낸다. 즉 서로 다른 변수와 비교하여 변화된 여러 변수들의 시간을 쉽게 관찰할 수 있도록 동일한 시간 기준(Scale)으로 나타내어진다. 그림 8-2는 2개의 게이트로 이루어진 회로에 대한 타이밍도를 나타낸다. 각 게이트의 전파지연은 20ns로 가정한다. 이 타이밍에서 게이트 입력 B와 C는 각각 1과 0으로 지속적으로 유지되고, 입력 A는 $t=40$ns일 때 1로 변하고, 그 다음에 $t=100$ns일 때 0으로 다시 변할 경우에 어떤 변화가 있는지를 나타낸 것이다. 게이트(G_1)의 출력은 A가 변한 후 20ns 후에 변하게 되고, 게이트(G_2)의 출력은 G_1이 변한 후 20ns 지난 다음에 변함을 나타낸다.

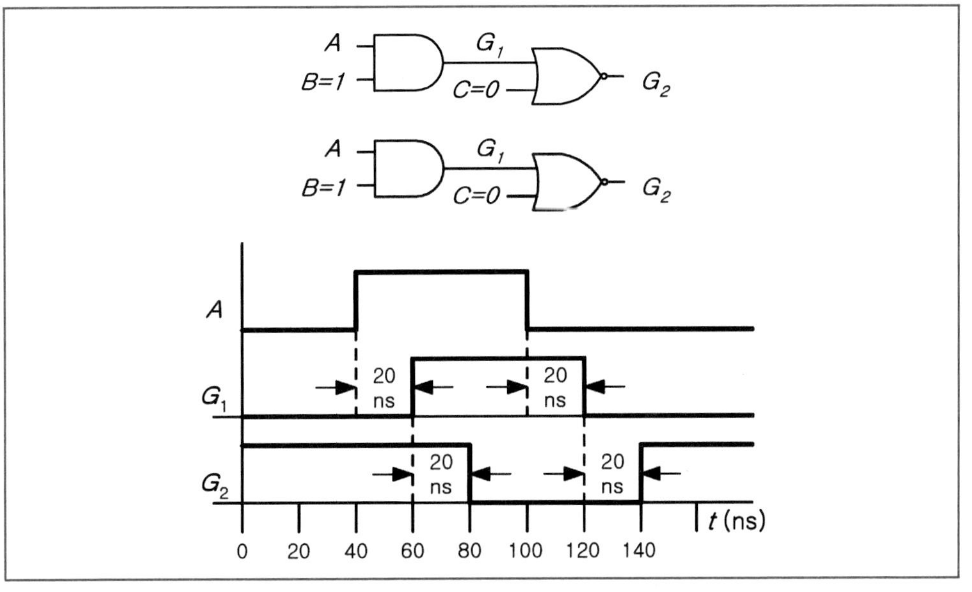

[그림 8-2] AND-NOR 회로의 타이밍도

그림 8-3은 지연소자가 추가된 회로에 대한 타이밍도를 보여주고 있다. 입력 X는 2μs(Microsecond) 폭을 갖는 펄스와 3μs 펄스 폭을 갖는 두 개의 펄스로 구성되어 있다. 지연소자는 출력이 Y이며 1μs 지연된 것만을 제외하고는 입력 X와 같다. 즉 Y는 X펄스의 상승점에서 1μs 지난 후에 1로 변하고 X펄스의 하강점(Falling edge)에서 1μs 지난 후에 0으로 되돌아오게 된다. AND 게이트 출력(Z)은 X와 Y가 동시에 1인 시간 간격에서만 1이 되어야 한다. AND 게이트에서 매우 짧은 시간의 전파지연(ε)이 있다고 가정한 것에 대한 출력 Z를 나타내었다.

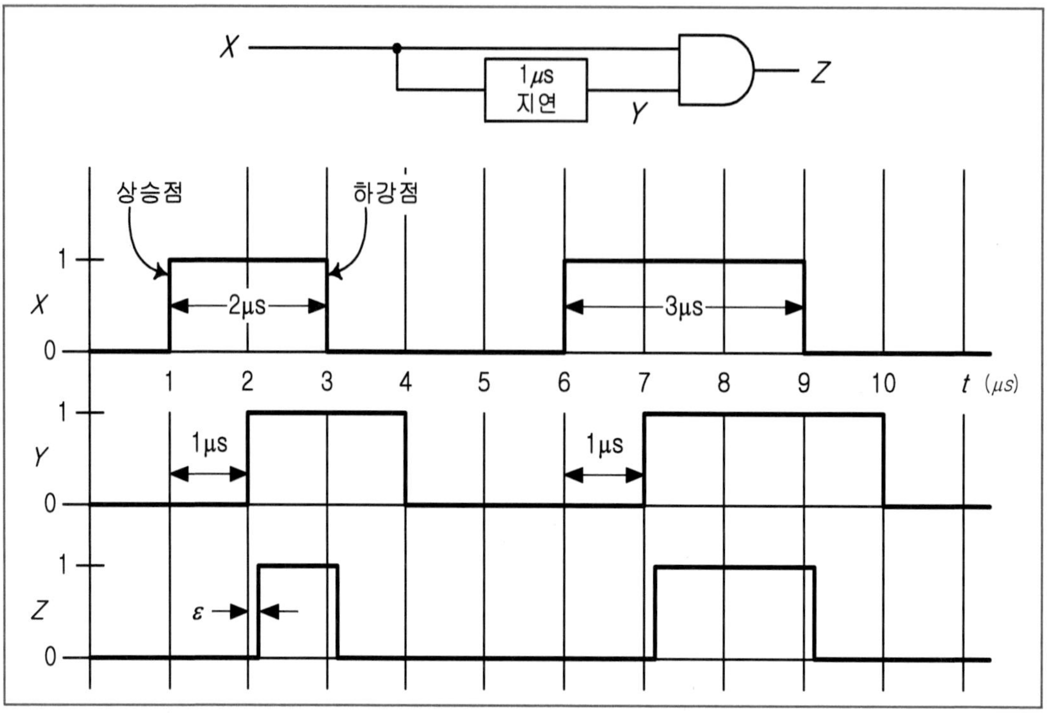

[그림 8-3] 지연을 갖는 회로의 타이밍도

지금까지는 궤환(Feedback) 연결이 없는 스위칭 논리회로들에 대해서 설명하였다. 플립-플롭과 같은 기억소자를 가지는 스위칭 회로를 구현하기 위해서는 회로 내에 궤환이 있어야 한다. 궤환이란 것은 폐루프(Closed loop)를 형성하기 위해 게이트 출력 중의 하나를 회로 내의 다른 게이트 입력에 연결하는 것이다. 예를 들면, 그림 8-6(a)의 NOR 게이트 논리회로에서 두 번째 NOR 게이트 출력을 첫 번째 NOR 게이트 입력에 연결하는 것이다. 회로가 간단한 경우는 회로의 신호를 추적(Tracing)하게 되면 회로는 궤환이 있다고 해석할 수가 있다.

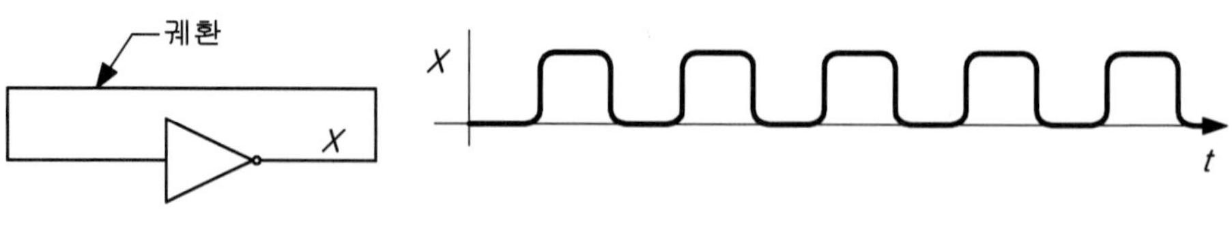

(a) 궤환을 갖는 인버터 (b) 인버터 출력에서의 발진

[그림 8-4]

그 예로 어떤 인버터 입력이 "0"이었다면 이 0 입력은 인버터를 통하여 전파되어 출력은 순간에 1이 된다. 다시 이 1은 입력으로 궤환되고 어느 정도 지연된 후에 인버터 출력은 0으로 된다. 다시 0은 입력으로 궤환되고 출력은 다시 1로 스위칭된다. 이

상태가 계속되어 그림 8-4(b)에서 보여주는 인버터 출력은 0과 1사이에서 반복적으로 계속 일어나서 안정된 상태에 도달할 수 없게 된다. 회로의 발진율은 인버터의 전파지연에 의해서 결정되게 된다.

다음에는 그림 8-5(a)에 있는 두 개의 인버터를 갖는 궤환루프를 고려하자. 이러한 경우에 회로는 2개의 안정 상태를 갖는다. 만일 첫 번째 인버터의 입력이 0이라면 출력은 1이 된다. 이 0 출력값은 첫 번째 인버터로 궤환되지만 이미 이 인버터 입력이 "0"이기 때문에 어떤 변화도 일어나지 않는다. 즉 회로는 안정 상태에 있게 된다. 그림 8-5(b)에 보여주는 것처럼 회로의 두 번째 안정 상태는 첫 번째 인버터 입력이 1이고 두 번째 인버터 입력이 0일 때 존재한다.

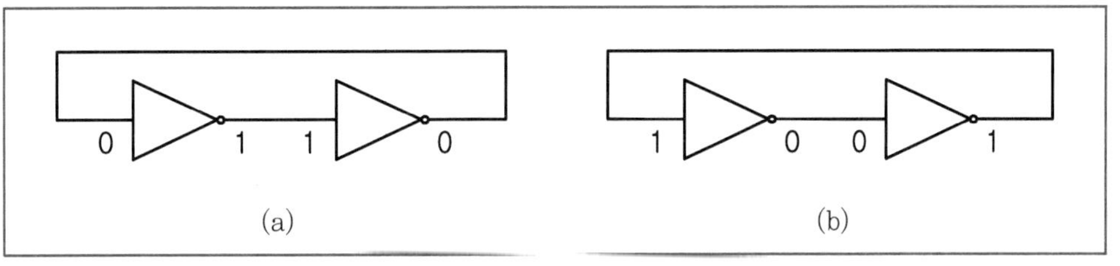

[그림 8-5]

8-2 Set-Reset 플립-플롭

NOR 게이트 회로에 궤환을 삽입하여 간단히 플립-플롭을 그림 8-6처럼 구현할 수가 있다. 입력이 $S=R=0$일 경우에 회로는 $Q=0$, $P=1$인 안정 상태에 있다고 가정한다. 즉 이 상태는 두 번째 게이트에 $P=1$이 입력되어 출력 $Q=0$을 만들고 $Q=0$는 첫 번째 게이트에 입력되어 출력은 1이 되므로 안정 상태라는 것을 유의하여야 한다. 이때 S를 1로 바꾸면 P는 0이 된다. 이 상태는 두 번째 게이트 입력과 출력이 모두 0이 되기 때문에 회로는 불안정 조건 혹은 불안정 상태가 된다. 그러므로 Q는 1로 바뀌게 되고 그림 8-6(b)에서처럼 안정 상태에 도달하게 된다.

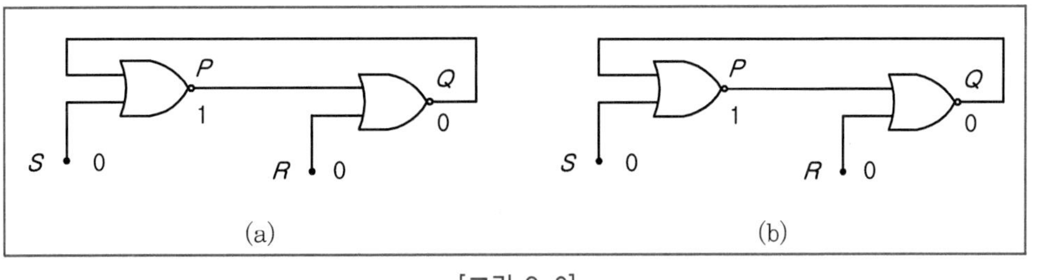

[그림 8-6]

만일 S가 0으로 바뀌더라도 그림 8-6(c)에서 보는 바와 같이 $Q=1$인 첫 번째 게이트로 되돌아가서 $P=0$으로 유지시키게 하므로 위의 상태로 남아 있게 된다.

따라서 입력을 재차 $S=R=0$로 인가하여도 출력은 원래 출발한 상태와는 다르게 됨을 유의해야 한다. 그러므로 회로는 주어지는 입력의 조합에 대해 서로 다른 2개의 안정 상태를 가지고 있다.

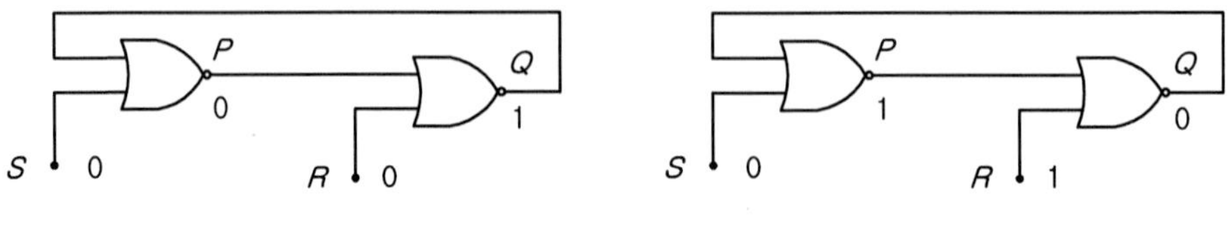

(c) (d)

[그림 8-6]

R을 1로 변화시킬 경우에 그림 8-6(d)에서처럼 Q는 0으로 P는 1로 변하게 된다. 만일 다시 R을 0으로 변화시킬 경우에는 회로는 현 상태를 유지하게 되고 원래 출발한 곳으로 돌아온다. 이러한 형태의 회로를 일종의 기억소자라고 말한다. 즉, 출력은 현재 입력상태 뿐만 아니라 과거 입력 시컨스에 의해서도 결정되기 때문이다. 만일 $R=S=1$이 허용되지 않도록 입력을 제한한다면 출력 P와 Q의 안정 상태는 항상 보수(즉 $P=\overline{Q}$)관계이다. 두 게이트 동작의 대칭성을 강조하기 위해서 회로는 일반적으로 그림 8-6(e)와 같이 교차연결 형태로 그린다. 그림 8-6(b)와 (d)에서 보는 바와 같이 입력 $S=1$은 출력 Q를 1로 "set"하고, 입력 $R=1$은 출력 Q를 0으로 되게 "reset"한다. 그래서 R과 S가 동시에 1이 되지 않도록 제한하여 사용되어질 때 이런 회로를 보통 set-reset($S-R$) 플립-플롭이라 하고 그림 8-6(f)는 $S-R$ 플립-플롭의 심벌이다.

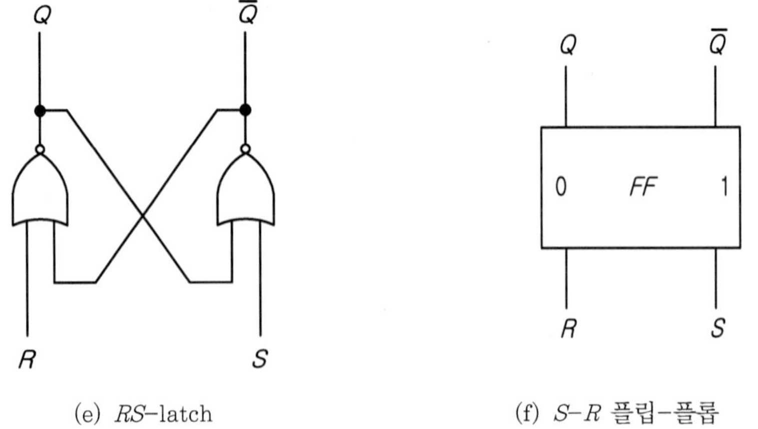

(e) RS-latch (f) S-R 플립-플롭

[그림 8-6]

만일 $S=R=1$인 경우에 플립-플롭은 그림 8-6(g)에서 보여주는 것처럼 적절하게 동작하지 않는다. $1 \rightarrow 0$의 정의는 입력이 원래 1에서 0으로 바뀐다는 의미이다. 여기서 S와 R이 동시에 1일 때는 P와 Q 모두가 0이 된다. 그러면 P는 $\overline{Q}$라는 관계는 성립하지 않게 된다. 즉, 이것은 플립-플롭 출력이 보수가 되어야 하는 플립-플롭 동작의 기본 규칙을 위배하고 있다. 더군다나 S와 R이 동시에 0으로 바뀌면 P와 Q도 동시에 1로 바뀌게 된다. 만일 $S=R=0$, $P=Q=1$이라면 게이트를 통해서 전파된 후 Q와 P는 다시 0이 된다. 그리고 게이트 지연시간이 정확하게 같다면 플립-플롭은 연속적으로 발진하게 될 것이다.

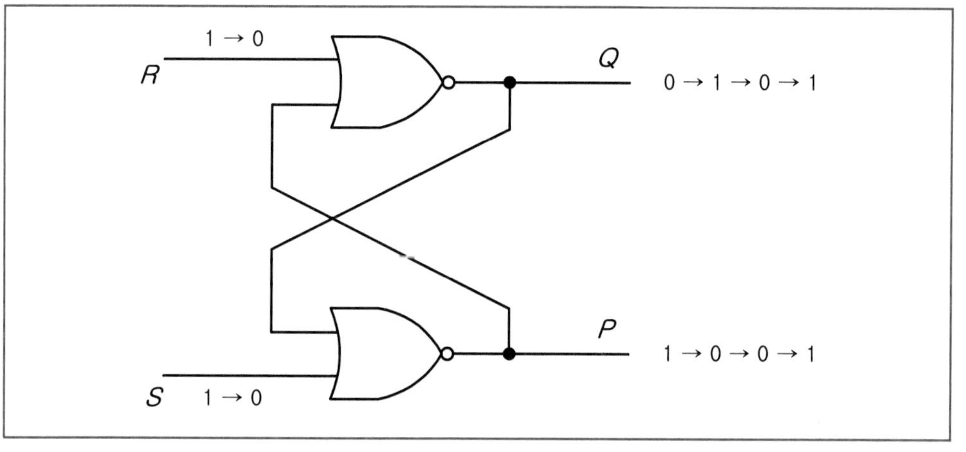

[그림 8-6] (g) 부적당한 S-R 플립-플롭 동작

그림 8-6(h)는 $S-R$ 플립-플롭에 대한 타이밍도를 보여주고 있다. S가 시간 t_1에서 1로 변하면 Q는 짧은 지연시간 ε후에 1로 변하게 된다(여기서 ε는 플립-플롭의 지연시간이나 반응시간이다). 시간 t_2에서 S가 다시 0으로 바뀌더라도 Q의 상태는 변하지 않는다. 시간 t_3에서 R이 1로 변하면 Q의 짧은 지연시간(ε)후에 0으로 다시 변하게 된다. S(또는 R) 입력펄스의 주기는 Q의 상태가 변할 수 있도록 하기 위해서는 최소한 지연시간(ε)만큼 커야 한다. 만일 ε보다 적은 시간에 대해 $S=1$이라면 게이트 출력은 변하지 않게 되어 플립-플롭 상태가 변할 수 없게 된다.

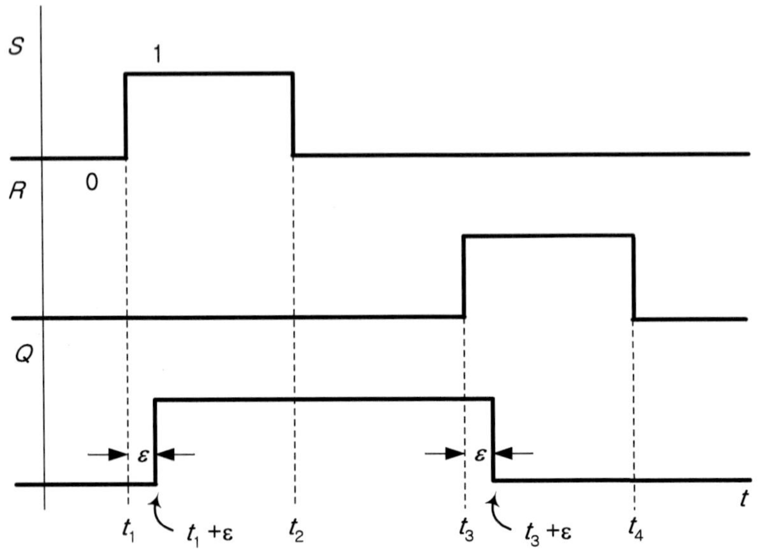

[그림 8-6] (h) *S–R* 플립-플롭의 타이밍도

$S-R$ 플립-플롭 동작 특성은 그림 8-6(i)에 요약하여 나타내었다. 이 표의 5번째 행은 어떤 시간에 입력이 $S=1$, $R=0$ 그리고 플립-플롭 출력이 $Q=0$이라면 지연 시간 ε이 지난 후 플립-플롭 출력은 $Q=1$이 됨을 보여주고 있다. 다른 행들은 이와 비슷한 방법으로 해석하면 된다.

$S(t)$	$R(t)$	$Q(t)$	$Q(t+\varepsilon)$	
0	0	0	0	
0	0	1	1	
0	1	0	0	
0	1	1	0	
1	0	0	1	
1	0	1	1	
1	1	0	–	허용되지 않는 입력
1	1	1	–	

[그림 8-6] (i)

플립-플롭을 논의할 때, “현재 상태(present state)”라는 용어는 입력신호가 인가된 시간에 플립-플롭의 출력 Q 상태를 뜻하고, “다음 상태(next state)”란 플립-플롭이 입력신호에 반응한 후의 출력 Q 상태를 말한다. 위 표에서 $Q(t)$는 플립-플롭의 현재 상태, ε는 상태의 변화가 일어나는데 필요한 시간이며, $Q(t+\varepsilon)$는 플립-플롭의 다음 상태가 된다. 만일 시간 t에서 $S=0$, $R=1$일 경우에는 플립-플롭의 다음 상태는 현재 상태에 관계없이 $Q=0$이 된다. 일반적으로 출력이 안정될 때에는 플립

-플롭의 상태만을 고려해야 한다. 그러므로 출력이 바뀔지도 모르는 t에서 $t+\varepsilon$의 간격 동안의 플립-플롭 동작은 논의할 필요가 없다. 위 표에서 $Q(t+\varepsilon)$에 대하여 카르노(Karnaugh) 맵을 적용하면 플립-플롭의 동작을 나타내는 방정식을 유도할 수 있다. 그림 8-6(i)의 허용되지 않는 입력은 돈 케어(don't care) 상태로 취급한다.

보통 방정식은 시간을 포함하지 않고 작성하며 Q는 플립-플롭 현재 상태를 나타내고 Q^+는 다음 상태를 나타낸다.

$$Q^+ = S + \overline{R}Q \quad (SR = 0)$$

한마디로 이 방정식은 입력 S에 1이 세트(set)되거나 또는 현재 상태가 1이고 입력 S가 리세트(reset)되지 않는다면 플립-플롭의 다음 상태는 1이 된다. 여기서 $SR=0$ 조건은 S와 R이 동시에 1이 될 수 없다는 것을 의미한다. 플립-플롭의 다음 상태를 현재 상태와 입력으로 표현한 방정식 "다음 상태 방정식" 또는 "특성 방정식"이라고 한다. 따라서 위 식 Q^+는 SR 플립-플롭의 특성 방정식이 된다.

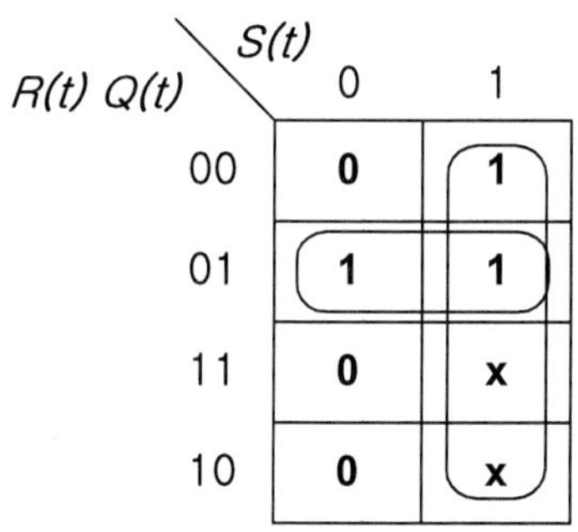

$$Q(t+\epsilon) = S(t) + \overline{R}(t)Q(t)$$

[그림 8-6] (j) $Q(t+\epsilon)$에 대한 맵

또한 $S-R$ 플립-플롭의 특성 방정식을 위의 방법과 다른 방법으로 분석하여 유도할 수가 있다. 그림 8-6(k)에 나타낸 것처럼 두 번째 NAND 게이트 출력 Q는 두 번째 NAND 게이트 입력으로 궤환되어 있으므로 출력 Q와 입력 $\overline{R}$사이에는 지연시간(ε)이 일정한 지연회로(delay network)가 당연히 있게 된다. 만약 출력 Q를 다음 상태 방정식인 Q^+로 가정하면 Q^+는 지연회로를 통하여 NAND 게이트 입력으로 궤환이 되게 된다. 궤환이 된 Q^+는 순차회로의 특성에 의하여 현재 상태 Q로 변환이 된다. 현재 상태 Q와 입력 $\overline{R}$는 두 번째 NAND 게이트에 입력이 되므로 출력 $\overline{Q^+}$가 결정된다.

$$\overline{Q^+} = R + \overline{Q}$$

위와 비슷한 방법으로 $\overline{Q^+}$는 지연회로를 통과하게 되고 또 다시 두 번째 NAND 게이트의 입력이 되게 된다. 즉, 입력 $\overline{S}$, $\overline{Q}$는 두 번째 NAND 게이트에 입력되어지므로 특성 방정식인 Q^+를 $Q^+ = S + \overline{R}Q$로 결정할 수 있게 된다.

일반적으로 널리 사용되는 플립-플롭 형태는 NAND 게이트로 구성된 $S-R$플립-플롭이며 이를 기본 형태로 정하여 적절하게 변형하면 $J-K$, T, D 플립-플롭 등을 다음과 같이 유도할 수가 있다.

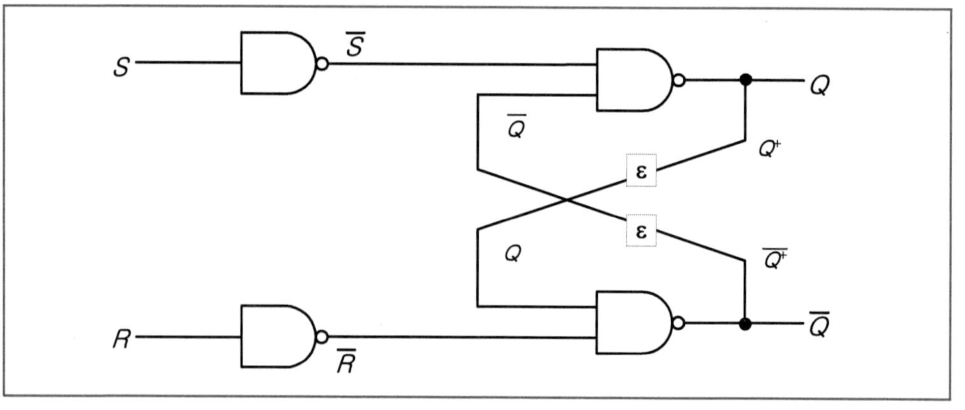

[그림 8-6] (k) NAND 게이트와 지연회로로 구성된 S-R 플립-플롭

8-3 트리거(T) 플립-플롭

그림 8-7(a) 트리거(Trigger) 혹은 T 플립-플롭은 한 개의 입력만을 갖는다. 이 입력(T)에 펄스를 가하면 상태를 변화시키게 된다. 예를 들어, $Q=1$이고 T 입력에 펄스가 가해지면 Q는 0으로 변하게 된다. 다시 T가 펄스되면 Q는 다시 1로 변하게 된다. 간단히 T 플립-플롭은 그림 8-7(b)에서 나타내는 것처럼 SR 플립-플롭과 2개의 AND 게이트를 사용하여 실현시킬 수 있다.

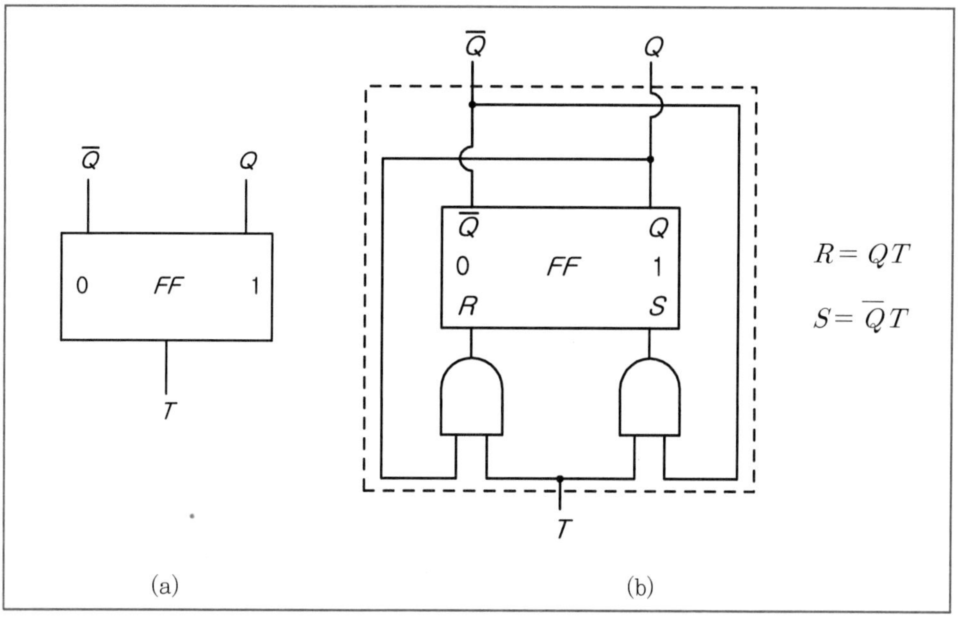

[그림 8-7]

그림 8-7(b)의 T 플립-플롭에 대한 타이밍도는 그림 8-7(c)에 나타내었다. 여기에서 Q가 0이고 T와 S가 1이면 상태(Q)는 1로 변하게 되고 Q가 1이고 R이 1이면 플립-플롭은 0으로 리세트된다.

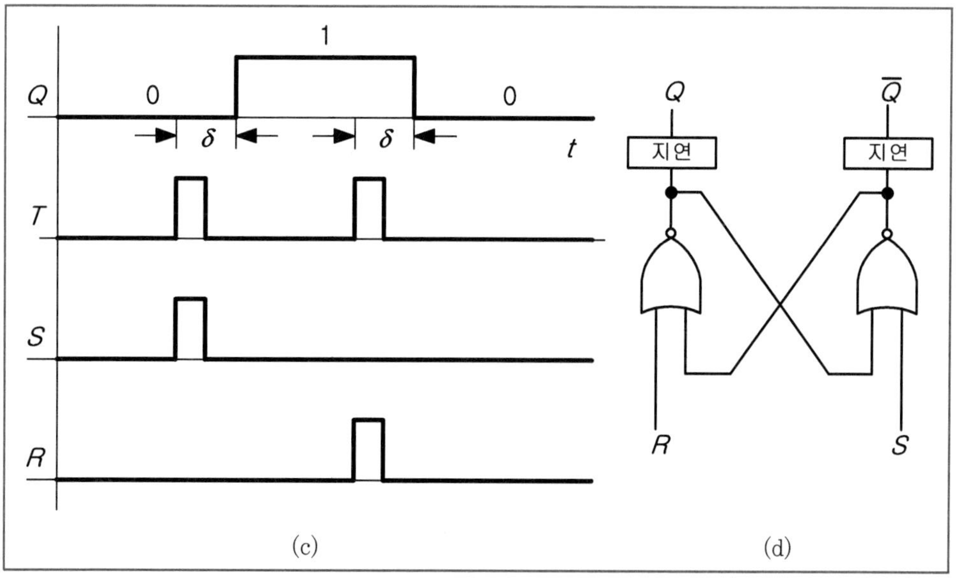

[그림 8-7]

이러한 형태의 플립-플롭이 정확하게 동작하기 위해서는 S 혹은 R 입력에 가해지는 펄스 시간과 플립-플롭 출력 Q가 변화하는 시간 사이에 일정한 지연(δ)이 있어야 한다. 상태 변화를 위한 이러한 지연은 커패시턴스나 또는 SR 플립-플롭 내에 부가적인 논리회로를 첨가함으로써 이루어질 수가 있다. 그림 8-7(d)는 그림 8-6(a)의 기본 SR 플립-플롭이 상태 변화를 지연시키기 위해서 된 것을 기호로 나타낸 것이다. 그림 8-7(c)에서 T 펄스는 상태변화가 완료되기 이전에 끝나야 한다는 것을 알 수가 있다. 그리고 다른 펄스가 T에 입력될 때까지는 상태 변화는 더 이상 일어나지 않는다. 만일 T가 너무 길거나 SR 플립-플롭에서 시간지연(δ)이 너무 짧은 경우에는 Q의 변화가 그림 8-7(b)에서처럼 AND 게이트 입력으로 되돌아가게 되지만 T는 "1"상태로 남아 있어 또 다른 상태 변화를 일으킬 수 있는 원인이 된다. 만일 T가 "1"로 남아 있게 되면 플립-플롭은 다시 상태를 변화시킬 것이고 T가 0이 될 때까지 발진을 계속할 것이다. T 플립-플롭의 또 다른 형태는 입력펄스의 상승 혹은 하강하는 점(Edge)에 반응하여 상태를 변화시킨다. 그런 경우 펄스 폭은 중요치 않다. T 플립-플롭에 대한 다음 상태표와 특성 방정식은 그림 8-7(e)에 나타내었다.

T Q	Q^+
0 0	0
0 1	1
1 0	1
1 1	0

$$Q(t+\varepsilon) = \overline{T}(t)\,Q(t) + T(t)\,\overline{Q}(t)$$

또는

$$Q^+ = \overline{T}Q + T\overline{Q} = T \oplus Q$$

[그림 8-7] (e)

위 방정식으로부터 플립-플롭의 다음 상태는(Q^+)는 현재 상태가 1이고 T 펄스가 일어나지 않을 때 또는 현재 상태가 0이고 T 펄스가 일어날 때만 1이 된다.

8-4 J-K 플립-플롭

$J-K$ 플립-플롭은 $S-R$ 플립-플롭과 T 플립-플롭의 특성만을 조합한 플립-플롭이다. J나 K 입력에만 적용된 입력 1은 각각 S와 R 입력과 똑같은 동작을 한다. 즉, $J=1$이면 플립-플롭 출력은 $Q=1$로 세트된다. 그리고 $K=1$이면 플립-플롭 출력은 $Q=0$으로 리세트된다. $S-R$ 플립-플롭과 달리 J와 K는 동시에 입력 1을 적용할 수 있다는 것이다. 이 경우에 플립-플롭은 T 플립-플롭처럼 상태를 변화시킨다. 예를 들어, Q가 0이고 J와 K 양쪽에 입력 1을 순간적으로 입력하면 플립-플롭

상태는 $Q=1$로 변한다. $J-K$ 플립-플롭에 대한 다음 상태표와 특성 방정식은 그림 8-8에 나타내었다.

그림 8-8(c)는 $S-R$ 플립-플롭에 게이트를 첨가하여 $J-K$ 플립-플롭으로 구현시키는 한 가지 방법을 보여주고 있다. 만일 $Q=0$, $J=1$의 입력은 플립-플롭을 $Q=1$로 세트시킨다. 그리고 $Q=1$, $K=1$의 입력은 플립-플롭을 $Q=0$으로 리세트시킨다. J와 K 입력이 동시에 펄스되면($J=K=1$), 플립-플롭은 그림 8-7(b)의 T 플립-플롭처럼 동작하여 상태 변화가 일어난다. 또한 플립-플롭을 정확하게 동작하기 위해서는 그림 8-7(d)에서처럼 $S-R$ 플립-플롭의 상태 변화는 지연되어야만 된다.

J K Q	Q^+
0 0 0	0
0 0 1	1
0 1 0	0
0 1 1	0
1 0 0	1
1 0 1	1
1 1 0	1
1 1 1	0

(a)

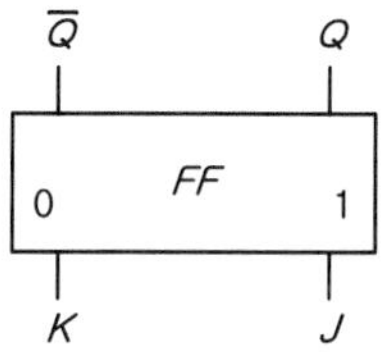

$$Q^+ = Q\overline{K} + \overline{Q}J$$

(b)

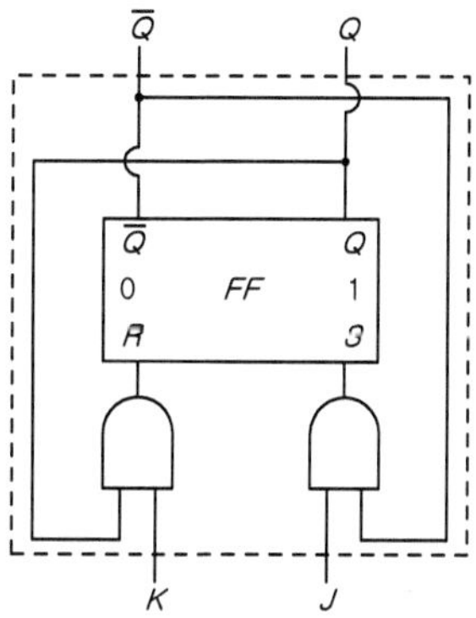

(c) S-R 플립-플롭을 이용한 J-K 플립-플롭의 구성

[그림 8-8]

J와 K에 동시에 펄스가 될 때 펄스가 너무 길거나 또는 J와 K에 펄스가 동시에 정확하게 도착하지 않으면 타이밍 문제가 야기될 수 있다. 이러한 타이밍 문제를 극복하기 위해서는 다음 절에서 논의될 클럭에 의해서 동작되는 $J-K$ 플립-플롭을 사용하여야 한다.

8-5 클럭형 J-K 플립-플롭

매우 큰 순차 논리회로에서 모든 플립-플롭 동작은 클럭이나 펄스 발생기에 동기시키는 것이 보통이다. 클럭펄스는 외부 게이트를 통해서 각 플립-플롭에 공급된다. 혹은 내부 게이트를 통해 공급되는 경우는 집적화된 회로 플립-플롭을 갖는 경우이다. 여러 플립-플롭의 동작을 동시에 일어나게 하기 위해 클럭을 사용하는 법은 9장과 10장에서 설명한다. 클럭을 사용할 경우에 상태를 변화시키는 모든 플립-플롭은 어떤 다른 입력신호 응답보다도 클럭펄스 응답에 우선한다.

그림 8-9(a)는 클럭형 $J-K$ 플립-플롭(Clocked $J-K$ Flip-Flop)을 나타내고 있다. 이 플립-플롭은 3개의 입력, 즉 J, K와 클럭 입력을 가지고 있고 이것은 가끔 T나 CK로 분류된다.

그림 8-9(b)에서처럼 이 플립-플롭은 J와 K가 적절한 값을 가지고 있다면 클럭펄스의 하강점 이후 짧은 시간이 지연된 후 상태는 변화된다. 클럭펄스가 적용되는 동안에 $J=1$이라면 Q는 다음에 오는 클럭펄스에 의하여 즉시 1로 세트되어진다. 다시 클럭펄스가 적용된 동안에 $K=1$이면 Q는 클럭펄스 이후에 0으로 리세트된다. 만일 $J=K=1$이면 Q는 클럭펄스 이후에 상태가 변한다(Q의 상태가 반전된다). 상태 변화는 클럭펄스 이후에 상태가 변한다(Q의 상태가 반전된다). 상태 변화는 클럭펄스에 의해서 일어나고 J와 K에 의해서만 결코 상태 변화가 일어나지 않는다.

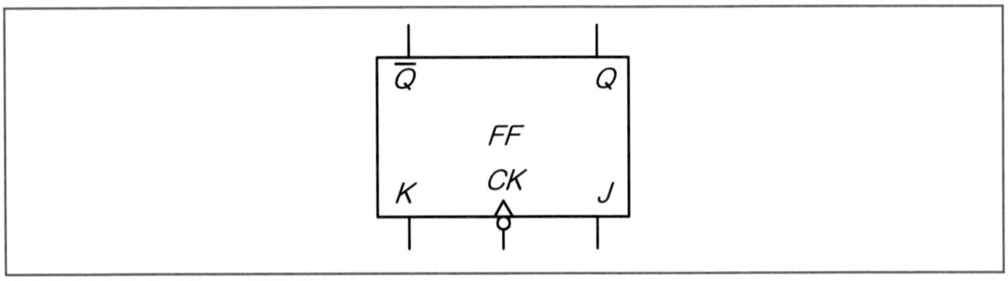

[그림 8-9] (a) 클럭형 J-K 플립-플롭

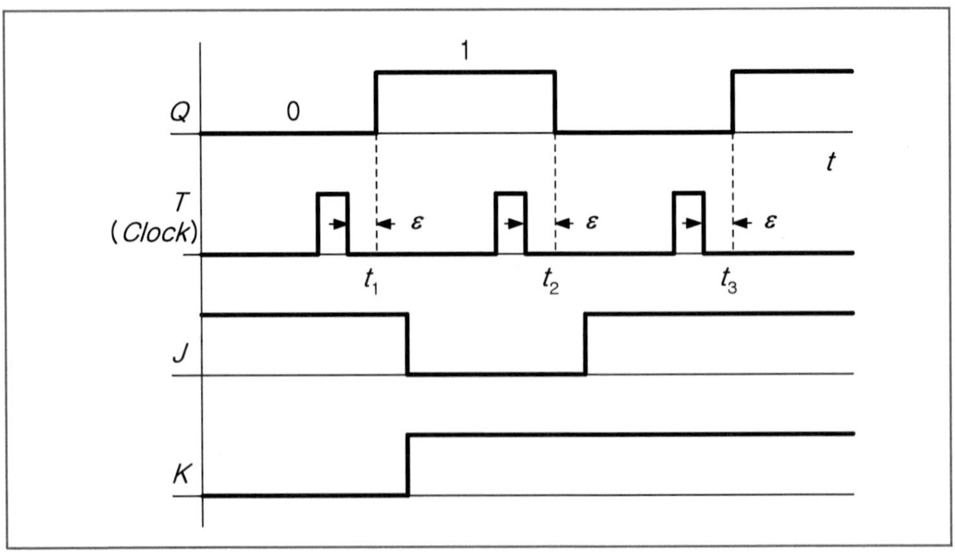

[그림 8-9] (b) J-K 플립-플롭 타이밍

그림 8-9(b)로부터 첫 클럭펄스가 적용되는 동안에는 $Q=0$, $J=1$, $K=0$이기 때문에 Q는 t_1에서 1로 상태가 변화한다. 두 번째 클럭펄스가 적용되는 동안에는 $Q=0$, $J=0$, $K=1$이기 때문에 Q는 t_2에서 0으로 변한다. 세 번째 클럭펄스 동안에는 $Q=1$, $J=1$, $K=1$이므로 Q는 t_3에서 1로 변한다. 클럭 입력으로 표시되는 플립-플롭의 화살촉(arrow head) 기호는 클럭 입력을 나타내고 작은 원은 클럭이 1(High)에서 0(Low)으로 떨어질 때 상태가 변화함을 나타낸다. 즉, 클럭펄스의 상승점에서의 변화보다는 하강점(Falling edge) 이후에 상태가 변한다는 의미이다.

클럭형 $J-K$ 플립-플롭에 대한 다음 상태표와 특성 방정식은 이전에 클럭이 없는 $J-K$ 플립-플롭에서 유도된 상태표 및 상태 방정식이 그대로 적용된다. 즉, Q는 클럭펄스가 인가되기 이전의 상태이고 Q^+는 클럭펄스가 인가된 후의 상태이다. 그러므로 클럭신호의 존재는 방정식에 포함되어 있으나 정확히 나타나지 않는다. 클럭형 $J-K$ 플립-플롭을 실현하는 한 가지 방법은 그림 8-9(c)에서처럼 두 개의 $S-R$ 플립-플롭을 마스터(Master)-슬레이브(Slave) 형태가 되도록 연결하는 방법이다. 마스터-슬레이브 클럭형 $J-K$ 플립-플롭은 집적회로 형태로 대개 만들어진다.

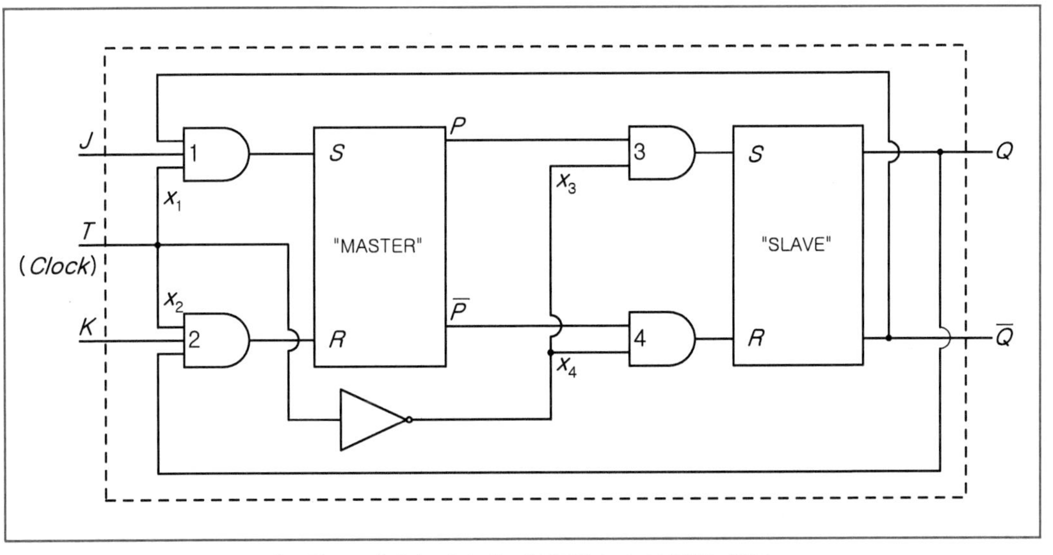

[그림 8-9] (c) 마스터-슬레이브 J-K 플립-플롭

그림 8-9(d)는 클럭형 마스터-슬레이브 $J-K$ 플립-플롭에 대한 상세한 타이밍도를 나타내고 있다. 클럭펄스에 상승점(Rising edge)과 하강점(Falling edge) 기울기를 과장해서 나타낸 것은 플립-플롭과 내부 동작을 보다 더 자세히 나타내는 데 있다. 그림 8-9(c)의 게이트 3과 게이트 4는 클럭펄스가 적용되는 동안 게이트 1과 게이트 2와는 다른 시간에 동작하도록 설계되었다. 클럭펄스의 상승점에서 게이트 3과 4는 점 “a”에서 슬레이브 플립-플롭 입력과 연결되지 않기 위해 열려(Open)져

있다. 다시 말해서 “a”에 오는 입력 x_1과 x_2는 0으로 동작하므로 P와 $\overline{P}$신호는 게이트를 통과할 수 없게 되어 슬레이브 플립-플롭은 상태를 변화시키지 않는다. 다음에 클럭펄스의 상승점에 b에서 게이트 1과 2는 마스터(Master) 플립-플롭을 적절한 상태로 세트시키기 위해 닫혀 있다. 즉, 입력 x_1과 x_2는 1로 동작하고 Q가 적당한 값을 갖는다면 J와 K 신호는 게이트를 통과할 수 있다. 클럭펄스의 하강점에서 게이트 1과 게이트 2는 c점에서 입력을 차단시키기 위해 열려 있고 a점에서 게이트 3과 게이트 4는 동작하여 마스터(Master) 출력을 슬레이브(Slave)에 전달시키기 위해 닫혀져 있다.

그림 8-9(d)에서 첫 클럭펄스 동안에 $J=1$이므로 시간 t_b 에서 P는 1로 세트되고 Q도 t_a에서 1로 세트됨을 알 수 있다. 마스터의 상태 변화는 클럭펄스의 상승점 위에서 일어나며 슬레이브의 상태 변화는 클럭펄스의 하강점에서 뒤따라 일어난다. 플립-플롭이 적절하게 동작하기 위해서는 방정식 $Q^+ = J\overline{Q} + \overline{K}Q$ 에 따라야 하며 또 J와 K 입력의 변화는 그림 8-9(d)에 나타난 것처럼 클럭펄스 사이에서 발생해야 한다. 플립-플롭이 상태 변화는 펄스 폭과는 상관없이 항상 클럭펄스의 하강점에서 발생한다. 그러므로 클럭펄스 폭이 어떤 최소값을 초과하는 한 플립-플롭의 적절한 동작은 펄스폭과 관계가 없다.

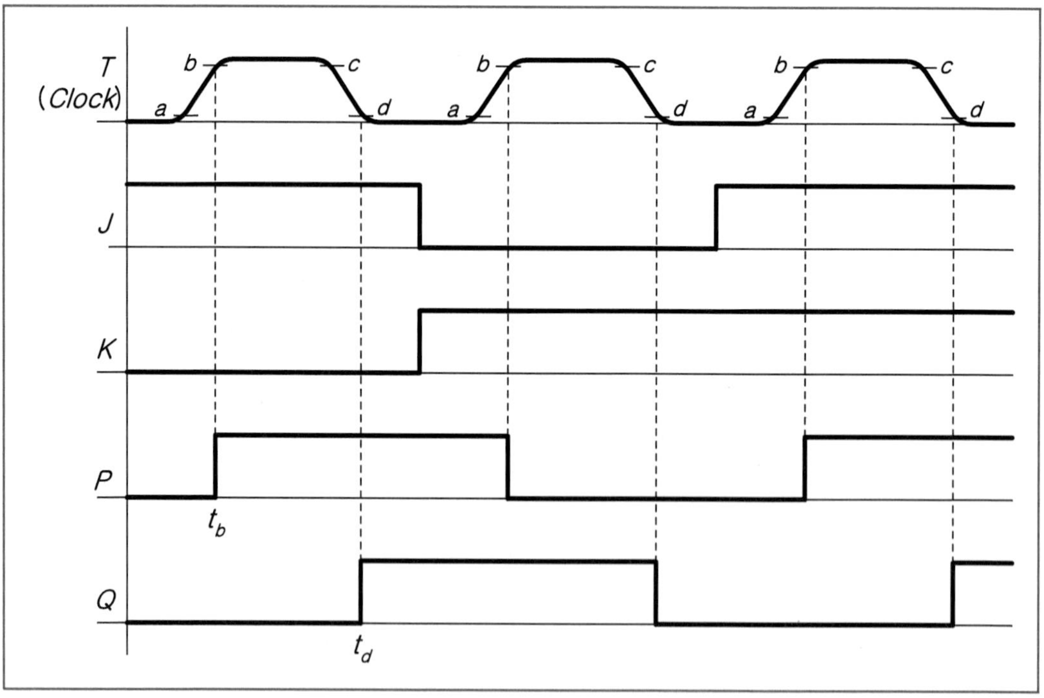

[그림 8-9] (d) 마스터-슬레이브 J-K 플립-플롭에 대한 내부 타이밍도

클럭형 플립-플롭의 또 다른 2형태는 에지-트리거(Edge-triggered)형 플립-플롭이다. 에지-트리거형 플립-플롭은 마스터-슬레이브 플립-플롭과 마찬가지로 클럭입력 변화 상태에 따라 상태가 변한다. 그러나 마스터-슬레이브 플립-플롭과 다른 점은 비정상적인 동작을 발생시키지 않고 클럭펄스 동안에 다른 입력들이 변한다는 것이다. $J-K$ 마스터-슬레이브 플립-플롭과 $J-K$ 에지-트리거형 플립-플롭에 대해서 가끔 같은 기호가 사용된다. 그리고 이들의 외부적 동작은 J와 K가 클럭펄스 동안에 변하지 않는 한 동일하다.

8-6 *D* 플립-플롭

집적회로 형태도 사용할 수 있는 또 다른 플립-플롭은 클럭형 D(지연 : delay) 플립-플롭이며 그림 8-10(a)에 나타내었다. 클럭펄스(Q^+) 인가후 이 플립-플롭의 상태는 클럭펄스가 인가되기 전의 입력(D)과 동일하다. 예를 들어, 클럭펄스가 인가되기 전 $D=1$이었다면 이전 Q의 값과는 무관하게 클럭펄스가 인가된 후에 $Q=1$이 된다. 그러므로 특성 방정식은 $Q^+=D$가 된다. 클럭형 $J-K$ 플립-플롭과 마찬가지로 D 플립-플롭의 화살기호는 클럭 입력을 가리키며 작은 반전(inversion) 원은 상태 변화가 클럭펄스의 하강점 이후에 1(high)에서 0(low)으로 변화가 일어남을 나타낸다.

D Q	Q^+
0 0	0
0 1	0
1 0	1
1 1	1

$$Q^+=D$$

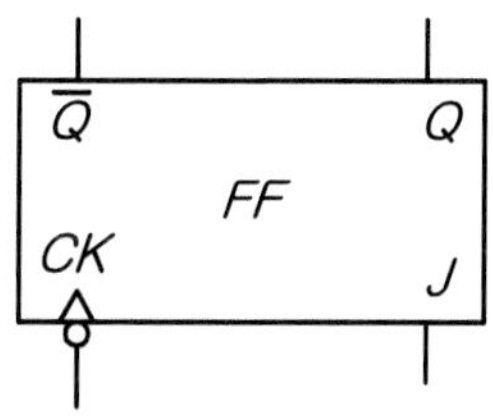

[그림 8-10] (a) 클럭형 *D* 플립-플롭

만일 D가 뒤에 나오는 각 클럭펄스에 따라서 매번 변한다면 플립-플롭의 출력은 그림 8-10(b)에서처럼 클럭펄스의 하강점이 지나갈 때까지 출력 변화가 지연되는 것을 제외하고는 입력 D와 동일하다.

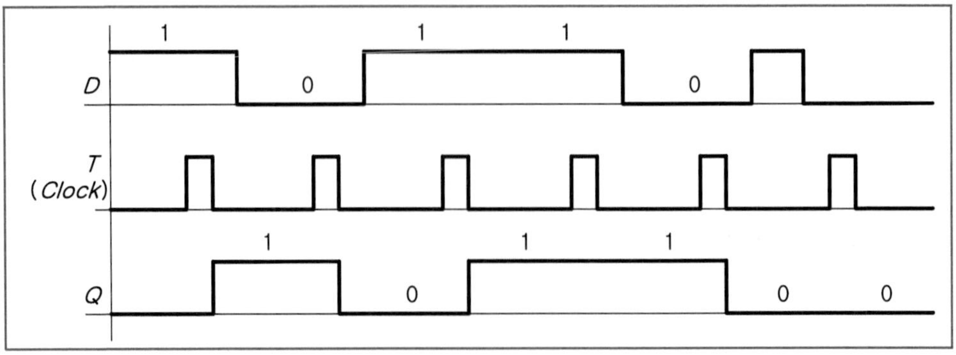

[그림 8-10] (b) 클럭형 *D* 플립-플롭에 대한 타이밍

8-7 클리어와 프리세트 입력이 있는 클럭형 플립-플롭

클럭형 집적회로 플립-플롭들은 가끔 클럭과 무관하게 플립-플롭의 초기 상태를 세트(Set)하기 위한 부가적인 입력을 가지고 있다. 그림 8-11은 Clear(CLR)와 Preset(PR) 입력을 가지고 있는 클럭형 $J-K$ 플립-플롭을 나타내고 있다.

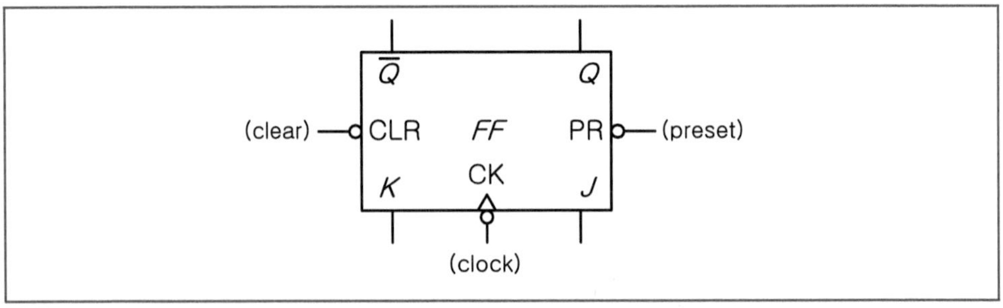

[그림 8-11] 클리어와 프리세트 입력을 가진 클럭형 *J-K* 플립-플롭

이들 입력 단자에 있는 작은 원은 플립-플롭을 세트하거나 클리어(Clear)하는데 논리 0이 필요함을 의미한다. 그러므로 CLR 입력에 0을 적용하면 플립-플롭 Q는 0으로 리세트되고 PR 입력에 0을 인가하면 플립-플롭 Q는 1로 세트된다. 즉, CLR 입력에 0을 적용하면 $J-K$ 값과 클럭에 상관없이 플립-플롭은 리세트된다. 정상동작 상태 하에서는 CLR과 PR에 0을 동시에 적용해서는 안된다. 그러므로 CLR과 PR 입력이 논리 1로 유지될 때에 J, K와 클럭 입력은 일반적 방법으로 입력할 수 있게 된다.

••• 연습문제

8.1 아래와 같은 회로의 타이밍도를 완성하시오. 두 게이트의 전파지연은 5ns로 가정한다.

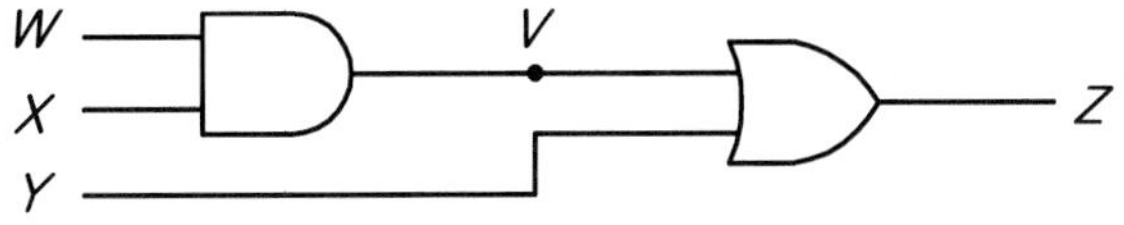

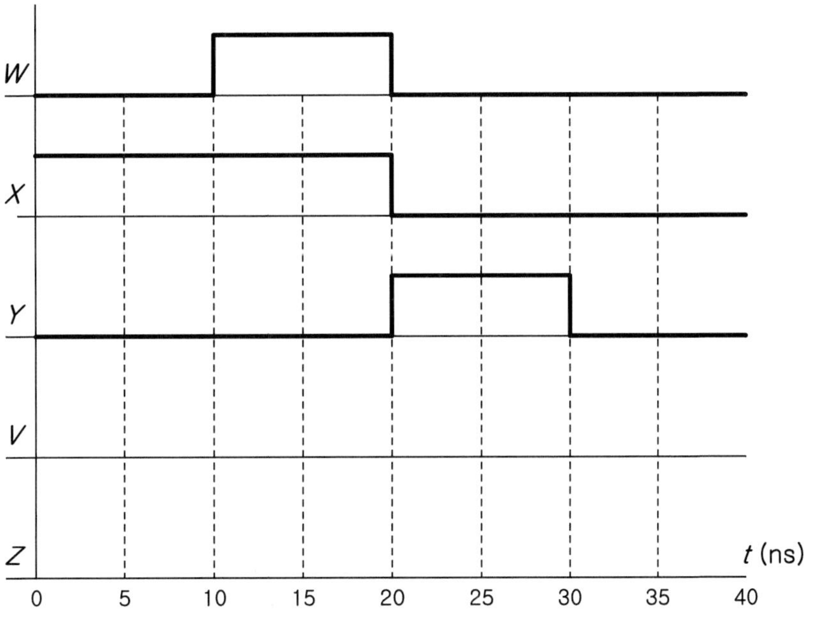

8.2 두 개의 NAND 게이트를 연결하면 다음과 같은 플립-플롭을 구성할 수가 있다.

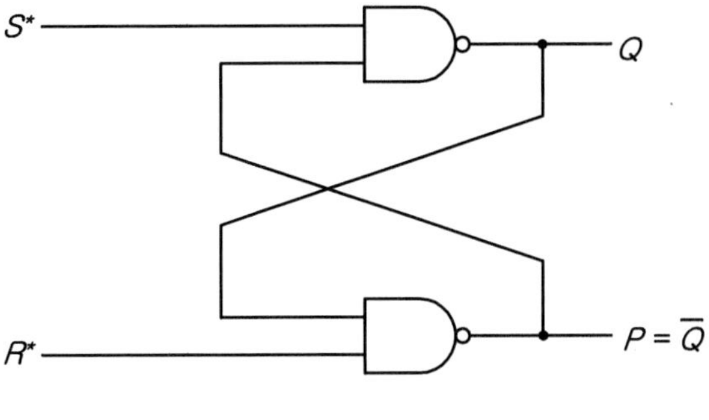

a. P가 항상 $\overline{Q}$와 같도록(정상상태 조건 하에서) 하려면S^*와R^*에 어떠한 제한이 가해지는가?

b. 다음 상태(Next State)표를 작성하고 이 플립-플롭의 특성(다음 상태) 방정식을 유도하시오.

c. 위 플립-플롭에 대하여 아래의 타이밍도를 완성하시오.

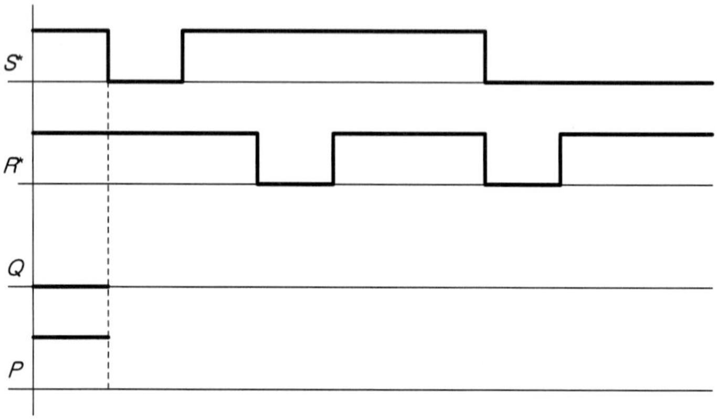

d. 그림 8-6(e)의 NOR 게이트 플립-플롭의 입력 S와 R과 이 문제에서S^*와R^* 사이에는 어떤 관계가 있는가?

8.3 이 문제에서는 만일 $R-S$ 플립-플롭의 두 입력이 1에서 0으로 변화 될 때 일어나는 동작을 설명하고 있다. 각 게이트의 전파지연 시간이 10ns라고 가정하고, 아래에 주어진 타이밍도를 완성하시오. $t=100$ns일 때 S와 R이 모두 0으로 변하는 것에 주의하시오. 그런 다음 10ns 후에 P와 Q 모두 1로 변화된다.
이러한 1들이 게이트 입력에 피드백 되었다면, 10ns 후에 어떠한 현상이 나타나는가?

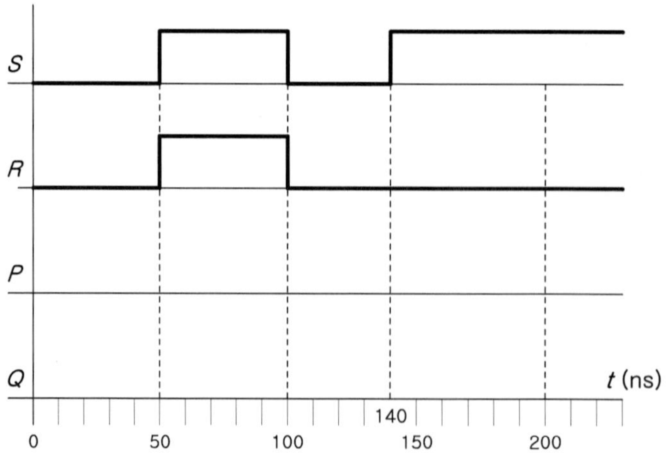

8.4 그림 8-7(b)의 T 플립-플롭에 대하여 그림 8-7(c)와 같은 유사한 타이밍도를 구하시오. 이것은 시간 T가 2.5δ 동안 1로 유지될 때 어떠한 현상이 일어나는가를 나타낸다.

8.5 a. 그림 8-9(c)를 이용하여 $J=K=P=Q=0$인 상태에서 시작하여 다음과 같은 입력 시컨스가 입력되었을 때 master-slave $J-K$ 플립-플롭의 신호를 추적하시오. JK가 11로 변화, 클럭펄스 JK가 01로 변화, 클럭펄스, JK가 10으로 변화, 클럭펄스 P, Q, J, K와 클럭을 포함하는 타이밍도를 그리시오.

b. 클럭이 1로 있는 동안 J 또는 K가 변화된다면 부적절한 동작이 발생될 수 있다. $J=K=P=Q=0$에서 시작하여 입력은 다음 순서로 변화한다 : $J=1$, $T=0$. Q의 최종치는 무엇인가?

c. 입력이 다음 순서로 변화할 때 b번 문제에서는 클럭펄스 이전의 J와 K의 값에 의해 결정되지만 c번 문제에서는 그렇지 않음을 주의하라.

d. Master-Slave $J-K$ 플립-플롭에 대하여 $Q^{+}=Q\overline{K}+\overline{Q}J$ 방정식이 성립하기 위해 J와 K입력이 변하는 시간에 어떠한 제한이 가해져야 하는가?

8.6 외부 게이트를 추가하여 클럭형 D 플립-플롭을 클럭형 $J-K$ 플립-플롭으로 변형하시오.

8.7 게이트로 된 레치($G-L$ 플립-플롭)는 다음과 같이 동작한다. 만약 $G=0$이면 플립-플롭은 상태를 변화시키지 않는다. $G=1$이면 플립-플롭의 다음 상태는 L의 값과 같아진다.

a. 이 플립-플롭의 특성(다음 상태) 방정식을 유도하시오.

b. 게이트(들)와 인버터(들)를 첨가하여 $S-R$ 플립-플롭을 $J-K$ 플립-플롭으로 변화시킬 수 있는지를 나타내시오.

8.8 a. 그림 8-11의 $J-K$ 플립-플롭에 대한 타이밍도를 완성하시오.(꼭 풀어 볼 것) Clear와 Preset이 0인 경우에는 반드시 $J-K$ 플립-플롭의 출력 Q는 Clear와 Preset의 논리치를 따르게 된다. 그러므로 Q의 값은 Preset의 값이 0일 때 Q의 출력은 1이 되며 Clear 값이 0인 경우에는 Q는 0이 된다. 이와 반대로 Clear와 Preset의 값이 1일 때는 Q의 출력은 클럭과 $J-K$ 입력에 의해 결정된다.

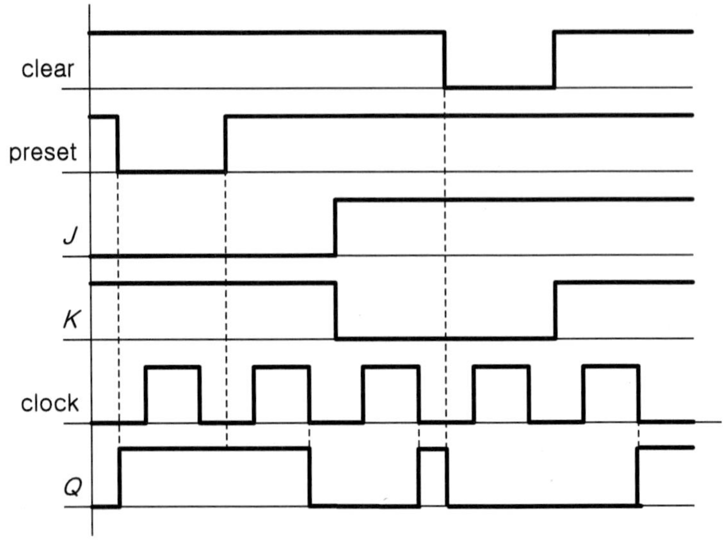

b. 아래에 주어진 회로에 대한 타이밍도를 완성하시오. 두 개의 플립-플롭에 대한 CK 입력이 다르다는 것을 주의하시오.

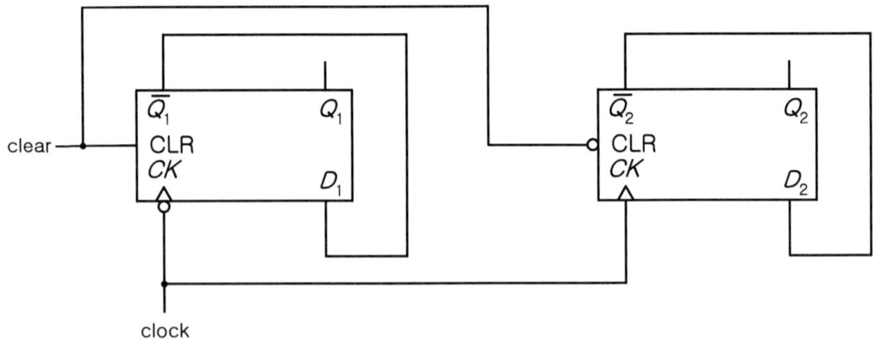

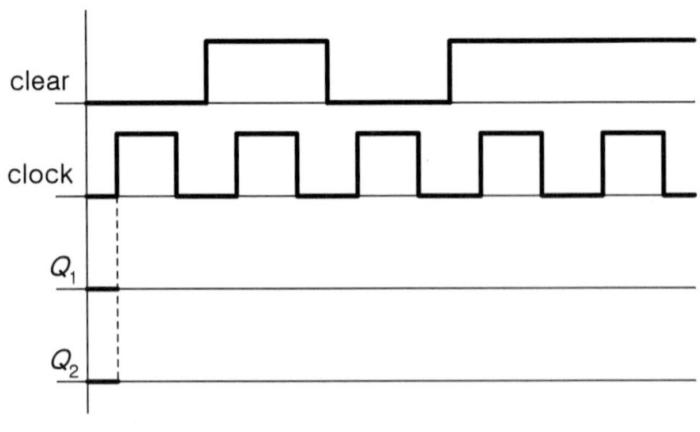

8.9 J와 K는 물론 Preset(P)와 Clear(C)를 포함하는 그림 8-11의 플립-플롭에 대한 특성 방정식을 유도하시오($P = C = 0$은 결코 나타나지 않는다고 가정한다).

Digital Logic Design

CHAPTER 09

카운터 설계

Counter Design

카운터는 순차회로 중에서 가장 간단한 회로 중 하나이다. 카운터는 대개 입력펄스가 가해질 때 앞서 설명한 시컨스처럼 상태가 변화되는 2개 이상의 플립-플롭으로 구성된다. 본 장에서는 카운터에 대한 플립-플롭 입력 방정식을 유도하는 과정에 대하여 배우게 될 것이다. 또한 이들 과정들은 다음 장에서 다룰 순차회로에도 일반적으로 적용될 수 있다.

9-1 2진 카운터 설계

본 장에서 논의될 카운터는 모두가 동기형 카운터이다. 플립-플롭의 동작은 공통 입력펄스(P)에 의해 동기화되며 플립-플롭의 상태 변화는 동시에 일어난다. 플립-플롭의 상태 변화가 다음 단 플립-플롭으로 트리거되는 리플 카운터는 본 장에서는 논의하지 않기로 한다.

우선 3개의 T 플립-플롭을 이용하여 펄스를 계수하는 2진 카운터를 설계해 보자. 모든 플립-플롭은 입력펄스 하강점에서 순간적으로 상태가 변한다고 가정한다. 그러면 카운터의 상태는 각각의 플립-플롭으로 결정된다. 만일 플립-플롭 A가 상태 0, 플립-플롭 B가 상태 1, 플립-플롭 C가 상태 1이면 카운터 상태는 011이 된다. 초기에는 모든 플립-플롭이 0 상태로 세트되어진다. 펄스가 가해질 때 카운터는 001로 변한다. 그 다음에 두 번째 펄스가 들어오면 상태는 010으로 변한다. 따라서 플립-플롭 상태의 순차는 ABC=000, 001, 010, 011, 100, 101, 110, 111, 000, … 이 된다.

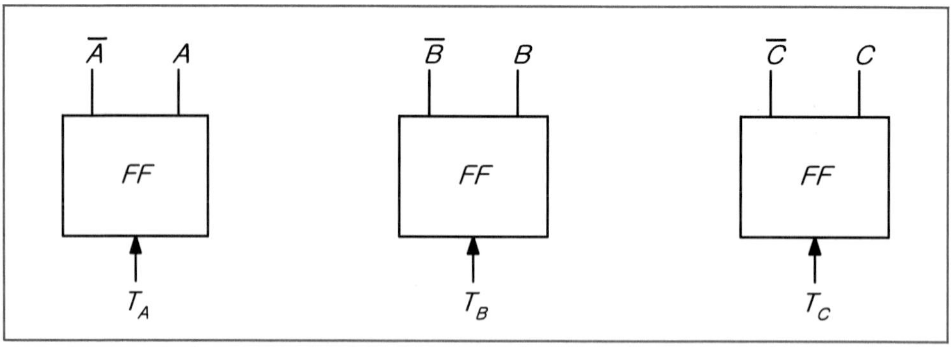

[그림 9-1] 2진 카운터에 대한 플립-플롭

카운터가 111 상태에 이르면 그 다음 펄스로 카운터는 000 상태로 리세트되고 그 다음 시컨스는 반복됨을 알 수 있다. 처음에는 카운팅 순서(Sequence)를 고려하여 카운터를 설계하지만 그 다음에는 다른 형태의 카운터에도 적용할 수 있는 체계적인 절차(systematic procedure)를 사용하여 설계할 것이다. 이 절차에서 플립-플롭 입력 T_A, T_B, T_C를 결정하는 것이 문제이다. 위 카운팅 순서로부터 C는 펄스가 인가될 때마다 상태가 변함을 알 수 있다. 펄스를 발생하는 T_C는 C의 상태를 변화하게 하고 그 펄스는 직접 T_C 입력에 연결되어야 한다. 그런 다음 $C=1$일 경우에 펄스가 가해진다면 B는 상태를 변화시킨다. 그러므로 AND 게이트를 그림 9-2에서처럼 T_B에 연결하여 C가 1이고 펄스가 가해질 때 B는 상태를 변화시킨다. 이와 비슷하게 A는 B와 C가 모두 1이고 펄스가 가해질 경우만 상태를 변화시킨다. 그러므로 $B=1$, $C=1$이고 펄스가 A의 상태에서 변하기 위해서는 그림 9-2에서처럼 AND 게이트를 T_A에 연결하면 된다.

그림 9-2의 2진 카운터는 회로를 통한 추적신호(Tracing signal)를 정확하게 계산함으로써 정상동작 상태를 확인할 수가 있다. 초기에 $ABC=000$일 경우 첫 번째 펄스는 단지 T_C에만 전달되어 상태는 001로 변한다. 두 번째 펄스가 T_B와 T_C에 인가되면 상태는 010로 변한다. 이런 과정은 상태가 111에 도달할 때까지 연속적으로 발생한다. 다음 펄스가 T_A, T_B, T_C에 전달되고 모든 플립-플롭들은 0 상태로 돌아온다.

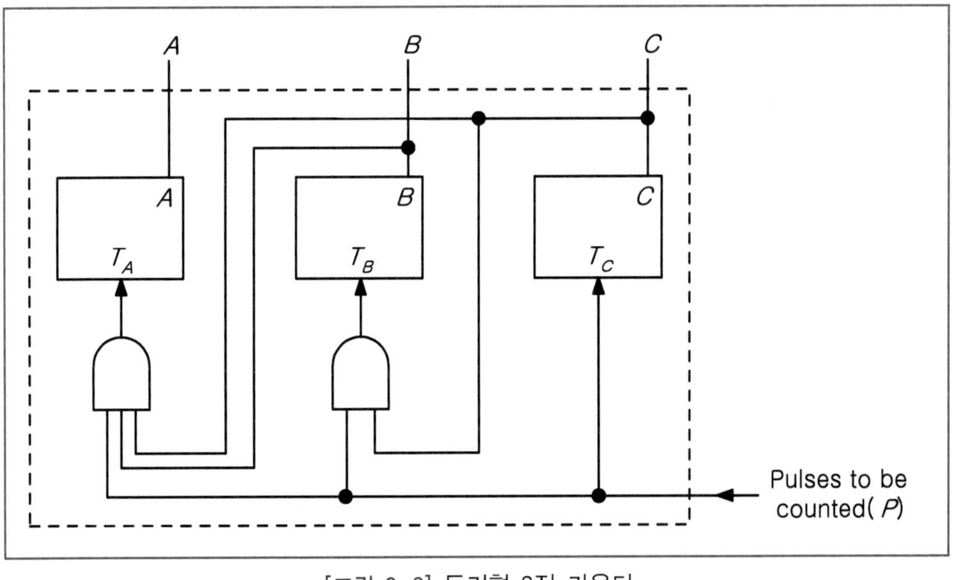

[그림 9-2] 동기형 2진 카운터

이번에는 상태표(표 9-1)를 이용하여 2진 카운터를 설계하는 방법을 설명한다. 상태표는 플립-플롭 A, B, C의 현재 상태(펄스가 가해지기 전)와 다음 상태(펄스가 가해진 후)를 나타낸다. 이 상태표에는 펄스가 나타나 있지 않지만 펄스는 입력으로 생각하면 된다. 예를 들어, 플립-플롭의 상태(ABC)가 011이고 펄스가 가해지면 다음 상태는 $A^+B^+C^+=100$로 된다. 상태표에서 3번째 행은 T_A, T_B, T_C에 대한 입력을 유도하는데 사용된다. C 행과 C^+ 행에 기재사항들(entries)이 다를 때마다 플립-플롭 C는 상태를 변화시켜야 하고 T_C는 1이 되어야 한다.

이와 비슷하게 B와 B^+가 다르고 $T_B=1$이면 B는 상태를 변화시켜야 한다. 예를 들어 $ABC=011$, $A^+B^+C^+=100$이면 세 개의 플립-플롭 모두 상태가 변화되어지므로 $T_AT_BT_C$는 111이다.

[표 9-1] 2진 카운터의 상태표

현재 상태 A B C	다음 상태 A^+ B^+ C^+	플립-플롭 입력 T_A T_B T_C
0 0 0	0 0 1	0 0 1
0 0 1	0 1 0	0 1 1
0 1 0	0 1 1	0 0 1
0 1 1	1 0 0	1 1 1
1 0 0	1 0 1	0 0 1
1 0 1	1 1 0	0 1 1
1 1 0	1 1 1	0 0 1
1 1 1	0 0 0	1 1 1

T_A, T_B, T_C는 상태표로부터 A, B, C 함수로 표현할 수가 있다. 표로부터 $T_C=1$이 유도된다. T_A, T_B는 카르노 맵을 이용하면 다음과 같이 구할 수 있다.

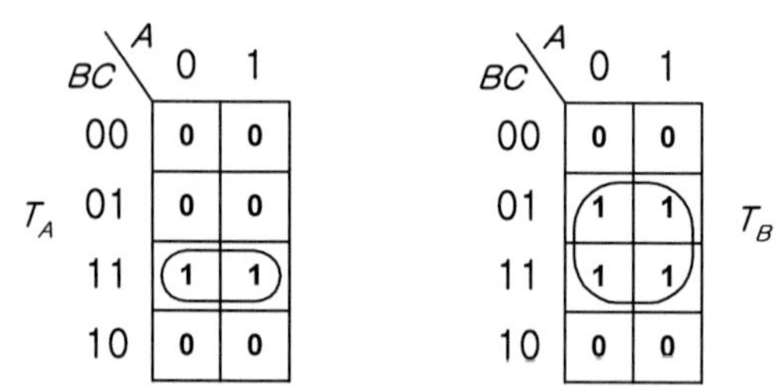

각 상태를 변화시키는 데는 펄스(P)가 동시에 가해져야 하기 때문에 각 입력에 P를 곱해야 한다. 그러므로

$$T_A = BCP \qquad T_B = CP \qquad TC = P$$

이들 입력 방정식은 이전에 유도된 회로와 동일함을 나타내고 있다.

9-2 다른 순차(시컨스)를 갖는 카운터

카운터 응용에서 카운터의 상태 순차가 2진 코드(code) 순차가 아닌 경우도 있다. 그림 9-3은 이와 같이 2진 순차 상태가 아닌 카운터에 대한 상태도를 나타내고 있다. 화살표 방향은 상태 순차를 가리킨다. 이 카운터가 000 상태에서 시작된 경우에 첫 펄스가 들어오면 상태는 100이 되고 그 다음 펄스가 들어오면 상태는 111이 된다. 카운트 펄스(count pulse)는 회로에 대해 입력으로 간주된다.

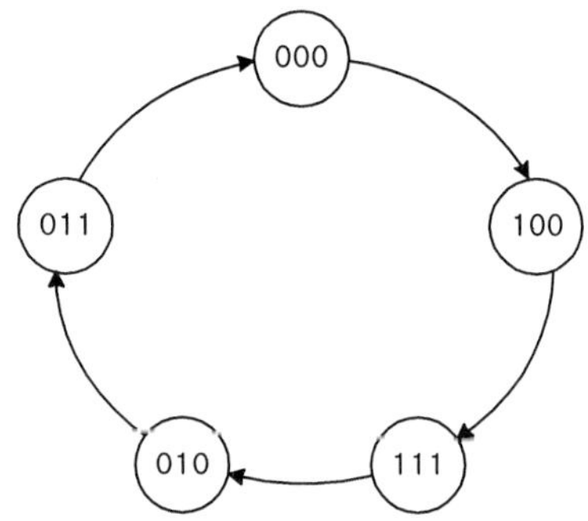

[그림 9-3] 카운터의 상태 그래프(도)

그림 9-3 상태도에 대응하는 상태표는 표 9-2와 같다.

[표 9-2] 그림 9-2의 상태표

$A\ B\ C$	$A^+\ B^+\ C^+$	$T_A\ T_B\ T_C$
0 0 0	1 0 0	1 0 0
0 0 1	× × ×	× × ×
0 1 0	0 1 1	0 0 1
0 1 1	0 0 0	0 1 1
1 0 0	1 1 1	0 1 1
1 0 1	× × ×	× × ×
1 1 0	× × ×	× × ×
1 1 1	0 1 0	1 0 1

상태표에서 현재 상태 001, 101, 110에 대응하는 다음 상태는 표시되지 않았다. 입력 T_A, T_B, T_C는 이전의 예에서처럼 상태표로부터 직접 유도할 수 있다. 그러나 A, B, C의 함수인 A^+, B^+, C^+를 다음 상태 맵(next state maps)으로 구현하는 것이 더욱 편리하며 T_A, T_B와 T_C는 이 맵으로부터 유도한다. 그림 9-4(a)에서 다음 단계 맵들은 표 9-2로 쉽게 작성되어진다. 표의 첫 번째 행에서 보면 $ABC=000$

인 칸에는 A^+, B^+, C^+ 맵들을 각각 1, 0, 0으로 채워준다. 두 번째 행에서는 $ABC=001$인 칸에는 세 개의 맵 모두가 “돈케어” 상태로 채워지고, 세 번째 행에서는 $ABC=010$인 칸에서 A^+, B^+, C^+ 맵은 각각 0, 1, 1로 채워진다. 이후의 다음 상태 맵은 이런 방법으로 계속하게 되면 손쉽게 완성할 수가 있다.

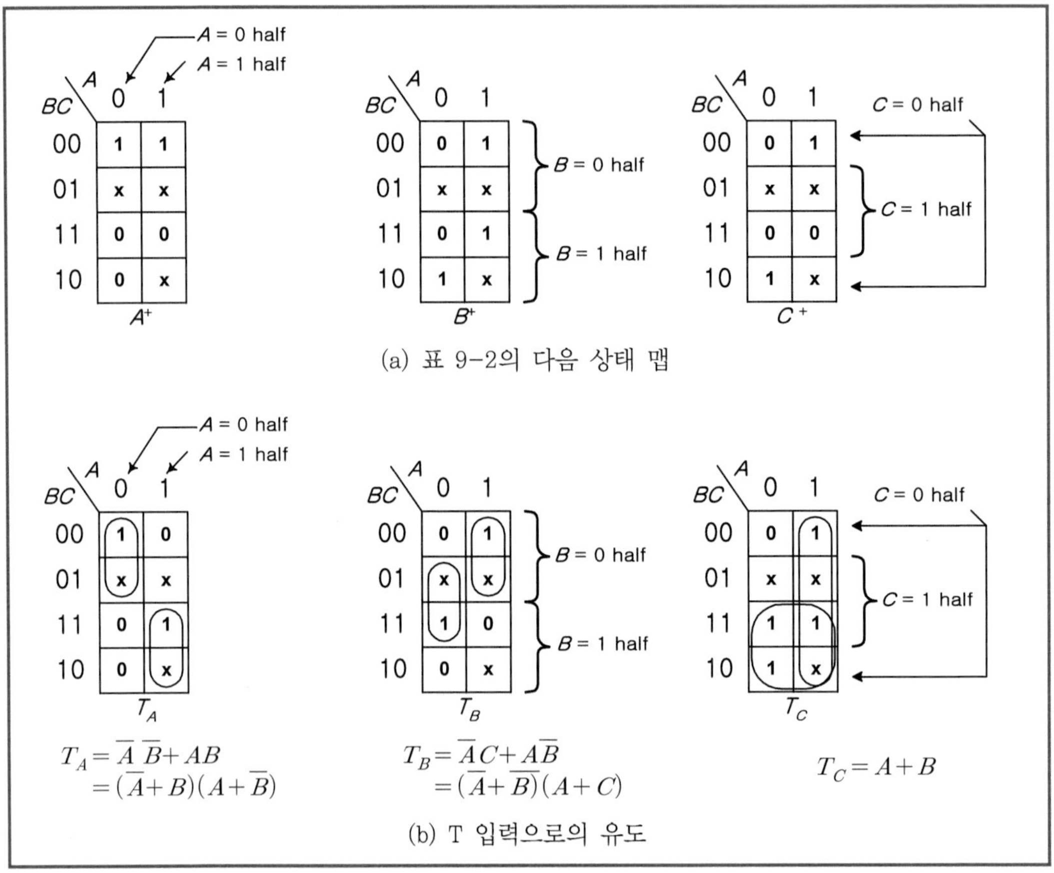

[그림 9-4]

이번에는 다음 상태 맵으로부터 T 입력에 대한 맵을 구해 보자. 이후에 나오는 일반적인 기호 Q는 플립-플롭의(A, B, 혹은 C) 현재 상태를 나타내며 Q^+는 같은 플립-플롭의 다음 상태(A^+, B^+혹은 C^+)를 나타낸다. T 플립-플롭(Q)의 현재 상태와 다음 상태(Q^+)가 주어지면 T 입력은 상태 변화가 요구될 때마다 입력($T=1$)되어야 한다. 그러므로 표 9-3에 나타난 것처럼 $Q^+ \neq Q$일 때마다 $T=1$이 된다.

[표 9-3] T 플립-플롭 입력의 유도

Q Q^+	T
0 0	0
0 1	1
1 0	1
1 1	0

$T = Q^+ \oplus Q$

일반적으로 플립-플롭 Q에 대한 다음 상태(Q^+) 맵은 현재 상태 Q와 여러 개의 서로 다른 입력함수로서 Q^+가 주어진다. 그리고 Q의 값은 행이나 혹은 열의 변수 값으로부터 결정이 된다. Q^+에 대한 맵이 주어질 경우 Q^+와 Q의 값이 서로 다르면 T_Q 맵에 대한 각 칸에 1을 넣으므로 T_Q에 대한 맵을 작성한다. 그러므로 그림 9-4(b)에서 T_A의 맵은 그림 9-4(a)의 A^+ 맵으로부터 형성된다. 즉 $ABC=000$ 칸에 대하여 $A=0$, $A^+=1$이기 때문에 T_A의 $ABC=000$ 칸에 1을 채워넣는다. 또 $ABC=111$ 칸에 대해서도 $A=1$, $A^+=0$이므로 T_A의 ABC=111 칸에 1를 넣는다.

플립-플롭의 나음 상태에 돈케이 상테(don't caro)가 있으면, 플립-플롭 입력에도 돈케어 상태가 그대로 반영된다. 그러므로 Q^+맵 내에 돈케어 상태가 있을 경우에는 T_Q 맵에도 돈케어 상태가 존재한다(Q^+ 맵의 돈케어 상태와 대응되는 칸에). 그러므로 T_A 맵에서 A^+맵과 대응하는 칸에 돈케어 상태가 존재하므로 $ABC=001$, 101, 110에 대해 돈케어 상태가 존재한다.

Q^+맵을 한 번에 T_Q맵으로 한 칸씩 변형시키는 대신에 Q^+맵을 $Q=0$와 $Q=1$에 대응되도록 2부분으로 나누어서 T_Q맵의 각 부분을 변형할 수 있다. 표 9-3으로부터 $Q=0$인 경우에는 $T=Q^+$ 그리고 $Q=1$인 경우에는 $T=(\overline{Q^+})$로 됨을 알 수 있다. 그러므로 Q^+맵에서 T맵으로의 변형은 돈케어 상태(don't care)에 상관없이 $Q=0$인 경우에는 그 절반을 그대로, $Q=1$인 경우에는 그 절반을 보수화(complement)하면 된다.

이 방법을 적용하면 그림 9-4(a)에서 보여주는 카운터에 대한 A^+, B^+, C^+맵을 T맵으로 전환할 수가 있다. 첫 번째 맵에서 A는 Q와(그리고 A^+는 Q^+와) 대응하고 A^+맵으로부터 T_A맵을 얻기 위해서는 2번째 행($A=1$ 부분)을 보수화하고 나머지 맵은 그대로 둔다. 유사하게 B^+로부터 T_B를 얻기 위해 B 맵의 아래 절반을 보수화하고, C^+로부터 T_C를 얻기 위해서는 중간 두 행을 보수화한다. 이렇게 하여 그림 9-4(b)의 맵과 방정식이 얻어진다. 그리고 이 방정식으로 설계한 카운터는 그림 9-5와 같다. 게이트 입력은 점선으로 표시한 것처럼 대응하는 플립-플롭 출력에 직접 연결한다.

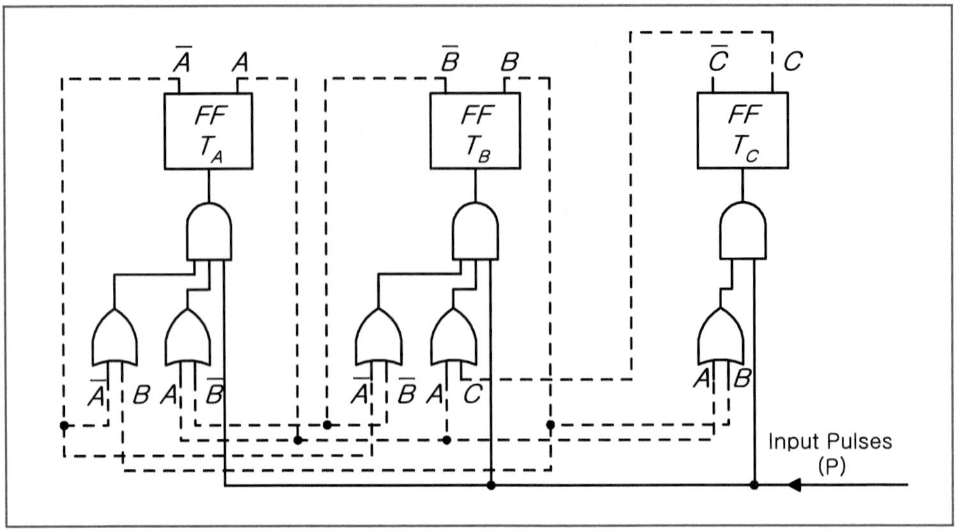

[그림 9-5] T 플립-플롭을 사용한 카운터

입력펄스(P)는 입력펄스가 가해질 때만 플립-플롭 상태를 변화시키기 위해서 각각 T 함수와 AND되어 있다. 펄스가 상태를 변화시켜야 하는 모든 플립-플롭에 동시에 도달하게 하기 위해서는 플립-플롭에서 가장 가까운 곳에 있는 게이트에 펄스를 연결해야만 한다. 카운터의 각 플립-플롭 입력에 펄스가 도달할 수 있도록 사용되는 게이트 수가 서로 다를 경우에는 타이밍 문제가 발생할 수 있다. 그러나 클럭형 T 플립-플롭을 사용하면 이 회로는 최소로 간략화할 수 있으며 이러한 타이밍 문제를 피할 수 있다. 그림 9-6의 타이밍 도는 그림 9-3 상태도에 따라 카운터가 동작한다. 예를 들어 $ABC=000$에서 출발한다고 가정할 경우에, 첫 펄스는 T_A상에만 나타나게 되어 다음 상태를 100이 되도록 한다. 플립-플롭은 항상 입력펄스가 끝난 후에 상태를 변화시킨다.

카운터에 대한 원래 상태도(표 9-2)에서 상태가 완전하게 규정되어 있지 않더라도 001, 101, 110 상태에 대한 다음 상태는 회로 설계과정에서 규정할 수 있다. 예를 들어 플립-플롭이 초기에 $A=0$, $B=0$, $C=1$로 세트되어 있고 펄스가 가해지면 조합회로의 추적신호(tracing signal)는 $T_A = T_B = 1$이 되고 상태는 111로 변한다. 이와 같은 동작을 그림 9-7에서 점선으로 나타내었다. 상태가 일단 111에 도달하면 펄스가 계속적으로 가해지므로 상태도에 나타난 원래의 카운팅 순차대로 카운터는 연속적으로 동작을 하게 된다. 카운터 회로에 전원을 처음 가했을 때의 플립-플롭의 초기 상태는 예견할 수가 없다. 이런 이유 때문에 카운터에서 모든 돈케어 상태는 파워(power)가 리세트로 되지 않는 한 카운팅 순차가 확실하게 지켜지는지를 확인해야 한다.

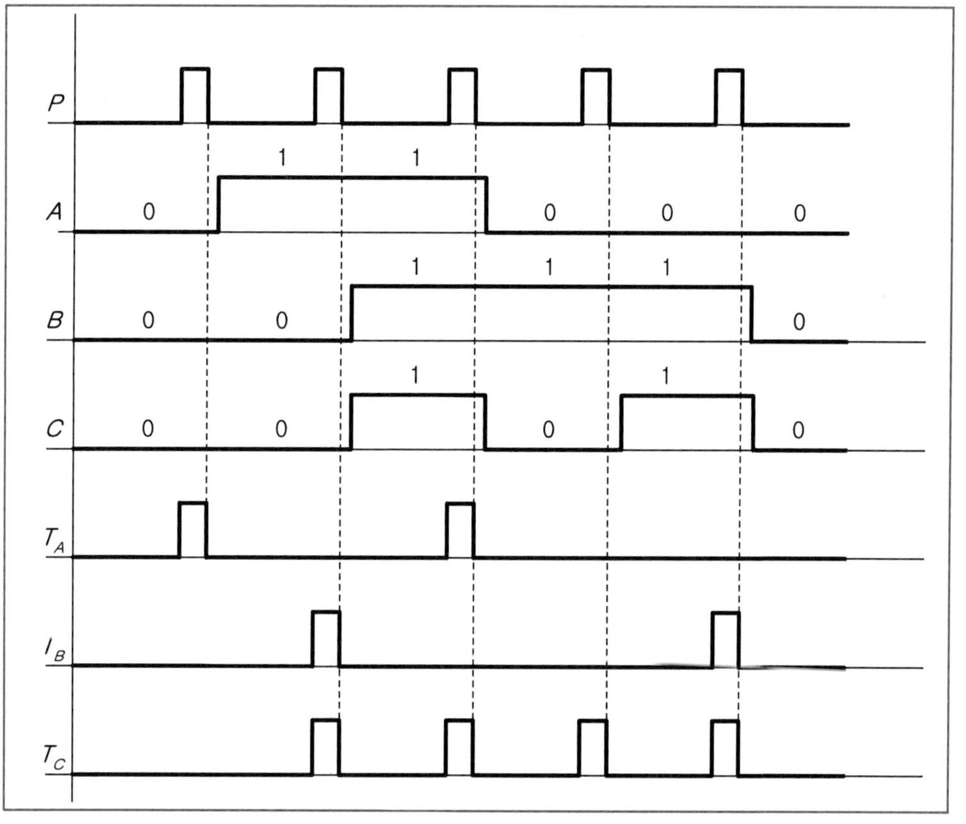

[그림 9-6] 그림 9-5에 대한 타이밍도

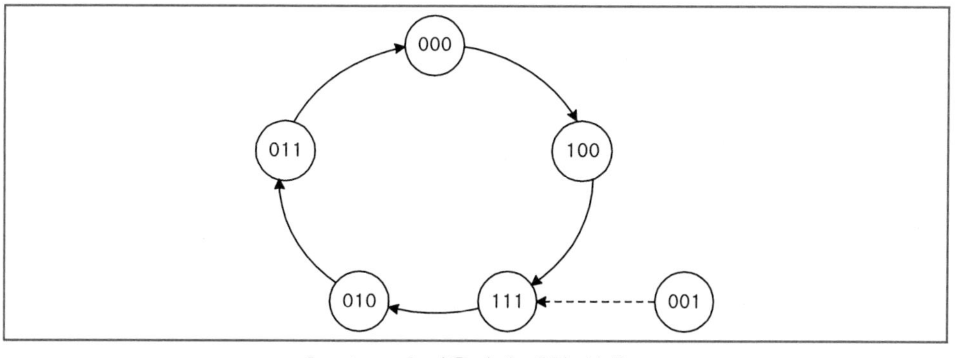

[그림 9-7] 카운터에 대한 상태도

T 플립-플롭을 이용하여 카운터를 설계하는 과정을 요약하면 다음과 같다.

① 현재 플립-플롭 상태를 조합하여 다음 플립-플롭 상태를 나타내는 상태표를 작성한다.

② 상태표로부터 다음 상태 맵을 그린다.

③ 각 플립-플롭에 대한 T입력 맵을 그린다(T_Q 맵을 작성할 때, $Q^+ \neq Q$일 때만 T_B는 1이 되어야 한다. 이것은 맵의 절반인 $Q=1$을 보수화하고 절반인 $Q=0$은 그대로 두면 Q^+ 맵으로부터 T 입력식을 구할 수 있음을 의미한다.)

④ 최종적으로 맵으로부터 T 입력 함수를 구하여 회로를 실현한다.

9-3 S-R 플립-플롭을 이용한 카운터 설계

$S-R$ 플립-플롭을 이용한 카운터 설계 과정은 9.1절과 9.2절에서 논의된 카운터 설계 과정과 동일하다. 단지 차이점은 T 플립-플롭에 대한 입력 방정식을 유도하는 것 대신 S와 R 입력 방정식을 유도하는 것이며 이제부터는 S, R 입력 방식을 유도하기로 한다. 표 9-4(a)는 $S-R$ 플립-플롭의 동작 상태를 나타내고 있다. S, R, Q 상태가 주어지면 이 표를 이용하여 Q^+를 결정할 수가 있다. 그러나 여기서의 문제는 현재 상태 Q와 다음 상태 Q^+가 주어질 경우에 S와 R의 상태를 결정해야 하는 것이다.

플립-플롭의 현재 상태가 $Q=0$이고 다음 상태가 $Q^+=1$이면 플립-플롭을 1에 세트하기 위해 1을 S에 입력해야 한다. 또한 현재 상태는 $Q=1$이고 다음 상태가 $Q^+=0$이면 플립-플롭을 0에 리세트하기 위해 1을 R 입력에 적용해야 한다. 그래서 플립-플롭의 입력은 $R=1$이면 $S=0$, $S=1$이면 $R=0$이어야 하는 제한이 반드시 있게 된다(플립-플롭의 정의). 그러므로 표 9-4(b)처럼 $QQ^+=01, 10$ 열에 해당하는 입력 SR은 각각 10과 01로 채워진다. 만일 현재 상태(Q)와 다음 상태(Q^+) 모두가 0이면 플립-플롭이 1로 세트되는 것을 방지하기 위해서는 $S=0$이어야 한다. 그러나 $Q=0$, $R=1$일 경우에는 플립-플롭이 상태는 변하지 않기 때문에 R은 0이 되든지 1이 되든지 상관이 없다.

그리고 현재 상태(Q)와 다음 상태(Q^+) 모두가 1일 경우에 플립-플롭이 리세트되는 것을 방지하기 위해서는 R은 0이어야만 한다. 그러나 S는 0이든지 1이든지 상관이 없다. 이와 같이 얻어진 S와 R의 입력들은 표 9-4(b)에 요약하였다. 표 9-4(c)는 R과 S에 교대로 돈케어(don't care)로 표현한 것을 제외하고는 표 9-4(b)와 동일하다.

[표 9-4] S–R 플립-플롭의 입력

(a)

S R Q	Q^+
0 0 0	0
0 0 1	1
0 1 0	0
0 1 1	0
1 0 0	1
1 0 1	1
1 1 0	–
1 1 1	–

(b)

Q Q^+	S R
0 0	0 0
	0 1
0 1	1 0
1 0	0 1
1 1	0 0
	1 0

(c)

Q Q^+	S R
0 0	0 ×
0 1	1 0
1 0	0 1
1 1	× 0

$$Q^+ = S + \overline{R}Q(SR=0)$$

그림 9-3의 카운터를 $S-R$ 플립-플롭을 이용하여 다시 설계하여 보자. 표 9-2에다 S와 R 플립-플롭 입력을 추가하여 적용하면 표 9-5로 나타내어진다. 이 행들은 표 9-4(c)를 이용하여 채워질 수 있다. $ABC=000$인 경우에 $A=0, A^+=1$이므로 $S_A=1$, $R_A=0$이다.

$ABC=100$인 경우는 $A=1$, $A^+=1$이므로 $S_A=X$, $R_A=0$가 된다. 111인 행에서는 $A=1$ 그리고 $A^+=0$이므로 $S_A=0, R_A=1$이다. $ABC=001$, 101 그리고 110일 경우 $A^+=X$이므로 $S_A=R_A=X$이다. 이와 같은 방식으로 S_B와 R_B의 값은 B와 B^+의 값에서 유도되어지고 S_C와 R_C의 값은 C와 C^+의 값에서 유도될 수 있다. 이와 같은 결과로 얻어지는 플립-플롭 입력 함수는 그림 9-8(a)에서처럼 맵으로 나타낼 수 있다.

[표 9-5] 상태도

A B C	A^+ B^+ C^+	S_A	R_A	S_B	R_B	S_C	R_C
0 0 0	1 0 0	1	0	0	×	0	×
0 0 1	× × ×	×	×	×	×	×	×
0 1 0	0 1 1	0	×	×	0	1	0
0 1 1	0 0 0	0	×	0	1	0	1
1 0 0	1 1 1	×	0	1	0	1	0
1 0 1	× × ×	×	×	×	×	×	×
1 1 0	× × ×	×	×	×	×	×	×
1 1 1	0 1 0	0	1	×	0	0	1

방정식을 상태표로부터 직접 유도하는 것보다 다음 상태 맵으로부터 직접 $S-R$ 플립-플롭 입력 맵을 유도하는 것이 일반적으로 빠르고 더 쉽다. 각 플립-플롭에 대한 S와 R값을 결정하는 데는 표 9-4(c)를 이용하여 다음 상태(Q^+)맵으로부터 S와 R 입력 맵을 유도해야 한다. $S-R$ 플립-플롭 입력 방정식을 유도하기 위해서는

이전의 T 플립-플롭에서 유도하였던 것처럼 그림 9-4(a)의 A^+, B^+, C^+에 대한 다음 상태의 맵을 이용한다. 이들의 맵을 편의상 그림 9-8에 다시 그린다. 입력 맵을 유도할 때 한 번에 각각의 다음 상태의 맵들의 절반을 고려 대상으로 한다. 플립-플롭 $A(Q=A,\ Q^+=A^+)$로 시작하여 맵의 $A=0$인 행을 고려한다.

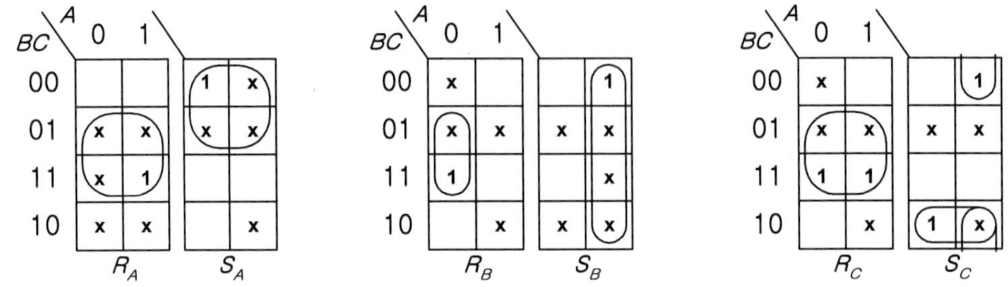

$R_A = C \quad S_A = \overline{B}$

$R_B = \overline{A}C \quad S_B = A$

$R_C = C \quad S_C = A\overline{C} + B\overline{C} = \overline{C}(A+B)$

(a) S-R 플립-플롭의 식

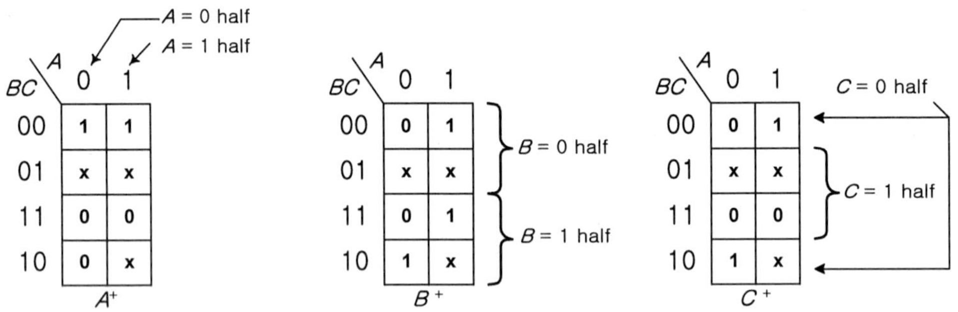

(b) 다음 상태 맵

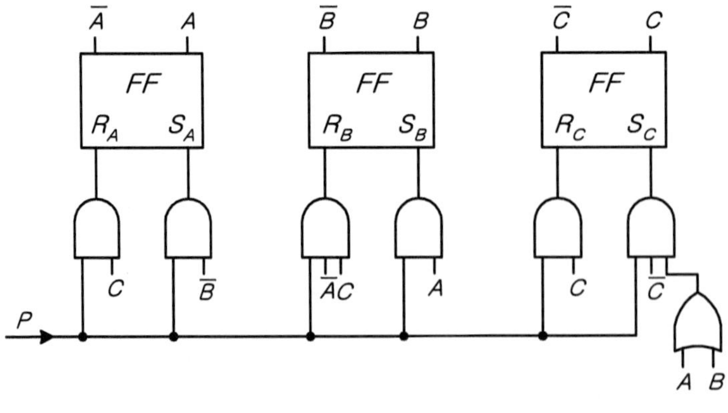

(c) 논리도

[그림 9-8] *S-R* 플립-플롭을 이용한 그림 9-3의 카운터

표 9-4(c)로부터 $A=0$, $A^+=1$이면 $S=1$, $R=0$이다. 그러므로 $A^+=1$인 $A=0$ 행에 해당하는 모든 칸(square)에 대하여 입력 맵의 대응하는 칸 속에 $S_A=1$과 $R_A=0$을 기재해야 한다. 이와 동일한 방법으로 $A^+=0$인 $A=0$행에 해당하는 모든 칸에는 입력 맵 상에 $S_A=0$, $R_A=X$을 넣는다. $A=1$행에서 $A^+=0$인 경우는 $S_A=0$, $R_A=1$이고 $A^+=1$인 경우는 $S_A=X$, $R_A=0$이다. A^+맵 상의 돈케어 상태는 S_A와 R_A 맵 상에도 그대로 돈케어 상태로 남겨 둔다. 왜냐하면 다음 상태가 어떤 상태가 되는지를 고려하지 않는다면 입력이 무엇이 되건 고려치 않아도 되기 때문이다. 이와 동일한 방법으로 맵의 위에서 절반인 $B=0$와 아래에서 절반인 $B=1$을 함께 고려하면 B^+ 맵으로부터 S_B와 R_B 맵을 유도할 수가 있다. 앞서와 마찬가지로 플립-플롭이 세트되거나 리세트되면 S와 R 맵에 1을 집어 넣는다. $Q=1$이고 상태 변화가 없으면 S는 돈케어 상태이다. 그리고 $Q=0$이고 상태 변화가 없으면 $R=X$이다. 최종적으로 S_C와 R_C는 C^+ 맵으로부터 유도된다.

그림 9-8(c)는 이런 과정을 통해서 얻어지는 최종 논리 블록도이다. 플립-플롭 출력들과 게이트 입력간이 연결선은 회로도를 단순화하기 위해서 생략하였다. 펄스가 가해질 때에만 단지 상태 변화가 일어날 수 있도록 입력펄스(P)는 각 플립-플롭 입력과 AND되어 있다. 이 설계는 카운터 상태가 각 펄스에 대해 단 한번만 변화할 수 있도록 적절하게 펄스 폭을 조정한 것으로 가정한다.

9-4 J-K 플립-플롭을 사용한 카운터 설계

$J-K$ 플립-플롭을 이용한 카운터 설계 과정은 이전의 $S-R$ 플립-플롭으로 카운터를 설계하는 과정과 매우 유사하다. $J-K$ 입력이 동시에 1일 때 $J-K$ 플립-플롭의 상태 변화를 제외하고는 $S-R$ 플립-플롭과 동일하다. 표 9-6(a)는 J, K와 Q의 함수로서 다음 상태를 보여준다. 이 표를 이용하여 Q와 Q^+가 주어질 때 J와 K에 대한 필요한 입력 조건을 유도할 수가 있다. 그러므로 $Q=0$에서 $Q^+=1$로 변화시키려면 $J=1$, $K=0$을 이용하여 플립-플롭을 1로 세트할 수 있거나 혹은 $J=K=1$을 이용하여 상태를 변화할 수 있다. 즉 이것은 $J=1$이고 K는 돈케어 상태를 나타낸다. 이와 비슷하게 1에서 0으로의 상태 변화는 $K=1(J=0)$로 플립-플롭을 리세트시키거나 $J=K=1$로 플립-플롭의 상태를 변화시킬 수 있다. 상태 변화가 필요치 않을 경우에는 $S-R$ 플립-플롭과 같은 입력 조건이 된다(즉 $J=K=0$). $J-K$ 입력 조건들은 표 9-6(b)와 9-6(c)에 요약해 놓았다.

[표 9-6] J-K 플립-플롭의 입력

(a)

J K Q	Q^+
0 0 0	0
0 0 1	1
0 1 0	0
0 1 1	0
1 0 0	1
1 0 1	1
1 1 0	1
1 1 1	0

(b)

Q Q^+	J K
0 0	0 0
	0 1
0 1	1 0
	1 1
1 0	0 1
	1 1
1 1	0 0
	1 0

(c)

Q Q^+	J K
0 0	0 ×
0 1	1 ×
1 0	× 1
1 1	× 0

$$Q^+ = J\overline{Q} + \overline{K}Q$$

$J-K$ 플립-플롭을 사용하여 그림 9-3의 카운터를 재설계를 해보자. 표 9-7은 표 9-2에 $J-K$ 플립-플롭 입력들을 첨가하여 구성된 표이다. 표 9-6(c)을 사용하여 이들 $J-K$ 입력 행들을 채울 수 있다. ABC=000행에서는 $A=0$이고 $A^+=1$이므로 $J_A=1$, $K_A=X$가 된다. ABC=010, 011 행들에서는 $A=0$, $A^+=0$이므로 $J_A=0$, $K_A=X$가 된다. 나머지 행들도 이와 유사하게 작성하면 된다. 최종적으로 $J-K$ 플립-플롭 입력함수는 그림 9-9(a)에서처럼 나타낸다.

[표 9-7]

A B C	$A^+B^+C^+$	J_A	K_A	J_B	K_B	J_C	K_C
0 0 0	1 0 0	1	×	0	×	0	×
0 0 1	× × ×	×	×	×	×	×	×
0 1 0	0 1 1	0	×	×	0	1	×
0 1 1	0 0 0	0	×	×	1	×	1
1 0 0	1 1 1	×	0	1	×	1	×
1 0 1	× × ×	×	×	×	×	×	×
1 1 0	× × ×	×	×	×	×	×	×
1 1 1	0 1 0	×	1	×	0	×	1

$J-K$ 플립-플롭 입력 맵은 역시 다음 상태 맵으로부터 직접 유도할 수가 있다. 표 9-6(c)로부터 $Q=0$인 경우 $J=Q^+$, $K=X$가 되고 $Q=1$인 경우는 $J=X$, $K=(Q^+)$가 된다. 그러므로 J맵의 절반인 $Q=0$에서 J는 Q^+와 같고 나머지 절반인 $Q=1$에서 J는 모두 X 상태이다. Q^+와 Q가 1일 때 절반인 모두 X인 경우와 같다. 그러므로 K 맵의 절반인 $Q=0$에서는 K는 모두 X이며 Q가 1일 때 K는 Q^+의 보수이다. 그림 9-4(a) 다음 상태 맵을 그림 9-9(b)에 다시 나타내었다. 위에서 설명한 방법을 이용하여 이들 다음 상태 맵으로부터 직접 그림 9-9(a)의 $J-K$ 맵을 유도할 수가 있다. J_A 맵의 절반인 $A=0$은 A^+ 맵의 대응하는 절반과 동일하다. 그리고 J_A 맵의 절반인 $A=1$은 모두 돈케어 상태이다. K_A 맵의 절반인 $A=1$은

A^+ 맵의 보수이며, K_A 맵의 절반인 $A=0$은 모두 돈케어 상태이다. B^+의 맵으로부터 J_B와 K_B 맵 유도도 이와 비슷한 방법으로 행하면 된다. J_C와 K_C 맵도 C^+ 맵으로부터 유도할 수 있다. $J-K$ 맵으로부터 플립-플롭 입력 방정식을 유도한 후 그림 9-9(c)의 논리도를 그릴 수 있다. 클럭형 플립-플롭을 사용하였으므로 입력펄스(P)를 그림 9-8(c)처럼 AND 게이트로 연결시키는 것보다 플립-플롭 클럭(CK) 입력에 직접 연결하면 된다.

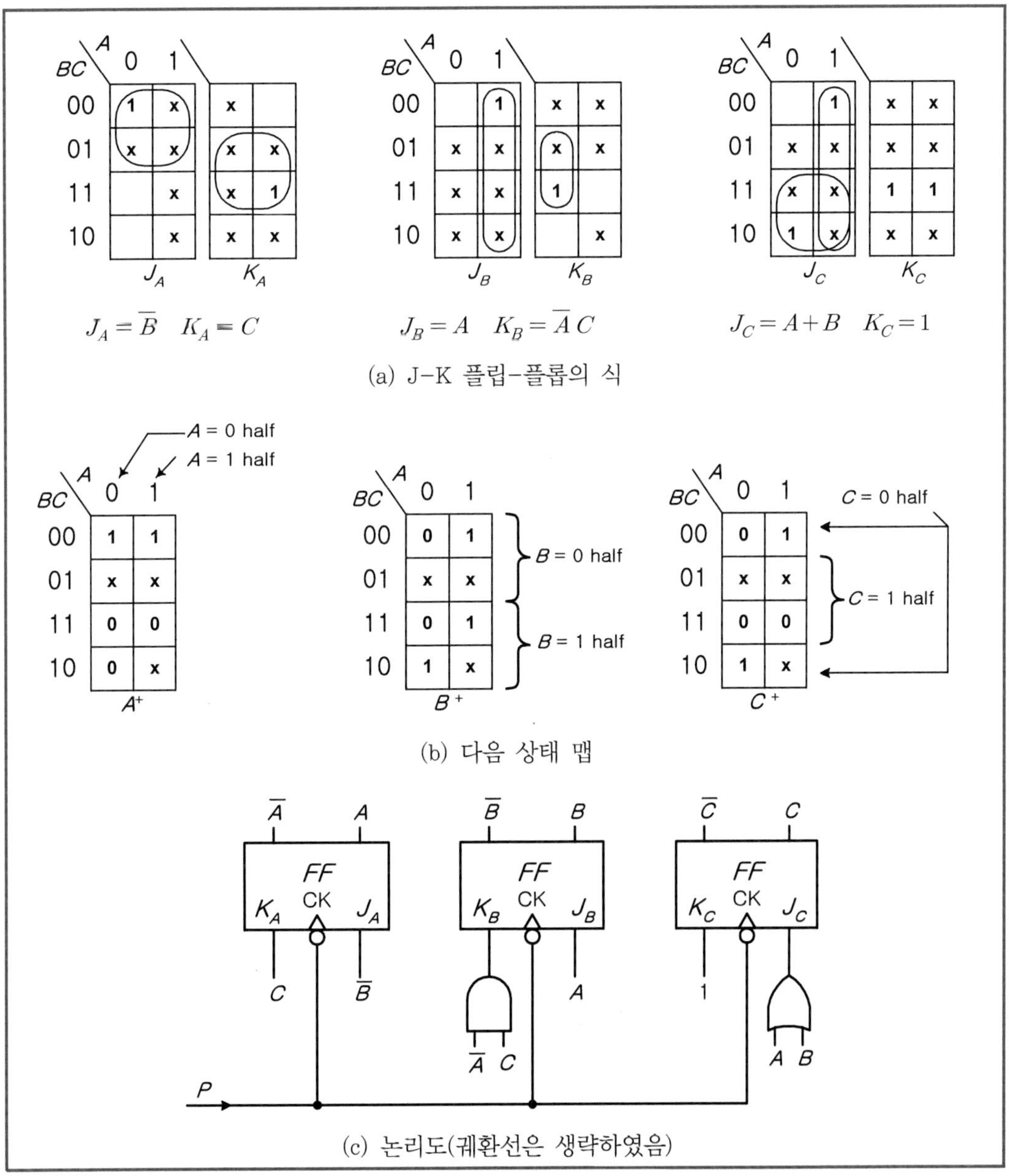

[그림 9-9] J-K 플립-플롭을 사용한 그림 9-3 카운터 설계

9-5 J-K 플립-플롭 입력 방정식을 유도하기 위한 간단한 방법

본절에서는 J와 K 맵을 따로 작성할 필요없이 다음 상태 맵으로부터 직접 $J-K$ 입력 방정식을 구하는 방법에 대하여 설명하기로 한다. 그림 9-9로부터 함수 J_A와 K_A에는 변수 A가 포함되어 있지 않음을 알 수 있다. 이와 비슷하게 J_B와 K_B는 변수 B에 무관하고 J_C와 K_C는 변수 C에 무관하다. 이것은 플립-플롭 Q에 대하여 최소화된 J와 K 입력 방정식은 Q에 무관하다는 것을 알 수 있다. 즉 J맵의 절반인 $Q=1$은 전부 돈케어 상태가 되기 때문에 이런 경우가 발생하는 것이다. 그러므로 J 맵의 절반인 $Q=0$ 부분의 1들도 $Q=1$ 부분의 돈케어 상태(X)와 결합하여 변수 Q가 소거되기 때문이다. 이와 같은 상태는 K에 대해서도 유도할 수가 있다. K맵의 절반인 $Q=0$에서 모두 돈케어 상태이므로 J와 같은 방식을 사용할 수 있다. 표 9-6(c)로부터 $Q=0$인 경우 $J=Q^+$가 된다. 그러므로 J는 Q와 독립적으로 Q^+맵의 절반인 $Q=0$인 부분으로부터 직접 J를 구하면 된다. 이러한 설명을 그림 9-10에 나타내었다.

각각 3개의 변수로 재구성되어진 그림 9-4(a) 다음 상태 맵은 2개의 두 변수로 이루어진 두 개의 맵으로 나누어졌다. A^+에 대해서 첫 번째 행($A=0$)은 B와 C의 함수로서 J_A라는 맵을 구성한다. 이와 비슷하게 B^+ 맵의 절반인 상단($B=0$) 부분은 A와 C함수로서 J_B라는 맵으로 작성되고, 세 번째 맵에서 상단과 하단 열은 J_C에 대한 맵을 성립시킨다. 이들 맵으로부터 유도되는 J함수는 그림 9-9(a) 맵으로부터 구하는 것과 같다.

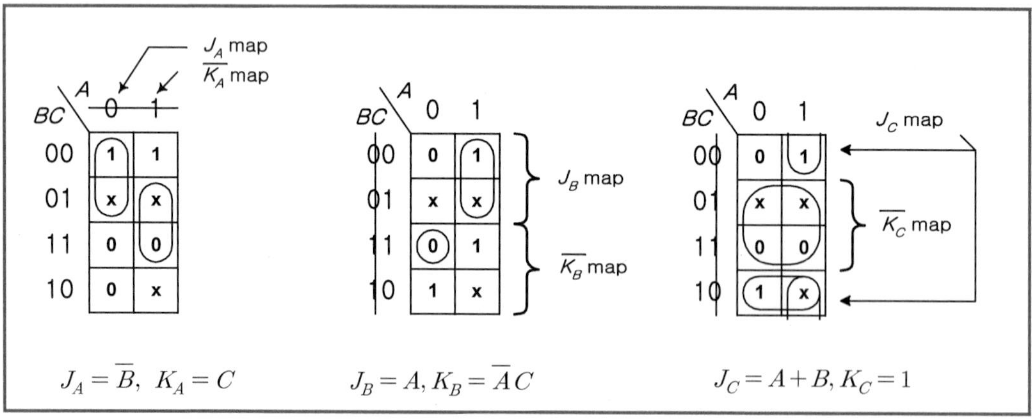

[그림 9-10] J-K 방정식을 유도하기 위한 간단한(Short-cut) 방법

표 9-6(c)로부터 $Q=1$인 경우 $K=(\overline{Q^+})$혹은 $\overline{K}=Q^+$이다. 따라서 $K(\overline{K})$는 Q와 무관하기 때문에 Q^+맵의 절반인 $Q=1$ 부분은 $\overline{K}$에 대한 맵으로 다룬다. 그러므로 1대신에 0을 취함으로써 $\overline{K}$맵으로부터 직접 K을 구할 수 있다. 예를 들어 그림 9-10의 A^+맵에서 $A=1$ 행은 $\overline{K}$맵을 성립시킨다. 따라서 이 맵 상의 0과 돈케어 상태를 결합시킴으로써 $K_A=C$를 얻는다. 이와 비슷하게 K_B도 B^+맵의 하단에 있는 0을 판독함으로써 얻어지고, K_C는 C^+맵의 중간 두 열로부터 얻으면 된다(그림 9-10 참조). 이들 맵으로부터 얻어지는 K 함수들은 그림 9-9에서 유도된 방정식은 다음과 같다.

간단한(Short-cut) 방법이 타당하다는 것은 $J-K$ 플립-플롭에대한 특성 방정식으로부터 증명할 수 있다.

$$Q^+=J\overline{Q}+\overline{K}Q \tag{9-1}$$

Q^+를 다음과 같이 Q와 n개의 다른 변수의 함수라고 가정하면,

$$Q^+=F(Q,X_1,X_2,\cdots,X_n) \tag{9-2}$$

따라서,

$$Q^+=J\overline{Q}+\overline{K}Q=F(Q,X_1,X_2,\cdots,X_n) \tag{9-3}$$

이 된다. 여기서 $Q=0$으로 놓으면

$$Q^+|_{Q=0}=J=F(Q,X_1,X_2,\cdots,X_n) \tag{9-4}$$

이 되고, $Q=1$이라 놓으면

$$Q^+|_{Q=1}=\overline{K}=F(1,X_1,X_2,\cdots,X_n) \tag{9-5}$$

가 되므로

$$K=\overline{(Q^+|_{Q=1})}=\overline{F}(1,X_1,X_2,\cdots,X_n) \tag{9-6}$$

이 된다.

식 (9-2)에 대응하는 Q^+에 대한 $n+1$ 변수 맵이 주어지면 $Q=0$으로 정하는 것은 맵에서 맵의 절반인 $Q=0$ 부분을 선택하면 Q를 소거하는 것과 같다고 할 수 있다. 그 결과로 방정식 (9-4)는 n변수 맵에서 J에 대한 맵으로 되는 것을 나타낸다.

식 (9-2)에서 $Q=1$로 정하는 것은 Q^+맵의 $Q=1$인 부분을 선택하는 것과 $\overline{Q}$를 소거하는 것과 같다고 할 수 있으며, 그 결과는 식(9-5)에 나타난 것처럼 $\overline{K}$에 대한 n변수 맵이 된다. $\overline{K}$맵에서 0항을 판독함으로써 K에 대한 식을 유도할 수 있다.

간단한(Short-Cut) 방법으로 플립-플롭 Q에 대한 J와 K 입력들을 결정하는 단계를 요약하면 다음과 같다.

1. 다음 상태(Q^+) 맵을 작성한다.
2. 맵에서 $Q=0$인 부분과 $Q=1$인 부분을 확인 점검한다.
3. 맵의 가장자리(Edge)에 있는 Q의 값을 줄을 그어 삭제한다.(J와 K는 Q와 무관하기 때문, 그림 9-10 참조)
4. J를 남아 있는 변수의 함수로 결정하기 위해 맵에서 $Q=0$ 부분에 있는 1들을 조합한다.
5. K를 남아 있는 변수의 함수로 결정하기 위해 맵에서 $Q=1$ 부분에 있는 0들을 조합한다.

위에서 설명된 간단한 방법은 표준적 방법보다도 두 가지 장점이 있다.

첫째는 J와 K에 대한 맵을 별도로 작성할 필요가 없다는 것이다. 둘째는 사용되는 변수가 한 개까지 감소할 수 있다는 것이다(J_Q와 K_Q 부분 맵(submap)은 Q와 무관하기 때문이다).

9-6 D 플립-플롭을 사용한 카운터 설계

D 플립-플롭에 대해서 다음 상태 방정식은 $Q^+ = D$ 이다. 따라서 D 입력 맵은 항상 다음 상태 맵과 동일하다.

그러므로 D 에 대한 입력 방정식은 Q^+맵으로부터 직접 구할 수 있다. 그림 9-3 카운터에 대한 입력 방정식은 그림 9-4(a)에서 보여주는 다음 상태 맵으로부터 다음과 같이 유도한다.

$$D_A = A^+ = \overline{B} \qquad D_B = B^+ = A + B\overline{C} \qquad D_C = A\overline{C} + B\overline{C} = \overline{C}(A+B)$$

이것을 클럭형 D 플립-플롭을 사용하면 그림 9-11과 같은 회로로 나타낼 수 있다.

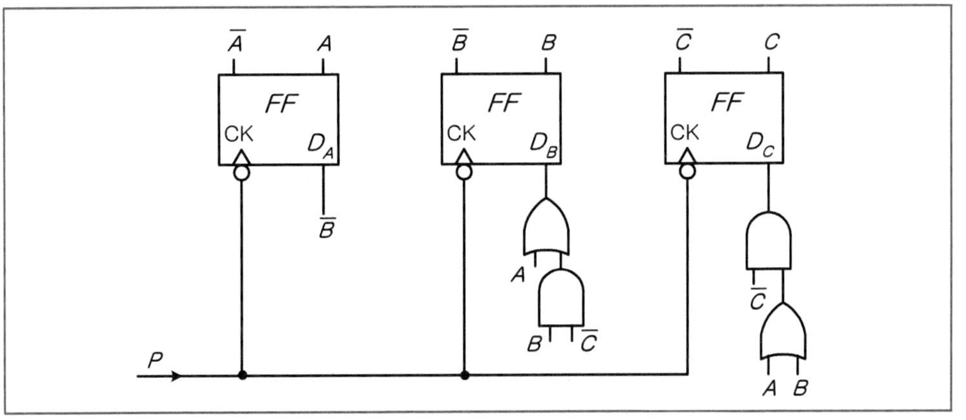

[그림 9-11] D 플립-플롭을 사용한 그림 9-3 카운터에 대한 논리도

9-7 코드 변환기(Code Converter)의 설계

카운터를 설계하는 같은 방법을 적용하면 외부 입력이 없고 단지 처음(초기) 변화만 일어나는 하나의 입력펄스를 갖는 순차회로를 설계할 수 있다. 예를 들어, 8-4-2-1 BCD 코드를 Excess-3 코드로 변화시키는 코드 변환기를 4개의 플립-플롭을 사용하여 설계해 보자. 처음에 BCD 디지트(0-9) 중의 하나가 플립-플롭 내에 저장된다. 회로에 펄스가 가해지고 나면 대응하는 Excess-3 디지트 코드가 플립-플롭에 나타난다. 표 9-8에 변환기(converter)에 대한 상태표가 주어진다. 그림 9-12는 다음 상태 맵, $J-K$ 입력 방정식, 논리회로도를 나타내고 있다. $J-K$ 입력 방정식을 유도하기 위해 간단한(Short-Cut) 방법을 이용하였다. 초기에 플립-플롭에 저장되는 BCD 디지트에 대한 회로는 도표에서 생략하였다.

[표 9-8] 코드 변환기에 대한 상태표

A	B	C	D	A^+	B^+	C^+	D^+
0	0	0	0	0	0	1	1
0	0	0	1	0	1	0	0
0	0	1	0	0	1	0	1
0	0	1	1	0	1	1	0
0	1	0	0	0	1	1	1
0	1	0	1	1	0	0	0
0	1	1	0	1	0	0	1
0	1	1	1	1	0	1	0
1	0	0	0	1	0	1	1
1	0	0	1	1	1	0	0

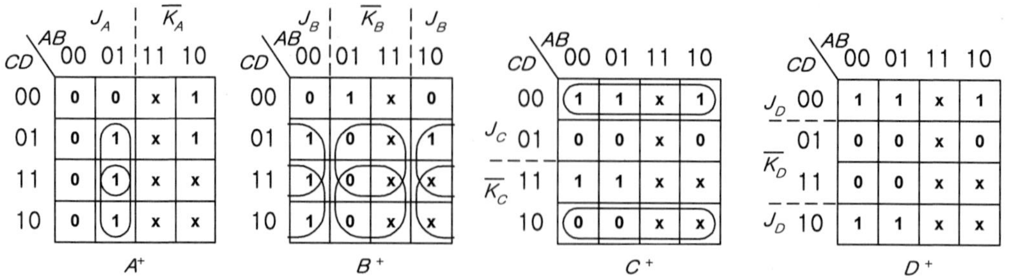

$J_A = BC + BD = B(C+D) \quad K_A = 0 \qquad J_B = C+D \quad K_B = C+D$

$J_C = \overline{D} \quad K_C = \overline{D} \qquad K_D = 1 \qquad J_D = 1$

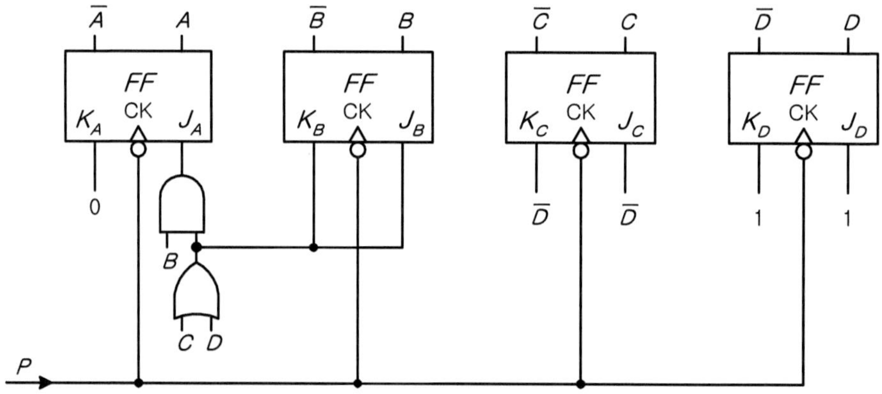

[그림 9-12] BCD에서 Excess-3 코드 변환기

9-8 시프트 레지스터

시프트 레지스터는 2진수를 저장할 수 있는 플립-플롭들의 집합체(Group)를 의미한다. 이들 2진수들은 시프트 펄스가 적용될 때 왼쪽이나 오른쪽으로 이동될 수 있다. 레지스터의 한쪽 끝으로 이동된 비트는 없어질 수가 있다. 혹은 시프트 레지스터가 순환 형태로 구성되어 있다면 한쪽 끝으로 이동된 비트는 다른 쪽 끝으로 순환되어 되돌아간다. 그림 9-13(a)는 $S-R$ 플립-플롭으로 이루어진 4비트 순환 오른쪽형 시프트 레지스터이다. 레지스터 초기 내용이 0111이었다면 펄스가 가해진 후에는 레지스터 내용은 1011이 된다. 두 번째 펄스가 가해지면 상태는 1101이 되고 그 다음에는 1110, 그리고 4번째 펄스가 인가되면 레지스터는 초기상태 내용인 0111로 되돌아간다. 플립-플롭 A의 출력은 AND 게이트를 통해서 플립-플롭 B의 입력으로 들어간다. 만약 $A=1$이라면 플립-플롭 B는 시프트 펄스로 인해 1로 세트되고 $A=0$

이면 플립-플롭 B는 시프트 펄스로 인해 0으로 리세트된다. 이 외의 다른 플립-플롭들도 똑같은 방법으로 연결되어 있다. 그림 9-13(b)와 같이 클럭형 플립-플롭을 사용하였다면 AND 게이트를 소거할 수가 있다.

그림 9-13(a)의 시프트 레지스터 동작을 적절하게 동작되도록 하기 위해서는 시프트 펄스가 완전하게 가해질 때까지는 플립-플롭의 상태 변화는 지연되어야 한다. 그렇지 않으면 하나의 시프트 펄스에 대해 여러 번 스프트 동작이 일어날 수 있기 때문이다. 지연은 플립-플롭에서 만들어지며 이 경우 시프트 펄스 폭은 플립-플롭 지연보다 적어야만 한다. 또한 플립-플롭이 펄스의 트레일링 면(Trailing edge)에서 변화되도록 설계되었을 경우에는 문제가 되지 않는다. 어떤 경우에서든 시프트 레지스터에 있는 플립-플롭 동작은 시프트 펄스에 의해서만 동기된다. 그러므로 상태 변화가 동시에 일어날 수 있도록 하기 위해서는 시프트 펄스에 의해서만 동기되어야 한다. 즉 플립-플롭은 펄스가 가해지고 나면 동시에 상태를 변화시킨다.

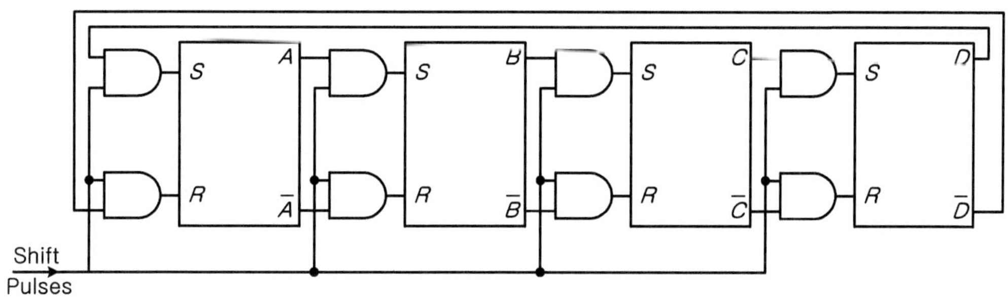

(a)

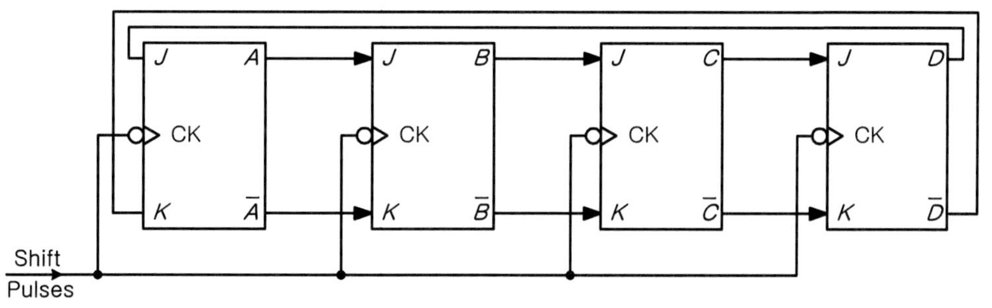

(b)

[그림 9-13] 순환 시프트 레지스터

••• 연습문제

9.1 다음 시컨스를 카운터하는 카운터를 설계하시오.
0000, 1000, 1100, 1010, 1110, 0001, 1001, 1101, 1111, 0000

a. T 플립-플롭과 AND와 OR 게이트를 사용하시오.
b. $S-R$ 플립-플롭과 AND와 OR 게이트를 사용하시오.
c. 클럭형 $J-K$ 플립-플롭과 AND 게이트를 사용하시오.
d. 클럭형 D 플립-플롭과 NOR 게이트를 사용하시오.

9.2 다음 시컨스에 대하여 문제 9.1를 수행하시오.

0000, 0001, 0100, 0110, 1000, 0001, 0011, 0101, 0011, 1101, 0000

9.3 $M-N$ 플립-플롭은 다음과 같이 동작한다.
만일 $MN=00$이면, 플립-플롭의 다음 상태는 0이다.
만일 $MN=01$이면, 플립-플롭의 다음 상태는 현 상태와 같다.
만일 $MN=10$이면, 플립-플롭의 다음 상태는 현재 상태의 보수(complement)이다.
만일 $MN=11$이면, 플립-플롭의 다음 상태는 1이다.

a. 다음 표를 완성하시오(가능하면 돈케어 조건을 사용)

현재 상태 Q	다음 상태 Q^+	M N
0	0	
0	1	
1	0	
1	1	

b. 상기표와 Karnaugh 맵을 사용하여 다음 순차대로 카운팅하는 카운터를 3개의 $M-N$ 플립-플롭으로 구성하시오.
$ABC=000$, 001, 011, 101, 100, 000, ⋯.

9.4 순차회로는 4개의 플립-플롭으로 이루어진 한 개의 레지스터를 포함하고 있다. 처음에 2진수 $N(0000 \leq N \leq 1001)$ 중에 하나가 플립-플롭 내에 저장된다.
입력펄스가 회로에 인가된 후에는 레지스터는 $N+0101$이 된다. 다시 말해서 순차회로의 기능은 4비트 레지스터 내용에 5를 더하는 것이다. $J-K$ 플립-플롭을 사용하여 이 회로를 설계하시오.

9.5 $K-G$ 플립-플롭에 대한 논리도는 다음과 같다. 다음에

a. 현재 상태(Q)와 플립-플롭 입력(K, G)으로 주어지는 다음 상태 방정식(특성 방정식)을 유도하시오.

b. 다음의 여기표를 완성하시오.

현재 상태 Q	다음 상태 Q^+	K G
0	0	
0	1	
1	0	
1	1	

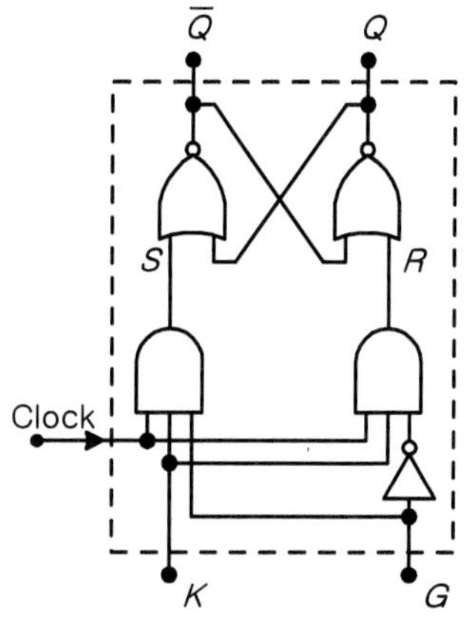

c. 임의의 논리회로는 여러 개의 $K-G$ 플립-플롭을 포함하고 있다. $K-G$ 플립-플롭의 다음 상태 중 하나는 $Q^+ = XY + Q$로 주어진다. 여기서 X와 Y는 회로 내의 다른 플립-플롭의 출력들이다. K와 G를 X, Y와 Q항으로 나타내어라(K와 G에 대한 해는 여러 가지 다른 해들이 존재한다. 최소한 두 개 이상 다른 해를 구하시오).

9.6 순차회로가 두 개의 레지스터를 가지고 있고 각 레지스터는 클럭형(마스터 슬레이브) $J-K$ 플립-플롭으로 구성되어 있다. 첫 번째 레지스터 플립-플롭들은 A, B, C, D로 표시되고 두 번째 레지스터 플립-플롭은 E, F, G, H로 표시한다.

a. 하나의 펄스(P)로 두 레지스터 내용이 서로 교환될 수 있도록 플립-플롭을 연결하시오. 즉, 가해진 후 A의 새로운 값이 E값으로, E의 새로운 값이 A로 전달될 수 있도록, 그리고 B와 F, C와 G, D와 H도 같은 방법으로 내용이 전달된다.

b. 클럭형 $J-K$ 플립-플롭 대신에 $S-R$ 플립-플롭과 AND 게이트를 사용하여 연결하시오. 만일 그림 8-4(a)에서 보여주는 지연이 없는 다른 형태의 플립-플롭을 사용한다면 어떤 문제점이 발생하는가? 또 한, 그림 8-5(d)에 보여주는 지연이 있는 $S-R$ 플립-플롭을 사용할 경우에 회로가 적절하게 동작하도록 하기 위해서 펄스 폭에 어떤 제한조건을 가하는가?

9.7 그림 9-11 카운터에 대한 타이밍도를 작성하라(P, A, C, D_A, D_B, D_C에 대하여).

9.8 다음 시컨스대로 카운트하는 십진 카운터(decade counter)를 다음 물음에 따라 설계하시오.

0000, 0001, 0010, 0011, 0101, 0110, 0111, 1000, 1001, 0000, ⋯

a. 클럭형 $J-K$ 플립-플롭을 사용하시오.
b. $S-R$ 플립-플롭을 사용하시오.
c. T 플립-플롭을 사용하시오.
d. 카운터가 사용되지 않은 상태에서 시작할 경우 발생할 수 있는 부분을 고려하여 카운터의 상태도를 완성하시오.

9.9 그림 9-13(b) 순환 시프트 레지스터에서 플립-플롭 A의 K 입력을 D로, J의 입력을 $\overline{D}$로 바꾸어 연결할 경우에 레지스터 상태의 시컨스를 결정하시오. $ABCD$ 초기의 상태를 0000으로 가정하여 각 시프트 펄스가 가해지고 난 후 상태를 결정하시오.

9.10 그림 9-12 회로를 다음 플립-플롭을 사용하여 재설계하시오.

a. 클럭없는 T 플립-플롭
b. 클럭형 D 플립-플롭

9.11 다음 시컨스를 카운터하는 3비트 카운터를 설계하시오.

001, 011, 010, 110, 111, 101, 100, 001, ⋯

a. 클럭형 D 플립-플롭을 사용하시오.
b. 클럭형 $J-K$ 플립-플롭을 사용하시오.
c. 클럭형 T 플립-플롭을 사용하시오.
d. $S-R$ 플립-플롭을 사용하시오.
e. (a)에서 설계된 카운터에서, 000 상태에서 시작되었다면 어떤 문제가 발생하는가?

9.12 6-3-1-1 코드(표 1-1 참조) 시컨스를 카운터하는 카운터를 설계하시오.

a. 클럭형 D 플립-플롭을 사용하시오.
b. 클럭형 T 플립-플롭을 사용하시오.
c. 클럭형 $J-K$ 플립-플롭을 사용하시오.
d. (c)에서 설계된 카운터가 1101에서 시작되면 어떤 일이 발생하는가?

CHAPTER 10

클럭형 순차회로 해석

Analysis of Clocked Sequential Networks

우리는 이제까지 입력펄스만을 가지고 상태를 변화시키는 순차회로를 공부했다. 그러면 이제부터는 클럭펄스와 입력을 가지는 순차회로를 고려하기로 하자. 일반적으로 이와 같은 회로에 대한 출력 시컨스와 플립-플롭 상태 시컨스는 회로에 적용되는 입력 시컨스에 의존하게 된다.

순차회로와 입력 시컨스가 주어질 경우에 회로를 통하여 0과 1 신호를 추적(Tracing)함으로서 플립-플롭 상태 순차와 출력 시컨스를 정할 수 있는 회로를 해석할 수가 있다. 신호의 추적은 소형회로 해석에는 적합하지만, 대형회로에 대해서는 회로의 동작을 나타내는 상태표나 상태도를 작성하는 것이 더 좋다. 그런 다음에 상태표나 상태도로부터 출력 시컨스와 상태 시컨스를 결정할 수 있다. 이와 같은 상태표나 상태는 순차회로를 설계하는데 매우 유용하게 사용된다.

또한 본 장에서는 순차회로에 대한 입력, 클럭펄스 및 출력간의 타이밍 관계에 대하여서도 공부할 것이다. 순차회로가 대규모 디지털 시스템의 일부분으로 사용될 경우에는 이들 타이밍 문제는 매우 중요하다. 여러 종류의 특수한 순차회로를 해석하고 난 다음에는 기억소자의 일종인 플립-플롭과 조합 논리회로로 구성된 순차회로에 대한 일반적인 모델에 대하여 설명하기로 한다.

10-1 순차 패리티 검사기(Sequential Parity Cheker)

2진 데이터를 전송하거나 저장할 때에, 오류검증을 하기 위해서 종종 여분의 비트(패리티 비트)를 첨가한다. 예를 들면, 만약 데이터가 7비트 그룹으로 전송된다면 8번째 비트가 각 7비트 데이터 그룹에 참가되어 각 8비트 블록의 1의 개수가 홀수로 된다고 하자. 블록에서 1의 총 개수가 홀수(odd)일 때 odd 패리티라고 말한다. 이와는 달리, 블록에서 1의 총 개수가 짝수(even)로 되는 패리티 비트를 선정했다면, even 패리티라고 말한다. odd 패리티를 갖는 8비트 워드의 예를 들면 다음과 같다.

7비트 데이터	패리티 비트
0 0 0 0 0 0 0	1
0 0 0 0 0 0 1	0
0 1 1 0 1 1 0	1
1 0 1 0 1 0 1	1
0 1 1 1 0 0 0	0

8비트 워드에서 임의의 한 비트가 0에서 1로 변하거나, 1에서 0으로 변하면 패리티는 더 이상 odd가 아니다. 따라서, odd 패리티를 갖는 한 단어(word)를 전송할 때 하나의 비트 오류라도, 발생하면 워드 내의 1의 개수가 odd에서 even으로 변하기 때문에 이와 같은 오류 발생은 발견할 수가 있다. 클럭과 하나의 입력을 갖는 순차회로의 간단한 예로서 직렬 데이터에 대한 패리티 검사기를 설계해 보자(직렬이란 데이터가 한 번에 1비트씩 순차대로 회로로 들어간다는 의미이다.). 이와 같은 회로의 블록도를 그림 10-1에 나타내었다.

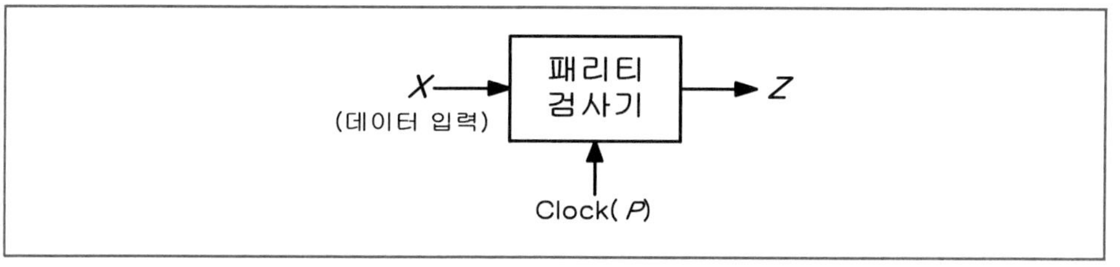

[그림 10-1] 패리티 검사기에 대한 블록도

0과 1들의 시퀀스가 X 입력으로 인가될 경우에 1입력의 전체 개수가 odd이면 회로의 출력은 1이다. 그러므로 원래 odd 패리티를 갖는 데이터를 회로로 전송한다면 $Z=0$의 최종 출력은 전송중에 오류(에러)가 발생했음을 뜻한다. X 입력은 클럭과 동기되어 있고 클럭펄스 사이에서만 X 입력은 변한다고 가정한다. X값은 클럭이 high일 때에 결정된다. 클럭 입력은 X 입력에서 계속 이어지는 0과 1을 구별하기 위해 필요한 것이다. 이러한 회로의 입-출력 파형을 그림 10-2에 나타내었다.

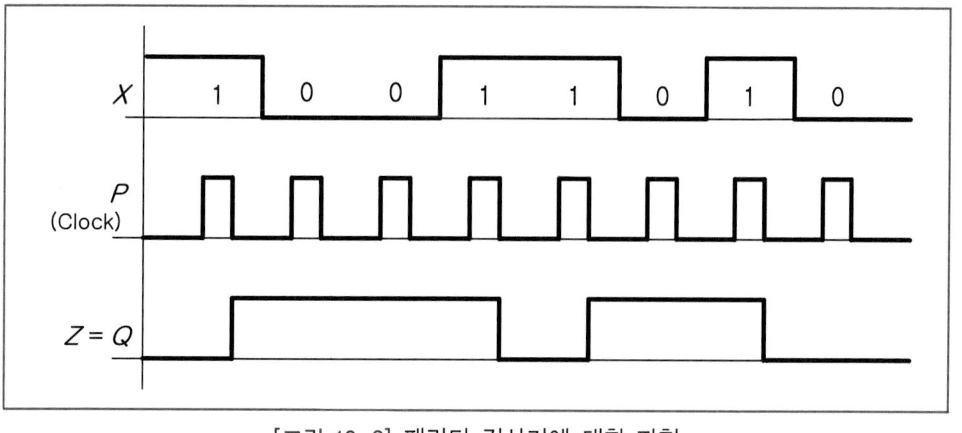

[그림 10-2] 패리티 검사기에 대한 파형

패리티 검사기를 설계하기 위한 상태도를 우선 작성해 보자(그림 10-3). 순차회로는 입력된 1의 총 개수가 짝수인지 홀수인지를 기억해야만 하기 때문에 상태는 단지 두 개만을 필요로 한다. 이들 상태를 입력된 1의 개수가 짝수일 때와 홀수일 때에 각각 대응시키면(S_0 : even, S_1 : odd) S_0와S_1으로 정할 수가 있다. 처음에는 들어오는 1의 개수가 0이기 때문에 시작 상태는S_0로부터 시작된다(0은 even이므로). 그림 10-3에 나타낸 것처럼 회로가 상태 S_0에 있고, $X=0$을 받으면 회로는 S_0 상태에 그대로 있게 된다(들어온 1의 개수가 계속 짝수이므로). 그러나 $X=1$이 들어오면 회로는 상태S_1로 간다(들어온 1의 개수가 홀수로 되기 때문). 이와 비슷하게, 회로가 상태가 S_1에 있다면(들어온 1의 개수가 홀수) 0입력은 상태 변화를 일으키지 않으나, 1입력은 들어온 1 개수가 그 다음에는 짝수가 되므로S_0로 변화된다. 회로가S_1(들어온 1의 개수가 홀수) 상태에 있을 때는 출력은 $Z=1$이 된다. 출력은 상태도의 상태 바로 아래에 표시한다.

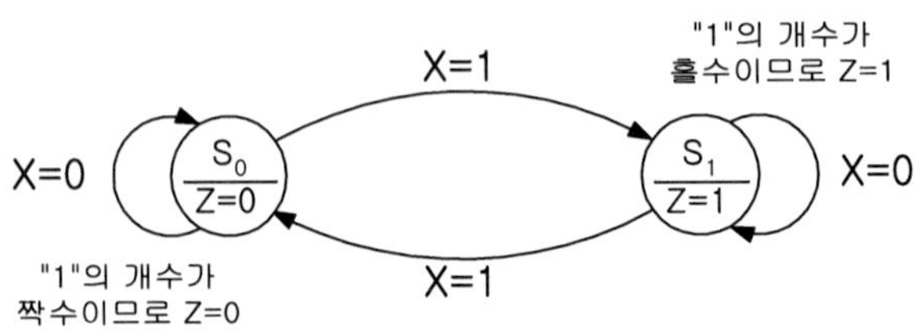

[그림 10-3] 패리티 검사기에 대한 상태도

표 10-1(a)는 상태표의 형태로서 상태 그래프(도)와 동일한 내용을 갖고 있다. 예를 들면, 표에서 현재 상태가S_0이면 출력은 $Z=0$, 입력이 $X=1$이면 다음 상태는S_1가 됨을 나타낸다.

[표 10-1] 패리티 검사기에 대한 상태표

(a)

현재 상태	다음 상태 $X=0$	다음 상태 $X=1$	현재 출력
S_0	S_0	S_1	0
S_1	S_1	S_0	1

(b)

Q	Q^+ $X=0$	Q^+ $X=1$	T $X=0$	T $X=1$	Z
0	0	1	0	1	0
1	1	0	0	1	1

단지 두 개 상태만이 필요하기 때문에 하나의 플립-플롭(Q)이면 충분하다. $Q=0$은 상태S_0, $Q=1$이면 상태S_1이라 하자. 그런 다음 현재 상태와 X의 함수로서 플립-플롭 Q의 다음 상태를 나타내는 표를 작성한다. 만일 T 플립-플롭을 사용한다면 Q와 Q^+가 서로 다를 때마다 T 입력은 1이다. 표 10-1로부터, T 입력은 $X=1$일 경우에는 1이 된다. 클럭펄스(P)가 나타날 때 상태를 변화시키는 회로만을 필요로 하므로 $T=X \cdot P$이고 다음과 같은 회로로 나타낼 수가 있다.

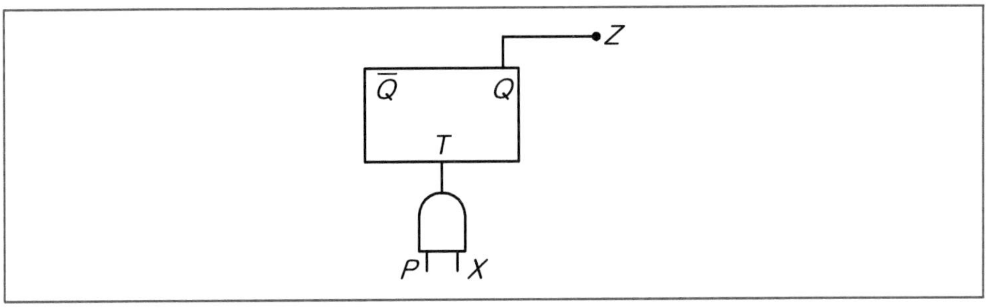

[그림 10-4]

이 회로에 대한 출력 파형은 그림 10-2에 나타내었다. 1의 개수가 짝수로 들어왔기 때문에 Z의 최종값은 0이다. 만일 1의 개수가 홀수이면 Z의 최종값은 1이 된다. 이 경우에 있어서, 또 다른 입력 시컨스의 패리티를 검사하기 이전에 플립-플롭을 적절한 초기 상태($Q=0$)로 리세트시키는 것이 필요하다.

10-2 신호 트레이싱과 타이밍도에 의한 해석

본 절에서는 회로를 통해 0과 1 신호를 추적(Tracing)함으로써 주어진 입력 시컨스로부터 출력 시컨스를 구할 수 있는 클럭형 순차회로를 해석하기로 한다. 기본적인 절차는 다음과 같다.

① 플립-플롭의 처음 상태를 가정한다(다른 규정이 없으면 모든 플립-플롭은 0으로 리세트된다고 가정한다.)
② 주어진 시컨스의 첫 입력에 대해서 회로 출력과 플립-플롭 입력을 결정한다.
③ 플립-플롭에 클럭펄스를 적용하여 플립-플롭의 새로운 상태를 결정한다.
④ 새로운 상태와 일치하는 출력을 결정한다.
⑤ 주어진 시컨스의 각 입력에 대하여 ②, ③, ④ 과정을 반복 수행한다.

회로 분석을 하면서, 입력신호, 출력펄스, 플립-플롭 상태와 회로 출력간의 관계를 나타내는 타이밍도를 작성한다. 플립-플롭(8장)과 카운터(9장)에 대한 타이밍도를 작성하는 방법은 이미 알고 있다. 다른 특별한 규정이 없으면 본 절에서는 다음과 같은 두 형태의 플립-플롭 중 하나를 사용할 것이다.

① 클럭펄스의 하강점(Falling edge)에서 상태를 변화시키는 플립-플롭.
② 정해진 펄스 폭 내에서 상태를 변화시키는 플립-플롭. 이 경우에 플립-플롭의 응답시간(Response time)은 클럭펄스 폭보다 크다고 가정한다.

어떤 경우이든 순차회로는 클럭펄스가 가해진 후, 즉 클럭이 고(High)에서 저(Low)로 변할 때에 순간적으로 상태가 변화된다. 회로 입력은 클럭펄스가 저(Low)일 때 클럭펄스 사이에서 정상적으로 변한다. 출력은 플립-플롭 상태가 변화할 때 변하거나 혹은 회로 형태에 따라 입력이 변할 때 변화된다. 하강점 대신에 클럭펄스 상승점(Rising edge)에서 상태가 변화되는 플립-플롭을 사용할 경우에, 순차회로의 동작은 클럭펄스가 저(Low)에서 고(High)로 상승한 후 상태가 변한다는 것만이 다르고 나머지는 동일하다. 이 경우에 있어서 입력은 클럭펄스가 high일 때만 정상적으로 변화된다. 출력이 플립-플롭의 현재 상태에만 의존하는 회로와 출력이 플립-플롭의 현재 상태와 회로 입력값 모두에 의존하는 두 가지 형태의 클럭형 순차회로에 대하여 생각하기로 하자. 순차회로 출력이 현재 상태에만 의존하는 경우의 회로를 Moore 회로라고 말한다(그림 10-4와 그림 10-5 참조). Moore 회로에 대한 상태도는 상태에 관련된 출력만을 가진다(그림 10-3과 10-9처럼). 만일 순차회로 출력이 현재 상태와 입력 모두에 의존할 경우, 이와 같은 회로를 Mealy 회로라고 말한다. Mealy 회로에 대한 상태도는 상태들 간의 천이를 나타내는 화살표와 이와 관련된 출력을 가지고 있다(그림 10-11처럼).

Moore 회로의 예로서 그림 10-5를 입력 시컨스 $X=10101$를 적용하여 해석하여 보자. 입력은 클럭 사이에서 변하고 초기 상태는 그림 10-6에서 나타낸 것처럼 $A=B=0$이다. 출력 Z는 단지 현재 상태만의 함수이기 때문에(이 경우 $Z=B$이다) 출력은 상태 변화가 있을 때만 변화가 된다. $X=1$, $J_A=K_A=J_B=1$, $K_B=0$일 때 첫 번째 클럭펄스 이후에 상태는 $A=B=1$로 변하게 된다. 그 다음에 X는 0으로 변화되며, 이때 플립-플롭 입력은 0이므로 두 번째 클럭에서는 어떤 상태 변화와 출력 변화도 일어나지 않는다. 다음 $X=1$, $J_A=1$, $K_A=0$, $J_B=K_B=1$일 때, 3번째 클럭에서는 $A=1$, $B=0$으로 변한다. 다음 $X=0$, 4번째 클럭에서는 상태 변화와 출력 변화가 일어나지 않는다. 다시 $X=1$, $J_A=K_A=J_B=K_B=1$이 되어, 5번째 클럭은 두 플립-플롭 상태를 변화시키면 최종 상태는 $A=0$, $B=1$이 된다.

입력 상태 및 출력 시컨스에 대한 타이밍도는 그림 10-6에 나타내었으며 이들에 대한 시컨스를 아래에 나타내었다.

$X=1\ 0\ 1\ 01$

$A=0\ 1\ 1\ 11\ 0$

$B=0\ 1\ 1\ 00\ 1$

$Z=(0)\ 1\ 10\ 0\ 1$

초기 0 출력을 무시하면 출력 시컨스는 $Z=1\ 1\ 0\ 0\ 1$로 된다. Moore회로의 경우에는 주어진 입력을 적용했을 때의 결과인 출력은 클럭펄스가 가해질 때까지 발생되지 않는다. 그러므로 출력 시컨스는 입력 시컨스에 관련된 시간을 대치된다.

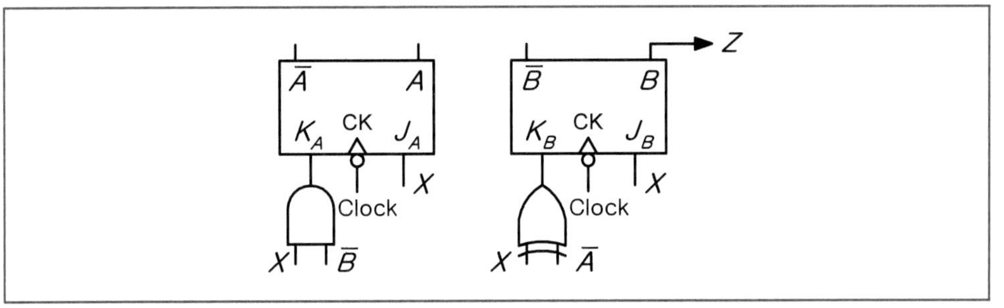

[그림 10-5] Moore 순차회로 분석 예

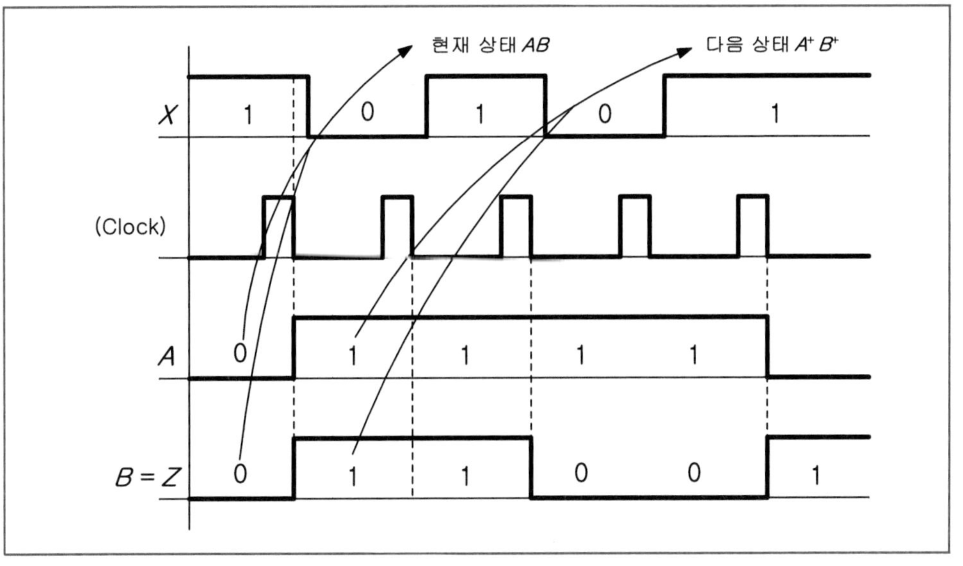

[그림 10-6] 그림 10-5에 대한 타이밍도

이번에는 Mealy 회로의 예로서 입력 시컨스 $X=1\ 0\ 1\ 0\ 1$을 이용하여 그림 10-7을 분석하고, 타이밍도를 작성해 보자. 입력은 그림 10-8에서 보여주는 것처럼 클럭펄스 사이에서 변한다고 가정하자.

이 예제에서 출력은 입력(X)과 플립-플롭 상태(A)와 (B)에 의존하므로 출력(Z)은 입력이 변하거나 또는 플립-플롭이 상태를 변화시킬 때만 변할 수 있다. 처음에는 플립-플롭 상태를 $A=B=0$이라 가정하자. 만일 $X=1$이면 출력은 $Z=1$이 되고, $J_B=K_A=1$이 된다. 첫 클럭펄스 하강점 이후에는 $B=1$로 변하게 된다. 그래서 Z는 0으로 변한다. 만일 입력이 $X=0$으로 변하면 출력은 다시 $Z=1$이 된다.

그 다음에 모든 플립-플롭 입력은 0이 되어 두 번째 클럭펄스와 함께 어떤 상태도 변하지 않는다. X가 1로 변할 때 $Z=0$이 되고 $J_A=K_A=J_B=1$이 된다. Z가 1로 변할 때 세 번째 클럭펄스 하강점에서 A가 1로 변한다. 다음에 X는 0으로 변하며 Z도 0으로 된다. 그래서 4번째 클럭펄스가 들어와도 상태는 변하지 않는다. 다시 X

는 1로 변하고, 출력 $Z=1$이 된다. $J_A = K_A = J_B = K_B = 1$이기 때문에 5번째 클럭 펄스는 회로를 초기 상태로 리세트 시킨다. 입력 상태 및 출력 시컨스에 대한 타이밍도를 작성하면 그림 10-8과 같으며 그리고 이에 대한 시컨스는 다음과 같다.

$X=1$	0 1	0 1
$A=0$	0 0	1 1 0
$B=0$	1 1	1 1 0
$Z=1(0)$	1 0(1)	0 1 (괄호 속에 있는 출력은 원하지 않는(False) 출력임)

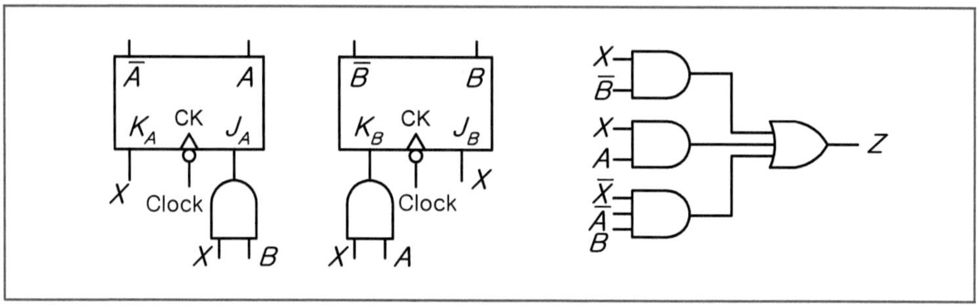

[그림 10-7] Mealy 순차회로 분석 예

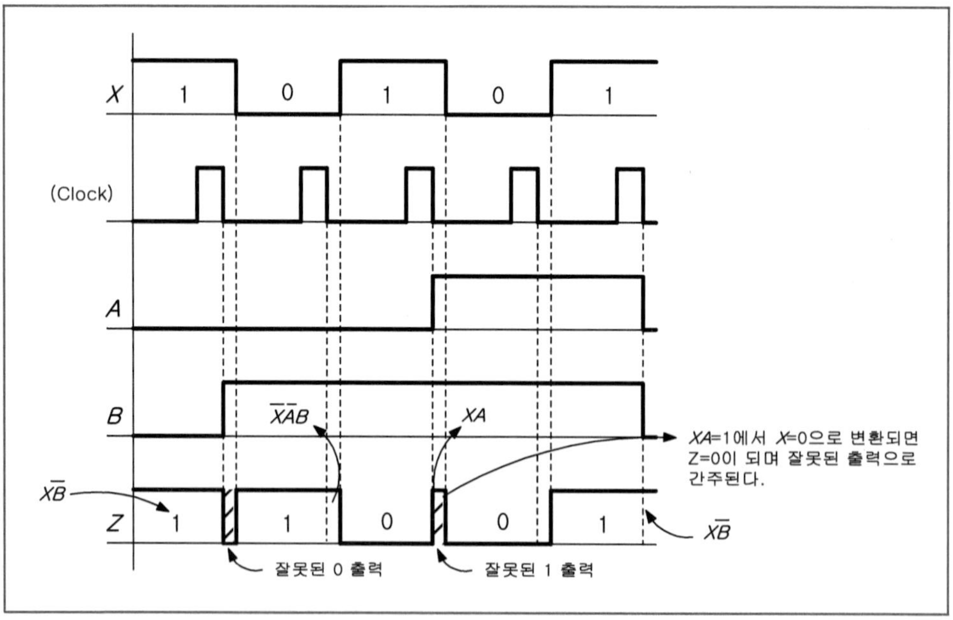

[그림 10-8] 그림 10-7 회로에 대한 타이밍도

Mealy 회로의 출력 파형(Z)을 해석하는 것은 매우 신중하게 해야 한다. 이런 형태의 클럭형 순차회로에 대해서는 클럭펄스가 있는 동안의 입력값은 플립-플롭의 다음 상태를 결정한다. 클럭펄스 사이에서 발생하지 모르는 다른 이외의(Extra) 입력 변화는 플립-플롭 상태에 영향을 미치지 못한다. 그러므로 출력은 클럭펄스가 있는 동안에만 단지 관계가 있기 때문에 클럭펄스 사이에서 발생할지 모르는 다른 이외의 출력 변화는 무시하면 된다.

그림 10-8 타이밍도에 나타낸 것처럼 회로가 상태를 변화시키고 나서, 그리고 입력이 변하기 전에 나타나는 출력은 false값이라고 가정할 수가 있다. 이러한 false값은 회로가 이전 상태와 관련된 이전의 입력이 계속 남아 있어서 새로운 상태로 인식하기 때문에 발생하는 값이다. 발생할 수 있는 false 출력의 두 형태를 그림 10-8에 나타내었다. 이 중 한 경우는 1이 남아있도록 되어 있을 때 출력 Z가 잠시 0으로 가게 된 것이고, 다른 경우는 0이 남아 있도록 되어 있을 때 출력 Z가 잠시 1로 가게 된 것이다. 이 두 경우에 변화를 기대하지 않았어도 출력의 두 변화가 일어난 것이다. False 출력을 무시하면서 출력은 클럭펄스가 있는 동안에만 출력을 읽어냄으로서 회로의 출력 시컨스는 $Z=1\ 1\ 0\ 0\ 1$이 된다. 입력 X를 클럭펄스 하강점과 동시에 변할 수 있도록 하면 이러한 false 출력은 소거할 수가 있다. 회로 출력이 동일한 클럭을 사용하는 두 번째 순차회로의 입력으로 가해질 경우에 두 번째 회로의 입력은 클럭펄스가 발생할 때만 단지 상태가 변하기 때문에 false 출력은 아무런 문제가 되지 않는다. Moore 회로의 출력은 플립-플롭이 상태를 변화시킬 때만 변하고 입력 변화 시에는 아무런 변화가 일어나지 않으므로 어떠한 false 출력도 Moore 회로에서는 나타나지 않는다.

Mealy 회로에서는 출력은 주어지는 입력 시컨스에 따라서 순간적으로 변한다. 따라서 Mealy 회로에서의 정확한 출력은 클럭펄스가 가해지기 전에 나타나기 때문에 출력 시컨스는 Moore 회로에서처럼 시컨스에 관련된 시간으로 대치할 수가 없다.

10-3 상태표와 상태그래프(도)(State Table and Graphs)

앞의 단원에서는 트레이싱 신호(tracing signal)와 타이밍도를 작성하여 클럭형 순차회로를 해석하였다. 이 방법은 소형회로와 짧은 입력 시컨스일 경우에는 만족스러운 것이지만 상태표나 상태도를 작성하면 대규모 회로 해석에 유용하고 순차회로에 대한 일반적이고 종합적인 과정으로 이끌 수 있는 더욱 체계적인 접근 방식이다. 상태표는 현재 상태와 입력에 준하여 순차회로의 다음 상태와 출력으로 기술된다.

상태표를 작성하는 방법은 다음과 같다.

① 회로로부터 플립-플롭 입력 방정식과 출력 방정식을 결정한다.
② 다음 식 중 하나를 사용하여 각 플립-플롭에 대한 다음 상태 방정식을 유도한다.

D 플립-플롭	$Q^+ = D$	(10-1)
T 플립-플롭	$Q^+ = T \oplus Q$	(10-2)
S-R 플립-플롭	$Q^+ = S + \overline{R}Q$	(10-3)
J-K 플립-플롭	$Q^+ = J\overline{Q} + \overline{K}Q$	(10-4)

③ 각 플립-플롭에 대한 다음 상태 맵을 그린다.
④ 이들 맵을 조합하여 상태표를 작성한다. 이와 같은 상태표에는 회로 입력과 현재 상태의 함수로서 플립-플롭의 다음 상태들이 주어진다. 이러한 상태표를 천이표(Transition table)라 한다.

상기 과정을 그림 10-5 회로를 예를 들어 상태표로 유도해 보기로 하자.

① 플립-플롭 입력 함수와 출력 함수를 결정하면 다음과 같다.

$$J_A = X \qquad K_A = X\overline{B} \qquad Z = B$$

$$J_B = X \qquad K_B = X \oplus \overline{A}$$

② 플립-플롭에 대한 다음 상태 방정식을 유도한다.

$$A^+ = J_A\overline{A} + \overline{K_A} \cdot A = X\overline{A} + \overline{X\overline{B}} \cdot A = X\overline{A} + (\overline{X} + B)A$$

$$= X\overline{A} + \overline{X}A + AB$$

$$B^+ = J_B\overline{B} + \overline{K_B}B = X\overline{B} + (\overline{X \oplus \overline{A}})B$$

$$= X\overline{B} + \overline{(X\overline{\overline{A}} + \overline{X}\,\overline{A})}B$$

$$= X\overline{B} + \overline{(XA + \overline{X}\,\overline{A})}B$$

$$= X\overline{B} + [(\overline{XA}) \cdot (\overline{\overline{X}\,\overline{A}})]B$$

$$= X\overline{B} + [(\overline{X} + \overline{A})(X + A)]B$$

$$= X\overline{B} + (X\overline{A} + \overline{X}A)B$$

③ ②로부터 다음 상태 맵을 그린다.

AB \ X	0	1
00	0	1
01	0	1
11	1	1
10	1	0

A^+

AB \ X	0	1
00	0	1
01	0	1
11	1	0
10	0	1

B^+

④ 이들 맵을 조합하여 표 10-2(a)처럼 상태표를 만든다.

이 표는 현재 상태와 입력의 함수로서 플립-플롭 (A^+B^+)의 다음 상태를 나타낸다. 출력함수는 다음에 표에 첨가된다.

[표 10-2] 그림 10-5에 대한 Moore회로 상태표

(a)

AB	A^+B^+ X=0	X=1	Z
00	00	11	0
01	00	11	1
11	11	10	1
10	10	01	0

(b)

현재 상태	다음 상태 X=0	X=1	현재 출력 (Z)
S_0	S_0	S_2	0
S_1	S_0	S_2	1
S_2	S_2	S_3	1
S_3	S_3	S_1	0

표 10-2(a)를 이용하여 그림 10-6 타이밍도나 또한 어떤 주어지는 입력 시컨스와 규정된 초기 상태에 대한 또 다른 타이밍도를 작성할 수가 있다. 처음(초기)에는 $AB=00$, $X=1$, $Z=0$이고, $A^+B^+=11$이다. 이것은 클럭펄스가 가해진 후에 플립-플롭 상태는 $AB=11$이 된다는 것을 의미한다. 다음에 $AB=11$과 함께 출력은 $Z=1$이다. 그 다음에 입력이 $X=0$이면, $A^+B^+=11$이 되고 클럭펄스가 어떠한 상태 변화도 일으키지는 않는다. 이런 과정을 계속하면 타이밍도를 완성할 수 있다. 여기에서 플립-플롭 상태들의 조합은 단일 기호로 할당할 수가 있다.

표 10-2(a)에서 00을 S_0, 01을 S_1, 11을 S_2, 10을 S_3로 대치하면 표 10-2(b)를 얻을 수가 있다. Z 행(Column)은 현재상태와 관련된 출력이기 때문에 현재 출력으로 분류된다. 그림 10-9 상태도는 표 10-2(b)를 표현한 것이다. 상태도의 각 노드(Node)는 회로의 상태를 나타내며 그리고 이와 대응하는 출력은 원 안의 상태 바로 아래에 표시한다. 두 노드(를 연결하는 화살표는 각 노드 사이의 상태 천이(변화)를 일으키는 X 값으로 표시된다. 즉, 회로가 상태 S_0에 있고 $X=1$이면, 클럭펄스는 상태 S_2로 천이된다.

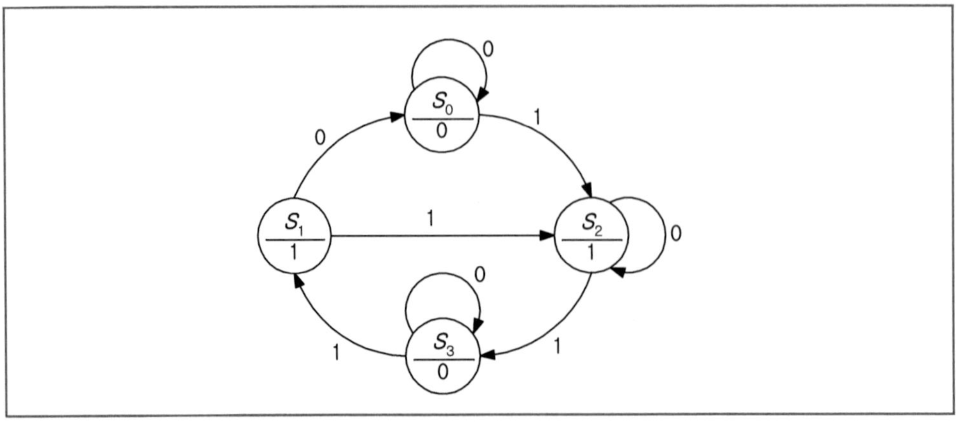

[그림 10-9] 그림 10-5에 대한 Moore 회로 상태도

이번에는 그림 10-7 Mealy 회로에 대한 상태표와 상태도를 작성해 보자. 다음 상태 방정식과 출력 방정식은 다음과 같다.

$$A^+ = J_A\overline{A} + \overline{K_A}A = XB\overline{A} + \overline{X}A$$

$$B^+ = J_B\overline{B} + \overline{K_B} = X\overline{B} + B = X\overline{B} + \overline{X}B + \overline{A}B$$

$$Z = \overline{X}\,\overline{A}B + X\overline{B} + XA$$

다음 상태와 출력맵들을 조합하여 표 10-3(a)에서 천이(Transition)표를 만든다. A, B, X 값이 주어질 경우에 출력의 현재값은 이 표의 Z 행으로부터 결정되고, 클럭펄스가 가해진 후 플립-플롭 상태는 A^+B^+ 행으로부터 결정된다.

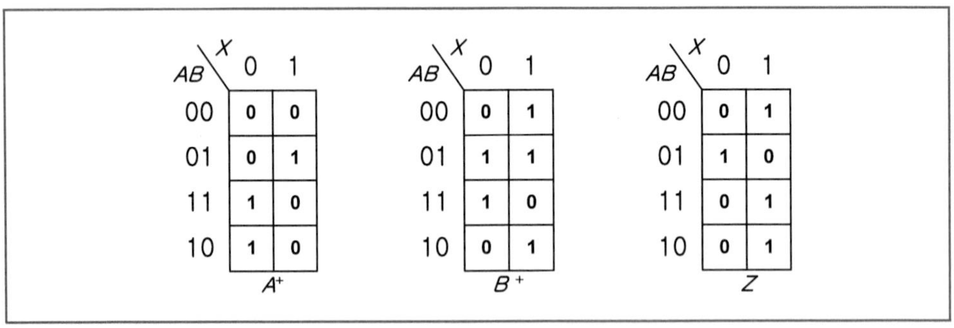

[그림 10-10]

표 10-3(a)를 이용하여 그림 10-8 타이밍도를 완성할 수가 있다. 처음에 $A=B=0$, $X=1$이면, 표에서는 $Z=1$, $A^+B^+=01$로 된다. 그러므로 클럭이 가해진 후 플립-플롭 B 상태는 그림 10-8에 나타낸 것처럼 1로 변한다. 지금, 표의 01 열(Row)로부터 X가 계속하여 1이라면, 입력이 $X=0$으로 변할 때까지 출력은 0이 된다. 그 다음에는 출력은 $Z=1$로 된다. 그리고 다음 클럭펄스는 상태를 변화시키지 않는다.

[표 10-3] 그림 10-7에 대한 Mealy 회로 상태표

(a)

AB	A^+B^+		Z	
	$X=0$	$X=1$	$X=0$	1
00	00	01	0	1
01	01	11	1	0
11	11	00	0	1
10	10	01	0	1

(b)

현재 상태	다음 상태		현재 출력	
	$X=0$	$X=1$	$X=0$	1
S_0	S_0	S_1	0	1
S_1	S_1	S_2	1	0
S_2	S_2	S_0	0	1
S_3	S_3	S_1	0	1

이런 방법으로 상태표를 통한 단계를 끝내면 그림 10-8에 나타낸 것처럼 A, B, Z에 대한 타이밍도를 완성할 수가 있다. $AB=00$을 회로 상태 S_0에 대응시키고, 01을 S_1에, 11을 S_2에, 10을 S_3에 대응시키면 표 10-3(b)의 상태표와 그림 10-11의 상태도를 작성할 수가 있다. 표 10-3(b)에서 현재 출력행은 현재 입력과 현재 상태에 관련된 출력이다. 그러므로 현재 상태가 S_0이고 입력이 0에서 1로 변한다면 출력은 바로 0에서 1로 변한다. 그렇지만 클럭이 가해질 때까지 상태는 다음 상태(S_1)로 변하지 않는다. 그림 10-11에서 상태들 간의 화살표 상에 있는 기호는 X/Z 형태에 대한 것들이다. 여기에서 / 이전의 기호는 입력을 이후의 기호는 출력을 나타낸다. 따라서 상태 S_0에서 입력이 0이면 출력은 0이고, 입력이 1이면 출력은 1이다. 어떤 임의의 주어진 입력 시컨스에 대해서도 상태도로부터 상태와 출력 시컨스를 쉽게 알아낼 수가 있다. 입력 시컨스가 $X=1\ 0\ 1\ 0\ 1$인 경우에 출력 시컨스는 1 1 0 0 1임을 알 수가 있다. 이것은 false 출력을 무시한다면 그림 10-8와 일치한다. 입력은 클럭펄스 주기 동안에만 나타나며 클럭펄스 사이에서 더 이상의 입력 변화는 없기 때문에 false 출력은 상태도에서는 보이지 않는다는 것을 유의해야 한다.

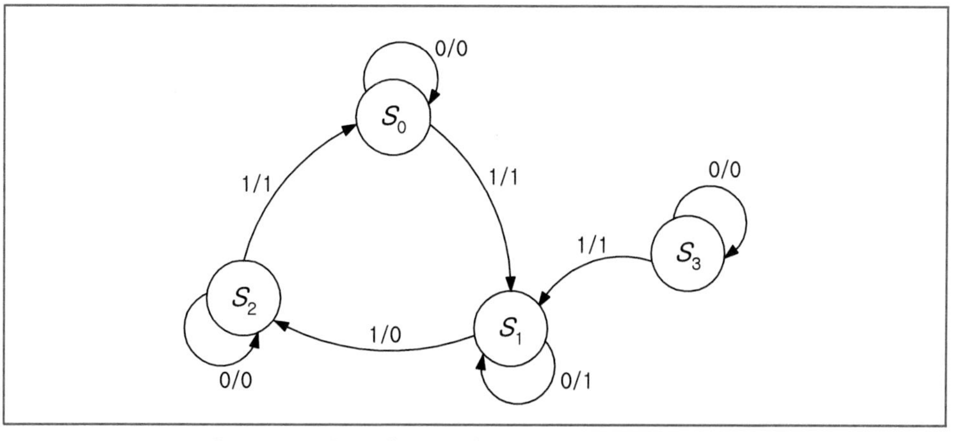

[그림 10-11] 그림 10-7에 대한 Mealy 회로 상태도

[표 10-4] 다중 입력과 출력을 갖는 상태표

현재 상태	다음 상태 $X_1X_2=$ 00	01	10	11	현재 출력(Z_1Z_2) $X_1X_2=$ 00	01	10	11
S_0	S_3	S_2	S_1	S_0	00	10	11	01
S_1	S_0	S_1	S_2	S_3	10	10	11	11
S_2	S_3	S_0	S_1	S_1	00	10	11	01
S_3	S_2	S_2	S_1	S_0	00	00	01	01

표 10-4는 2개 입력과 2개 출력을 갖는 Mealy 순차회로에 대한 상태표이다. 그림 10-12는 표 10-4와 일치하는 상태도이다. 여기에서 0 0, 0 1 / 0 0 의미는 $X_1 = X_2 = 0$ 혹은 $X_1 = 0, X_2 = 1$일 때 $Z_1 = 0, Z_2 = 0$이라는 것을 뜻한다.

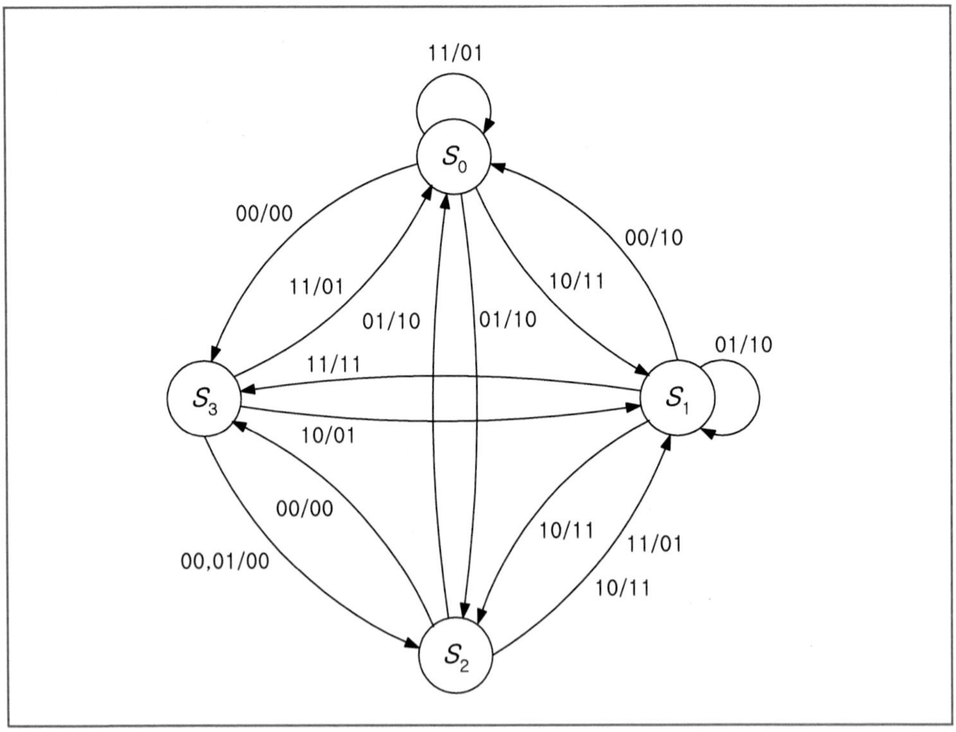

[그림 10-12] 표 10-4에 대한 상태 그래프(도)

순차회로에 대한 합성 과정은 12장과 13장에서 상세히 다루기로 하며, 순차회로 해석과는 반대 과정이 된다. 우선 합성할 순차회로에 대한 설계지침(Specification)을 바탕으로 상태도를 작성한다. 이러한 상태도는 상태표로 전환시킨다. 각 상태에 대해서는 2진 코드로 할당한다. 그 다음에 플립-플롭 입력방정식을 유도하고, 최종적으로 회로에 대한 논리도를 그린다. 예를 들면, 그림 10-7 회로를 합성하기 위해서는 그림 10-11 상태도로부터 시작하여 표 10-3(b), 표 10-3(a)를 유도하고 난 다음, 다음 상태 방정식과 출력 방정식을 유도하고 최종적으로 그림 10-7을 유도한다. 타이밍도 작성과 해석하는 데 몇 가지 중요한 점을 요약하면 다음과 같다.

(1) 타이밍도를 작성할 때 상태 변화는 클럭펄스의 하강점 이후에 정상적으로 일어난다는 점을 유의한다.
(2) 입력은 클럭펄스 사이에서만 정상적으로 변화된다.
(3) Moore 회로에 대해서 출력은 단지 상태가 변할 때만 변화가 되고, Mealy 회로에 대한 출력은 입력뿐만 아니라 상태 변화에 의해서도 변화된다. False 출력은 상태가 변화되는 시간과 입력이 변화되는 시간 사이에서 발생된다(다시 말하자면, 상태는 다음 상태로 변화되지만, 앞의 입력이 계속 존재한다면, 순간적으로 잠시 부정확한 값이 된다).
(4) False 출력은 상태도로부터 결정하기 어렵다. 그래서 Mealy 회로에 대한 타이밍도를 작성할 때는 회로를 통과하는 트레이싱 신호 방법을 사용하거나 상태표를 이용한다.
(5) 타이밍도를 작성할 때 Mealy회로 상태표를 이용하는 과정은 다음과 같다.
  ① 첫 번째 입력에 대해 현재 출력을 읽고 그린다.
  ② 다음 상태를 읽고 그린다.(클럭펄스의 적절한 점(Edge)에 따라서).
  ③ 표에서 다음 상태와 일치하는 열(row)로 가서 이전에 있던 입력 행(Column) 아래 있는 출력을 읽고 그린다(이것이 false 출력이 된다).
  ④ 다음 입력으로 변화시키고 ①, ②, ③ 단계를 반복한다.
  (주의 : 표로부터 정확한 출력 시컨스를 읽으려 한다면 단계 ③은 생략한다.)
(6) 클럭의 하강점에서 상태가 변하는 Mealy 회로의 경우에, 출력을 읽어낼 수 있는 가장 좋은 시기는 클럭펄스가 있는 동안이다. 따라서 클럭펄스가 있는 동안에 출력은 항상 정확하게 생성된다.

10-4 순차회로에 대한 일반 모델

순차회로는 편의상 두 부분으로 나누어진다. 회로의 기억소자로 사용되는 플립-플롭 부분과 플립-플롭에 대한 입력함수와 출력함수를 실현하는 조합 논리회로 부분이다. 그림 10-13은 m개의 입력과 n개의 출력과 기억소자로 사용된 k개의 클럭과 D 플립-플롭을 갖는 클럭형 Mealy 순차회로에 대한 일반 모델이다. 이런 형태의 모델을 그릴 때는 플립-플롭 출력이 조합 부분회로(Sub-network)에 입력으로 궤환되기 때문에 순차회로에서는 궤한(Feedback)이 당연히 존재하게 된다. 조합 부분회로는 다음과 같이 n개의 출력함수와 D 플립-플롭 입력으로 사용되는 k개의 다음 상태 함수로 실현된다.

$$\left.\begin{array}{l} Z_1 = f_1(X_1, X_2, \cdots\cdots, X_m, Q_1, Q_2, \cdots\cdots, Q_k) \\ Z_2 = f_2(X_1, X_2, \cdots\cdots, X_m, Q_1, Q_2, \cdots\cdots, Q_k) \\ \cdot \\ \cdot \\ Z_n = f_n(X_1, X_2, \cdots\cdots, X_m, Q_1, Q_2, \cdots\cdots, Q_k) \end{array}\right] n\text{개의 출력함수}$$

$$\left.\begin{array}{l} Q_1^+ = D_1 = g_1(X_1, X_2, \cdots\cdots, X_m, Q_1, Q_2, \cdots\cdots, Q_k) \\ Q_2^+ = D_2 = g_2(X_1, X_2, \cdots\cdots, X_m, Q_1, Q_2, \cdots\cdots, Q_k) \\ \cdot \\ \cdot \\ Q_k^+ = D_k = g_k(X_1, X_2, \cdots\cdots, X_m, Q_1, Q_2, \cdots\cdots, Q_k) \end{array}\right] k\text{개의 다음 상태 함수}$$

일련의 입력이 회로에 적용될 때 조합 부분회로는 출력과(Z_1, Z_2, $\cdots$, Z_n) 플립-플롭 입력(D_1, D_2, $\cdots$, D_k)을 발생시킨다. 그런 다음, 클럭펄스가 가해지고 플립-플롭은 적절한 다음 상태로 변한다. 이 과정을 개개의 모든 입력에 대해서 반복한다. 이 시점에서 플립-플롭의 출력은 회로의 현재 상태(Q_1, Q_2, $\cdots$, Q_k)로 표현됨을 유의해야 한다. 이들 Q_i는 조합 논리회로에 궤환되어 Q_i와 X 입력을 이용하여 플립-플롭 입력을 발생시킨다. D 플립-플롭이 사용되었다면 $D_i = Q_i^+$ 이다. 따라서 조합 논리회로 출력은 (Q_1^+, Q_2^+, $\cdots$, Q_k^+)으로 표시된다. 비록 상기 모델에서는 D 플립-플롭을 사용하였지만, 다른 형태의 클럭형 플립-플롭에 대해서도 같은 모델을 사용할 수가 있으며, 이런 경우에는, 조합 논리회로는 상태함수로 대신할 수 있는 적정한 플립-플롭 입력을 만들어야 한다.

클럭펄스는 플립-플롭의 동작과 동기가 되며 타이밍 문제를 일어나지 않도록 한다. 조합 부분회로 내에 있는 게이트들은 일정한 전파지연을 갖는다. 따라서 플립-플롭 입력이 최종치에 도달하기 전에 회로의 입력이 변할 수 있는 일정한 시간을 필요로 한다. 게이트 지연(Delay)은 모두가 같지 않기 때문에, 플립-플롭 입력신호는 경과시간(Transients)을 가질 수 있으며 변화되는 시간도 서로 다르다. 클럭펄스는

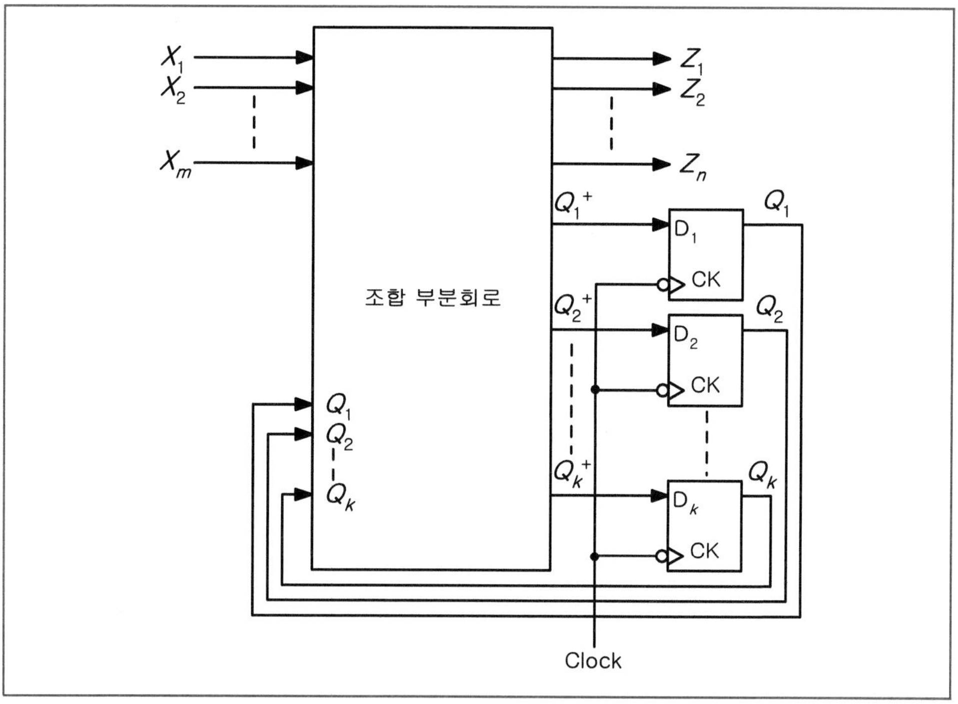

[그림 10-13] 클럭형 *D* 플립-플롭을 사용한 Mealy 회로에 대한 일반 모델

모든 플립-플롭 입력 신호가 최종 정상 상태값에 도달할 때까지는 가하지 않기 때문에 게이트 지연이 서로 달라도, 어떠한 타이밍 문제도 일어나지 않는다. 상태 변화가 되어야 하는 모든 플립-플롭들은 동시에 이루어져야 하며, 보통 클럭의 하강점에서 변한다. 플립-플롭 상태가 변화되면 새로운 플립-플롭 출력은 조합 부분 논리회로로 궤환된다. 그러나 다음 클럭펄스가 가해질 때까지는 더 이상의 플립-플롭 상태 변화는 일어나지 않는다.

클럭형 Moore 회로에 대한 일반 모델은 클럭형 Mealy 회로 모델과 비슷하다. 출력은 회로 입력함수에 관계없이 플립-플롭의 현재 상태에만 의존하기 때문에 출력부분 회로는 Moore 회로의 경우에는 별도로 구분하여 그린다(그림 10-14 참조).

Moore 회로의 동작은 일련의 입력(X_1, X_2, $\cdots, X_m$)이 Moore 회로에 적용될 때만 제외하고는 Mealy 회로 동작과 비슷하며, 최종출력은 클럭펄스를 가하여 플립-플롭의 상태가 변하기 전까지는 나타나지 않는다.

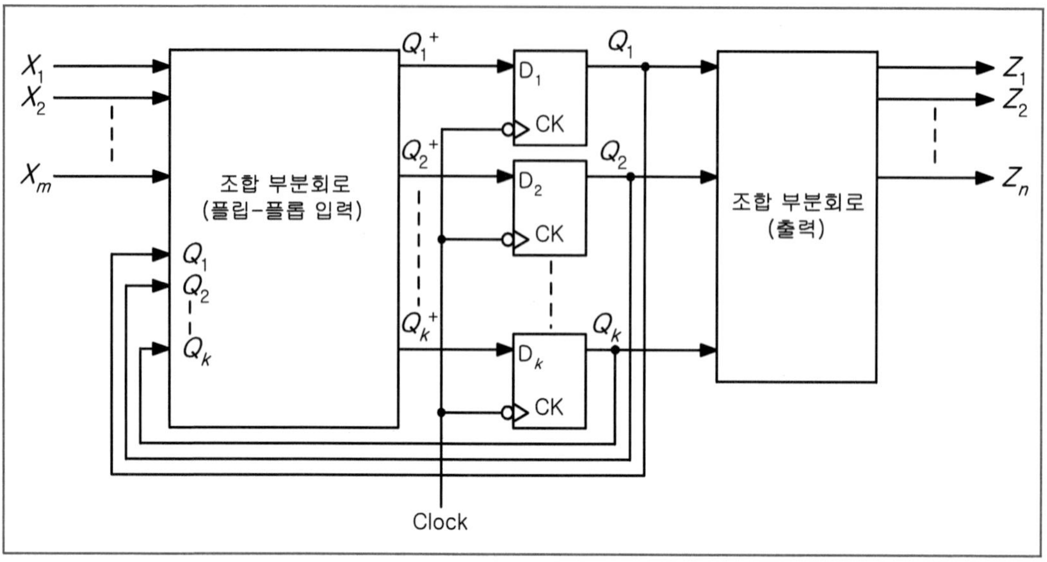

[그림 10-14] 클럭형 D 플립-플롭을 사용한 Moore 회로에 대한 일반 모델

다중 입력과 출력을 가지는 순차회로를 다루는 데 쉽게 하는 방법은 입력값과 출력값의 가지는 순차회로를 다루는데 쉽게 하는 방법은 입력값과 출력값의 각각 조합을 기호로 할당하여 표현하는 것이 편리하다. 예를 들면, $X=0$을 입력조합 $X_1X_2=00$으로 나타내고, $X=1$은 $X_1X_2=01$로 나타내며 비슷한 방법으로 $Z=0$은 출력조합 $Z_1Z_2=00$으로, Z_1은 $Z_1Z_2=01$로 나타낸다면 표 10-4는 표 10-5로 대치할 수가 있다. 이러한 방법으로 하나의 입력변수 X와 하나의 출력변수 Z로 어떠한 순차회로 동작도 표현할 수 있다.

[표 10-5] 다중 입력과 출력을 갖는 상태표

현재 상태	다음 상태				현재 출력(Z_1Z_2)			
	$X=$ 0	1	2	3	$X=$ 0	1	2	3
S_0	S_3	S_2	S_1	S_0	0	2	3	1
S_1	S_0	S_1	S_2	S_3	2	2	3	3
S_2	S_3	S_0	S_1	S_1	0	2	3	1
S_3	S_2	S_2	S_1	S_0	0	0	1	1

표 10-5는 다음 상태함수와 출력함수로 표현되어 있다. 다음 상태함수를 δ 로 지정하면 회로의 다음 상태(클럭이 가해진 이후 상태)는 현재 상태(S)와 현재 입력(X)의 항으로 다음과 같이 나타낼 수 있다.

$$S^+ = \delta(S, X) \tag{10-5}$$

출력함수를 λ 로 지정한다면, 회로의 출력은 현재 상태(S)와 현재 입력(X)으로 나타낼 수가 있다.

$$Z = \lambda(S, X) \qquad (10-6)$$

S^+와 Z값은 상태표로부터 결정할 수가 있다. 표 10-5로부터

$$\delta(S_0, 1) = S_2 \qquad \delta(S_2, 3) = S_1$$

$$\lambda(S_0, 1) = 2 \qquad \lambda(S_2, 3) = 1$$

가 된다.

위에서 λ 와 δ 와 같은 특수문자가 소개되었으며 동등한 순차회로를 구할 때 논하기로 한다.

••• 연습문제

10.1 상태표와 타이밍도를 사용하여 다음 순차회로를 분석한다.

a. 다음 상태와 출력 방정식을 구하시오.

$A^+ =$ ______________________________

$B^+ =$ ______________________________

$Z =$ ______________________________

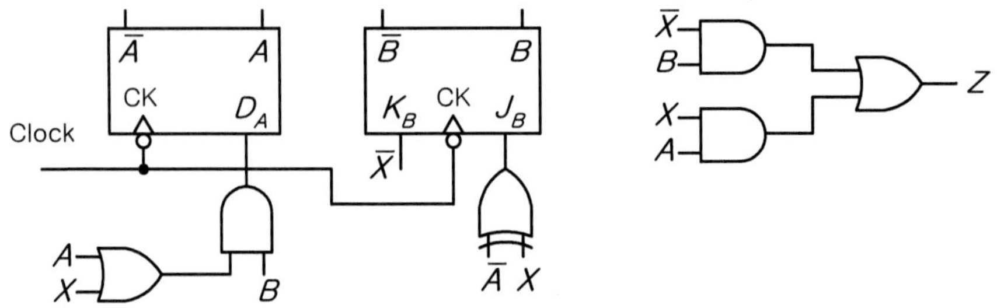

b. 위의 방정식을 맵에 작성하고 다음 천이표를 완성하시오.

AB \ X	0	1
00		
01		
11		
10		

A^+

AB \ X	0	1
00		
01		
11		
10		

B^+

AB \ X	0	1
00		
01		
11		
10		

Z

AB	A^+B^+ X=0 X=1	Z X=0 1
0 0		
0 1		
1 1		
1 0		

c. 천이표(Transition table)를 주어진 상태순으로 상태표로 변환하시오.

	다음 상태 X=0	X=1	출 력 X=0	X=1
S_0				
S_1				
S_2				
S_3				

d. 회로와 일치하는 상태 그래프를 완성하시오.

e. 완성된 상태 그래프를 이용하여 초기 상태는 S_0, 입력 시컨스 $X=0, 1, 0, 1$일 때 상태 시컨스와 출력 시컨스를 정하시오.

f. 입력 $X=0, 1, 0, 1$ 값이 클럭펄스 사이의 중간 지점에서 변한다고 가정하고 false 출력도 포함하는 출력 시컨스 Z의 타이밍도를 그리시오.

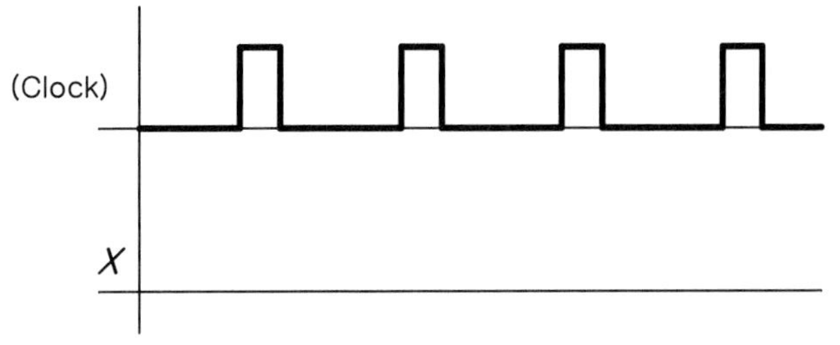

10.2 다음 시프트 레지스터에 대한 상태도를 그리시오(X : 입력 Z : 출력)

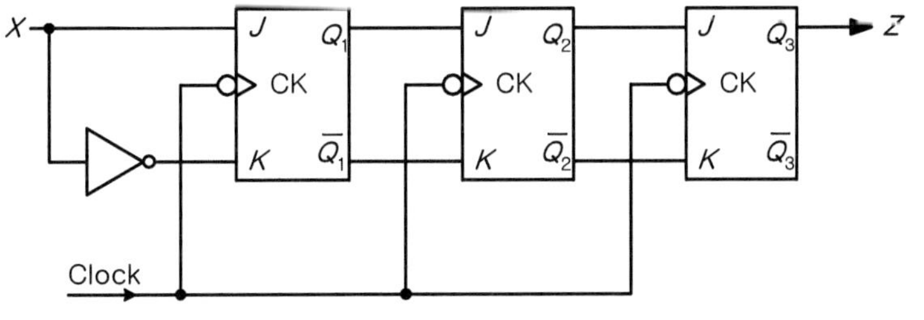

10.3 a. 다음 순차회로에 대한 다음 상태 방정식과 맵을 구하시오. 그리고 다음 상태 맵과 방정식을 사용하여 회로에 대한 상태표와 상태도를 작성하시오.

b. 입력 시컨스가 $X=01100$일 때 출력 시컨스를 구하시오.

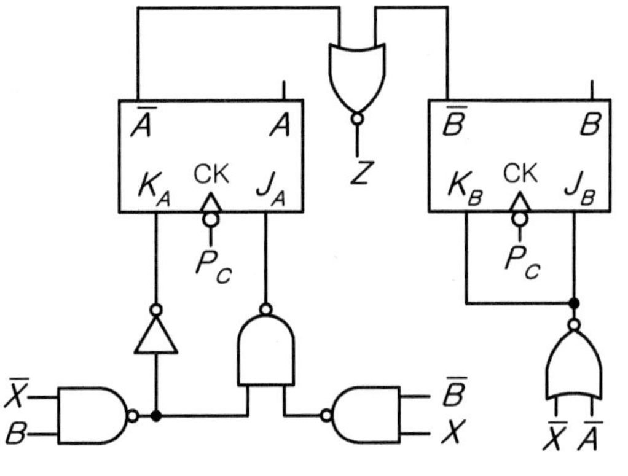

10.4 초기 상태 $ABC=000$, 입력 시퀀스 $X=1101$이라 가정하여 다음 회로에 대한 타이밍도를 그리시오. 입력은 클럭펄스 사이에서 변한다고 가정하시오. 특히 플립-플롭 상태와 출력 Z가 변하는 시간을 주의하시오. 그리고 false 출력이 발생할 수 있으므로 이를 나타내시오.

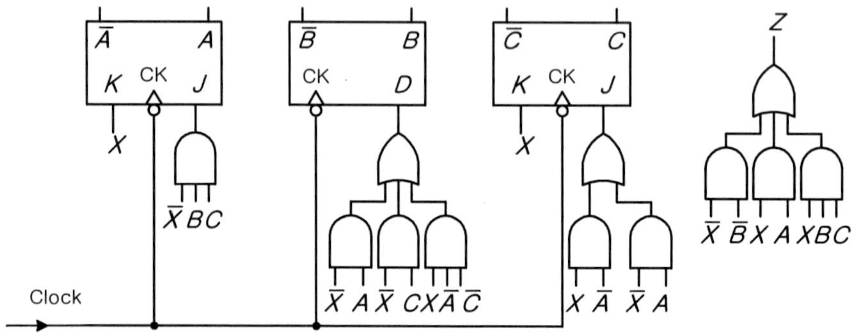

10.5 a. 다음 순차회로에서 플립-플롭 A와 B에 대한 상태 방정식을 유도하시오.
b. 이들 방정식을 사용하여 상태표를 구하고 상태도를 그리시오.

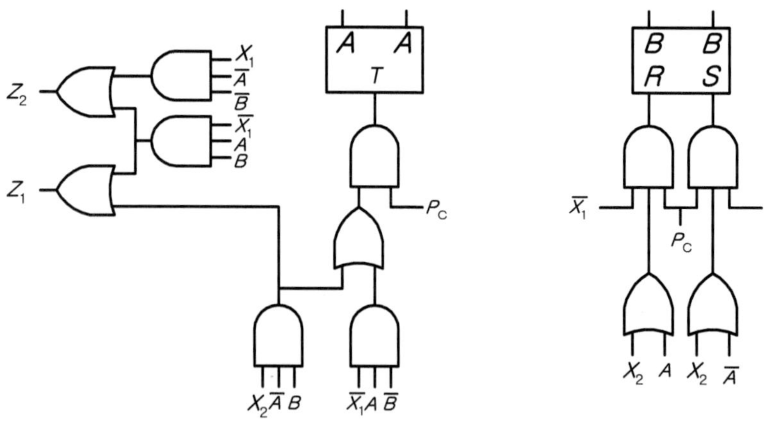

10.6 순차회로는 다음 방정식을 가지며 그림 10-13에서 나타나는 형태와 동일하다.

$$D_1 = Q_1\overline{Q_3} + \overline{X}, \qquad D_2 = \overline{Q_1}\,\overline{Q_2}\,Q_3$$

$$D_3 = Q_1 Q_3 + X, \qquad Z = \overline{X} + Q_2 Q_3$$

a. 회로에 대한 상태표와 상태도를 그리시오.

b. 회로에 대한 타이밍도를 그리시오(X, 클럭, Q_1, Q_2, Q_3 및 Z에 대해서) 입력 시퀀스는 $X=01011$이고, X는 클럭펄스 사이의 중간지점에서 변한다고 가정한다. False 출력도 타이밍도에 나타내시오.

c. 타이밍도에서 얻어지는 출력 시컨스와 상태도로부터 얻어지는 출력 시컨스를 비교하시오.

d. False 출력을 제거하기 위해서 입력을 어떻게 변화시키면 되는가?

10.7 Mealy 순차회로는 1개의 입력, 1개의 출력, 그리고 2개의 플립-플롭을 가지고 있다. 이 회로에 대한 타이밍도는 아래에 나타나 있다. 회로에 대한 상태도와 상태표를 작성하시오.

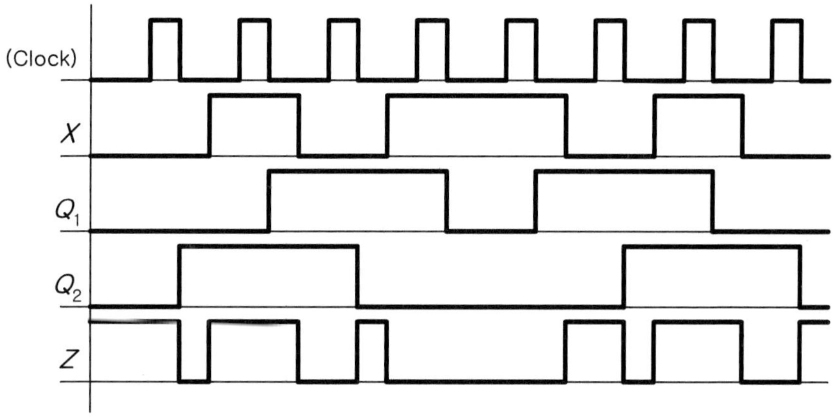

10.8 아래에 나타나는 것처럼 순차회로는 ROM과 두 개의 D 플립-플롭으로 구성되어있다. 그리고 ROM 내용은 아래 표로 나타내었다.

a. 입력 시컨스 $X_1X_2 = 10,\ 01,\ 11,\ 10$에 대한 타이밍도를 그리시오(false 출력 포함). 입력은 클럭펄스 사이 중간지점에서 변한다. 그리고 Z_1과 Z_2에 대한 정확한 출력 시컨스를 구하시오.

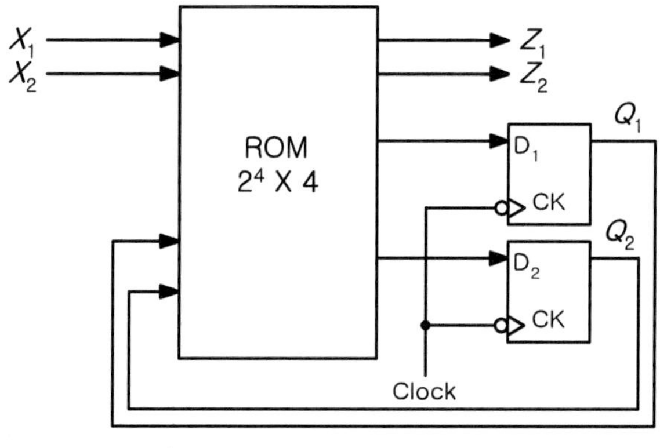

Q_1	Q_2	X_1	X_2	D_1	D_2	Z_1	Z_2
0	0	0	0	0	0	1	0
0	0	0	1	0	0	1	0
0	0	1	0	0	1	1	0
0	0	1	1	0	1	1	0
0	1	0	0	1	1	0	0
0	1	0	1	1	1	1	0
0	1	1	0	1	0	0	1
0	1	1	1	1	0	1	1
1	0	0	0	1	1	0	0
1	0	0	1	0	0	0	0
1	0	1	0	1	1	0	0
1	0	1	1	0	0	0	1
1	1	0	0	1	0	0	0
1	1	0	1	0	1	0	0
1	1	1	0	–	–	–	–
1	1	1	1	–	–	–	–

CHAPTER 11

상태표의 유도

Derivation of State Tables

10장에서는 순차회로 설계 시 타이밍 및 상태도를 이용하여 순차회로를 해석하였다. 지금부터 순차회로의 설계는 입력과 출력 시컨스 사이에서 원하는 시컨스 관계를 규정하는 문제부터 고려하기로 한다.

설계의 첫 단계는 회로를 원하고자 하는 동작 상태로 규정할 수 있는 상태표나 상태도를 만드는 것이다.

플립-플롭 입 · 출력 방정식들은 상태표로부터 유도할 수가 있다. 순차회로 설계 시에 상태도나 상태표를 작성하는 것은 아주 중요한 요인 중에 하나이므로 본장에서는 상태표나 상태도를 작성하는 방법에 대해서 상세하게 다루기로 한다.

11-1 시컨스 검파기(Detector)의 설계

클럭이 있는 Mealy 순차회로 설계를 해석하기 위해서 시컨스 검파기의 설계를 하기로 한다. 이와 같은 회로는 그림 11-1에서 나타내고 있다.

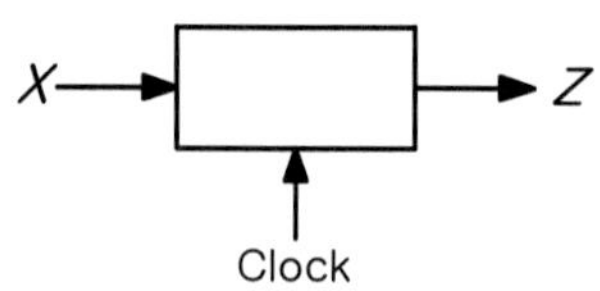

[그림 11-1] 설계될 시컨스 검파기 블록도

회로는 입력 X에 가해진 0과 1의 열을 검색하여 이미 기술된 시컨스가 발생할 경우에만 출력 $Z=1$이 발생된다. 또한 이것은 입력 X가 클럭펄스 사이에서만 단지 변한다고 가정한다. 특히, 어떤 입력 시컨스가 101로 끝난다면 마지막 1과 일치할 경우에 출력 $Z=1$이 발생되는 회로를 설계한다고 하자. 그리고, 회로는 1의 출력이 발생할 경우에는 리세트할 수 없다고 하자. 기술된 입력 시컨스와 이에 대응하는 출력 시컨스는 다음과 같다.

$$X = 0\ 0\ 1\ 1\ 0\ 1\ 1\ 0\ 0\ 1\ 0\ 1\ 0\ 1\ 0\ 0$$

$$Z = 0\ 0\ 0\ 0\ 0\ 1\ 0\ 0\ 0\ 0\ 0\ 1\ 0\ 1\ 0\ 0 \qquad (11\text{-}1)$$

(시간: 0 1 2 3 4 5 6 7 8 9 10 11 12 13 14 15)

초기 설계에서는 몇 개의 플립-플롭이 필요한지를 알 수가 없기 때문에, S_0, S_1과 같은 회로 상태를 지정해야 한다. 그런 다음 지정된 회로 상태와 대응되게 플립-플롭 상태를 할당해야 한다. 상태의 시컨스와 서로 다른 입력에 의해 발생되는 출력을 나타낼 수 있는 상태도(State diagram)를 우선 작성하기로 하자. 처음에는, 지정된 S_0는 리세트 된 상태이며 회로는 여기에서 시작된다고 하자. 원하는 입력 시컨스는 0에서 시작하지 않으므로 만일 0 입력이 들어오면, 회로는 S_0 상태에 그대로 있게 된다. 그러나, 1 입력이 들어오는 경우에는 그림 11-2에서 보는 바와 같이 원하는 시컨스에 처음 입력이 들어왔다는 것을 기억(Remember)하면서 새로운 상태인(S_1) 상태로 간다.

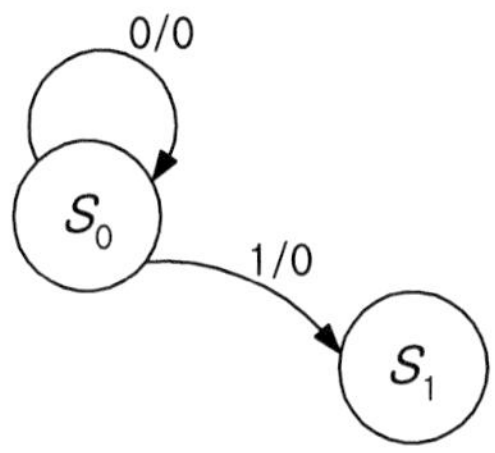

[그림 11-2]

그림 11-2 상태도에서 부호는 X/Z 형태이며 '/(Slash)' 이전의 기호 X는 입력을 나타내고 '/(Slash)' 이후의 기호 Z는 대응하는 출력을 나타낸다.

상태 S_1에서 0이 들어오면, 원하는 시컨스(10)에 첫 번째로 2개의 입력이 들어왔다는 것을 기억하도록 하기 위해서 회로는 새로운 상태(S_2)로 변한다. S_2상태에서 1이 들어오면, 원하는 입력 시컨스(101)이 완성되며 출력은 1로 된다. 여기에서 회로는 그 다음에 새로운 상태로 가야 되는지 아니면 S_0나 S_1으로 되돌아가야 되는지의 문제가 발생한다. 왜냐하면 출력이 발생했을 때에는 회로는 리세트 되지 못하도록 되어 있기 때문에 S_0로 되돌아갈 수 없다. 그러나, 시컨스에서 마지막 1(Last 1)이 새로운 시컨스에서는 첫 번째 1이 되므로 그림 11-3에 나타낸 것처럼 S_1 상태로 돌아갈 수 있다.

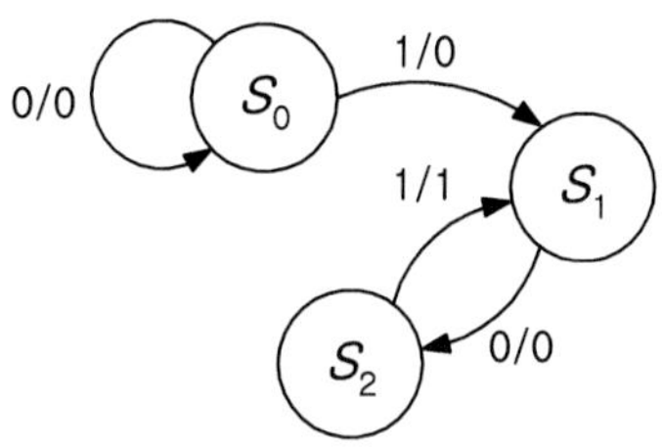

[그림 11-3]

그림 11-3의 상태도는 아직 완성된 상태가 아니다. 만일 상태 S_1에 1 입력이 들어온다면, 시컨스는 단순히 다시 시작되므로 S_1 상태에 그대로 있게 된다. 그리고 S_2 상태에서 0 입력이 들어오면, 한 열(Row)에 두 개의 0이 들어오게 된다. 여기서 00은 원하는 입력 시컨스의 일부가 아니기 때문에 S_0 상태로 회로를 리세트해야 하며 다른 상태 중 하나로 간다는 것은 부정확한 출력을 만들게 된다. 최종 상태도는 그림 11-4에 나타내었다. 하나의 입력 변수에 대한 각 상태는 두 개의 출력선을 갖고 있다. 그러나 입력선은 회로 설계 지침서에 따라서 여러 개의 입력선을 가질 수가 있다.

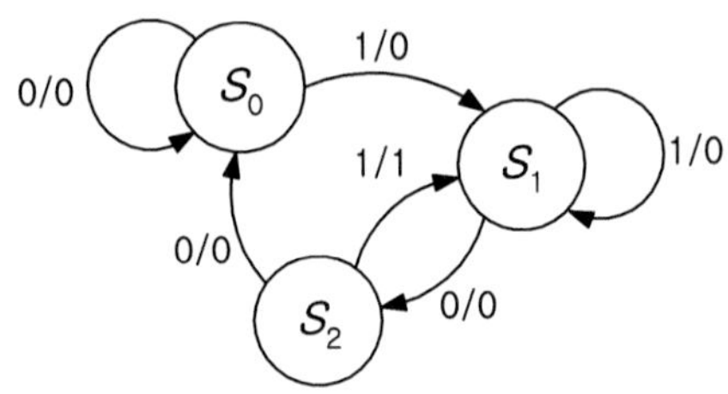

[그림 11-4] 시컨스 검파기에 대한 Mealy 회로 상태도

상태 S_0는 시작 상태이고, 상태 S_1은 1로 시컨스가 끝났다는 것을 나타내며, 그리고 상태 S_2는 10으로 시컨스가 끝났다는 것을 나타낸다. 이런 방법으로 상태를 우선 정하고 상태 그래프(상태도)를 완성하면 된다. 상태도로부터 유도된 상태표는 표 11-1로 된다. 상태도에서 상태 S_2와 S_1사이에서의 기호 1/1은 현재 상태는 S_2이고 $X=1$일 때 출력은 1이 됨을 의미한다. 이 1 출력은 X가 1로 되는 순간 바로 발생된다. 그러므로 1은 상태 S_2의 행에 위치하게 된다.

[표 11-1]

현재 상태	다음 상태 $X=0$	다음 상태 $X=1$	현재 출력 $X=0$	현재 출력 $X=1$
S_0	S_0	S_1	0	0
S_1	S_2	S_1	0	0
S_2	S_0	S_1	0	1

여기에서부터, 상태표에 의해서 기술된 동작만을 갖는 순차회로를 설계할 수가 있다. 한 개의 플립-플롭은 오직 두 개의 상태만 표현할 수 있기 때문에 3개의 상태를 나타내기 위해선 두 개의 플립-플롭을 필요로 한다. 일단 사용할 두 개의 플립-플롭을 A와 B로 지정하고, 플립-플롭 상태 $A=0$, $B=0$을 상태 S_0로, $A=0$, $B=1$을 상태 S_1, 그리고 $A=1$, $B=0$을 상태 S_2로 놓는다. 그리고 나서 회로 상태를 플립-

플롭 상태의 독특한 조합으로 표현한다. 상태표에서 S_0, S_1, S_2를 플립-플롭 상태로 대치하면 표 11-2와 같은 천이표(Transition table)가 얻어진다.

[표 11-2]

AB	A^+B^+ $X=0$	$X=1$	Z $X=0$	$X=1$
00	00	01	0	0
01	10	01	0	0
10	00	01	0	1

이 표로부터 플립-플롭에 대한 다음 상태 맵과 출력함수 Z에 대한 맵을 작성할 수가 있다.

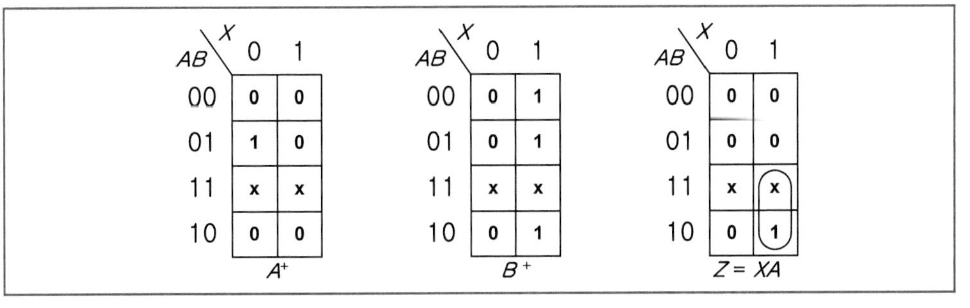

플립-플롭 입력 맵들은 9-9절에서 카운터 설계시 사용되었던 방법과 동일한 방법으로 다음 상태 맵으로부터 유도할 수가 있다. 따라서 T 플립-플롭을 사용하여 입력 맵을 구하면 아래와 같이 유도된다.

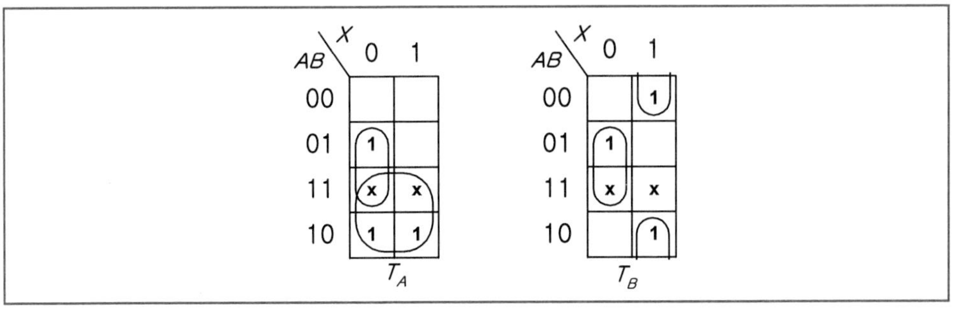

$$T_A = A + \overline{X}B = (A + \overline{X})(A + B) \tag{11-2}$$

$$T_B = \overline{X}B + X\overline{B} = (X + B)(\overline{X} + \overline{B}) \tag{11-3}$$

클럭펄스가 발생할 때만 상태가 변하는 회로가 필요하기 때문에 각 T 입력들은 클럭펄스와 AND 되어 있다. 이 상태에 대한 회로는 그림 11-5에 나타내었다.

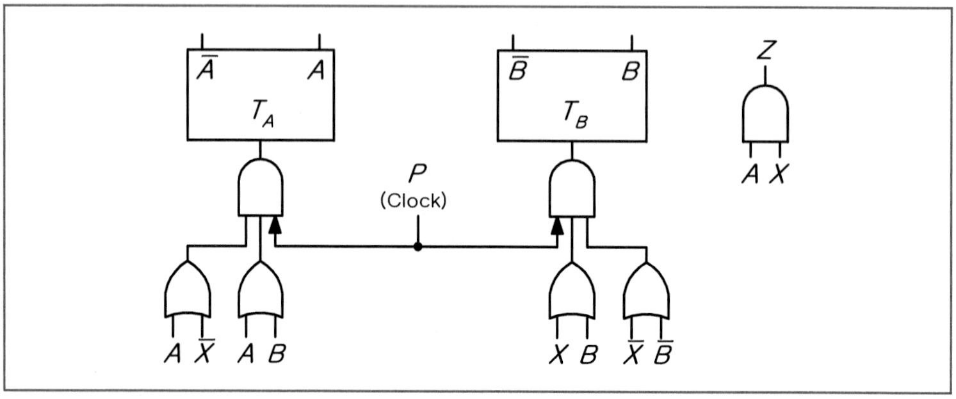

[그림 11-5]

처음에는 두 플립-플롭은 0 상태로 리세트 되고, 회로에 신호를 추적(Tracing signal) 함수로서 101로 끝나는 입력 시컨스가 발생할 때 출력은 $Z=1$로 됨을 입증할 수가 있다. Moore 회로의 상태도를 구하는 과정은 출력이 상태간의 천이에서 사용되는 것 대신 상태와 함께 사용되는 것을 제외하고는 Mealy 회로에 대한 상태도를 작성하는 방법과 동일하다. 이 과정을 설명하기 위해서 앞서의 예를 통하여 Moore 회로에 대한 상태 그래프(도)를 작성하여 보기로 하자. 순차 논리회로는 입력 시컨스가 101로 끝날 경우에만 1의 출력이 발생한다. 이 설계에서 입력 시컨스가 10이 발생되는 지점까지는 Mealy 회로 설계 절차와 동일하며, 0 출력은 상태 S_0, S_1, S_2에만 관련된다는 것이 다르다.

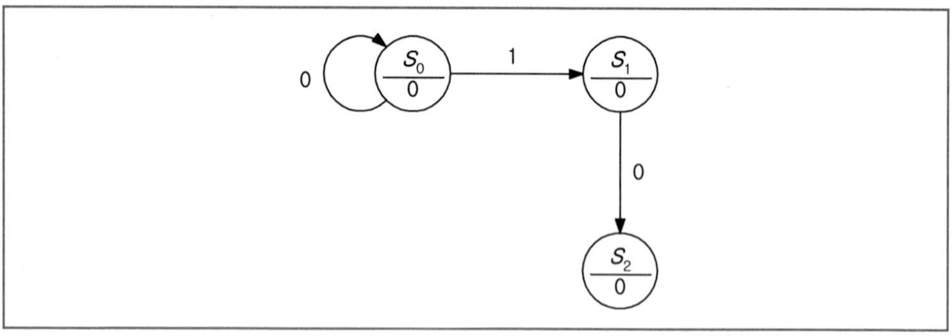

101 시컨스를 만들기 위해 1 입력이 발생할 경우, 출력은 1이 되어야 한다. 그러므로 상태 S_1으로 되돌아갈 수 없으므로 1 출력을 함께 표현할 수 있는 새로운 상태 S_3를 만들어야 한다.

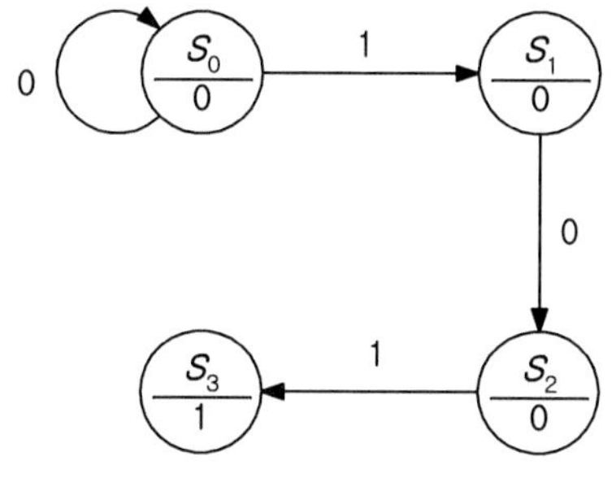

완성된 상태도를 그림 11-6에 나타내었다. 시컨스 100은 회로를 S_0 상태로 리세트 시킨다. 시컨스 1010에서는 다른 1 입력이 출력 Z를 다시 1로 만들기 때문에 회로는 S_2 상태로 되돌아간다.

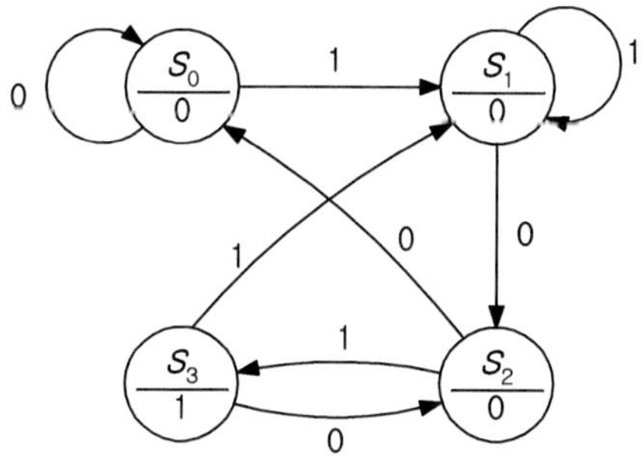

[그림 11-6] 시컨스 검파기에 대한 Moore 상태도

순차 논리회로와 대응되는 상태표는 표 11-3에 나타내었다. 출력은 현재 상태에 의해서 결정되고, 입력(X)에는 의존하지 않으므로 단 하나의 열(Column)만 갖는다. 이 예제를 통해서 Moore 회로는 동일한 입력 시컨스를 검파하는 Mealy 회로보다 한 개 이상의 상태를 더 필요로 함을 알 수가 있다.

[표 11-3]

현재 상태	다음 상태 X=0	다음 상태 X=1	현재 출력 (Z)
S_0	S_0	S_1	0
S_1	S_2	S_1	0
S_2	S_0	S_3	0
S_3	S_2	S_1	1

이 회로에서는 4개 상태가 존재하므로 순차회로를 실현하는데 두 개의 플립-플롭을 필요로 한다. 상태 할당은 S_0는 $AB=00$, S_1는 $AB=01$, S_2는 $AB=11$, S_3는 $AB=10$으로 임의 할당하면 플립-플롭에 대한 천이표(상태표)는 표 11-4와 같다.

[표 11-4]

AB	A^+B^+ $X=0$	 $X=1$	Z
00	00	01	0
01	11	01	0
11	00	10	0
10	11	01	1

출력함수 Z는 $A\overline{B}$가 된다. Z는 플립-플롭 현재 상태에만 의존하며 입력 X와는 별개이다. 반면 Mealy 회로에서는 Z는 X의 함수가 된다. 플립-플롭 입력 방정식에 대한 유도는 직접 유도해 낼 수 있으므로 여기서는 다루지 않는다.

11-2 상태도를 만드는 방법

비록 모든 문제에 대한 상태표나 상태도를 도출해 낼 수 있는 정해진 절차는 없지만, 아래 방법을 참고하면 유익하고 쉽게 작성할 수가 있다.

① 문제를 확실히 이해하기 위해 상태에 따르는 어떤 표준적인 입력과 출력 시컨스 관계를 작성한다.

② 어떠한 조건하에서 순차 논리회로가 초기 상태로 리세트할 것인지를 결정한다.

③ 만일 하나 또는 두 개의 시컨스가 0이 아닌(Non-zero) 출력이 발생된다면 이들 시컨스에 대한 부분 상태도를 각각 작성하는 것이 좋다(부분적으로 작성).

④ 다른 방법은 어떤 시컨스나 혹은 일련의 시컨스들이 회로로 작성되어 지는지를 결정하고 그에 따라 상태를 설정한다.

⑤ 상태도에 화살표를 그려 넣을 때마다 이전에 정해진 상태 중 하나로 갈 수 있는지 아니면 새로운 상태가 더해져야 하는지를 결정한다.

⑥ 입력 변수값 조합에 의해서 각 상태에서 나가는 경로가 하나만 있는지 상태도를 점검한다.

⑦ 상태도가 완성되면 입력 시컨스를 적용해 보고 출력이 정확하게 발생하는지를 검색한다.

다음의 예제를 통하여 상태도나 상태표를 작성하여 보자.

예제 11-1 순차회로는 하나의 입력(X)과 출력(Z)를 가지고 있다. 회로는 4개의 연속적인 입력 시컨스 그룹을 조사하여 입력 시컨스가 0101 또는 1001이 발생되면 출력은 1이 된다. 그리고 회로는 4개 입력이 들어온 후에는 리세트로 된다. Mealy형 상태도를 완성하라.

[풀이] 전형적인 입 · 출력 시컨스는 아래와 같다.

X = 0101 | 0010 | 1001 | 0100
Z = 0001 | 0000 | 0001 | 0000

여기서 수직으로 그려진 선은 순차 논리회로가 처음 상태로 리세트될 수 있는 지점을 나타낸다. 입력 시컨스가 01이나 10 다음에 01 시컨스가 이어지면 Z=1 출력이 발생됨을 알 수가 있다. 그러므로 순차 논리회로는 01이나 10 입력이 들어오면 동일한 상태로 갈 수 있다. 출력 1을 발생할 수 있는 두 시컨스에 대한 부분 상태도는 그림 11-7에 나타내었다.

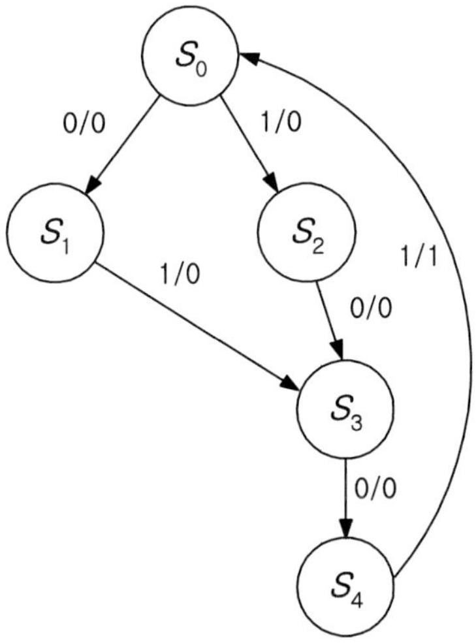

상태	수직된 시컨스
S_0	리세트
S_1	0
S_2	1
S_3	01 또는 10
S_4	010 또는 100

[그림 11-7] 예제 1에 대한 부분 상태도

네 번째 입력이 들어오면 순차를 고려한 S_0로 리세트됨을 유의해야 한다. 그리고 출력 1이 발생되지 않는 시컨스를 고려한 상태도의 화살표와 기호를 그림 11-8에 나타내었다. 4개의 입력이 들어오기 전에 회로가 S_0로 리세트되지 못하도록 상태 S_5와 S_6는 부가적으로 첨가할 필요가 있다. 일단 00이나 11 입력 시컨스가 들어오면(상태 S_5) 회로가 리세트될 때까지 출력 1이 발생할 가능성은 없다.

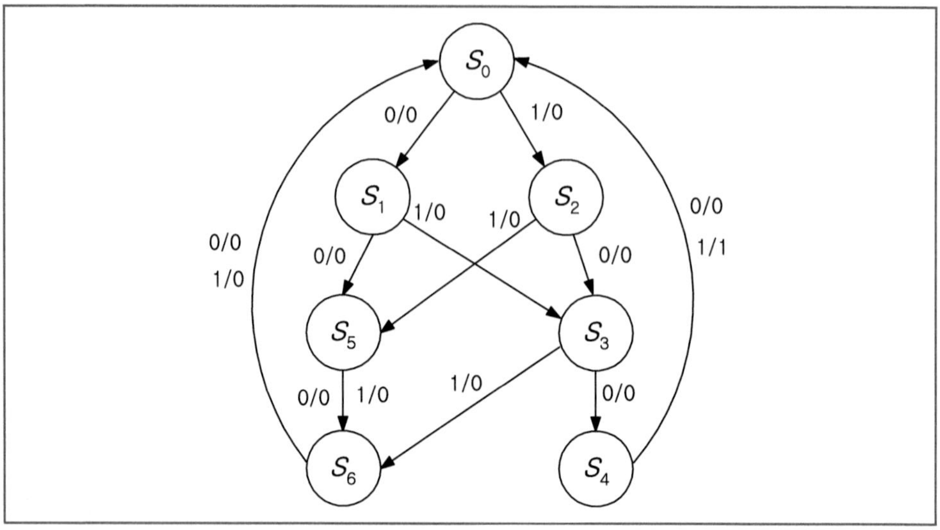

[그림 11-8]

단계적 연습문제 1

하나의 입력(X)과 하나의 출력(Z)를 갖는 클럭형 Mealy 순차회로를 설계해 보자. 반드시 두 개의 0의 입력원에 1이 뒤따르는 시컨스가 아니면 출력은 0이 된다. 문제의 설명을 확실히 이해하기 위해 각각의 입력 시컨스에 대한 출력 시컨스를 작성하시오.

a. $X=$ 0 0 1 0
$Z=$

b. $X=$. . . 10 0 1 0(. .는 어떤 시컨스를 의미)
$Z=$ . . .

c. $X=$ . . . 0 0 0 1 0
$Z=$ . . .

d. $X=$0 0 1 00 1 0 0 01 0
$Z=$

e. 출력 1이 발생된 후 회로가 초기화되는지 알아보시오.

답 a. Z=0001 b. Z=. . . 00001
c. Z=. . . 00000 d. Z=00010010000 e. NO
c에서는 한 열에 3개의 0 입력이 있기 때문에 어떠한 1의 출력도 발생되지 않는다.

단계적 연습문제 2

만일 들어온 0의 개수가 0보다는 큰 짝수이고 연속적으로 두 개의 1이 들어오지 않았다면 출력이 1이 되는 클럭형 Mealy 순차회로가 있다. 문제의 설명을 완전히 이해하기 위해 다음의 입력 시컨스에 대한 출력 시컨스를 표시하시오.

$X =$ 0 0 0 0 1 0 1 0 1 1 0 0 0 0

$Z =$ (0) 이 0은 어떠한 입력도 들어오기 이전의 초기 출력을 나타낸다.

> 답 $Z =$ (0) 0 1 0 1 1 0 0 1 1 0 0 0 0 0
> 일단 두 개의 연속된 1을 받아들이면 출력은 결코 다시 1이 될 수 없게 된다.

단계적 연습문제 3

다음의 그래프에 화살표를 표시해서 시컨스 $X = 0010$에 대한 정확한 출력을 만드시오(다른 상태는 추가하지 마시오)

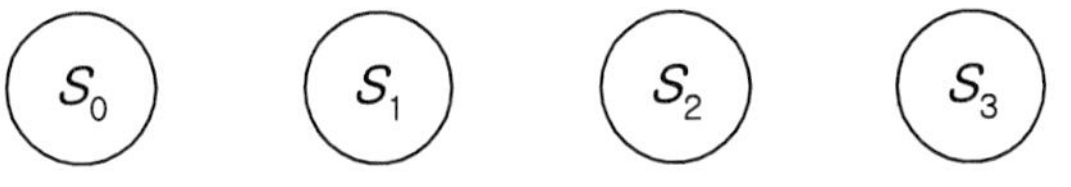

> 답 S_3에서 나온 화살표는 추가적인 입력 010이 또 다른 출력 1을 발생하도록 S_1으로 돌아간다.

••• 연습문제

11.1 상태 그래프(도)를 작성하기 위해서 단지 0 입력만을 고려하고 만일 받아들인 0의 총 개수가 0보다 큰 짝수이면 출력이 1이 되는 Moore 형 상태도를 작성하시오.

11.2 위의 상태도에서 3개 이상의 연속된 0이 들어온 것에 대한 상태를 추가하시오. 또한 각 상태에 입력된 시컨스를 나타내도록 위의 표를 완성하시오.

11.3 S_0 상태에서 시작하도록 위의 상태도에 상태를 추가하시오. 만약 두 개의 연속된 1 다음에 다른 시컨스가 뒤따르면 출력은 0을 유지한다고 하자. 각 상태에 입력된 시컨스를 나타내도록 위의 표를 완성하시오.

11.4 이 연습문제의 처음에 열거하였던 입력 시컨스에 의해 상태도가 정확한 출력 시컨스를 발생하는지를 검증하시오. 위의 상태도에 해당하는 Mealy 상태표를 작성하시오.

11.5 이 상태도가 이 연습문제의 처음에서 열거하였던 입력 시컨스에 대한 정확한 출력 시컨스를 발생하는지를 검증하시오. 위 상태도에 해당하는 Moore 상태표를 작성하시오(Moore 표는 출력의 열이 하나임을 유의하시오).

11.6 앞의 상태도는 모든 상태 가운데서 단지 하나의 출력선만 있기 때문에 완전하지 않다. 필요한 화살표들을 첨가하여 상태도를 완성하시오. 가능하다면 앞에서 사용된 상태들 중의 하나로 되돌아가도록 하시오.

11.7 각 상태가 0과 1에 모두 출력선을 갖도록 상태도를 완성하시오. 가능하면 최소개의 상태를 추가하시오. 또한 다음의 표를 완성하시오.

상 태	sequence received
S_0	(reset)
S_1	odd no. of 0's
S_2	even no. of 0's
S_3	1
S_4	11(followed by any sequence)
S_5	
S_6	

CHAPTER 12

상태표 축소 및 상태할당

Reduction of Tables State Assignment

순차회로의 입출력 동작이 기술되면 순차회로 설계의 첫 단계는 앞장에서 논의된 방법과 비슷한 방법으로 상태표를 유도하는 것이다. 상태표를 플립-플롭과 논리게이트를 사용하여 실현하기 전에 상태를 최소수까지 최소화할 수 있도록 상태표를 축소할 수 있는 방법이 필요하다. 일반적으로 상태표에서 상태수 축소는 설계에 사용되는 논리와 플립-플롭의 수를 줄이는 결과가 된다. 예를 들어, 9개 상태가 있는 상태표에서 상태를 8개로 하면 필요한 플립-플롭은 4개에서 3개로 감소되고, 또한 플립-플롭에 관련된 입력 논리개수가 상당히 줄게 된다. 만일 상태가 6개로 줄어들면, 3개의 플립-플롭수는 그대로지만, 플립-플롭 입력식에 더 많은 돈케어(don't care)가 존재하게 되므로 필요한 논리게이트 수는 더 많이 감소하게 된다.

상태표가 축소되면 회로를 설계하는 다음 단계는 회로 상태와 대응되게 2진 플립-플롭 상태를 할당하여야 한다. 이러한 상태 할당이 이루어지면 회로에서 필요로 하는 논리게이트 수를 결정할 수가 있다. 경제적인 회로를 만들기 위해서는 최적 상태 할당을 고려해야 하나 이것은 어려운 문제이고, 이것을 실현할 수 있는 지침(Guideline)은 다음 절에서 다루기로 한다.

12-1 중복(Redundant) 상태 소거법

11장에서는 상태도나 상태표를 작성할 때 불필요한 상태가 존재하는 것을 피하는 데에 중점을 두었다. 이제부터는 지금까지와는 다소 다른 상태 그래프(도)를 유도하고 새로운 접근 방식에 대하여 설명하기로 한다. 처음에 상태표를 작성할 때는 여분 상태(Extra state)가 포함되는 것에 지나친 관심을 가질 필요는 없으며, 그 이유는 상태표가 완성되면 어떠한 중복 상태(Redundant state)들도 제거시킬 수 있기 때문이다. 전장에서 우리는 순차회로에 대한 상태 표현을 $S_0, S_1, S_2 \cdots$ 로 기호를 사용하였지만, 본장에서는 A, B, $C \cdots$ (또는 a, b, $c \cdots$)로 사용한다.

11-2절에 있는 예제 1을 다시 보기로 하자. 우선 모든 가능한 입력 시컨스의 처음 3비트를 기억할 수 있도록 상태수를 충분하게 설정한다. 그런 다음 4번째 비트가 들어오면 확실한 출력 상태가 결정되면서 회로는 초기 상태로 리세트되게 된다. 표 12-1에 나타낸 것처럼 상태 A를 리세트 상태라고 하자, 0 입력이 들어오면 상태 B로 가고, 1 입력이 들어오면 상태 C로 간다. 이와 비슷하게 상태 B에서 시작하여 0 입력이 들어오면 입력 시컨스는 00이 됨으로써 상태 D로 간다. 그리고 입력 1이 들어오면 입력 시컨스는 01이 되어 상태 E로 간다. 나머지 상태들도 이와 비슷하게 정의하면 된다. 4번째 입력 비트가 들어오면 회로는 리세트 상태로 간다. 출력은 J

또는 L 상태에 있지 않고 입력 1이 들어오지 않는 한 출력은 0이며, 이것은 0101 또는 1001 입력 시컨스가 들어오는 것과 동일하다.

상태표가 작성된 다음에는 상태표로부터 중복 상태(Redundant state)들을 제거해야 한다. 입력 시컨스 정보는 표를 작성할 때만 사용하는 것이고 지금은 무시하기로 한다. 상태표를 조사하여 보면 상태 H와 상태 I는 따로 분리할 필요가 없다. 즉 상태 H에서 시작되면 다음 상태는 A가 되고 출력은 0이 된다. 이와 비슷하게, 상태 I에서 시작되면 다음 상태는 A가 되고 출력은 0이 된다. 이와 비슷하게, 상태 I와 H는 분리할 필요없이 상태 I를 H로 대치할 수가 있다. 이렇게 되면 상태 I는 가는 길이 없어지므로 I열은 상태표로부터 제거할 수가 있다. 즉, 상태 H는 상태 I와 동일하다고 할 수 있다. 이와 같은 과정을 반복하면 K, M, N, P 상태열은 동일한 다음 상태와 H와 같은 출력을 가지므로 K, M, N, P는 H와 대치할 수 있고, 이 열들은 소거할 수 있게 된다. 또한 다음 상태와 출력이 J와 L열에 대해서도 동일하므로 $J \equiv L$이 된다. 그러므로 L은 J와 대치할 수 있고 상태표로부터 제거할 수 있다. 이 결과는 12-2에 나타내었다.

[표 12-1] 시컨스 검파기에 대한 상태표

입력 시컨스	현재 상태	다음 상태 X=0	다음 상태 X=1	현재 출력 X=0	현재 출력 X=1
reset	A	B	C	0	0
0	B	D	E	0	0
1	C	F	G	0	0
00	D	H	I	0	0
01	E	J	K	0	0
10	F	L	M	0	0
11	G	N	P	0	0
000	H	A	A	0	0
001	I	A	A	0	0
010	J	A	A	0	1
011	K	A	A	0	0
100	L	A	A	0	1
101	M	A	A	0	0
110	N	A	A	0	0
111	P	A	A	0	0

[표 12-2] 시컨스 검파기에 대한 상태표

현재 상태	다음 상태 X=0	다음 상태 X=1	현재 출력 X=0	현재 출력 X=1
A	B	C	0	0
B	D	E	0	0
C	~~F~~ E	~~G~~ D	0	0
D	H	~~I~~ H	0	0
E	J	~~K~~ H	0	0
~~F~~	~~L~~ ~~J~~	~~M~~ ~~H~~	~~0~~	~~0~~
~~G~~	~~N~~ ~~H~~	~~P~~ ~~H~~	~~0~~	~~0~~
H	A	A	0	0
~~I~~	~~A~~	~~A~~	~~0~~	~~0~~
J	A	A	0	1
~~K~~	~~A~~	~~A~~	~~0~~	~~0~~
~~L~~	~~A~~	~~A~~	~~0~~	~~1~~
~~M~~	~~A~~	~~A~~	~~0~~	~~0~~
~~N~~	~~A~~	~~A~~	~~0~~	~~0~~
~~P~~	~~A~~	~~A~~	~~0~~	~~0~~

상태표에서 앞에서 변화된 상태를 적용하여 보면 D와 G열은 동일하고 E와 F도 동일하다. 그러므로 $D \equiv G$이고 $E \equiv F$이고 상태 F와 G는 제거된다. 그림 12-1은 최종적으로 축소된 표의 상태도를 나타내고 있다. 이것은 상태 표시 이외에는 그림 11-8 상태도와 동일함을 알 수가 있다.

이 예제에서 등가 상태를 구하는데 적용될 수 있는 과정을 행 병합(Row matching)이라 한다. 일반적으로 행 병합은, 이 예제와 같이 일정한 수의 입력 개수가 모두 들어온 이후에 리세트되는 회로와 같은 특별한 경우를 제외하고는 등가 상태들을 모두 구하기에는 충분하지 못하다.

현재 상태	다음 상태 X=0	다음 상태 X=1	출력 X=0	출력 X=1
A	B	C	0	0
B	D	E	0	0
C	E	D	0	0
D	H	H	0	0
E	J	H	0	0
H	A	A	0	0
J	A	A	0	1

(a)

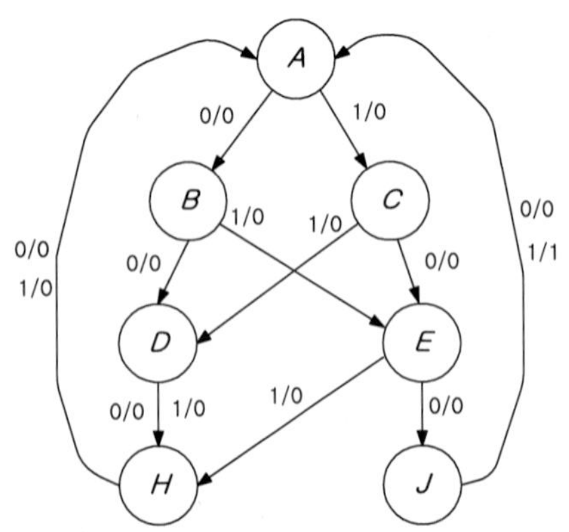

(b)

[그림 12-1] 시컨스 검파기에 대한 축소 상태표와 상태도

12-2 등가 상태(Equivalent State)

앞 절의 예에서 상태표에는 등가 상태들을 제거함으로써 상태표를 감축할 수가 있었다. 더 적어진 행을 갖는 상태표는 회로를 실현하는 데 더 적은 수의 플립-플롭과 논리게이트를 필요로 한다. 그러므로 등가 상태들을 구하는 것은 경제적인 순차회로를 실현하는데 매우 중요한 요소가 된다.

지금부터 상태의 등가에 대한 일반적인 문제를 생각해 보자. 기본적으로 회로의 입력과 출력을 검토하여 서로 분리할 수가 없다면 두 상태는 동일하다고 할 수가 있다. 그림 12-2와 같은 두 개의 순차회로를 고려하여 보자(이것들은 서로 다른 회로이거나 같은 회로일 수 있다). 이 중 하나는 상태 p에서 시작하고, 다른 하나는 상태 q에서 시작된다고 가정한다.

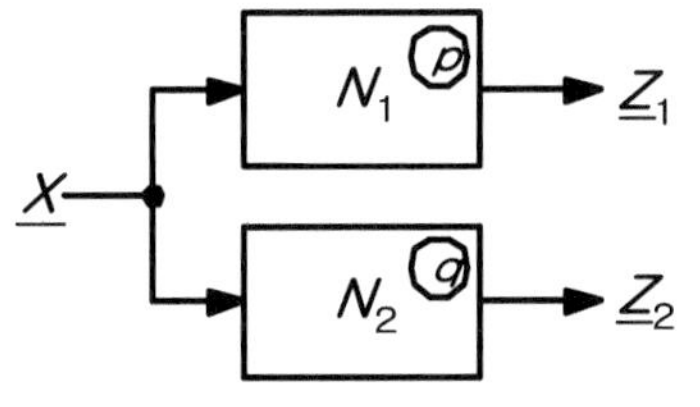

[그림 12-2]

X는 입력 $X_1, X_2, \cdots, X_n$의 시컨스로 표현되고, 똑같은 입력 시컨스 X는 두 회로에 공급되어 출력 시컨스 Z_1와 Z_2를 발생시킨다고 하자. 이들 출력 시컨스가 동일하다면, 그 다음에 회로를 상태 p와 상태 q로 리세트시키고 X에 대한 다른 입력을 시도해 보고 다시 출력 시컨스를 비교하여 본다. 만일 X의 모든 가능한 입력 시컨스에 대한 출력 시컨스들이 같다면, 상태 p와 q는 동일하다($p \equiv q$). 이에 반하여, 어떤 입력 시컨스 X에 대한 출력 시컨스 Z_1와 Z_2가 서로 다르다면, 상태 p와 q는 명백하게 구분됨으로써 상태 p와 q는 동일하지 않다. 출력 시컨스는 초기 상태와 입력 시컨스의 함수이므로 다음과 같이 표현한다.

$$Z_1 = \lambda_1(p, X), \qquad Z_2 = \lambda_2(q, X)$$

상태등가에 대한 정의는 다음과 같이 정의할 수 있다.

정의 12-1

N_1과 N_2를 순차회로라 하자(반드시 두 회로는 다르지 않다). 그리고 X는 임의 길이를 갖는 입력 시컨스로 표현하자. 만일 가능한 모든 입력 시컨스 X에 대하여 $\lambda_1(p, X) = \lambda_2(q, X)$(필요충분조건)이면 N_1에서 p상태는 N_2에서 q 상태와 등가가 된다.

정의 12-1은 두 상태가 등가라는 것을 증명하기 위해서는 무한히 많은 입력 시컨스가 필요하기 때문에 실질적으로 직접 적용하기가 어렵다. 상태가 등가라는 것을 검색하기 위한 더 실질적인 방법은 다음 정리를 이용하면 된다.

정의 12-2

순차회로의 두 상태 p와 q는 개개의 모든 입력 X에 대해서만 출력이 같고, 다음 상태가 같으면 등가이다. 즉

$$\lambda_1(p, X) = \lambda_2(q, X) \quad \text{그리고} \quad \delta_1(p, X) \equiv \delta_2(q, X)$$

여기에서 $\lambda_1(p,\ X)$는 현재 상태 p와 입력 X에 의해 나타나는 출력이고, $\delta_1(p,\ X)$는 현재 상태 p와 입력 X에 의해 나타나는 다음 상태이다. 앞에 설명된 행병합(Row matching) 과정은 이 정리의 특별한 경우에 해당된다. 이런 특별한 경우란 실제로 다음 상태가 똑같은 경우를 말한다.

위의 정리를 이용하여 표 10-4에 주어진 상태들을 검토해 보면 등가인 상태는 없다. 표의 출력 부분을 검토해 보면 등가 상태로서 가능한 쌍은 단지 S_0와 S_2만 된다. 표로부터 단,

$$S_3 \equiv S_3,\ S_2 \equiv S_0,\ S_1 \equiv S_1\text{와 } S_0 \equiv S_1\text{일 때만 } S_0 \equiv S_2$$

가 성립한다.

그러나, $S_0 \neq S_1$(출력이 다르기 때문)이다. 따라서 조건이 만족되지 못하므로 $S_0 \neq S_2$이다.

12-3 함축표(Implication Table)를 이용한 등가 상태 결정

이 절에서는 상태표에 있는 모든 등가 상태를 찾는 과정에 대하여 설명하기로 한다. 이 과정에서 구해진 모든 등가 상태들이 제거된다면, 상태표는 최소수의 상태로 감소될 수가 있다. 우리는 가능한 모든 등가를 선정하기 위해서 상태의 각 쌍(Pair)을 검색하는 함축표(Implication table)를 사용하기로 한다. 오직 등가인 상태쌍만 남을 때까지 등가가 되지 않는 상태쌍을 체계적으로 제거시키는 것이다.

[표 12-3]

현재 상태	다음 상태		현재 출력
	X=0	X=1	
a	d	c	0
b	f	h	0
c	e	d	1
d	a	e	0
e	c	a	1
f	f	b	1
g	b	h	0
h	c	g	1

표 12-3을 이용하여 함축표(Implicant table) 사용법을 설명하기로 하자. 첫 단계는 그림 12-3 형태의 차트(Chart)를 구성하는 것이다. 이 차트는 모든 가능한 쌍들에 대해서 정사각형 칸(Square)를 가지고 있다. 열 i와 행 j의 정사각칸은 상태쌍 $i-j$를 나타낸다. 이처럼 첫 번째 열에 있는 정사각은 상태쌍 $a-b$, $a-c$, ⋯를 나타낸다. 만일 $i \equiv j$, $j \equiv i$이면 대각선위로의 정사각칸은 차트에 포함되지 않는다. 그리고 $i-j$, $j-i$ 상태쌍 중에서는 단 하나만 필요로 한다. 또한 상태쌍 $a-a$, $b-b$, ⋯의 칸도 생략된다. 차트의 첫 열을 채우기 위해서 표 12-3의 a행을 각각 다른 행과 비교한다. a행에 대한 출력이 c행에 대한 출력과 다르기 때문에 $a \not\equiv c$이고 차트의 $a-c$ 정사각칸에 ×로 표기한다. 이와 같은 방법으로 a행과 출력이 서로 다른 행에 대해서도 $a \not\equiv e$, $a \not\equiv f$, $a \not\equiv h$인 관계가 성립하므로 $a-e$, $a-f$,$a-h$ 정사각칸에 ×로 표기한다. 상태 a와 b는 출력이 같기 때문에 정리 12-1에 의해서 단,

$$d \equiv f \text{와 } c \equiv h \text{일 경우에만 } a \equiv b$$

가 성립한다(필요충분조건).

이를 나타내기 위해서 $a-b$의 정사각칸에 함축쌍(Implied pair)인 $d-f$와 $c-h$를 표시한다. 또한 상태 a와 d의 출력은 같으므로 $a-d$의 정사각칸에 $a-d$와 $c-e$를 표시한다. 이는 단 $a \equiv d$와 $e \equiv c$인 경우에만 $a \equiv d$가 된다. $a-g$ 정사각칸의 $b-d$와 $c-h$는 단,

$$b \equiv d\text{와 } c \equiv h\text{인 경우에만 } a \equiv g$$

가 성립한다(필요충분조건).

또 상태표의 b행은 표에 남아 있는 각각의 행과 비교하면서 함축표 좌표의 b열에 채운다. 같은 방법으로 차트의 나머지 열도 그림 12-3처럼 나타내게 된다. 자신의 함축쌍(Self-implied pair)들은 중복이 되므로 $a-d$ 정사각칸으로부터 $a-d$를, $c-e$ 정사각칸으로부터 $c-e$를 제거하여야 한다.

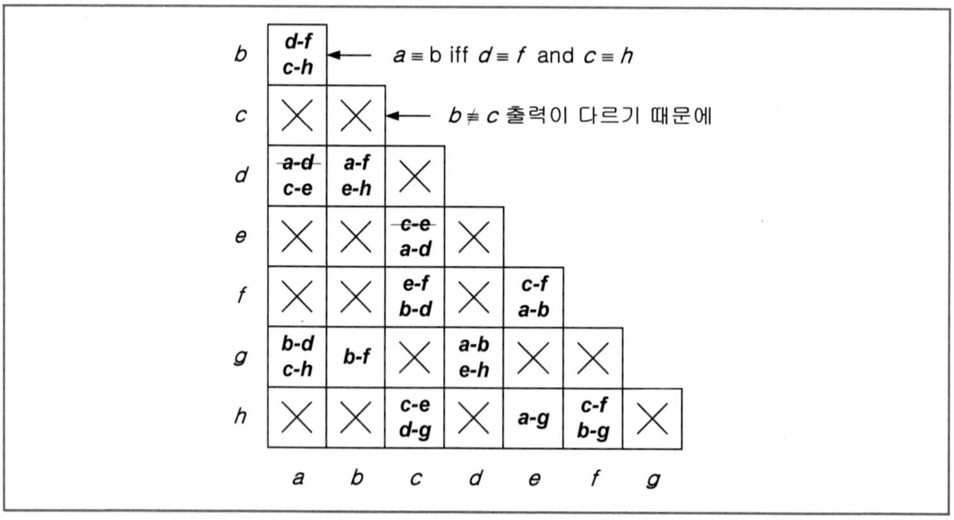

[그림 12-3] 표 12-3에 대한 함축표

이 때에 함축표에 있는 각 정사각칸들을 행에 해당하는 상태쌍이 등가가 아님을 나타내는 ×로 채워지거나 또는 함축쌍들로 채워진다. 이제부터 함축쌍을 검사하여 보기로 하자. 만일 $i-j$ 정사각칸에 있는 함축쌍들중 하나가 등가가 아니면 정리 12-1에 의해 $i \neq j$이다. 그림 12-3의 $a-b$ 칸은 두 개의 함축쌍($d-f$와 $c-h$)을 포함한다. $d \neq f$($d-f$칸에 ×로 채워져 있으므로)이므로, $a \neq b$이고 그림 12-4에 나타낸 것처럼 $a-b$칸에 ×로 표기한다. 계속해서 첫 번째 열을 검사해 보면, $a-d$ 정사각칸에 함축쌍 $c-e$가 표시되어 있음을 알 수 있다. $c-e$ 정사각칸은 ×가 포함되어 있지 않으므로 $a \equiv d$가 되는지 아닌지를 결정할 수가 없다. 2번째 열에서는 이미 $a \neq f$이고 $b \neq f$임을 나타내었기 때문에 $b-d$와 $d-g$칸에는 ×로 표기한다. 같은 방법

으로, 나머지 각 열들을 검사하여 $c-f$, $d-g$, $e-f$, $f-h$ 정사각칸을 ×로 표기한다. 그림 12-4에 이 결과를 차트로 나타내었다.

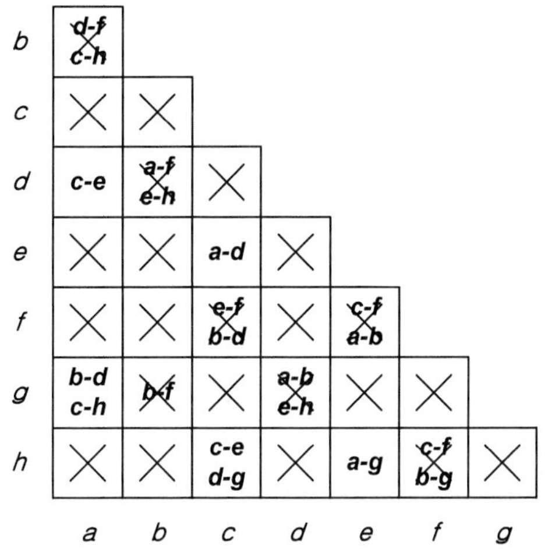

[그림 12-4] 1차 과정을 수행한 함축표

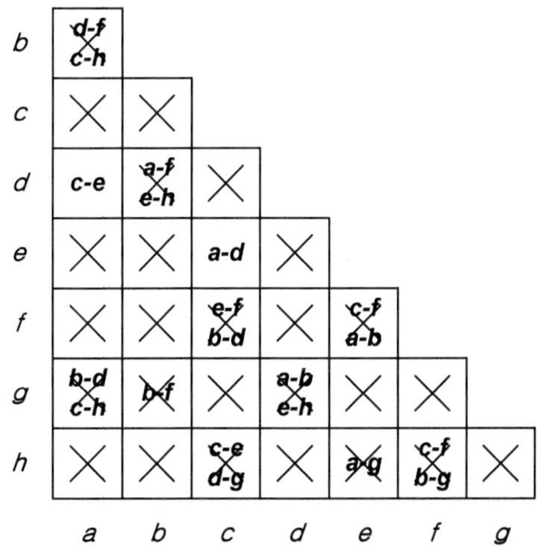

[그림 12-5] 2차 과정을 수행한 함축표

그림 12-3에서 12-4로 되는 과정에서 여러 개의 또다른 비등가 상태쌍들을 발견할 수가 있다. 그러므로 차트에서 추가로 표기된 ×가 어떤 다른 쌍들을 비등가로 만드는 것인지를 다시 검사해야만 한다. a열을 다시 검사하면 정사각칸 $b-d$에 ×가 표기되어 있으므로 $a-g$칸을 ×로 표기한다. 나머지 열들도 검사해 보면 정사각칸 $d-g$와 $a-g$가 ×로 표기되어지므로 $c-h$, $e-h$ 정사각칸을 ×로 표기하여야 한다.

그림 12-5에 나타낸 함축표는 이와 같은 과정을 두 번 거친 후 완성되어진 것이다. 두 번째 과정에서 몇 개의 ×가 추가되었으므로 세 번째의 과정을 필요로 한다. 세 번째 과정에서는 새로운 ×가 추가되지 않았으므로, 비등가 상태쌍에 해당하는 모든 정사각칸은 ×로 표기되었다. 나머지 정사각칸의 좌표는 등가쌍들을 나타낸다. 정사각칸 $a-d$는 ×표로 표기되지 않았으므로, $a \equiv d$이다. 또 정사각칸 $c-e$도 ×로 표기되지 않았으므로, $c \equiv e$이다. 그외의 모든 정사각칸들은 ×로 표기되어 있으므로 다른 등가쌍들은 존재하지 않는다. 정사각칸 내에 존재하는 함축쌍에 의해서가 아니라 ×가 표기되지 않는 정사각칸의 행렬 위치로 등가 상태를 결정하였음을 유의하여야 한다. 만약 표 12-3의 e를 c로, d를 a로 대치하면 d와 e는 제거된다. 따라서 표 12-4에 나타낸 것처럼 상태표가 6행으로 줄어들게 된다.

[표 12-4]

현재 상태	다음 상태		현재 출력
	X=0	X=1	
a	a	c	0
b	f	h	0
c	c	a	1
f	f	b	1
g	b	h	0
h	c	g	1

등가 상태를 결정하는 함축표(Impicant table) 방법은 다음과 같이 요약할 수가 있다.

1. 각 상태쌍에 대한 정사각칸으로 이루어진 차트를 작성한다.
2. 상태표에 있는 행의 각 쌍을 비교한다. 만약 i와 j의 출력이 다르면 $i \neq j$를 나타내는 ×를 $i-j$ 정사각칸에 표기한다(만약 i와 j의 다음 상태가 어떤 입력 X에 대해 m과 n이면 $m-n$은 함축쌍이다). 만일 출력과 다음 상태가 같다면(또는 만약 $i-j$가 그 자체가 함축쌍이면)$i-j$에 $i \equiv j$를 나타내는 체크(√)를 한다.
3. 표에 있는 각 정사각칸에 대해 2의 과정을 반복 수행한다. 만약 정사각칸 $i-j$가 함축쌍 $m-n$을 포함하고, 정사각칸 $m-n$에 ×가 표기되어 있다면 $i \equiv j$를 나타내는 ×로 표기한다.
4. 만약 단계 3에서 ×가 추가되면 더 이상 ×가 추가되지 않을 때까지 단계 3을 반복 수행한다.
5. ×를 포함하지 않은 각 정사각칸 $i-j$ 경우에는 $i \equiv j$가 성립한다. 필요하다면 함축표를 구성하기 이전에 상태표를 부분적으로 줄이기 위해 행병합을 사용할 수도

있다. 이러한 과정을 단지 Moore 표에 대해서만 설명하였으나 Mealy 표에서도 같은 과정을 적용할 수가 있다.

12-4 등가 순차회로

이번에는 순차회로 사이의 등가 관계에 대해 살펴보기로 하자. 근본적으로, 두 순차회로가 등가라고 한다면 같은 기능을 할 수 있어야 한다. 두 순차회로 사이의 등가는 다음과 같이 정의된다.

정의 12-3

만약 순차회로 N_1에 있는 상태 p에 대하여 상태 q가 N_2에 존재하여 $p \equiv q$를 만족하거나, 이와는 반대로 N_2에 있는 상태 s에 대한 상태 t가 N_1에 존재하여 $s \equiv t$가 된다면 순차회로 N_1과 N_2는 등가이다.

그러므로 $N_1 \equiv N_2$이면 N_1에 있는 모든 시작 상태 p에 대해서 입력 시컨스 x에 대해서 $\lambda_1(p, X) = \lambda_2(q, X)$인 시작 상태 q를 구할 수 있다.(즉 입력이 같으면 출력도 같다). 따라서 주어진 회로 N_1은 등가회로 N_2로 대치할 수 있다.

만약 N_1과 N_2가 단지 몇 개의 상태만 가지고 있다면, $N_1 \equiv N_2$임을 증명하는 방법은 등가 상태를 점검 비교한 다음 각 등가 상태쌍에 대하여 정리 12-1이 만족하는가를 찾아내는 것이다. 만약 N_1과 N_2의 상태수가 모두 최소이고, $N_1 \equiv N_2$이면 N_1과 N_2는 동일한 상태수를 갖는다. 그렇지 않고 회로에서 비교할 상태가 또 있다면 이 회로는 다른 회로의 어떤 상태와도 등가를 이루지 못하며 정의 12-2를 만족하지 못한다.

그림 12-6에 두 개의 줄어든 상태표와 이에 해당하는 상태도를 나타내었다. 이 상태도를 검토하여 보면, 회로가 등가가 되기 위해서 A는 S_2 또는 S_3와 반드시 등가이어야 한다. 왜냐하면 N_2에 있는 상태들 중에서 이들만(S_2와 S_3) 자기 궤한루프(Self-loop)를 가지고 있기 때문이다. 여기에서 A와 S_2의 출력이 같기 때문에 단지 $A \equiv S_2$만 성립될 수가 있다. 만일 $A \equiv S_2$라고 가정한다면 이것은 $B \equiv S_0$인 관계를 만들고 다음에는 $D \equiv S_1$과 $C \equiv S_3$가 성립됨을 의미한다. 상태표를 이용하면, 가정된 모든 등가 상태쌍들에 대해 다음 상태는 등가가 되고, $X = 0$일 때와 $X = 1$일 때의 출력이 일치하기 때문에 위의 가정이 성립됨을 입증할 수가 있다. 따라서 $N_1 \equiv N_2$인 관계가 성립한다.

N_1

	A^+B^+ X=0 X=1	Z X=0 1
A	B A	0 0
B	C D	0 1
C	A C	0 1
D	C B	0 0

N_2

	다음 상태 X=0 X=1	현재 출력 X=0 1
S_0	S_3 S_1	0 1
S_1	S_3 S_0	0 0
S_2	S_0 S_2	0 0
S_3	S_2 S_3	0 1

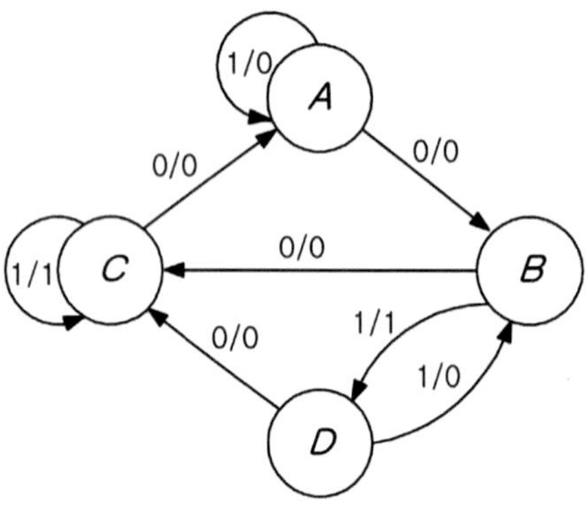

(a)

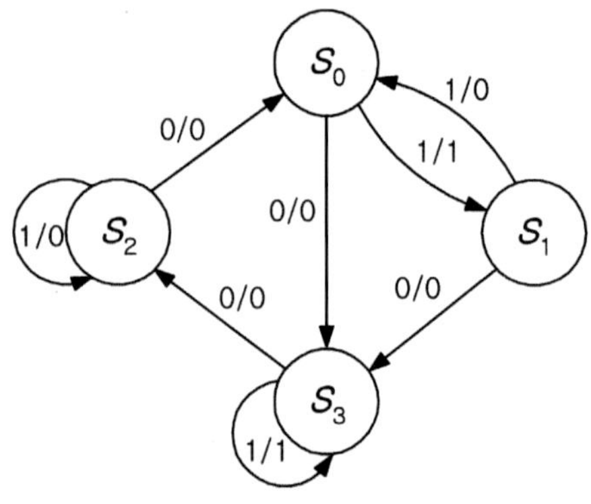

(b)

[그림 12-6] 등가회로에 대한 상태표와 상태 그래프

함축표는 순차회로의 등가 관계를 결정하는 데에도 쉽게 적용할 수가 있다. 한 순차의 상태와 또 다른 회로의 상태와 비교하여 등가성을 검토해야 하기 때문에 함축표는 회로의 상태와 대응되는 행과 또 다른 나머지 회로의 상태와 대응되는 열로 구성된다. 예를 들면 그림 12-6의 회로에 대해 그림 12-7(a)와 같이 함축표로 나타낼 수 있다. 그림 12-6(a)에 있는 각 행을 비교하면 그림 12-7(a)의 첫 열을 채울 수가 있다. 상태 A와 S_0는 출력이 다르기 때문에, $A-S_0$의 정사각칸에 ×로 표기하였으며 상태 A와 S_1의 출력은 같기 때문에, 함축된 다음 상태쌍($B-S_3$와 $A-S_0$)을 $A-S_1$ 정사각칸에 표기하였다. 표의 나머지 부분도 같은 방법으로 채우면 된다. 그 다음 단계로, 그림 12-7(b)에서 부수적인 비등가 상태쌍에 대해서도 정사각칸에 ×를 표기한다. $A \not\equiv S_0$이므로 정사각칸 $A-S_1$을 ×로 표기한다. 같은 방법으로 $C \not\equiv S_2$이므로 정사각칸 $B-S_3$를, $A \not\equiv S_3$이므로 정사각칸 $C-S_0$를 ×로 표기한다. 상태표에 또다른 부수적인 비등가 쌍들이 나타나지 않을 때까지 위 과정을 반복 수행한다. 이렇게 하여 최종적으로 남아 있게 되는 등가 상태쌍들은

$$A \equiv S_2 \qquad B \equiv S_0 \qquad C \equiv S_3 \qquad D \equiv S_1$$

이 된다. 따라서 N_1에 있는 각 상태쌍들과 N_2에 있는 상태쌍들이 등가를 이루게 되기 때문에 $N_1 \equiv N_2$이다.

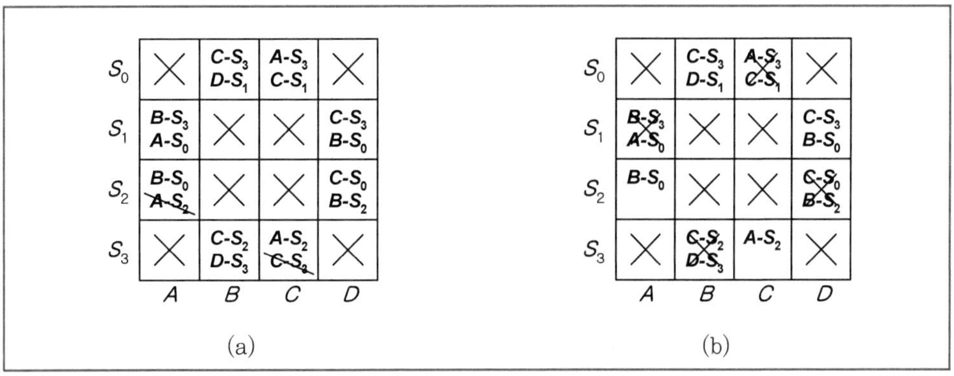

[그림 12-7] 회로의 등가를 결정하기 위한 함축표

12-5 불완전(Incompletely specified)하게 기술된 상태표

순차회로가 대규모 디지털 시스템의 일부로 사용될 때에 때때로 순차회로에 대한 입력으로 결코 발생하지 않는 시컨스가 있다. 또 다른 경우에는 순차회로의 출력이 매 클럭에서보다 어떤 특정한 시간에서만 관찰되는 수도 있다. 이러한 제약은 상태표에서 규정되지 않는 다음 상태 또는 출력을 발생시킨다. 이와 같은 돈케어가 존재할 때에 상태표는 불완전하게 기술된 상태표라고 한다. 돈케어를 진리표에서는 구해진 조합회로를 간략화하는 데 사용된 것처럼 상태표에서의 돈케어는 순차회로를 간략화하는 데 사용된다.

다음 예는 상태표에서 어떻게 돈케어가 발생하는가를 나타내고 있다. 회로 A(그림 12-8)는 단지 $X = 100$와 $X = 110$의 두 종류 출력만 발생한다고 가정한다. 따라서 순차회로의 서브(sub)시스템 B는 단지 두 개의 가능한 입력 시컨스만을 갖는다.

[그림 12-8]

시컨스에 세 번째 입력이 들어올 때, 만약 입력이 100이라면 $Z=0$이 되고 입력이 110이라면 $Z=1$이 된다. 회로 C에는 그 이외의 다른 입력에 대해서는 무시되므로 X시컨스의 처음 두 입력 동안에 Z값에 대해서는 생각하지 않는다고 가정한다. 순차 B에 대한 가능한 입출력 시컨스와 상태표를 나타내었으며 여기서는 t_0, t_1과 t_2는 3개의 연속적인 클럭시간(Time)을 나타낸다.

	t_0	t_1	t_2		t_0	t_1	t_2
$X=$	1	0	0	$Z=$	–	–	0
	1	1	0		–	–	1

(–는 돈케어)

그림 12-19(a)의 상태표는 요구되어지는 출력을 발생시킨다. 시컨스의 처음 입력으로서는 0이 결코 발생될 수 없기 때문에 $X=0$을 갖는S_0의 다음 상태는 돈케어임을 유의해야 한다. 이와 비슷하게 세 번째 입력으로는 $X=1$이 발생될 수 없기 때문에 $X=1$을 갖는 S_2와 S_3의 다음 상태는 돈케어이다. 만약 그림 12-9(b)처럼 상태표에 돈케어를 넣는다면 행조합을 이용하여 그림 12-9(c)에 나타낸 것처럼 상태표를 줄일 수가 있다.

	$X=0$	1	0	1
S_0	-	S_1	-	-
S_1	S_2	S_3	-	-
S_2	S_0	-	0	-
S_3	S_0	-	1	-

(a)

	$X=0$	1	0	1
S_0	(S_0)	S_1	(0)	-
S_1	~~S_2~~ S_0	S_3	(1)	-
S_2	S_0	(S_1)	0	-
S_3	S_0	(S_3)	1	-

(b) $S_0=S_2$, $S_1=S_3$

	$X=0$	1	0	1
S_0	S_0	S_1	0	-
S_1	S_0	S_1	1	-

(c)

[그림 12-9] 불완전하게 기술된 상태표

위의 예제에서 설명한 것처럼 불완전하게 기술된 상태표를 줄이는 한가지 방법은 상태표에 적절한 방법으로 돈케어를 채우고 완전하게 기술된 상태표에 적용되는 방법 중 하나를 사용하여 표를 줄이는 것이다. 이 과정은 작은 표나 또는 단지 몇 개의 돈케어만을 가지고 있는 표에만 적용될 수가 있다. 그러나 일반적으로 이 과정은 최소의 항으로 줄어든 상태표를 못한다. 불완전하게 기술된 상태표를 최소의 행이 되도록 줄이는 일반적인 과정도 있지만, 그러한 과정은 이 책에서는 논의 밖의 범위이므로 더 이상 논의하지 않기로 한다.

12-6 등가 상태 할당

순차회로를 실현할 때 필요한 논리 비용(Cost)은 상태표에서 상태와 대응하여 할당되는 플립-플롭 상태의 배정 방법에 따라 크게 달라진다. 본절에서는 경제적인 회로를 실현하기 위해서 상태 할당을 선택하는 여러 가지 방법에 대하여 설명하기로 한다. 12.7절에서 설명한 지침(Guideline)은 어떤 문제에서는 아주 좋은 해를 주지만, 모든 경우에 있어서 전적으로 만족되지는 않는다.

SHR 기법은 일정한 양의 계산을 요하는 $J-K$ 플립-플롭에 대해서도 최적해를 구할 수가 있다. 즉, 최적해가 필요할 때는 이 방법이 가장 좋은 방법이다. 만약 상태 수가 작을 때는 모든 가능한 상태 할당을 시도하여 각 상태를 실현하는데 드는 비용을 계산할 수가 있다. 그렇게 되면 가장 저렴한 가격의 할당을 선택할 수가 있다. 예를 들어, 상태가 3개(a, b, c)이고 2개의 플립-플롭(Q_1, Q_2)일 경우에 상태 a에 해당하는 가능한 상태 할당은 4개(00, 01, 10, 11)이다. 이들 상태 할당 중에서 1개를 선택하면 상태 b에 대하여 가능한 상태 할당은 3개로 된다. 상태 b가 할당되어진 후, 상태 c에 대하여 가능한 상태 할당은 2개로 된다. 이렇게 하여 표 12-5에 나타낸 것처럼 가능한 전체 상태 할당은 24개가 된다. 이 표에서 01은 플립-플롭 Q_1과 Q_2에 각각 0과 1이 할당된다는 의미이다.

[표 12-5] 3-행 표에 대한 상태 할당

	1	2	3	4	5	6	7		19	20	21	22	23	24
a	00	00	00	00	00	00	01		11	11	11	11	11	11
b	01	01	10	10	11	11	00	---	00	00	01	01	10	10
c	10	11	01	11	01	10	10		01	10	00	10	00	01

이들 모든 상태 할당을 시도할 필요는 없다. 만일 주어진 상태 할당 중에서 하나를 두 열과 모두 교환하더라도, 회로실현 비용은 변하지 않는다. 왜냐하면 열을 교환하더라도 재작성되는 플립-플롭 변수들과 등가가 되기 때문이다. 그러므로 위 표에서 상태 할당 3의 첫 열은 상태 할당 1의 두 번째 열과 동일하고 그 역도 성립하기 때문에 할당 1과 3은 동일한 비용이 든다. 할당 2와 4는 동일한 비용이 들며 5와 6의 경우도 같다. 그러나 열을 서로 바꿀 때는 대개 회로실현 비용이 변하게 된다. 그러므로, 상태 4와 6은 어떤 상태표에서도 서로 다른 비용이 든다.

만약 T, $J-K$ 또는 $S-R$과 같은 대칭형 플립-플롭이 사용된다면, 상태 할당에서 하나나 그이상 열(Column)을 보수화하여도 회로실현 비용에는 아무런 영향을 주지 않는다. 그림 12-10(a)처럼 회로 내에 삽입된 $J-K$ 플립-플롭이 있는 경우를 고려해 보자. 회로를 변화시키지 않고 그림 12-10(b)처럼 J와 K, Q_k와 $\overline{Q_k}$를 서로 교환하기로 하자. 만일 회로 A가 $Q_k = P$, 회로 B가 $Q_k = \overline{P}$로 시작되었다면, 두 회로의 동작 특성은 Q_k값이 두 번째 회로에서 항상 보수가 되는 것을 제외하고는 동일하다. 이렇게 되는 이유는 J가 첫 번째 회로에서 1일 때마다 K는 두 번째 회로에서 1이 되고, 그 역도 성립하기 때문이다. 그러므로 두 번째 회로에 대한 상태표는 Q_k값이 두 번째 회로에서 보수가 되는 것을 제외하고는 첫 회로의 상태표와 동일하다. 이것은 상태 할당에서 하나 혹은 그 이상 행들을 보수화(complement)해도 $J-K$ 플립-플롭을 사용하면, 회로실현 비용이 변하지 않는 것을 의미한다. 비슷한 원리가 T와 $S-R$ 플립-플롭에도 적용된다. 그러므로 표 12-5에서 할당 2와 7은 같은 비용이 들며 6과 19 역시 같다.

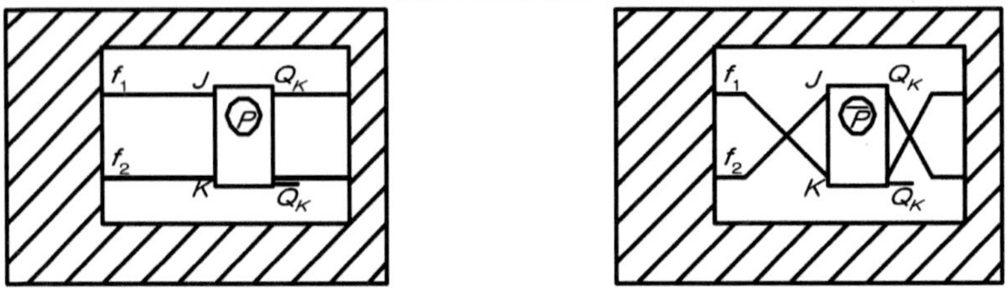

(a) 회로 A (b) 회로 B

[그림 12-10] 보수Q_k에 의해서 얻어지는 등가회로

D 플립-플롭과 같은 비대칭형 플립-플롭을 사용할 경우에 상태 할당열을 서로 교환하여도 회로실현 비용에는 아무런 영향을 주지 않지만, 그러나 행을 보수화하면 그림 12-11에서 나타내는 것처럼 회로에 인버터를 추가해야만 한다. 만일 다른 형태의 게이트를 사용한다고 하면 회로의 인버터를 제거시키기 위해서 회로는 재설계되어야 하고, 원래와 같은 $Q_k = \overline{P}$에서 시작된다면 두 회로의 동작 행위는Q_k 값이 회로 B에서 항상 보수가 됨을 제외하고는 동일하다. 그 이유는 두 회로 모두 f는 동일하며 회로 B에서는 $D = \overline{f}$이기 때문이다.

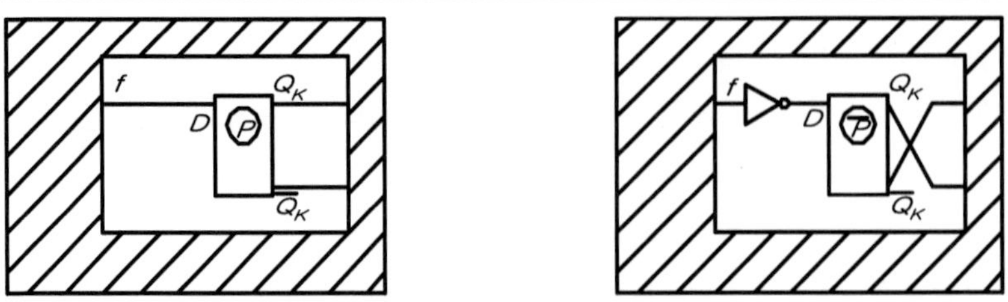

(a) 회로 A (b) 회로 B

[그림 12-11] 보수Q_k에 의해서 얻어지는 등가회로

다음 예는 이미 기술된 상태표(그림 12-12)를 실현하는 방정식에서 상태 할당열을 보수화하거나 또는 교환하거나 할 때의 영향을 나타낸다.

assignments "a"	"b"	"c"	present state	next state $X=0$	1	output 0	1
00	00	11	S_1	S_1	S_3	0	0
01	10	10	S_2	S_2	S_1	0	1
10	01	01	S_3	S_2	S_3	1	0

[그림 12-12]

세 개의 할당에 대한 $J-K$ 및 D 플립-플롭 입력 방정식은 카르노(Karnaugh) 맵을 사용하면 다음과 같이 얻어진다.

할　당 "a"	할　당 "b"	할　당 "c"
$J_1=X\overline{Q_2}$	$J_2=X\overline{Q_1}$	$K_1=XQ_2$
$K_1=\overline{X}$	$K_2=\overline{X}$	$J_1=\overline{X}$
$J_2=\overline{X}Q_1$	$J_1=\overline{X}Q_2$	$K_2=\overline{X}\,\overline{Q_1}$
$K_2=X$	$K_1=X$	$J_2=X$
$Z=\overline{X}Q_1+XQ_2$	$Z=\overline{X}Q_2+XQ_1$	$Z=\overline{X}\,\overline{Q_1}+X\overline{Q_2}$
$D_1=X\overline{Q_2}$	$D_2=X\overline{Q_1}$	$D_1=\overline{X}+\overline{Q_2}$
$D_2=\overline{X}(Q_1+Q_2)$	$D_1=\overline{X}(Q_2+Q_1)$	$D_2=X+Q_1Q_2$

할당 "b"는 할당 "a"의 열을 서로 교환함으로써 얻어짐을 유의하자. 할당 "b"에 해당하는 방정식은 첨자 1, 2가 교환된 것을 제외하고는 "a" 방정식과 동일하다. 할당 "c"는 할당 "a"열을 보수하여 얻어진다. "c"에 대한 방정식 Z는 Q_1과 Q_2가 보수가 된 것을 제외하고는 "a"의 방정식과 같다. "c"에 대한 K, J 방정식은 할당 "a"에 대한 J, K 방정식에서 Q를 각각 보수화한 것과 같다.

"c"에 대한 D 방정식은 "a"에 대한 방정식을 보수화하고 난 후 Q를 보수화하여 얻어진다. 그러므로 $J-K$ 플립-플롭과 어떤 종류의 논리게이트들을 사용하여도 그림 12-12의 실현비용은 세 할당 모두 같다. 만약 AND와 OR(혹은 NAND와 NOR) 두 게이트를 사용한다면 3개로 이루어진 D 방정식을 실현하는 비용은 같다. 단지 NOR 게이트만 사용할 때에 할당 "c"에 대한 D_1과 D_2를 실현하는 데는 "a"와 "b"에 비교하여 두 개의 인버터를 추가로 필요로 한다.

하나 그 이상의 열들을 보수화함으로써 어떤 상태 할당도 첫 번째 상태가 모두 0으로 할당되는 상태로 전환할 수가 있다. 만일 열들을 교환하거나 보수화함으로써 할당을 제거할 수 있다면, 표 12-5는 표 12-6과 같이 3개의 할당으로 줄일 수가 있다. 그러므로 대칭형 플립-플롭을 가진 3-상태 순차회로를 실현할 때는 최소비용이 보장되는 세 개의 서로 다른 상태 할당으로 시도하는 것도 필요하다. 이와 비슷하게 3개의 서로 다른 상태 할당은 4개의 상태로도 시도할 수가 있다.

[표 12-6] 3개 상태와 4개 상태에 대한 비등가 상태 할당

	3-상태 할당			4-상태 할당		
상 태	1	2	3	1	2	3
a	00	00	00	00	00	00
b	01	01	11	01	01	11
c	10	11	01	10	11	01
d	--	--	--	11	10	10

열들을 서로 교환하거나 보수화함으로써 어떤 할당으로부터, 또 하나의 상태 할당을 유도할 수 있다면 두 상태 할당은 등가라고 말할 수 있다. 두 상태 할당이 등가가 되지 않으면 명확히 구분된(distinct) 할당이라고 말한다. 그러므로 4행으로 구성된 표는 3개의 명확히 구분된 상태 할당을 가지며 어떤 다른 상태 할당도 이들 3개의 명확히 구분된 상태 할당중의 하나와는 등가를 이룬다. 그러나 명확히 구분된 할당의 수는 표 12-7에서 보여주는 것처럼 상태의 수와 함께 매우 급속하게 증가한다. 2, 3, 4개 상태일 때는 수작업으로 해를 구할 수 있고, 5개에서 8개까지는 컴퓨터로 해를 구할 수가 있다. 그러나 9개 이상인 상태에 대해서는 고속 컴퓨터를 사용한다 하더라도 모든 상태 할당을 시도하기는 어렵다.

[표 12-7] 명확히 구분된 비등가 상태 할당의 수

상태의 수	최소 상태 변수의 수	명확히 구분된 할당의 수
2	1	1
3	2	3
4	2	3
5	3	140
6	3	420
7	3	840
8	3	840
9	4	10,810,800
.	.	.
.	.	.
.	.	.
16	4	≈ 5.5×1010

12-7 상태 할당에 대한 지침서

모든 비등가 상태 할당들을 시도한다는 것은 대부분의 경우에, 실질적인 것이 못되기 때문에 상태 할당을 하기 위해서는 또다른 방법을 필요로 한다. 다음에 논의할 방법은 대응하는 항들이 잘 모두 조합될 수 있도록 플립-플롭 입력 맵에서 1의 위치를 인접한 칸(adjacent square)에 어떻게 놓는가를 선정하는 것이다. 이 방법은 모든 문제에 적용할 수는 없고 적용한다 해도 최소의 해를 보장하지 못한다.

두 상태 할당에서 단지 하나의 변수만 다르다면 할당은 인접해 있다고 말한다. 즉 010과 011은 인접이고, 010과 001은 인접이 아니다. 다음의 지침(guideline)은 다음 상태 맵 상에 1 또는 0 모두를 배치하여 할당을 구하는데 유용하게 사용된다.

1. 주어진 입력에 대해서 똑같은 다음 상태를 가지는 상태들은 인접할당(adjancent assignment)이어야 한다.
2. 똑같은 상태가 다음 상태에 존재하는 상태들은 인접 할당이어야 하다. 다음 세 번째 지침은 출력함수를 간략화하는 데 사용된다.
3. 주어진 입력에 대하여 똑같은 출력을 가지는 상태들은 인접 할당이어야 한다.

가이드라인 3의 적용은 출력 맵 상에 1위치를 선정하는 것이다.

상태 할당 지침서를 사용하고자 할 경우에, 첫 단계로는 지침서에 따라서 인접 할당으로 나타낼 수 있는 모든 집합을 만들어내는 것이다. 그런 다음 카르노(Karnaugh) 맵을 사용하여, 이들의 인접성을 최대한 만족시키도록 하는 것이다. 그러므로 필요한 상태 인접이 최대수가 되도록 맵을 채우기 위해서는 여러 번의 시행착오를 해야 한다. 특히, 맵을 작성할 때는 다음 사항을 유의해야 한다.

a. 맵 상에서 “0”의 사각면(square)을 처음 시작 상태(리세트 상태)로 할당한다. 처음 시작 상태를 어디에 정하던지 같은 개수의 인접들로 되기 때문에 맵 상에서 다른 사각면(square)을 시작 상태로 선정함으로써 얻을 수 있는 것은 없다. 회로의 처음 시작 상태를 “0”으로 할당하면 회로의 초기화는 단순하게 선정된다.
b. 지침 1의 인접 조건과 여러 번 발생되는 인접 조건은 우선 만족되어야 한다.
c. 3개 또는 4개 상태가 인접될 경우에는 이들 상태들은 할당 맵 상에 4개 인접 사각면의 그룹 안에 놓아져야 한다.
d. 출력을 고려할 경우에는 지침 3도 적용한다. 지침 3의 인접 조건은 우선 순위는, 출력함수가 1개로 된다면 지침 1과 2의 인접 조건 우선순위보다 낮다.

만일 2개 또는 그 이상 출력함수가 있다면 지침 3에 대한 우선순위는 보다 높게 책정되어야 한다.

다음의 예는 지침 1과 2의 적용이 명확하게 나타난 경우이다. 그림 12-13(a)의 상태표를 고려하자. 지침 1에 따르면 입력이 0일 때 다음 상태가 S_1을 포함하기 때문에 S_0, S_2, S_4와 S_6는 인접 할당이 된다. 이와 마찬가지로 입력 1일 때 다음 상태가 S_2를 포함하기 때문에 S_0, S_1, S_3와 S_5는 인접 할당이 된다. 또한 S_3와 S_5, S_4와 S_6도 인접 할당이 된다. 지침 2를 적용하여 보면 S_0의 다음 상태인 S_1과 S_2는 인접 할당이 된다. 이와 비슷한 방법으로 S_2와 S_3는 둘 다 모두 S_1의 다음 상태이므로 인접 할당이 된다. 지침 2를 좀 더 적용하여 보면 S_1과 S_4, S_2와 S_5(두 번), S_1과 S_6(두 번)은 인접 할당이 된다. 따라서 지침 1과 2에 의해서 기술된 인접 상태들의 집합은 다음과 같다.

1. $(S_0,\ S_1,\ S_3,\ S_5)$ $(S_3,\ S_5)$ $(S_4,\ S_6)$ $(S_0,\ S_2,\ S_4,\ S_6)$
2. $(S_1,\ S_2)$ $(S_2,\ S_3)$ $(S_1,\ S_4)$ $(S_2,\ S_5)\times 2$ $(S_1,\ S_6)\times 2$

	$x=0$	1	0	1
S_0	S_1	S_2	0	0
S_1	S_3	S_2	0	0
S_2	S_1	S_4	0	0
S_3	S_5	S_2	0	0
S_4	S_1	S_6	0	0
S_5	S_5	S_2	1	0
S_6	S_1	S_6	0	1

(a) 상태표

BC \ A	0	1
00	S_0	
01	S_2	S_5
11	S_4	S_3
10	S_6	S_1

BC \ A	0	1
00	S_0	
01	S_1	S_6
11	S_3	S_4
10	S_5	S_2

(b) 할당 맵

[그림 12-13]

가능한 이들의 많은 인접 조건들이 충족되어야 한다. 카르노 맵은 인접 할당들이 되는 상태들을 맵 상에서 인접 사각면에 위치할 수 있도록 하기 위한 할당을 만드는데 사용된다. 지침서에서 3 또는 4 상태가 인접이 될 경우, 이들 상태들은 할당 맵 상에서 4개 인접 사각면의 한 그룹내에 놓아져야만 한다. 할당 맵들을 채우기 위한 2가지 가능한 방법을 그림 12-13(b)에 나타내었다. 이들 맵들은 가능한 많은 인접 조건들을 만족시키면서 시행착오 방법으로 맵을 작성한다. 지침 1의 조건이 지침 2의 조건보다 우선한다. 두 번씩 나타나는 조건들(S_2와 S_2, S_2과 S_3와 같은)들보다 우선

한다. 그림 12-13(b) 좌측에 있는 할당 맵으로부터 플립-플롭 A, B, C 상태들에 대하여 다음과 같이 할당할 수 있다.

$$S_0 = 000,\ S_1 = 110,\ S_2 = 001,\ S_3 = 111$$
$$S_4 = 011,\ S_5 = 101,\ S_6 = 010 \qquad (12\text{-}1)$$

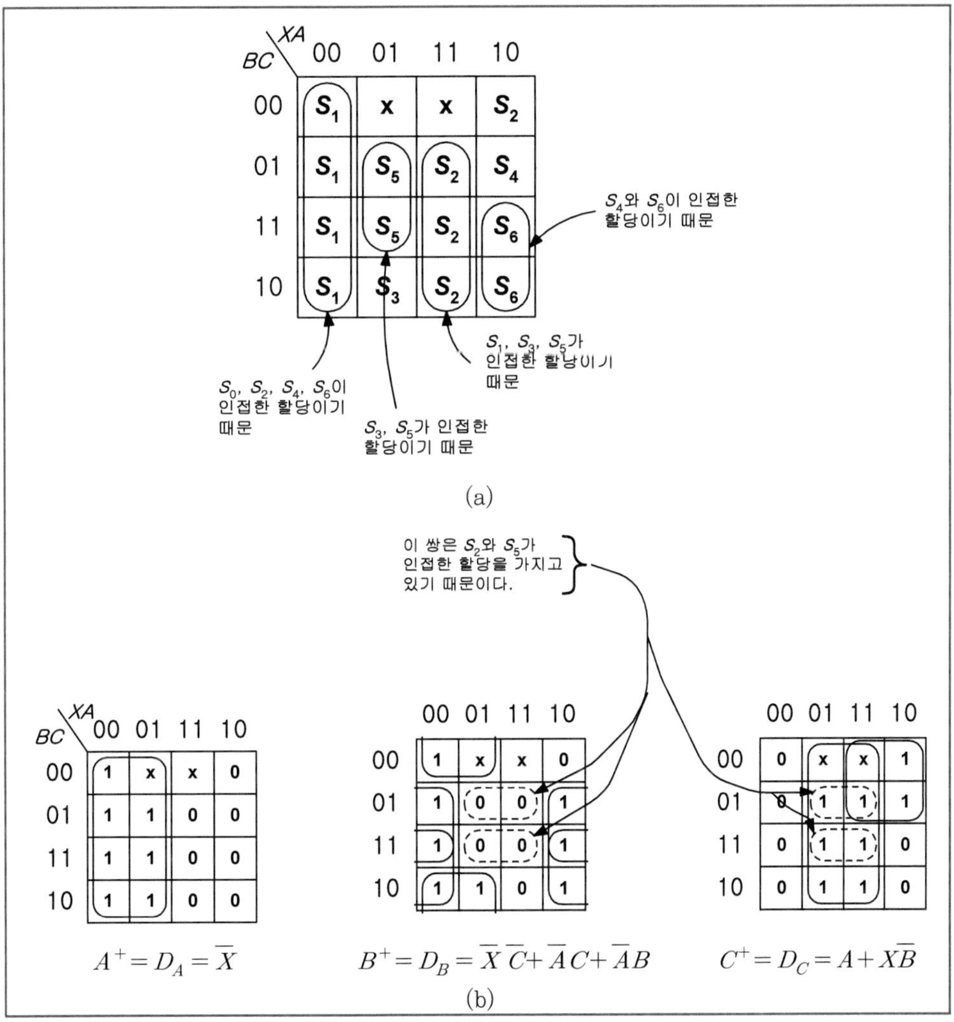

[그림 12-14] 그림 12-13에 대한 다음 상태 맵

회로에 대한 다음 상태 맵은 이 할당을 이용하여 그림 12-14(a)와 같이 작성할 수 있다. 예를 들어 $X = 0$이고 $ABC = 000$이면 다음 상태는 S_1이며, $X = 1$이고 $ABC = 000$이면 다음 상태는 S_2이다. 지침 1이 상태 할당을 만드는 데 사용되었기 때문에, S_1은 다음 상태 맵 상에 4개의 인접 사각면에서 나타나며, S_5는 두 개 인접

사각면에서 나타난다. 개별 플립-플롭에 대한 상태 맵은 그림 12-14(b)와 같이 다음 상태표로부터 일반적인 방법으로 유도할 수 있으며, 또는 그림 12-14(a)로부터 직접 유도할 수 있다. 후자 방법을 이용하면, S_1은 그림 12-14(a)에 나타나는 곳마다 110으로 대치된다. 따라서 A^+, B^+, C^+ 맵에 대응하여 A^+에 1, B^+에 1, C^+에 0을 채워 넣으면 된다. 다음 상태 맵에서 다른 사각면도 이와 비슷하게 채워 넣으면 된다.

플립-플롭에 대한 다음 상태 맵이 일단 유도되면 9장에서 다룬 기법을 사용하여 플립-플롭 입력 방정식을 유도할 수가 있다. D 플립-플롭이 사용된 경우에는, D 입력에 대한 맵은 다음 상태 맵과 동일하다. 그림 12-14(b)는 (12-1)의 상태 할당을 사용한 그림 12-13(a)의 상태표로부터 구한 D 입력 방정식을 나타내고 있다. 이들 방정식을 실현하는 데 드는 비용은 6개의 게이트와 13개 게이트 입력이 필요하다. 만일 2진 할당을 대신 사용한다면 플립-플롭 입력 방정식을 실현하는 데 ($S_0 = 000$, $S_1 = 001$, $S_2 = 010, \ldots$) 드는 비용은 10개의 게이트와 39 입력이 필요하다. 비록 이 예제의 경우에는 지침에 의한 방법을 적용하여 좋은 결과를 얻었지만 모든 경우에 항상 그런 것은 아니다.

	$x=0$	1	$x=0$	1
a	a	c	0	0
b	d	f	0	1
c	c	a	0	0
d	d	b	0	1
e	b	f	1	0
f	c	e	1	0

(a)

	0	1
00	*a*	*c*
01		*e*
11	*d*	*b*
10		*f*

a = 000
b = 111
c = 100
d = 011
e = 101
f = 110

(b)

	0	1
00	*c*	*a*
01		*e*
11	*d*	*b*
10	*f*	

a = 100
b = 111
c = 000
d = 011
e = 101
f = 010

(c)

[그림 12-15] 상태표 및 할당

이번에는 그림 12-15(a)에 상태 할당 지침을 적용해 보자. 먼저 각 지침에 의해 작성된 인접 상태들의 집합을 선정한다.

1. (b, d), (c, f), (b, e)
2. $(a, c)\times 2$, (d, f), (b, d), (b, f), (c, e)
3. (a, c), (b, d), (e, f)

다음에는 위의 쌍들의 많은 부분이 최대한 만족되기 위해서 상태들을 배열해야 한다. 따라서 중복되는 쌍(b, d)와 (a, c)와 그룹 1에 남아있는 쌍들에 우선권을 준다.

이렇게 처리된 배열에 대응하는 할당을 그림 12-15(b)에 나타내었다. 따라서 (d, f)와 (e, f)를 제외하고는 모든 인접 조건을 만족한다. AND-OR 게이트 회로가 있는 D 플립-플롭을 사용하면 위의 할당을 사용한 상태표(출력을 포함한)를 실현하는 비용은 13개의 게이트와 35개 게이트 입력이 필요하다. 이 예제에서 D 플립-플롭을 사용할 경우 가장 좋은 할당은 그림 12-15(c)이다. 여기서는 오직 10개의 게이트와 26개의 게이트 입력만 필요하다. 이 할당은 실제로 첫 번째 행한 할당의 인접보다도 적은 인접을 이룬다. 이 예제에서 설명한 바와 같이 지침에 의한 방법은 항상 최적의 할당을 보장하지 못한다. 그러므로 최적(최소)해를 얻기 위해서는 더욱 정교한 기법을 필요로 한다. 지침에 의한 방법은 D 플립-플롭과 $J-K$ 플립-플롭에 대해서는 적합하지만, T와 $S-R$ 플립-플롭에 대해서는 그렇게 적합하지가 않다. 일반적으로 한 형태의 플립-플롭에 대해 가장 좋은 할당이 되었다 해서 다른 형태 플립-플롭에게도 가장 좋은 할당이 된다고 할 수 없다.

12-8 플립-플롭 입력 방정식의 유도

지침에 의한 방법을 통하여 상태 할당을 구한 다음 아래와 같은 과정에 의해서 플립-플롭 입력 방정식을 유도한다.

1. 현재 상태와 입력의 함수로써 플립-플롭의 다음 상태를 나타낼 수 있는 천이표(Transition table)을 작성한다.
2. 천이표로부터 다음 상태 맵을 유도한다.
3. 9장에서 논의한 기법을 사용하여 다음 상태 맵으로부터 플립-플롭 입력 맵을 구한다.

그림 12-14에서 사용된 다음 상태 맵을 유도하는 방법은 왜 인접 지침이 다음 상태함수들을 간략화시키는 것인가를 나타낸다.

다음 상태 맵을 유도하기 위하여 적용되는 일반적인 방법은 현재 상태와 입력에 관하여 플립-플롭의 다음 상태를 나타낼 수 있는 천이표를 우선 작성하는 것이다. 그림 12-13(a)의 상태표로 시작해서 방정식(12-1)에 의하여 주어지는 상태 할당을 적용하면 S_0에 000을 S_1에 110, S_2에 001을 대치할 수가 있다. 표 12-8은 최종적인 천이표를 나타낸다.

[표 12-8] 그림 12-13(a)에 대한 천이표

ABC	$A^+B^+C^+$ $X=0$	1	0	1
000	110	001	0	0
110	111	001	0	0
001	110	011	0	0
111	101	001	0	0
011	110	010	0	0
101	101	001	1	0
010	110	010	0	1

이 표는 현재 상태와 입력 X에 관하여 플립-플롭 A, B, C의 다음 상태를 나타내고 있다. 이 표로부터 직접 그림 12-14(b)와 다음 상태 맵을 만들 수가 있다. 따라서 $XABC=0000$에 대해서는 $A^+=1$, $B^+=1$, $C^+=0$를, $XABC=1000$에 대해서는 $A^+=0$, $B^+=0$, $C^+=1$를 채워 놓는다(…등등). 천이표로부터 다음 상태 맵이 작성되어지면, D 플립-플롭 입력 방정식은 다음 상태 맵으로부터 직접 유도할 수가 있다.

만약 $J-K$ 플립-플롭을 사용한다면, 그림 12-16에서 설명한 간단한(Short-cut) 방법을 이용하여 다음 상태 맵으로부터 J와 K 입력 방정식을 유도할 수가 있다.

9-5절에서처럼 A^+맵의 절반인 $A=0$은 J_A에 대한 맵이고, $A=1$인 나머지 절반은 $\overline{K_A}$에 대한 맵이다. 그러므로, A^+맵의 절반인 $A=0$에서 1을 묶음으로써 J_A를 결정할 수가 있다. 그리고 $A=1$의 절반인 0을 묶음으로써 K_A를 결정할 수가 있다. 이와 같은 방법으로 B^+와 C^+ 맵으로부터는 J_A, K_B, J_C와 K_C를 유도할 수가 있다.

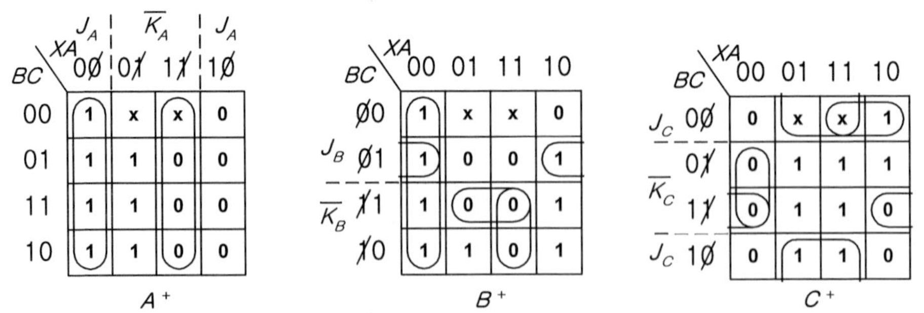

$J_A=\overline{X}$
$K_A=X$

$J_B=\overline{X}\,\overline{A}+\overline{A}C$
$K_B=AC+XA$

$J_C=A+X\overline{B}$
$K_C=\overline{X}\,\overline{A}+\overline{A}B$

[그림 12-16] 표 12-8로부터 유도한 J-K 플립-플롭 입력식

그 다음은, 그림 12-15(c)의 상태 할당을 사용하여 그림 12-15(a)에 주어진 상태표에 대한 플립-플롭 입력 방정식을 유도할 수가 있다. 표에 있는 상태들에 대한 상태 할당($a=100$, $b=111$, 등등)을 상태코드에 대치하면 천이표를 작성할 수가 있다(표 12-9). 그리고 나서, 이 천이표로부터 다음 상태와 출력 맵(그림 12-17)을 작성하게 된다. 만일 D 플립-플롭을 사용한다면, 플립-플롭 입력 방정식은 이들 맵으로부터 직접 유도할 수가 있다.

$$D_1 = Q_1^+ = \overline{X}Q_1\overline{Q_2} + X\overline{Q_1}$$

$$D_2 = Q_2^+ = Q_3$$

$$D_3 = Q_3^+ = X\overline{Q_1}Q_2 + \overline{X}Q_3$$

그리고 출력 방정식은

$$Z = XQ_2Q_3 + \overline{X}\,\overline{Q_2}Q_3 + X\overline{Q_2}\,\overline{Q_3}$$

로 유도된다.

[표 12-9] 그림 12-15(a)에 대한 천이표

$Q_1Q_2Q_3$	$Q_1^+Q_2^+Q_3^+$		Z	
	$X=0$	1	$X=0$	1
1 0 0	100	000	0	0
1 1 1	011	010	0	1
0 0 0	000	100	0	0
0 1 1	011	111	0	1
1 0 1	111	010	1	0
0 1 0	000	101	1	0

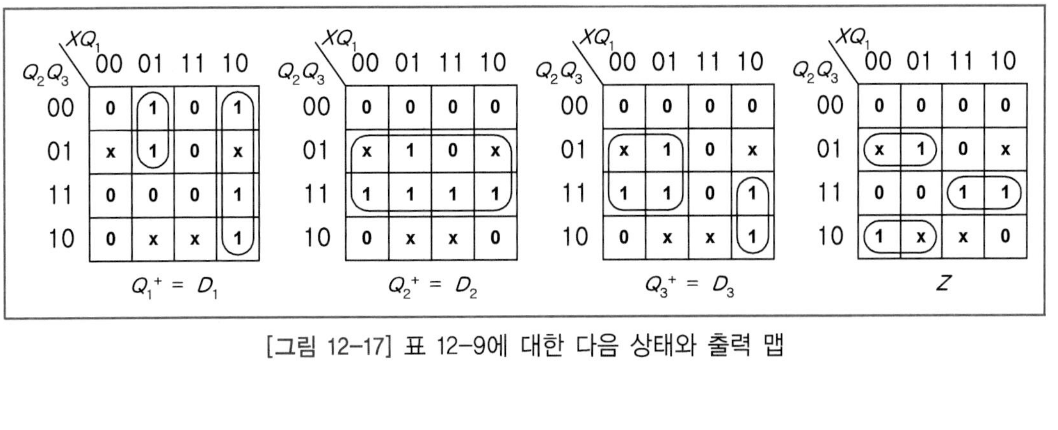

[그림 12-17] 표 12-9에 대한 다음 상태와 출력 맵

만일 $J-K$ 플립-플롭을 사용한다면 J와 K 방정식은 간단한(Short-cut)방법을 사용하여 다음 상태 맵으로부터 유도할 수가 있다. T와 $S-R$ 플립-플롭을 사용한다면, 플립-플롭 입력 맵은 9장에서 논한 기법을 이용하여 다음 상태 맵으로부터 유도할 수가 있다. 예를 들어, 표 12-9에 대한 $S-R$ 방정식은 그림 12-18로부터 유도된다. S와 R맵은 표 9-4(c)를 사용하여 대응하는 Q^+맵(그림 12-17)으로부터 유도가 된다.

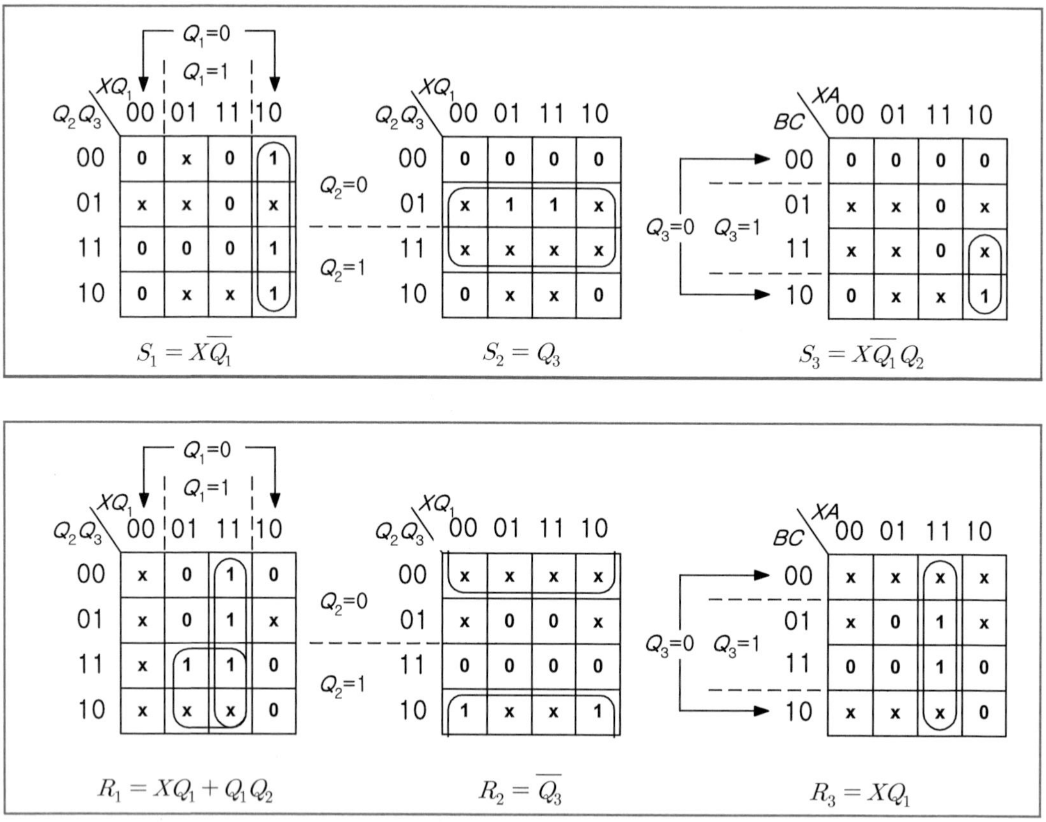

[그림 12-18] 그림 12-15(a)에 대한 S-R 플립-플롭 방정식 유도

12-9 순차회로 설계

앞에서 우리는 이미 순차회로의 상태표의 유도, 상태표의 축소, 상태할당 그리고 플립-플롭 입력 방정식의 유도 등의 여러 가지 단계를 공부하였다. 지금부터 위의 단계를 이용하여 BCD에서 excess-3코드 변환기를 순차회로로 설계하여 보기로 하자. 우선 고려해야 할 것은 입출력은 최소자리 비트(수)(least significant bit)와 직

렬(serial)로 연결되어야 한다. 표 12-10에 허용되는 입력과 출력 시컨스의 배열이 나열되어 있다.

또한 표 12-10에서는 t_0, t_1, t_2, t_3 순간에 설계해야 할 입력과 출력을 나열하고 있다. 4개의 입력이 들어온 다음에, 회로는 처음 시작 상태로 리세트 되어야 한다. 출력지연이 전혀 없이 위에 나타낸 출력 시컨스를 발생할 수 있는 순차회로가 실제로 실현 가능한 것인가에 대해서는 현시점에서는 분명하지 않다. 만약 t_0에서 어떤 시컨스가 $X=0$일 때 출력이 $Z=0$가 되거나 또 다른 시컨스가 $X=0$일 때 $Z=1$이 된다고 하면, 출력지연을 시키지 않고 회로를 설계하는 것은 불가능하다. 다음 표의 경우에 t_0에서 입력이 1이면 출력은 항상 1이고, 입력이 0이면 출력은 항상 0이다. 그러므로, t_0에서 혼선(conflict)은 일어나지 않는다. 시간 t_1에서 단지 입력이 t_1과 t_0인 순간에 들어올 경우에만 출력이 결정된다면 t_1에서 혼선은 더 이상 일어나지 않는다. t_0와 t_1에서 00이 들어왔다면, t_1에서 출력은 1이 된다. 또 01이 들어왔다면 t_1에서 출력은 0이 된다. 시컨스 10와 11인 경우에 t_1에서 출력은 각각 0이거나 1이 된다. 그러므로, t_1에시 출력혼선은 더 이상 일어나지 않는다. 이와 같은 방법으로 t_2인 순간에 역시 혼선이 일어나지 않으며, t_3일 때는 4개의 입력이 사용되어도 문제가 없다. 이제부터는 12-1절에서 설명한 상태표(표 12-11)를 작성하기로 한다. 이 표에서 다음 상태의 배열은 입력 시컨스의 최소자리 비트가 먼저 들어오기 때문에, 표 12-1의 것과는 다소 틀리다. 이에 비하여, 표 12-1에서는 첫 입력 비트가 시컨스에서 첫 번째로 나열이 된다.

[표 12-10]

X 입력(BCD)	Z 출력(express-3)
t_3 t_2 t_1 t_0	t_3 t_2 t_1 t_0
0 0 0 0	0 0 1 1
0 0 0 1	0 1 0 0
0 0 1 0	0 1 0 1
0 0 1 1	0 1 1 0
0 1 0 0	0 1 1 1
0 1 0 1	1 0 0 0
0 1 1 0	1 0 0 1
0 1 1 1	1 0 1 0
1 0 0 0	1 0 1 1
1 0 0 1	1 1 0 0

[표 12-11] 코드 변환기의 상태표

시 간	입력 순서	현재 상태	다음 상태 X=0	다음 상태 X=1	현재 출력 X=0	현재 출력 X=1
t_0	reset	A	B	C	1	0
t_1	0	B	D	F	1	0
	1	C	E	G	0	1
t_2	00	D	H	L	0	1
	01	E	I	M	1	0
	10	F	J	N	1	0
	11	G	K	P	1	0
t_3	000	H	A	A	0	1
	001	I	A	A	0	1
	010	J	A	-	0	-
	011	K	A	-	0	-
	100	L	A	-	0	-
	101	M	A	-	1	-
	110	N	A	-	1	-
	111	P	A	-	1	-

이 상태표에서 4비트 시컨스의 가능한 경우의 수 16개 중에서 단지 10개만이 코드 변환기의 입력으로 사용되기 때문에 −(Dash)로 표기된 돈케어가 발생한다. 표의 출력 부분은 위에서 논한 합리적인 절차 t_1 순간에 회로는 상태 B에 있고 1이 들어온다면, 시컨스는 10가 들어왔음을 나타내면, 출력은 0이 된다. 그런 다음 행병합을 사용하여 상태표를 줄여야 한다. 돈케어는 어떤 또 다른 상태 또는 출력과 병합할 수가 있다. 이런 식으로 행병합을 행하면 $H \equiv I \equiv J \equiv K \equiv L$과 $M \equiv N \equiv P$인 관계가 성립한다. I, J, K, L, N과 P를 제거한 후에, $E \equiv F \equiv G$인 것과 7개의 행으로 줄어든 상태표를 구할 수가 있다(표 12-12).

[표 12-12] 코드 변환기의 축소된 상태표

시 간	현재 상태	다음 상태 X=0	다음 상태 X=1	현재 출력 X=0	현재 출력 X=1
t_0	A	B	C	1	0
t_1	B	D	E	1	0
	C	E	E	0	1
t_2	D	H	H	0	1
	E	H	M	1	0
t_3	H	A	A	0	1
	M	A	-	1	-

표 12-11을 유도하는 또 다른 방법은 상태 그래프(도)를 사용하는 것이며, 이 상태 그래프(그림 12-19)는 트리(Tree) 형태로 나타낼 수가 있다.

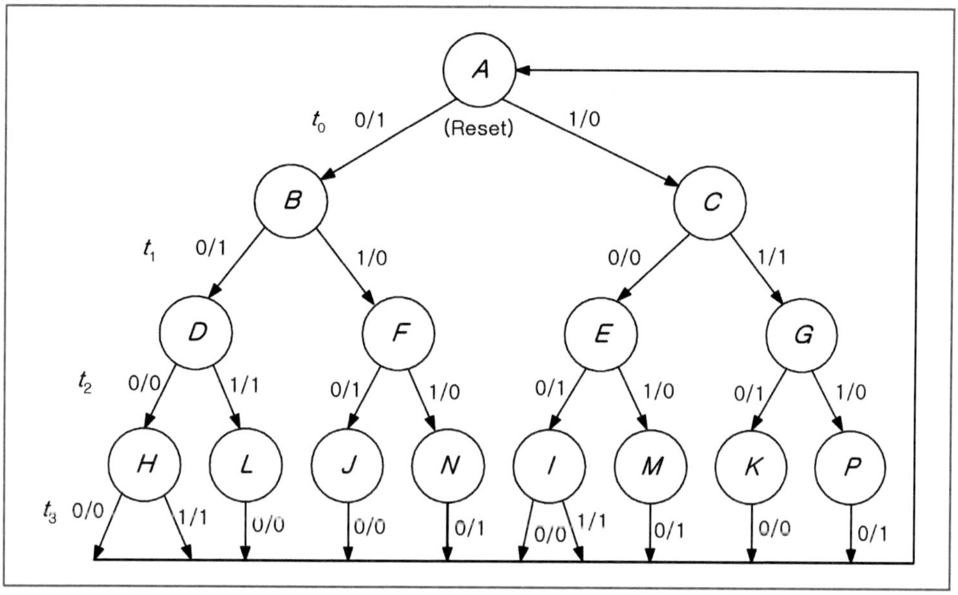

[그림 12-19] 코드 변환기의 상태 그래프(도)

리세트 상태에서 시작한 개개의 출력선(Path)은 10개의 가능한 입력 시컨스 중에 하나를 나타낸다. 입력 시컨스에 대해 출력선이 작성된 이후에, 출력은 각 선을 따라 뒤로 가면서 채워진다. 예를 들면, t_3에서 시작한다면, 입력선 0000는 0011인 출력을 갖게 되며 입력선 1000는 1011인 출력을 갖게 된다. 따라서 이 상태 그래프로 상태표 12-11을 검증할 수가 있다. 상태가 7개인 축소된 상태표를 실현하기 위해서 3개의 플립-플롭이 필요하다. 개개의 상태는 플립-플롭 상태의 조합으로 할당된다. 어떤 상태 할당은 단지 몇 개의 게이트로만 이루어지는 경제적인 회로로 설계할 수 있으나, 이에 비해, 이와 다른 상태 할당은 이것보다 더 많은 게이트를 필요로 한다. 12-7절의 지침을 사용하면 상태 B와 C, D와 E, H와 M은 다음 상태함수를 간략화하기 위해서 인접 할당이 되어야 한다. 또한 출력함수를 간략화하기 위해, 상태 (A, B, E와 M)와 (C, D와 H)는 인접 할당이어야 한다. 이 예제에 대한 최적 상태 할당은 맵과 상태표는 그림 12-20에 주어진다. 상태 할당이 되고 난 후에는, 상태 할당에 따라서 천이표가 작성되며, 그림 12-21에 다음 상태 맵이 작성된다. 따라서 Q^+ 맵으로부터 J, K 입력식을 구할 수가 있다.

$Q_1Q_2 \backslash Q_3$	0	1
00	A	-
01	B	C
11	M	H
10	E	D

시 간	현재 상태	Q_1 Q_2 Q_3	Q_1^+ Q_2^+ Q_3^+ X=0	X=1	Z X=0	X=1
t_0	A	0 0 0	010	011	1	0
t_1	B	0 1 0	101	100	1	0
	C	0 1 1	100	100	0	1
t_2	D	1 0 1	111	111	0	1
	E	1 0 0	111	110	1	0
t_3	H	1 1 1	000	000	0	1
	M	1 1 0	000	---	1	-

[그림 12-20] 상태 할당 맵과 플립-플롭의 천이표

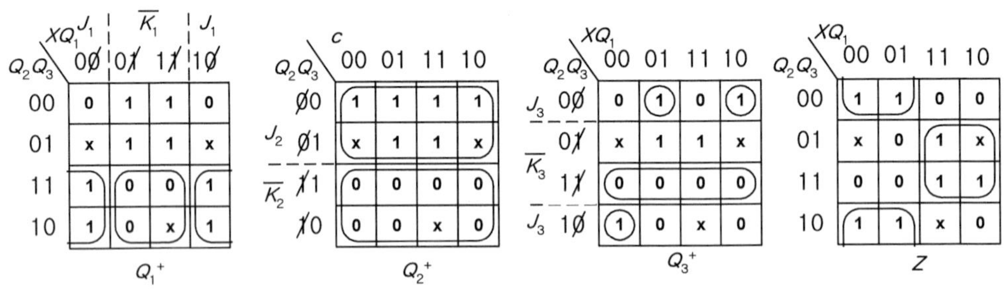

$$J_1 = K_1 = Q_2 \qquad J_3 = \overline{X}\,\overline{Q_1}\,Q_2 + \overline{X}Q_1\overline{Q_2} + X\overline{Q_1}\,\overline{Q_2}$$

$$J_2 = K_2 = 1 \qquad K_3 = Q_2 \qquad Z = \overline{X}\,\overline{Q_3} + XQ_3$$

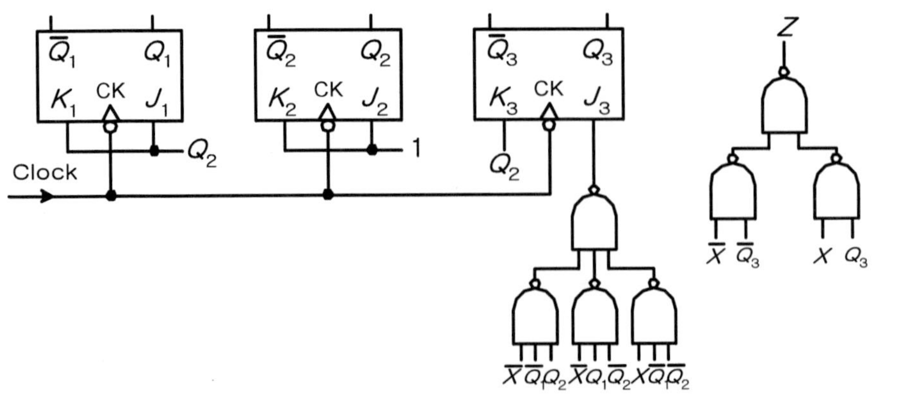

[그림 12-21] 코드 변환기 최종 회로도

••• 연습문제

12.1 최소의 상태수가 되도록 다음 상태표를 줄이시오.

현재 상태	다음 상태 $X=0$	1	현재 출력 0	1
a	c	f	0	0
b	d	e	–	0
c	h	g	0	0
d	b	g	0	0
e	e	b	0	1
f	f	a	0	1
g	c	g	0	1
h	c	f	0	0

12.2 최소의 상태수가 되도록 상태표를 줄이시오.

현재 상태	다음 상태 $X=0$	1	현재 출력 (z)
a	f	d	0
b	d	a	1
c	h	b	0
d	b	c	1
e	g	b	0
f	a	h	0
g	e	c	0
h	c	f	0

12.3 다음 상태표에 나타내는 것처럼 하나의 입력과 출력을 갖는 순차회로가 있다.

현재 상태	다음 상태 $X=0$	 $X=1$	현재 출력
S_1	S_5	S_6	0
S_2	S_1	S_4	1
S_3	S_7	S_8	1
S_4	S_7	S_1	0
S_5	S_2	S_3	1
S_6	S_4	S_2	0
S_7	S_6	S_8	0
S_8	S_5	S_3	1

a. 플립-플롭 입력 방정식을 고려하지 말고(이것은 상태표의 다음 상태 부분을 무시할 수 있다는 의미이다), 출력 방정식을 최소화할 수 있는 할당을 선정하시오. 그리고 선정된 할당으로 최소 출력 방정식을 유도하시오.

b. 이번 문제는 a번 문제와 전혀 상관없다. 그러므로 a번에서 구한 해는 전혀 고려대상이 아니다. 지침 1과 2를 적용하여, S_1을 000으로 할당하는 상태 할당을 만들고 이러한 상태 할당을 사용하여 D 플립-플롭의 입력식을 유도하시오.

12.4 다음 상태표를 $J-K$ 플립-플롭을 이용하여 실현하고자 한다.

	$X=0$	1	Z $X=0$	 1
A	A	E	0	0
B	C	B	0	1
C	A	F	0	0
D	C	B	0	1
E	F	E	0	0
F	A	F	0	0

a. 세가지의 지침을 사용하여 가장 좋은 상태 할당을 구하시오(단, 처음부터 표를 축소하지 마시오). 인접 조건들을 가능한 최대한으로 만족하게끔 할당하시오.

b. 이 할당을 적용하여 $J-K$ 플립-플롭 입력 방정식과 출력 방정식을 유도하시오. 단, 간단한(Short-cut) 방법을 사용하시오.

12.5 a. 다음 상태표에 대하여 3개의 지침을 사용하여 가장 좋은 해가 주어지도록 3개의 가능한 비등가 상태 할당을 결정하시오.

	$X_1X_2 =$ 00 01 11 10	Z_1Z_2 $X_1X_2 =$ 00 01 11 10
A	A C B D	00 00 00 00
B	B B D D	00 00 10 10
C	C A C A	01 01 01 10
D	B B C A	01 01 10 10

b. a에서 구한 해를 적용하여, T 플립-플롭 입력 방정식과 출력 방정식을 유도하시오.

12.6 a. 함축표를 이용하여 최소의 상태수를 갖도록 다음 상태표를 축소하시오.

b. 축소된 상태표를 지침에 의한 방법을 사용하여 적절한 상태 할당을 선정하시오.

c. D 플립-플롭을 사용하여 상태표를 실현하시오.

d. $J-K$ 플립-플롭을 사용하여 상태표를 실현하시오.

e. 원래의 상태표에서 상태 B와 D가 서로 구분될 수 있기 위한 입력 시컨스의 최소 길이를 구하시오.

	$X=0$	1	Z
A	A	B	1
B	C	E	0
C	F	G	1
D	C	A	0
E	I	G	1
F	H	I	1
G	C	F	0
H	F	B	1
I	C	E	0

12.7 다음의 상태표를 최소 상태수가 되도록 축소하시오.

	$XY=$ 00	01	11	10	Z
a	a	c	e	d	0
b	d	e	e	a	0
c	e	a	f	b	1
d	b	c	c	b	0
e	c	d	f	a	1
f	f	b	a	d	1

a

	$X=$ 0	1	0	1
a	b	c	1	0
b	e	d	1	0
c	g	d	1	1
d	e	b	1	0
e	f	g	1	0
f	h	b	1	1
g	h	i	0	1
h	g	i	0	1
i	a	a	0	1

b

12.8 회로 N과 M는 아래에 주어진 상태표를 가진다.

a. 처음부터 표를 축소하지 말고, 회로 N과 M이 등가인지 아닌지를 결정하시오.

b. 최소의 상태수가 되도록 각 상태표를 축소하시오. 그리고 축소된 상태표를 검토하여 회로 N은 회로 M과 등가임을 나타내시오.

	$X=$ 0	1	
S_0	S_3	S_1	0
S_1	S_1	S_3	1
S_2	S_2	S_0	0
S_3	S_0	S_1	0

N

	$X=$ 0	1	
a	a	e	0
b	e	a	1
c	d	a	0
d	c	a	0
e	b	a	1

M

CHAPTER 13

MSI 집적회로를 이용한 순차회로 설계

MSI Interated Circuits in Sequential Network Design

본장에서는 MSI(중규모) 집적회로로 만들어진 시프트 레지스터와 카운터를 사용하여 순차회로의 설계 방법을 소개한다. 그런 다음 ROM과 PLA를 사용하여 설계한 조합회로에 대해 사용 기법을 순차회로 설계에 확장하여 적용한다. 이와 같은 기법을 사용하면 순차회로를 간략화할 수가 있으며, 일반적으로는 디지털 시스템의 전체 가격을 낮출 수가 있다.

13-1 집적회로 시프트 레지스터

4, 8개 또는 그 이상의 플립-플롭을 갖는 시프트 레지스터는 IC 형태에서 매우 유용하다. 그림 13-1은 8비트 serial-in, serial-out 시프트 레지스터를 나타낸다.

Serial-in 의미는 데이터가 한 번에 한 비트씩 첫 번째 플립-플롭으로 이동(shift)하는 것을 의미하며, 여기에서 플립-플롭은 데이터를 병렬로 저장할 수 없다. serial-out 의미는 마지막 플립-플롭에서 출력되는 데이터만 단지읽어낼 수 있다는 의미며, 그 이외에의 다른 플립-플롭으로부터의 출력은 IC(집적회로) 단자에 연결할 수가 없다. 여기에서 사용된 플립-플롭은 마스터-슬레이브 $S-R$ 플립-플롭이다. 이러한 플립-플롭은 입력조합 $S=R=1$이 허용되지 않는 것을 제외하며 8장에서 설명한 마스터-슬레이브 $J-K$ 플립-플롭 동작과 비슷하다.

그림 13-1에서 첫 번째 플립-플롭 입력은 $S=AB$, $R=(\overline{AB})$이다. 그러므로 $AB=1$일 때 클럭이 가해지면 1이 레지스터로 들어간다. 만일 $AB=1$일 때 클럭이 가해지면 1이 레지스터로 들어간다. 만일 $AB=0$이면 0이 레지스터로 들어간다. 클럭은 인버팅 버퍼(inverting buffer)를 통하여 가해지므로 플립-플롭은 상태를 1에서 0으로 천이할 때 변화되지 않고, 0에서 1로 천이(상승점)할 때 변한다. 입력 클럭 펄스의 0-1 상승점 때 변화시킨다.

이러한 시프트 레지스터의 전형적인 타이밍도를 그림 13-2에 나타내었다.

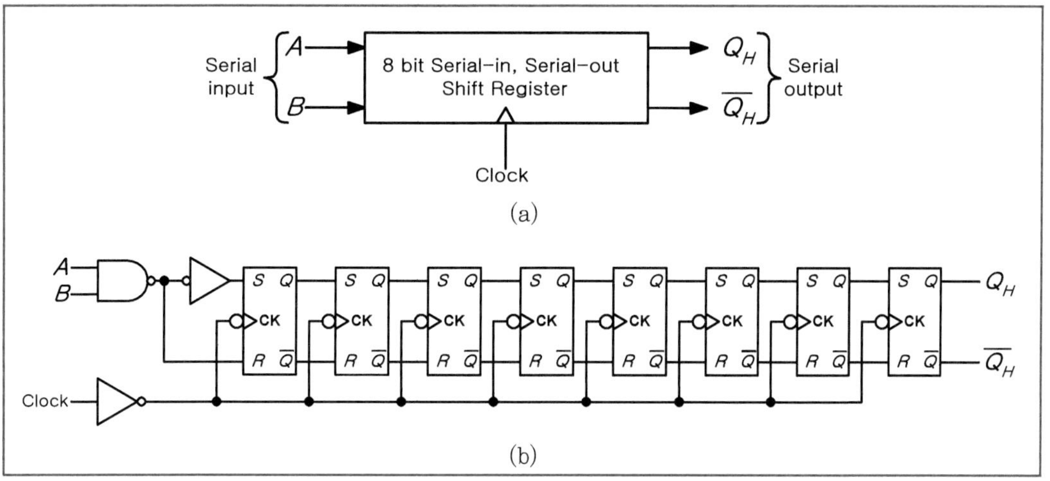

[그림 13-1] 7491 TTL 시프트 레지스터

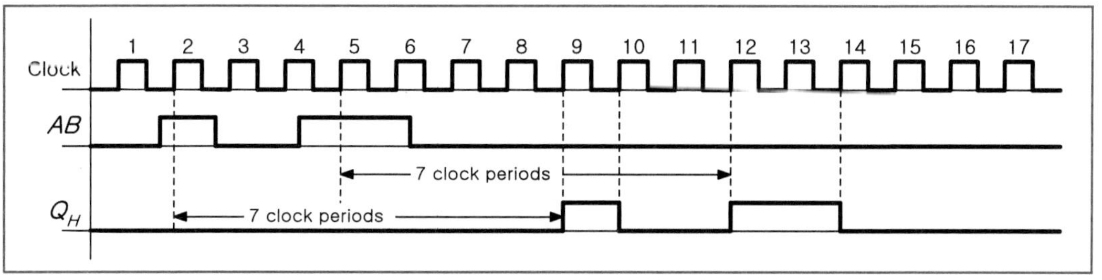

[그림 13-2] 7491 TTL 시프트 레지스터에 대한 타이밍도

그림 13-3은 4비트 parallel-in, parallel-out 시프트 레지스터를 나타내고 있다. 시프트 레지스터는 시프트 인에이블(SH)과 로드 인에이블(L)인 2개의 제어 입력을 가지고 있다. $SH=1$($L=1$ 혹은 $L=0$)이면 레지스터 클럭은 직렬 입력(SI)을 첫 번째 플립-플롭으로 이동되게 하고 반면에, 플립-플롭 Q_A, Q_B 및 Q_C의 데이터는 오른쪽으로 이동한다. $SH=0$ 및 $L=1$이면, 시프트 레지스터에 클럭이 가해져서 인가되면 4개의 데이터 입력(D_A, D_B, D_C, D_D)은 플립-플롭에 병렬로 로드된다. $SH=L=0$이면 레지스터에 클럭이 가해져도 상태는 변화되지 않는다. 첫 번째 플립-플롭에 대한 입력 방정식은

$$S_A = SH \cdot SI + \overline{SH} \cdot L \cdot D_A + \overline{SH} \cdot \overline{L} \cdot Q_A \quad \text{and} \quad R_A = \overline{S_A} \qquad (13\text{-}1)$$

이다. 다음 상태 방정식은

$$Q_A^+ = SH \cdot SI + \overline{SH} \cdot L \cdot D_A + \overline{SH} \cdot \overline{L} \cdot Q_A \qquad (13\text{-}2)$$

이다.

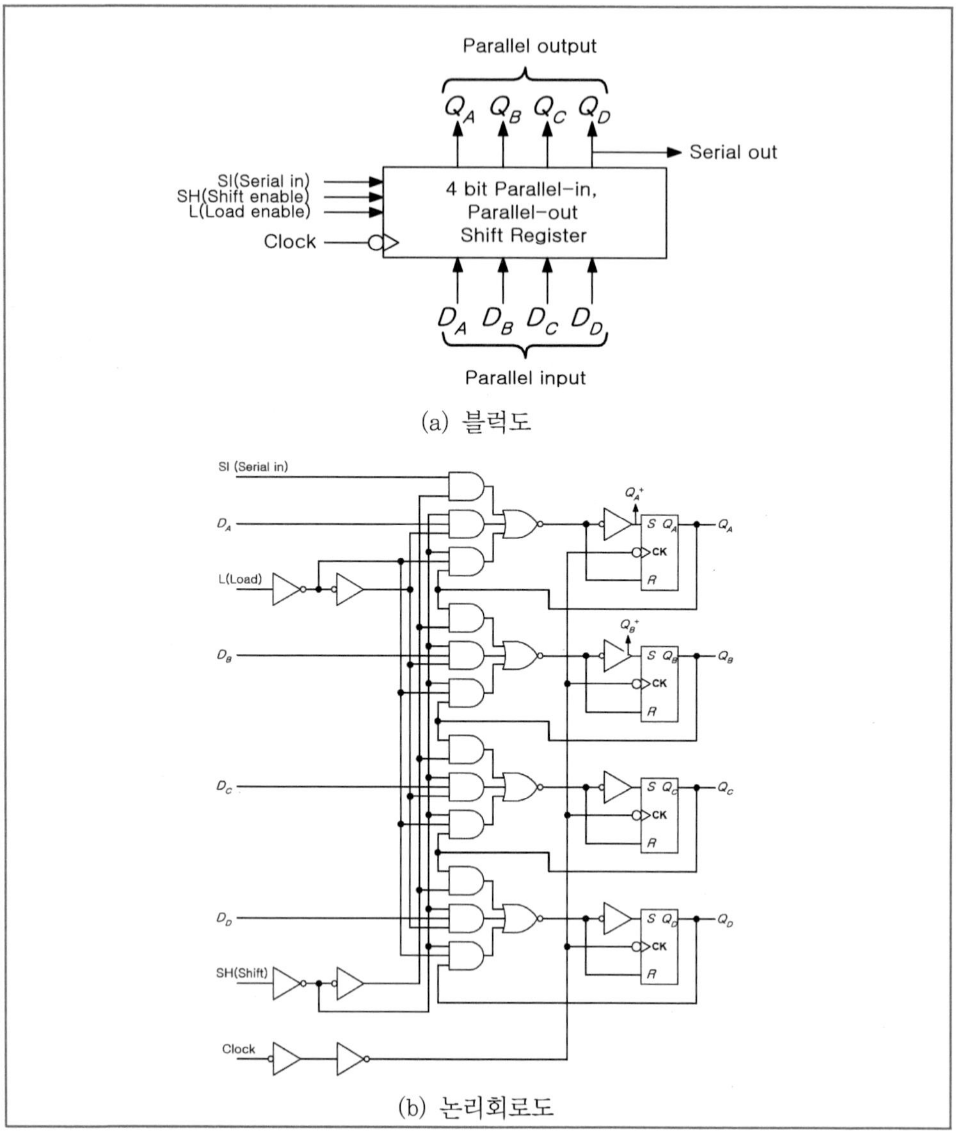

[그림 13-3] 74178 TTL 시프트 레지스터

이 시프트 레지스터에 대한 동작은 표 13-1에 요약하여 나타내었다. 모든 상태 변화는 클럭의 트레일링 에지(Trailing edge, 1에서 0으로 변화) 다음에 곧바로 일어난다.

[표 13-1] 74178 시프트 레지스터 동작

입 력		다음 상태
SH (shift)	L (load)	$Q_A^+\ Q_B^+\ Q_C^+\ Q_D^+$
0	0	$Q_A\ Q_B\ Q_C\ Q_D$ (무변화)
0	1	$D_A\ D_B\ D_C\ D_D$ (병렬로드)
1	x	$SI\ Q_A\ Q_B\ Q_C$ (오른쪽 시프트)

이 레지스터의 대표적인 응용 예는 데이터를 직렬 데이터로 변화되게 하는 것이다. 이 경우에 마지막 플립-플롭으로부터의 병렬 출력은 직렬 출력으로 취급된다. 그림 13-4는 전형적인 타이밍도를 나타내었다. 첫 클럭펄스는 시프트 레지스터 내에 병렬로 데이터를 로드(load)시킨다. 나머지 4개의 클럭펄스 동안에는, 이 데이터는 직렬 출력으로 사용된다. 레지스터가 초기에 클리어($Q_A Q_B Q_C Q_D = 0000$)되고 직렬 입력 $SI = 0$이라고 하면 데이터 입력 1011인 $D_A D_B D_C D_D$는 로드시간(t_0) 동안에 1011이 된다. 이 결과는 그림 13-4에 나타내었다. t_1, t_2와 t_3 끝점에서 시프트가 발생되면 직렬 출력은 이 클럭시간 동안에만 나타나게 된다. t_4 동안에 $SH = L = 0$이면 상태 변화는 더 이상 일어나지 않는다. 이러한 결과는 그림 13-4에 나타내었다.

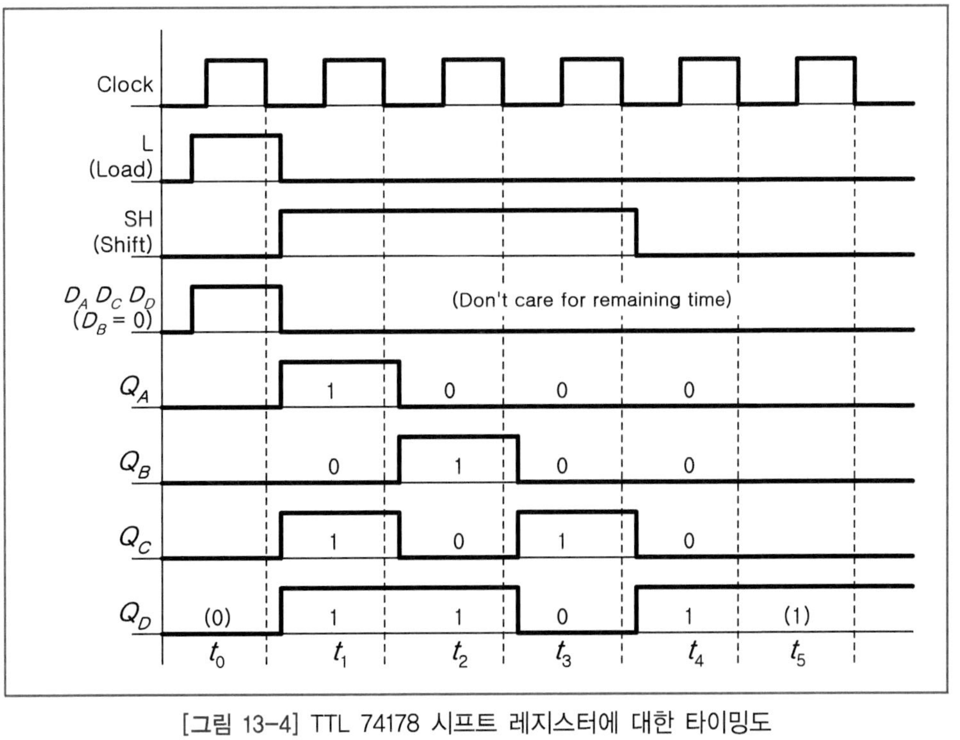

[그림 13-4] TTL 74178 시프트 레지스터에 대한 타이밍도

13-2 집적회로 카운터

집적회로 카운터에는 ripple(비동기형) 카운터와 동기형 카운터 두 종류가 사용된다. 동기형 동작은 10장에서 설명한 카운터 동작과 동일하다. 리플 카운터(Ripple counter)의 해석은 다음과 같이 수행된다.

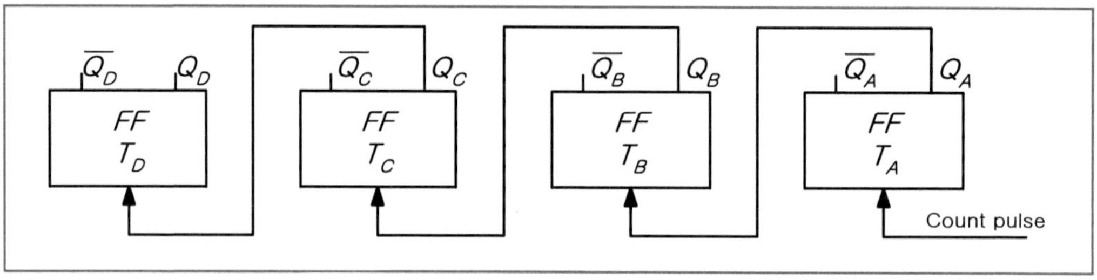

[그림 13-5] 4비트 리플 카운터

그림 13-5는 4비트 리플 카운터이다. 카운터에서 각 플립-플롭은 T의 입력이 1에서 0으로 변화될 때 상태가 변화된다. 카운터 펄스(클럭펄스)는 T_A 입력이 직접 가해진다. 그러므로 플립-플롭 Q_A는 카운터 펄스가 들어올 때마다 상태가 변화된다. T_B는 Q_A와 연결되어 있기 때문에, Q_A가 1에서 0으로 변화될 때마다 상태가 변화된다. 이와 같은 방법으로 Q_C는 Q_B가 1에서 0으로 변할 때 변화되고, Q_D는 Q_C가 1에서 0으로 변할 때 상태는 변화된다. 카운터에 대한 상태 시컨스는 아래에 나타내었다. T_A 입력이 펄스될 때마다 카운터는 최종 상태에 도달하기 전에 일종의 중간과도 상태(괄호로 묶은)를 거치게 된다.

Q_D Q_C Q_B Q_A

0 0 0 0   초기 상태

첫 번째 카운터 펄스가 : $Q_A \rightarrow 1$로 변화시킨다.

0 0 0 1

두 번째 카운터 펄스가 : $Q_A \rightarrow 0$로 변화시킨다.

(0 0 0 0)

T_B가 1에서 0으로 천이할 때에는 : $Q_B \rightarrow 1$로 변화된다.

0 0 1 0

세 번째 카운터 펄스가 : $Q_A \rightarrow 1$로 변화시킨다.

0 0 1 1

네 번째 카운터 펄스가 : $Q_A \rightarrow 0$로 변화시킨다.

(0 0 1 0)

T_B가 1에서 0으로 천이할 때에 Q_B가 0으로 변화된다.

(0 0 0 0)

T_C가 1에서 0으로 천이할 때에 Q_C가 0으로 변화된다.

0 1 0 0

이런 방법으로 카운터는 상태 1111에 도달할 때까지 계속 동작한다. 상태 15 ($Q_D\,Q_C\,Q_B\,Q_A = 1111$)에서 카운터 펄스가 가해졌을 경우에는 다음과 같은 연속동작이 일어난다.

1 1 1 1	초기 상태
	16번째 카운터 펄스가 : $Q_A \rightarrow 0$로 변화시킨다.
(1 1 1 0)	
	T_B가 1에서 0으로 천이할 때에 Q_B가 0으로 변화된다.
(1 1 0 0)	
	T_C가 1에서 0으로 천이할 때에 Q_C가 0으로 변화된다.
(1 0 0 0)	
	T_D가 1에서 0으로 천이할 때에 Q_D가 0으로 변화된다.
0 0 0 0	카운터가 0으로 리세트되고 상태 시컨스는 반복된다.

상기 해석을 유의해 보면, 4개의 모든 플립-플롭이 상태가 변할 때까지 Q_A는 리플의 변화를 이루기 때문에 이러한 회로를 리플 카운터라 한다.

그림 13-6은 4비트 TTL 리플 카운터를 나타내며, J와 K 입력 모두가 1이기 때문에 CK(클럭) 입력은 T 입력과 같다. T_B는 Q_A와 내부적으로 연결되지 않았기 때문에 4비트 카운터를 만들기 위해서는 외부적으로 연결을 해야 한다. 리세트 입력(R_1과 R_2) 모두가 1이면 플립-플롭 클리어 입력은 0이고 카운터는 0000 상태로 리세트된다. R_1과 R_2 입력은 클럭 입력과는 별도로(independently) 카운터를 클리어 시키므로 비동기(직접) 클리어 입력이라고 한다.

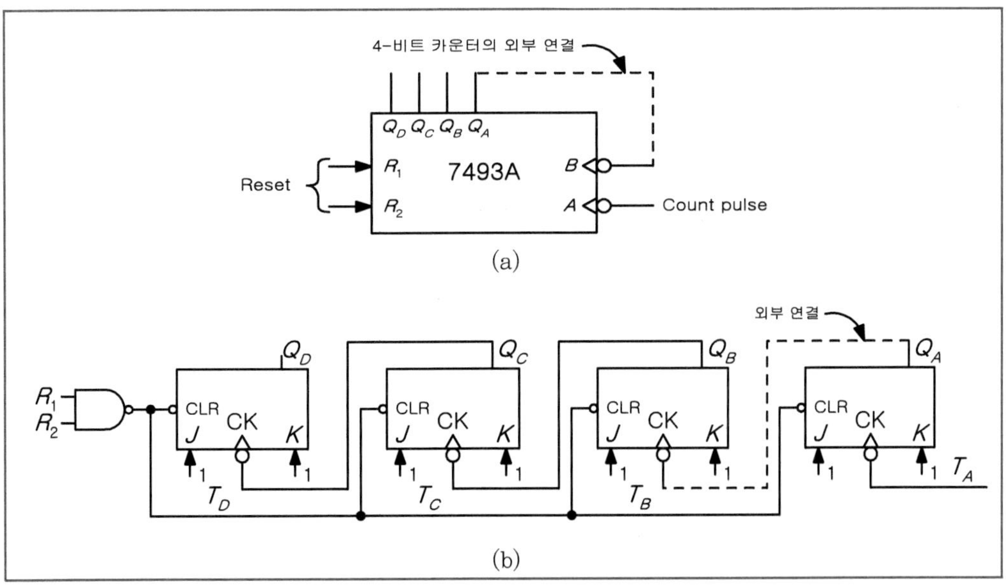

[그림 13-6] 4-비트 2진 카운터

그림 13-7은 4비트 TTL 동기형 카운터의 가장 일반적인 형태이다. 이 회로는 카운팅 기능을 수행하는 것 이외에 플립-플롭을 클리어 시키고, 데이터 입력을 병렬로 플립-플롭에 로딩시킬 수 있는 기능이 추가되어 있다. 모든 동작은 클럭에 의해서 동기되고, 모든 상태 변화는 클럭 입력이 0에서 1로 천이 되고 바로 다음에 발생한다.

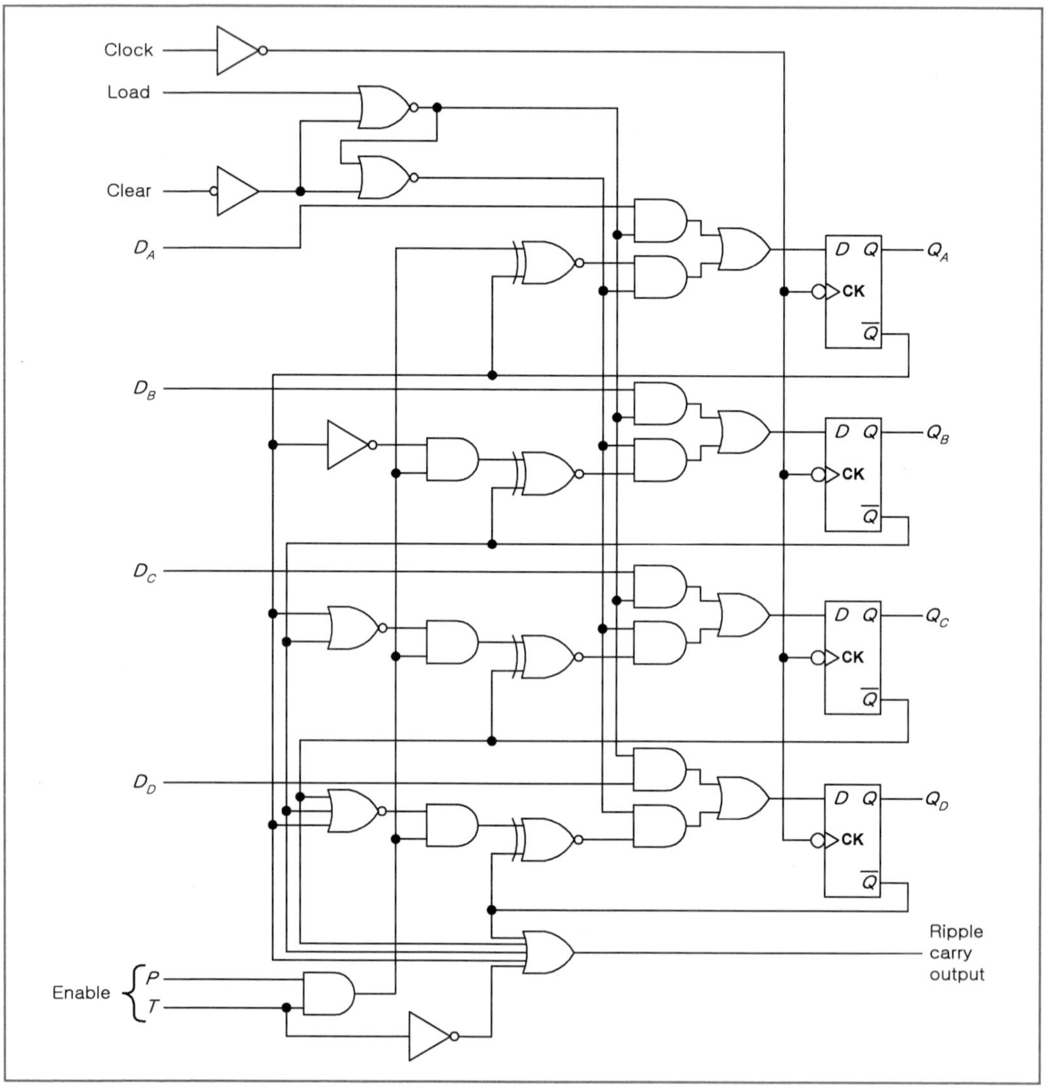

[그림 13-7] 74S163 4비트 카운터 논리도

이 카운터는 4개의 제어 입력을 가지고 있다(CLEAR, LOAD, *P*와 *T*). *P*와 *T*는 카운터 기능을 구동(Enable)시키는 데 사용된다. 카운터 동작은 다음과 같다.

a. 만약 CLEAR=0이면, 모든 플립-플롭은 클럭이 0에서 1로 천이된 뒤 즉시 0으로 세트된다.
b. 만약 CLEAR=1, LOAD=0이면, D 입력은 클럭이 0에서 1로 천이된 뒤 즉시 플립-플롭 내에 병렬로 전송된다.
c. 만약 CLEAR=LOAD=1 및 $P=T=1$이면, 카운터는 구동(Enable)되고 카운터 상태는 클럭이 0에서 1로 천이된 뒤 하나씩 증가된다.

이 카운터의 동작 상태는 표 13-2에 요약하여 나타내었다. CLEAR=0일 때는 LOAD나 카운터 기능보다 CLEAR가 우선하고, LOAD의 값을 P와 T에 상관없이 클리어 시킨다. 이와 마찬가지로 LOAD 제어신호는 카운트 기능보다 우선한다. 74S163에 있는 CLEAR 입력은 클럭과 같이 동기되어 카운터를 클리어 시키기 때문에 동기형 클리어 입력이라 하며, 클럭펄스가 존재하지 않으며 클리어는 일어나지 않는다.

[표 13-2] 74S163 동기형 카운터의 동작

제어 신호		PT	다음 상태	
CLEAR	LOAD	(ENABLE COUNT)	Q_D^+ Q_C^+ Q_B^+ Q_A^+	
0	×	×	0 0 0 0	(클리어)
1	0	×	D_D D_C D_B D_A	(병렬로드)
1	1	0	Q_D Q_C Q_B Q_A	(상태 변화가 없음)
1	1	1	현재 상태 + 1	(카운터 증가)

표 13-2에서 제어신호가 모두 1인 경우 다음 상태는 현재 상태 +1이므로 0000에서 1111 까지 상태가 1씩 증가하는 4비트 up 카운터를 의미한다.

4비트 up 카운터 상태표에서 Q_D^+ 등에 각각 카르노맵을 구성한 다음 최소화하여 부울식을 구하면 다음과 같은 부울식을 구할 수가 있다. 여기에서 생성된 부울식을 간소화 하기 위하여 Exclusive OR 연산자를 사용하였으며, ′ 표기는 보수인 NOT를 나타내며 식의 표기를 간소화하기 위하여 사용하였다.

$$
\begin{aligned}
Q_A^+ &= \text{Clear}.\ \text{Load}'.\ D_A + \\
&\quad \text{Clear}.\ \text{Load}.(PTQ_A' + (PT)'Q_A) \\
&= 0(\text{Clear} = 0) \\
&= D_A(\text{Clear} = 1,\ \text{Load} = 0) \\
&= Q_A'(\text{Clear} = \text{Load} = P = T = 1),\ \text{카운터 구동}
\end{aligned}
$$

$$Q_B^+ = (Q_APT \oplus Q_B')' = (Q_A \oplus Q_B')'$$
$$= Q_AQ_B' + Q_A'Q_B = Q_A \oplus Q_B$$

$$Q_C^+ = (Q_AQ_BPT \oplus Q_C')' = (Q_AQ_B \oplus Q_C')'$$
$$= Q_AQ_B \oplus Q_C$$

$$Q_D^+ = (Q_AQ_BQ_CPT \oplus Q_C')' = (Q_AQ_BQ_C \oplus Q_C')'$$
$$= Q_AQ_BQ_C \oplus Q_D$$

이에 대한 상세한 회로도는 그림 13-8에 나타내었다.

카운터가 상태 15에 있고 $T=1$일 경우에 캐리(Carry) 출력은 1이 된다. 이 캐리 출력은 두 개 혹은 그 이상 4비트 카운터를 직렬 연결(Cascade)하여 보다 긴 카운터 형태로 만들 때 유용하다. 그림 13-9는 두 개의 74S163 카운터를 직렬로 연결하여 8비트 카운터를 만드는 방법을 나타내고 있다. 첫 번째 카운터 상태가 15에 있을 경우에 두 번째 카운터가 구동(Enable)되도록 캐리는 1이 된다. 클럭펄스가 가해지면 첫 번째 카운터는 1111 상태에서 0000 상태로 되고 두 번째 카운터는 1만 증가된다.

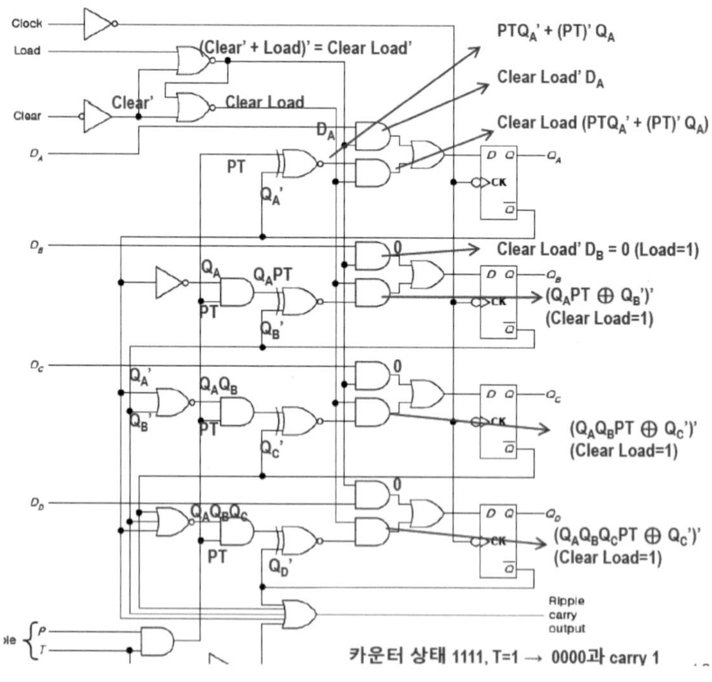

[그림 13-8]

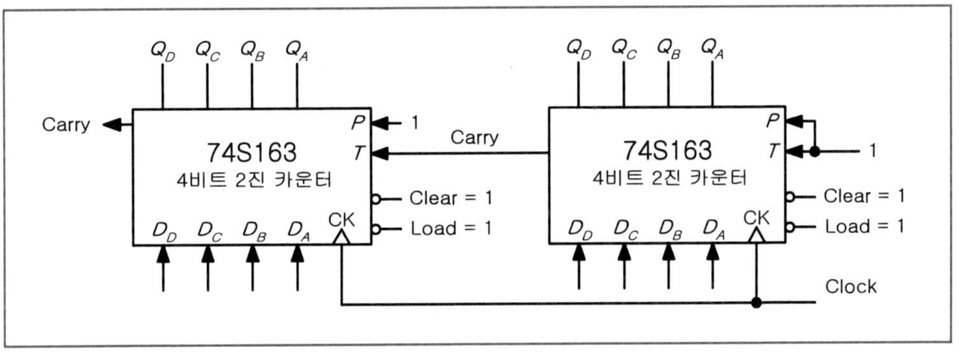

[그림 13-9] 8비트 카운터

데이터 입력들은 정상적인 2진 카운팅 시컨스를 변화시키는 데 사용할 수가 있다. 예를 들면, 카운터가 상태 15에 도달한 후에 카운터에 5가 로드된다면 상태 시컨스는 다음과 같이 발생된다.

5, 6, 7, 8, 9, 10, 11, 12, 13, 14, 15, 5, 6, ……

이런 카운팅 시컨스(순서)를 얻기 위한 회로의 연결은 그림 13-10과 같다. 카운터가 상태 1111에 도달하면 Carry=1이 되고, Load는 구동(Enable)되며 다음 클럭은 플립-플롭에 0101을 로드한다.

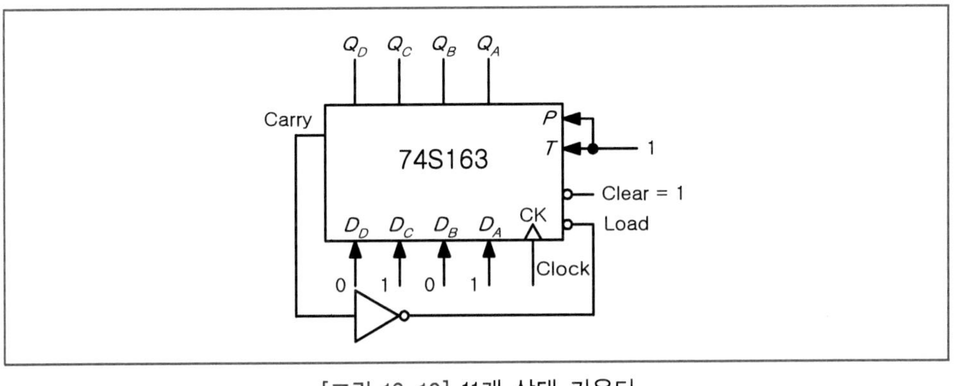

[그림 13-10] 11개 상태 카운터

CLEAR 입력은 그림 13-11에 나타내는 것처럼 주어진 상태에 도달하였을 때 카운터 상태를 0000으로 리세트하는 데 사용할 수가 있다. 예를 들면, 카운터가 상태 1101에 도달하였을 때, CLEAR=0이면 다음 클럭펄스에 의해 카운터는 클리어 된다. 그러므로 상태 시컨스는 다음과 같이 된다.

0, 1, 2, 3, 4, 5, 6, 7, 8, 9, 10, 11, 12, 13, 0, 1, ……

좀 더 복잡한 카운팅 시컨스도 CLEAR, LOAD 및 데이터 입력과 모든 카운터 상태의 모든 기능을 조합하면 만들 수가 있다.

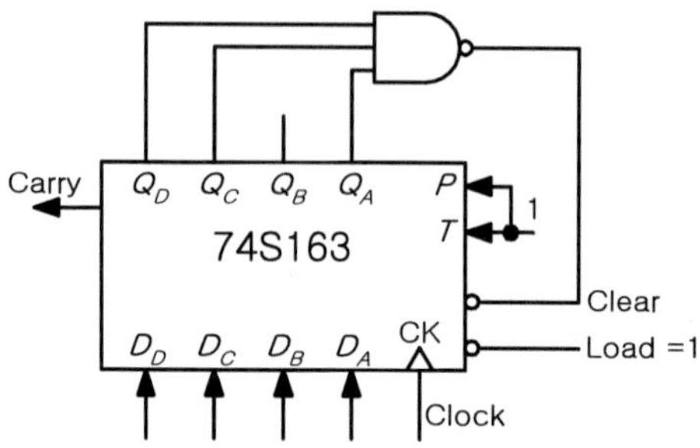

[그림 13-11] 14개 상태 카운터

13-3 카운터를 이용한 순차회로 설계

그림 13-12는 입력 X가 있는 순차회로에 대한 상태 그래프(도)를 나타낸다. 이 상태도에는 몇 개의 부가적인 상태 천이(Transition)가 첨가된 상태 루프가 존재하고 있음을 유의해야 한다. 이러한 일반적인 형태의 상태 그래프는 LOAD와 CLEAR 입력을 가지고 있는 카운터를 사용하면 경제적으로 실현할 수가 있다. 예를 들면, 이 상태 그래프를 74S163 카운터를 사용하여 실현할 수 있으며, 다음 과정에 의해 실현된다.

a. 메인 루프(Main loop)에 있는 상태들에 대해서는 직렬 순서로 된 2진 상태 할당을 사용한다.
b. 상태 0으로 천이(Transition)가 필요로 할 때는 CLEAR 입력을 사용한다.
c. 메인 루프에서 상태간에 천이가 계속적으로 요구되는 경우에는 카운팅 기능(Counting function)을 활용한다.
d. 정상적인 카운팅 시컨스로의 천이가 천이가 아닌 경우에는(상태 0으로의 천이는 제외하고) LOAD 입력을 사용한다.

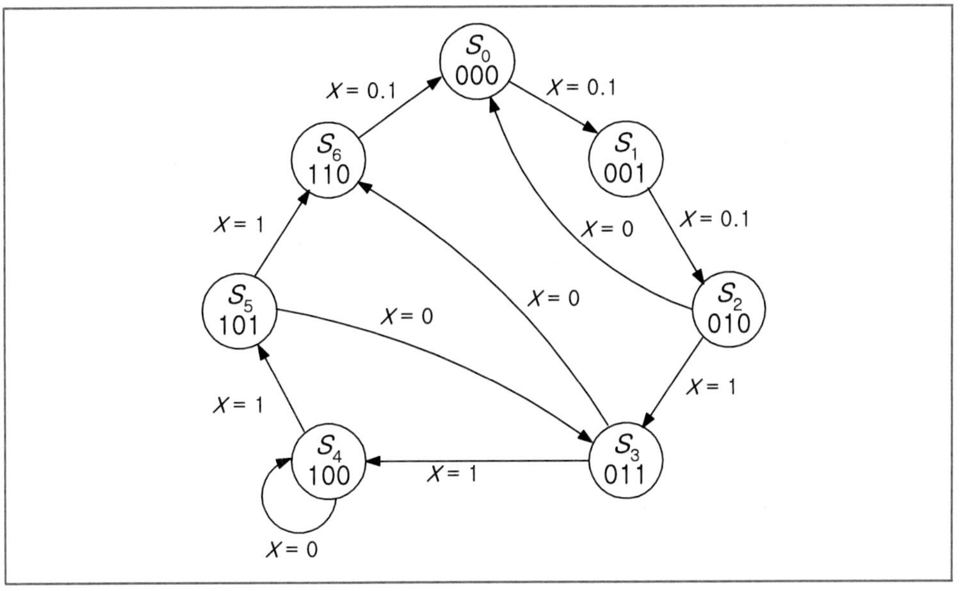

[그림 13-12]

[표 13-3] 카운터 입력 유도

		C B A	$C^+ B^+ A^+$	CLEAR	LOAD	D_C D_B D_A	PT
$X=0$	S_0	0 0 0	0 0 1	1	1	× × ×	1
	S_1	0 0 1	0 1 0	1	1	× × ×	1
	S_2	0 1 0	0 0 0	0	×	× × ×	×
	S_3	0 1 1	1 1 0	1	0	1 1 0	×
	S_4	1 0 0	1 0 0	1	1	× × ×	0
	S_5	1 0 1	0 1 1	1	0	0 1 1	×
	S_6	1 1 0	0 0 0	0	×	× × ×	×
	S_7	1 1 1	× × ×	×	×	× × ×	×
$X=1$	S_0	0 0 0	0 0 1	1	1	× × ×	1
	S_1	0 0 1	0 1 0	1	1	× × ×	1
	S_2	0 1 0	0 1 1	1	1	× × ×	1
	S_3	0 1 1	1 0 0	1	1	× × ×	1
	S_4	1 0 0	1 0 1	1	1	× × ×	1
	S_5	1 0 1	1 1 0	1	1	× × ×	1
	S_6	1 1 0	0 0 0	0	×	× × ×	×
	S_7	1 1 1	× × ×	×	×	× × ×	×

2진(Binary) 상태 할당은 상태 그래프(도)에 나타내었고, 그리고 표 13-3의 CBA와 $C^+B^+A^+$행은 $X=0$와 $X=1$에 대하여 필요한 상태 천이(State transition)를 나타내었다. 지금부터 이러한 상태 천이를 실현하기 위한 카운터 입력을 유도하기로 한다. 입력 상태들은 표의 나머지 잔여열에 나열하였다. 상태 111은 결코 발생될 수 없기 때문에 상태 111과 관련된 모든 입력들은 돈케어 상태가 된다. CLEAR는 다른 입력보다 우선 순위이기 때문에 CLEAR에 대한 입력을 먼저 유도해야 한다. 카운터는 상태 S_2에서 $S_0(X=0)$으로 S_6에서 S_0으로 상태가 천이할 때는 클리어되어야 하므로, 이러한 상태 천이에 대해서는 CLEAR=0이어야 한다. 다른 천이 상태에 대해서는 카운터가 클리어 되는 것을 피해야 되므로 CLEAR는 1이 되어야만 된다. LOAD는 P와 T 입력보다 우선순위이기 때문에, 이번에는 LOAD 입력을 유도하기로 한다. 상태 천이 S_3에서 S_6과 S_5에서 S_3는 정상적인 카운팅 시컨스가 아니다. 그러므로 이들 상태 천이에 대하여 적절한 다음 상태를 로드할 경우에는 D 입력을 사용한다. $X=0$인 상태 011에서 다음 상태 S_6으로 천이 되기 위해서는 LOAD=0, $D_CD_BD_A$ =011로 세트(Set)되어야 한다. CLEAR가 0일 경우에는 CLEAR가 LOAD보다 우선순위이기 때문에, LOAD는 돈케어 상태가 된다. 다른 상태 천이에 대해서는 LOAD는 원하지 않는 상태 변화로 되는 것을 막기 위해 1이 되어야만 한다. LOAD≠0일 경우에는 로드가 일어날 수 없기 때문에 D 입력은 돈케어 상태로 된다. 메인 루프(Main loop)의 상태 천이인 경우에는 카운팅 기능이 구동(Enable)되기 위해 $P \cdot T=1$이어야만 한다. 나머지 행(Row)에서도 CLEAR와 LOAD는 PT보다 우선순위이기 때문에, PT는 돈케어 상태로 된다. 필요한 카운터 입력 기능은 그림 13-13의 카르노 맵을 사용하여 유도할 수가 있다. 그림 13-14는 최종회로를 나타낸다. 똑같은 회로를 $J-K$ 플립-플롭을 사용하여 실현한다면 3개의 플립-플롭과 11개 게이트가 필요로 한다.

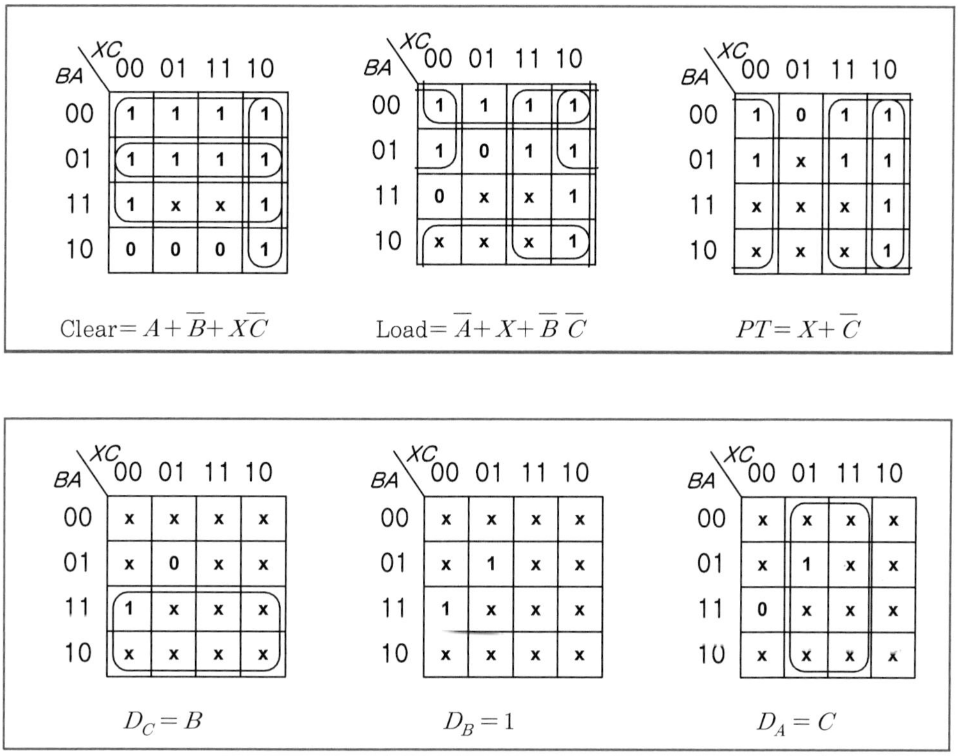

[그림 13-13] 표 14-130에 대한 카르노 맵

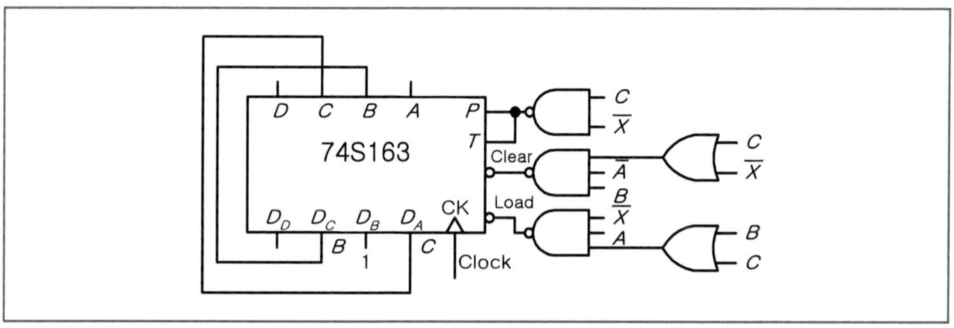

[그림 13-14] 그림 13-12의 상태도에 대한 회로 실현

13-4 레지스터 전송(Transfer) 및 3-상태 논리

디지털 시스템에서는 여러 레지스터간에 앞과 뒤로 데이터 전송이 종종 필요할 때가 있다. 본 절에서는 3-상태 논리 개념에 대하여 설명하고, 그리고 일단의 레지스터 그룹간의 데이터 전송을 용이하게 하는 방법에 대하여 논의하기로 한다. 대개 두 개 혹은 그 이상 게이트들의 출력 또는 플립-플롭이 서로 직접 연결되게 된다면 논리회로는 정확하게 동작하지 않을 것이다. 예를 들면, 한 게이트는 0 출력(Low 전압)을 갖고 있고 또 다른 게이트는 1출력을 갖는다면(High 전압), 이 두 개 게이트 출력이 함께 연결될 때 생성되는 출력 전압은 0 또는 1과 같이 명확한 값으로 나타나지 않는 어떤 중간 값으로 나타날 수가 있다. 어떤 경우에는 출력을 함께 연결하면 게이트들이 손상을 입을 수가 있다.

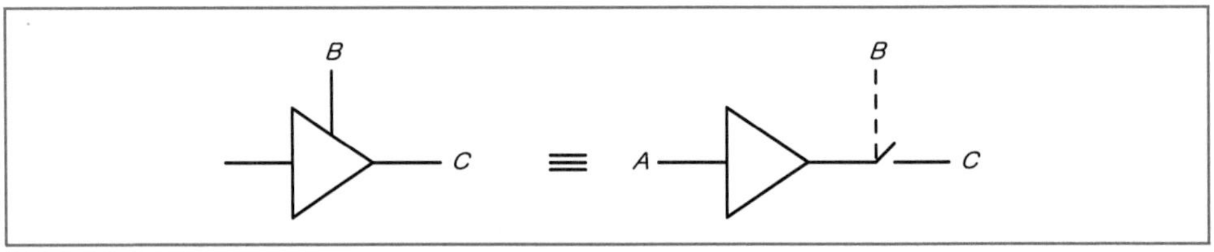

[그림 13-15] 3-상태 버퍼

3-상태 논리를 사용하면 두 개 혹은 그 이상 게이트 출력 또는 플립-플롭을 함께 연결할 수가 있다. 그림 13-15는 3-상태 버퍼와 논리적 등가회로를 나타내고 있다. 구동(Enable) 입력 B가 1인 경우에는 출력 C는 A와 같다. B가 0일 때 출력 C는 개방회로(Open circuit)처럼 동작한다. 다시 말하면, $B=0$이면 출력 C는 어떤 전류도 흐르지 않도록 버퍼 출력과는 실질적으로 단절이 된다. 이런 경우는 회로는 매우 높은 저항(High resistance) 또는 전류를 흐르게 하는 임피던스(Impedance)를 만들기 때문에 Hi-Z(High-Impedance) 출력 상태라고 한다.

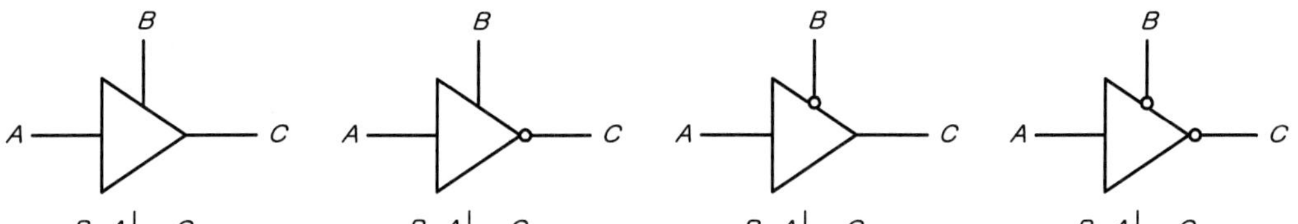

(a)

B	A	C
0	0	Hi-Z
0	1	Hi-Z
1	0	0
1	1	1

(b)

B	A	C
0	0	Hi-Z
0	1	Hi-Z
1	0	1
1	1	0

(c)

B	A	C
0	0	0
0	1	1
1	0	Hi-Z
1	1	Hi-Z

(d)

B	A	C
0	0	1
0	1	0
1	0	Hi-Z
1	1	Hi-Z

[그림 13-16] 3-상태 버퍼의 4종류

그림 13-16은 4종류의 3-상태 버퍼들에 대한 진리표를 나타내고 있다. 그림 14-15(a)와 (b)에서 구동(Enable) 입력 B가 반전 형태가 아니므로, 버퍼 출력은 $B=1$일 때 구동(Enable)되고 $B=0$일 때 구동되지 않는다. 즉, 버퍼는 $B=1$일 때 정상적으로 동작이 되며, $B=0$일 때 버퍼 출력은 실질적으로 개방회로가 된다. 그림 13-16(b)에서 버퍼 출력은 버퍼가 구동(Enable)되었을 경우에 $C=\overline{A}$, 즉 반전 형태가 된다. 그림 13-16(c)와 (d)에서는 구동(Enable) 입력이 반전되는 것을 제외하고는 버퍼 동작은 (a), (b)와 같다. 즉, 버퍼는 $B=0$일 때 구동된다.

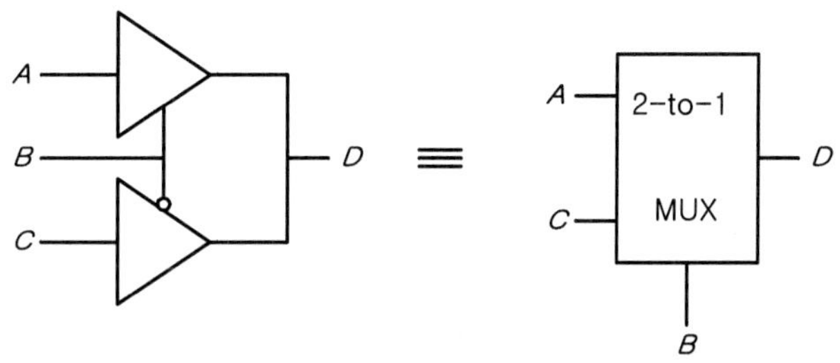

[그림 13-17] 3-상태 버퍼를 사용한 데이터 셀렉터

그림 13-17에서 두 개의 3-상태 버퍼의 출력이 함께 연결되어 있다. $B=1$일 때 상단 버퍼는 구동(Enable)되어 $D=A$가 되고, $B=0$일 때는 하단 버퍼가 구동(Enable)되어 $D=C$가 된다. 그러므로 $D=BA+\overline{B}C$가 된다. 이것은 논리적으로 $B=1$일 때 A 입력이 선택되고, $B=0$이면 C 입력이 선택되는 2 : 1 멀티플렉서 동작과 같다.

다음에는 서로 다른 두 레지스터 출력을 세 번째 레지스터로 데이터를 전송하는 문제에 대해서 고려하기로 하자. 그림 13-18은 3-상태 버퍼를 사용하여 이것이 어떻게 구성되는지를 설명하여 주고 있다. 만일 $B=1$이고 클럭펄스가 레지스터 Q에 가해졌다면 레지스터 A에 있는 데이터는 Q에 저장될 것이다. $B=0$이면 레지스터 C에 있는 데이터는 Q에 저장될 것이다.

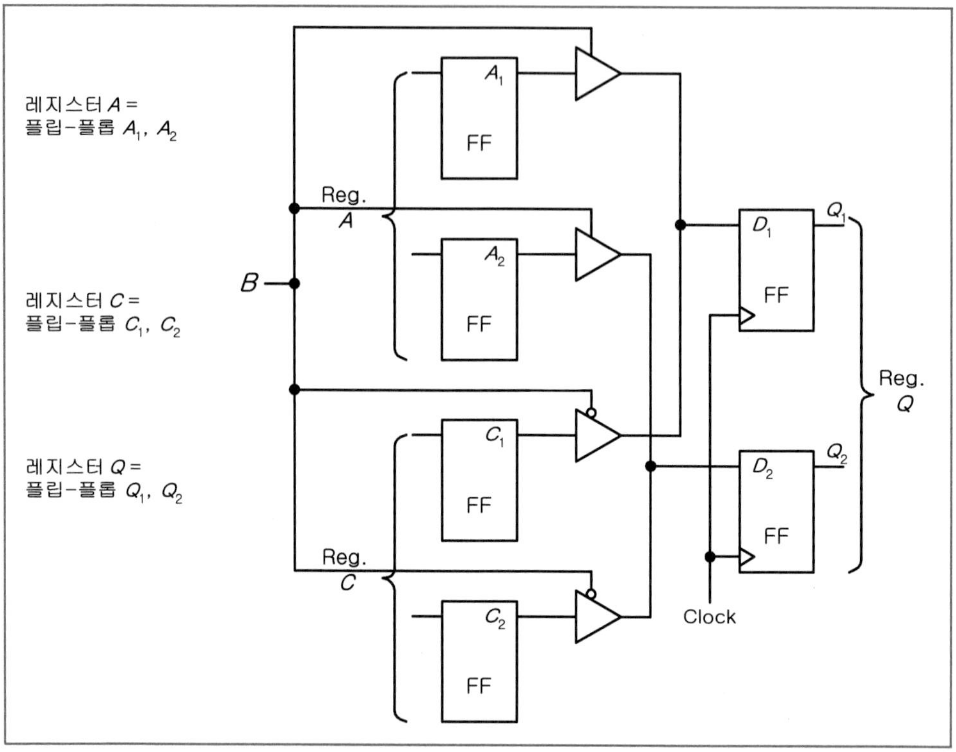

[그림 13-18] 레지스터들 간의 데이터 전달

그림 13-19(a)는 플립-플롭 출력단에 3-상태 버퍼가 있는 D 플립-플롭 8개로 구성된 74S374 집적회로 레지스터를 나타내고 있다. 이들 버퍼들은 $EN=0$일 때 구동(enable)된다. 이러한 8비트 레지스터에 대한 간략화된 표현을 그림 13-19(b)에 나타내었다. 여기에서 8은 8개선을 나타낸다.

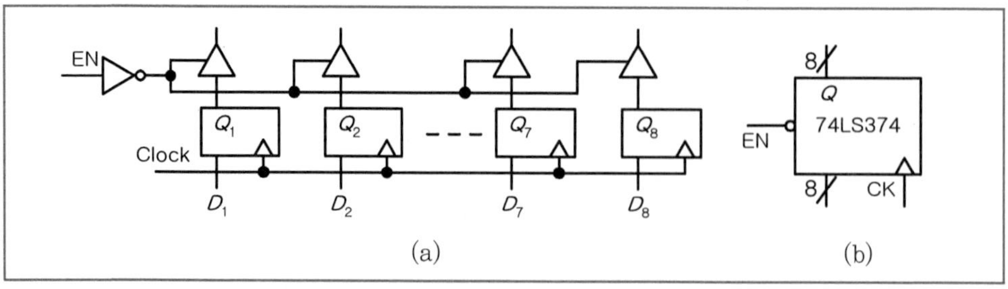

[그림 13-19] IC 74LS374에 대한 논리도

그림 13-20은 4개의 8비트 레지스터 중의 한 레지스터로부터 다섯 번째 레지스터로 데이터를 전송하는 방법을 나타내고 있다. 레지스터 A, B, C 및 D 출력은 병렬로 공통버스(Common bus)에 모두 연결되어 있다. 레지스터 G의 D 플립-플롭 입력 또한 버스에 연결되어 있다. $ENA = 0$이고 다음 클럭이 발생될 때에 레지스터 A의 3-상태 출력은 버스로 구동(Enable)되고 레지스터 G에 저장된다. 이와 같은 방법으로 레지스터 B, C, D에 있는 데이터는 EN, ENC, END가 각각 0일 때 레지스터 G로 전달된다. 4개의 구동(Enable) 신호(ENA, ENB, ENC, END)는 디코더에 의해서 발생될 수 있고 동작은 다음과 같이 요약된다.

$EF = 00$이면, A 데이터는 G로 저장된다.

$EF = 01$이면, B 데이터는 G로 저장된다.

$EF = 10$이면, C 데이터는 G로 저장된다.

$EF = 11$이면, D 데이터는 G로 저장된다.

8비트 데이터는 매 클럭펄스에 의해 병렬로 진달됨을 유의해야 한다. 그리고 3-상태 논리가 있는 버스를 사용하는 대신에 8개의 4 : 1 멀티플렉서를 사용할 수 있지만, 이 경우는 더 복잡한 회로를 만들게 된다.

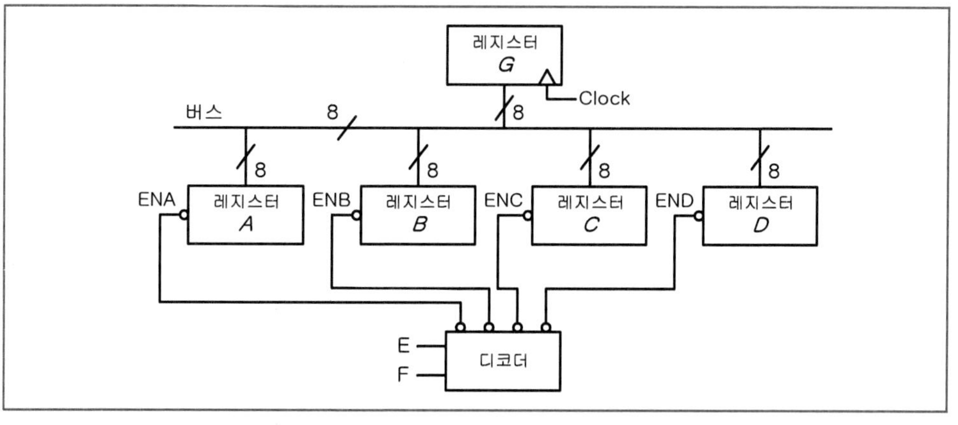

[그림 13-20] 3-상태 버스를 사용한 데이터 전송

13-5 ROM 및 PLA를 사용한 순차회로 설계

순차회로는 ROM과 플립-플롭을 사용하여 설계를 쉽게 할 수가 있다. 그림 10-13에 주어진 Mealy 순차회로 일반 모델에서 순차회로의 조합 부분은 ROM을 사용하여 실현할 수가 있다. 즉 ROM은 출력함수(Z_1, Z_2,……, Z_n)와 다음 상태 함수(Q_1^+, Q_2^+,……, Q_{k^+})을 실현하는 데 사용한다. 회로의 상태는 D 플립-플롭의 레지스터 내에 저장되며 다시 ROM 입력으로 되돌아간다. 그러므로 m개의 입력, n개의 출력과 k개의 상태변수를 갖는 Mealy 순차회로는 k개 D 플립-플롭과 $(m+k)$개 입력(2^{m+k}개의 words), $n+k$개의 출력을 갖는 ROM을 사용하면 실현할 수가 있다. 그림 13-4의 Moore 순차회로도 이와 동일한 방법으로 실현할 수가 있다. Moore 회로의 다음 상태와 출력조합 서브(sub) 회로들은 하나의 ROM이나 여러 개로 분리된 ROM으로 실현할 수가 있다.

입력이 두 개인 플립-플롭을 사용하는 것은 ROM의 출력의 수를 증가시키기 때문에 $J-K$ 플립-플롭을 사용하는 것보다 D 플립-플롭을 사용하는 것이 더 좋다. 사실상 ROM의 크기(Size)는 입력과 출력수에만 의존되고 실현하고자 하는 식의 복잡도에는 의존하지 않으므로 D 플립-플롭 입력 방정식이 $J-K$ 입력 방정식보다 더 많은 게이트가 필요하다는 사실은 그다지 중요하지가 않다. 이런 이유 때문에 ROM에 사용되는 상태 할당은 그다지 중요하지 않으며, 일반적으로 ROM의 상태 할당은 2진 순서(Binary order)대로 하는 것이 좋다. 12장에서 게이트와 $J-K$ 플립-플롭을 사용하여 코드 컨버터를 실현하였다.

이제부터는 ROM과 D 플립-플롭을 사용하여 이 컨버터를 설계해 보기로 하자. 컨버터에 대한 상태도는 표 13-4(a)에 나타내었다. 상태는 7개만 존재하기 때문에 3개의 D 플립-플롭만이 필요하다. 그러므로 그림 13-21에서 나타내는 것처럼 입력이 4개(2^4개의 words)이고 출력이 4개인 ROM이 필요하게 된다. 2진 상태 할당을 사용하면 천이표(Transition table)를 작성할 수 있고 표 13-4(b)에서처럼 현재 상태와 입력의 함수로서 플립-플롭의 다음 상태를 나타낼 수가 있다. D 플립-플롭을 사용하였으므로 $D_1 = Q_1^+$, $D_2 = Q_2^+$, $D_3 = Q_3^+$가 된다. ROM에 대한 진리표는 천이표로부터 표 13-4(c)와 같이 쉽게 작성할 수가 있다. 이 표는 ROM의 입력(X, Q_1, Q_2, Q_3) 함수에 대응한 ROM의 출력(Z, D_1, D_2, D_3)으로 주어진다.

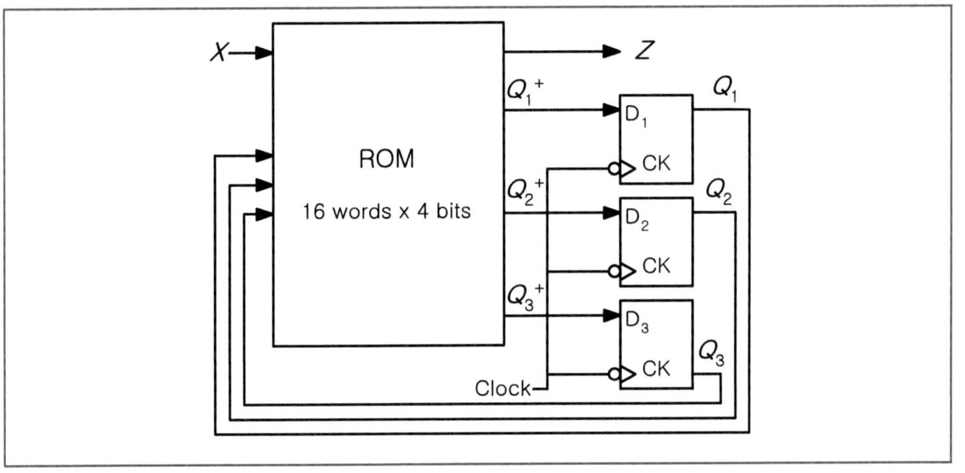

[그림 13-21] ROM을 이용한 순차회로의 실현

[표 13-4]

(a) 상태표

현재 상태	다음 상태		출 력	
	X=0	X=1	X=0	X=1
A	B	C	1	0
B	D	E	1	0
C	E	E	0	1
D	H	H	0	1
E	H	M	1	0
H	A	A	0	1
M	A	-	1	-

(b) 천이표

	Q_1 Q_2 Q_3	Q_1^+ Q_2^+ Q_3^+		Z	
		X=0	X=1	X=0	X=1
A	0 0 0	001	010	1	0
B	0 0 1	011	100	1	0
C	0 1 0	100	100	0	1
D	0 1 1	101	101	0	1
E	1 0 0	101	110	1	0
H	1 0 1	000	000	0	1
M	1 1 0	000	---	1	-

(c) 진리표

X	Q_1	Q_2	Q_3	Z	D_1	D_2	D_3
0	0	0	0	1	0	0	1
0	0	0	1	1	0	1	1
0	0	1	0	0	1	0	0
0	0	1	1	0	1	0	1
0	1	0	0	1	1	0	1
0	1	0	1	0	0	0	0
0	1	1	0	1	0	0	0
0	1	1	1	x	x	x	x
1	0	0	0	0	0	1	0
1	0	0	1	0	1	0	0
1	0	1	0	1	1	0	0
1	0	1	1	1	1	0	1
1	1	0	0	0	1	1	0
1	1	0	1	1	0	0	0
1	1	1	0	x	x	x	x
1	1	1	1	x	x	x	x

순차회로는 ROM과 플립-플롭을 사용하여 실현하는 것과 마찬가지로 PLA와 플립-플롭을 사용하여 실현할 수가 있다. 그러나 PLA인 경우에는 최적 상태 할당을 사용하면 필요한 곱항의 수(Product term)가 감소가 되어 필요한 PLA의 크기를 줄일 수가 있기 때문에 상태 할당은 매우 중요하다.

예를 들면 PLA와 3개의 D 플립-플롭을 사용하여 표 13-4(a)의 상태표를 실현한다고 하자. 회로 구조는 ROM이 적절한 크기의 PLA로 대치되는 것 이외에는 그림 13-21과 같다. 2진 상태 할당을 사용하여 진리표 13-4(c)가 유도된다. 이 표는 PLA에 4개의 입력, 13개 곱항 그리고 4개 출력을 저장할 수가 있으나 앞서 논의한 ROM 방법에 비해 이점을 주진 못한다. 만일 2진 상태 할당이 아니라 그림 12-20의 상태 할당이 사용되면 그림 12-21의 Q^+맵을 D 플립-플롭 용으로 활용하여 유도된 D 플립-플롭 입력 방정식($D_k = Q_k^+$) 및 동일한 최종 출력 방정식은 다음과 같다.

$$
\begin{aligned}
D_1 &= Q_1^+ = Q_1\overline{Q_2} + \overline{Q_1}Q_2 \\
D_2 &= Q_2^+ = \overline{Q_2} \\
D_3 &= Q_3^+ = \overline{Q_2}Q_3 + \overline{X}Q_1\overline{Q_2} + X\overline{Q_1}\,\overline{Q_2} + \overline{X}\,\overline{Q_1}Q_2\overline{Q_3} \\
Z &= \overline{X}\,\overline{Q_3} + XQ_3
\end{aligned}
\tag{13-3}
$$

이들 방정식과 대응하는 PLA 진리표는 표 13-5와 같다.

[표 13-5] PLA 진리표

X	Q_1	Q_2	Q_3	Z	D_1	D_2	D_3
-	1	0	-	0	1	0	0
-	0	1	-	0	1	0	0
-	-	0	-	0	0	1	0
-	-	0	1	0	0	0	1
0	1	0	-	0	0	0	1
1	0	0	-	0	0	0	1
0	0	1	0	0	0	0	1
0	-	-	0	1	0	0	0
1	-	-	1	1	0	0	0

이 표를 실현할 경우 4개의 입력, 9개의 곱항과 4개의 출력이 있는 PLA가 필요하다. 이 예제에서 입력의 수가 적을 경우에는 ROM으로 실현하는 것이 PLA로 실현하는 것보다 일반적으로 더 경제적이다. 그러나 입력변수가 큰 경우에는 PLA로 실현하는 것이 더 좋다.

다음에는 표 13-5에 대응하는 PLA를 사용하여 그림 13-21 회로의 동작을 검토해 보자. 초기에는 $X=0$, $Q_1Q_2Q_3=000$라고 가정하자. 이것은 표에서 —0-와 0--0 행(Row)을 표에서 선택하게 되고, 따라서 $Z=1$과 $D_1D_2D_3=010$으로 된다. 클럭이 가해진 후, $Q_1Q_2Q_3=010$이 된다. 이런 식으로 계속 수행하면, 그림 12-20의 천이표를 입증할 수가 있다.

13-6 PAL을 사용한 순차회로 설계

PAL(Programmable Array Logic)은 순차회로를 실현하는 데 편리하게 사용된다. PAL은 조합논리형과 순차논리형이 있으며, 순차논리형 PAL은 조합논리형 PAL의 출력단에다 D 플립-플롭을 포함시키면 된다. 그림 13-22는 순차논리형 PAL의 일부분(Segment)을 나타내고 있다. D 플립-플롭 입력은 두 개의 AND 게이트를 통하여 입력되는 OR 게이트로부터 유도된다. D 플립-플롭 출력은 버퍼를 통해서 프로그램 가능한(Programmable) AND 어레이로 궤환(Feedback)된다. 따라서 AND 게이트 입력은 A, $\overline{A}$, B, $\overline{B}$, Q 혹은 $\overline{Q}$에 연결될 수가 있다. 그림 13-22의 X 표시는 다음 상태 방정식의 실현됨을 나타내며 아래와 같이 표시된다.

$$Q^+=D=\overline{A}B\overline{Q}+A\overline{B}Q$$

플립-플롭 출력은 반전이 된 3-상태 버퍼에 연결되어 있고, EN=1일 때 구동(Enable)된다.

그림 13-23은 PAL16R4를 나타내며, 4개의 D 플립-플롭 레지스터를 포함하고 있다. 각 플립-플롭 출력들은 반전이 된 3-상태(tri-state) 버퍼를 통과한다(출력핀 14~17). 입력핀 11은 버퍼를 구동(Enable)시키기 위해 사용된다. 공통클럭(핀 1)의 상승점에서 플립-플롭 상태들이 변환된다. 개개의 D 플립-플롭은 OR 게이트에 의해서 유도되며, 각 OR 게이트는 8개의 AND 게이트를 통해 입력된다. AND 게이트 입력은 외부 PAL 입력(핀 2~9) 또는 내부적으로 궤환이 된 플립-플롭 출력으로부터 입력된다. 또한 회로의 출력 또는 AND 게이트의 입력으로 사용할 수가 있도록 4개의 입력/출력(I/O) 단자(핀 12, 13, 18, 19)가 부수적으로 첨가되었다. 그러므로 각 AND 게이트는 최대 16개 입력을 가질 수가 있다(외부 입력 8개, 플립-플롭 출력으로부터 궤환되는 입력 4개, 그리고 I/O 단자로부터 입력 4개). 출력으로 사용될 경우에는 각 I/O 단자는 반전된 3-상태 버퍼로부터 결정된다. 이들 각각의 버퍼들은

OR 게이트로부터 공급되고 OR 게이트는 7개 AND 게이트로부터 공급된다. 8번째 AND 게이트는 버퍼를 구동(Enable)시키는 데 사용된다.

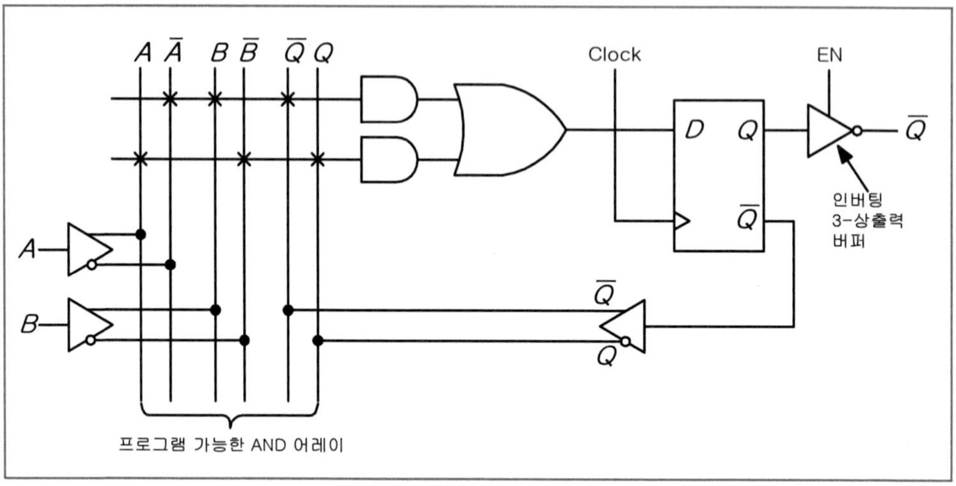

[그림 13-22] 순차논리형 PAL의 부분회로도

PAL16R4로 순차회로를 실현할 경우에 I/O 단자들은 Z 출력으로 사용된다. 부수적인 논리회로가 없는 하나의 16R4로 8개 입력, 4개 출력과 16개의 상태까지 순차회로로 실현할 수가 있다. 각각의 다음 상태 방정식은 8개 항까지만 포함하고 출력 방정식은 7개 항까지만 포함한다. 예를 들면, 방정식(13-3)에 의해서 표현된 코드 변환기를 설계해 보기로 하자. 여기서 Q_1, Q_2, Q_3를 저장하기 위해서는 3개의 플립-플롭이 필요하고, 그리고 이들 플립-플롭을 유도하는 어레이 논리(Array logic)는 그림 13-23에서 나타내는 것처럼 D_1, D_2, D_3를 실현하기 위해 프로그램된다. 회로 상에서 X 표시는 AND 게이트 입력과 연결됨을 뜻한다. 플립-플롭 출력들은 외부에서는 사용될 수 없으므로 출력버퍼는 구동되지 않는다(Disable). Z 출력은 반전된 버퍼를 통해서 유도되기 때문에 어레이 논리는 다음과 같이 실현되어야 한다.

$$\overline{Z} = (X + Q_3)(\overline{X} + \overline{Q_3}) = X\overline{Q_3} + \overline{X}Q_3$$

이 예제에서 출력버퍼 Z는 항상 구동(Enable)이 된다. 따라서 버퍼와 AND 게이트는 연결이 되지 않는다.

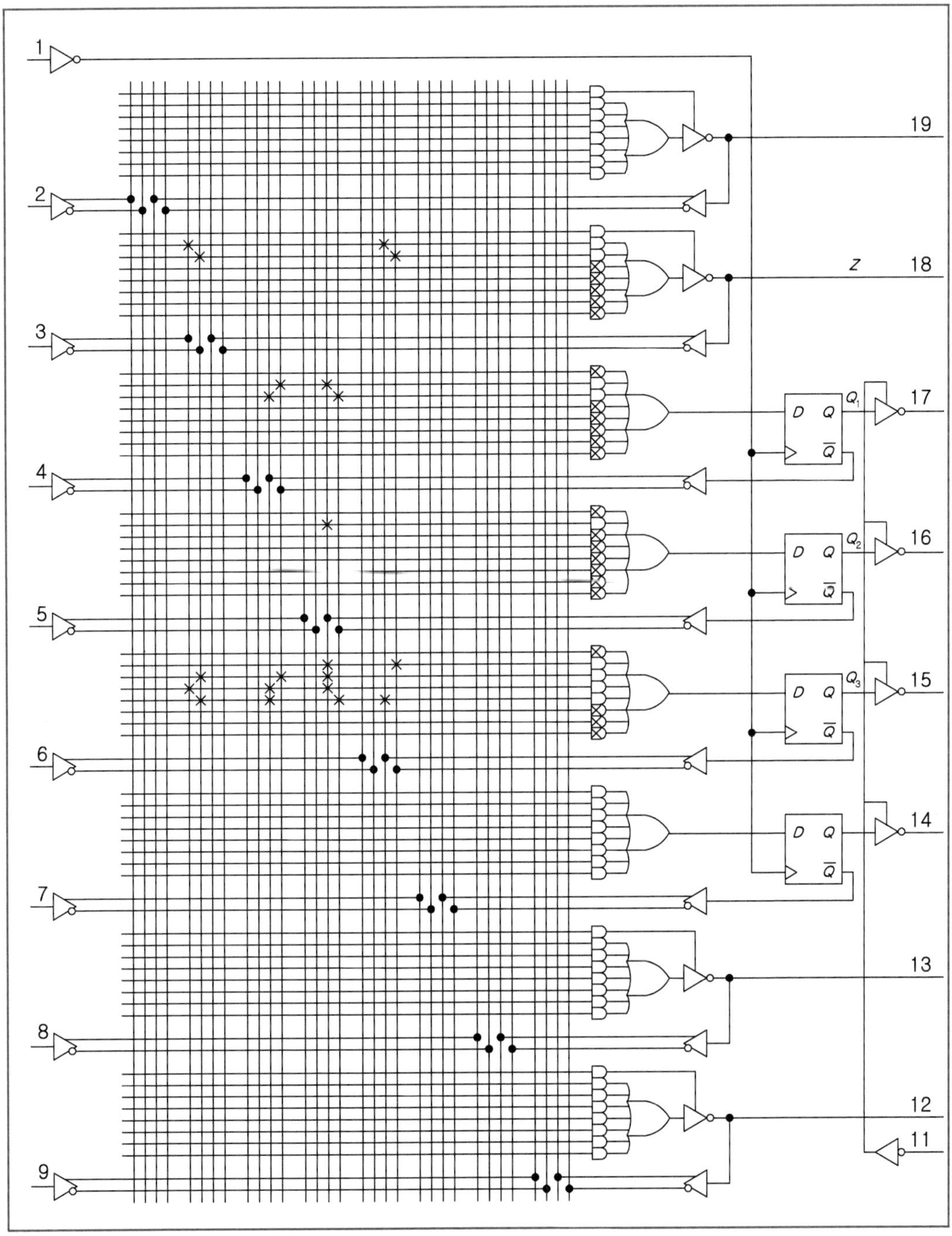

[그림 13-23] PAL16R4의 논리도

••• 연습문제

13.1 74128 시프트 레지스터는 Q 출력과 D 입력간에 외부결선을 첨가하여 좌측으로 시프트하게 할 수가 있다. 74178의 블록도에다 적절한 결선을 나타내시오. 이 경우에 어떤 입력선이 직렬 입력으로 되겠는가? 결선할 경우에 좌측으로 시프트를 하는 경우 SH와 L은 어떻게 해야 하는가? 또한 우측 시프트에 대해서는 어떻게 연결해야 하는가?

13.2 a. 우측 순환형 시프트(Right circular shift)가 수행될 수 있도록 하기 위한 74178 시프트 레지스터를 어떤 방식으로 연결해야 하는가를 보이시오.

b. 만약, 문제 a에서 같이 결선되었을 때, 74178 시프트 레지스터에 대한 아래의 타이밍도를 완성하시오. $D_A D_B D_C D_D = 1010$라고 가정한다.

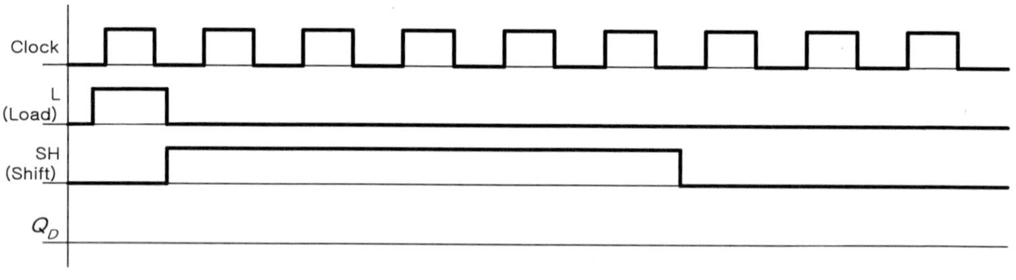

13.3 74S163 카운터에 대한 아래의 타이밍도를 완성하시오. $D_D D_B D_A = 1, D_C = 0, T = 1$이라고 가정한다.

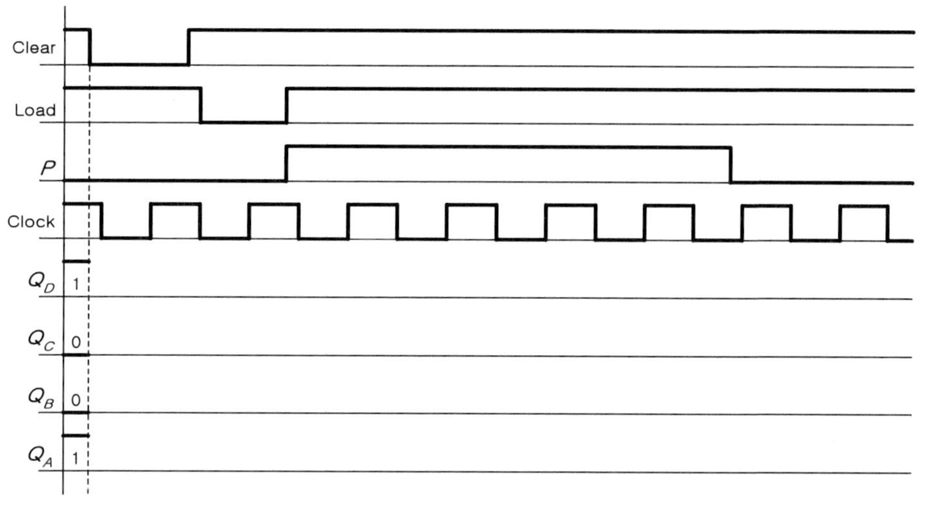

13.4 74S163 카운터를 사용하고 LOAD 입력에다 하나의 NAND 게이트를 연결하여 시컨스 0, 1, 2, 3, 4, 5, 13, 14, 15, 0, 1, ……로 카운트되는 카운터를 설계하시오. 필요하다면 인버트를 사용하시오. 카운터가 상태 5에 있을 때에 13이 카운터에 로드된다는 것에 유의하시오.

13.5 74S163 카운터에 게이트를 첨가하여 주어진 상태 그래프를 실현하시오. 상태 0010에서 $X = 1$이면 카운터는 0101로 로드되는 점을 유의하시오. LOAD 신호는 카운트보다 우선순위가 높다는 사실을 이용하시오.

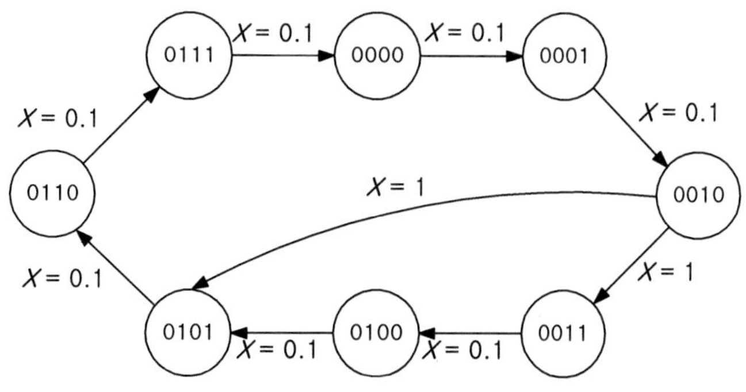

13.6 74S163 카운터에 게이트를 첨가하여 주어진 상태 그래프를 실현하시오.

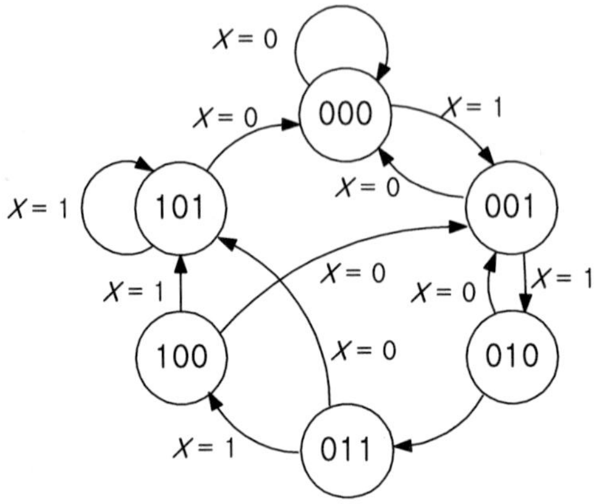

13.7 표 10-4를 표현하기 위해서 ROM과 D 플립-플롭을 어떻게 연결할 수 있는가를 블록도로 그리시오. 직렬형 2진 상태 할당을 사용하여 ROM에 대한 진리표를 나타내시오(천이표(Transition)가 아니라 진리표(Truth table)로 나타냄을 유의하시오).

13.8 그림 12-13의 상태표는 PAL와 D 플립-플롭을 사용하여 실현할 수가 있다.

a. 블록도를 그리시오.

b. 식 (12-1)의 상태 할당을 이용한 진리표의 형태에서 PAL의 내용을 기술하시오 (D 방정식에 대한 그림 12-14(b)를 참조하시오).

c. 만일, PAL이 ROM으로 대치된다면 필요로 하는 ROM의 크기는 얼마인가?

13.9 어느 디지털 시스템이 4개의 74S374 8비트 D 플립-플롭 레지스터를 갖고 있다. 어떤 레지스터의 내용도 다른 레지스터에 로드될 수 있도록 공통버스에 모든 4개의 레지스터 입력과 출력을 연결하였다. 디코더는 레지스터의 출력을 선택적으로 구동할 수 있도록 하기 위해 사용되고, 각 레지스터는 분리해서 클럭이 가해진다.

a. 이 시스템의 블록도를 그리시오.

b. 레지스터 B의 내용을 레지스터 A에 로드하기 위해서 디코더 입력은 어떻게 되어야 하며, 어떤 레지스터에 클럭을 가해야 되는가? 또한, 레지스터 A의 내용을 레지스터 C와 D 모두에 로드하기 위해서인 경우에도 고려하시오.

13.10 a. 16R4 PAL을 사용하여 그림 12-13의 상태표를 실현하시오(다음 상태 방정식에 대한 그림 12-14(b)를 참조). 16R4 도면상에 X를 표시하여 퓨즈 패턴을 나타내시오.

b. 16R4 PAL을 사용하여 표 11-5의 상태표를 실현하시오. 직렬형 2진 상태 할당 ($S_0 = 000$, $S_1 = 001$, $\cdots$)을 사용하시오.

13.11 MyPLD에서 GAL 22v10D를 사용하여 다음과 같은 디지털 시계를 설계하시오(시,분,초까지 설계)

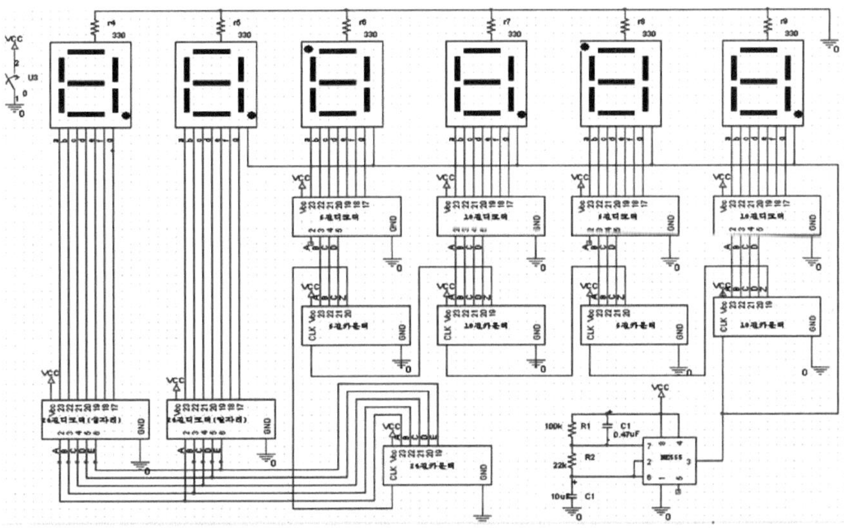

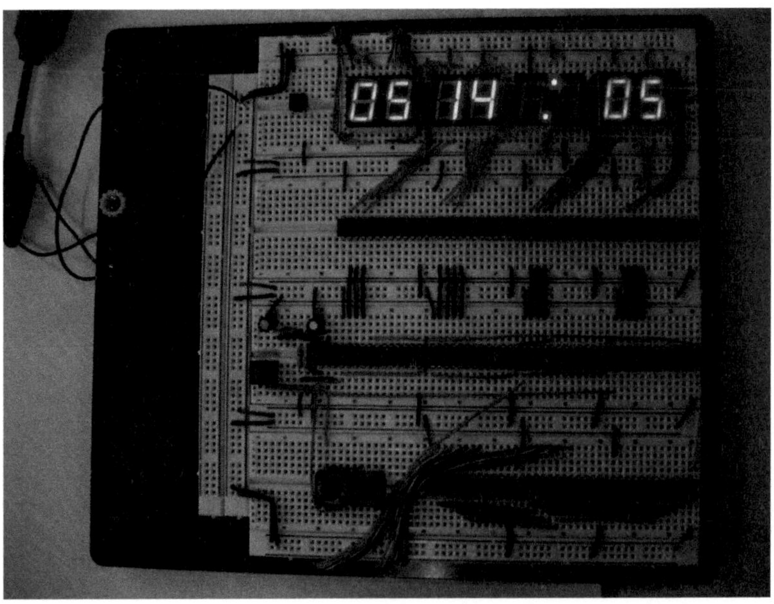

a. 6진, 10진, 24진 카운터를 설계하여 부울 식을 구하시오.

b. NE 555 타이머를 사용하여 1초에 해당하는 1Hz를 구현하시오.

c. 위의 디지털시계를 구성하여 위의 회로도와 같이 완성하시오.

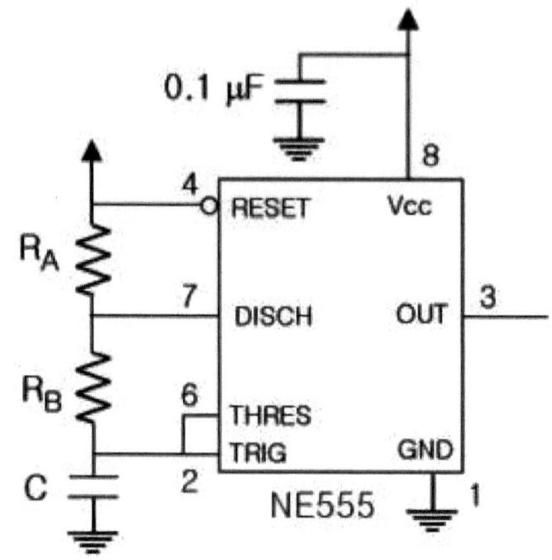

CHAPTER 14

연산회로 설계

Circuit Design for Arithmetic Operations

본장에서는 조합, 순차, 반복회로 설계에 대한 기술들을 2진 가감회로 설계에 적용하기로 한다. 이 사례를 공부하기 전에 음 2진수(Negative binary numbers)를 표현하기 위한 여러 방법들을 설명하기로 한다.

14-1 음수(Negative Numbers)의 표현

음(−) 2진수를 표현하는 방법에는 여러 가지 방법이 있다. 대부분의 컴퓨터들은 단어의 첫 부호 비트를 +에 대해서는 0을 −에 대해서는 1인 부호 비트로 사용한다. 일반적으로 사람들이 사용하는 시스템의 부호 및 크기(Sign and magnitude)는 모두 동일하다. n−비트 단어인 경우 첫 비트는 부호 비트로, 그리고 남아 있는 비트들은 수의 크기(Magnitude)로 표현된다. 그러므로 n−비트 단어는 2^{n-1}개의 양의 정수 중에 하나이거나 또는 2^{n-1}개의 음의 정수 중에 하나를 나타낸다. 표 14−1은 $n=4$인 경우에 대한 2진수를 표현하였다. 여기에서 1000은 부호 및 크기 표현 시스템에서 −0을 나타낸다.

[표 14−1] $n=4$인 경우 부호화된 2진 정수 표현

$+N$	양의 정수	$-N$	음의 정수		
			부호와 크기	2의 보수 N^*	1의 보수 $\overline{N}$
+0	0000	−0	1000	----	1111
+1	0001	−1	1001	1111	1110
+2	0010	−2	1010	1110	1101
+3	0011	−3	1011	1101	1100
+4	0100	−4	1100	1100	1011
+5	0101	−5	1101	1011	1010
+6	0110	−6	1110	1010	1001
+7	0111	−7	1111	1001	1000
		−8	----	1000	----

부호와 크기로 표현된 2진수를 연산하기 위한 논리회로를 설계하는 것은 어렵기 때문에 다른 여러 가지 표현 방법이 자주 사용된다. 이런 시스템을 연산 단위(Arithmetic units)로 설계하는 것이 쉽기 때문에 2의 보수(2's complement)와 1의 보수(1's complement)가 흔히 사용되며 이러한 표현 시스템을 사용하면 산술장치(Arithmetic units)가 보다 더 쉽게 설계되기 때문이다. 2의 보수 시스템인 경우 양의 정수 N은 부호 및 크기 시스템에서처럼 0 표현 뒤에 크기가 따른다. 그러나 음의 정수 $-N$은 2의 보수(2's complement) N^*으로 표현된다. 만일 단어 길이가 n−비트라면 양의 정수 N의 2의 보수는 다음과 같이 정의된다.

$$N^* = 2^* - N \tag{14-1}$$

$n=4$인 경우 $-N$은 표 14-1에서처럼 16$-N$으로 표현된다. 예를 들면 -3인 경우는 16-3=13=1101_2로 표현된다. 따라서 부호 및 크기 수의 경우에서처럼 모든 음(-)의 2의 보수들은 부호 비트 최좌측 위치에 1을 갖는다. 1의 보수 시스템인 경우, 음수 $-N$은 1의 보수 $\overline{N}$로 표현하고 양의 정수 N의 1의 보수 $\overline{N}$는 다음과 같이 정의된다.

$$\overline{N} = (2^n - 1) - N \tag{14-2}$$

$n=4$인 경우 $-N$은 표 14-1에서처럼 15$-N$으로 표현된다. 1111은 -0을 나타내고 -8은 4-비트 시스템으로는 표현할 수가 없다. 1의 보수를 만들기 위한 또 다른 표현 방법으로는 0을 1로 1을 0으로 치환하여 비트대 비트로 단순히 보수화 하는 방법이 있다. 2^n-1은 모두 1로 구성되기 때문에 1에서 비트를 빼면 비트를 보수화 하는 것과 같다. 이것은 식(14-2)의 정의와 일치하게 된다. 예를 들면, $n=6$이고 $N=$ 010101인 경우에

$$2^n - 1 = 111111$$

$$N = \underline{010101}$$

$$\overline{N} = 101010$$

로 된다. 방정식 (14-1)과 (14-2)로부터

$$N^* = 2^n - N = (2^n - 1 - N) + 1 = \overline{N} + 1$$

로 된다. 따라서 2의 보수는 n비트를 비트마다 보수화하고 난 다음 더함으로써 구할 수가 있다. N의 2의 보수를 얻기 위한 가장 쉬운 방법으로는 우측에서부터 시작하여 첫 번째 "1"이 되는 좌측 부분까지 모든 비트를 보수화 하는 것이다. 예를 들면,

$$N = 010101, \quad N^* = 101010$$

로 된다. 방정식 (14-1)과 (14-2)로부터

$$N = 2^n - N^* \quad \text{그리고} \quad N = (2^n - 1) - \overline{N}$$

로 된다. 그러므로 2의 보수(N^*)로 표현된 음의 정수가 주어진다면, N^*의 2의 보수 N^*의 정수의 크기를 구할 수가 있다. 이와 같은 방법으로 1의 보수($\overline{N}$)로 표현된 음의 정수 크기를 얻기 위해서는 $\overline{N}$에다 1의 보수를 취하면 된다.

2의 보수 시스템에서 표현되는 음의 정수들의 개수는 양의 정수(0을 포함하지 않는)들의 개수보다 1개가 더 많아진다. 예를 들면, 표 14-1에서 부호 비트 1은 음수를 표현하므로 1000은 -8로 표현된다. 그리고 $N=8$이면 $N^*=10000-1000=1000$으로 된다.

일반적으로 단어 길이가 $n-$비트인 2의 보수 시스템인 경우에는 수 100 …… 000(1 다음에 $n-1$개의 0)은 다음과 같은 크기를 갖는 음의 수로 된다.

$$2^n - 2^{n-1} = 2^{n-1}$$

이러한 특별한 경우는 단지 2의 보수 경우에서만 일어난다. 그러나 -0은 2의 보수로 표현할 수가 없다. 그러나 -0은 부호 및 크기 시스템에서 그랬던 것처럼 1의 보수에서도 특별한 경우이다.

음의 수를 표현하는 2의 보수와 1의 보수에 대한 개념을 다른 베이스(Base)를 갖는 수 시스템(Number system)에도 확장 적용할 수가 있다. 일반적으로 베이스가 R이고 단어 길이가 n비트인 경우 양의 수 N에 대한 R의 보수는 다음과 같이 정의한다.

$$N^* = R^n - N$$

그리고 $(R-1)$의 보수는 다음과 같이 정의한다.

$$\overline{N} = (R^n - 1) - N$$

예를 들면, $n=4$인 8진수($R=8$)인 경우 0345_8의 8의 보수는 $10000_8 - 0345_8 = = 7433_8$이 되고, 7의 보수는 $(10000-1)-0345=7432_8$로 된다. 마치 1의 보수가 각 비트를 보수화함으로써 비트 하나 하나를 형성할 수 있는 것과 같이 $(R-1)$의 보수는 디지트(Digit) 하나 하나를 베이스로 형성할 수가 있다. 그러므로 8진수에서 7의 보수는 7에서 각 디지트를 빼면 얻을 수가 있다.

(1) 2의 보수(2's complement)의 덧셈

$n-$비트 부호화된(Signed) 2진수의 덧셈은 2의 보수 시스템을 직접 적용하면 된다. 여기에서 덧셈은 모두 수들이 양수일 때 부호 비트에 넘어오는 캐리는 무시하고 행한다. 이 과정은 오버플로우(Overflow)가 생성될 때만을 제외하고는 결과는 항상 정확하다. 단어 길이가 n비트일 경우에, 정확한 합(부호를 포함하여)의 결과를 표현하는 데 n비트 이상을 필요로 한다면 오버플로우가 발생하였다고 할 수가 있다. $n=4$인 경우에 일어나는 다른 여러 가지 경우를 나타내면 다음과 같다.

a. 2개의 양수 덧셈, sum$<2^{n-1}$

+3	0011	
+4	010 0	
7	0111	(정확한 값)

b. 2개의 양수 덧셈, sum$\geq 2^{n-1}$

+5	0101	
+6	0110	
11	1011	오버플로우 때문에 잘못된 값 (+11은 부호 비트를 포함하여 5비트가 필요)

c. 양수와 음수 덧셈(음수가 더 큰 크기를 가진 경우)

+5	0101	
−6	1010	
−1	1111	(정확한 값)

d. 양수 크기가 가장 큰 크기를 가진 경우를 제외하고는 c와 같다.

−5	1011	
+6	0110	
+1 (1)	000 1	부호 비트로부터 넘어온 캐리를 무시함으로써 얻어진 정확한 값

e. 두 음수 덧셈, | sum | $\leq 2^{n-1}$

−3	1101	
−4	1100	
−7 (1)	1001	마지막 캐리를 무시함으로써 얻어진 정확한 값 (이 경우는 오버플로우가 아니다.)

f. 두 음수의 덧셈, | sum |$> 2^{n-1}$

−5	1011	
−6	1010	
−1 1(1)	0101	오버플로우 때문에 잘못된 값 (−11은 부호 비트를 포함하여 5비트가 요구됨.)

경우 b에서 두 양수의 덧셈이 음(-)의 결과로 나타나고, f의 경우에서 두 음의 수 덧셈은 양(+)의 결과로(4비트 경우에) 나타나기 때문에 오버플로우가 일어남을 쉽게 알 수가 있다.

부호 비트로부터 발생된 캐리를 떼어내면 정확한 결과가 되는가를 증명해 보면 경우 d와 e에 대해서 다음과 같다.

경우 d. $-A+B$ (여기서 $B>A$)

$$A^{*}+B=(2^{n}-A)+B=2^{n}+(B-A)>2^{n}$$

마지막 캐리를 떼어내는 것은 2^{n}을 빼는 것과 등가이므로 $B-A$의 결과는 정확한 해가 된다.

경우 e. $-A-B$ (여기에서 $A+B \leqq 2^{n-1}$)

$$A^{*}+B^{*}=(2^{n}-A)+(2^{n}-B)=2^{n}+2^{n}-(A+B)$$

마지막 캐리를 무시하면 $2^{n}-(A+B)=(A+B)^{*}$가 되므로, $-(A+B)$의 표현은 정확한 해가 된다.

(2) 1의 보수(1's complement)의 덧셈

1의 보수의 덧셈은 마지막 캐리를 버리지 않고 가장 오른쪽에 있는 n 비트 합에다 마지막 캐리를 더한다는 것을 제외하고는 2의 보수 덧셈과 같다. 여기에서 이러한 캐리를 “end-around” 캐리라고 부른다.

양의 수 덧셈은 2의 보수 아래의 a와 b 경우에 대해서 설명한 것과 동일하다. 그외 나머지 경우는 다음과 같이 설명할 수가 있다.($n=4$).

c. 음과 양의 덧셈(음의 수 크기가 큰 경우)

```
 +5     0101
 -6     1001
-----  ------
 -1     1110      (정확한 값)
```

d. 양수가 더 큰 크기인 경우를 제외하고 c와 같다.

```
 +5       0101
 -6       1001
-----    ------
      (1) 0000
       └────→ 1      (end-around 캐리)
         ------
          0001      (정확한 답 : 오버플로우가 아님)
```

e. 두 음수 덧셈, | sum | $< 2^{n-1}$

```
   -3      1100
   -4      1011
  ------  ------
      (1)  0111
           └──→ 1    (end-around 캐리)
           ------
           0100      (정확한 답 : 오버플로우가 아님)
```

f. 두 음수 덧셈, | sum | $\geq 2^{n-1}$

```
   -5      1010
   -6      1001
  ------  ------
      (1)  0011
           └──→ 1    (end-around 캐리)
           ------
           0100      (오버플로우 때문에 잘못된 값)
```

다시, f의 경우에서 두 음의 수 덧셈은 양(+) 결과로 나타나기 때문에 오버플로우가 발생하였다는 것을 쉽게 알 수가 있다. 다음의 d와 e 경우에는 end-around 캐리 방법이 정확한 결과를 만들 수가 있음을 증명하고 있다.

경우 d. $-A+B$ (여기서 $B>A$)

$$\overline{A}+B=(2^n-1-A)+B=2^n+(B-A)-1$$

End-around 캐리는 2^n을 빼고 1을 더하는 것과 같다. 그러므로 $(B-A)$ 결과는 정확하다고 할 수가 있다.

경우 e. $-A-B(A+B<2^n-1)$

$$\overline{A}+\overline{B}=(2^n-1-A)+(2^n-1-B)=2^n+[2^n-1-(A+B)]-1$$

End-around 캐리 이후의 결과는 $2^n-1-(A+B)=\overline{(A+B)}$이다. 따라서 $-(A+B)$에 대해 정확한 표현이 된다.

다음 예제는 $n=8$의 단어 길이에 대한 1의 보수와 2의 보수 덧셈을 설명하였다.

a. 1의 보수를 취하여 −11과 −20을 더한다.

+11=00001011, +20=00010100

비트마다 보수를 취하면, −11은 11110100으로 −20은 11101011로 된다.

```
        11110100          (−11)
        11101011        +(−20)
(1)     11011111          (end− around carry)
 └──────────→ 1
        11100000  =  −31
```

b. 2의 보수로 −8과 +19를 더한다.

+8=00001000으로 모든 비트를 첫 번째 1의 왼쪽에 보수화하면 −8은 1111100으로 된다.

```
        11111000        (−8)
        00010011        +19
(1)     00001011        +11
 └──────→ (마지막 캐리를 무시한다.)
```

두 경우에 있어서, 덧셈은 비트의 가장 왼쪽에서 캐리를 만들고 답이 정확하게 8비트(부호 포함)로 표현되므로 오버플로우는 없다. n비트로 부호화된 2진수를 더할 경우 오버플로우를 알아내는 일반적인 방법은 다음과 같다.

두 개의 양의 수를 더해 한 개의 음의 수가 되거나 혹은 두 개의 음의 수를 더해 하나의 양의 수가 된다면 오버플로우가 발생한다.

1과 2의 보수 연산에 대해 사용하였던 방법을 어떤 다른 베이스(Base)에도 확장 적용할 수가 있다. 만약 베이스가 R이고, 음의 수가 $\overline{R}$의 보수로 표현된다면 두 수를 더하고 마지막 디지트 캐리가 발생할 경우에는 이를 무시한다.

예를 들면, 다음과 같이 4−디지트 8진수를 고려하자.

```
  7433      (−345)
 +0672
 10325      (캐리를 무시하면 정확한 답이 된다.)
```

$R-1$의 보수 경우에는, 윤회식 자리올림(end−around) 캐리가 필요하다. 위의 예에서 음의 8진수 표현을 7의 보수로 하였다면 다음과 같이 수행된다.

```
   7432     (−345)
 + 0672
  10324
 + └→ 1     (end−around 캐리)
   0325
```

14-2 2진 가산기 설계

(1) 병렬 가산기(Parallel adder)

n - 비트 2진수를 더하는 병렬 가산기 설계를 해보기로 하자.

$$X = x_n x_{n-1} x_{n-2} \cdots\cdots x_2 x_1, \quad Y = y_n y_{n-1} y_{n-2} \cdots\cdots y_2 y_1$$

병렬 가산기를 그림 14-1에서 나타내는 것처럼 반복회로 형태(Interative network)라고 가정한다. 두 개의 2진수는 병렬로 셀(Cell) 입력으로 들어간다. 가장 우측에 있는 가산기 셀은 최하위 비트(Least significant bit) x_1과 y_1비트를 더하여 합 s_1과 캐리 c_2가 발생된다. 그 다음 셀에서는 캐리 c_2와 비트 x_2, y_2가 더해져서 합 s_2과 캐리 c_3가 발생된다. 이런 과정은 셀에 있는 게이트가 동작이 빠른 만큼 진행하고 정상 상태에 도달하면 합 $s_n, s_{n-1}, s_{n-2} \cdots\cdots s_3, s_2, s_1$은 병렬로 출력된다.

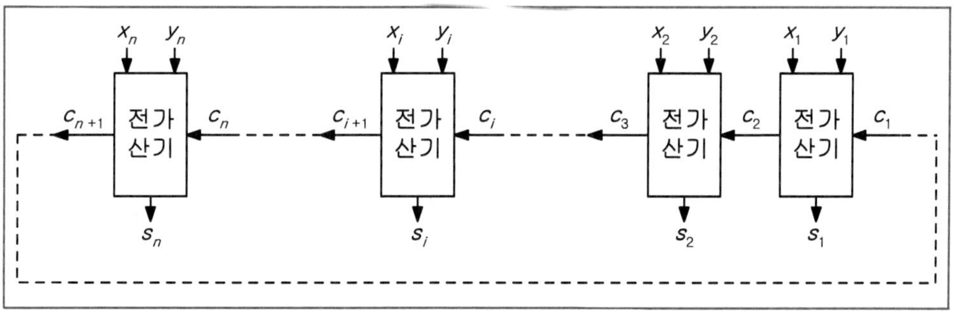

[그림 14-1] 병렬 2진 가산기

이런 회로를 설계하기 위해서는 비트 x_i, y_i에 캐리 c_i가 더해져서 합 s_i와 캐리 c_{i+1}을 발생시킬 수 있는 기준 셀을 우선 설계해야 한다. 표 14-2에서 이 기준 셀(typical cell)의 동작을 규정하였다.

[표 14-2] 전가산기 진리표

x_i y_i c_i	c_{i+1} S_i
0 0 0	0 0
0 0 1	0 1
0 1 0	0 1
0 1 1	1 0
1 0 0	0 1
1 0 1	1 0
1 1 0	1 0
1 1 1	1 1

기준셀에 대한 함수는 그림 14-2에서 보여주는 것처럼 카르노(Karnaugh) 맵을 사용하여 쉽게 결정할 수가 있다.

(a) s_i (b) c_i+1

$$s_i = \overline{c_i}(\overline{x_i}y_i + x_i\overline{y_i}) + c_i(x_iy_i + \overline{x_i}\,\overline{y_i}) = \overline{c_i}(x_i \oplus y_i) + c_i(\overline{x_i \oplus y_i}) = c_i \oplus x_i \oplus y_i$$

$$c_{i+1} = c_i(x_i + y_i) + x_iy_i$$

[그림 14-2] 전가산기에 대한 카르노(Karnaugh) 맵

비록 설계된 전가산기가 양의 2진수를 더할 수 있도록 되어 있지만, 이 가산기에는 보수로 표현된 음의 수에도 이용할 수가 있다. 2의 보수로 표현된 수를 사용할 경우는 마지막 캐리를(c_{n+1})를 무시하기 때문에 첫 번째 셀에 대한 방정식은 다음과 같이 간략화할 수 있다. 즉 $c_1=0$이므로 첫 번째 셀에 대한 방정식은 다음과 같다.

$$s_1 = \overline{x_1}y_1 + x_1\overline{y_1}, \quad c_2 = x_1y_1$$

1의 보수를 사용할 경우에는, 그림 14-1에서 굵은 점선으로 표현된 것처럼 캐리 c_{n+1}을 c_1 입력에 연결하면 end-around 캐리가 수행된다. 회로가 폐쇄루프(Closed loop)이더라도 캐리는 루프에서 계속적으로 생성되지 않으며 항상 일정한 안정 상태(Steady-state)에 도달한다. 캐리 전파를 하기 위해 $x_i=1$와 $y_i=1$을 가진 셀을 필요로 하고, 이것은 캐리 c_{i+1}=1을(c_i의 값과는 상관없이) 발생시킨다. 이 캐리가 c_i을 변화시키면서 루프에 전달된다 할지라도 c_{i+1}은 1로 남아 있게 되며 일정한 안정 상태에 도달한다.

(2) 직렬 가산기(Serial adder)

다음에는 2진수 X와 Y가 한 번에 한 쌍의 비트씩 직렬로 들어오는 직렬 가산기를 설계하여 보기로 한다. 처음에는 x_1과 y_1 비트가 더해져서 합(Sum) s_1을 발생하고 캐리 c_2를 저장한다. 다음 클럭 때에는 x_2, y_2가 들어와서 c_2와 더해져서 다음의 합(Sum) s_2가 발생되고 새로운 캐리 c_3가 저장된다. 모든 비트들이 더해질 때까지

이 과정은 계속해서 진행된다. 그러므로 표 14-2를 적용하면 동일한 전가산회로(Full adder)를 사용하여 합(Sum)과 캐리 비트를 생성할 수가 있다. 캐리를 저장하기 위해서 지연 소자를 첨가함으로써 14-3(a)와 같이 직렬 가산기를 설계할 수가 있다. 새로운 x, y 입력이 동일한 시간에 들어오고 이전의 캐리가 지연소자의 출력에서 사용될 수 있도록 입력들은 지연소자와 동기가 되어야 한다. 실제로 클럭형 D 플립-플롭은 그림 14-3(b)에서처럼 이러한 동기를 만족하면서 구성되었다.

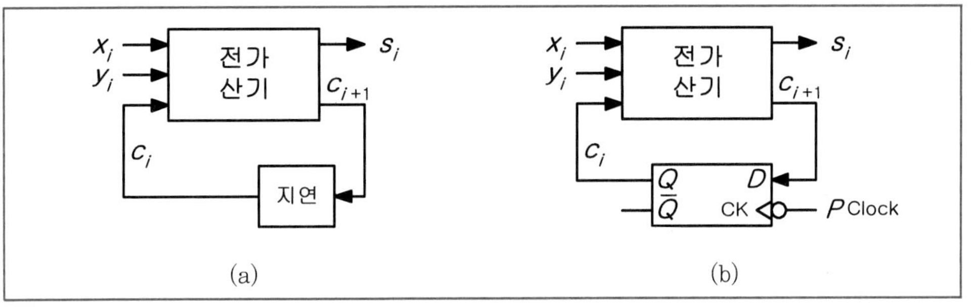

[그림 14-3] 직렬 가산기(Serial adder)

지연(Delay)소자 대신에 캐리를 저장하기 위한 $S-R$ 플립-플롭을 사용하면 그림 14-3의 직렬 가산기를 수정할 수가 있다. 이 경우에, 표 14-2의 c_i열을 캐리 플립-플롭의 현재상태로 c_{i+1}열을 다음 상태로 해석하면 된다. 캐리 플립-플롭에 대한 다음 상태 맵과 유도된 $S-R$ 입력 맵은 그림 14-4와 같이 나타낼 수가 있다. 최종 직렬 가산기 회로는 그림 14-5에서 나타내었다.

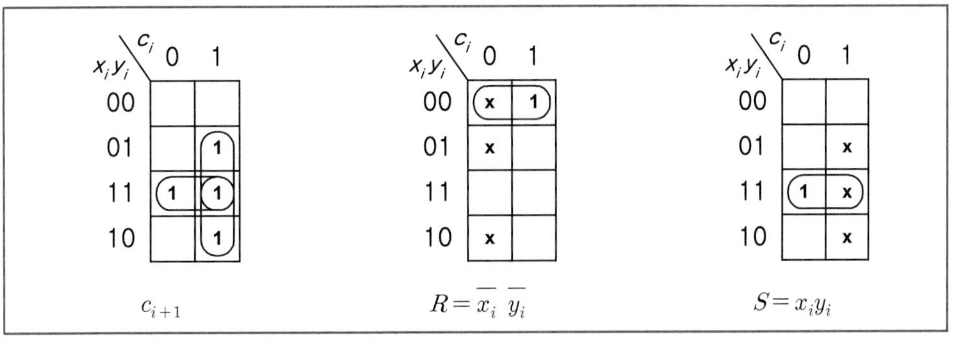

[그림 14-4]

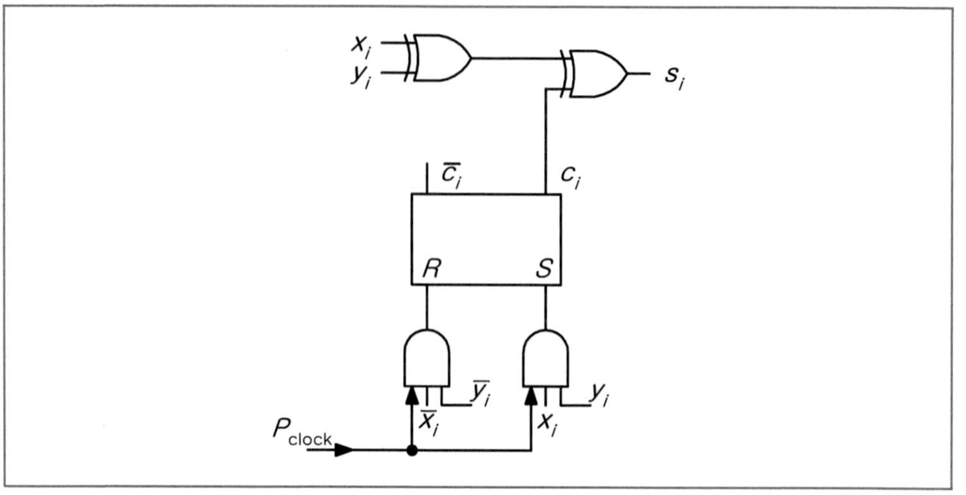

[그림 14-5] 캐리 저장을 위해 플립-플롭이 있는 직렬 가산기

(3) 어큐뮬레이터(Accumulator)를 가진 병렬 가산기

컴퓨터 회로에서 플립-플롭 레지스터(어큐뮬레이터라고 함)에 한 숫자를 저장하고 그 수에 2번째 수를 더하여 그 결과를 어큐뮬레이터에 저장하는 것은 흔한 일이다.

어큐뮬레이터(Accumulator)가 있는 병렬 가산기를 설계하는 한 가지 방법은 그림 14-1의 가산기에 플립-플롭 레지스터를 첨가하여 그림 14-6의 회로로 설계하는 것이다. 처음에 숫자 X를 어큐뮬레이터에 집어 넣고, 숫자 Y가 전가산기(Full adder) 입력으로 가해지고 캐리가 가산기를 통해 발생되면 합(Sum)이 가산기 출력에 나타난다. 가산펄스(P_{add})는 가산기 출력을 어큐뮬레이터 플립-플롭으로 전송하는 데 사용된다. 만약 s_i=1, J_i=1이고 K_i=0이라면 플립-플롭 x_i 의 다음 상태는 1이 된다. 만일 s_i=0, J_i =0이고 K_i=1이라면 플립-플롭 x_i 의 다음 상태는 0이 된다. 그러므로, $x_i^+ = s_i$ 이고, 가산(P_{add}) 펄스가 발생하면 어큐뮬레이터에 있는 숫자 X는 X와 Y의 합(Sum)으로 대치된다.

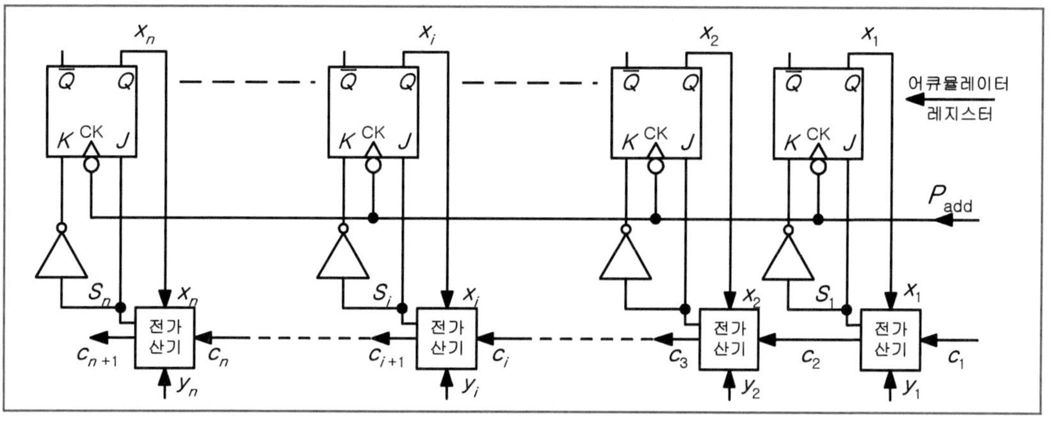

[그림 14-6] 어큐뮬레이터가 있는 병렬 가산기

또 다른 설계 방법도 가능하다. 어큐뮬레이터를 가진 논리회로의 일부분으로 취급되는 어큐뮬레이터의 플립-플롭을 사용하면 그림 14-7에 나타내는 형태의 반복회로를 가정하여 보기로 하자. 여기에서 T 플립-플롭이 사용되었기 때문에 기준 셀에 대한 T_i를 유도하여야 한다. 처음에는 X가 플립-플롭에 입력된다. 그러면 플립-플롭 출력과 Y는 가산기의 기준 셀로 들어가고, 그러면 캐리 신호는 셀들간으로 전파된다. 그 다음에 덧셈 펄스(P_{add})가 인가되고 나면 X와 Y 합이 어큐뮬레이터 플립-플롭에 나타난다. s_i가 어큐뮬레이터 플립-플롭의 다음 상태라는 것을 제외하고는 표 14-2가 그대로 적용된다 $s_i = x_i^+$ 이다. 그러므로 그림 14-8(a)에서 x_i에 대한 다음 상태 맵은 그림 14-2(a)와 같다. 그림 14-8(c)에서 보여주는 T_i에 대응하는 입력맵은 x_i^+ 로부터 유도된다. 캐리 함수(c_{i+1})는 그림 14-2(b)에서 나타내는 일반 병렬 가산기인 경우와 같다. 그러나 매우 복잡한 함수인 s_i 대신, T_i가 유도됨을 주목해야 한다. 그림 14-9는 최종적인 설계된 대표성이 있는 셀을 나타내었다.

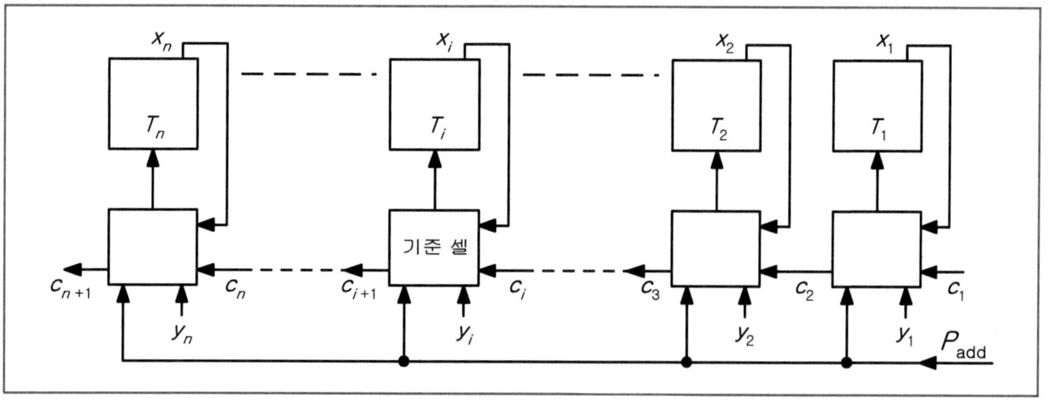

[그림 14-7] 어큐뮬레이터가 있는 간단한 병렬 가산기

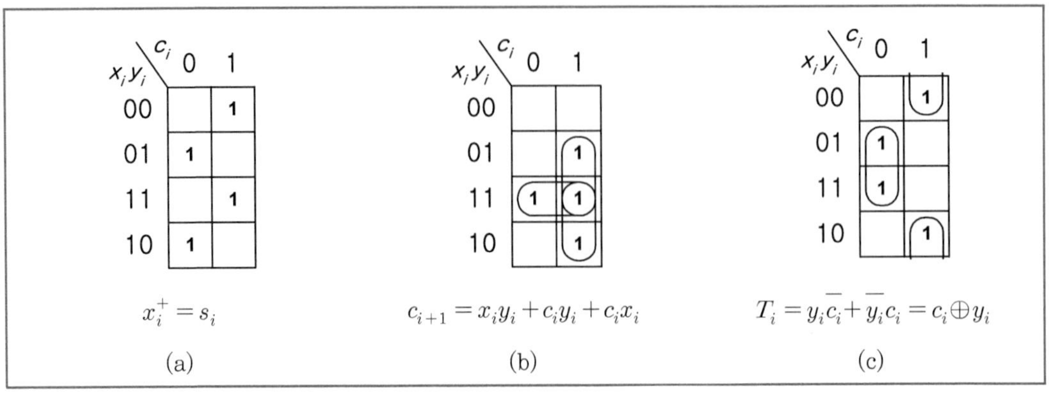

[그림 14-8]

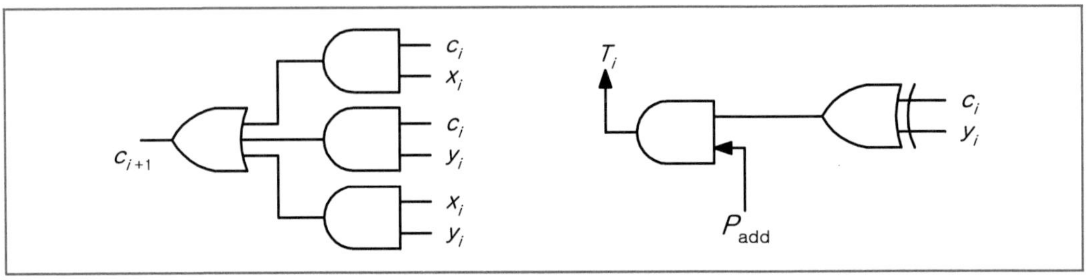

[그림 14-9] 그림 14-7의 가산기에 대한 기준셀

14-3 2진 감산기(Binary Subtracters)

2진수의 감산은 감산하고자 하는 수에 보수(Complement)를 취하여 덧셈을 하면 쉽게 이룰 수가 있다. $A-B$ 연산을 행하기 위해서는 B의 보수를 A에 더하면 된다. 1또는 2의 보수는 사용되는 가산기 종류에 따라서 적용하면 된다.

그림 14-10 회로는 음의 수를 2의 보수로 표현하여 $A-B$ 연산을 행할 때 사용된다. B의 2의 보수는 먼저 1의 보수를 구하고 난 다음 1을 더한 형태이다. 즉, 1의 보수는 B의 각 비트를 반전시킴으로써 형성되며, 1을 더하는 것은 첫 번째 전가산기(Full adder)의 캐리 입력에다 1을 집어넣게 되면 효과적으로 이루어진다.

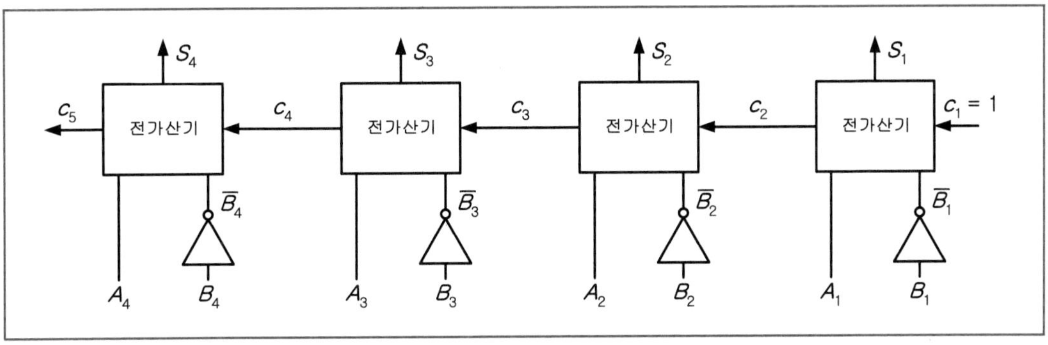

[그림 14-10] 전가산기(Full adder)를 이용한 2진수의 뺄셈

예) $A = 0110(+6)$

$B = 0011(+3)$

가산기 출력은

	0110	(+6)
+	1100	(3의 1의 보수)
+	1	(첫캐리 입력으로 된다.)
(1)	0011	= 3 = 6−3

또 다른 방식은, 직접적인 감산을 전가산기에서 적용한 방법으로 전감산기(Full subtracter)를 사용하여 이룰 수가 있다. X에서 Y를 뺀 병렬 감산기에 대한 블록도는 그림 14-11에서 나타내었다.

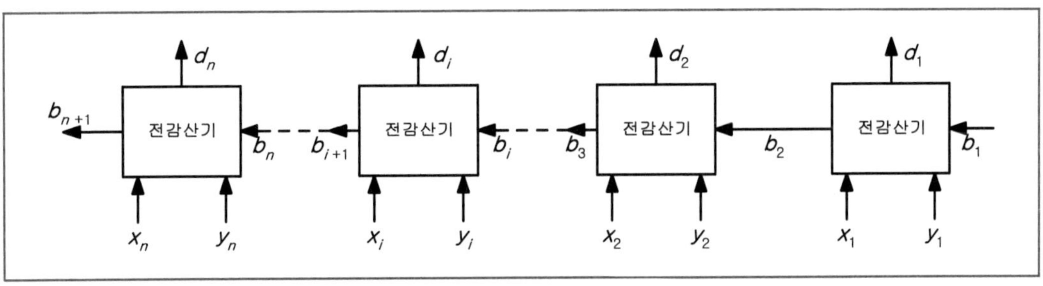

[그림 14-11] 병렬 감산기

첫 두 비트는 가장 오른쪽에 있는 셀에서부터 감산된다. 그리고 다음 열로부터 빌려올 수(Borrow)가 필요로 하면 빌림 신호(Borrow signal : b_i=1)가 발생된다. 셀 i에서 비트 b_i와 y_i는 차(Difference) d_i를 만들기 위해서 x_i로부터 감산된다. 그리고 다음 열로부터 빌려올 수가 필요로 하면 빌림 신호(b_{i+1}=1)가 발생된다. 표 14-3은 2진 전감산기에 대한 진리표이다. 다음의 x_i=0, y_i=1, b_i=1인 경우에 대하여 고려해 보자.

	빌림수 전의 열 i	빌림수 후의 열 i
x_i	0	10
$-b_i$	-1	-1
$-y_i$	-1	-1
d_i		0 $(b_{i+1}=1)$

열 i에서는 x_i로부터 y_i와 b_i는 즉시 감산할 수 없음을 유의해야 한다. 그래서 열 $i+1$로부터 수를 빌려와야 한다. 열 $i+1$로부터 1을 빌리는 것은 b_i+1을 1로 정하는 것과 같고 x_i에 10_2을 더하는 것과 같다. 그 다음에 d_i=10−1−1=0로 된다. 표 14-3은 위와 다른 입력 조합에 대해서도 정확하게 증명되었으며 이진 감산의 다른 여러 예제들을 실행할 때에도 사용된다.

[표 14-3] 2진 전감산기에 대한 진리표

x_i	y_i	b_i	b_{i+1}	d_i
0	0	0	0	0
0	0	1	1	1
0	1	0	1	1
0	1	1	1	0
1	0	0	0	1
1	0	1	0	0
1	1	0	0	0
1	1	1	1	1

14-4 어큐뮬레이터가 있는 직렬 가산기

그림 14-12는 어큐뮬레이터가 있는 직렬 가산기의 블록도를 나타낸다. 두 개의 시프트 레지스터는 더하려는 수, X와 Y를 유지하기 위해 사용된다. 그림 14-12에서 시프트 레지스터를 통과하는 긴 화살표는 시프트 입력펄스를 나타낸다. 입력이 가해지게 되면 레지스터 내용은 오른쪽으로 한 칸씩 이동되고 D 입력에 있는 비트는 x_4(혹은 y_4)로 들어간다. X 레지스터는 어큐뮬레이터로 동작되며, 4개의 시프트 펄스가 가해진 후 X의 값(Number)은 X와 Y의 합으로 대치된다.

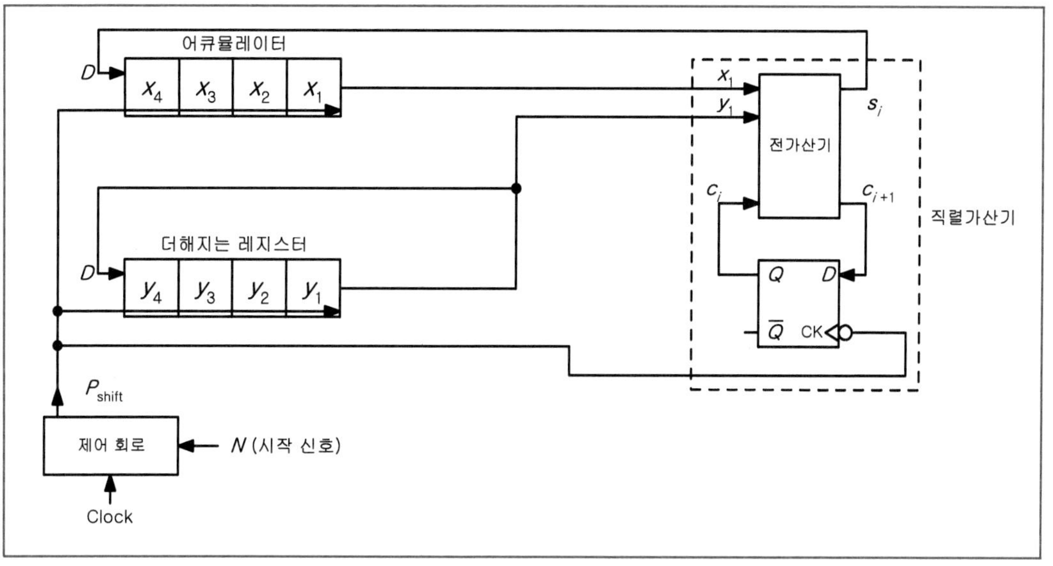

[그림 14-12] 어큐뮬레이터가 있는 직렬 가산기의 블록도

더해지는(Addend) 레지스터는 4개의 시프트 펄스가 가해신 후 원래 상태로 돌아가서 Y값이 보존되도록 하기 위해 순환 레지스터(그림 9-13과 동일)처럼 연결되어 있다. 블록도에 있는 직렬 가산기는 그림 14-3(b)의 직렬 가산기와 동일하다. 매 클럭마다 한 쌍의 비트들이 더해진다. 시프트 펄스(P_{shift})는 어큐뮬레이터에 합(Sum)의 비트를 저장하게 하고, 캐리 플립-플롭에서는 캐리 비트를 저장하게 하며, 더해지는 레지스터 오른쪽으로 순환 시프트하는 역할을 한다. 그림 14-13은 직렬 가산기 동작을 설명하고 있다. 이 그림에서 t_0는 첫 번째 시프트 펄스가 가해지기 전의 시간, t_1은 첫 번째 시프트 펄스 이후의 시간, t_2는 두 번째 시프트 펄스 이후의 시간이다(… 등등). 초기 t_0 시간에서는 어큐뮬레이터는 X를 포함하고 더해지는 레지스터는 Y를 포함한다. 여기서 전가산기는 조합회로이므로, x_1, y_1, c_1가 합 s_1과 캐리 c_2를 형성하기 위해서 즉각 더해진다. 첫 번째 시프트 펄스가 발생하면 s_1은 어큐뮬레이터로 시프트되며 남아있는 어큐뮬레이터 디지트들은 오른쪽으로 한 칸씩 이동된다. 똑같은 시프트 펄스가 c_2를 캐리 플립-플롭에 저장시키고, 더해지는 레지스터는 오른쪽으로 한 비트씩 순환시킨다. 다음 비트쌍 x_2, y_2가 지금 전가산기 입력 위치에 놓여진다면 가산기는 그림 14-13(b)에서 나타내는 것처럼 합 s_2와 캐리 c_3를 생성한다. 두 번째 시프트 펄스는 s_2를 어큐뮬레이터로 이동시키고, c_3를 캐리 플립-플롭에 저장시키며, 그리고 더해지는 레지스터를 오른쪽으로 순환시킨다. 비트 x_3와 y_3는 그림 14-13(c)에서처럼 현재 가산기 입력위치에 놓여진다면 그림 14-13(e)에 나타난 것처럼 모든 비트쌍들이 더해질 때까지 이 과정은 계속하게 된다.

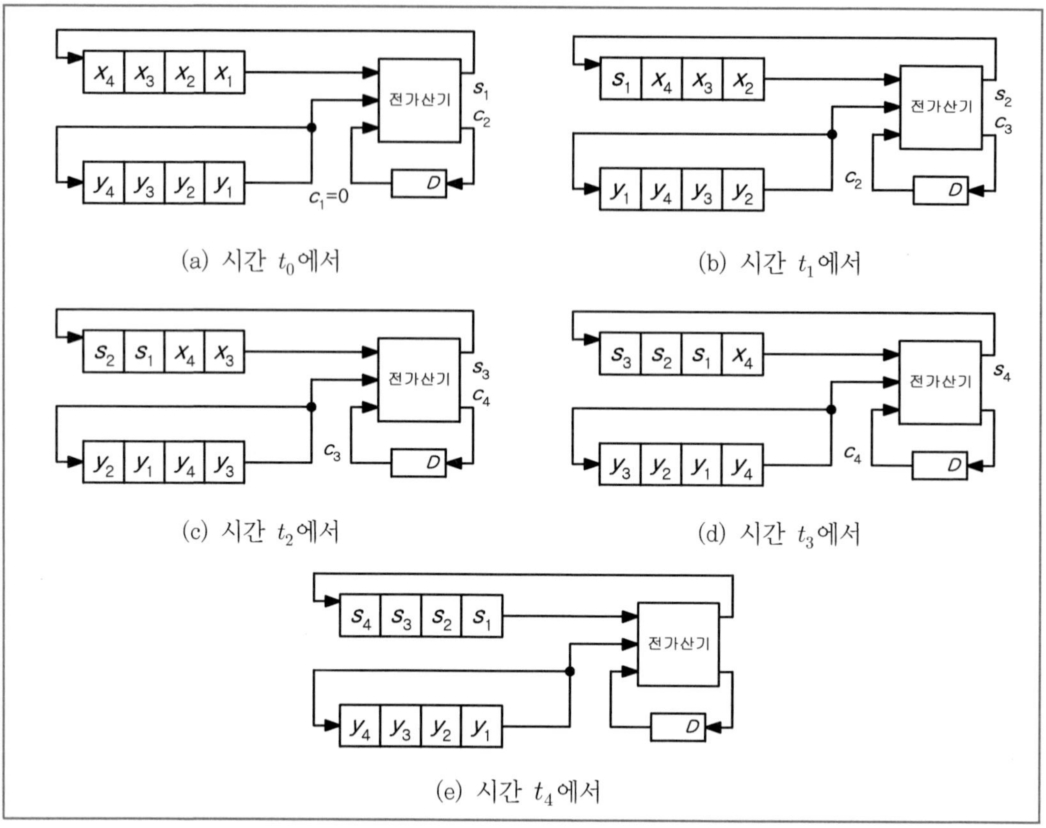

[그림 14-13] 어큐뮬레이터가 있는 직렬 가산기의 동작

표 14-4는 직렬 가산기 동작의 수치적인 예를 보여주고 있다. 처음에 어큐뮬레이터는 0101을 갖게 되고 더해지는 레지스터는 0111 내용을 갖게 된다. t_0에서 전가산기는 1+1+0=10을 계산하여 s_1=0, c_i^+=1를 생성시킨다. 첫 번째 시프트 펄스 이후(시간 t_1)에서 첫 번째 합비트(Sum bit)는 어큐뮬레이터에 들어가고 캐리는 캐리 플립-플롭 내에 저장되며, 더해지는 레지스터는 오른쪽으로 순환된다. 4번째 펄스 후(시간 t_4)에는 X와 Y합이 어큐뮬레이터에 남게 되고 더해지는 레지스터는 원래 상태로 되돌아간다.

[표 14-4] 직렬 가산기의 수치적 동작 예

	X	Y	c_i	s_i	c_i^+
t_0	0101	0111	0	0	1
t_1	0010	1011	1	0	1
t_2	0001	1101	1	1	1
t_3	1000	1110	1	1	0
t_4	1100	0111	0	(1)	(0)

가산기에 대한 제어회로는 시작신호가 들어오고 난 후 4개의 시프트 펄스를 발생하고 나서 멈출 수 있도록 설계가 되어야만 한다. 그림 14-14는 제어회로에 대한 상태도와 상태표를 나타내고 있다. 회로는 시작신호가 들어올 때까지 s_0에 남아있게 되고 회로가 시프트 펄스를 출력으로 발생하고 s_1으로 천이된다. 그런 다음 연속적인 클럭이 들어오면 3개 이상의 시프트 펄스가 출력되어진다. 시작신호는 또 다른 시작신호가 들어올 때까지 더 이상의 출력이 발생되지 않도록 하기 위해서 회로는 s_0상태로 되돌아가기 이전에 시작신호는 끝난다고 가정하기로 한다. 상태 s_1에 일단 도달하게 되면 회로 동작은 N값과 관계없이 계속되기 때문에 상태도에서 "−"(Dash)로 표기하였다.

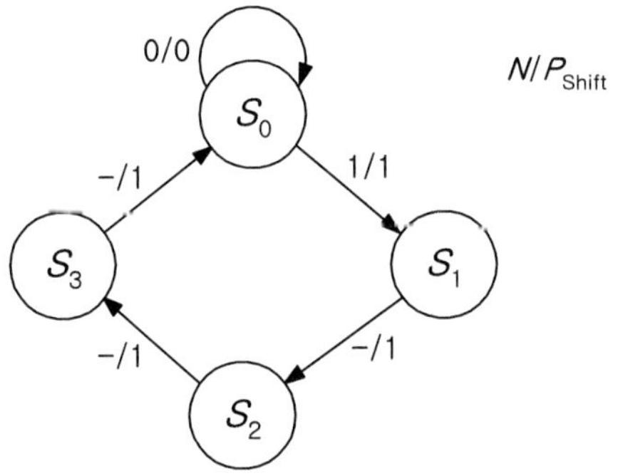

	다음 상태 $N=$ 0	1	P_{shift} 0	1
S_0	S_0	S_1	0	1
S_1	S_2	S_2	1	1
S_2	S_3	S_3	1	1
S_3	S_0	S_0	1	1

[그림 14-14] 직렬 가산기 제어에 대한 상태 그래프(도)

순차회로에 대한 상태 그래프가 그림 14-14에서처럼 하나의 상태루프(Lop)를 형성하고 있을 때 회로는 카운터 동작 형태를 가진다. 이런 이유로 상태 할당은 연속적인 2진수 시컨스(Binary sequence)로 구성되어지고 경제적인 회로를 만들 수 있다. 그림 14-14의 상태표로 시작하여 직접 2진 상태 할당을 적용한다면 제어회로 방정식들은 $J-K$에 대한 간단한(Short-cut) 방법을 사용한다면 그림 14-15에서처럼 유도된다.

	AB	A^+B^+	
		0	1
S_0	00	00	01
S_1	01	10	10
S_2	10	11	11
S_3	11	00	00

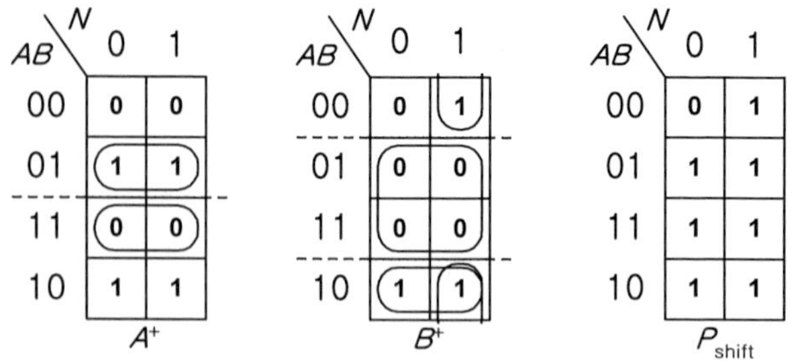

$J_A = B$
$K_A = B$

$J_B = N + A$
$K_B = 1$

$P_{shift} =$
$N + A + B$

[그림 14-15] 제어회로 방정식 유도

그림 14-16은 최종적으로 얻어진 제어회로를 나타내었다. P_{shift}가 시프트 클럭 입력에 연결되어 있으므로 클럭 펄스$(N + A + B)$와 AND되어 있다.

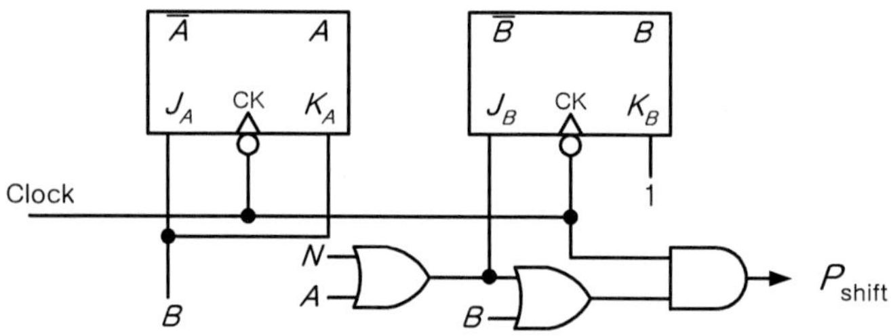

[그림 14-16] 직렬 가산기에 대한 제어회로

14-5 병렬 승산기(Multiplier) 설계

이제부터 절에서는 양의 2진수에 대한 병렬 승산기 설계를 하기로 한다. 1장에서 설명한 것처럼 2진수 곱셈은 단지 시프트(Shifting)와 덧셈 과정만이 요구된다. 위의 예를 연산 과정만 약간 변형하여 다시 한번 취급하기로 하자. 이 과정은 처음에 모든 부분곱(Partial product)을 형성하고 난 다음 전부 더하는 방법 대신에 각각의 부분곱이 형성되자마자 더하는 연산 방법이다. 따라서 이 과정은 한 번에 2개 이상의 2진수를 더하는 연산 과정을 제거할 수가 있다.

1101	(13)	← 피승수(Multiplicand)	
1011	(11)	← 승수(Multiplier)	
1101		← 부분곱	
1101		← 부분곱	
100111			
0000		← 부분곱	(Partial product)
100111			
1101		← 부분곱	
10001111	(143)	← 곱(Product)	

두 개의 4비트 수의 곱셈은 4비트 피승수(Multiplicand) 레지스터와 4비트 승수(Multiplier) 레지스터, 그리고 곱(product)에 대한 8비트 레지스터가 필요하다. 곱(Product) 레지스터는 부분곱들의 합을 축적하는 어큐뮬레이터 기능으로 사용된다.

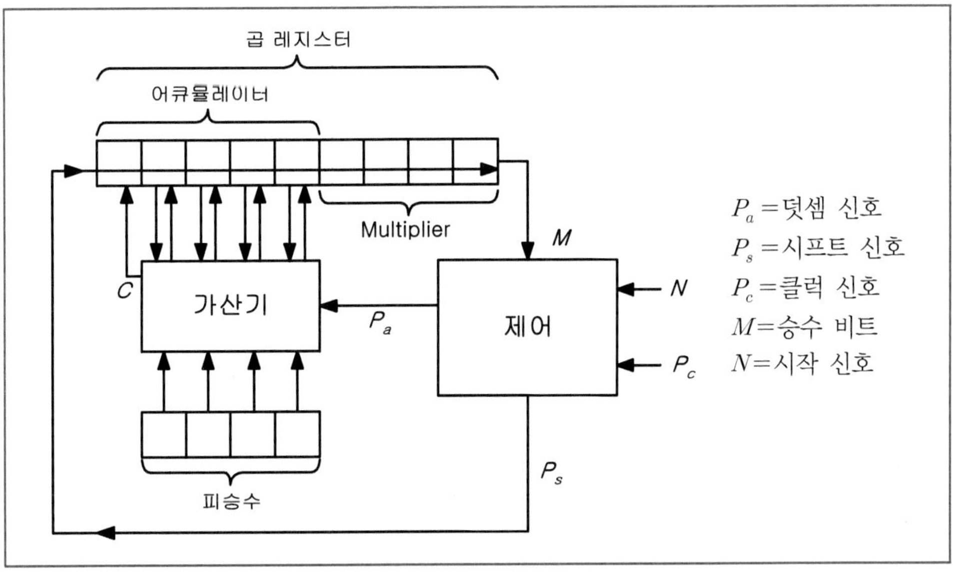

[그림 14-17] 병렬 2진 승산기에 대한 블록도

위 예제에서 수행되는 것처럼 더하기 전에 매번 피승수를 왼쪽으로 이동시키는 것보다 곱(Product) 레지스터를 매번 오른쪽으로 이동시키는 것이 더 편리하다. 그림 14-17은 이와 같은 병렬 승산기의 블록도를 나타낸다. 블록도상에 화살표로 나타낸 것처럼 어큐뮬레이터의 4비트와 피승수 레지스터 4비트는 가산기의 입력과 연결되어 있다. 즉 가산기의 캐리 출력과 4개의 합비트(Sum bit)는 어큐뮬레이터로 되돌아갈 수 있도록 연결되어 있다(실제 연결은 그림 14-16에서 나타내는 어큐뮬레이터가 있는 병렬 가산기 연결 방법과 유사하다). 덧셈(Add) 펄스(P_a)가 발생하면, 가산기 출력은 어큐뮬레이터로 전송되고 피승수는 어큐뮬레이터에 더해진다. 곱(Product) 레지스터 좌측 끝에 있는 여분의 비트(Extra bit)는 피승수가 어큐뮬레이터에 더해질 때에 생성되는 캐리를 잠시 저장한다.

곱(Product) 레지스터의 아래쪽 비트는 처음에는 사용되지 않기 때문에 별도의 레지스터 대신 이 위치에다 승수를 저장하는 곳으로 사용할 수가 있다. 각각의 승수 비트가 사용될 때 승수 비트는 추가로 곱(Product) 비트를 위한 공간이 만들어질 수 있도록 레지스터의 오른쪽 끝으로 이동된다. 펄스 P_s는 곱(Product) 레지스터 내용들(승수를 포함한다)을 이동시키는 데 사용된다. 제어회로는 시작신호($N=1$)가 들어온 후에 덧셈(Add)과 시프트 펄스인 적절한 시컨스를 발생한다. 현재 승수 비트(M)가 1이면 피승수는 어큐뮬레이터에 더해지고 오른쪽으로 한번씩 시프트된다. 만일 승수 비트가 0이면 덧셈은 스킵(Skip)되고 단지 오른쪽으로 시프트만 된다. 곱셈의 예(13×11)에서 매 클럭마다 비트의 위치를 나타내는 그림 설명은 다음과 같다.

곱 레지스터의 초기 내용	0 0 0 0 0 ⁞ 1 0 1 1 ← *M*	(11)
(*M* = 1이므로 피승수 덧셈)	1 1 0 1	(13)
덧셈 이후의 값	0 1 1 0 1 ⁞ 1 0 1 1	
시프트 이후의 값	0 0 1 1 0 1 ⁞ 1 0 1 ← *M*	
(*M* = 1이므로 피승수를 덧셈한다)	1 1 0 1	
덧셈 이후의 값	1 0 0 1 1 1 ⁞ 1 0 1	
시프트 이후의 값	0 1 0 0 1 1 1 ⁞ 1 0 ← *M*	
(*M* = 0이므로 스킵한다)		
시프트 이후의 값	0 0 1 0 0 1 1 1 ⁞ 1 ← *M*	
(*M* = 1이므로 피승수를 덧셈한다)	1 1 0 1	
덧셈 이후의 값	1 0 0 0 1 1 1 1 ⁞ 1	
시프트 후(최종값)	0 1 0 0 0 1 1 1 1 ⁞	(143)

곱항과 승수간 분리선

제어회로는 가산기와 시프트 펄스의 적절한 시컨스를 출력할 수 있도록 설계가 되어야 한다. 그림 14-18은 제어회로에 대한 상태도를 보여준다. 이 상태도에 사용된 표기법은 앞서 사용했던 것과는 약간의 차이가 있다. MN/P_a 뜻은 $MN=1$일 때 출력은 $P_a=1$임을 나타낸다(모든 다른 출력은 “0”이다.) $\overline{M}/P_s$는 $\overline{M}=1(M=0)$라면 출력 $P_s=1$을 뜻한다(모든 다른 출력 0이다). 일반적으로 제어회로에 대한 상태도에서 다음과 같은 표기법을 해보기로 하자 : X_iX_j/Z_pZ_q는 입력 $X_i=X_j=1$(다른 입력값은 관계하지 않는다)일 때 출력은 $X_p=Z_q=1$(모든 다른 출력은 0이다)임을 뜻한다. 즉, 4개의 입력(X_1, X_2, X_3, X_4)과 4개의 출력(Z_1, Z_2, Z_3, Z_4)을 갖는 회로에서 $X_1\overline{X_4}/Z_2Z_3$는 1--0/0110로 된다. 이와 같은 형태의 표시는 여러 개의 입력과 출력을 가지는 대규모의 제어회로에서는 매우 유용하게 사용된다.

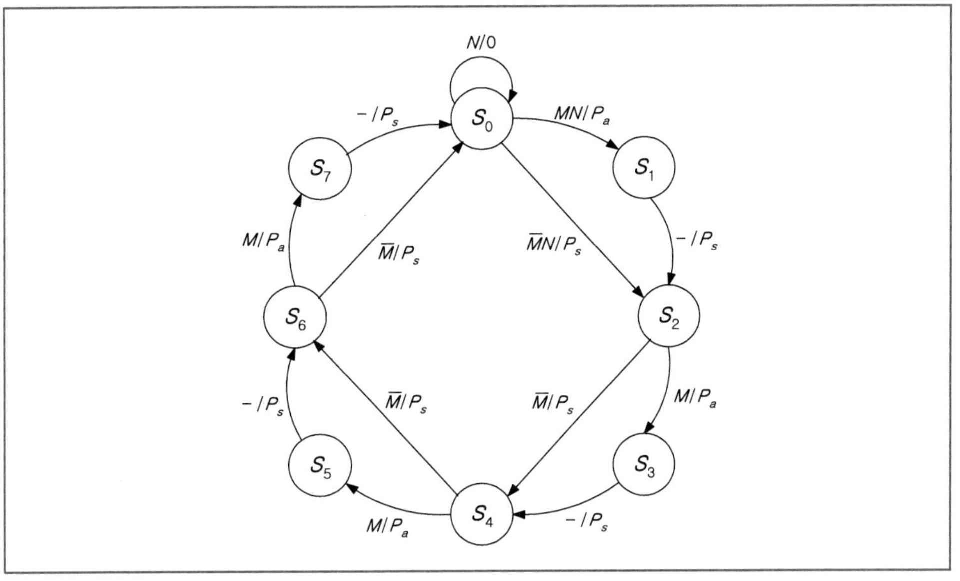

[그림 14-18] 승산기 제어에 대한 상태 그래프(도)

그림 14-18에서 S_0는 리세트 상태이고 시작신호($N=1$)가 들어올 때까지는 회로는 S_0 상태에 그대로 있게 된다. 그런 다음 $M=1$이면 덧셈 펄스가 발생되고, $M=0$이면 시프트 펄스가 발생된다. 이와 비슷하게 S_2, S_4와 S_6 상태에서는 덧셈(Add)한다. 펄스 또는 시프트 펄스를 발생시킬 것인지를 정하기 위해서 M값을 검사하여야 한다. 시프트 펄스는 덧셈 펄스(상태 S_1, S_3, S_5, S_7) 다음에 클럭 펄스가 있을 때 항상 발생한다. 4개의 시프트 펄스가 발생된 후에는 제어회로는 초기 상태로 돌아가고 곱셈 절차는 완료된다.

상태 그래프에서 나타난 것처럼 제어는 다음과 같이 두 가지 기능을 수행한다. 즉 덧셈 또는 필요한 경우에 시프트 펄스 발생과 시프트의 수계산(Counting) 수행이다. 비트의 수가 큰 경우에는 제어회로를 그림 14-19(a)에 나타낸 것처럼 카운터 부분과 덧셈-시프트 제어회로로 나누는 것이 더 편리하다. 우선 M과 N을 검산하고 덧셈 펄스와 시프트 펄스의 적절한 시컨스를 발생에는 덧셈-시프트 제어회로에 대한 상태도를 유도해야 한다(그림 14-19(b)). 그런 다음 적절한 수의 시프트가 된 후에는 승산기가 정지할 수 있도록 카운터로부터 완료신호(K)를 추가하여야 된다. 그림 14-19(b)에서 S_0 상태에서 시작한다면 시작신호($N=1$)가 들어오고, $M=1$이면 덧셈 펄스가 발생되고 회로는 상태 S_1으로 천이된다. 그리고 $M=0$이면 시프트 펄스가 발생되어 회로는 S_2 상태로 간다. S_1 상태에서는 시프트는 항상 덧셈 다음에 일어나므로 시프트 펄스가 발생된다. S_2 상태에서는 덧셈 또는 시프트인지를 정하기 위해 다음 승수 비트(M)를 검사한다. 그림 14-19(b)는 덧셈과 시프트 펄스의 적절한 시컨스를 발생시키지만 승산기를 멈추게 하는 방안이 설명되지 않았다.

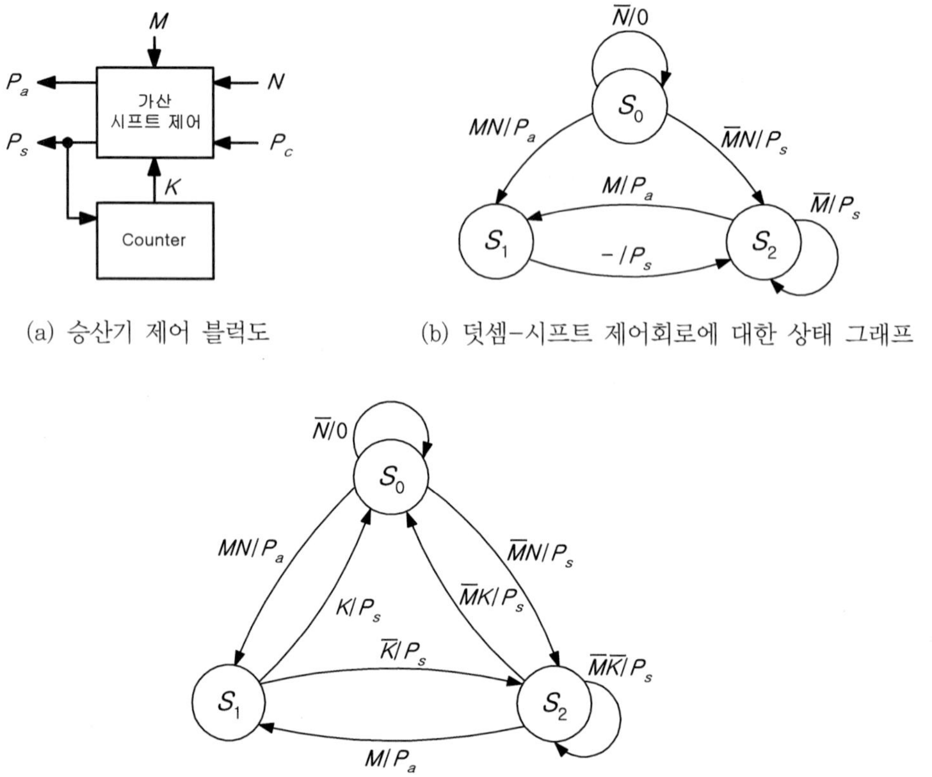

(a) 승산기 제어 블럭도

(b) 덧셈-시프트 제어회로에 대한 상태 그래프

(c) 덧셈-시프트 제어회로에 대한 최종 상태 그래프

[그림 14-19]

곱셈이 완료되었는가를 결정하기 위해서 시프트 펄스가 매번 발생될 때마다 카운터는 증가되어야 된다. 만일 승수가 n비트라면 n개 시프트 펄스가 필요로 하며 $n-1$개의 시프트 펄스가 발생된 후에는 완료신호(K)가 발생되도록 카운터를 설계해야만 한다. 그리고 난 다음 K가 1일 때 제어회로는 한번 더 시프트를 출력하고 멈추게 된다. 그림 14-19(c)에서 제어동작은 $K=0$로 있는 한 그림 14-19(b)와 동일하다. S_1 상태에서 $K=1$이면 M값을 검사하게 한다. 만일 $M=0$이면 최종 시프트 펄스를 발생하여 동작을 멈춘다. 그러나 $M=1$이면 시프트하기 이전에 덧셈 펄스를 발생한다. 덧셈-시프트 제어회로가 정지 상태로 돌아올 때 마지막 시프트 펄스는 카운터를 0으로 리세트시킨다. 예를 들면, $n=8$이면 3비트 카운터가 사용된다. 7개의 시프트 펄스 후에 카운터는 111 상태에 있게 되고 $K=1$이 된다. 마지막 시프트 펄스는 카운터가 000 상태로 돌아오도록 카운터를 증가시킨다.

14-6 2진 제산기(Divider)의 설계

이번부터 양의 2진수를 나눗셈을 하기 위한 병렬 제산기(Parallel divider) 설계에 대하여 고려하기로 한다. 예를 들면, 6비트 피제수(Dividend)를 3비트 제수(Divisor)로 나누어서 3비트 몫을 얻기 위한 회로를 설계하여 보기로 하자. 다음은 나눗셈 과정을 설명한 예이다.

```
                          101   몫(Quotient)
 제수(Divisor) 110 ⟌100010   (34 ÷ 6 = 5  나머지 :4)
                       110      ↖ 피제수(Dividend)
                       ----
                        101
                        000
                       ----
                       1010
                        110
                       ----
                        100   ← 나미지(Remainder)
```

바로 앞의 2진 곱셈은 일련의 덧셈과 시프트 동작으로 연산을 수행한 것처럼 나눗셈은 일련의 감산과 시프트 동작으로 나눗셈 연산을 수행할 수가 있다. 제산기를 설계하기 위해서 그림 14-20에서 나타내는 것처럼 7비트 피제수(Dividend) 레지스터와 3비트 제수(Divisor) 레지스터를 사용할 수 있다. 나눗셈 과정을 통해서, 각각의 감산이 되기 이전에 제수를 오른쪽으로 시프트시키는 대신 피제수는 왼쪽으로 시프트시켜야 된다. 피제수가 왼쪽으로 시프트될 때 비트를 잃어버리지 않도록 하기 위해서 피제수 레지스터 왼쪽 끝에 하나의 여분 비트(Extra bit)가 필요로 한다. 몫을 저장하기 위해서 별도의 레지스터를 사용하는 것 대신에, 피제수가 좌측으로 이동될 때 몫을 피제수 레지스트 오른쪽 끝으로 한 비트씩 들여보낸다.

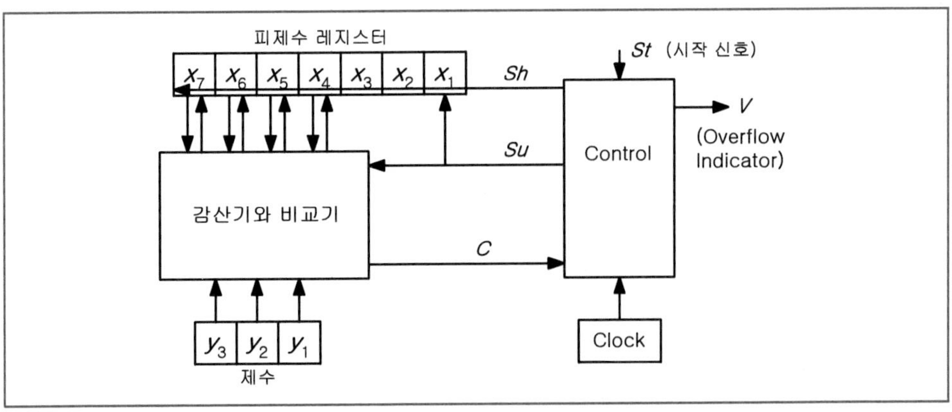

[그림 14-20] 병렬 2진 제산기의 블록도

위의 나눗셈 예(34÷6)에 대한 매 클럭시간 마다 레지스터 내에 있는 비트의 위치 아래와 같이 나타내었다. 처음에는 피제수와 제수는 다음과 같이 입력된다.

0	1	0	0	0	1	0

1	1	0

뺄셈은 음의 결과가 되면 수행되지 않는다. 그러므로 뺄셈이 되기 이전에 시프트가 되어야 한다. 제수를 오른쪽으로 한 비트씩 시프트시키는 대신 피제수를 왼쪽으로 한 비트씩 시프트시킨다.

```
1 0 0 0 1 0 | 0   시프트 이후에 피제수 레지스터의 가장 오른쪽은
  1 1 0     |     공백이 됨을 유의하여야 한다.
            |     피제수와 몫간의 분리선
```

뺄셈이 수행되고 첫 번째 몫 디지트 1은 피제수 레지스터의 사용되지 않는 위치에 저장된다 :

```
0 0 1 0 1 0 | 1   ←———— 첫 번째 몫 디지트
            |
```

다음 피제수를 왼쪽으로 한 비트만큼 시프트한다 :

```
0 1 0 1 0 | 1 0
  1 1 0   |
```

뺄셈은 음의 결과가 될 수 있기 때문에 피제수를 왼쪽으로 시프트하면 다시 두 번째 몫 비트는 0으로 된다.

```
1 0 1 0 | 1 0 0
  1 1 0 |
```

최종적인 뺄셈이 수행되고 세 번째 몫의 비트는 1로 정해진다.

```
0 1 0 0 | 1 0 1
 나머지  |
```

최종 결과는 첫 번째 예에서 얻은 결과와 일치된다.

만약 나눗셈을 처리한 결과에서 몫을 저장하기 위해서 사용된 비트보다 더 많은 비트가 요구된다면 오버플로우가 발생되었다고 할 수 있다. 그림 14-20의 나눗셈 경우에는 단지 3-비트만이 몫을 저장하기 위해 제공되었기 때문에 몫이 7보다 크게 되면 오버플로우가 발생된다. 오버플로우가 발생되는지를 결정하기 위해 나눗셈을 실제로 수행해 볼 필요는 없다. 왜냐하면 제수와 피제수를 처음에 비교하여 보면 아주 클 경우에는 분별할 수 있기 때문이다. 예를 들면 34를 4로 나눗셈해 보면 레지스터의 초기 내용은 다음과 같이 나타낼 수 있다.

0 1 0 0 0 1 0
1 0 0

뺄셈이 음의 결과가 아닌 것으로 수행되기 때문에 피제수에서 제수를 빼고 그리고 몫 1을 피제수 레지스터의 가장 오른쪽에 집어넣는다. 그러나 가장 오른쪽 위치에는 피제수의 최하위 비드가 저장되기 때문에 이것을 실행할 수는 없으며, 여기에다 몫의 비트가 들어가게 되면 피제수 비트는 없어지게 된다. 그러므로 몫을 저장하기 위해 할당되어 있는 3-비트보다 몫이 너무 크게 되면 오버플로우가 발생됨을 알 수가 있다. 일반적으로 그림 14-20에 대해서 처음에 $x_7 x_6 x_5 x_4 \geq y_3 y_2 y_1$ (즉, 만일 피제수의 왼쪽 4-비트가 제수보다 크거나 같으면)이면 몫은 7보다 크고 오버플로우가 발생된다.

제산기의 동작은 그림 14-20의 블록도를 통해 설명할 수가 있다. 시프트 신호(Sh)는 피제수를 한 위치만큼 왼쪽으로 시프트시킨다. 뺄셈 신호(Su)는 피제수 레지스터 내에 있는 좌측 4-비트에서 제수를 빼고 몫 비트를(피제수 레지스터에 있는 가장 오른쪽)로 만든다. 만일 제수가 피제수 레지스터의 가장 좌측의 4-비트보다 크면 비교기(Comparator) 출력은 $C=0$으로 된다. 그렇지 않다면 $C=1$로 된다. 제어회로는 필요로 하는 시프트 시컨스와 뺄셈 펄스가 발생한다. $C=0$일 때에는 뺄셈은 음의 결과치가 되면 수행되지 않으므로 시프트 신호가 만들어져야 된다. $C=1$일 때는 뺄셈 신호가 만들어지고 몫은 1로 된다.

그림 14-21은 제어회로에 대한 상태도를 나타낸다. 처음에는 6-비트의 피제수와 3-비트의 제수가 레지스터에 들어가 있다. 시작신호(St)가 제어회로에 가해질 때까지 회로는 정지상태(S_0)에 있게 된다. 만일 C의 초기 값이 1이면 몫은 4비트 이거나 그 이상을 필요로 한다. 3-비트의 몫에 대한 영역(Space)만이 단지 제공되기 때문에 이러한 조건에서서는 오버플로우가 발생된다. 따라서 나눗셈은 정지되고 오버플로우 지시기는 출력 V로 정해진다. 보통 C의 초기값은 0이므로 시프트가 먼저 발생하고 제어회로는 상태 S_1으로 천이된다. 그런 다음 $C=1$이 되면 뺄셈이 행해진다. 뺄셈

이 수행된 후에 C는 항상 0으로 되고 그 다음 클럭 펄스는 시프트를 발생시킨다. 이 과정은 세 개의 시프트가 발생할 때까지 계속된다. 이때의 제어는 상태 S_3에 있게 된다. 그런 다음 만일 필요하다면 최종 뺄셈을 행하고 제어는 정지 상태로 돌아가게 된다. 이 예에서 시작신호(St)가 발생된다고 가정하면 이 시작신호는 한 클럭주기(Time)에서만 1로 되고, 제어회로가 상태 S_0로 돌아올 때까지 0으로 된다. 그러므로 St는 상태 S_1, S_2, S_3에서 항상 0으로 된다.

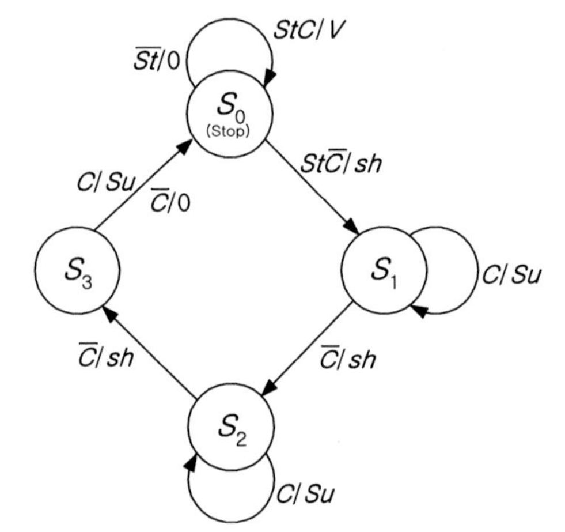

[그림 14-21] 제어회로에 대한 상태 그래프

표 14-4는 제어회로망에 대한 상태표이다. 상태 S_1, S_2와 S_3에서는 $St=0$라 가정하였으므로 $St=1$일 때 이들 상태에 대한 다음 상태와 출력은 돈케어로 된다. 출력표(Table)에 있는 항목들은 출력이 1임을 뜻한다. 예를 들면, 항목 Sh는 Sh=1임을 의미하고 다른 그 이외의 출력은 0임을 뜻한다. 표 14-5에서 나타낸 상태 할당을 이용하면 $J-K$ 플립-플롭 A와 B에 대한 방정식이 다음과 같이 유도된다 :

$$J_A = B\overline{C}, \quad K_A = \overline{B}, \quad J_B = St\,\overline{C}, \quad K_B = A\,\overline{C}$$

$$Sh = (St + B)\overline{C}, \quad Su = C(B + A), \quad V = C \cdot St \qquad (14\text{-}3)$$

[표 14-5] 그림 14-21에 대한 상태표

AB		00	01	11	10	00	01	11	10
00	S_0	S_0	S_0	S_0	S_1	0	0	V	Sh
01	S_1	S_2	S_1	–	–	Sh	Su	–	–
11	S_2	S_3	S_2	–	–	Sh	Su	–	–
10	S_3	S_0	S_0	–	–	0	Su	–	–

그림 14-22는 감산기/비교기(Comparator), 피제수 레지스터와 제어회로망에 대한 논리도를 나타내었다. 감산기는 4개의 전감산기를 사용하여 구성되었다. 수치값이 제수와 피제수 레지스터에 들어오게 되면 전감산기 출력이 피제수 레지스터에 전송되기 이전에 빌림(Barrow) 신호는 전감산기를 통해 발생된다. 만일 마지막 빌림신호(b_8)가 1이고 뺄셈이 시행된다면 이것은 그 결과가 음수가 됨을 의미한다.

그래서 b_8이 1이면, 제수는 $x_7x_6x_5x_4$보다 크고 $C=0$로 된다. 그러므로 $C=b_8$와 별도의 비교 기회로는 필요로 하지 않는다. Sh=1이면 클럭 펄스가 발생했을 때 좌측으로 레지스터에 전송되도록 하기 위해 피제수 레지스터에 있는 플립-플롭에다 게이트를 첨가한다.

예를 들면,

$$D_4 = Su \cdot d_4 + Sh \cdot x_3 = x_4^+$$

이다. 만일 Su=0이라면 $x_4^+ = d_4$이고 감산기 출력을 플립-플롭의 레지스터에 전송한다. 만약 Su=0이고 Sh=1이라면, $x_4^+ = x_3$이고 좌측으로 시프트가 발생한다.

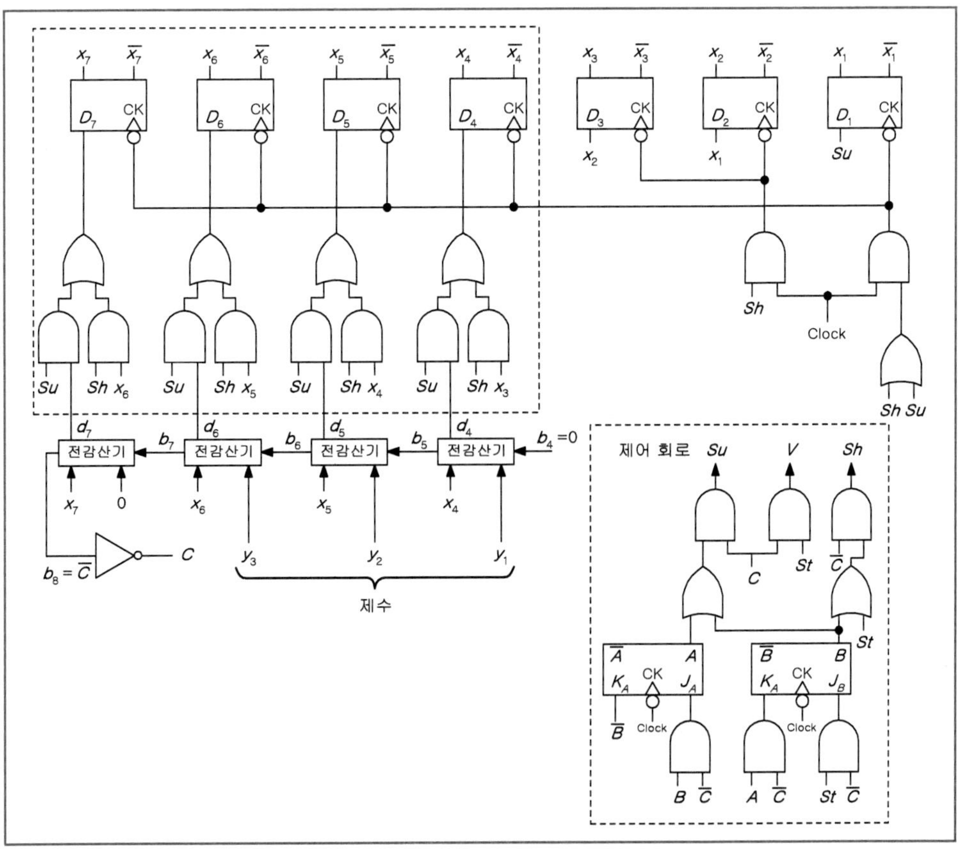

[그림 14-22] 2진 제산기에 대한 논리도

D_1 =Su이기 때문에 시프트가 일어날 때(Su=0) 몫 비트(x_1)는 클리어 되고 뺄셈이 이루어지는 동안(Su=1)에 몫 비트는 1로 된다. Su 또는 Sh가 1일 때 플립-플롭 $x_7x_6x_5x_4$와 x_1이 된다. 반면에 플립-플롭 x_3와 x_2는 단지 Sh=1일 때만 클럭되도록 하기 위해 클럭 펄스가 연결되어짐을 유의하여야 한다.

••• 연습문제

14.1 1의 보수를 해석한 것처럼 n-디지트 10진수에 대한 9의 보수를 정의하시오. 또한 9의 보수 덧셈에 대한 규칙을 논하시오. 9의 보수의 디지트는 음수임을 유의하시오. 5-디지트 수를 사용하여 -2489와 +5367를 더하시오. 음수를 나타내는데 9의 보수를 사용하시오.

14.2 2의 보수의 음수 표현법을 사용하여 2진수로 다음과 같은 예의 덧셈을 행하시오. 5비트(부호를 포함)의 워드 길이를 사용하고 만약 오버플로우가 발생하면 표기하시오.

a. (−9) + (−11)　　b. (−9) + (−7)　　c. (−9) + 11

d. 11 + 7　　e. (−10) + (−5)

14.3 컴퓨터는 8비트(부호를 포함)의 워드 길이를 갖는다. 만약 2의 보수의 음의 수 표현 방법을 사용하였다면 컴퓨터에 저장할 수 있는 정수의 범위는 얼마인가? (10진수로 답을 표시하시오.)

14.4 4개의 플립-플롭과 4개의 입력신호(x_1, x_2, x_3와 x_4)가 주어진다면, 전송펄스가 발생할 때 입력의 값이 플립-플롭에 전송되기 위해서 필요한 결선도를 표기하시오. 다시 말하자면 플립-플롭 Q_i의 다음 상태는 플립-플롭의 현지 상태와 관계없이 $Q_i^+ = xi$가 성립해야 한다. 클럭형 $J-K$ 플립-플롭, $S-R$ 플립-플롭과 T 플립-플롭에 대해 이 문제를 해석하시오. 각 경우에 가능한 한 게이트와 인버터를 최소한으로 사용하시오.

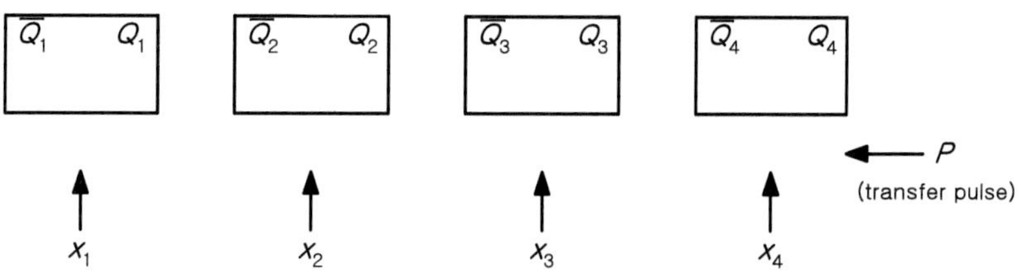

14.5 이 문제는 3개의 양의 2진수를 더하는 병렬 가산기의 설계에 대한 문제이다. 이 수들은 $x_n \cdots x_3\, x_2\, x_1, y_n \cdots y_3\, y_2\, y_1$과 $z_n \cdots z_3 z_2 z_1$으로 표기된다. 이 가산기에 대한 기준셀의 형태는 아래와 같다.

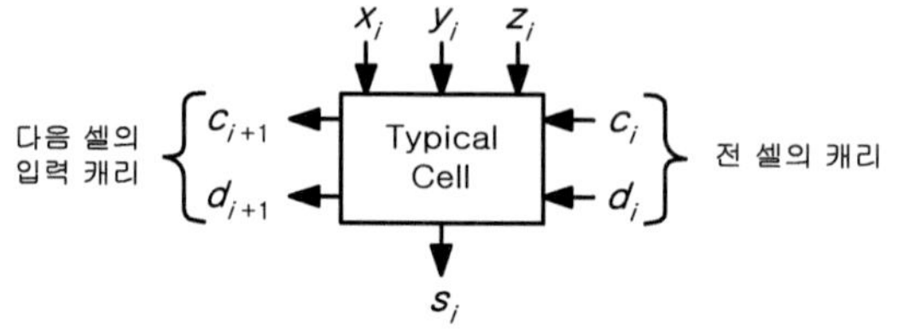

a. 기준셀의 동작을 표기할 수 있는 진리표를 작성하시오(표에 돈케어를 포함하시오.).

b. 최초로 간략화된 형태로(C_{i+1}과 D_{i+1}에 대한 식은 필요하지 않음) S_i에 대한 식을 작성하시오.

14.6 전가산기 또는 감산기는 사용하지 않고 T 플립-플롭만을 사용하여 어큐뮬레이터를 가진 병렬 감산기를 설계하시오. 캐리 대신에 빌림신호가 셀간에서 전달되는 것 이외에는 그림 14-7과 비슷하게 설계하시오.

14.7 a. 그림 14-1의 병렬 2진 가산기가 부호화된 2진수(1 또는 2의 보수)를 더하는 것에 사용된다고 가정하기로 한다. 오버플로우가 발생할 때 오버플로우 출력이 1이 되는 오버플로우 표시기 회로를 설계하시오.

b. 그림 14-11의 병렬 2진 감산기가 부호화된 2진수(2의 보수)를 빼는데 사용된다고 가정하기로 한다. 오버플로우 표시기 회로를 설계하시오.

14.8 $J-K$ 플립-플롭(게이트를 첨가한다)을 사용하여 그림 14-6의 어큐뮬레이터를 갖는 병렬 가산기를 다시 설계하시오.

14.9 피감수에 다감수의 보수화를 더함으로써 다음의 5-비트 2진수의 쌍을 각각 뺄셈하시오. 오버플로우가 발생했을 때를 표기하시오. 음수는 1의 보수로 표현된 것이라고 가정하시오.

01001	10101	10110	00101	11100
−11010	−10000	−01101	−01010	−10101

2의 보수를 사용하여 다시 해석하시오.

14.10 부호화된 2진수에 대하여 어큐뮬레이터를 갖는 4-비트 2진 감산기를 설계하시오. 필요한 게이트를 첨가하여 4개의 D 플립-플롭과 4개의 전가산기를 사용하시오. 음수의 표현에는 1의 보수를 사용하시오. 회로는 1개의 제어입력 S만을 갖는다. 만약 $S=1$일 때는 입력을 어큐뮬레이터에서 빼내고, $S=0$일 때는 입력을 어큐뮬레이터에 다 더한다.

a. 오버플로우를 검색할 수 있는 부분을 포함한 완전한 논리도를 구성하시오.

b. 만약 어큐뮬레이터가 1110를 가지고 있고 입력이 0010, $S=1$일 때 가감산 결과 어큐뮬레이터를 입력(CLOCK)되기 전의 전가산기 입력과 출력의 모든 논리값을 그림으로 표기하시오.

14.11 1개의 10진수의 9의 보수에 대한 코드는 대응하는 코드에 비트 비트마다 보수화를 함으로써 구할 수 있기 때문에 excess-3 코드(표 1-1)를 자기보수(Self-complement)라 한다. 예를 들면, 6에 대한 9의 보수는 3이고, 6(1001)에 대한 코드의 비트 비트를 보수화 하면 3에 대한 코드는 0110이다. 또한 자기보수(Self-complement)인 2-4-2-1 코드를 작성하시오.

14.12 4-비트 2진수에 대하여 어큐뮬레이터를 가진 직렬형 감산기를 설계하시오. 음수는 2의 보수로 표현된다고 가정한다(직렬 가산기가 직렬 감산기로 대치하는 것 이외에는 그림 14-12 형태로 회로를 사용하시오.). 클럭형 $J-K$ 플립-플롭과 여러 종류의 게이트를 사용하시오.

14.13 시프트 레지스터의 내용에다 1을 더하는 회로는 다음과 같은 형태를 갖는다.

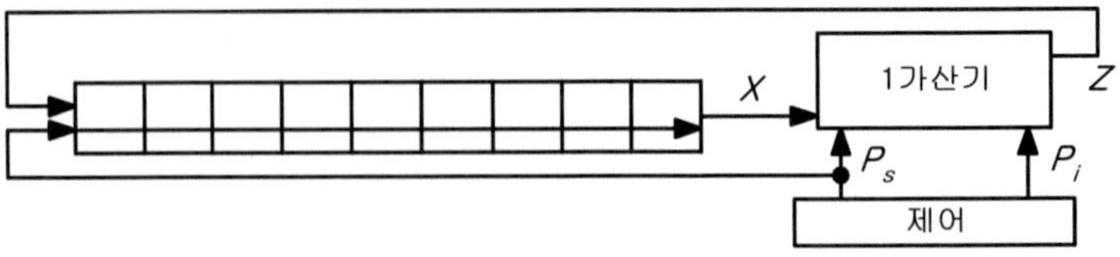

제어회로는 필요로 하는 시프트 펄스(P_S)의 개수에 따라서 초기 상태로 ONE ADDER를 세트하기 위하여 펄스 P_i를 내보낸다. NOR 게이트와 세트(Set)와 클리어(Clear) 입력을 가진 클럭형 $J-K$ 플립-플롭을 사용하여 "ONE ADDER"라고 표기된 박스(Box)를 설계하시오.

14.14 2개의 3-비트 2진수를 곱셈하여 6-비트의 곱(Product)을 얻는 병렬 2진 승산기를 설계하시오. 이 승산기는 전가산기와 AND 게이트(플립-플롭은 아님)의 어레이로 구성된 조합회로이다. 이 승산기에다 111과 111을 곱할 때에 나타나는 모든 신호를 표기하여 회로망의 동작을 나타내시오.

(힌트 : AND 게이트는 0 또는 1을 곱하는 데 사용할 수가 있고 전가산기는 2-비트와 캐리를 더하는 데 사용한다. 6개의 전가산기가 필요로 한다.)

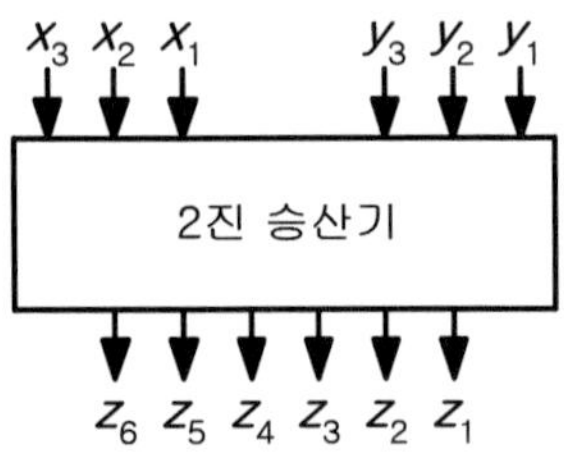

14.15 그림 14-17의 2진 승산기는 덧셈이 행해질 때마다 곱셈 비트(M)은 0으로 정해지도록 재설계되었다. 그러므로 주어진 클럭타임(Time)에서 M이 1이고 덧셈이 행해지면 다음 클럭타임에서 M은 0으로 된다. 따라서, $M=1$일 때는 항상 덧셈을 행하고 $M=0$일 때는 항상 시프트가 된다. 이것은 $M=1$일 때는 제어회로는 상태 변화가 되지 않는다는 의미이며, 상태들의 수는 8에서 5로 줄어들게 된다. 승산기를 위한 최종 상태 그래프를 그리시오.

14.16 비트수가 큰 경우에 대해서도 사용될 수 있도록 2진 제산기의 제어회로를 그림 14-19(a)와 비슷하게 카운터와 감산-시프트 제어로 분리하여 다시 설계하였다. 감산-시프트 제어에 대한 상태 그래프를 그리시오.

14.17 이 문제는 2개의 양의 2진수(8비트÷4비트)를 나눗셈하기 위한 병렬 제산기의 설계에 대한 것이다. 이 설계는 제산기의 동작을 빨리 하기 위해서 시프트와 뺄셈 동작이 한 개의 클럭 펄스에서 동시에 일어난다는 것을 제외하고는 그림 14-22와 비슷하다. 이것을 행하기 위해서는 감산기 출력으로부터 피제수 레지스터까지의 연결을 고려하여 연결선(Wire)이 피제수 레지스터로부터 전감산기 입력까지 한 위치만큼 시프트되어야 한다. 이런 방식으로 하면 나눗셈은 4개의 클럭타임 동안에 이루어진다.

a. 아래와 같은 조건을 사용하여 제산기의 블록도를 그리시오.

(1) 8개의 클럭된 D형 플립-플롭

(2) 필요한 뺄셈을 수행하기 위한 5개의 선감산기

(3) 제수를 홀드하는 4-비트 레지스터

(4) 시작신호가 가해질 때에 필요한 4개의 입력펄스를 출력하는 “제어회로“라고 표기된 하나의 블록

(5) 다른 필요한 게이트나 인버터

전가산기의 입력과 출력이 연결된 방법과 D 플립-플롭이 연결된 방법을 자세히 나타내시오. 가장 왼쪽의 감산기 차(Difference) 출력은 사용하지 않는다. 마지막 내림 비트가 $B=1$일 때, 시프트와 감산 동작에 피제수를 뺄셈하기 위하여 감산기 출력을 게이트에 연결하는 것을 유의하자.

b. 만약 피제수 레지스터의 초기 저장값이 10010000이고, 제수 레지스터의 저장값이 1101이면 각 클럭펄스 이후의 피제수를 레지스터의 내용을 표시하시오.

c. 일단 시작신호(N)가 1로 정해지면 나눗셈 동작이 종료된 이후에도 하나 그 이상의 클럭타임에서도 1로 유지된다는 것을 가정하고 상태 그래프를 그리시오. 그러면 시작신호는 나눗셈의 종료와 다음 나눗셈 사이클의 시작 사이의 어느 순간에 0으로 변하게 된다.

(주의 : 이런 형태의 제산기에 대해 오버플로우 표시기를 설계하는 것은 매우 어려우며 이 문제에서는 요구하지 않는다.)

14.18 2개의 8-비트 시프트 레지스터 X 와 Y 를 가진 직렬형 논리회로가 아래와 같이 나타나 있다. 입력 K_1과 K_2는 X 와 Y의 연산 동작을 결정한다. $N=1$일 때 X와 Y는 한 번에 한 비트씩 논리회로로 시프트되고 새로운 값으로 대치된다. 만약, $K_1 K_2 = 00$이면 X는 보수화되고 Y는 변하지 않는다. 또한 $K_1 K_2 = 01$이라면 X와 Y는 서로 교환이 된다. $K_1 K_2 = 10$이면, 0이 되고 X의 각 비트는 대응하는 X와 Y의 배트에 대한 exclusive-OR로 대치된다 : 즉, X_1의 새로운 값은 $x_i \bigoplus y_i$로 된다. 만일 $K_1 K_2 = 11$이면 X는 변화되지 않고 Y는 모두 1로 정해진다.

a. x_{in}과 y_{in}에 대한 논리식을 유도하시오.

b. 제어회로에 대하여 상태 그래프를 유도하시오. 일단 N이 1로 정해지면8비트가 모두 처리될 때까지 1로 유지된다고 가정하자. 그런 다음 N은 다음 계산 사이클이 시작되기 이전의 어떤 순간에서 0으로 다시 변화가 된다.

c. 2개의 4×1 멀티플렉서와 최소수의 게이트를 사용하여 논리회로를 실현하시오.

d. 74S163 카운터를 사용하여 논리회로를 실현하시오.

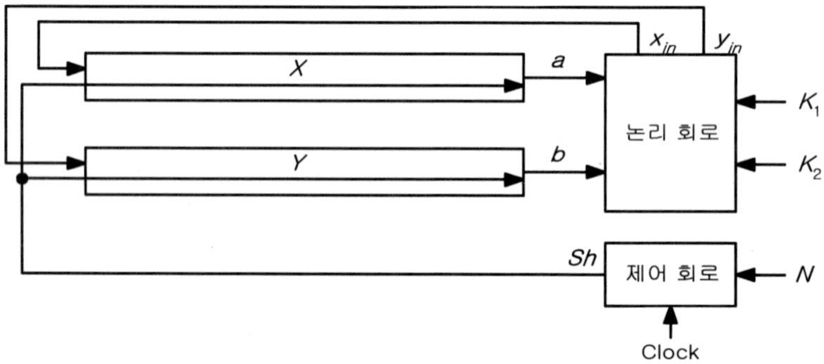

14.19 a. 3-비트 승수와 4비트 피승수, 즉 2개의 2진수를 곱할 수 있는 병렬 승산기의 블록도를 그리시오. 다른 형의 블록도를 가진 8-비트 시프트 레지스터를 사용하시오.

b. 승산기 제어에 대하여 상태그래프를 그리시오.

c. 11에 5를 곱할 때 승산기의 동작을 나타내시오. 제어회로에서 발생되는 덧셈의 시컨스와 시프트 펄스를 기술하고 매 클럭 마다 8-비트 레지스터의 내용을 기술하시오.

d. 2개의 74178 시프트 레지스터와 4개의 전가산기, 2개의 $J-K$ 플립-플롭과 필요로 하는 게이트를 사용하여 승산기에 대하여 논리도를 그리시오.

14.20 직렬형 부울 논리회로는 2개의 16-비트 레지스터 A와 B를 갖는다. 제어신호(C)는 수행될 부울 연산 동작을 선택할 때에 사용된다. 만일 $C=0$이면 A의 내용은 A와 B를 비트 대 비트로 부울 AND화한 값으로 대치된다. 만약 $C=1$이라면 A의 내용은 A와 B를 비트 대 비트로 exclusive OR한 값으로 대치된다. 숫자들이 A와 B에 대치된 후에는 C는 0 또는 1로 정해지며, 시작신호(N)는 회로를 동작 상태로 세트시킨다. 카운터는 시프트의 수를 세는 데 사용된다. 카운터가 상태 15에 도달했을 때 신호 $K=1$이 출력이 되며 이 신호($K=1$)는 한번 더 시프트되고 난 후에 제어회로를 정지시킨다. 연산 동작이 완료될 때까지는 N은 1로 유지되고 C는 변화되지 않는다고 한다. N으로 다시 변할 때까지 제어는 정지 상태를 유지한다.

a. A 레지스터에 직렬형 입력(SI)을 발생하는 논리회로와 시프트 레지스터, 카운터, 제어회로를 포함하는 시스템의 블록도를 그리시오.

b. 제어회로(3 상태)에 대한 상태도(그래프)를 그리시오.

c. PLA와 D 플립-플롭을 사용하여 논리회로망 설계하시오.

d. SI를 발생하는 논리회로를 설계하시오.

Digital Logic Design

CHAPTER 15

비동기 순차회로의 분석

Analysis of Asynchronous Sequential Networks

15-1 개요

이제까지 공부한 순차회로는 클럭형 동기회로(Synchronous networks)에 대한 것이었다. 이러한 회로에서 상태 변화는 단지 클럭펄스에 의해서만 일어난다. 이런 상태 변화는 여러 개의 플립-플롭이 상태 변화를 필요로 할 때도 공통 클럭펄스에 의해서만 동기가 되기 때문에 동시에 변화가 일어난다. 입력 변화는 클럭펄스 사이에서 일어난다고 가정하면, 출력은 클럭펄스가 있는 동안(또는 바로 전)에 읽어낼 수가 있다. 그러므로 입력과 출력은 클럭펄스와 동기되어야만 된다. 클럭형 동기회로의 상태표를 해석해 보면, 입력이 변화될 때 회로는 바로 그 즉시 변화가 일어나지 않고 뒤에 따르는 클럭펄스가 들어올 때에 다음 상태로 들어가게 된다.

비록 클럭형 동기 순차회로가 아주 유용할지라도 어떤 경우에는 적합하지 않을 수도 있다. 동기회로가 부적당한 세 가지 경우는 다음과 같다.

① 회로의 입력이 아무 때나 변화가 되고 클럭에 동기가 되지 않는다.
② 회로가 큰 규모이고 신호가 배선을 흐르는 시간이 많고 논리소자의 응답이 매우 빠르다는 것은 매우 심각한 문제이다. 이런 경우에는 적정한 동기 동작이 되기 위해서 클럭펄스 모두가 플립-플롭에 동시에 도달시키는 것은 매우 어렵다.
③ 가능한 회로를 빠르게 동작시키려면 입력 변화 이후에 클럭펄스를 기다릴 필요가 없다.

이러한 경우에는 비동기 순차회로를 사용할 필요가 있다. 비동기란 이름이 의미하는 것처럼 회로의 동작은 공통 클럭이나 다른 방법으로는 동기되지 않는다. 입력이 변화될 때 회로의 상태는 클럭펄스를 기다리지 않고 바로 변화될 수가 있다. 만약 여러 개의 플립-플롭들의 상태가 변화할 때에 동시에 모두 변화된다고는 볼 수가 없다. 즉, 하나의 입력 변화가 상태 시컨스를 만들 수 있도록 비동기회로를 조심스럽게 설계해야 한다.

비동기회로의 설계는 타이밍 문제가 포함되기 때문에 동기회로 설계보다 어렵다. 적정하게 잘 설계된 동기회로는 클럭펄스를 가하기 전에 모든 플립-플롭 입력이 외부 입력에 의해 변화가 있을지라도 안정한 값(Steady value)에 이미 도달했기 때문에 타이밍 문제는 일어나지 않는다. 그러나, 비동기회로에서는 회로 내부의 여러 전달 경로를 통해서 나오는 서로 다른 지연(Delay)으로 인한 타이밍 문제를 제거할 수 있는 특수한 설계법을 필요로 한다. 분석과 설계를 간단하게 하기 위해서 비동기회로는 기본 모드(Fundamental mode)에서 동작한다고 가정한다. 기본 모드에서 동작은 회로가 안정 상태에 있을 때, 즉 단지 내부신호가 변화되지 않을 때만 입력신호는 변화된다고 가정한다.

기본 모드 회로에서 모든 신호 입력은 레벨이 있음을 고려하여야 한다. 비동기회로의 또 다른 형인 펄스모드(Pluse mode)에서는 입력이 레벨값이 아니고 펄스로 된다. 펄스모드 회로 동작은 클럭에 의한 것보다 입력펄스에 의해서 상태 변화가 이루어진다(Triggered)는 점을 제외하고는 클럭형 동기회로의 동작과 같다. 다음은 펄스모드 회로에 입력펄스를 인가할 때의 제약 조건을 나타낸다.

① 모든 입력펄스들은 플립-플롭을 동작시키기 위해 적절한 펄스폭을 가져야 한다.
② 연속된 두 입력펄스(같거나 다른 입력라인 상에서) 사이의 간격은 회로가 다음 펄스를 발생하기 이전에 앞의 펄스에 응답할 수 있도록 충분해야 한다.

위의 제약 조건이 충족되었을 때 펄스모드의 회로 분석과 설계가 곧바로 이루어질 수 있다.

15-2 *S*-*R* 플립-플롭으로 된 비동기 회로의 분석

비동기 순차회로의 실행에 대하여 이해를 위해서는 우선 $X_1X_2=00$, 10, 11, 01, 11, 10, 00 입력 시컨스를 만들어서 그림 15-1의 비동기 회로에 적용하여 분석하여 본다.

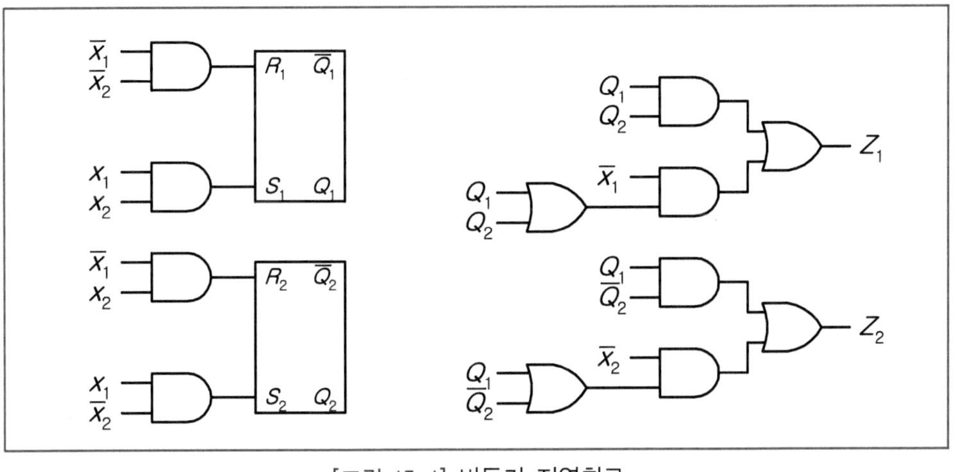

[그림 15-1] 비동기 지연회로

이 분석에서 플립-플롭의 지연시간은 게이트의 전달 지연시간보다 아주 길다고 가정한다. 게이트 전달 지연 때문에 일어나는 타이밍 문제는 다음 장에서 고려하기로 한다. 표 15-1의 첫 열에는 입력변수의 현재값과 $X_1X_2=00$인 초기 입력으로 시작된 회로 분석 과정에서 구한 플립-플롭의 현재 출력값이 나열되어 있다. 그리고

Q_1Q_2의 초기 상태는 00으로 가정한다. 회로의 입력과 메모리 출력(이 경우에 플립-플롭의 출력)에 대하여 각각 조합을 하면 회로의 전체 상태(Total state)가 만들어진다. 전체 상태와 혼선을 피하기 위해서 플립-플롭의 상태는 내부 상태로 정의한다.

그림 15-1에서 구한 전체 상태의 출력과 플립-플롭의 입력은 다음 식으로 결정된다.

$$R_1 = \overline{X_1}\,\overline{X_2},\ S_1 = X_1X_2,\ R_2 = \overline{X_1}X_2,\ S_2 = X_1\overline{X_2}$$
$$Z_1 = Q_1Q_2 + \overline{X_1}(Q_1 + Q_2),\ Z_2 = Q_1\overline{Q_2} + \overline{X_2}(Q_1 + \overline{Q_2})$$

따라서 전체 상태 $X_1X_2Q_1Q_2 = 0000$에 대해서 다음 내부 상태는 $Q_1^+Q_2^+ = 00$으로 된다. 주어진 전체 상태에 대해서 다음 내부 상태는 현재 내부 상태와 같고 상태 변화가 일어나지 않는다면, 이 회로는 안정한 전체 상태에 있다고 정의한다. 그러므로 전체 상태 $X_1X_2Q_1Q_2 = 0000$은 안정하게 된다. 입력을 10으로 변화하면 회로는 전체 상태 1000으로 되며, $Q_1^+Q_2^+ \neq Q_1Q_2$이기 때문에 불안정하게 된다.

연속적으로 Q_1Q_2가 01로 변한다면 회로는 전체 상태가 1001로 되므로 안정하게 된다. 그런 다음 입력이 11로 변하면 회로는 전체 상태 1101로 되어 $Q_1^+Q_2^+ \neq Q_1Q_2$로 되므로 불안정하게 된다. 더 이상의 입력 변화가 없다면 회로는 안정한 전체 상태 1111로 변하게 된다. 이러한 방법으로 해석을 계속하면 표 15-1이 구해진다. 안정한 전체 상태는 밑줄을 쳐 놓았다. 기본 모드 동작이라고 가정하였기 때문에 전체 상태가 안정한 경우에만 단지 입력이 변화되고 불안정한 경우에는 변화가 되지 않는다. 표 15-1의 입력과 출력 시컨스는

[표 15-1] 그림 15-1의 해석

현재 전체 상태 $X_1\ X_2\ Q_1\ Q_2$	플립-플롭 입력 $R_1\ S_1\ R_2\ S_2$	출력 $Z_1\ Z_2$	다음 내부 상태 $Q_1^+\ Q_2^+$
0 0 0 0	1 0 0 0	0 1	0 0
1 0 0 0	0 0 0 1	0 1	0 1
1 0 0 1	0 0 0 1	0 0	0 1
1 1 0 1	0 1 0 0	0 0	1 1
1 1 1 1	0 1 0 0	1 0	1 1
0 1 1 1	0 0 1 0	1 0	1 0
0 1 1 0	0 0 1 0	1 1	1 0
1 1 1 0	0 1 0 0	0 1	1 0
1 0 1 0	0 0 0 1	0 1	1 1
1 0 1 1	0 0 0 1	1 1	1 1
0 0 1 1	1 0 0 0	1 1	0 1
0 0 0 1	1 0 0 0	1 0	0 1

$$X_1X_2 = \ 00, 10,\ 11,\ 01,\ 11,\ 10,\ 00$$
$$Z_1Z_2 = \ 01, 00,\ 10,\ 11,\ 01,\ 11,\ 10$$

로 된다. 처음 출력만 제외하고 임의의 안정된 전체 상태에 대한 출력은 이전의 입력과 같다 : 따라서 이런 회로를 비동기적 지연이라고 말한다.

표 15-1에 나타낸 해석법이 소규모 회로의 해석에 대해서는 충분하더라도 상태표를 사용하여 회로를 해석하는 것이 보다 더 체계적이다. 우선, 천이표(Transition table)는 현재 상태와 입력을 함수로 하여 플립-플롭의 다음 상태 방정식을 나타낼 수 있는 것으로 구성된다. 또한 이 상태표는 동기회로의 경우와 마찬가지로 회로의 다음 상태 방정식을 맵마다 표시(Mapping)함으로서 구하였다. 즉, 그림 15-1에 대하여 다음 상태 방정식은

$$Q_1^+ = S_1 + \overline{R_1}\,Q_1 = X_1X_2 + (X_1 + X_2)Q_1$$
$$Q_2^+ = S_2 + \overline{R_2}\,Q_2 = X_1\overline{X_2} + (X_1 + \overline{X_2})Q_2$$

로 된다. 이들 방정식을 그림 15-2에서 맵으로 구성하였다. 이 상태표의 각 열은 입력변수의 특정한 조합 값과 일치하거나 또는 입력 상태와 일치한다. 각 행은 메모리 변수나 또는 현재 내부 상태에 대하여 특정하게 할당된 값과 일치한다. 이 맵에서 사각 면들은 전체 상태를 나타내며, 사각 면의 값은 그 전체 상태에 대한 다음 내부 상태이다. 예를 들면, 그림 15-2에서 "a"로 표시된 사각 면은 현재 전체 상태가 $X_1X_2Q_1Q_2 = 1100$일 때, 다음 내부 상태가 $Q_1^+Q_2^+ = 10$임을 나타낸다. 다음 내부 상태가 현재 내부 상태(Present internal state)와 같을 때에 (즉, $Q_1^+Q_2^+ = Q_1Q_2$)는, 전체 상태는 항상 안정하게 되며, $Q_1^+Q_2^+ \neq Q_1Q_2$일 때는, 전체 상태는 불안정하게 된다. 안정한 전체 상태는 맵 위에다 다음 내부 상태를 원형으로 표시하였다. 예를 들면, 그림 15-2에서 전체 안정 상태 $X_1X_2Q_1Q_2 = 1001$은 $Q_1^+Q_2^+ = Q_1Q_2 = 01$이기 때문에 다음 내부 상태 01은 원형으로 표시된다.

입력 상태의 변화는 행의 변화 없이 천이표의 열들 간의 변화로도 나타낸다. 만약 새로운 전체 상태가 불안정하면 행의 변화(내부 상태 변화)는 다음 내부 상태에 일치하여 일어나게 된다. 예를 들면, 전체 상태 0000에서 시작해서 입력이 10으로 변화된다고 하면 10열로 간다. 그런 다음 그림 15-2에다 화살표로 나타낸 01행으로 바뀐다.

$Q_1Q_2 \backslash X_1X_2$	00	01	11	10
00	(00)	(00)	10 a	01
01	(01)	00	11	(01)
11	01	10	(11)	(11)
10	00	(10)	(10)	11

$Q_1^+ Q_2^+$

[그림 15-2] 그림 15-1의 천이표

천이표는 각 내부 상태나 각 안정 종합 상태를 그림 15-3과 같이 임의로 표기된 상태표로 변화할 수가 있다. 그림 15-3(a)의 상태 테이블은 동기적인 경우에 내부 상태 변화는 입력 변화가 있을 때에는 일어나지 않고 오히려 클럭펄스가 변화될 때 일어나지만, 비동기적인 경우에는 내부 상태 변화로 입력이 변화될 때 회로가 응답을 허용하는 한 곧바로 일어난다는 것을 제외하고는 클럭형 동기회로의 상태표와 완전히 같이 사용된다. 비동기회로에 대한 상태표는 이러한 차이점을 강조하기 위해서 흐름도(Flow table)라고 말한다. 그림 15-3(b)의 흐름도에서 행의 행 번호는 표시하지 않았지만 입력 변화가 원을 치지 않은 전체 상태항에서 일어난다면 상태는 원을 친(안정한) 전체 상태항으로 변하게 된다. 각각의 안정한 전체 상태는 명확한 숫자로 나타내고 다음 전체 상태와 일치하는 불안정한 항들로 나머지 항을 채워줌으로서 그림 15-3(a)에서 그림 15-3(b)를 구할 수가 있다.

X_1X_2	00	01	11	10
S_0	(S_0)	(S_0)	S_2	S_1
S_1	(S_1)	S_0	S_3	(S_1)
S_3	S_1	S_2	(S_3)	(S_3)
S_2	S_0	(S_2)	(S_2)	S_3

(a) 명명된 내부 상태

X_1X_2	00	01	11	10
	(1)	(3)	6	7
	(2)	3	5	(7)
	2	4	(5)	(8)
	1	(4)	(6)	8

(b) 숫자로 표기된 안정한 전체 상태들

[그림 15-3] 그림 15-1에 대한 흐름도(Flow table)

출력표(Output table)를 갖는 흐름도는 주어진 입력 시컨스에 대하여 회로의 출력 시컨스를 구하는데 사용할 수가 있다. 출력표는 출력 방정식을 맵으로 표시하면(Mapping) 구할 수가 있다. 예를 들면, 그림 15-1에서 전체 상태 0000에서 시작하면 다음에 주어진 입력 시컨스

$$X_1X_2 = 00,\ 10,\ 11,\ 01,\ 11,\ 10,\ 00$$

에 대한 출력 시컨스를 구할 수 있다. 그림 15-4에 나타낸 것처럼 출력표에 따라서 그림 15-3의 흐름도 중에 하나를 사용하면

$$Z_1Z_2 = 01,\ 00,\ 10,\ 11,\ 01,\ 11,\ 10$$

을 구할 수가 있다. 그림 15-4의 흐름도에서 화살표로 그려진 이러한 시컨스는 표 15-1의 분석으로 구한 것과 같다.

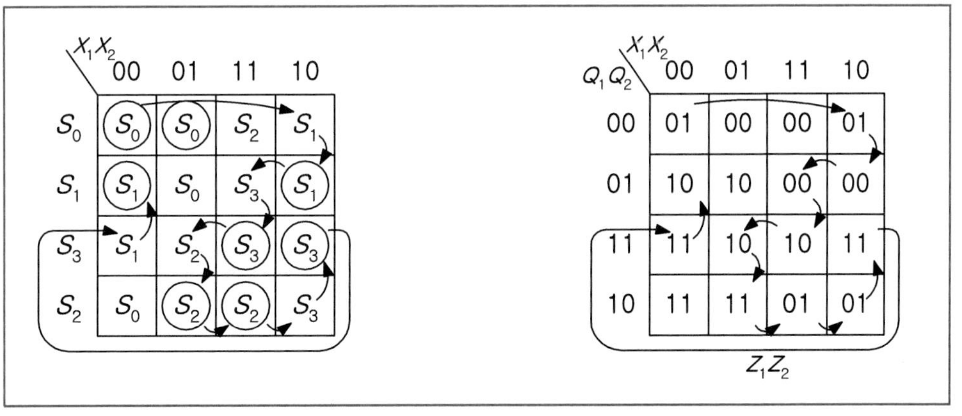

[그림 15-4] 그림 15-1에 대한 흐름도와 출력표

또한 위의 이상의 입력과 출력 시컨스를 그림 15-5의 타이밍도로 나타낼 수가 있다. 여기에서 ε값은 입력이 변화된 후 출력의 변화까지의 응답시간이다. ε값은 각 회로의 경로에 따라서 다를 수 있거나 또는 주어진 현재 상태와 입력과 관련된 각 상태 변화에 따라서 다를 수가 있다.

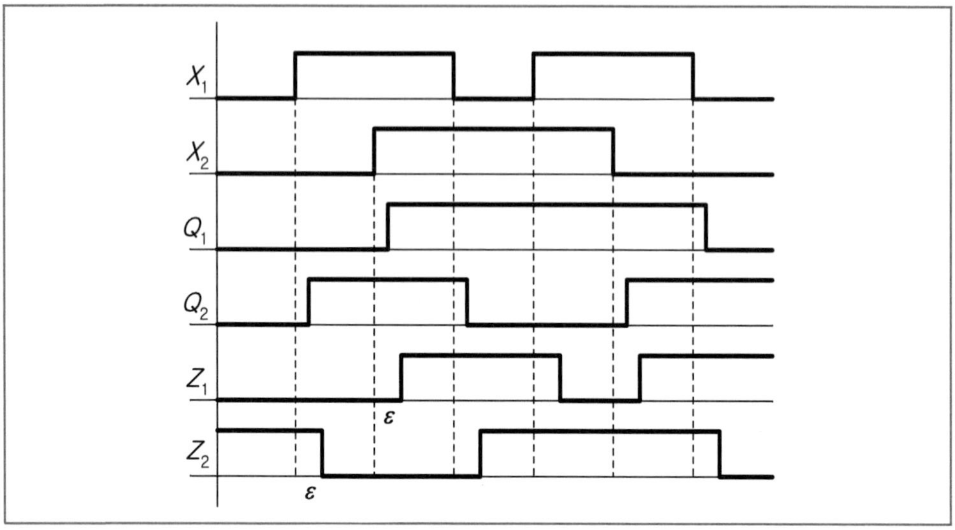

[그림 15-5] 그림 15-1의 타이밍도

15-3 비동기 게이트 회로의 해석

플립-플롭이나 이와 다른 별도의 메모리 소자가 없는 단지 게이트만으로도 비동기 회로를 구성할 수가 있다. 예를 들면, 점선으로 그려진 박스 내에 지연소자가 있는 그림 15-6의 회로를 생각해보자. OR-게이트 출력에서 AND 게이트 입력으로 두 개의 피드백 경로가 있음을 유의하자. 이들 피드백 경로에 있는 두 상태변수 Q_1과 Q_2에 관심을 두기로 하자. 회로의 각 게이트는 게이트와 관련된 약간의 지연 값을 갖는다. 즉, 출력은 게이트 입력이 변화된 다음 약간의 시간이 지난 다음에 발생된다. 해석을 하기 위해서 피드백 경로와 관련된 모든 지연 값을 "Delay"로 표기된 단일 박스에 집어넣는 것이 편리하다. 여기에서 상태변수는 각 지연소자 출력과 관계가 있다. 주어진 어떤 임의의 지연소자 입력이 0(또는 1)이라면, 지연시간이 경과된 후에 출력은 0(또는 1)이 된다고 하자. 그렇게 되면 지연소자 입력은 지연소자 출력의 다음 상태를 나타내고 Q_1 출력을 갖는 지연소자가 Q_1^+로 표기된 입력을 갖는다.

상태변수를 정하는 순간에 바로 그 즉시 흐름도가 작성된다. 그러므로 회로에서 다음과 같은 식이 구동된다.

$$Q_1^+ = X_1\overline{X_2} + \overline{X_1}X_2Q_2 + X_2Q_1\overline{Q_2}$$
$$Q_2^+ = \overline{X_1}X_2\overline{Q_1} + X_1Q_2 + X_2Q_2$$
$$Z = X_1 \oplus Q_1 \oplus Q_2$$

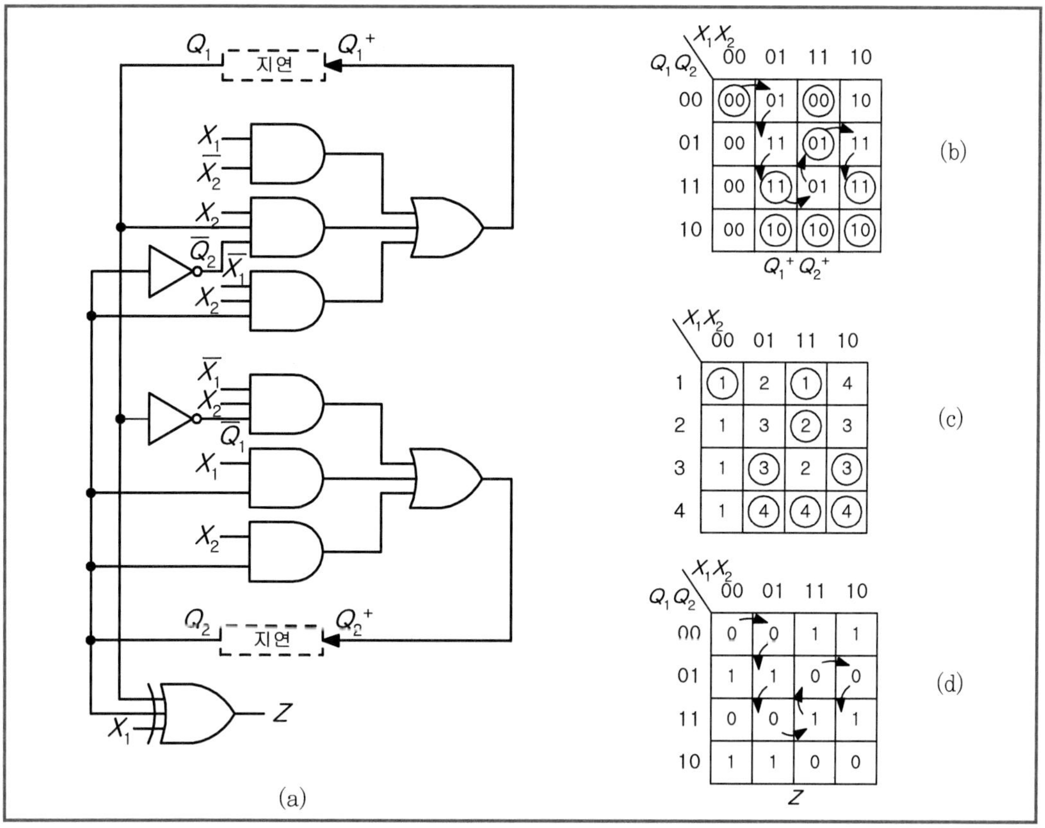

[그림 15-6] 게이트로 구성된 비동기회로

이들 식은 그림 15-6(b)와 (d)에 나타내었고, 그림 15-6(c)의 흐름도는 상태기호(Symbol)를 갖는 상태변수들의 각 조합들을 대치함으로서 만들 수가 있다. 원 안의 항목(값)들은 안정한 전체 상태를 나타낸다. 주어진 임의의 입력 시컨스에 대해 상태 및 출력 시컨스는 그림 15-6(b), (c), (d)로부터 결정될 수가 있다.

전체 상태 $X_1X_2Q_1Q_2 = 0000$에서 시작해서 입력이 01로 변화된다면 내부 상태는 01로 변화되고, 그런 다음 11로 된다. 안정한 전체 상태에 도달하기 이전에 단일 입력의 변화가 두 개의 내부 상태 변화를 생성함을 유의하여야 한다.

그 다음에 입력이 11로 변하면 회로는 불안정한 전체 상태 1111로 가게 되고, 그런 다음 안정 상태 1101로 된다. 입력 변화가 10으로 되면 회로는 불안정 상태 1001로 되었다가 안정 상태 1011로 된다. 출력 시컨스는 그림 15-6(d)의 맵에 표시된 것처럼 0(0)(1)0(1)0(0)1로 된다. 여기에서 괄호 속의 출력은 불안정한 전체 상태임을 의미한다. 두 개의 연속적인 출력이 같다면 비동기회로에서는 구분할 수가 없기 때문에 출력 시컨스는 0(1) 0(1) 0 1 형으로 줄어든다. 이 시컨스는 안정한 상태 사이를 회로가 스위칭 할 때에 발생되는 두 개의 천이출력 1을 갖는다. 이러한 천이 출력은 16-5절에서 나타내는 것처럼 출력회로를 적절히 설계하면 제거할 수가 있다.

비동기회로의 해석에 대한 상태변수를 잘 선택하는 방법은 항상 분명하지가 않다. 각 상태변수와 관련된 브랜치(Branch)를 절단(Cut)하도록 상태변수를 선택한다면 회로의 모든 페루프(궤환루프)는 개방(Open)될 것이다. 만약 별도의 지연소자와 플립-플롭이 존재한다면 상태변수를 각 지연소자와 플립-플롭의 출력으로 연관시켜야 한다. 만약 이들 출력과 관련된 브랜치를 절단했을 때 모든 페루프를 개방시키지 못한다면 상태변수 브랜치를 절단했을 때 모든 페루프를 개방시키지 못한다면 상태변수 브랜치를 추가로 선정해야만 한다. 일반적으로 절단할 때는 나머지 페루프를 개방하는 최소 브랜치 집합을 선택하는 것이 바람직하다. 이러한 상태변수의 브랜치가 선택될 때에 Q_1과 Q_2를 정의할 수 있도록 가상의 지연소자가 각 브랜치에(그림 15-6에서처럼) 위치하게 된다. 상태변수 브랜치를 선정하기 위한 여러 방법이 있지만 가장 현명한 선택은 회로해석을 단순화시키는 것이다. 그림 15-7에서처럼 게이트 출력이 다른 여러 개의 게이트 입력으로 펜인(an-in)된다면 상태변수로 선정하는 것이 바람직하다.

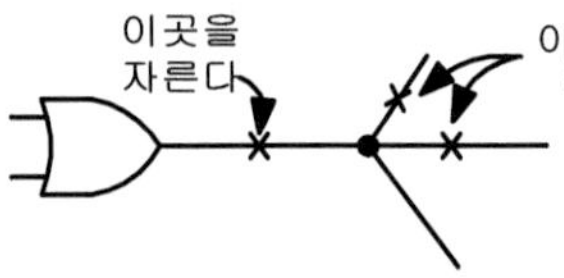

[그림 15-7] 상태변수 브랜치의 선택

그림 15-8은 해석해야 할 비동기회로를 보여준다. e 와 f 점을 절단한다면 모든 페루프를 개방하기 위해서는 아직 두 개의 절단(Cut)을 더 추가할(예를 들어, a와 b) 필요가 있다. 이것은 네 개의 상태변수를 필요로 한다. 회로를 좀 더 자세히 살펴보면 a, c, d 점을 자르면 모든 페루프가 개방될 수 있기 때문에 단지 세 개의 상태변수만 필요로 하게 된다. 회로 해석을 하기 위해서 상태변수(Q_1, Q_2, Q_3)를 정의할 수 있도록 a, c, d 점에 지연소자를 삽입하도록 한다. 그러면 다음 상태와 출력들을 X, Q_1, Q_2, Q_3의 함수로서 나타낼 수가 있다.

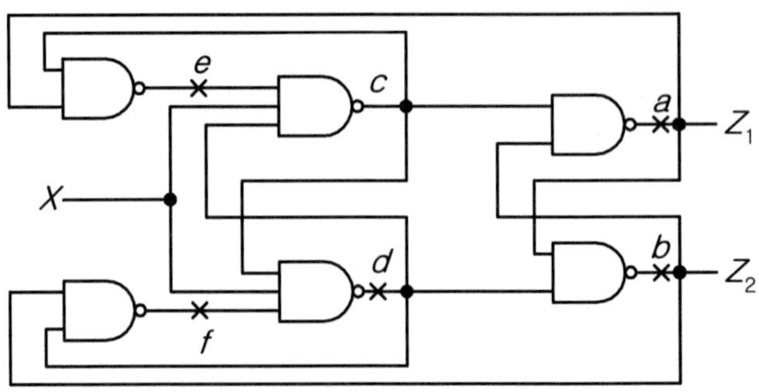

[그림 15-8] 해석하고자 하는 비동기회로

비동기 순차회로에 대한 일반 모델을 그림 15-9에 나타내었다. 지연소자는 조합회로에서 집중된 게이트 지연소자 결과로 나타내거나 또는 회로에 별도로 추가된 지연소자로 나타낼 수가 있다. 이 모델은 지연소자의 동작을 동기 시키지 않는 것만을 제외하고는 동기 순차회로에 대한 일반 모델(10-4절)과 비슷하다. 따라서 단일 입력변화에 대해서 서로 다른 피드백 경로를 통한 전파시간이 서로 다를 수가 있다. 이러한 현상은 회로의 부적당한 동작을 발생시키는 타이밍 문제가 일어날 수가 있다. 이러한 타이밍 문제는 다음절에서 다루기로 한다. 클럭을 사용하여 지연소자의 동작을 동기 시키면 동기회로에서는 이러한 타이밍 문제를 피할 수가 있다.

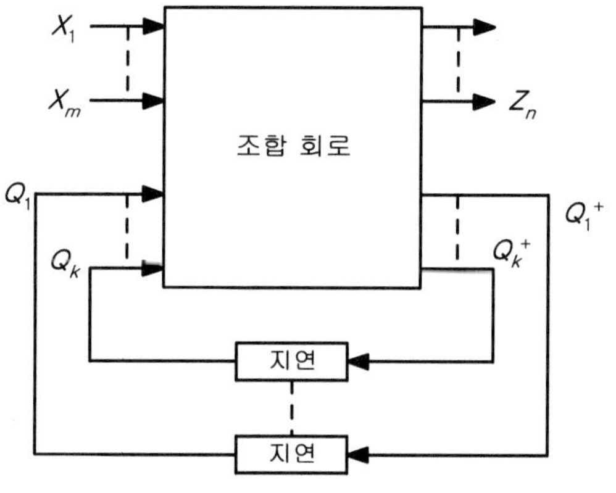

[그림 15-9] 비동기 순차회로의 일반 모델

15-4 경주 조건과 사이클

그림 15-10(a)의 회로와 이와 일치하는 천이표를 생각해 보기로 하자. 여기에서는 하나의 안정한 전체 상태인 $XQ_1Q_2=000$만 있다는 점을 유의하여야 한다. 이 안정상태에서 시작하여 X값을 0에서 1로 바로 변화시키면 그림 15-10(c)의 조건을 구할 수가 있다. X값이 변화된 바로 그 순간에는 00이 되고 다음 상태는 10으로 된다. 회로가 상태 10으로 바뀌자마자 다음 상태는 11이 된다. 상태 11에서는 회로는 01로 바뀌고 난 뒤 상태 00으로 되돌아간다. 사실, X 값이 0으로 다시 될 때까지 회로는 불안정한 상태를 거치면서 순환된다. 그러므로 이런 형태의 동작을 사이클(cycle)이라고 한다.

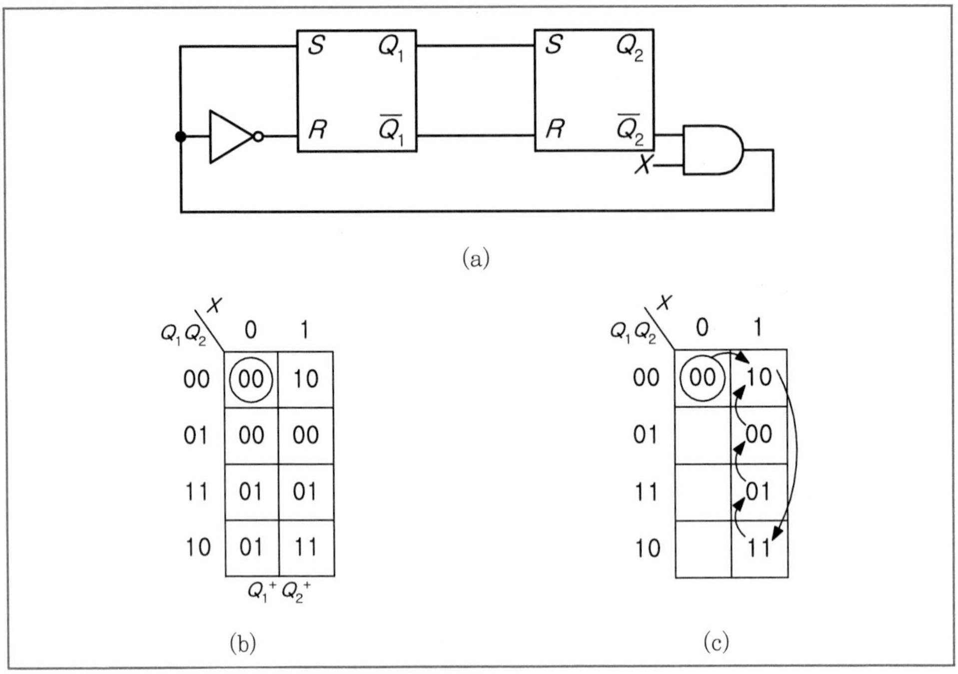

[그림 15-10] 비임계 경주와 사이클을 갖는 회로와 천이표

회로가 내부 상태 10에 있을 때 X값이 0으로 되돌아간다면 그림 15-11에 나타낸 것처럼 몇 가지 상태 변화 시컨스가 있을 수가 있다. 현재 내부 상태가 $Q_1Q_2=10$이고 $X=0$일 때 다음 상태는 $Q_1^+Q_2^+=01$로 된다. 즉, Q_1이 1에서 0으로 변할 때 시간과 똑같은 시간에 Q_2는 0에서 1로 변한다. 서로 다른 형의 플립-플롭은 각기 다른 전달 지연시간을 갖기 때문에 Q_1이 0으로 변하기 이전에 Q_2가 1로 변하는 것도 가능하다. 이 경우에 회로는 잠시 $Q_1Q_2=11$인 흐름도의 행에 있게 된다. 그러면 다음 상태는 01로 되고, 회로는 $Q_1Q_2=01$행으로 가게 되며, 결국 안정 상태 00으로 가게 된다. 만일 두 플립-플롭이 동시에 변화된다면 회로는 10 상태에서 바로 01로 넘어간 다음 00 상태로 된다. 10 상태에서 Q_2가 변하기 전에 Q_1이 0으로 변하면 회로는 상태 00으로 바로 가게 된다.

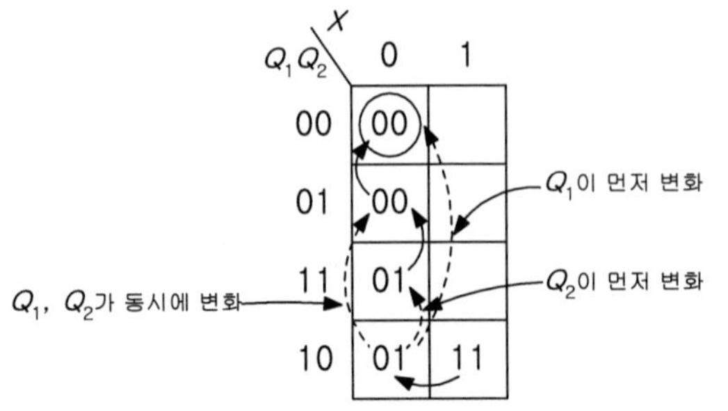

[그림 15-11] 비임계 경주(Non-critical race)

두 개 또는 그 이상의 플립-플롭이 한 개의 입력 변화만으로 인하여 상태가 변화되어야만 할 때에는 플립-플롭들 간의 경주 조건(Race condition)이 생긴다. 만일 마지막 안정한 상태가 위의 예에서처럼 플립-플롭의 변화 순서와 무관하다면 이를 비임계 경주(Non-critical race)라고 말한다. 그림 15-12의 흐름도는 임계경주를 나타낸다. 전체 상태 $XQ_1Q_2=000$에 시작해서 X값이 1로 변한다면 Q_1과 Q_2 모두 0에서 1로 변화가 된다. 그렇지만 서로 다른 전달지연 시간으로 인하여 Q_1보다 Q_2가 먼저 1로 된다면 회로는 안정한 전체 상태 101로 들어가고, 더 이상의 상태 변화는 발생되지 않는다. 한편, Q_1과 Q_2 모두가 동시에 변화가 되었을 경우에 한해서 회로는 적절한 다음 상태로 들어갈 수가 있기 때문이다.

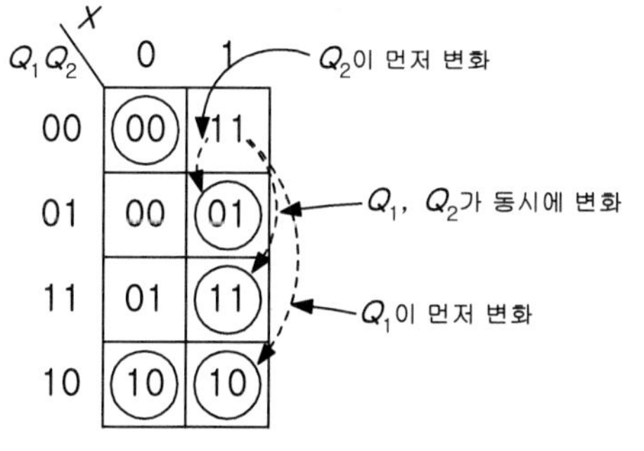

[그림 15-12] 임계경주의 흐름표

이 장에서 분석한 회로에서 비동기회로와 클럭형 회로 간에는 몇 가지 명백한 차이점이 존재한다. 우선, 비동기회로인 경우에서 비동기회로 설계 시에 입력 변화가 고려되도록 하기 위해서는 입력 변화가 회로를 통하여 전달되자마자 상태 변화가 일어나야 한다. 클럭형 회로에서는 수많은 입력 변화가 클럭펄스 간에서 일어날 수가 있으나, 다만 클럭펄스 이전의 최종 입력 값만이 다음 상태에 영향을 줄 수가 있다. 또한 비동기회로에서는 하나의 입력 변화로 인하여 몇 개의 상태 변화가 생길 수가 있다. 00, 00, 01, 01, 11과 같은 입력 시컨스는 동기회로에서는 5개의 입력 시컨스로 취급된다. 그러나 비동기회로는 입력 변화에만 응답되기 때문에 상기 시컨스는 00, 01, 11로 취급된다.

••• 연습문제

15.1 초기에는 $Q_1 = Q_2 = 0$이다. 다음 회로에 대한 흐름도를 작성하시오. 그리고, 이 흐름도를 사용하여 출력 $Z=1$이 주어지는 최단 입력 시컨스 X_1X_2를 구하시오(입력변수가 동시에 변화되는 것은 허용하지 않는다고 가정한다).

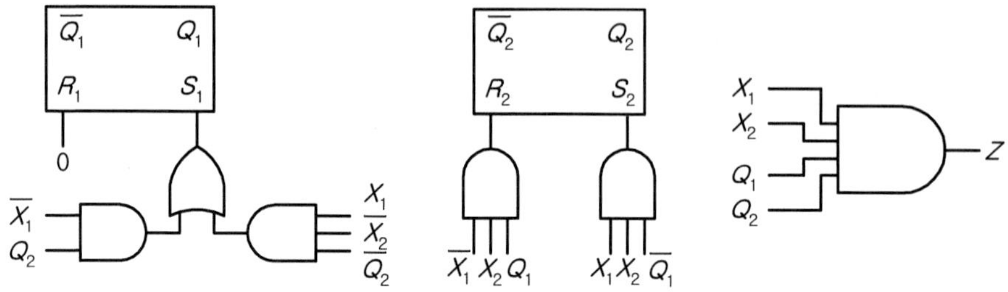

15.2 다음 회로에 대한 흐름도를 작성하시오. 그리고 X가 0에서 1로 변화할 때에 어떤 일이 생기는 지를 설명하시오. 회로가 $Q_1 = Q_2 = 0$에서 시작한다면, $Z=1$의 출력이 어떻게 얻어질 수 있는가? X가 출력 $Z=1$로 할 수가 있는 것을 표시하고, X, Q_1, Z 타이밍도를 그리시오.

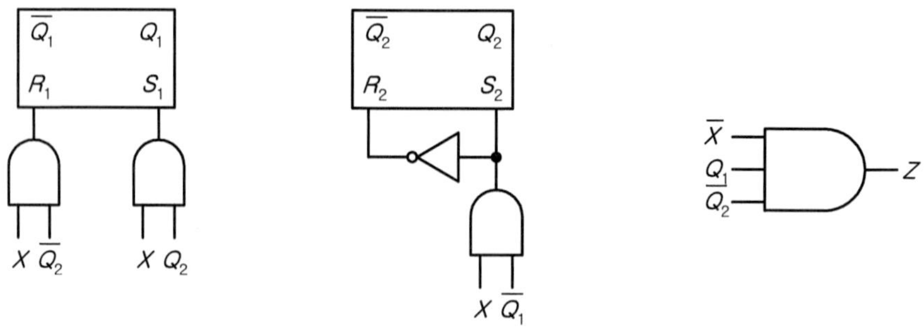

15.3 흐름도를 사용하여 다음 회로를 분석하시오. 다음 입력 시컨스에 대한 출력 시컨스를 구하시오 : $X_1X_2 = 00,\ 10,\ 11,\ 01,\ 11,\ 10,\ 00,\ 01,\ 00$

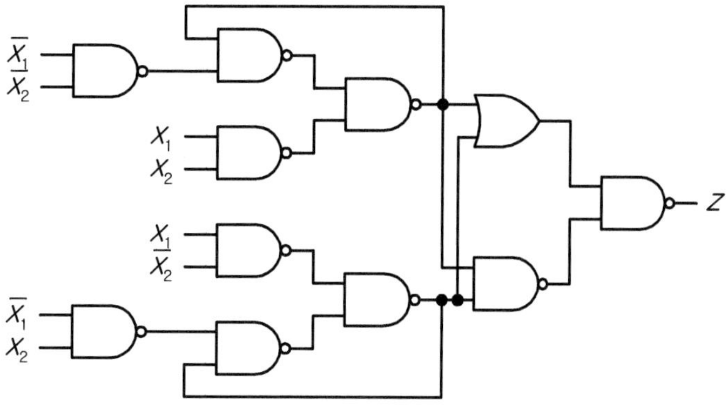

15.4 a. 흐름도를 사용하여 다음 비동기회로를 분석하시오. $X = Z = 0$에 대해서 안정 전체 상태에서 시작하여 입력 시컨스가 $X = 0,\ 1,\ 0,\ 1,\ \cdots\cdots$ 일 때의 상태와 출력 시컨스를 정하시오.

b. 표에 나타난 임계경주(Critical race) 상태들을 구하시오.

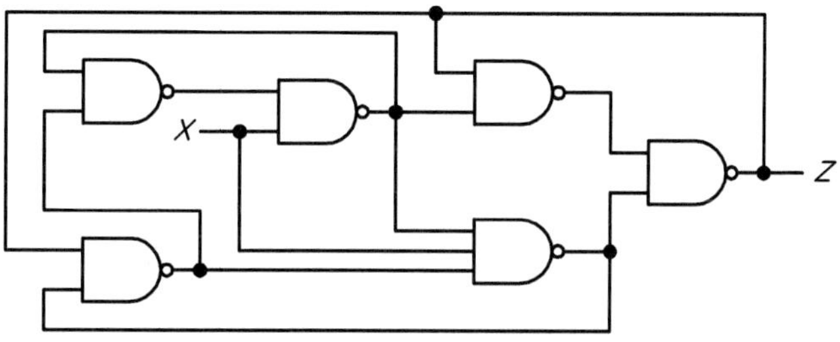

CHAPTER

16 초기흐름도(표)의 유도 및 축소

Derivation and Reduction of Primitive Flow Tables

비동기회로의 기본 설계 과정은 동기회로의 경우와 비슷하다. 우선 상태표(또는 흐름표)는 제기된 문제로부터 작성되고, 표에서 행의 수가 최소로 축소된다. 상태 할당이 만들어지면 적정한 논리소자를 사용하여 표를 실현하면 된다. 그렇지만, 비동기회로에서는 각 절차마다 세부적으로 차이가 있을 수 있다.

16-1 초기 흐름표의 유도

비동기회로 합성 시에 우선적으로 해야 할 것은 초기 흐름표(Primitive flow table)를 만드는 것이다. 초기 흐름표는 각 행마다 하나의 안정한 전체 상태만을 갖는 흐름표라는 것으로 정의된다. 초기표는 몇 개의 행을 갖는 표로 축소될 수가 있다. 그러나, 최소의 행으로 축소된 표를 구하기 위해서는 대부분 문제의 경우, 축소가 된 표를 곧바로 직접 작성하는 것보다 초기표에서부터 시작하는 것이 좋다.

다음의 예들은 제기된 문제로부터 초기 흐름표의 작성법을 설명한다. 두 입력변수가 동시에 변할 때에 일어나는 타이밍 문제를 피하기 위해서 단지 한 개의 입력변수만 한순간에 변화되고, 입력이 변화해도 회로는 항상 안정 전체 상태에 도달할 수 있도록 하기 위해(기본 방식으로 작용) 입력 변화는 간격을 두고 입력된다고 가정한다. 초기 흐름표를 작성할 때에 행마다 한 안정 상태만이 존재하기 때문에 입력에서의 모든 변화는 한 개의 상태 변화로만 되어야 한다.

예제 16-1 비동기회로가 두 입력과 한 개의 출력을 갖는다. 입력 시컨스가 $X_1X_2=00$, 01, 11일 때 출력은 1이 된다. 그리고 나서 다음의 입력 변화는 출력을 0으로 되돌린다. 나머지 다른 입력 시컨스는 1 출력을 발생하지 않는다.

그림 16-1(a)의 흐름표에 있는 첫 행은 다음과 같이 작성된다. 안정한 전체 상태 ①은 입력이 00일 때 리세트 상태를 나타낸다. 입력이 01로 되면 시컨스 00, 01이 들어온 것으로 인식하는 안정한 전체 상태 ②로 되고, 이와 비슷하게 입력이 10으로 되면 ③ 상태가 된다. 입력이 변할 때마다 그 행과 일치하는 안정한 전체 상태로 가는 도중에 하나의 불안정한 전체 상태를 거치게 된다. 3번째 열에서의 −(dash) 표시는 동시에 2개의 입력 변화가 되었음을 나타내며, 00에서 11로 변화는 허용하지 않는다고 앞에서 가정하였다.

		00	01	11	10	Z
(reset)	1	①	2	-	3	0
(00, 01)	2		②			0
(00, 10)	3				③	0

[그림 16-1(a)]

그리고 난 다음 그림 16-1(b)에서 흐름표의 2행과 3행을 채우기로 하자. ②에서 시작하면, 상태 00은 입력 시컨스로 다시 갈 수 있기 때문에 입력이 01에서 00으로 변하면 리세트 상태 ①로 되돌아간다. ②에서는 입력이 01에서 11로 변하게 되면 원하는 시컨스가 되었으므로 출력 $Z=1$이 되면서 ④로 간다. ③에서 시작해서 입력이 10에서 00으로 변하면 회로는 ①로 리세트된다. ③에서 시작해서 입력이 10에서 00으로 변하면 회로는 ①로 리세트된다. ③에서는 입력이 10에서 11로 변하면 원하는 시컨스로 되지 않으므로 출력 1을 갖는 ④로 갈 수 없다. 따라서, 0 출력을 갖는 ⑤의 11열에서 새로운 상태를 만들어야 한다. 이 중 입력 변화인 10, 10에서 01은 허용되지 않으므로 2행과 3행에서 dash(−)가 존재한다.

		00	01	11	10	Z
(reset)	1	①	2	-	3	0
(00, 01)	2	1	②	4	-	0
(00, 10)	3	1	-	5	③	0
(00, 01, 11)	4			④		1
(00, 10, 11)	5			⑤		0

[그림 16-1(b)]

다음에는 4행과 5행을 채운다. 그런 다음 그림 16.1(c)에 있는 초기 흐름표를 완성하기 위하여 6행을 첨가한다. ④에서 시작해서 입력이 11에서 01로 변하면 출력이 0으로 된다. 그러나 ②로는 갈 수가 없다. 그러므로 01열에서 출력 0을 갖는 새로운 상태 ⑥항을 만든다. ④에서는 11에서 10으로의 변화는 출력을 0으로 만든다. 이 경우에 리세트를 우선 시키지 않는다면 ③은 1 출력을 만들지 못하기 때문에 ③으로 갈 수가 없다. ⑤에서 시작하면 리세트가 되지 않고는 1 출력을 얻을 수 없으므로 입력이 01이나 10으로 변하면 상태 ⑥이나 상태 ③을 각각 택하여야 한다. ⑥에서 시작하면 입력이 00으로 변하면 회로는 리세트되고 11로 변하면 ⑤ 상태로 되돌아간다.

		X_1X_2 00	01	11	10	Z
(reset)	1	①	2	–	3	0
(00, 01)	2	1	②	4	–	0
*	3	1	–	5	③	0
(00, 01, 11)	4	–	6	④	3	1
*	5	–	6	⑤	3	0
*	6	1	⑥	5	–	0

[그림 16-1(c)] 초기 흐름표

이들 상태는 우선 리세트가 되지 않고는 출력 1을 만들 수가 없다. 그림 16-2는 그림 16-1(c)의 초기 흐름표에 대한 상태도를 나타낸다. 초기 흐름표에 대한 상태도에서 상태도로 들어가는 모든 화살표들과 초기 흐름표의 입력과는 같은 입력을 갖는다는 것을 주의해야 한다.

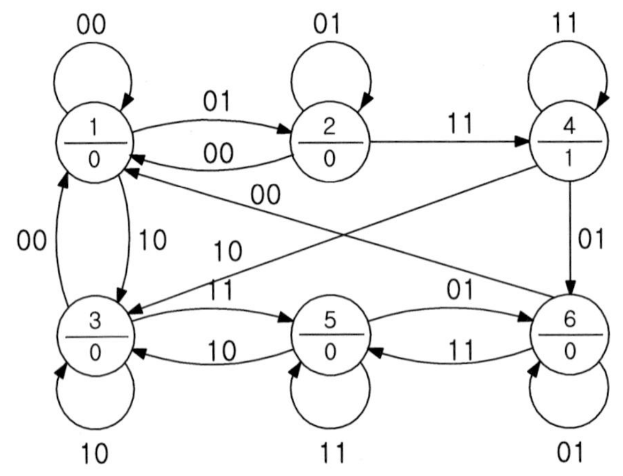

[그림 16-2] 초기 흐름표의 상태표(도)

예제 16-2

이 예제는 그림 16-3(a)에서 나타낸 클럭형 T 플립-플롭 설계에 관한 것이다. 이 플립-플롭이 동기회로의 한 소자로서 사용된다고 하더라도 플립-플롭의 내부 설계는 비동기적 문제이다. 플립-플롭은 두 입력 T와 P를 가지고 있다. 클럭(P)이 1에서 0으로 변할 때 $T=1$이면 플립-플롭은 상태를 변화시킨다. 그 이외의 모든 다른 입력 조건에서는 Q는 값을 그대로 유지한다. T와 P는 동시에 변화되지 않는다고 가정한다.

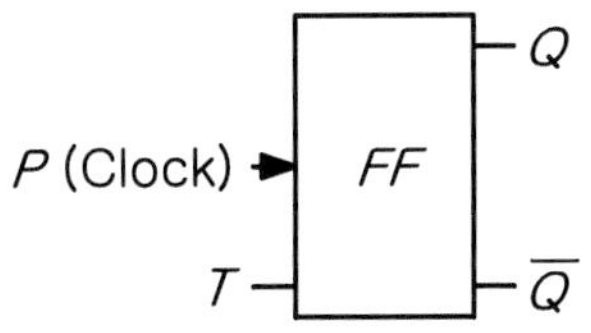

(a) 클럭형 T 플립-플롭

		TP 00	01	11	10	Q
(TP = 00)	1	①	2	–	3	0
(TP = 01)	2	1	②	4	–	0
(TP = 10)	3	1	–	4	③	0
(TP = 11)	4	–	2	④	5	0
(TP = 10)	5	6	–	7	⑤	1
(TP = 00)	6	⑥	8	–	5	1
(TP = 11)	7	–	8	⑦	3	1
(TP = 01)	8	6	⑧	7	–	1

(b) 초기 흐름표

[그림 16-3]

그림 16-3(b)는 초기 흐름표를 나타낸다. 이 표는 기초 모드이기 때문에 입력 변화가 있을 때마다 상태는 변화되어야만 한다. 이 예에서 T, P, Q의 각 조합은 T, P, Q의 각 조합에 대해서 하나의 안정한 전체 상태만이 존재한다. 입력이 $TP=11$에서 10으로 변할 때에는 단지 출력만 변한나는 것을 주의히어아 한다.

예제 16-3

클럭신호(C)는 다른 신호(S)에 의해서 on과 off로 게이트된다. 비록 S가 클럭펄스의 중간에서 변화될 수가 있을지라도 게이트 회로는 완전한 클럭펄스가 출력(Z)에 나타나야 된다는 점이 있다. 그림 16-4에는 설계할 회로의 타이밍도를 보여주고 있다. 클럭이 있을지라도 입력 S는 언제나 클럭에 따라서 변하지 않기 때문에 이것은 비동기회로의 문제이다. 여기에서 S는 항상 최소한 두 개의 완전한 펄스 동안에 on 또는 off된다고 가정한다.

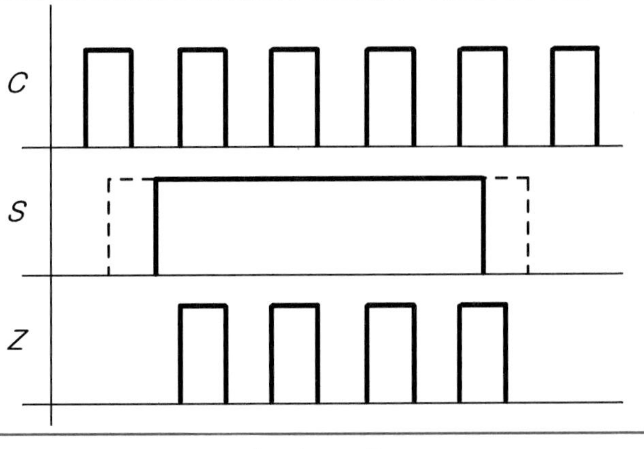

[그림 16-4]

흐름표(그림 16-5)는 다음과 같이 유도될 수가 있다. 상태 ①에서 시작하여, 만일 C가 ①로 가고 다시 0으로 되돌아간다면 상태 ②로 가서 다시 출력 변화 없이 ①로 되돌아 간다. 상태 ①에서 S가 1로 가면 상태 ③으로 가서 C가 1이 되기를 기다린다.

	CS 00	01	11	10	Z
1	①	3		2	0
2	1			②	0
3		③	4		0
4		3	④		1

[그림 16-5]

이때 C가 1이 되면 출력 1을 가지고 상태 ④로 간다. C가 0으로 가면 출력 0을 가지고 ③으로 되돌아간다. C가 on과 off되면 ③과 ④ 사이를 왔다 갔다 하는 사이클(cycle)을 이룬다. 이러한 동작은 S가 0이 될 때까지 계속된다. 상태 ③에서 S가 0으로 가면 상태 ①을 곧바로 리세트할 수가 있다. 그렇지만, 상태 ④에서 S가 0으로 가면 Z가 0이 되기 전에 입력 클럭펄스가 끝날 때까지 기다려야만 한다. 그러므로, 출력 1을 그대로 유지하기 위해 ⑤로 가야 한다. ⑤에서는 다음 입력의 변화는 C를 0으로 가게 하며 ⑤는 ①로 리세트된다. 흐름표를 완성하기 위해서(그림 16-6) 클럭의 중간에서 S가 on이 된 경우를 고려해야 한다. ②에서 ⑥으로 가고 C가 0으로 가기를 기다린다(다음 클럭펄스가 들어올 때까지 Z가 1로 되는 것을 바라지 않기 때문에 4로 갈 수가 없다). ⑥에서 ③으로 가고, 그래서 C가 on과 off로 되면 Z는 on과 off로 사이클이 될 수가 있다. 이 중 입력 변화가 일어나지 않는다고 가정하면 나머지 남아있는 표에 값들은 돈케어(don't care)로 된다. S가 최소한 두 클럭 동안은 off된다고 가정했기 때문에 ⑤에서 입력이 10에서 11로 변화될 수 없음을 주의해야 한다.

	CS 00	01	11	10	Z
1	①	3	–	2	0
2	1	–	6	②	0
3	1	③	4	–	0
4	–	3	④	5	1
5	1	–	–	⑤	1
6	–	3	⑥	–	0

[그림 16-6]

16-2 초기 흐름표의 축소

초기 흐름표를 작성한 다음에 비동기 순차회로의 합성에서 다음 절차는 흐름표가 최소의 행을 갖도록 축소하는 것이다. 이러한 축소는 상태표를 실현하는 데 필요로 하는 상태변수의 개수를 감소시킨다. 일반적으로 이러한 것은 회로 설계를 완성하기 쉽게 하며, 필요로 하는 논리의 수를 감소시킨다.

초기 흐름표를 축소할 수 있는 방법은 두 가지가 있다. 첫 번째 방법은 두 과정으로 나누어지는데, 우선 최소 행의 초기 흐름표를 구하고 난 다음 행들을 병합(Merging)함으로써 더 축소시킨다. 두 번째 방법은 불완전하게 기술된 상태표의 경우에 일반적인 축소 방법을 적용하여 일관된 방법으로 축소를 시킨다.

첫 번째 방법이 비교적 수행하기가 쉬우며 여기에서는 첫 번째 방법만을 설명하기로 한다.

최소 행의 초기 흐름표는 중복된 안정한 전체 상태를 제거함으로써 구할 수가 있다. 이렇게 하기 위해서는 동등한 안정한 전체 상태를 찾아야 한다. 입력이 같고 관련된 내부 상태가 동등(Equivalent)하다면 두 개의 안정한 전체 상태는 동등하다. 즉, (a) 입력이 같고 (b) 출력이 같고 (c) 각 가능한 다음 입력에 대해 다음 상태가 동등하다면, 두 개의 안정한 전체 상태는 동등하다. 다음의 예제는 동등한 안정 전체 상태를 정하는 과정에 대해 설명한다.

최소 행의 초기 흐름표를 얻기 위해 그림 16-7의 표를 축소하여 보자. 첫 번째 열(입력 00)에서 상태 ②, ⑥, ⑧은 서로 같은 출력을 갖는다. 두 번째 열에서 상태 ⑤, ⑫는 서로 같은 출력을 갖는다. 세 번째 열에서 ③과 ⑩, 마지막 열에서 ④와 ⑪은 서로 같은 출력을 갖는다. 따라서 잠정적으로 동등상태 집합은

(2, 6, 8) (5, 12) (3, 10) (4, 11)

로 된다.

다음에는 각 그룹(Group)의 다음 상태를 살펴보기로 하자. 입력이 01이면 ②와 ⑥의 다음 상태는 ⑤와 ⑦이 된다. 5≠7이므로 ②≠⑥이 된다. 이와 비슷하게 ⑥과 ⑧의 다음 상태는 7과 12이다. 7≠12이기 때문에 ⑥≠⑧이다. 그렇지만, ②와 ⑧인 경우에 입력이 01이면 다음 상태는 5와 12가 되고 입력이 10이면 둘 모두의 다음 상태는 ④가 된다.

	X_1X_2 00	01	11	10	Z_1 Z_2
1	①	7	–	4	1
2	②	5	–	4	1
3	–	7	③	11	0
4	2	–	3	④	0
5	6	⑤	9	–	1
6	⑥	7	–	11	1
7	1	⑦	14	–	0
8	⑧	12	–	4	1
9	–	7	⑨	13	1
10	–	7	⑩	4	0
11	8	–	10	⑪	0
12	6	12	9	–	1
13	8	–	14	⑬	1
14	–	12	⑭	11	0

[그림 16-7] 제거된 초기 흐름표

상태 ⑤와 ⑫에서 입력이 00이면 두 개 모두의 다음 상태는 ⑥이 되고, 입력이 11인 경우에는 두 개 모두 ⑨의 상태로 된다. 상태 ③과 ⑩에서 입력 01에 대한 두 개 모두의 다음 상태는 7이고, 입력 10에 대한 다음 상태는 4와 11이 된다. 끝으로 ④와 ⑪에서 입력 00과 11에 대한 다음 상태는 2와 8 그리고 3과 10이 각각 된다. 더 이상의 동등하지 않은(Non-equivalent) 상태를 찾을 수 없기 때문에 동등한 상태들의 집합은 다음과 같이 된다.

	00	01	11	10	
1	①	7	–	4	1 1
2	②	5	–	4	0 1
3	–	7	③	4	1 0
4	2	–	3	④	0 0
5	6	⑤	9	–	1 1
6	⑥	7	–	4	0 1
7	1	⑦	14	–	1 0
9	–	7	⑨	13	0 1
13	2	–	14	⑬	1 1
14	–	5	⑭	4	0 0

[그림 16-8] 그림 16-7에서 제거된 상태표

중복 상태 8, 10, 11, 12를 제거하면 축소된 초기 흐름표는 그림 16-8에 나타낼 수가 있다. 그림 16-8, 그림 16-7에 대한 축소된 초기 흐름표 다음에는 앞의 예제 2와 3에 대해 유도하였던 초기 흐름표를 축소할 수 있는가를 정하기 위해 되돌아가기로 하자. 그림 16-1(c)의 초기 흐름표에서 다음과 같은 입력과 출력을 가진 안정 전체 상태는 ②와 ⑥ 뿐이다. 입력 11에 대한 ②와 ⑥의 다음 상태는 4와 5이다. 4≠5이므로 ②≠⑥이 되고, 동등한 안정 전체 상태는 없다. 그러므로 이 초기흐름표는 이미 최소수의 행을 가지고 있다.

그림 16-3의 초기 흐름표에서 상태 ①과 ⑥, ②와 ⑧, ④와 ⑦, ③과 ⑤는 출력이 서로 다르기 때문에 동등한 안정 전체 상태는 없다.

앞에서 설명된 최소 행의 초기 흐름표의 각각은 행 병합(Merging rows)에 의해서 더 축소가 될 수 있다. 지금까지 작성한 모든 초기표는 무어형(Moore form)(현재 상태의 함수로만 출력을 결정함)이었다. 무어형 초기 흐름표에서 행 병합을 할 수가 있고 또는 무어형을 밀리형(Mealy form)으로 우선 변환할 수가 있다. 나중의 방법이 행이 더 적은 축소표로 만들 수 있는 경우가 종종 있기 때문에 보통 더 많이 사용된다.

그림 16-1(c)의 표에 대해 대응하는 밀리형은 그림 16-9에 주어진다. 밀리표는 무어표로부터 각 행에 대한 출력을 그 행에 대응한 안정 전체 상태와 연관해서 만들어진다. 그러므로 2행의 경우에 안정 상태 ②는 01열에 있고 밀리 출력표의 01열에는 대응하는 0의 출력이 나타난다. 안정 상태와 관련된 모든 출력을 채운 다음에 나머지 출력은 일시적으로 기술하지 않고 남겨 놓는다(출력표에 –로 나타낸 것처럼). 회로가 안정 상태에 있을 때 밀리와 무어에서 출력은 서로 일치된다. 밀리표가 축소되고 상태 할당(State assignment)이 완성된 후에 불안정한 상태와 관련된 출력은 출력의 천이를 피하면서 표에 채워 넣는다.

	X_1X_2 00	01	11	10	00	01	11	10
1	①	2	–	3	0	–	–	–
2	1	②	4	–	–	0	–	–
3	1	–	5	③	–	–	–	0
4	–	6	④	3	–	–	1	–
5	–	6	⑤	3	–	–	0	–
6	1	⑥	5	–	–	0	–	–

[그림 16-9] 그림 16-1(c)에 대한 초기 밀리 흐름표

초기 흐름표에서 중복된 안정 전체 상태를 모두 제거하고 나면 축소된 초기 초기 흐름표를 구할 수가 있다. 축소된 초기 밀리 흐름표의 두 행이 호환적이고 어느 열에서든지 상태가 충돌하지 않으면 단일 행으로 병합할 수가 있다. 그러므로 그림 16-9에서는 00열은 ①과 1을, 01열은 2와 ②를, 11열은 -와 4를, 10열은 3과 -를 갖기 때문에 1행과 2행을 병합할 수가 있다. 1행과 2행을 병합하면 다음과 같이 나타낼 수가 있다.

	00 01 11 10	00 01 11 10
1, 2	① ② 4 3	0 0 - -

안정체 상태와 대응하는 불안정한 상태가 병합되면 안정한 전체 상태로 된다는 것을 주의해야 한다. 그러므로 (1, 2)행에서 입력이 00에서 01로 변하면 바로 ①에서 ②로 되지만, 반면에 원래 표에서 안정 상태 ①과 ② 사이의 변화는 중간 과정인 불안정 전체 상태 2를 거쳐 간다. 그림 16-9의 행 2와 3은 11열에서 상태가 충돌하기 때문에 병합될 수가 없다(모든 중복된 안정체 상태는 표에서 제거되었기 때문에 ④≠⑤가 됨을 알 수가 있다).

병합되는 행의 선택을 효율적으로 하기 위해서 그림 16-10의 병합도(Merger diagram)를 그리기로 한다. 이 병합도에서 호환이 되고 병합될 수 있는 상태들의 임의의 쌍 사이에 선을 그려 놓았다. 이러한 병합도를 작성하기 위해서 우선 초기 흐름표의 1행과 2행에서 6행을 비교하고 1행이 2행과 호환이 되는지 3행과 호환이 되는지를 알아야 한다. 그리고 난 다음 2행을 3행에서 6행까지 비교하면 더 이상의 호환이 되는 행은 발견할 수가 없다. 3행을 4, 5, 6행과 비교하면 3행과 5행, 3행과 6행이 호환이 됨을 알 수가 있다. 4행은 5행과 6행과는 호환이 되지 않으며, 마지막에는 5행과 6행은 호환이 된다. 병합도는 다음과 같이 행 병합이 가능함을 나타낸다: (1, 2), (1, 3), (3, 5, 6). 2행과 3이 호환이 되지 않기 때문에 행 1, 2, 3은 함께 병합할 수가 없다. 행 (1, 2)와 행 (3, 5, 6)을 병합하면 그림 16-11의 3행으로 이루어진 표가 구해진다. 축소된 표를 완성하기 위해서는 표의 출력 부분에 돈케어를 채워 놓아야 한다.

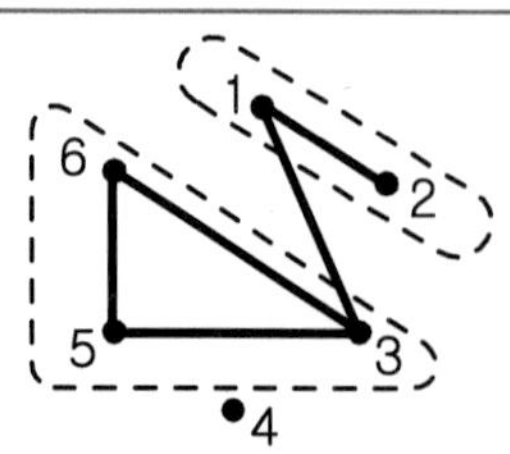

[그림 16-10] 그림 16-9에 대한 병합도

		00	01	11	10	00	01	11	10
a	(1,2)	①	②	4	3	0	0	-	-
b	(3,5,6)	1	⑥	⑤	③	-	0	0	0
c	4	-	6	④	3	-	-	1	-

[그림 16-11] 그림 16-9에 대해 축소된 흐름표

주어진 입력 시컨스에 대해 안정 전체 상태의 시컨스와 출력 시컨스는 그림 16-9의 간략화된 축소표와 끝으로 축소된 그림 16-11의 흐름표와 같다. 초기 흐름표에서 안정 상태간의 변화 시에는 중간 과정인 불안정 상태를 거치지만 최종 축소표에서 안정 전체 상태간의 천이는 직접 이루어진다는 점이 차이점이다.

축소된 초기 밀리 흐름표의 두 행이 병합될 때에 출력 간에서 어떠한 충돌도 있을 수가 없다. 이런 이유로 출력은 단지 안정 전체 상태와만 관련된다. 같은 열에 있는 서로 다른 안정 전체 상태를 갖는 두 행은 결코 병합될 수 없기 때문에 어떠한 출력의 충돌도 일어나지 않는다. 결국 행을 병합할 때는 축소된 초기 흐름표의 출력 부분을 완전히 무시할 수가 있으므로 행이 병합된 이후에 밀리 출력표를 채우면 된다.

그림 16-8의 축소된 초기표로 되돌아가서 각 행 다음의 모든 행들과 비교하면 1행은 3행과 7행에, 2행은 4행과 14행에서, 3행은 4와 6에 결합될 수 있다. 일치되는 결합도(그림 16-12)로부터 (1, 7)행, (2, 4)행, (3, 6)행은 병합되어 7행의 그림 16-13 표로 작성된다. 그런 다음 각 안정 전체 상태와 관련된 출력을 기재함으로써 밀리 출력표를 작성한다. 그러므로 상태 ①은 출력 11을, 상태 ②는 출력 01 등을 갖게 된다.

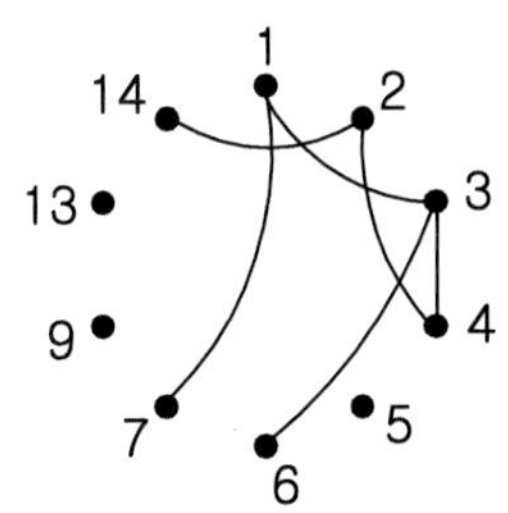

[그림 16-12]

	X_1X_2 00	01	11	10	00	01	11	10
a (1, 7)	①	⑦	14	4	11	10	–	–
b (2, 4)	②	5	3	④	01	–	–	00
c (3, 6)	⑥	7	③	4	01	–	10	–
d 5	6	⑤	9	–	–	11	–	–
e 9	–	7	⑨	13	–	–	10	–
f 13	2	–	14	⑬	–	–	–	11
g 14	–	5	⑭	4	–	–	00	–
						Z_1Z_2		

[그림 16-13]

최소행의 흐름표는 보통 한 형태(Unique)로 되지 않는다. 그림 16-14에는 그림 16-3에 대한 병합도를 나타낸다. 다음의 병합 중에 하나로 4행의 표를 만들 수 있다:

(1, 2, 3) (4) (5, 6, 8) (7) 또는 (1, 3) (2, 4) (5, 6) (7, 8)

첫 병합 집합을 사용하면 이 표는 그림 16-15로 축소될 수 있다.

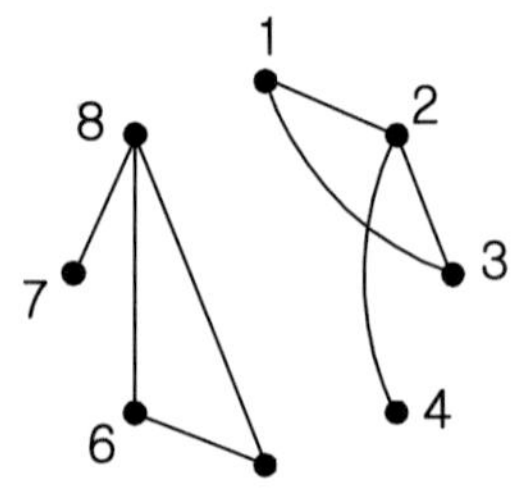

[그림 16-14]

	TP 00	01	11	10	00	01	11	10
a	①	②	4	③	0	–	–	0
b	–	2	④	5	–	–	0	–
c	⑥	8	7	⑤	1	1	–	1
d	–	⑧	⑦	3	–	–	1	–

[그림 16-15]

16-3 상태 할당과 흐름표의 구현

비동기 순차회로에 대하여 축소된 흐름표가 유도되고 나면 설계의 다음 단계는 상태 할당(State assignment)을 작성하는 것이다. 동기회로에 대해 상태 할당을 선정하는 것은 논리의 간소화가 주된 목적이다. 그러나 비동기회로에 대해 상태 할당을 선정하는 주된 목적은 임계경주(Critical race)를 방지하는 것이고 논리의 간소화는 그 다음 고려 대상이다. 임계경주에 영향을 받지 않는 상태 할당이 되고 난 다음, 게이트와 $S-R$ 플립-플롭 또는 게이트만을 사용하여 비동기회로를 구현하면 된다.

(1) 상태 할당의 예제

이제부터는 전 절에서 설명한 예제 1에 대한 설계를 완성해 보자. 그림 16-16은 내부 상태 a, b, c로 표기된 다음 상태들로 이루어진 그림 16-11의 축소된 흐름표(도)를 나타낸다.

불정한 내부 상태에 대한 출력을 상태 할당이 되고 난 후 채워 넣기로 한다. 00열에서는 b행에서 a행으로 천이가 되며, 01열에서는 c행에서 b행으로, 11열에서는 a행에서 c행으로, 10열에서는 a행에서 b행과 c행에서 b행으로 천이가 된다. 그림 16-17(a)의 상태 천이도는 상태간의 천이를 나타낸다. 상태 간에 그려진 선은 상태와 상태 사이의 천이를 나타낸다.

3행의 흐름표를 구현하기 위해서 두 상태변수가 필요하다. 임계경주(Critical race)를 피하기 위해 각 상태 천이 동안에 한 상태변수만 변한다는 조건으로 상태 할당을 구해야 한다.

X_1X_2	00	01	11	10	00	01	11	10
a	ⓐ	ⓐ	c	b	0	0	–	–
b	a	ⓑ	ⓑ	ⓑ	–	0	0	0
c	–	b	ⓒ	b	–	–	1	–
	(next state)				(Z)			

[그림 16-16]

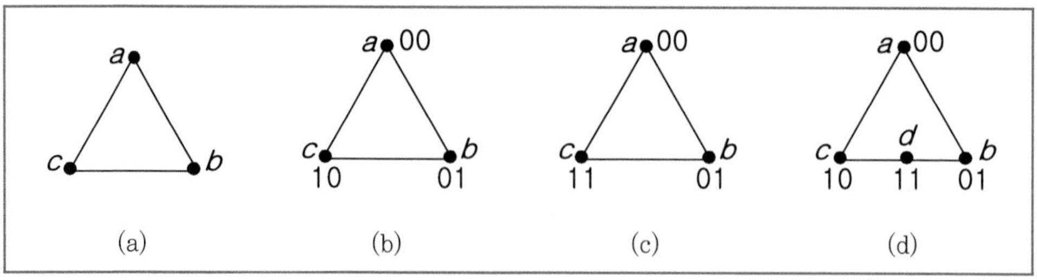

[그림 16-17]

이러한 할당을 구하는 방법을 그림 16-17(b)와 (c)에서 나타내었다. 첫 번째 경우에 임계경주가 상태 c에서 상태 b로(10에서 01로)가게 되며, 두 번째 경우는 임계경주가 상태 a에서 상태 c로(00에서 11로)가게 된다. 실제로 이러한 방법으로 경주에 영향을 받지 않는(Race-free) 할당을 구하는 것은 불가능한 일이다. 만일 한 변수가 a에서 b로 가고, 한 개의 변수가 b에서 c로 가고, 그리고 한 변수가 c에서 a로 가면 모두 세 개의 변수의 변화가 생긴다. 그러나, 각 변수를 시작한 곳으로 다시 되돌아가면 짝수 번으로 시간이 변화되어야만 한다. 그러므로 주어진 3행표에 대해 경주에 영향을 받지 않는 할당을 할 수가 없으므로 4행표로 확장해야 한다.

표에다 별도의 행을 첨가하고 d행을 거쳐서 c행에서 b행으로 직접 천이를 하면 그림 16-17(d)에 나타낸 것처럼 경주에 영향을 받지 않는 할당을 할 수가 있다. 이런 할당을 사용하여 01열에서 c행에서 시작한다면 상태변수는 10에서 11로 가서 01로 가게 되므로 임계경주를 피할 수가 있게 된다. 10열에서 천이는 d행을 거쳐 c행에서 b행으로 직접 천이를 한다. 그렇지만 천이가 이미 a행에서 b행으로 되었기 때문에 천이표에서 보인 것처럼 천이가 c에서 a로 가서 b로(10에서 00으로 가서 01로) 가는 직접적인 천이를 할 수가 있다.

불안정 전체 상태에 대응하는 출력은 안정 전체 사이클 천이하는 동안에 잠시라도 원하지 않는(False) 출력은 피하면서 채워져야 한다. 출력표에 이것은 채워 넣는 한 방법을 그림 6-18에 나타내었다.

	Q_1Q_2 \ X_1X_2	00	01	11	10	00	01	11	10
a	00	00	00	10	01	0	0	–	0_v
b	01	00	01	01	01	0_u	0	0	0
d	11	–	01	–	–	–	$–_s$	–	1
c	10	–	11	10	00	–	1_t	1	1
		$Q_1^+Q_2^+$				Z			

$Z = Q_1$

[그림 16-18]

경주에 영향을 받지 않는 상태 할당을 구한 다음 회로를 구현하기로 한다. 우선 그림 16-19(a)에 나타낸 것처럼 게이트와 지연기를 사용하여 구현한다. 상태변수 Q_1과 Q_2에 대한 다음 상태의 맵은 그림 16-18의 천이표로부터 그려지며, 출력함수는 $Z = Q_1$이다. 다음 상태함수인 Q_1^+와 Q_2^+는 그림 16-19(a)의 회로로부터 직접 유도할 수가 있다. 대부분의 경우에 게이트에서의 내부 지연은 회로의 적절한 동작을 시킬 수 있도록 충분하며 회로에 나타낸 지연기(Delay)는 제거할 수가 있다.

그림 16-19(b)에서는 $S-R$ 플립-플롭을 사용하여 또 다른 회로 구현을 나타내고 있다. 플립-플롭의 입력함수는 동기회로에서 사용한 것과 같은 방법으로 다음 상태 맵에서 S와 R맵으로 변환하면 유도할 수 있다. 각 $S-R$ 플립-플롭은 제 8장에서 설명했던 것처럼 두 개의 NOR 게이트로 구성된다.

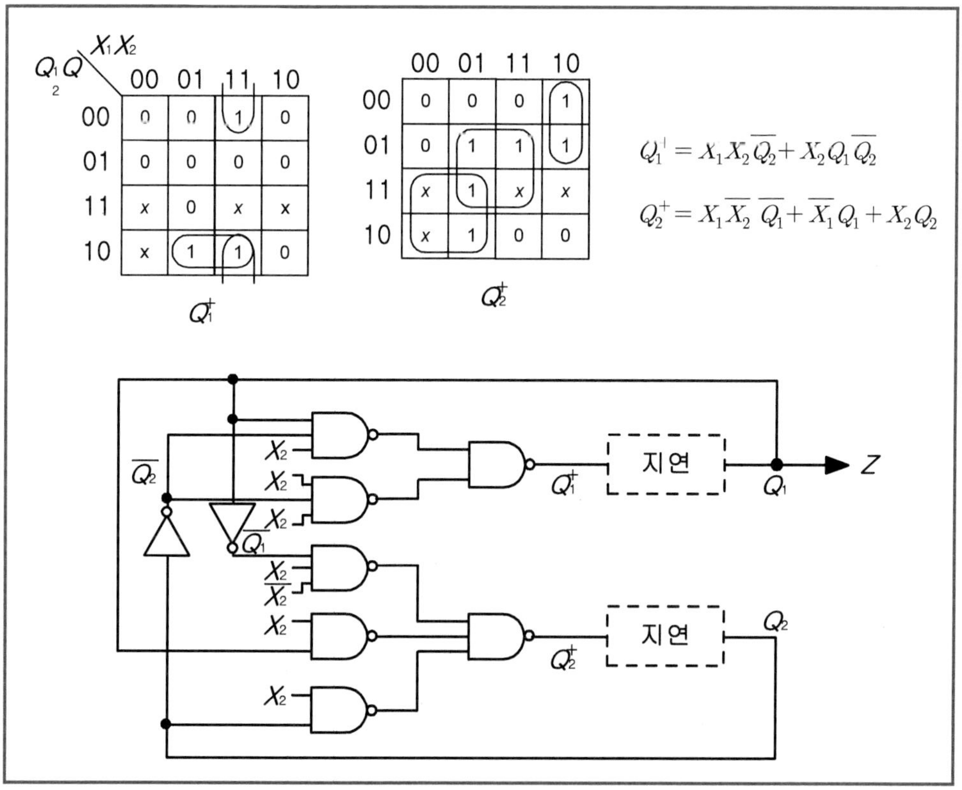

[그림 16-19] (a) 그림 16-18의 게이트 구현

교차 연결된 NOR 게이트로 구성된 $S-R$ 플립-플롭을 사용하는 것의 또 다른 방안으로는 교차 연결된 NAND 게이트로 구성된 플립-플롭을 대신 사용하면 된다. 그림 16-20(a)의 NAND 게이트 플립-플롭을 분석해 보면, Q를 1로 세트하기 위해 U 입력에 0을 입력하고, $Q=0$으로 플립-플롭을 리세트하려면 V 입력에다 0을 입력

해야 됨을 알 수가 있다. 보통, $U=V=0$은 NAND 게이트 출력을 모두 1로 만들기 때문에 허용되지 않는다. 그림 16-20(b)는 플립-플롭의 상태를 변화시키는 데 필요한 입력을 나타낸다. $S-R$ 플립-플롭의 표 9-4(c)와 비교해보면 $U=\overline{S}$과 $V=\overline{R}$이 됨을 알 수 있다. 그러므로 NAND 게이트 플립-플롭을 사용한 설계 과정은 S와 R의 함수가 반전된다는 점을 제외하고는 $S-R$ 플립-플롭의 경우와 일치한다.

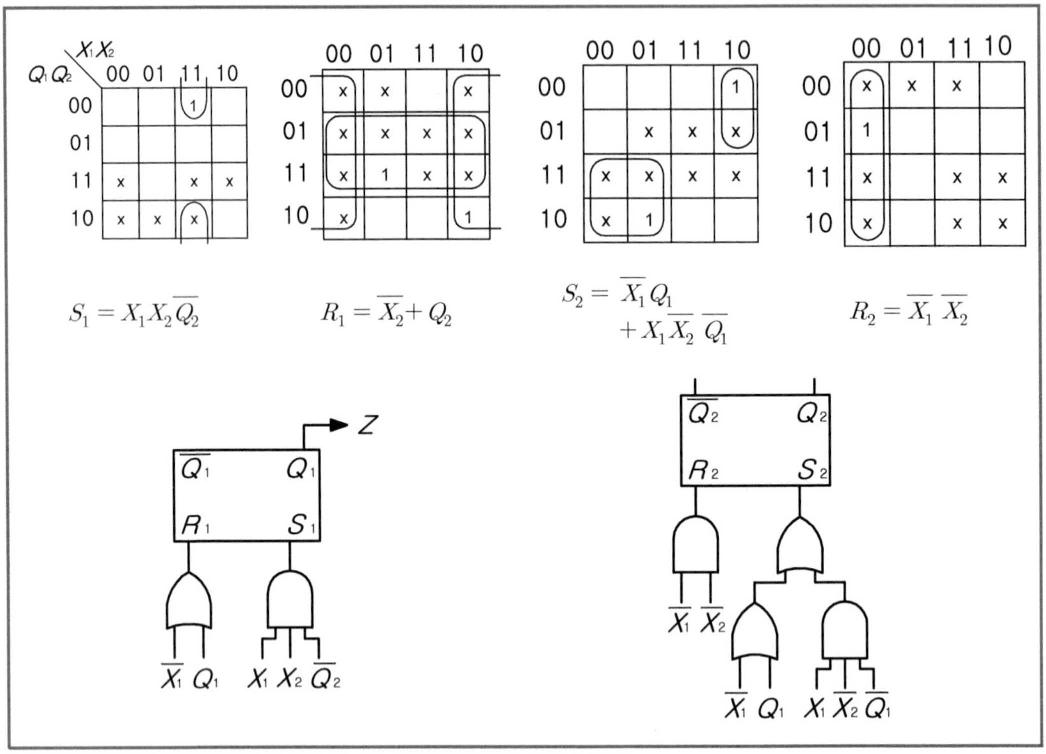

[그림 16-19] (b) 그림 16-18의 S-R 플립-플롭 구현

그림 16-20(c)에는 NAND 게이트 플립-플롭을 사용한 그림 16-18의 구현을 나타낸다. 플립-플롭의 입력은 그림 16-19(b)에서 S와 R 입력의 반전이다.

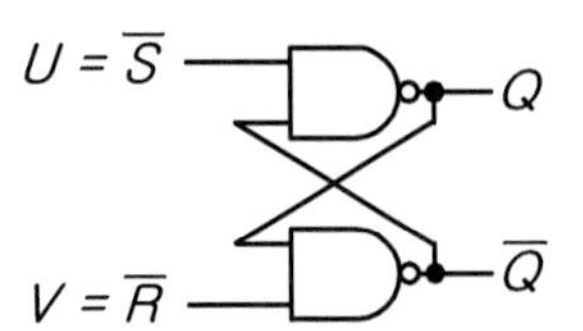

(a)

Q	Q^+	U	V
0	0	1	X
0	1	0	1
1	0	1	0
1	1	X	1

(b)

[그림 16-20] NAND 게이트 플립-플롭

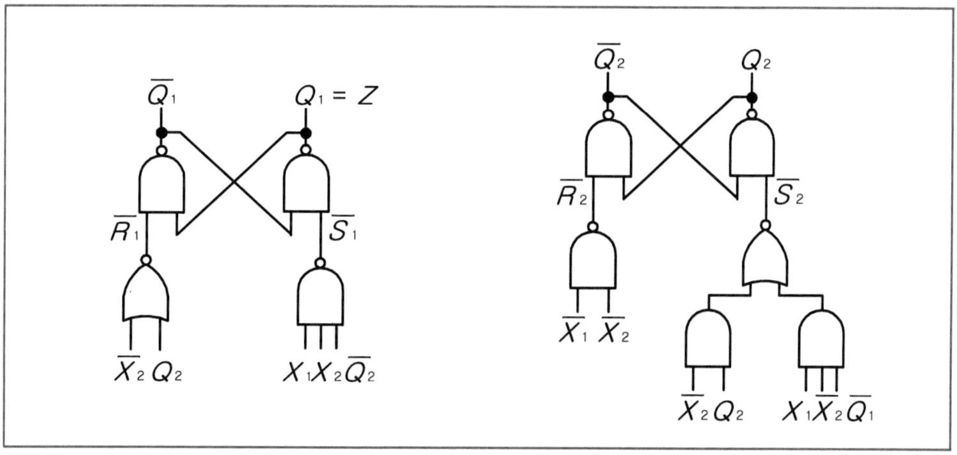

[그림 16-20] (c) 그림 16-18의 NAND 플립-플롭 구현

16-4 3과 4행 흐름표에 대한 상태할당

임의의 3행 흐름표에 대한 경주에 영향을 받지 않는 상태 할당은 두 개 상태변수를 사용하여 구할 수가 있다. 앞의 예에서처럼 행의 3쌍 간의 천이를 하려면 네 번째 행이 그 표에 첨가되어야 한다. 그리고 나서 행들 쌍 간의 천이를 추가된 행으로 거쳐 가면서 경주는 제거될 수가 있다.

어떤 4행 흐름표에서는 경주에 영향을 받지 않는 상태 할당이 두 변수만을 필요로 할지라도 대부분의 4행 흐름표는 세 개의 상태 변수를 필요로 한다. 가장 일반적인 경우의 4행 흐름표에서도 그림 16-21에서처럼 모든 행들의 쌍들 간의 천이를 필요로 한다. 각 열에 대한 천이는 다음과 같다.

	00	01	11	10
a	ⓐ	c	d	ⓐ
b	a	d	ⓑ	ⓑ
c	d	ⓒ	b	a
d	ⓓ	ⓓ	ⓓ	b

(a)

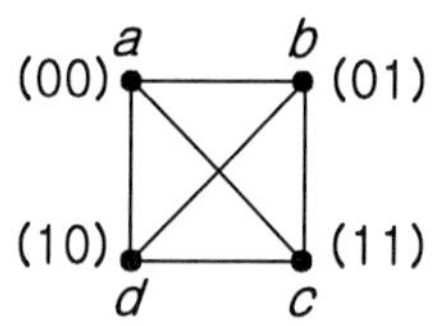

(b)

[그림 16-21] 일반적인 4행 흐름표와 상태 천이도

00열 $b \to a$, $c \to d$
01열 $a \to c$, $b \to d$
11열 $a \to d$, $c \to b$
10열 $c \to a$, $d \to b$

상태 천이도에 나타낸 것처럼 두 상태변수를 사용한 어떠한 상태 할당도 임계경주를 갖는다. 그러므로 최소한 세 개의 상태변수를 필요로 하게 된다. 그림 16-22는 임의의 4행 흐름표에 대해 적용할 수 있는 일반적인 상태 할당 맵을 나타내고 있다. 인접한 사각면 내의 상태들이 단지 한 변수만 다르기 때문에 a에서 d로의 천이는 매번 한 상태변수만 변하도록 상태 e를 거쳐서 간다. 이와 비슷하게 c에서 d로의 천이는 g를 거치고, c에서 a로의 천이는 f를 거쳐서 간다. 이와 비슷하게 맵에서 구한 할당법을 사용하면 그림 16-21의 4행의 흐름표는 경주에 영향을 받지 않는 7행의 흐름표로 그림 16-23과 같이 확장될 수가 있다. 이 흐름표의 모든 행에서 현재 상태와 다음 상태는 한 개의 상태변수 차이만 있음을 유의해야 한다.

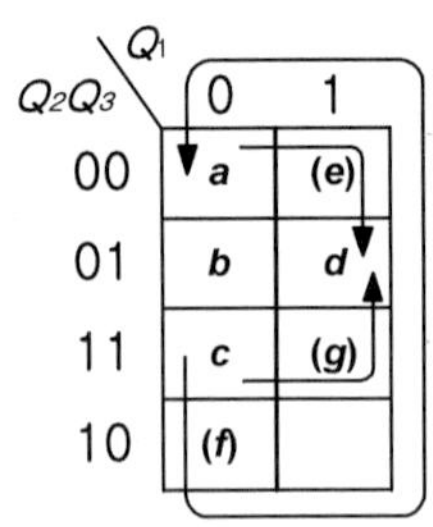

[그림 16-22] 4행의 흐름표에 대한 범용 상태 할당

$Q_1Q_2Q_3$		00	01	11	10
000	a	(a)	f	e	(a)
011	b	a	d	(b)	(b)
011	c	g	(c)	b	f
101	d	(d)	(d)	(d)	b
100	e	–	–	d	–
010	f	–	c	–	a
111	g	d	–	–	–

[그림 16-23] 확장된 4행의 흐름표

그림 16-24는 4행의 흐름표에 대한 또 다른 범용 상태 할당 맵을 나타내고 있다. 이러한 할당을 하는 데 있어서 원래의 흐름표의 각 상태는 동등하게 일치하는 상태의 쌍으로 대치된다. 예를 들면, a는 a_1와 a_2로 대치되고, 여기서 $a \equiv a_1 \equiv a_2$이다. a_1은 b_2, c_1, d_1에 인접하며, b_1은 a_2, c_1, d_1에 인접하며, 각 상태는 서로 다른 형태인 3 상태에 인접함을 유의하자. 그러므로 단일 상태변수를 변화시킴으로써 주어진 형의 상태에서 다른 형의 상태로 항상 변경될 수가 있다.

그림 16-25는 그림 16-24의 상태 할당표를 사용하여 그림 16-21의 흐름표를 확장시킨 것을 보인다. 확장된 흐름표는 다음과 같이 구성된다. 우선, 원래의 흐름표에서 각각의 행은 두 행으로 대치시키고, 각 행에서 안정 전체 상태를 만든다. 예를 들면, a행을 a_1과 a_2행으로 대치시키면 안정 전체 상태 a_1과 a_2는 00열과 10열에 들어간다. 모든 안정 전체 상태가 들어간 다음 할당 맵을 참조하여 불안정 상태들을 만든다. 주어진 현재 상태에 대해 다음 상태항을 선택할 때, 현재 상태와 인접한 상태를 맵으로부터 선정하면 된다. 원래의 표에서 b의 다음 상태는 입력 00, 01일 때 각각 a와 d로 된다. 확장된 흐름표에서 행 b_1에 대한 다음 상태는 a_2와 b_2이다. 왜냐하면 a_2와 d_1은 맵 상에서 b_1에 인접하기 때문이다.

Q_2Q_3 \ Q_1	0	1
00	a_1	b_2
01	d_1	c_2
11	b_1	a_2
10	c_1	d_2

[그림 16-24] 4행 흐름표에 대한 흐름표 범용 할당

$Q_1Q_2Q_3$		00	01	11	10
000	a_1	(a_1)	c_1	d_1	(a_1)
111	a_2	(a_2)	c_2	d_2	(a_2)
011	b_1	a_2	d_1	(b_1)	(b_1)
100	b_2	a_1	d_2	(b_2)	(b_2)
010	c_1	d_2	(c_1)	b_1	a_1
101	c_2	d_1	(c_2)	b_2	a_2
001	d_1	(d_1)	(d_1)	(d_1)	b_1
110	d_2	(d_2)	(d_2)	(d_2)	b_2

[그림 16-25] 확장된 4행 흐름표

그림 16-25의 흐름표의 경우에 어떤 안정 상태에서 시작해서 입력을 변화하면 단지 한 상태변수만이 다음의 안정전체 상태에 가서 변하게 된다. 이것은 그림 16-23과는 대조적이다. 여기에서 어떤 안정전체 상태 사이의 천이는 두 개의 연속적인 연속한 상태변수의 변화를 필요로 한다. 그러므로 그림 16-24에 근거를 둔 회로는 일반적으로 그림 16-22에 근거를 둔 회로보다는 빠르다.

그렇지만, 이 흐름표에서는 돈케어가 얼마 없기 때문에 전자의 경우 많은 논리회로를 필요로 하다. 또한, 원래의 개개의 안정 상태들이 최종 회로에서 두 개 또는 그 이상 상태로 표현될 때 회로 동작의 관찰이 매우 어렵다. 이러한 사실은 시스템 개발 시간과 유지보수 비용을 증가시킨다.

규정되지 않은 다음 상태항(돈케어들)이 상태표에 존재할 때 이들은 경주(Race)에 영향을 받지 않는 상태 할당을 작성하는 것에 종종 사용된다. 예를 들어서, 그림 16-26(a)를 보기로 하자. 각 행에서 필요한 천이는 다음과 같다:

00행 $d \rightarrow a$　01행 $a \rightarrow b,\ c \rightarrow d$

11행 $b \rightarrow c$　10행 $a \rightarrow c,\ b \rightarrow d$

행의 쌍들 간에 모든 가능한 천이가 요구되기 때문에 우선 경주에 영향을 받지 않는 상태 할당을 하기 위해 표에다 행들을 첨가해야 한다. 그렇지만, 표에 있는 돈케어들 때문에 이것은 앞의 경우가 아니다. 만약 4행 할당을 한다면 01열과 10열에 있는 천이는 이들 행에는 돈케어가 없기 때문에 바로 가야 만족된다. 그러므로 다음 천이도를 기본으로 상태 할당을 하기로 하자.

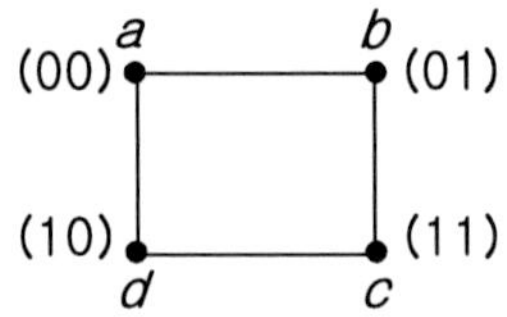

이러한 할당으로 01과 10열의 모든 천이는 경주 없이 만들어졌다. 00열에 대해 천이 d에서 a로 바로 갈 수가 없는데, 이것은 임계경주로 유도되기 때문이다; 그렇지만, c행에서 dash(−)가 있기 때문에 d에서 c로 가서 a로 천이를 만들 수 있게 된다. 이와 비슷하게 그림 16-26(b)는 모든 임계경주 조건이 제거되도록 00행과 11열에 필요한 수정을 한 결과인 최종 흐름표를 나타낸다.

	00	01	11	10
a	ⓐ	b	–	c
b	ⓑ	ⓑ	c	d
c	–	d	ⓒ	ⓒ
d	a	ⓓ	ⓓ	ⓓ

(a) 돈케어를 가진 흐름표

		00	01	11	10
00	a	ⓐ	b	c	c
01	b	ⓑ	ⓑ	a	d
10	c	a	d	ⓒ	ⓒ
11	d	c	ⓓ	ⓓ	ⓓ

(b) 각 경주에 돈케어가 포함된 흐름표

[그림 16-26]

16-5 헤저드(Hazards)

앞 절에서 논의된 과정을 사용하여 경주에 영향을 받지 않는 상태 할당으로 비동기회로가 설계되었다 하더라도 회로는 타이밍 문제로 인하여 계속해서 오동작(Malfunction)을 할 수도 있다. 이러한 타이밍 문제는 게이트와 배선 간의 지연으로 인하여 일어나며 Hazard라고 불린다. 이 절에서는 비동기회로가 정상적으로 동작되기 위해 이러한 hazard들을 찾아서 제거하는 방법을 논하기로 한다.

(1) 조합회로에서의 헤저드

조합회로의 입력이 변할 때 회로 출력에서 원하지 않는 스위칭 과도현상(Transient)이 일어날 수 있다. 이러한 과도현상은 회로의 입력부터 출력까지의 배선경로가 달라서 서로 다른 전파지연을 갖기 때문에 발생한다. 예를 들어서, 그림 16-27을 고려하기로 하자.

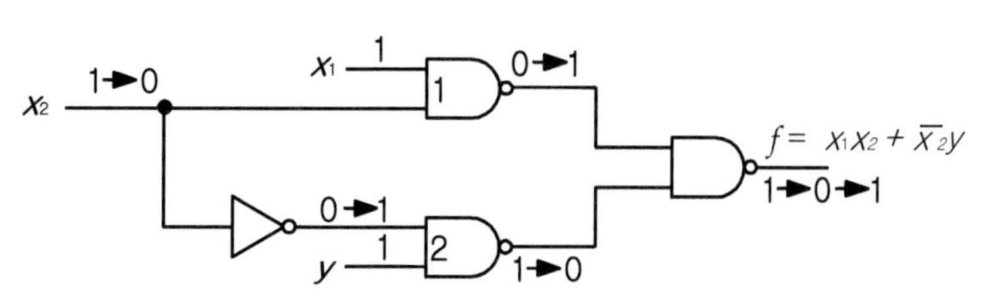

[그림 16-27] 1-헤저드를 가진 회로

$x = y = 1$ 이고 x_2는 1에서 0으로 변화가 되면 회로의 출력은 1값을 그대로 유지한다. 그렇지만, 회로의 출력이 다음과 같은 시컨스에서 스위치 된다면 0의 값으로 순간적으로 될 수가 있다. 즉, 게이트 1의 출력이 1로 되면 f는 0으로 된다. 그런 다음 인버터 출력이 1로 되면 게이트 2 출력은 0으로 된다. 최종적으로 f는 1로 된다. 만약, 입력 변화에 따라서 그리고 전파지연 게이트 조합에 의해 회로의 출력이 1의 값을 그대로 유지하고 있어야 하는데 출력이 잠시 0의 값으로 될 수가 있다. 이런 경우에 회로는 정적인 1-헤저드(Static 1-hazard)를 가졌다고 말한다.

이와 비슷하게 회로의 출력이 0의 값을 유지하고 있어야 하는데 1로 가게 되면 회로는 정적인 0-헤저드 값을 가졌다고 말한다. 만일, 회로의 출력이 0에서 1로(또는 1에서 0으로) 변한다고 가정하면 출력은 3번 이상의 변화가 있을 수 있고, 이런 경우에 회로는 동적인 헤저드(Dynamic hazard)를 가졌다고 말한다.

그림 16-28은 헤저드를 가진 회로의 가능한 출력을 나타낸다. 회로 개개의 정상상태 출력이 정확하다고 하더라도 입력이 변화가 된다면 회로 출력단에서 스위칭 과도현상이 나타난다.

그림 16-27의 예제에서 정상상태 x_2와 $\overline{x_2}$는 보수관계가 될지라도, 과도현상하에서는 그렇지가 않다는 점을 유의해야 한다. 그러므로 헤저드를 포함한 회로 해석에서는 변수와 변수의 보수를 독립변수인 것처럼 취급해야 한다. 그림 16-27의 헤저드는 그림 16-29에 보인 것처럼 중복되는 게이트(Redundant gate)를 첨가함으로써 제거할 수가 있다. x_2가 스위칭되고 $x_2 = \overline{x_2} = 0$ 인 동안에 $x_1 y$항은 1을 그대로 유지한다. 그러므로 f는 1로 유지되고, 회로 출력단에서는 원하지 않는 0값(False 0)은 나타나지 않는다.

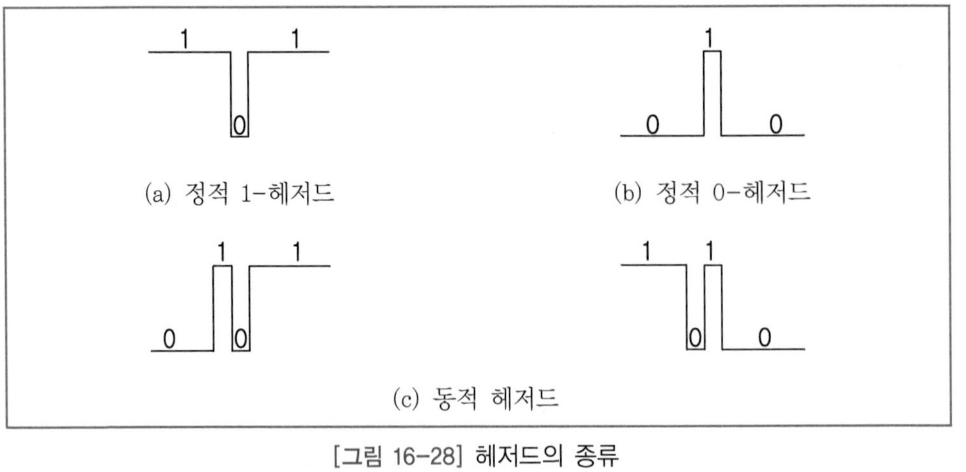

[그림 16-28] 헤저드의 종류

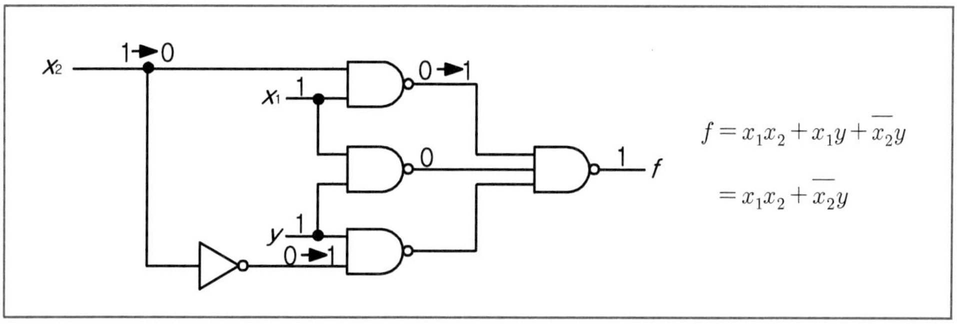

[그림 16-29] 헤저드가 제거된 그림 16-27의 회로

순차회로의 조합논리 부분에서 헤저드는 순차회로를 오동작(Maltunction)이 되게 할 수 있다. 회로 출력단에서 헤저드는 순간적으로 원치 않는 출력을 발생하며 출력이 또 다른 비동기회로의 입력으로 작용한다면 이것은 매우 중대한 문제가 될 수가 있다. 다음의 예제에서 설명한 것처럼 회로의 다음 상태 부분에서의 헤저드는 회로를 틀린 안정 전체 상태로 가게 할 수 있다. 만약 회로가 안정 전체 상태 ④($x_1 = x_2 = y = 1$)에 있고, x_2 입력이 0으로 변한다면 다음 안정전체 상태는 ⑤로 될 것이다. 그렇지만, 회로 내의 1-헤저드 때문에 y는 순간적으로 0으로 가고, 이것이 $\overline{x_2}$ 신호가 1로 되기도 전에 되돌아간다면 게이트 2의 회로 출력은 1을 유지하고 회로는 상태 ②에서 종료된다. 이러한 오동작은 그림 16-29에서처럼 추가 게이트를 첨가하여 제거할 수 있다.

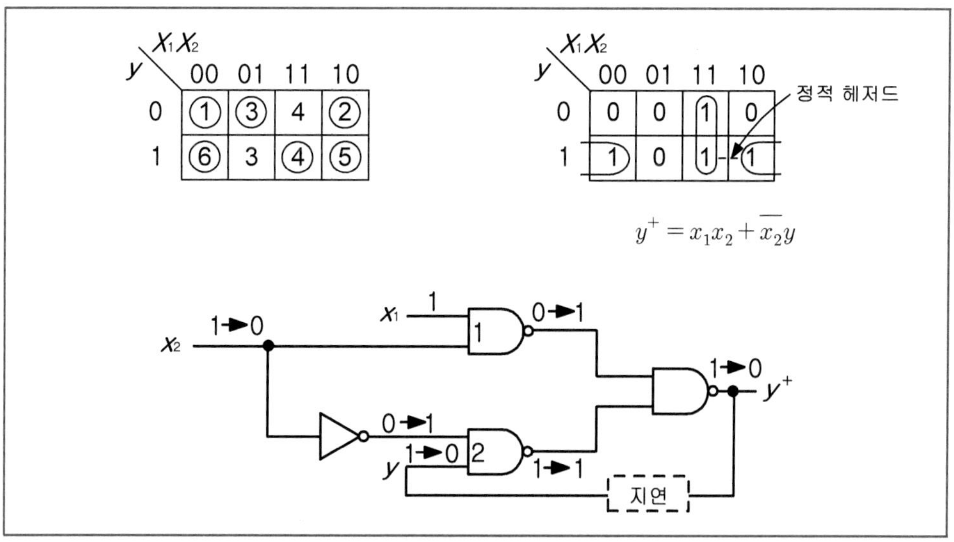

[그림 16-30] 헤저드를 가진 순차회로

단계적 연습문제 1

종이로 페이지의 하단을 덮고 여러분의 답과 비교하면서 내리시오.

	X_1X_2 00	01	11	10	Z
1	①	2	3	4	0
2	8	②	7	9	1
3	1	2	③	9	0
4	1	6	7	④	1
5	⑤	6	7	4	0
6	5	⑥	3	4	1
7	8	2	⑦	9	0
8	⑧	2	3	4	0
9	5	10	3	⑨	1
10	1	⑩	7	9	0
11	5	10	⑪	4	0

이 예는 앞에서 설명한 절차를 적용하여 최소수의 행이 되도록 초기 흐름표를 축소하는 과정을 나타낸다.

a. 주어진 상태표에 대해 동등 가능성이 있는 안정 전체 상태의 집합을 열거하시오(각 집합의 전체 상태는 같은 입력과 출력을 가져야 한다).

> 답 (1, 5, 8) (2, 6) (3, 7, 11) (4, 9)

b. 다음 상태를 검색할 때 편의를 위해 동등한 가능성이 있는 상태들을 그룹지어 상태표를 다시 작성한다(이 과정이 꼭 필요한 것은 아니지만 큰 상태표를 작성할 때는 이것이 도움이 된다).
01열에 대해 동등 가능성이 있는(1, 5, 8)의 다음 상태는?

	00	01	11	10
1	①	2	3	4
5	⑤	6	7	4
8	⑧	2	3	4
2	8	②	7	9
6	5	⑥	3	4
3	1	2	③	9
7	8	2	⑦	9
11	5	10	⑪	4
4	1	6	7	④
9	5	10	3	⑨

11열에 대해?

10열에 대해?

모든 열에 대해 동등 가능성이 있는(2, 6)의 상태는?

모든 열에 대해 동등 가능성이 있는(3, 7, 11)의 다음 상태는?

이 지점에서, (3, 7), (3, 11), (7, 11)쌍들 중에 어느 것이 일치하지 않는가?

4와 9의 동등성에 대하여 어떻게 설명해야 하는가? 왜 그런가?

계속해서 동등 가능성이 있는 상태 집합을 열거하시오:

답 예; 예; 예; 아니오; 2≢10; 3≢11; 7≢11; 4≢9; 6≢10이기 때문; (1, 5, 6) (2, 6) (3, 7)

c. (b)에서 비동등 상태를 찾았기 때문에 위에서 열거한 동등 가능성이 있는 상태들을 재조사하기로 한다.

이 지점에서 모든 일에 대해 동등 가능성이 있는 (1, 5, 8)의 다음 상태는?

2와 6의 동등성에 대하여 어떻게 설명해야 하는가?

왜 그런가?

이 지점에서 3과 7은 아직도 동등 가능성이 있는가?

아직 동등 가능성이 있는 상태 집합을 열거하시오:

답 예; 4≢9이기 때문에 2≢6이다. 예; (1, 5, 8) (3, 7)

d. (c)에서 몇 개의 비동등 상태를 찾았기 때문에 완전히 수행된 것은 아니다.

(1, 5), (1, 8), (5, 8), (3, 7)쌍 중에 어느 것이 동등한가?

이 지점에서 비동등 안정 전체 상태의 모든 쌍을 제거한다. 어떤 동등한 안정전체 상태들이 남아있는가?

답 2≢6이므로 1≢5이며 5≢8이다.; 1≡8 이고 3≡7이다.

e. 원래표에서 7과 8의 상태를 제거함으로서 최소행의 초기 흐름표를 작성하시오.

	X_1X_2 00	01	11	10	Z
1					
2					
3					
4					
5					
6					
9					
10					
11					

답

	X_1X_2 00	01	11	10	Z
1	①	2	3	4	0
2	1	②	3	9	1
3	1	2	③	9	0
4	1	6	3	④	1
5	⑤	6	5	4	0
6	5	⑥	3	4	1
9	5	10	3	⑨	1
10	1	⑩	3	9	0
11	5	10	⑪	4	0

f. 위의 표가 최소행의 초기 흐름표일지라도 이것을 행병합에 의해 초기 밀리 흐름표로 변환할 수 있다. 병합도를 사용하여 위의 표에서 어떤 행을 병합할 수 있는지 나타내시오.

답

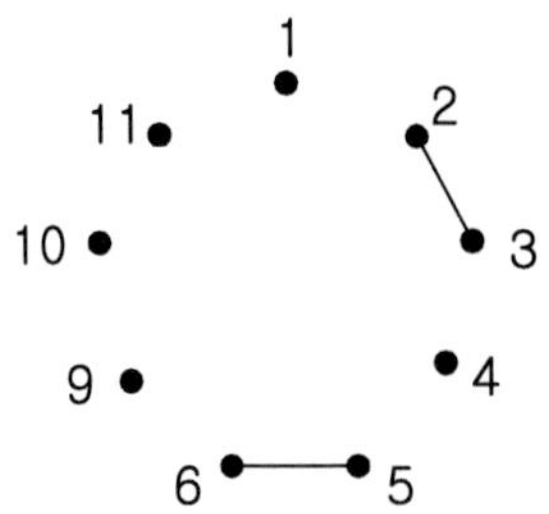

2행이 1 출력을 3행이 0출력을 가진다고 하더라도 2행과 3행이 병합될 수 있음을 주의하자. 결합된 행은 다음과 같다.

1	②	③	9	-	1	0	-
⑤	⑥	3	4	0	1	-	-

••• 연습문제

16.1 비동기 순차 스위칭회로는 두 입력과 두 출력을 갖는다. 모든 가능한 입력 시컨스와 필요로 하는 출력 시컨스는 다음과 같은 표로 나타낸다.

Input sequence: 00, 10, 11, 01, 00
Output sequence: 00, 00, 10, 00, 00
Input sequence: 00, 01, 11, 10, 00
Output sequence: 00, 00, 01, 00, 00
Input sequence: 00, 10, 00, 01, 00
Output sequence: 00, 00, 00, 00, 00
Input sequence: 00, 01, 00, 10, 00
Output sequence: 00, 00, 00, 00, 00

최소행의 흐름표를 구하시오.

16.2 컴퓨터는 스탭 제어기를 가지고 있으며, 이것은 오퍼레이터가 컴퓨터를 한순간에 한 사이클만 수행(step)되도록 한다. 따라서 클럭펄스를 발생할 때마다 push 버턴이 사용되는 회로를 필요로 한다. 회로의 타이밍도는 다음과 같다. push 버턴신호의 타이밍도는 랜덤(Random)하며, 클럭폭과 간격에 비교하여 더 긴폭과 간격을 가진다는 점이 다르다. 최소행의 흐름표를 구하시오.

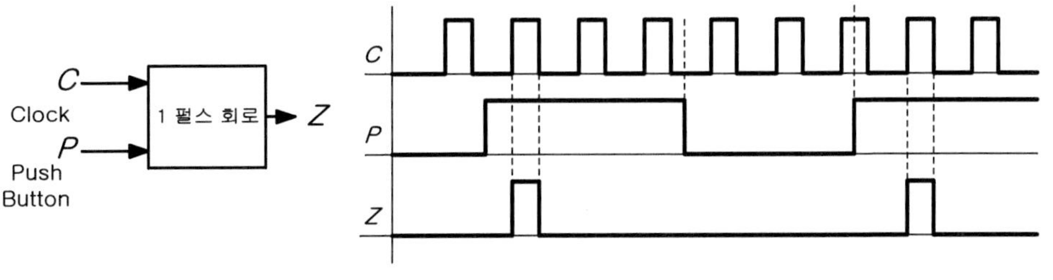

16.3 다음의 초기흐름표에 대해 동등한 안정 전체 상태를 구하고, 이 표를 축소하시오. 행병합에 의해 축소를 끝내고 대응하는 출력표를 유도하시오.

X_1X_2 00	01	11	10	Z
①	11	4	10	01
5	②	–	3	11
5	2	13	③	11
12	–	④	15	00
⑤	–	8	–	10
14	⑥	–	10	11
⑦	6	8	3	01
7	–	⑧	3	00
⑨	11	13	10	01
12	6	13	⑩	11
5	⑪	–	3	11
⑫	2	4	15	01
1	–	⑬	10	00
⑭	–	8	–	10
1	6	4	⑮	11

16.4 클럭형 D 플립-플롭은 다음과 같다. 클럭펄스의 하강점(1에서 0으로 천이)에서 출력 Q는 클럭펄스의 상승점(0에서 1로 천이)에서 입력 D와 같은 상태가 된다고 가정한다. 출력은 이와 다른 시간에서는 변화하지 않는다. D가 클럭의 상승점에서 동시에 변화된다면 변화가 되기 전에 바로 D의 값이 클럭 이후의 출력값을 정하게 된다. 최소행의 흐름표를 구하시오.

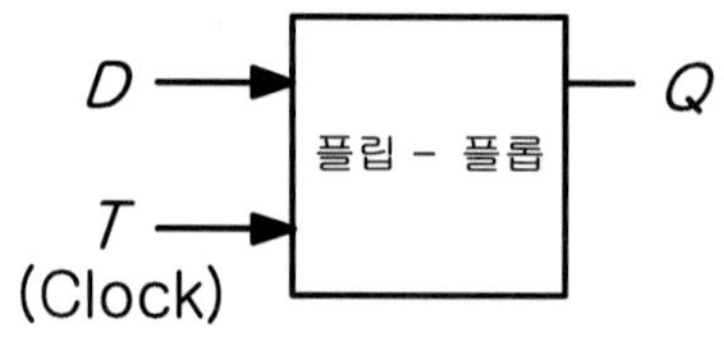

Digital Logic Design

CHAPTER

17 Verilog 하드웨어 기술 언어

Hardware Description Language

집적회로 (IC) 기술 발달로 더 많은 게이트 소자를 단일 칩에 집적화함에 따라 디지털시스템은 더욱 복잡해지고 있다. 이렇게 복잡한 디지털 시스템을 게이트나 플립-플롭 회로도로 설계한다는 것은 매우 어렵고 엄청난 시간이 소비된다. 이와 같은 이유로 설계 시간을 단축하는 하드웨어 기술 언어 HDL(Hardware Description Language) 사용의 중요성이 날로 높아지고 있다.

하드웨어 기술 언어를 이용하여 디지털 시스템을 상위 레벨에서 설계하고, 검증할 수 있다. 이러한 HDL로 대표적인 하드웨어 기술 언어는 VHDL과 Verilog이다.

Verilog HDL은 1983년 메사추세츠주 보스턴 서쪽 액튼에 위치한 "Gateway Design Automation" 사에서 Prabhu Goel에 의하여 개발되었다. 1995년에는 Verilog HDL이 IEEE Standard 1364로 채택되었으며 C 언어와 구조가 비슷하여 현재 주로 사용되고 있다.

17-1 Verilog HDL 설계 구조

Verilog 언어어 기본 구조는 일반적으로 아래와 같은 형식으로 기술된다.

```
define width 8 //define, 정의할 이름, 비트 크기
module module_name( //module, module 이름(모듈 헤더 양식)
  input  a, b, // 입력 포트 선언와 리스트 설정
  input [width-1:0] c, // 입력 포트 선언과 [bit 크기], 리스트 설정
  output reg [width-1:0] d //출력 포트 선언과 타입, [bit 크기], 리스트 설정
);
 ..........................
endmodule
```

Verilog의 기본 단위는 모듈(odule)로 이루어지며, 모듈이란 기본적인 설계 블록을 의미한다. 요소 또는 하위 수준 설계 블록의 집합이다.

모듈의 시작은 모듈 헤더를 선언함으로 시작되며 마지막에는 endmodule로 종료한다. 또한 각 모듈은 모듈의 모든 입 · 출력 신호를 선언하여야 하며 각 포트 신호의 자료형(type)을 지정해줘야 한다.

17-2 데이터 흐름 모델링(Data Flow Modeling)

데이터의 흐름으로 회로를 기술한다. 설계자는 레지스터 사이의 데이터 흐름과 데이터가 어떻게 처리되는지를 알고난 후 설계해야 한다. 그림 17-1 에서 볼 수 있듯이 회로도를 그리는 것처럼 설계하여 기술하게 된다. 복잡한 논리 회로 같은 경우엔 회로에 대한 이해가 쉽지 않게 되므로, 주로 전체 동작이 파악된 작은 조합 논리 회로(Combinational logic)에 사용하는 것이 좋다. 이와 같은 데이터 흐름 예제로 전가산기를 다음과 같이 기술하였다.

전가산기 Verilog HDL 기술

```
module fa_verilog (a, b, c_in, c_out, sum);

input a, b, c_in;
output c_out, sum;

assign sum = (a^b)^c_in;
assign c_out = (a&b)|((a^b)&c_in);

endmodule
```

[그림 17-1] 데이터 흐름 표현

먼저 전가산기는 하위 비트에서 올라온 캐리와 현재 위치의 두 개의 비트를 포함하여 3개 비트의 입력으로 구성되며, 출력으로는 합과 캐리를 나타내는 두 개로 구성된다.

반가산기는 캐리의 입력은 없으나, 전가산기는 캐리 입력을 가지고 있다. 표 17-1 은 전가산기 연산에 대한 진리표를 나타낸 것이다. 전가산기는 반가산기와 달리 2개의 입력비트와 캐리 입력비트를 가산해야 한다. 반가산기에서 나타낸 것과 같이 두 입력 a와 b의 sum은 두 변수 a와 b를 선택 연산하여 구한다.

전가산기의 sum 은 두 입력 비트에 캐리입력 (c_in)을 가산한 것이므로 a와 b의 sum 인 a ⊕ b 와 캐리 입력을 xor 연산하면 구할 수 있다. 전가산기의 sum 출력 식은 다음과 같이 표현된다.

$$sum = (a \oplus b) \oplus c\_in \qquad (17-1)$$

이 식은 전가산기에서 출력 sum을 구하려면, 2개의 xor 게이트가 필요하다는 것을 의미한다.

[표 17-1] 전가산기의 진리표

a	b	c	c_out	sum
0	0	0	0	0
0	0	1	0	1
0	1	0	0	1
0	1	1	1	0
1	0	0	0	1
1	0	1	1	0
1	1	0	1	0
1	1	1	1	1

첫 번째 xor 게이트는 a ⊕ b 연산을 수행하며 두 번째 xor 게이트는 첫 번째 xor 게이트의 출력과 캐리 입력을 xor 연산한다. 전가산기의 출력 캐리가 1이 되는 경우는 첫 번째 xor 게이트의 두 입력이 모두 1이거나 두 번째 xor 게이트의 두 입력이 모두 1인 경우이다. 따라서 전가산기의 캐리 출력 식 (17-2)와 같이 a 와 b 를 and 연산한 항과 a ⊕ b 와 c_in 을 and 연산한 항을 or 연산하면 얻을 수 있다.

$$c\_out = ab + (a \oplus b)c\_in \tag{17-2}$$

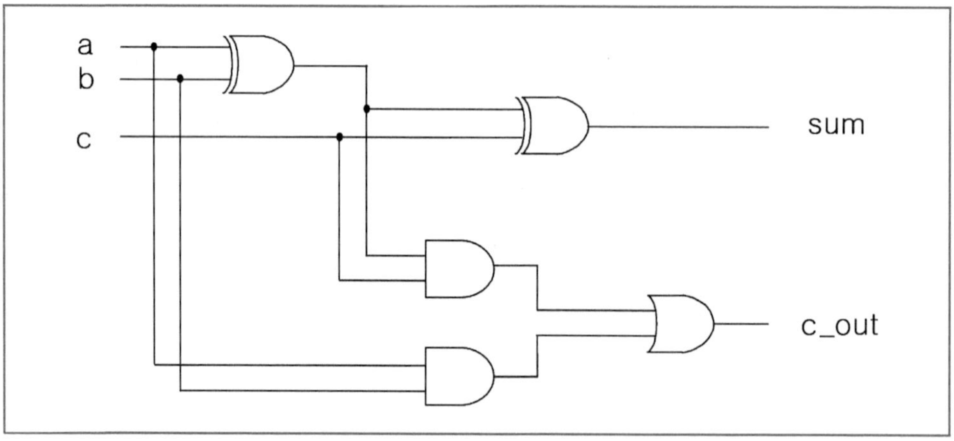

[그림 17-2] 전가산기 회로도

그림 17-3에서의 시뮬레이션 결과에서와 같이 200ns 와 300ns 사이의 입력 값을 살펴보면 C_in 은 Low 값이며 a 의 값은 High, b의 값은 Low 이라하면 결과 값 sum 은 High 값이며 c_out은 Low의 값을 가지는 결과를 알 수 있다.

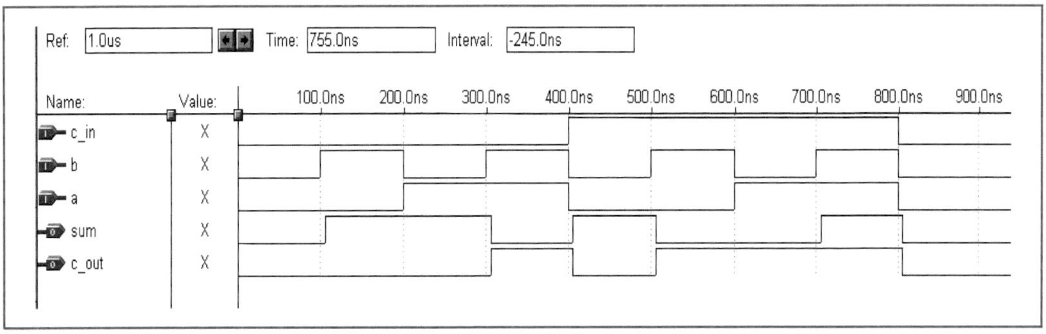

[그림 17-3] 전가산기 시뮬레이션 파형

17-3 동작적 표현 기술

동작적 회로 기술(Behavioral description)이란 회로의 동작을 조건문 등을 사용하여 기술해 주는 방식이다. 좀 더 추상화된 상위 수준의 회로 동작 기술이 가능하며 if then else 문을 사용하여 C 프로그래밍과 매우 유사하게 기술되므로 사용자가 하드웨어를 더욱 편리하게 동작 위주로 기술하여 설계 할 수가 있다. 데이터 흐름 모델링에 비하여 사용자가 이해하기 쉬우므로 이 방식으로 주로 코딩하게 된다. 일례로 반가산기를 동작적 표현 기술로 if then else문을 사용하여 표 17-2를 참조하여 다음과 같이 기술하였다.

반가산기 Verilog 기술

```
module HA(x,y,c_out,sum);

input x,y;
output sum,c_out;

reg c_out,sum;

always@(x,y)
begin
        if(x==1 && y==1)
         c_out = 1;
        else
         c_out = 0;
end
```

```
always@(x,y)
begin
        if(x==y)
         sum = 0;
        else
         sum = 1;
end

endmodule
```

[그림 17-4] 동작적 표현 기술

그림 17-4에서 always@(x,y)는 입력 변수 x, y를 매개변수로 하여 처리하는 C언어 Process문과 동일하게 생각하면 된다. 반가산기란 한 비트 씩 두개의 2진수를 더하는 경우 4가지 상태의 값이 나온다. 입력은 두개의 2진수 비트로 구성하고, 출력은 이들 두 개의 비트의 합과 자리올림 C_out으로 구성된다. 이때 합을 S, 자리올림수를 C_out로 한다면 4가지 상태 중 1 + 1 = 10인 상태에서 자리올림수가 발생된다.(S=0, C_out =1) 이와 같은 과정을 수행하는 장치를 반가산기라고 하고 진리표는 다음과 같다.

[표 17-2] 반가산기의 진리표

a	b	Sum	C_out
0	0	0	0
0	1	1	0
1	0	1	0
1	1	0	1

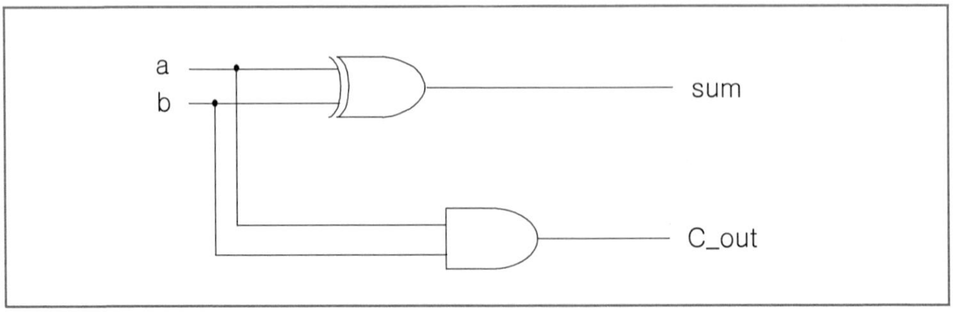

[그림 17-5] 반가산기 회로도

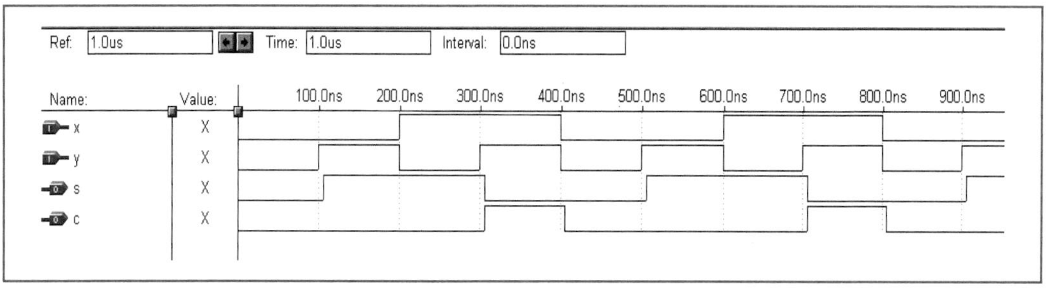

[그림 17-6] 반가산기 시뮬레이션 파형

그림 17-4의 기술을 합성한 후 Xilinx Isim에서 시뮬레이션하면 300ns에서 400ns 사이에서 입력 X와 Y가 High이면 Sum의 값은 Low가 되고 C_out 값은 High 결과가 나타남을 알 수 있으며 그림 17-6에 나타내었다.

17-4 구조적 표현 기술

Verilog HDL을 구조적으로 표현한다는 것은 앞서 언급된 동작적 표현보다 하드웨어 구조에 가장 가까운 표현이라 할 수 있다. 하드웨어 회로 상에서 IC 소자(Component)들을 서로 선으로 연결하여 시스템을 구성하듯이 Verilog HDL의 구조적 표현이란 이미 설계된 module들을 서로 연결하여 시스템을 기술하려는 방식이다. 다시 말해 이미 설계된 module을 이용하여, 그 module들을 서로 연결하여 시스템을 기술하려는 방식이다. module를 사용하여 구조적 표현을 하려면 module를 선언한 후 module를 wire 문을 사용하여 연결 구성하면 된다. 그러므로 구조체 기술 방식은 설계하고자 하는 시스템의 설계도를 도면으로 그리지 않고 텍스트(Text)로 작성하는 것으로 생각하면 된다. 구조체 기술 방식은 상위레벨(Top Level) 기술문과 하위레벨 기술문으로 나누어지며 상위기술 문에서는 module 문과 wire 선언을 사용하여 시스템 구조를 기술한다. 하위 기술문에서는 module 문에 해당하는 구조를 동작적인 기술 또는 데이터 흐름 기술로 표현하면 된다. 예를 들어 전가산기를 Verilog로 기술하면 상위 레벨 기술은 그림 17-12를 참조하여 구조적으로 기술하고 하위 레벨인 반가산기는 동작적 기술로 표현하고 OR 게이트는 데이터 흐름으로 기술할 수가 있다. 그림 17-7은 전가산기의 상위레벨을 구조적 기술로 표현하였으며 temp_c1, temp_c2, temp_s를 내부변수인 wire로 정의하여 입출력 port와 wire를 전가산기 구조에 적합하게 배치하였다. 그림 17-5의 반가산기를 그림 17-9인 동작적 흐름 기술로 표현하였다. 반가산기 진리표를 참고하면 변수 x, y가 모두 1이면 carry는 1이 되고 변수 x, y가 같으면 합인 sum은 0이 된다. 이러한 사항을 동작적 기술인 if then else 문으로 기술하면 그림 17-9로 표현된다. 그림 17-8은 OR 게이트 동작 c = a + b 을 데이터 흐름 기술로 표현하였다.

```
module full_adder(w,x,y,carry,sum);

input w,x,y;
output carry,sum;

wire temp_c1,temp_c2,temp_s;

HA ha1(w,x,temp_c1,temp_s);
HA ha2(temp_s,y,temp_c2,sum);
OR_2 or_2_1(temp_c1,temp_c2,carry);

endmodule
```

[그림 17-7] 구조적 상위 레벨 기술

그림 17-7은 전가산기를 앞에서 기술하였듯이 module HA(Half Adder)와 module OR_2를 사용하여 wire로 배선을 하였다. 즉 module명 u1은 half adder의 입력 w, x 와 연결되어 있고 carry 출력은 내부배선 신호인 temp_c1, sum 출력은 temp_s와 연결되어 있다. 이러한 방식으로 나머지 module u2, u3도 연결되며 그림 17-12에 자세히 나타내었다.

```
module OR_2(a,b,c);

input a,b;
output c;

assign c = a | b;

endmodule
```

[그림 17-8] 하위 레벨 OR 게이트 데이터 흐름 기술

```
module HA(x,y,c_out,sum);

input x,y;
output sum,c_out;

reg c_out,sum;

always@(x,y)
begin
        if(x==1 && y==1)
          c_out = 1;
        else
          c_out = 0;
end

always@(x,y)
begin
        if(x==y)
          sum = 0;
        else
          sum = 1;
end

endmodule
```

[그림 17-9] 반가산기 동작적 흐름 기술

그림 17-7과 17-8 그리고 17-9를 Xilinx 14.7에서 각각 합성하고 Isim에서 시뮬레이션하면 그림 17-10에 전가산기 파형이 출력된다. 아래의 전가산기 파형에서 x, y, w가 모두 1 일 때 sum과 carry는 모두 1임을 나타내며 전가산기 진리표와 일치함을 알 수 있다.

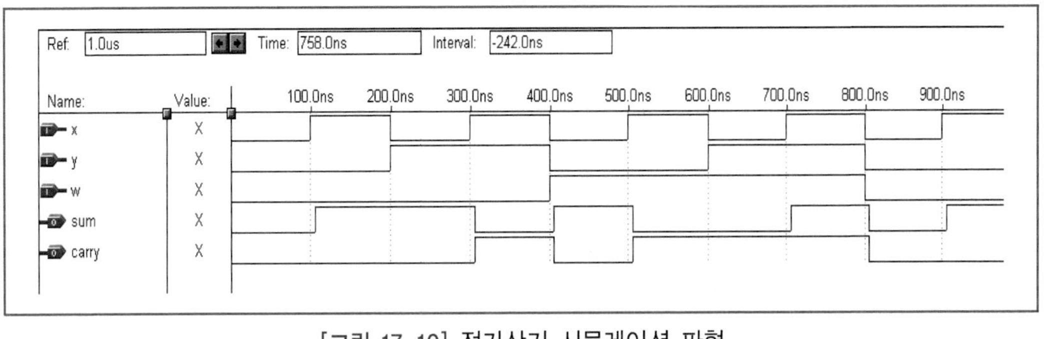

[그림 17-10] 전가산기 시뮬레이션 파형

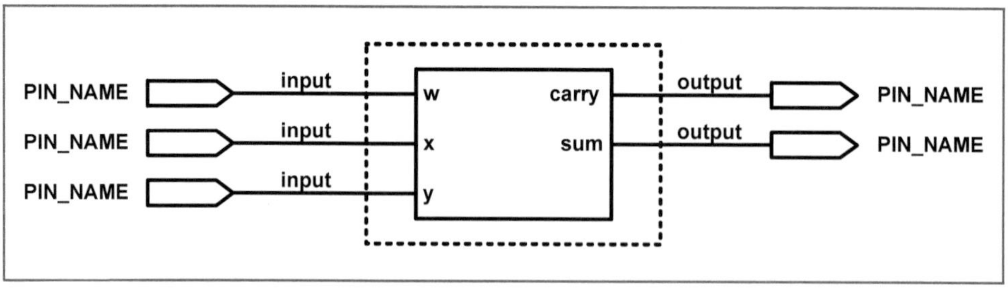

[그림 17-11] 전가산기 블록도

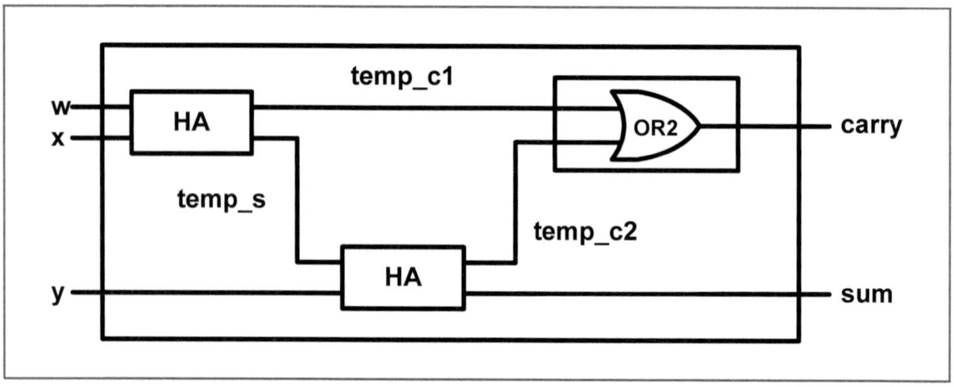

[그림 17-12] module을 이용한 구조적 전가산기 기술

••• 연습문제

17.1 감산기를 구조체 Verilog HDL 기술문을 작성하고 시뮬레이션하시오.

17.2 감산기를 데이터 흐름 표현으로 Verilog HDL로 기술하고 시뮬레이션하시오.

찾아보기

• ㅅ •

• ㅇ •

[저자약력]

김희석
현재 : 청주대학교 전자공학과 교수

공정택
현재 : 성균관대학교 소프트웨어대학 교수

김윤호
현재 : 목원대학교 융합 컴퓨터미디어학부 교수

이명길
현재 : 대덕대학교 컴퓨터공학과

저자와의
협의하에
인지생략

핵심 **디지털 논리회로 시스템설계**

2017년 3월 8일 1판 인쇄
2023년 9월 15일 1판 3쇄 발행

저 자 • 김희석 · 공정택 · 김윤호 · 이명길
발행자 • 이영애
발행처 • 공감북스
주 소 • 02011 서울시 중랑구 중랑천로 256
전 화 • 02-971-9683
팩 스 • 02-972-9683
등 록 • 제 25100-2015-18 호
등록일 • 2015년 7월 15일
e-mail • sympathybook@naver.com
ISBN • 979-11-86898-27-7 (93560)

정 가 • 30,000원